물질의 궁극원자

아누

물질의 궁극원자 아누

1판 1쇄 2016년 8월 31일

지은이 문성호
그래픽 문성원
디자인 이재경
펴낸이 조경숙
펴낸곳 아름드리미디어
출판등록 1998년 7월 6일 제10-1612호

주소 10881 경기도 파주시 문발로 214-12
대표전화 031-955-3251
팩스 031-955-3277
이메일 arumdrimedia@gmail.com

ISBN 978-89-98515-19-5

이 도서의 국립중앙도서관 출판예정도서목록(CIP)은 서지정보유통지원시스템 홈페이지(http://
seoji.nl.go.kr)와 국가자료공동목록시스템(http://www.nl.go.kr/kolisnet)에서 이용하실 수 있습
니다. (CIP제어번호:CIP2016015888)

* 잘못된 책은 구입처에서 교환해드립니다.

ANU

물질의 궁극원자

지은이 문성호

아름드리미디어

감사의 말

이 책의 가장 중요한 소재가 되었으며, 신비의 눈을 통하여 우주의
비밀을 엿볼 계기를 마련해준 『오컬트화학』의 두 저자 찰스 리드비터
와 애니 베전트, 그리고 무한한 영감의 원천인 『비교』의 저자 헬레나
페트로브나 블라바츠키, 이 흥미로운 우주 '퍼즐게임'의 핵심 열쇠를
제시해준 스티븐 필립스 박사와 개인 연구가 데이비드 허드슨씨, 그리
고 그 밖에 이 책에서 참고하고 있는 수많은 저서의 모든 저자들에게
깊은 감사와 존경의 마음을 전합니다.

또 이 책이 아직 유아 단계에 있을 때 검토해보고 충고를 아끼지 않
으신 김동수 씨와 고 이영배 선배님, 격려와 함께 추천의 글까지 써주
신 방건웅 박사님, 그리고 이 책에 대한 큰 기대와 성원으로 개인적 노
고를 마다하지 않으신 황학진 님께 감사의 말씀을 드립니다. 역시 관
심을 가지고 이 작업을 지켜봐주신 윤길원 박사님과 황완 박사님, 조
송래 님께도 감사를 드리며, 추가된 원고의 교정을 봐주신 박용권 님

과 출판을 위해 애써주신 조경숙 님과 최혜숙 님, 김서연 님께도 우정 어린 감사의 말씀을 드립니다.

특히 누구보다도 자유로운 삶을 사랑했던 이영배 선배님의 뜻하지 않은 죽음은 이 책이 완성되기도 전이어서 더욱 개인적인 안타까움이 컸습니다.

보다 근원적인 상태로 돌아간 그의 영혼과 진리를 추구하는 모든 분들, 그리고 현실이 좀 더 극적이기를 바라는 모든 분들께 이 책을 바칩니다.

『아누』출간에 덧붙여

방건웅

한국표준과학연구원 책임연구원. 『신과학이 세상을 바꾼다』의 저자

양자역학의 기초를 다진 하이젠베르크(Heisenberg)는 우리가 아는 자연의 모습은 우리의 탐색방법에 따라 드러난 것일 뿐 실제 모습은 아니라는 이야기를 한 적이 있다. 이것은 깊은 통찰로 얻어진 매우 의미심장한 내용이다. 우리가 아는 자연의 모습이란 자연의 일부분에 불과해서 탐색장비의 한계를 극복하지 못하는 한, 우리는 영원히 자연의 본모습을 알 수 없으리라는 얘기다. 이 말은 자연을 탐색하는 방법 자체에 한계가 있음을 시사해준다.

예를 들어 축구공만한 탐침봉으로 축구 골대의 그물을 탐색한다고 하자. 아직은 골대에 그물이 있다는 걸 모르는 상황에서 탐침봉을 천천히 골대에 갖다 대보면, 탐침봉이 앞으로 더 나가지 못한다는 정보를 얻게 된다. 이 정보를 바탕으로 우리는 골대에 어떤 막이 있음을 알게 된다. 더 정밀한 측정을 시도한 결과 평평한 막은 아니고 중간 중간

에 일정한 배열로 약간 들어가는 부분이 있다는 것을 알게 된다. 그러다 세월이 흘러 골프공 만한 탐침봉이 새로 개발된다. 이것은 당연히 축구공 만한 탐침봉보다 더 정밀하고 감도도 높다. 이것을 이용하여 축구 골대를 측정한 결과, 막이라고 생각했던 것이 사실은 중간중간에 구멍이 숭숭 뚫린 그물이라는 것을 발견한다. 축구공 만한 탐침봉으로 얻어진 축구 골대의 모습과 골프공 만한 탐침봉으로 얻어진 축구 골대의 모습이 전혀 다른 것이다. 전자에서는 더 나가지 못하는 막으로 인식되었으나, 후자에 따르면 구멍이 숭숭 나 있어 그물코보다 작기만 하면 얼마든지 통과할 수 있는 것이 된다. 자연과학으로 비유해서 말하면, 전자는 파장의 길이가 수백 μm가 되는 가시광선이고 후자는 이보다 1,000분의 1만큼이나 짧은 감마선이라고 할 수 있다. 결국 탐침봉을 사용해서 얻는 정보는 탐침봉의 감도에 달려 있는 것이다.

위의 예에서 우리는 두 가지 중요한 교훈을 얻게 된다. 한 가지는 탐침봉을 이용하여 얻어진 자연의 모습은 불완전할 수밖에 없다는 것이고, 이것은 자연히 탐침봉의 한계는 어디인가로 귀결된다. 논리적으로는 그 한계가 있을 수 없게 되므로 끝없는 여정이 반복될 것이며, 결국 우리는 우주의 참 모습을 영원히 알 수 없으리란 회의에 이르게 된다.

또 다른 하나는 탐침 방법 자체에 대한 것이다. 다시 말해 과연 탐침봉을 이용해서 자연을 완전하게 탐지할 수 있는가 하는 것이다. 이것은 과연 자연이 물질만으로 구성되어 있는가란 질문과도 연결이 된다. 쉽게 인체를 비유로 들 수 있다. 인체는 마음과 몸과 기운이 같이 어우러져 작용한다. 그런데 탐침봉이라는 장비는 몸을 측정하는 데는 적절하나 마음을 측정하는 데는 적절하지 않다. 물리학에서는 우주의 구성에 대해 11차원 이론 등이 전개되고 있는데, 만약 이것이 사실이라면

3차원의 잣대로 다른 높은 차원의 세계를 재려 한다는 것은 무모한 시도가 될 것이다. 2차원 자로는 3차원 공간을 잴 수 없다. 3차원을 측정하려면 3차원적으로 움직여야만 한다.

물리학에서 지금 정설처럼 받아들여지고 있는 보어의 원자모델을 한번 살펴보자. 우선 많은 사람들은 이것이 하나의 가설에 근거한 모델이라는 것을 제대로 인식하지 못하고 있다. 이 모델은 원자의 여러 특성들을 성공적으로 설명하고는 있으나 설명하지 못하는 부분도 많이 있다. 예를 들어 수소와 텅스텐의 경우, 외각 전자들의 숫자가 각기 1개와 74개이나, 원자반경은 오히려 1 : 0.88로서 텅스텐이 더 작다. 어떻게 하여 텅스텐의 전자들은 그렇게 밀도 높게 눌려 있는 것일까? 또한 전자가 일정한 궤도를 따라 도는 것처럼 설명하고 있으나, 불행하게도 아무도 전자가 어떻게 움직이는지 직접 관찰한 사람은 없다. 양자역학적으로는 확률론에 따라 전자 궤도구름이라는 억지 설명을 제시하고 있으나, 이 궤도운들이 겹치는 것에 대해서는 어떤 설명도 없다. 결국 전자 하나하나를 볼 수 있을 정도로 정밀한 탐침봉을 발견하기 전까지는 아마도 이렇게 움직일 것이라고 짐작만 할 수 있을 따름이다. 설사 새로운 탐침봉을 발견했다 해도 그 문제는 계속 이어질 것이다.

인류의 역사를 살펴보면, 물질적인 세계관과 비물질적인 세계관이 같이 어우러져 발전해왔다. 물질적인 세계관은 우리의 오감을 통하여 받아들이는 것에 바탕을 두고 있어 보편적이고 역사의 주류를 이루어왔다. 반면에 일반사람들이 경험하지 못하는 신비한 경험을 한 사례가 매우 많이 있음에도 다른 세상에 대한 경험담은 항상 사람들에게 신비한 느낌과 함께 두려움을 불러일으켜왔다. 중세에는 종교적 신념과

연계되어 많은 사람들이 핍박을 받기도 하였으나, 신비한 능력에 대한 사례는 비록 주류의 역사는 아니어도 전 세계에 걸쳐 골고루 퍼져 있으며, 인류 문화 유산의 중요한 한 부분을 차지하고 있다. 이러한 문화적 전통이 있어 인류 역사는 사람들로 하여금 다양하게 사고하도록 해주는 것이다. 어떻게 보면 이 두 가지는 과학과 예술에 비유할 수도 있을 것이다. 예술이 있어 삶이 풍부해지듯이.

인류의 역사를 풍부하고 다양하게 만드는 것은 문화적 다양성이다. 다양한 문화 전통이 수용되는 환경이라야 새로운 세계관이 자랄 토양도 형성되고 창의적인 활동도 왕성해진다. 그럼으로써 인류 역사는 또다시 살을 찌우고 풍요로운 전통을 전수할 수 있게 되는 것이다. 이런 전통을 고수하고 이어가는 데 있어서 가장 경계해야 할 것이 어느 하나만이 옳다고 하는 교조적인 신념이다. 이러한 신념이 강요되던 시대에는 인류의 역사가 정체되고 많은 사람의 희생이 뒤따랐다.

최근 들어서는 현대문명이 물질론적 세계관에 바탕을 두고 발전한 이유로 물질론적 세계관이 널리 받아들여지고 있다. 비물질적인 인식론에 대해서는 주류의 과학계에서 인정하지 않을 뿐만 아니라, 심지어는 거부감까지도 보이고 있다. 비록 우리가 물질문명의 혜택을 많이 누리고는 있으나, 여기에서 멈출 수는 없는 일이다. 항상 그래 왔듯이, 발전은 회의하고 생각하는 가운데 이루어진다. 사실 서구 역사에서도, 뉴턴역학의 기초를 이룬 뉴턴이 30대에 만유인력의 법칙을 유도한 다음에 죽을 때까지 신지학에 푹 빠져들었던 데서도 볼 수 있듯이, 비물질적인 세계관의 전통은 면면히 이어져 내려왔고 서구 역사의 중요한 부분을 장식해왔다.

신지학은 그 특성상 인간의 오감에 의존하지 않기 때문에 그 접근

방법이 보편적이지 않고, 또한 그러한 능력을 갖춘 사람들이 지극히 드물기 때문에 결과에 대한 타당성을 검증하기가 어렵다. 그러나 그 접근방법이 탐침봉을 이용하는 방식보다 나을 수도 있는 이유는 탐침봉을 이용할 경우 대상을 건드리지 않고는 정보를 얻을 수 없다는 치명적인 약점이 있기 때문이다. 그러나 정신적인 능력에 의존하여 대상을 탐구하는 정보 취득방식은, 건드리는 것이 아니라 공명을 통하여 대상과 같은 상태가 됨으로써 스스로 아는 방식이어서, 정확한 정보가 얻어질 수도 있는 것이다.

신지학 방법으로 얻어진 결과에 대해서 기존의 사고체계나 가치관에 따라 옳다거나 그르다는 판단을 내리기 전에, 하이젠베르크가 말한 내용을 상기하면서 이를 인류 역사에서 하나의 전통을 이루고 있는 유산으로 받아들여 포용성 있게 읽어나간다면, 그만큼 우리의 사고는 더 풍부해질 것이다. 만약 자신이 받아들이고 있는 사고체계만을 고집한다면, 그 틀 안에서 벗어날 길이 없다. 더욱 불행한 것은 기존의 사고체계가 완벽한 것이 아님에도 불구하고 그 틀에 맞지 않는 것은 모두 배척하게 되어 사고의 확장이 더 이상 이루어지지 않는다는 점이다.

우리나라에서 신지학 전통이 소개되기 시작한 것은 극히 최근의 일이다. 다른 분야에서와 마찬가지로 우리의 삶이 보다 여유 있어지고 흑백논리에서 벗어나 사고의 유연성이 회복되면서 가능해진 것이다. 그나마 소개된 것들은 영적 세계와 같은 저 세상에 대한 이야기들이 많았기에, 우리가 살고 있는 세계를 이해하는 데 도움이 되는 내용으로는 사실 이 책이 처음인 것으로 안다. 서양의 근대화학이 신지학을 기초로 한 연금술을 바탕으로 발전했다는 역사적 사실은 알 만한 사람은 이미 알고 있는 얘기다. 예술 영역이었던 연금술을 화학이라는 과학 영역으로 만들어낸 것이 오늘날의 과학문명이다. 언젠가 신지학도 모든 이들에게 당연한 것으로 받아들여질 날이 올지 누가 알겠는가. 옳다 그르다는 판단은 잠시 유보하고, 이러한 설명이나 방법도 가능할 수 있겠다는 마음과 풍부한 인류의 유산을 즐긴다는 마음으로 이 책을 항해하시기 바란다. 시시비비에 대한 논쟁은 우리가 검증할 수 있는 수단이 없는 한 무의미한 시간낭비일 뿐이다.

남이 별로 관심을 보이지 않는 쉽지 않은 주제에 대해 오랫동안 궁구하면서 신지학의 또 다른 면을 소개하는 좋은 책을 쓰신 문성호씨의 노력에 경의를 표하며, 이러한 책을 출간하기로 결정한 출판사의 용기에 대해서도 경의를 보낸다. 모쪼록 이 책이 많은 독자들에게 읽혀서 많은 분들이 풍요로운 인류의 유산을 누리고 사고의 유연성, 그리고 세상을 보는 시각의 유연성을 회복하는 데 도움이 되기를 기원한다.

2000. 10. 19.
방건웅

차례

아니마

눈앞에 떠오르는 장면을 더 잘 보기 위해 리드비터는 두 눈을 감았다.

희뿌연 안개가 이번에는 선명한 빛의 점들로 바뀌었다. 마치 보이지 않는 바람에 흔들리는 것처럼 번쩍이는 점들로 이루어진 구체가 공중을 떠다녔다.

더 가까이 접근하자, 구체들은 몇 가지 기하학 형태를 하고 있는 것으로 드러났다. 무리를 이룬 빛의 점들이 이 기하학 형태들을 구성하는 요소였다.

자그마한 무리를 이룬 이 빛의 점들은 빛을 내는 매우 가느다란 에너지의 선들로 연결되어 있었다. 마지막으로 이 점들을 확대하자, 그 작은 빛의 점 역시 아주 놀라운 내부구조를 가지고 있는 것으로 밝혀졌다……

1895년 8월, 그날 이후 리드비터는 또 한 사람의 동료와 함께 이런 신비스러운 탐사작업을 무려 38년 동안이나 계속했다. 그리고 그들의 탐사기록은 한 권의 책으로 정리되어 세상에 모습을 드러냈다.

그러나 유감스럽게도 이 특이한 책은 세상의 주목을 끌지 못한 채, 이제는 그 원본조차 구하기 힘들게 되었으며, 이 고서는 먼지를 수북히 뒤집어쓴 채 일부 신비학도들의 서가 한 구석을 장식하고 있을 뿐이다. 그 후 한 세기가 다 가도록 신비학도들을 포함하여 이 신비한 책의 '아원자 세계(sub-atomic world)'를 올바로 이해할 수 있는 사람은 나타나지 않았으며, 심지어 원저자 본인들도 자신들 작업의 진정한 의미를 깨닫지 못했다.

신비의 문

'죽는다는 건 무엇일까?'

문득 나는 이런 생각이 들었다. 영혼에 대해 한 번도 진지하게 생각해본 적이 없었던 12살짜리 아이가 어느 날 갑자기 죽음이 두려워진 것이다.

내가 죽게 되면, 나라는 존재는 영영 이 세상에서 사라져버리고 곧 아무 흔적도 남지 않게 될 것이다. 그렇지만 내가 사라지고 난 뒤에도 이 세상은, 그리고 이 우주는 여전히 굉음을 내며 계속 운행하고 있을 것이 아닌가? 물론 그런 사실을 의식할 나라는 존재는 이미 그 어디에도 존재하지 않는데 말이다. '나의 의식'이 생명을 다한 뒤에도, 나의 존재 여부와는 아랑곳없이 작동하고 있을 냉엄한 은하계와 우주를 생각하면, 그 두려움은 공포를 넘어 차라리 경이롭기까지 한 것이었다.

그러한 상상은 12살 어린아이에게 '물질은 영원하지만 의식은 덧없이 초라하고 유한한 것'이라는 철학적인 결론을 내리게 했다. 사실 수많은 목숨의 명멸과는 상관없이 영원히 존재하는 우주를 상상하기란 그리 어려운 것이 아니다. 설사 내가 태어나지 않았더라도, 우주는 변함없이 존재하고 있을 테니까.

그렇지만 인식하지도 못하는 우주가 나에게 도대체 무슨 의미가 있을까? 우주가 존재하고 존재하지 않고는 이미 존재하지 않는 나에겐 아무런 의미가 없다. 다행인지 불행인지 나는 잠시 이 세상에 태어나 티끌 같은 경험을 하고 가지만, 조만간 그 경험조차도 죽음과 동시에 어디론가 사라질 것이다. 그렇다면 처음부터 끝까지 아예 존재하지도 않는 것과 존재했다가 곧 무의 상태로 돌아가는 것이 무에 그리 다르겠는가? 결국 이 우주에서 의식이니 생명이니 하는 것은 그야말로 하찮고 우발적인 것에 지나지 않는 게 아닐까?

비존재(非存在)에 대한 이런 생각이 얼마나 무섭고 두려웠던지, 깊이를 알 수 없는 거대한 공허가 금방이라도 나를 집어삼킬 것만 같았다. 마침내 두려움을 참지 못한 나는 동생들이 있는 방으로 뛰어가 함께 장난을 치며, 이어지는 생각의 고리를 끊어야 했다.

불행하게도 우리는 죽음을 극복할 수 없다. 비록 생활수준의 향상과 유아 사망률의 감소, 의료기술의 발전 등으로 평균수명은 연장되었을지 모르지만, 무(無)를 향해 치닫는 운명의 끈질긴 시계 바늘을 근본적으로 막을 수는 없다.

슬프게도 과학은 영혼을 부정하거나, 최소한 인정하지 않는다. 물질 자체에 생명이 없다고 보면서, 이 생명 없는 물질을 1차적인 것으로, 그리고 마음이라든가 의식, 지성, 생명활동은 2차적인 것으로 보기 때문이다. 생물학이나 심리학 같은 분야들도 생명을 자연의 본질로 다루지 않기는 매한가지다. 한마디로 현대과학은 유물론적 학문인 것이다. 최근 양자역학과 같은 분야에서 기계론적 세계관을 무너뜨리는 사고방식의 혁신적인 전환이 이루어지고는 있지만, 그래도 거의 모든 학문 분야가 생명의 본질이나 영혼 현상을 설명하지 못하는 유물론적인 토대 위에 서 있다고 해도 결코 과언이 아니다.

물론 과학은 현대인에게 많은 것을 베풀어주었다. 새처럼 하늘을 날 수 있게 해주었고, 고래처럼 바다 속을 잠수할 수 있게 해주었으며, 심지어 대기권 밖으로도 나갈 수 있게 해주었다. 보이지도 않는 전파를 통해 음성을 주고 받는가하면, 지구 반대편에서도 상대방의 얼굴을 바라보며 이야기할 수 있게 되었다. 또 육체노동의 많은 부분을 기계가 대신하게 되었고, 사람들은 좀 더 편리하게 여러 가지 시설들을 이용하며 다양한 문화생활을 즐기게 되었다.

그래서 그런지 과학의 역사를 진보적인 발전의 역사로만 평가하는 경향이 있다. 그러나 나는 그렇게 보지 않는다. 과학의 발달로 지식이 늘어나고 그에 따른 기술적 상상력이 풍부해지긴 했지만, 다른 한편으로는 과거 우리의 조상들이 누리던 신화적인 상상력들은 그 설 자리를 잃고 말았다. 예를 들면 화산 속에서는 더 이상 불을 뿜는 용이 살지 않고, 꽃과 나무에도 요정은 살지 않는다. 무선 인터넷이나 투시 카메라의 가능성은 믿을지라도, 텔레파시나 투시 같은 초능력이 실제로 가능하다는 믿음은 주위의 조롱이나 이상한 시선들만 불러모으고 만다. 더욱이 몇천 년을 살면서 늙지 않았다는 전설적인 사람들의 이야기는, 우리가 어렸을 적 할머니에게 들었던, 동화에서나 나올 법한 꿈 같은 이야기다. 그래서 소설이나 영화에 등장하는 다양한 귀신들의 대중적 인기에도 불구하고, 실제로 영화관 밖에서 귀신을 마주칠까 봐 겁낼 필요는 없다.

가만히 살펴보면, 만유인력의 법칙과 에너지보존의 법칙, 질량보존의 법칙, 엔트로피(무질서도) 증가의 법칙, 광속도 불변의 법칙 같은 물리 법칙들은 오늘의 과학을 있게 한 위대한 발견들이지만, 동시에 하나같이 자연현상을 규제하는 금지령들인 것을 알 수 있다. 즉, 만유인력의 법칙은 물체가 저절로 공중으로 떠오르는 것을 막으며, 에너지보존의 법칙은 한 번의 충전으로 전기자동차가 영구히 도로 위를 굴러다니는 것을 불가능하게 하고, 질량보존의 법칙은 물질이 새롭게 나타나거나 사라지지 못하게 하여 이를테면 신약성서의 오병이어(五餠二魚) 같은 기적을 불가능하게 한다. 엔트로피 증가의 법칙은, 아주 먼 미래가 되긴 하겠지만, 언젠가 이 우주가 열평형 상태에 이르러 아무런 변화도 일어나지 않는 밋밋한 죽음의 세계가 될 것임을 예고하고 있고, 상대성 이론은 우주선이 빛의 속도를 넘는 것을 금지하여 우리가 항성간 여행을 하는 것을 거의 불가능하게 만든다.

이런 법칙들이 자연에 질서를 부여하고 우주가 그 존재를 유지하는 데 필수적인지는 몰라도, 인간의 자유로운 상상력과 미래의 무한한 잠재력에 막대한 제약을 가하고 있는 것만은 분명하다.

이렇게 우리는 과학의 발달로 편리함을 얻은 대신 많은 가능성들을 잃었다. 무엇보다 과학 그 자체가 권위화된 것이 그렇게 된 가장 큰 이유라고 할 수 있다. 즉 과학 이론이란 본래부터 가정에 근거한 하나의 가설(假說)이나 추론에 불과한 것이어서, 언제든 새로운 이론으로 대체되는 현상이 실제 과학사에서 비일비재하게 벌어져왔음에도 불구하고, 이른바 현재의 정설(定說)이라는 것에 과도하게 절대시하여 다른 대안들을 아예 무시하거나 기존 이론을 수호하려는 태도로만 일관함으로써, 결과적으로 창조의 원동력인 많은 상상력들을 억압해온 것이다.

어쨌든 과학의 신념에 따르면 우리는 죽음을 두려워할 수밖에 없는 존재다. 이 때문에 12살 어린 소년 또한 유물론적인 과학문명의 배경 속에서 공포의 눈으로 죽음을 들여다볼 수밖에 없었던 것이다.

그러나 20여 년의 세월이 지난 지금, 나는 그때와 달라진 눈으로 세상을 본다. 이제 나는 어린 시절처럼 삶의 한계에 절망하거나 두려워하지 않는다. 그것은 내가 그동안 새로운 눈으로 세상을 바라볼 수 있는 철학적이고 과학적인 토대를 발견하였기 때문이다. 이제 나는 현대과학의 첨단과 비밀스럽게 전해져온 고대지혜의 어울릴 것 같지 않은 만남을 중심축으로, 절망과 비극의 세계관으로부터 희망과 마법의 세계관으로 옮겨가는 환상여행에 여러분을 초대하고자 한다.

여러분은 앞으로 신비학(神秘學)이라는 낯선 용어를 자주 접하게 될 것이다. 신비학이란 무엇인가? 분석적이고 실증적인 방법에 의존하는 과학과 달리 직관과 계시에 의한 정보와 경험을 중시한다는 점에서 종교나 신비주의와 비슷한 면도 있지만, 그러나 이 신비학이라는 용어는 그리 간단히 정의 내릴 수 있는 성질의 것은 아니다.

이 책에서 사용하는 신비학이라는 용어는 '오컬트 과학(Occult Sceince)'이라는 용어와 거의 같은 뜻으로 사용되었다. 오컬트란 용어의 사전적 의미는 "감추어져 있다"는 뜻으로, 결국 신비학이란 사물의 감추어진 측면을 연구하려는 학문적 노력으로 해석할 수 있을 것이다. 오컬트는 영혼을 포함한 인간과 우주의 구조와 기원, 운명, 그리고 작용 등을 모두 포함하는 신비의 지혜를 일컫는데, 경우에 따라서는 예로부터 이어져온 신비 전통의 여러 흐름과 신비학파들의 가르침을 통틀어서 오컬트라고 이야기하기도 한다.

오컬트는 인류사의 전면에 드러나지는 않았지만, 서구를 비롯한 전 세계의 문명사를 배후에서 주도해온 거대한 사상의 흐름이기도 하다. 마치 인체의 혈관이 피부 밖으로 드러나지 않고서도 모든 육체 조직에 영양분을 공급해주듯이, 오컬트도 문화와 예술, 철학, 건축, 종교, 심지어는 과학에 이르기까지 거의 모든 분야에 걸쳐 알게 모르게 지대한 영향을 미쳐왔다.

오컬트 과학이라는 의미에서의 신비학은 일반적인 의미의 과학과는 많은 점에서 다르지만, 자연의 법칙과 본질을 합리적이고 이성적이며 체계적으로 이해하려 한다는 측면에서 분명한 '과학(Science)'이라고 할 수 있다. 이런 점에서 신비학은 흔히 말하는 신비주의[1]와는 구별된다. 과학의 입장에서 볼 때는 신비학의 주장들이 말도 안 되는 황당한 이야기로 여겨질 수 있지만, 반대로 신비학의 입장에서 보면 과학이 가야 할 길은 아직도 멀다. 우주의 실체는 단순한 귀납적 방법이나 기계장치를 이용한 탐사로는 도달할 수 없는 숨겨진 영역 안에 있다는 것이 신비학의 기본 인식이기 때문이다. 과학과 신비학의 주된 차이는, 첫째로 어떤 현상이나 문제에 접근하는 관점에 있고, 두 번째는 연구방법에 있다.

과학은 물질우주를 생명이나 의식과 별개인 것으로 볼 뿐만 아니

---

1) 신비주의란 용어는 단순히 신비한 현상이나 불가사의한 것을 정의할 때 쓰이기도 하지만, 보통은 일상 경험에서 벗어난 일종의 신비적 경험과, 그러한 경험에서 비롯된 사상과 삶의 방식들을 가리킬 때 사용된다. 하지만 신비주의는 학문적 체계성과 논리성을 반드시 필요로 하지는 않는다는 점에서 신비학과 구별된다.

라, 개개 현상이나 물질우주 전체를 생명이나 의식과 관련된 어떤 것에도 영향받지 않고 독립적으로 연구하고 알 수 있는 한정된 실체로 간주하고, 객관적인 실재의 현상과 관련된 문제들을 '아래로부터', 다시 말해 특정 사실로부터 보편 진리를 이끌어내는 귀납적인 방법으로 접근해 들어간다. 인간의 관찰행위가 실험결과에 영향을 미친다는 양자역학의 혁신적인 발견에도 불구하고, 양자역학을 제외한 현대과학과 현대문명의 근간은 아직까지 이런 사고방식에서 거의 벗어나지 못했다. 또한 과학은 인간의 통상적인 물질 감각과 능력에 의존하는 기계장치와 관측장비를 써서 자연 현상들을 탐구한다. 따라서 자연의 신비를 얼마나 더 깊이 파헤치는가는 이들 장비의 부단한 개선 및 새로운 장비의 발명과 밀접한 관계가 있다.

반면 신비학은, 모든 실체와 현상이 우주 그 자체와 일체를 이루는 한 '위대한 생명'(다른 이름으로 불러도 좋다)이 겉으로 표현된 양상들임을 인정하고 문제를 '위로부터' 접근해 들어간다. 또한 신비학의 연구는 기계장치보다는 의식 확장이나 인간 내면의 능력 계발에 의지하여 모든 현상을 상위차원에서 조사한다. 그렇게 함으로써 단순한 물질 감각으로 파악되는 사실 이면에 감추어진 실체에 대한 지식을 얻을 수 있으며, 사물이나 현상들 간에 존재하는 훨씬 방대하고 깊은 연관성을 찾아낼 수 있다고 보기 때문이다.

나로서는 어느 한 쪽을 부정하거나 우월하다고 주장할 생각이 없다. 오히려 이 둘은 상호보완적인 것으로 보인다. 빛과 어둠, 낮과 밤, 산과 계곡, 동양과 서양, 북극과 남극, 남자와 여자 등등, 이 세상은 어느 곳이나 이원성으로 가득 차 있고 양극성으로 구성되어 있다. 빛과 어둠처럼 두 개의 양극은 완전히 반대의 성질을 가지고 있어서 전혀 어울릴 수 없을 것 같지만, 사실은 어느 하나가 없으면 다른 한쪽도 있을 수 없다. 마찬가지로 과학과 신비학도 같은 현상을 놓고 하나는 '아래'에서 쳐다보고 다른 하나는 '위'에서 내려다보는 시각의 차이가 존재할 뿐, 서로 배격해야 할 관계는 아니라고 본다. 오히려 사물을 정확하게 이해하기 위해서는 이 둘의 협력이 필수적인 게 아닐까?

그럼에도 불구하고 과학과 신비학이 빛과 어둠 이상으로 서로 이질적인 것처럼 보이는 것 또한 사실이다. 죽음을 바라보는 태도만 해도 그렇다. 하나는 사후세계를 긍정하고 하나는 사후세계를 부정하는데, 어떻게 아무 모순 없이 사이좋게 양립할 수 있겠는가?

사물을 한 측면에서만 바라보면 오류를 범할 가능성이 높아진다. 만약에 공중에 떠 있는 피라미드를 밑에서만 바라본다면, 피라미드는 사각형일 것이라고 잘못된 인식을 하기 십상일 것이다. 반대로 위에서만 보면, 아래면도 윗면처럼 뾰족한 사각뿔 형태를 하고 있을 것이라고 판단할 가능성이 있다. 과학의 역사는 물론이고, 신비학의 역사에 있어서도 사물을 그릇되게 인식했던 사례는 얼마든지 찾아볼 수 있다. 잘못된 인식을 서로 바로잡아주고, 또 다른 오류의 가능성을 줄여주는 것이 두 분야의 협력으로 기대할 수 있는 효과 중 하나일 것이다. 어느한 쪽만이 전적으로 옳다는 사고방식은 이제 버릴 때가 되었다.

사실 나는 현대과학과 신비학의 정의를 별도로 내리거나 이 둘의 유사성을 학문적으로 규정하는 일, 그리고 이 둘 사이의 영역을 조정하는 일에는 크게 관심이 없다. 그보다 더 흥미를 끄는 작업은 이 두 분야가 서로 만나는 지점에서 공통점을 발견해내고, 이를 바탕으로 자연의 깊은 비밀들을 실질적으로 탐구해가는 것이다.

이 점에서 나는 현대과학과 신비학 사이에 벌어진 거대한 틈바구니를 이어줄 공통분모로 아누란 요소를 찾아냈다. 나는 아누가 가진 가능성에 매료되었다. 아마 이 책을 읽는 독자 여러분도 나처럼 현재 물리학의 관측한계보다도 10^{16}배(1억 배의 1억 배)나 작을 것으로 추정되는 이 미립자를 매개로 하여 앞으로 현대과학과 신비학의 장벽이 허물어지는 것을 목격하게 될 것이다.

어떤 물질 탐구든 끝까지 밀고 나가다 보면 반드시 형이상학의 영역에 도달하지 않을 수 없다. 반면에 형이하학의 영역에 대한 올바른 이해 없이 우주의 전모를 파악한다는 것 역시 불가능한 일이다. 아누는 이 양쪽 영역의 중간에 세워진 문이자 열쇠이다. 이 마법의 문을 열면 또 다른 세계가 모습을 드러낸다. 이 문은 형이상학과 형이하학, 물질계와 비물질계, 또는 삼차원세계와 고차원세계를 연결하는 일곱 빛깔 무지개 다리이며, 앨리스의 이상한 나라로 들어가는 토끼굴이자, 마법사 오즈 나라의 에메랄드 성으로 안내하는 노란색 벽돌길이다.

아누는 많은 물리학자들이 찾고 있는 물리학의 성배(聖杯), 즉 이 우주의 기본 물질, 말하자면 모든 물질의 기본 구성단위이다. 현대과학과 신비학의 결합에 의해 우주 궁극의 신비가 밝혀진다면, 그것은 얼마나 멋진 일이겠는가!

또 하나 흥분되는 일이 있다. 그것은 전혀 새로운 형태의 원자 구조가 존재한다는 사실인데, 나는 여기에 '초원자(超原子)'라는 이름을 붙였다. 게다가 이 초원자는 아주 놀라운 물성(物性)을 가지고 있는데, 그것은 마치 과거의 연금술을 연상시키는 것이다.

역사상 최고의 이성을 자부하는 시대에 연금술 운운하는 것은 자칫 비난을 면키 어려운 일일 것이다. 이 때문에라도 나는 이 책에 실린 모든 내용이 연금술을 전제로 작업한 것이 아니라, 아누의 신비를 밝히는 과정에서 우연하게 얻어진 결론이었음을 분명히 해두고자 한다. 연금술이 가능하다니! 야곱 뵈메나 로버트 플러드, 니콜라스 멜키오르, 하인리히 쿤라트 같은 저명한 신비주의자들조차 연금술을 인간의 내부에서 일어나는 영적인 재생의 의미로만 해석하였으며, 물리적인 의미로 연금술을 받아들이는 이들을 '비속한 화학'을 행하는 자들이라 하여 배척했는데. 게다가 칼 융은 연금술사들이 실험용기인 알타노르 속에서 보았다고 생각한 것은 그들이 물질에 투사한 자신들의 무의식 세계 그 자체였다는 심리학적인 해석을 내렸다. 하물며 현대인들에게 연금술은 더 이상 일고의 가치도 없는 비지성적 시대의 유물로 받아들여지고 있을 뿐이다. 과연 나는 융의 해석처럼 단지 타오르는 알타노르의 불꽃 속에서 '불도마뱀'의 환상을 본 것에 지나지 않은 것일까?

어쨌든 나는 연금술 이야기에서 이 책을 시작하려 한다. 그것은 비록 연금술이 현대인들에게는 불가능한 것으로 인식되고 있더라도, '영원한 부'와 '영원한 생명'으로 대표되는 인간의 모든 꿈과 희망, 그리고 잠재적인 욕망의 그림자가 그 이면에서 꿈틀대는 지극히 현실적이고 드라마틱한 주제이자, 이 책의 결말과도 부합되는 내용이기 때문이다.

상상을 초월하는 여행이 우리를 기다리고 있다. 원자 속에 감추어진 놀라운 비밀, 물질의 본질과 기원, 그리고 기존의 상식을 뒤엎는 우주의 진실이 처음으로 모습을 드러낼 것이다. 또 우리는 이 과정에서 영혼과 생명의 신비와도 마주치게 될 것이다. 원자와 아누, 그리고 현대물리학과 신비학이 만나는 지점에서 펼쳐지는 신비스러운 지적 모험의 세계로 우리 모두 용감하게 뛰어들어가 보자.

1장

연금술의 죽음

에메랄드 태블릿

18세기 모리셔스에서 장미십자단에 입문했던 박스트롬 박사에 따르면, 기원전 수 세기 전에 살았던 고대의 어느 한 저자가 이집트의 한 궁정에서 에메랄드 태블릿이라는 신비스러운 서판을 보았다고 한다. 서판은 이름 그대로 에메랄드로 되어 있었는데, 판 위의 글자는 조각된 것이 아니라 양각으로 돋을새김 되어 있었으며, 당시에도 이미 제작된 지 2천년 이상이 경과한 것으로 보였다고 한다. 박스트롬 박사는 기록에서 에메랄드가 한때 용융된 유리처럼 녹아 있는 상태에 있었던 것으로 추정했다.

만약 그렇다면 액체 에메랄드를 틀에 부어 주조한 후 자연산의 고체 에메랄드와 같은 경도를 갖게끔 처리했다는 이야기인데,[1] 이것은 현재의 기술로도 불가능한 일이다.

---

1)『모든 시대의 비밀 가르침』, Manly P. Hall 지음, The Philosophical Research Society, Inc. 1989, CLVII 쪽.

신비학에서는 이 에메랄드 태블릿이 고대 이집트의 현자 헤르메스 트리스메기스투스의 작품이라고 한다. 헤르메스 트리스메기스투스는 서양 신비주의와 연금술의 창시자로 일컬어지는 인물이다. 그 이름은 '세 번 위대한 헤르메스'라는 뜻으로, 곧 매우 위대한 헤르메스, 또는 지상 지하 천국, 3계의 지배자라는 의미를 가지고 있다. 그는 에메랄드 태블릿뿐만 아니라 무려 3만 6천 권이나 되는『헤르메스 대전』의 저자로도 알려져 있는데, 그 많은 책을 그가 다 직접 저술했는지는 분명하지 않다. 유감스럽게도『헤르메스 대전』은 이슬람교도들이 알렉산드리아의 도서관을 파괴했을 때 다른 몇십만 권의 책들과 함께 대부분 소실되었다고 한다.

헤르메스라는 이름은 그리스 신화에 나오는 신으로 우리에게 친숙하다. 제우스와 아틀라스의 아름다운 첫딸 마이아 사이에서 태어난 헤르메스는 과학의 신이자 예술의 신이고, 장사꾼의 신이며 또한 나그네의 신이기도 하다. 날개 달린 모자와 샌들, 그리고 한쪽 손에 든 따오기 날개가 달린 캐듀서스라는 지팡이 때문에 그를 알아보기는 어렵지 않다. 헤르메스는 그 빠른 기동력으로 제우스의 전령 노릇을 하였으며, 하데스가 지배하는 지하세계를 비롯하여 가지 못하는 곳이 없었다. 헤르메스는 인간의 영혼을 치유하고 죽은 자의 영혼을 저승으로 인도하는 영혼의 안내자였으며, 비법의 전수자이자 도서관의 신이기도 하였다.

로마 신화에서 머큐리라고 불리게 되는 헤르메스는 본디 이집트 지혜의 신 토트(Thoth)에 해당한다. 이집트의 여러 문서들과 벽화에서는 토트가 따오기 머리를 한 신으로 그려지고 있는데(그림 1.1), 때로는 원숭이 모습을 하고 나타나기도 한다(그림 1.2). 토트 역시 헤르메스처

그림 1.1 헤르메스(머큐리)와 이집트 신 토트

그림 1.2 원숭이 모양을 한 그리스의 헤르메스

럼 과학의 신이자 문자의 신이고 서기관의 신이었다.

이집트와 그리스 신화, 그리고 로마 신화에서 이야기하는 것처럼 인류의 현 문명은 지혜의 전수자이자 문명의 전달자인 토트-헤르메스 트리스메기스투스로부터 비롯되었다. 서양 문명의 두 축인 헬레니즘과 헤브라이즘이 이집트에 그 근원을 두고 있기 때문이다.

헬레니즘 시대는 알렉산더 대왕의 영토 정복과 함께 시작되었다. 그리스인들은 이집트와 메소포타미아, 페르시아 등지의 문물을 받아들여 근대과학과 철학의 선구격인 자연철학을 조직하였고, 이 때문에 우리는 서구 과학의 역사를 거론할 때 대개는 그리스 자연철학에서 출발하고 있다.

헬레니즘은 유럽의 로마제국으로 계승되었다. "빛은 오리엔트로부터"라는 말이 있듯이 풍요로운 로마제국의 문화적 원천은 이집트, 시리아 및 소아시아 지방을 비롯한 지중해 동쪽 연안에 있었으며, 서유럽은 주로 원료와 농산물의 생산지 역할을 하였다. 게다가 395년에 로마제국이 둘로 갈라진 후에도 동로마제국(비잔틴)은 약 천 년 동안 명맥을 더 유지한 반면, 서로마제국은 백 년도 안 가 훈족에게 쫓겨온 게르만족에게 멸망당하고 만다. 동고트와 프랑크, 서고트, 부르군트, 롬바르도 같은 작은 게르만 왕국들로 분열된 서유럽은 상업과 공업이 크게 위축되었고, 글을 읽고 쓸 줄 모르는 무식한 군사귀족들의 지배를 받게 되었다. 교육과 문화가 침체된 서유럽은 4~5백 년간을 퇴보에 퇴보를 거듭하였다.

서유럽이 문화적 암흑기를 거치고 있는 동안에, 로마제국의 쇠퇴에 편승하여 페르시아와 시리아, 이집트와 북아프리카를 단기간에 점령한 아랍(이슬람)은 그리스와 이집트의 과학과 지식을 훨씬 잘 흡수,

보전하고 있었다. 이 때문에 8세기부터 15세기까지 약 8백 년간을 아랍의 지배하에 있던 에스파니아 같은 지역은 문화적으로 오히려 큰 혜택을 입었다. 이런 상황에서 11세기와 12세기에 기독교도들의 성지 순례를 보장한다는 명목으로 감행되었던 십자군 원정은 아랍의 문물을 더 폭넓게 유입하도록 만드는 촉진제 역할을 하였는데, 그만큼 당시의 아랍 문명은 유럽을 훨씬 뛰어넘는 것이었다. 아니 유럽뿐만 아니라 이슬람 영향권에 들었던 인도와 동남아시아까지 이슬람의 문명에 넋을 빼앗겼다.

아랍인들은 고대사회의 지식과 기술을 바탕으로 자신들의 문화를 발전시켰다. 아리스토텔레스와 플라톤, 프톨레마이오스, 아르키메데스, 히포크라테스 등 유명한 그리스 학자들의 저작을 비롯한 수많

그림 1.3 헤르메스 트리스메기스투스[2]

은 고대 문헌들이 아랍어로 번역되었다. 근현대 서양문명이 아랍문화에 얼마나 크게 영향받았는지는 오늘날까지 널리 쓰이는 과학 용어들 상당수가 아랍어인 것에서도 알 수 있다. 예를 들면 알코올, 대수학(Algebra), 알칼리, 아말감, 위도(Azimuth) 같은 영어권 용어들이 아랍어에서 왔고, 연금술을 뜻하는 알키미(Alchemy)나 연금술의 영약을 일컫는 엘릭시르(Elixir) 역시 아랍어에서 온 것이다.

신비학자들에 따르면 피타고라스와 플라톤을 비롯한 많은 그리스 자연철학자들이 이집트에서 학문하였으며, 이들은 비전(祕傳)을 전수받은 비전 전수가들이었다고 한다. 결국 이집트의 지혜가 그리스와 아랍을 거쳐 유럽으로 전해진 것이며, 현 인류에게 문명을 열어준 자는 토트-헤르메스 트리스메기스투스가 되는 것이다.

헤르메스의 에메랄드 태블릿이 처음 어떻게 발견되었는지는 불분명하다. 빌헬름 크릭스만이 언급하기로는 아브라함[3]의 부인 사라가 헤브론 인근의 한 동굴에서 우연히 서판을 발견하였는데, 바짝 마른 송장의 뻣뻣해진 손가락을 풀고서 그 서판을 들어올렸다 한다. 반면에 독일 신비주의의 선구자이자 대철학자 알베르투스 마그누스(1193~1280)는 알렉산더 대왕이 페니키아에 있는 헤르메스의 무덤에서 발견하였다고 기록하였으며, 아랍인 이븐 아르파 라스(?~1197)는 헤르메스가 아담의 아들이었는데, 실론을 여행하는 중에 한 동굴에서 이 서판을 발견하였다고 주장하였다. 또 에메랄드 태블릿이 이집트 기자(Giza)의 대피라미드 지하에 있는 방에서 발견되었다고 이야기하는

---

2) 각주1)과 동일한 도서, 37쪽.
3) 유대인의 시조. 칼데아 우르에서 살다가 가족과 함께 하란을 거쳐 가나안으로 이동한다.

사람들도 있다. 이렇게 발견 경위에 대한 이야기들은 다양하지만, 이 서판을 페니키아 문자가 양각으로 돋을새김된 녹색의 돌로 묘사하는 점에서는 대부분 일치하고 있다.

에메랄드 태블릿은 후세의 연금술사들에게는 바이블과도 같은 존재가 되었다. 그렇지만 유감스럽게도 에메랄드 태블릿의 원판은 현재 전해지지 않고 있는데, 서구 세계에 전해진 에메랄드 태블릿은 원래의 페니키아 문자가 그리스어로, 이것이 다시 아랍어로 번역된 것을 또 라틴어로 옮긴 것이다. 우리는 또 영어와 한글을 통해서 그 문서를 보고 있으니 무려 다섯 단계를 거치는 셈이다.

이렇게 여러 단계의 번역과정을 거치다 보니, 우리가 접하게 되는 에메랄드 태블릿은 여러 가지 번역판, 또는 개정판이 있게 되었다. 에메랄드 태블릿을 연구하는 데 생의 많은 시간을 바친 독일의 물리학자 고트리브 라츠는 1869년에 쓴 『에메랄드 태블릿의 비밀』에서 세 종류의 초기 그리스 개정판을 언급하였는데, 모두 기원전 3세기에서 기원전 1세기 사이에 알렉산드리아에서 쓰여진 것들이다. 첫번째 개정판은 라틴어로 '타불라 스마라그디나'라고 불렸는데 '녹색의 판'이란 뜻이며, 두 번째 개정판은 '타블라 헤르메티카'(헤르메스의 판이라는 뜻), 세 번째 개정판은 '타블라 드 오페라티오네 솔리스'(태양의 작업에 관한 판이라는 뜻)라 불렸다.

다음은 이 중 유럽 중·근세 연금술에 가장 큰 영향을 미쳤다고 평가되는 '타블라 드 오페라티오네 솔리스'와 그 밖의 다른 여러 번역판들을 참고하여 우리말로 옮겨본 것이다.

1. 이것은 추호도 거짓 없는 확실하고 가장 진실한 이야기다.

2. 아래에 있는 것은 위에 있는 것과 같고, 위에 있는 것은 아래에 있는 것과 같다. 이것은 '하나인 것'의 기적을 이루기 위한 것이다. 모든 것은 이 '하나인 것'의 반영이며, 또한 모든 것은 이 '하나인 것'의 변화와 적용으로써 만들어진다.

3. 그의 아버지는 태양이며, 어머니는 달이다. 바람이 그를 자신의 자궁에 옮겨다 놓았고, 흙은 그에게 양분을 주었다.

4. 그것은 우주의 모든 성취를 위한 어버이다. 만일 그것이 흙으로 내려가면 그 힘은 완벽해질 것이다. 고도의 숙련된 솜씨로 불에서 흙을, 조잡한 것에서 정묘한 것을 반복해서 분리시켜라. 그것은 흙에서 하늘로 올라가며, 다시 흙으로 떨어진다. 그리하여 그 자신의 내부에 위와 아래의 힘을 동시에 품게 되는 것이다.

5. 이렇게 해서 당신은 온 세계의 영광을 얻게 될 것이며, 모든 어둠은 멀리 떠나갈 것이다. 이것은 모든 것 중에서 가장 위대한 힘이니, 모든 정묘한 것들을 정복하며, 모든 단단한 것들을 꿰뚫기 때문이다.

6. 세상은 이렇게 창조되었다. 이로부터 놀라운 적용(adaptations)이 얻어질 것이며, 그 방법은 이와 같다.

7. 그러므로 나는 '헤르메스 트리스메기스투스'라 불린다. 그것은 바로 내가 세계의 지혜 세 부분을 가지고 있다는 뜻이다.

그림 1.4 태양을 삼키는 초록사자

8. 이제 태양의 작업에 관해 할 말은 다하였다.

에메랄드 태블릿이 다중의 의미를 표현하고 있어서 해석하기는 쉽지 않지만, 위의 글이 연금술의 화학적 과정을 묘사하고 있는 것만은 분명하다. 왜냐하면 마지막 절에서 이야기하는 '태양의 작업'과 '타블라 드 오페라티오네 솔리스'라는 제목에 나타나는 '태양의 작업'이란 금을 만드는 작업이란 뜻이기 때문이다. 연금술의 비밀언어에서 금을 상징하는 것이 바로 태양이다. 아래 그림은 연금술에서 자주 사용되는 상징인데, 초록 사자는 수은을 나타내고 태양은 금을 나타낸다. 일반적으로 연금술은 수은과 같은 기저금속(基底金屬)을 금으로 변환시키는 작업으로 알려져 있다.

에메랄드 태블릿이 혹 연금술의 비법으로 제조되어 그 자신의 몸에 제조과정을 기록해놓은 연금술의 살아 있는 증거는 아닐까? 페니키아 원문의 제목이 '히람의 비밀작업(The Secret Works of CHIRAM)' 이라고 되어 있는 것은 이런 의혹을 더욱 증폭시킨다.

한편 에메랄드 태블릿에는 그 기원이 무려 기원전 3만 6천년까지 올라가는 또 하나의 변종이 있는데,[5] 이것 역시 연금술적 변성으로 제작된 것이라는 증언이 있다. 그렇지만 에메랄드 태블

그림 1.5 페니키아 문자로 쓰여진 에메랄드 태블릿[4]

릿 자체가 연금술과 같은 놀라운 기술을 사용하여 제작되었다는 것이 과연 타당한 이야기일 수 있을까? 아니면, 그 허다한 구전과 기록들에도 불구하고 그것은 인류의 이룰 수 없는 욕망이 인간의 상상력과 결합하여 빚어낸 근거 없는 이야기에 지나지 않는 것일까?

---

4) 각주1)과 동일한 도서, CLVI쪽- 지그문트 박스트롬 박사의 연금술 원고에 있는 그림을 다시 그림. 맨 윗줄은 '비밀작업', 두 번째줄의 큰 글자는 'Chiram Telat Machasot' 즉 'Chiram the Universal Agent, One in Essence but three in aspect' 라 읽는다.

5) 『아틀란티스인 토트의 에메랄드 태블릿』, Doreal 지음, 참조.

현자의 돌

연금술 사상의 밑바탕에는 모든 자연만물은 변화하기 마련이라는 굳은 믿음이 깔려 있다. 고대인들이 보기에, 그리고 불과 이백 년 전만 하더라도 변성(變性)은 자연과 생명의 실체 그 자체라고 받아들여졌다. 곤충의 애벌레는 자라서 번데기가 되었다가 다시 허물을 벗고 성충이 되고, 얼음은 녹아서 물이 되거나 수증기가 되어 사라진다. 언제까지나 변하지 않을 것처럼 보이는 바위와 산도 언젠가는 닳고 부서져 그 형태가 바뀐다. 그렇다면 씨가 자라서 나무가 되고 열매를 맺듯이, 모든 물질이 태어나고 자라다가, 이윽고는 부패해서 사라지는 운명을 가지고 있다고 본 것은 어쩌면 너무도 당연한 일일 것이다.

아리스토텔레스는 4원소설을 내세워 모든 물질은 지(地), 수(水), 화(火), 풍(風)의 네 원소들이 갖가지 비율로 결합하여 이루어졌다고 주장했다. 그리고 아리스토텔레스는 이 원소들이 서로 다른 원소로 변할 수 있다고, 예를 들면 흙이 물로, 물이 공기로, 공기가 불로, 그리고 다시 불이 흙으로 서로 변성할 수 있다고 보았다.

게다가 아리스토텔레스는 4원소 이전에 원초의 물질('원물질'이라 하자)이 있어 네 가지 성질(뜨거움, 차가움, 축축함, 건조함)이 이 원물질에 각인됨으로써 네 원소가 만들어졌으며, 각 원소는 이 성질을 바꿈으로서 다른 원소로 변화될 수 있다고 생각했다. 또한 각 물질은 원물질과 특정 '형상'으로 이루어져 있다고도 하였다. 그러므로 한 물질을 다른 물질로 바꾸기 위해서는 이 형상을 바꾸면 되었다. 이것은 나중에 다루게 되겠지만 물질의 본질을 이해하는 데 있어 대단히 중요한 개념이다. 어쨌든 연금술사들이 시도한 것도 이를테면 이 형상을 바꾸는 일이었다.

　그런데 원자론을 알고 있는 현대인들이 보기에 황당해 보이는 이 4원소설과 원물질론은 연금술뿐만 아니라 이후 18세기에 이르기까지 서구의 사상계 전반을 지배하던 이론이었다. 토마스 아퀴나스의 스승

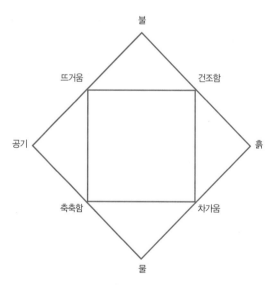

그림 1.6 아리스토텔레스 4원소설의 개요

이며 연금술사이기도 했던 알베르투스 마그누스도 "연금술은 이런 식으로, 즉 하나의 물질에서 그 속에 내재한 특정 형상을 제거하여 원래의 물질을 파괴한 후에 다른 특정 형상을 만들어내는 식으로 이루어진다"고 하였다.

연금술사들은 다른 모든 자연 존재들과 마찬가지로 금속들도 끊임없이 완전함을 향해서 나아간다고 생각하였다. 그들이 보기에는 금속이나 광물도 동물이나 식물처럼 자라나는 것이다. 이 경우 광물을 키우는 것은 대지의 품이어서, 옛날 사람들은 광물이 성장할 시간을 주기 위해 일정기간 광산을 폐쇄하기도 하였다. 연금술은 다만 자연에서 오랜 시간이 걸려 일어날 일을 실험실에서 빨리 일어나도록 인위적으로 조작하는 것에 지나지 않았다.

한편 금속의 완전한 형태는 금이다. 14세기의 연금술사 페트루스 보누스는 말했다.

"금속 중에서 완벽함을 갖추고 그 성질에서 최고의 완전한 단계에 도달한 유일한 금속이 이른바 금이다. 나머지 다른 금속들은 모두 이 금으로 변화하려는 경향을 갖고 있다."

금은 녹슬지 않을 뿐만 아니라 아무리 가열하여도 변하지 않는다. 중국의 위백양은 『주역참동계(周易參同契)』 금반귀성(金返歸性)의 장에서, "세상 만물은 불 속에 들어가면 모두 타게 마련이지만, 황금은 맹렬한 불 속에서도 그 빛깔이 선명한 광채를 잃지 않는다. 천지가 개벽한 이래 해와 달이 일찍이 그 광명을 잃은 일이 없듯이, 황금도 그 성질에서 절대 깨어지거나 부패하는 일 없이 그 중후함을 잃지 않는다"고 하였다.

이 때문에 중세유럽을 비롯하여 여러 시대의 수많은 연금술사들은, 그 이름에서 알 수 있듯이, 완벽함의 상징인 금을 만들기 위해 노력했다. 하지만 『철학자의 묵주』에서 "우리의 금은 흔히 말하는 금이 아니다"라고 선언하였듯이, 연금술은 금을 제조하는 데만 국한된 기술은 아니었다. 이 점에서 연금술(鍊金術)이라는 한자 용어는 적절하지 않을지도 모른다.

연금술은 고대 이집트와 그리스, 아랍, 중세유럽뿐 아니라 인도와 중국 등에서도 행해졌는데, 놀랍게도 그 시대적 지리적 차이를 넘어 많은 공통성을 가지고 있다. 유럽 연금술사들은 자주 황색의 과정을 생략해버리긴 했지만, 연금술은 대체로 흑화와 백화, 황화, 적화의 과정을 거친다. 18세기 프랑스의 연금술사 동 페르네티는 그의 연금술 사전에서 연금술의 처리과정을 하소와 응결, 응고, 용해, 소화, 증류, 승화, 석출, 밀랍, 발효, 증식, 사영 등의 열두 단계로 분류하여 놓았다.

이런 연금술의 과정을 통해 모든 금속의 부모인 유황과 수은이 결합하여 이른바 '현자의 돌(Philosopher's Stone)'이라는 것이 만들어진다. 이 현자의 돌은 붉거나 흰 가루로, 기저금속을 금으로 변성시킬 수 있는 능력을 가지고 있을 뿐만 아니라, 만병통치약, 영생의 불사약이기도 했다. 동서양을 막론하고 연금술사들이 얻고자 했던 것은 금 자체가 아니라 바로 이 현자의 돌이었다. 현자의 돌을 얻기 위해 많은 연금술사들이 그들의 길지 않은 생애와 전 재산을 걸기도 하였다. 현자의 돌은 엘릭시르 또는 영약(靈藥), 만능약, 생명의 물, 아르카눔, 처녀의 젖 등으로 불리기도 하였으며, 고대 인도의 연금술사들은 소마(Soma), 이슬람의 연금술사들은 라사야나(Rasayana)라고 불렀다. 때

그림 1.7 에 결합해 있는 철학적인 유황과 철학적인 수은[6]

로는 그냥 간단히 파우더(Powder)나 돌(Stone)이라고도 불렀다.

그런데 일반 화학상식에 따르면 유황과 수은이 만나 화학결합을 했을 때 얻어지는 건 황화수은(주사)이다. 이것은 물론 현자의 돌이 될 수 없다. 얼마나 많은 연금술사들이 수은과 유황을 문자 그대로 받아들였는지 알 수 없지만, 사실상 연금술사들의 수은과 유황은 통속적인 의미의 수은과 유황을 가리키는 것이 아니라 '철학적인' 또는 '이상적인' 수은과 유황을 뜻했다.

여러 가지 이유로 연금술사들은 고도의 상징과 그들만이 알아볼 수 있는 비밀언어를 만들어 사용하였는데, 그것을 비유적으로 '녹색언어', 또는 '새들의 말'이라 하였다. 이 때문에 새들의 말을 알아들을 수

---

6)『화학의 즐거운 정원』, Daniel Stoltzius Von Stoltzenbert 지음, 1624, 108쪽.

없는 일반인들은 연금술서에서 이해할 수 없고 해괴한 온갖 그림들밖에 발견할 수 없었다. 예를 들면 유황은 왕이나 태양으로, 수은은 왕비나 달 또는 사자로 상징되었다. 수은과 유황의 결합은 왕과 왕비가 성적 결합을 하는 모습이나 함께 목욕하는 장면으로 나타내었으며, 토막난 시체는 하소(산화)과정을, 손과 발이 잘린 섬뜩한 그림은 금속 원소의 응결과 응고과정을 표현한 것이다.

연금술사들이 이렇게 모든 것을 의인화시켜 적극적이고 낭만적으로 표현한 것은 자연을 보는 그들의 관점과도 깊은 관계가 있다. 즉 연금술사들은 금속과 광물이, 인간과 마찬가지로 태어나서 자라고 결혼하고 자식을 낳고 죽어가는, 영혼과 감정을 가진 일종의 생명체라고 바라보았던 것이다. 그들에게 화학반응은 금속과 여러 물질 간의 생기론(生氣論)적인 상호작용으로 비쳤으며, 이 때문에 연금술 작업은 종종 농사를 짓는다거나 정원을 가꾸는 일에 비유되곤 했다.

불사의 엘릭시르

개개 연금술사들의 목표는 사람마다 다양한 것이었겠지만, 연금술 일반이 추구한 것이 금만이 아니었던 건 분명하다. 황금보다 더 소중한 것, 온갖 금은보화를 다 주고도 사지 못하는 것, 그것은 바로 영원한 수명과 영원한 젊음이다. 천하의 진시황도 얻지 못한 불사의 약초, 연금술은 바로 그 영원한 생명을 얻고자 했다. 이것은 인간 육체의 변성이라고 할 수 있을 것이다. 그들은 현자의 돌을 먹거나 마시면 불사의 몸으로 변화된다고 믿었다.

유황과 수은으로 금을 만들어낸다는 것도 믿기 어려운데 연금술로 영생불사의 묘약을 만들어낸다고? 이것은 현대인들 누구라도 선뜻 믿기 힘든 이야기일 것이다. 그런데도 불과 백년 전만 해도 제법 많은 사람들이 연금술을 신뢰하고 있었고, 현자의 돌을 얻기 위해 심지어 평생을 허비한 지성인들도 적지 않았다니! 그렇다면 그것은 인간의 무지와 탐욕과 어리석음을 전형적으로 증명하는 사례가 아닐까?

그런데 역사에는 일반적인 상식을 넘어 실제로 늙지 않고 오랫동안 살았다고 전해지는 사람들이 의외로 많다. 그런 사람들 중에, 수수께끼로 가득 찬 18세기의 실제 인물, 생 제르망의 예를 들어보기로 하자.

그 당시 많은 사람들은 생 제르망이 현자의 돌을 가지고 있다고 믿었다. 『런던 연대기』에는 '불가사의한 이방인에 관한 일화'라는 제목으로 다음과 같은 기록이 있다.

"그는 탁월하고 고귀한 연금술사로서의 명성을 가지고 독일에서 프랑스로 왔다. 그는 비밀의 가루를 가지고 있었는데, 그것은 만능약이기도 했다. 이 이방인이 금을 만들 수 있다는 소문이 퍼져나갔다. 그의 지출이 이러한 소문을 뒷받침했던 것 같다. 소문이 커지자 당시의 프랑스 대신이 이를 의심하여 그의 비밀을 밝히려 했다. 그는 생 제르망이 어디로부터 송금을 받고 있는지 조사하도록 명령하였다. 그리고 이 현자의 돌이 어디서 생기는지 그 출처를 곧 알게 될 것이라고 사람들에게 말했다. 그러나 비밀을 밝히려던 그 고관의 의도는 매우 사려 깊고 현명한 것이었지만, 오히려 수수께끼만 더 증폭시키는 결과를 낳았다…… 그렇게 2년 동안 감시하였지만, 생 제르망은 평상시와 같이 생활하며 모든 것을 현금으로 지불했는데, 그 동안 프랑스에 있는 그에게 들어온 송금은 일체 없었다."

생 제르망은 일부 귀족들 앞에서 변성실험을 하여 보통의 주화나 은화를 금으로 변화시키기도 하고, 왕이나 외교관에게 자신이 직접 만들었다며 큼직한 다이아몬드와 보석을 보여주기도 하였다. 파리의 자택에서 마련한 연회에서는 보석을 디저트 접시에 담아 참석한 귀족들에게 선물로 주었다고도 전해진다. 한번은 어떤 공작부인의 청에 못이겨 생명의 약이 든 작은 병을 주었는데, 그것이 술인 줄 알고 마셔버린 하녀가 몰라보게 젊어졌다는 믿기지 않는 에피소드도 있다. 그러나 무엇보다도 생 제르망 자신이 불사의 삶을 누린 것으로 기록은 전한다.

라모아 제르지 백작부인의 회상록에 의하면, 1710년 무렵 베네치아에 있던 생 제르망의 나이는 50세쯤으로 보였다고 한다. 만일 그렇다면 1660년경에 출생한 것이 된다. 그런데 그는 1737년에서 1746년 사이에 페르시아와 영국, 빈 등에 머물렀다. 8, 90세는 되었을 것으로 추정되는 시기이다.

그리고 1749년에는 파리에 도착하여 루이 15세와 퐁파두르 후작부인을 만났으며, 1756년에는 인도에서 목격되었다. 1762년에는 성 페테르스부르크 쿠데타에 참가하고, 이후로는 프랑스의 샹보르성에서 연금술과 화학실험에 종사한 것으로 기록은 전한다. 그리고 1768년에는 베를린에 있었고, 그 다음해는 이탈리아, 코르시카, 튀니스를 여행하였으며, 1770년에는 러시아 해군이 이탈리아에 입항했을 때 오를로프 백작에게 초대를 받기도 했다. 이때 그는 러시아 장군 복장이었다고 한다. 그는 1770년대에는 독일에 체류하면서 샤를 왕자와 함께 프리메이슨과 장미십자단 일에 종사하였으며, 1780년에는 런던의 왈시사(社)가 생 제르망의 바이올린 곡을 출판했다.

독일의 에케른푀르데의 교회에는 "소위 생 제르망 및 웰돈 백작. 1784년 2월 27일 사망. 3월 2일 매장."이라는 기록이 있다. 1710년에 50세로 보이는 생 제르망을 보았다는 라모아 제르지 백작부인의 말을 믿으면, 그는 124세 정도에 죽은 셈이 된다.

그런데 그다음 해 그는 어떤 프리메이슨 모임에 출석하고 있다. 또한 백작부인은 1821년에 그를 빈에서 만났다고 말했으며, 주 베네치아 프랑스 대사도 그 후 산마르코 광장에서 그와 이야기를 나누었다고 했다.

생 제르망의 친구이자 제자인 헤세 카셀의 샤를 왕자는 그의 저서에서 "지금까지의 철학자 가운데 가장 위대한 사람 중의 하나"로 생 제르망을 추켜세웠으며, 주브뤼셀 오스트리아 대사인 코벤츨도 그를 높이 평가하여 "모든 것을 알고 있고, 존경할 수 있는 결백하고 착한 영혼의 소유자"라고 하였다. 프리드리히 대왕은 생 제르망을 "이해할 수 없는 남자"라고 말하였으며, 프랑스의 볼테르는 생 제르망에 대해서 "모든 것을 알고 있는 사람", 그리고 "결코 죽지 않는 남자"라고 평하였다.[7]

중국의 연금술은 금 그 자체를 얻기보다는 영생을 얻고자 하는 것이 주된 목적이었다. 중국의 대표적인 연금술사로는 기원전 4세기경의 추연과『주역참동계』의 저자인 위백양, 포박자 갈홍 등이 있다. 중국의 연금술사들도 서구나 인도 등의 연금술사와 마찬가지로 금을 섭취함으로써 얻게 되는 기적적인 효과에 대해서 언급하고 있다. 다만 주의해서 볼 것은 그들이 말하는 금 역시 보통의 금은 아니라는 것이다.

"고대인들은 금을 섭취하면 금처럼 되리라고 하였다…… 이것은 인간의 영생을 보장해주는 약이다. 금을 섭취하면 피부가 쪼글쪼글해지지 않을 것이며, 시간의 경과에 조금도 영향을 받지 않을 것이며, 유령이나 영령들로부터 시달림을 받지도 않을 것이다. 때문에 끝이 없는 영원이 기다릴 것이다. 금은 태양의 정수다. 이것은 모든 물질들의 왕자

---

7) 그는 오늘날 여러 신비주의 단체에서 세인트 저메인(St. Germain) 대사, 또는 라코치(Rakoczy) 대사로 알려져 있다.

다. 금을 섭취하고 나면 불사신들과 의사소통할 수 있으며, 가벼워진 신체를 즐길 수 있을 것이다…… 그럼에도 불구하고 금 자체는 독성이 있다…… 만일 원래의 금을 가루로 만들어 복용하게 되면 뼈와 골수에 유독한 영향을 미쳐 죽음을 가져올 수도 있다. 불사를 얻으려면 금을 섭취하기 전에 수은과 결합시켜야만 한다."[8]

『열선전(列仙傳)』에 따르면 위백양은 엘릭시르를 조제하는 데 성공하여 그의 충직한 한 제자와 함께—더불어 개 한 마리도 함께—불사의 몸이 되었다고 한다.

그러나 갈홍이 말했듯이, "이 길로 접어들기를 바라는 사람들은 물소 털만큼이나 많았지만, 성공할 수 있었던 사람은 일각수의 뿔만큼이나 드물었다." 영생을 추구하던 많은 중국인들이 엘릭시르에 의한 중독으로 죽어갔다. 820년과 859년 사이에는 무려 여섯 명이나 되는 황제들이 엘릭시르를 복용하고 죽었다. 그중 첫 황제인 선종은 엘릭시르를 복용하고 정신이 혼미한 상태에 이르러 시종들에게 독살당하고 말았다.

결국 9세기 이후로 중국의 연금술은 쇠퇴하고, 대신 육체 내에 내적인 엘릭시르를 만들어 어린아이의 생명력으로 되돌아가게 하는 생리학적인 연금술이 발달하게 되었다. 즉 호흡과 명상, 금욕 등을 통하여 단전(丹田)에 내단(內丹)을 형성하는 내적인 연금술이 활기를 띠게 됨으로써, 외단(外丹)이 내단(內丹)으로, 외적인 연금술이 내적인 연금술 위주로 전환된 것이다.

---

8) 『연금술이야기』, 앨리슨 쿠더트 지음, 박진희 옮김, 민음사, 257쪽.

영적인 연금술

연금술의 또 다른 양상은 연금술의 모든 상징들을 이처럼 영적인 의미로 해석하는 것이다.

본래 연금술은 신비주의와 밀접한 연관을 가지고 출발하였고, 그 전래과정에서도 여러 신비주의 사상의 영향을 받았지만(이를테면 그리스의 스토아 학파나 그노시즘[9]의 영향에 이슬람 신비주의와 기독교 신비주의가 섞인 것이 중세유럽의 연금술 이론이다), 시간이 지날수록 연금술자들은 실용적인 측면보다는 점점 더 영적인 문제에 관심을 갖게 되었다. 중국에서는 이미 13세기 무렵에 명상기술의 하나로 자리잡은 영적인 연금술이 서구에서는 16세기와 17세기에 절정에 달했던 것이다.

페트루스 보누스는 연금술이 인간의 물질적 안락을 위해서가 아니라 정신적 안녕을 위해 신이 계시해준 것이라고 설파했다. 조지 리플

---

9) 영지주의(靈智主義)를 말하는 것으로, 그노시스(Gnosis)는 '지혜'란 뜻을 가지고 있다.

리는 연금술의 세 가지 주요 성분, 즉 유황과 수은, 그리고 파라켈수스에 의해 추가된 또 하나의 성분인 소금을 기독교의 삼위일체로 해석하였다. 그는 또 『연금술의 열두 문』이라는 저서에서 과거 그 자신이 연금술 실험과 관련하여 저술했던 내용이 순전히 이론에서 나온 것으로, 직접 시도해본 결과 옳지 않음을 발견했기 때문에 믿어서는 안 된다고 스스로 자백하기도 하였다. 램스프링은 연금술의 주요성분인 소금, 유황, 수은을 육체, 영혼, 정신, 그리고 성자와 성신, 성부의 세 측면으로 묘사하고 있다. 18세기 초에 씌어진 『삼위일체에 관한 서』에는 기독교의 상징과 연금술 사이에 또 다른 일치점이 나타난다. 이 책에서는 금속의 변성이란 게 불의 도움으로 금속이 그들의 원죄에서 구원받는 것이라고 묘사되어 있는 것이다. 일부 연금술사들은 현자의 돌을 천상의 돌, 즉 예수와 동일시하기도 했다.

연금술은 쉽지 않은 과정이었다. 부귀와 영생의 꿈을 안고 연금술의 알타노르(용광로)에 뛰어들었던 수많은 사람 거의 모두가 실패하였으며, 게다가 사기행위도 빈발하였다. 연금술 자체가 의욕만 있다고 아무나 할 수 있는 성질의 것이 아니었다. 연금술을 할 수 있으려면, 실험장비를 갖추고 그것을 운영할 수 있는 막대한 재력과 실험에 몰두할 수 있는 시간, 그리고 인내가 필요하였다. 그래서 연금술사 중에는 생계에 걱정이 없는 귀족 출신이나 교회 수도사들이 많았지만, 이들 대부분이 헛된 꿈을 쫓아 재산을 날리고 삶을 허비하였다.

이런 높은 실패확률 때문에도 영적인 의미로만 연금술을 받아들이는 신비주의자들이 갈수록 늘어났다. 야곱 뵈메(1575~1624)는 연금술 용어들을 순수하게 정신적인 목적에서만 사용하였으며, 장미십자단의 영국인 회원이었던 로버트 플러드(1574~1637) 역시 연금술을 영적인 재생의 기술로 해석하였다. 니콜라스 멜키오르는 연금술의 작업과정을 미사 의식을 가지고 설명하면서 이 둘을 동일한 구원과정의 상징으로 보았으며, 기독교 신비주의자인 하인리히 쿤라트(1560~1601)는 변성을 연금술사의 정신 안에서 일어나는 신비로운 과정으로 해석하였다. 이밖에 단자(Monas)라는 독특한 상형문자를 발명하였던 존 디와 르네상스기의 영향력 있는 철학자이자 마술사인 헨리 코넬리우스 아그리파, 18세기 프랑스의 연금술사 랑글레 뒤프레스노이 등도 연금술을 인간의 내부에서 일어나는 영적인 재생의 의미로만 해석하고 받아들였다. 물론 이들은 연금술에 성공한 적이 없다.

하지만 연금술에 성공했던 경우가 전혀 없는 건 아니다. 아마도 연금술에 성공했다고 전해내려오는 가장 유명한 예가 14세기의 니콜라

그림 1.8 하인리히 쿤라트의 에메랄드 태블릿 상상도

스 플라멜(1330~1418)일 것이다. 프랑스의 가난한 서기였던 니콜라스 플라멜은 아브라함의 책을 우연히 얻게 된 후, 우여곡절 끝에 그 비밀을 해독해냄으로써 그의 아내 페레넬과 함께 금속 변성에 성공했다고 한다. 플라멜은 자선사업과 함께 14개의 병원과 3개의 예배당, 그리고 7개의 교회를 후세에 남기는 등 막대한 부를 자랑하였다. 플라멜은 1398년에서 1418년까지 20년간 비밀단체의 하나였던 시온수도회의 8대 수장('키잡이'라고 함)을 지냈다는 주장도 있는데, 이 단체의 수장은 혈통주의가 엄격하게 지켜지던 자리였으므로 플라멜이 그 위치에 앉았다면 무언가 특별한 이유가 있었으리라고 추정해볼 수 있다.

생 제르망 백작 역시, 전해오는 이야기를 믿는다면, 연금술에 성공한 사람이라고 할 수 있다. 놀랍게도 그는 황금만이 아니라 다이아몬드를 제조하는 능력도 갖고 있었다.

그 밖에도 풀카넬리 등이 성공한 연금술사로 전해지고 있으며, 반 헬몬트나 헬베티우스(17세기)도 변성실험에 성공한 바 있다고 주장하였다.

이상과 같은 몇몇 성공담과, 불사와 황금에 대한 미련이 서양에서 영적인 연금술과 더불어 물질적인 연금술의 명맥을 유지해준 주요 원동력이었다. 수많은 실패와 부정적 견해의 확산에도 불구하고, 에메랄드 태블릿이나 연금술의 보편적이고 장구한 역사, 그리고 불사의 전설들이 연금술이 가능할지도 모른다는 일말의 기대를 남겨두게 했던 것이다. 그러나 이런 기대는 근대과학의 정립과 함께 마침내 결정적인 운명을 맞게 되었다.

과학혁명과 원자론

연금술을 뜻하는 단어 알키미(Alchemy)는 아랍어 'Al-Khemi'에서 온 것이다. Al-Khemi는 관사 al과 명사 Khemi로 이루어졌는데, Khem은 콥트어로 이집트를 나타낸다. 본래 나일강 양변에 형성된 검은색 흙을 일컫는 말인 켐(kheme)은 이집트를 나타내는 대명사처럼 사용된 단어였다. 따라서 Al-Khemi란 이집트의 과학을 뜻하며, 이는 연금술의 기원이 이집트에 있음을 의미한다.

좀 더 소급해본다면, 빈센트 드보봐는 대홍수 이전 사람들이 연금술의 지식을 보유하고 있었으며, 노아가 생명의 영약을 알고 있었다고 단언한다. 한편, 랑글레 뒤프레스노이는 최초의 연금술 역사를 다룬 책인 『연금술 철학의 역사』에서 연금술은 노아의 맏아들이자 셈족의 족장인 셈(Shem 또는 Chem)에게서 전해내려온 것이며, 화학(Chemistry)이나 연금술(Alchemy)은 그의 이름에서 파생된 것이라고 주장하고 있다(나중에 살펴보겠지만, 셈이라는 이름은 수메르와도

연관이 있다).[10]

어쨌든 우리는 화학, 즉 케미스트리(Chemistry)라는 용어가 연금술 (Alchemy)에서 유래된 것임을 알 수 있다. 연금술사들은 온갖 기저물 질들을 가열하고, 용해하고, 증류하고, 석출하는 과정 속에서 비록 그 들이 바라던 현자의 돌을 얻지는 못하였지만 대신에 다른 유용한 것 들을 얻었다. 알코올, 에테르, 아세트산, 질산, 황산, 왕수(염산과 질산 의 혼합물, 금을 녹일 수 있다), 백반, 염화암모늄, 아연과 수은의 염류, 질산은, 비누, 알칼리 등의 화학약품과 도가니, 증류기, 플라스크, 여과 기 등의 실험기구는 근대화학의 기초를 닦아준 연금술의 부산물들이 었다. 그러기에 프란시스 베이컨은 연금술을 다음과 같이 평가했다.

"연금술은 아마도 아들에게 자신의 포도밭 어딘가에 금을 묻어두었노 라고 이야기하는 아버지에 비유될 수 있을 것이다. 아들은 땅을 파서 금을 발견하지는 못했지만, 결과적으로 포도 뿌리를 덮고 있던 흙덩이 를 갈아 풍성한 포도 수확을 거둘 수 있었다. 금을 만들고자 노력했던 사람들은 여러 가지 유용한 발명과 유익한 실험들을 가져다주었다."

---

10) 한편, 에메랄드 태블릿의 페니키아어판에는 헤르메스 트리스메기스투스가 'Chiram Telat Mechasot'로 표기되어 있는데, Chiram은 Hiram으로도 읽힐 수 있으며 Hermes의 어원이라는 점, Shem은 Cham으로도 표기되는 점, 에메랄 드 태블릿이 발견되었다고 하는 하란이 노아의 방주가 착륙하였다고 하는 아 라랏 산으로 추정되는 지역(현재의 주디 다그 산)에서 그리 멀지 않은 점, 칼 데아 또는 수메르와 히브리, 이집트 문명이 상당한 공통의 기원을 가지고 있 는 점, 마지막으로 아담과 노아의 계보를 통해서 신비주의의 중요한 맥이 전 해졌다고 하는 점 등이 헤르메스는 곧 셈이 아니었나 하는 추측을 불러일으킨 다.

지금부터는 어떻게 연금술이 신비의 옷을 벗고 근대화학으로 다시 태어나게 되었는지, 그 간략한 역사를 살펴보고자 한다.

파라켈수스(1493~1541)가 최초의 중요한 역할을 했다. 그는 화학(연금술)을 의학에 응용하여 의화학(醫化學)을 창시하였는데, 당시의 의사들은 갈레노스의 체액설[11]을 채택하고 있었다. 그러나 그 혼잡하고 비위생적이며 무모한 처방은 오히려 평균수명을 단축시키기 일쑤였으며, 당시 유럽을 휩쓸던 감염성 질병들에는 전혀 효과가 없었다. 질병의 원인이 외부에 있다는 발상과 특정 질병에 대한 특정 약품의 처방, 약품의 사용량 조절, 그리고 실험에 대한 의화학의 강조는 의료 행위를 훨씬 더 합리적인 기초 위에 올려놓았으며, 실제로도 많은 생명들을 구하였다. 의화학파는 화학과 의학이 발전하는 데 크게 기여하였으며, 연금술이 화학으로 전환되는 징검다리 역할을 수행하였다.

하지만 파라켈수스 자신은 신비주의 사상에서 전혀 벗어나지 못하였다. 신비주의를 배격하고자 하는 최초의 노력은 그의 후계자인 리바비우스(1540?~1616)에 의해 이루어졌다. 리바비우스는 화학을 "치료약을 생산하고, 분리장치를 써서 혼합물에서 순수한 정수를 추출해내는 기술"이라고 생각했다. 1597년에 출간된 그의 저서 『연금술』은 당시의 화학지식을 광범위하게 개괄한 책으로, 의화학과 연금술에 사용되는 물질은 물론, 그때까지 야금술의 일부로 간주되어오던 화학지식들까지 포함되어 있었다. 그러나 리바비우스가 이처럼 화학이 독립된 학문이 될 수 있도록 성분 추출과정과 장치들을 체계화하려는 노력을

---

11) 갈레노스(129~199)의 의학체계는 아리스토텔레스의 목적론적 생명관과 혈액, 점액, 황담즙, 흑담즙 등 네 가지 체액이 인체를 구성하고 신체의 성질을 결정한다는 히포크라테스(B.C. 460~375)의 4체액설을 기반으로 확립되었다.

기울인 건 사실이지만, 그 역시 연금술에 대한 미련을 완전히 버리지는 못하였다.

네덜란드의 반 헬몬트(1579~1644) 역시 연금술사였지만, 그는 아리스토텔레스의 4원소설을 부정하고 정량(定量)적인 실험을 시도하였다. 그는 처음으로 '가스(gas)'란 용어를 사용하였으며 이산화탄소를 발견하기도 하였다.

연금술이 본격적으로 화학으로 전환되기 시작한 것은 17세기에 이르러서다. 이 시기에 이르러 정량적인 실험의 중요성이 인식되었고, 아직 화학이론이 정립된 것은 아니었지만, 산과 염기, 염 등과 여러 화학반응의 본성들이 이해되기 시작하였다.

아마 최초의 위대한 화학자란 명예는 독일의 루돌프 글라우버(1604~1668)에게 돌아가야 할 것이다. 그는 네덜란드 암스테르담에 큰 공장을 세워 황산과 질산을 생산하였으며, 산업에 응용하기 위해 실험실에서 여러 화학반응을 연구하고 개발하였다. 1648년에는 연금술사의 집을 사들여 자신이 설계한 최신 화학실험실로 개조하였는데, 그것은 연금술의 시대에서 화학의 시대로의 이행을 상징하는 사건이었다. 그는 또 망초(황산나트륨, 글라우버 염이라고도 한다), 아세톤, 벤젠, 페놀, 황산 등을 공업적으로 생산하였다. 그의 『화학대전』에는 화학기술의 개선에 기울인 그의 노력들이 잘 정리되어 있다. 실로 글라우버는 근대 공업화학의 시조라 할 만하다.

한편, 르네상스 시대인 15세기 전후에 인문주의자들은 고대 그리스와 로마의 고전문학을 복원하고자 노력하였는데, 그 결과 자연과학에 관한 글들까지도 함께 부활시키는 뜻하지 않은 성과를 가져왔다. 대표적인 예로 루크레티우스(B.C. 99~55)를 비롯한 그리스 원자론자들의 저서가 번역되었고, 이로 인해 물질은 변화한다는 아리스토텔레스의 자연관이 도전을 받는 계기가 마련되기 시작하였다.

기원전 5세기경, 데모크리투스의 교사인 루시푸스는 공간이 끊임없는 운동에 의해 작동되는 원자로 채워져 있다고 주장한 바 있다. 에피쿠루스와 루크레티우스도 같은 것을 가르쳤다. 이렇게 모든 물질이 작은 구성단위로 되어 있다고 보는 관점을 원자론이라고 하며, 더 이상 하부구조를 갖지 않는, 즉 더 이상 잘게 나눌 수 없는 최소의 단위를 '원자(atom)'라고 불렀다.

르네상스 운동에 힘입어 다시 소개된 원자론은 반 헬몬트의 실험으로 강한 지지를 받게 된다. 즉, 일련의 화학변화에도 불구하고 동일한 물질이 보존되는 실험결과들이 누적됨으로써, 물질이 반응하는 모든 단계에 불변인 부분이야말로 미소한 원자라고 생각할 수 있는 근거가 마련된 것이다. 그렇지만 초기의 원자론자들은 원자론과 변성을 서로 모순된 것으로 생각하지는 않았다. 이는 그들이 아리스토텔레스 철학의 형상과 질을 원자에 부여했기 때문이다. 이 당시는 헤르만 보에르하브(1664~1734)같이 태도가 분명한 원자론자도 변성이 가능하다고 믿었다.

17세기는 르네 데카르트(1596~1650)와 갈릴레오 갈릴레이(1564~1642), 그리고 프란시스 베이컨(1561~1626) 같은 합리주의자들이, 신비 요소를 배제한 기계론적 철학에 입각하여 새로운 세계관을 창조하려고 시도하던 때였다. 관측과 실험은 이 시기 새로운 과학의 표어였다. 데카르트는 수학을, 갈릴레오는 관찰을 강조하였으며, 베이컨은 귀납법을 주장하였다. 베이컨은 또한 과학의 탐구가 협동작업으로 이루어져야 한다고 제안하여 과학공동체의 중요성을 역설하였는데, 그의 영향으로 과학공동체의 창설이 활기를 띠게 된 것은 물론, 굳게 닫혀 있던 연금술의 작업이 비밀의 장막을 열고 나와 서로의 정보를 교류하기에 이르렀다.

바야흐로 계몽주의 시대가 열리려 하고 있었다. 이성과 합리주의, 그리고 새로운 방법론을 무기로 앞세운 이 시기의 과학자들은, 단순한 과학적 사실들을 발견하는 데 그치지 않고 새로운 과학 방법을 설명하고 정당화할 철학체계까지도 함께 만들어갔다. 바로 이때 아이작 뉴턴(1642~1727)이라는 걸출한 인물이 나타나 계몽주의 시대를 여는 데 일익을 담당했다. 1687년에 저술한 『프린키피아』라는 놀라운 책이 계몽주의 철학자들과 과학자들의 기계론적 세계관 수립에 결정적인 영향을 미친 것이다. 뉴턴역학과 데카르트, 그리고 베이컨에 의해서 기초가 다져진 이 기계론적 세계관은 이후 3백년이 넘게 이어졌고, 지금까지도 우리의 기본 사상과 생활 전반을 지배하는 철학이 되고 있다.

그렇지만 역사는 참 아이러니하다. 정작 근대과학 혁명의 아버지로까지 불리는 뉴턴 자신은 연금술에 깊은 관심을 가지고 있었기 때문이다. 심지어 경제학자 케인즈는 뉴턴을 가리켜 고대과학의 마지막 제자라고까지 묘사했다.

"그는 이성 시대의 선두주자가 아니었다. 그는 마지막 마술사이자 마지막 바빌론인이고 마지막 수메르인이며, 일찍이 1만년 가까운 옛날에 우리의 지적 유산을 정립하기 시작한 사람들과 똑같은 시각으로 눈에 보이는 세계와 눈에 보이지 않는 영혼의 세계를 꿰뚫어볼 수 있었던 마지막 위대한 사상가였다."

실제로 케인즈가 경매시장에서 샀던 뉴턴의 미발표 원고는 연금술에 관한 내용으로 가득 차 있었다. 뉴턴은 변성을 믿었으며, 자신의 혁명적인 물리 이론보다 연금술을 연구하는 데 더 많은 시간을 할애하였다. 1975년에 베티 돕스 교수는 『뉴턴 연금술의 기초』라는 책에서 뉴턴의 여러 원고들을 면밀히 분석한 후, 1675년 이후 뉴턴의 활동 대부분을 연금술과 역학을 통합하려는 힘겨운 노력이라고 정의했다. 그러나 뉴턴 개인의 이상과는 관계없이, 뉴턴역학의 승리는 그 자신의 과학적 이상을 파괴하고 기계론적 세계관을 옹립하는 데 크게 기여하였다.

뉴턴역학과 함께, 유기적이며 질적인 연금술사들의 세계관이 정량적이며 기계적인 세계관으로 대체되는 데 결정적인 공헌을 한 것이 원자론의 성공이었다. 그러나 원자론이 확립된 이론으로 자리잡기까지는 좀더 많은 세월을 필요로 했다.

화학 분야에서 기계론적 화학을 주장한 대표적인 사람이 로버트 보일(1627~1691)이었다. 화학의 아버지라고 일컬어지는 보일은 원자론에 바탕을 두고 원소관을 수립하여, 근대화학에 원자론을 도입하는 중요한 계기를 만들었다.

보일은 아리스토텔레스의 4원소설과 파라켈수스의 3원소설을 부정하고, 대신 원소에 대한 새로운 정의를 내렸다. 그는 1661년에 발표한 『회의적인 화학자』에서 "원소라고 하는 것은 근원적이고 단순한 어떤 물질, 혹은 다른 어떤 것과도 전혀 섞이지 않은 물질을 말한다. 물체는 다른 어떤 물질로도 이루어지지 않은 이들 원소가 혼합된 복합체이며, 결국에는 이 성분들로 분해된다"라고 하였다. 결국 어떤 물질이 몇 개의 물질로 다시 분해되는 것은 참된 원소가 아니란 이야기다.

보일은 또한 과거의 화학 연구가 약품의 조제라든가 금속 추출, 또는 변성에서 그쳤다고 지적하는 한편, 화학의 참된 임무는 물체의 성분과 조성을 알아내는 데 있다고 강조함으로써 화학을 의학으로부터 분리하여 과학의 한 분과로 수립하였고, 과학적 성과도 관찰과 실험을 통해서만 얻어질 수 있다고 주장함으로써 화학 분야의 기계론적 방법론을 정립하였다.

이 같은 기계론적 철학의 영향으로 연금술은 마침내 실험화학과 영적인 부분으로 분리되고, 화학에서 신비적인 요소는 점차로 배제되었다. 그러나 변성에 대한 믿음만큼은 쉽사리 사라지지 않았다. 『회의적인 화학자』를 씀으로써 다른 화학자들로 하여금 연금술을 불신하도록 만들었고, 그 자신이 연금술에서 화학을 분리해내는 데 큰 공헌을 한 보일조차도 변성을 믿고 있었다.

"다른 물체와 마찬가지로 모든 금속이 그들 모두에게 공통되는 하나의 보편물질로 이루어져 있으며, 다만 금속을 구성하는 미세한 부분의 크기나 형태, 운동이나 정지 상태, 혹은 구성이 달라서 개별 물체들을 구별짓는 친화성이나 질(質)이 나타나는 것이라면, 한 금속은 다른 종류의 금속으로 변성되게 마련이며, 이것이 불가능할 이유는 어디에도 없다."

이것은 원자론이 대부분의 과학자들에게 받아들여지고 있던 시기에 보일이 한 이야기였다. 그렇다면 변성은 과연 원자론과 공존할 수 있는 것일까?

그러나 연금술과 근대화학 간의 갈등은 여기에서 끝나지 않았다.

라브와지에가 나서서 4원소설과 원소변환의 기틀에 결정적으로 타격을 입힌 것이다. 라브와지에는 블랙과 프리스틀리 등이 18세기에 이룩한, 기체화학 분야에서의 성과를 바탕으로 화학혁명을 이끌었다.

사실 중세에는 거의 기체를 연구하지 않았는데, 그것은 연금술의 연구가 금속 변성에 목표를 두고 있었기 때문이다. 그러나 불은 연금술에서도 매우 중요한 요소였다. 연금술 과정은 우선 하소의 과정을 거치는데, 기저물질에 열을 가하거나 태워야만 변성을 이룰 수 있기 때문이다. 이때 불을 다루는 것이 매우 중요하였기에, 연금술의 마스터들은 불의 비밀을 통달한 사람으로 인식되고 있었다.

일찍이 아리스토텔레스는 열이란 물체를 개별 원소로 분해하는 것이라고 정의하였으며, 아리스토텔레스의 4원소설을 지지하는 사람들은 불타는 나무를 예로 들어 물체가 4원소로 이루어져 있음을 입증하곤 했다. 즉 나무가 탈 때 불꽃이 일어나고(불), 나무 끝에서 수분이 생기며(물), 연기가 올라가고(공기), 그리고 나무가 타고 난 뒤에는 재(흙)가 남는다는 식이었다. 하지만 보일은 불·공기·물·흙이 타기 전부터 나무 그 자체에 실제로 들어 있었다는 확실한 증거가 없으며, 또한 네 원소가 타기 이전의 나무보다 더 단순한 물질이라는 증거도 없다고 이런 견해를 반박하였다.

한편, 독일의 요하힘 베허(1635~1682)는 고체 중에는 가연성 성분이 있어, 연소시에는 이 가연성 성분이 고체에서 도망친다고 생각했는데, 이것은 이후 에른스트 슈탈(1660~1734)의 '플로지스톤(Phlogiston)설'로 발전하였다. 이 플로지스톤설은 그 후 1세기 동안이나 거의 모든 화학자들의 지지를 받았지만, 화학의 발전에는 큰 장애가 되고 있었다.

이때 영국의 조셉 블랙(1728~1799)은 정량적 방법을 도입하여 근대 화학의 길을 열었을 뿐만 아니라, 기체는 액체나 고체에서 방출되는 것이 아니고 고체나 액체와 동등한 위치의 물질이라는 사실, 그리고 공기가 원소가 아니라는 사실을 밝혀내었다. 또 다니엘 러더퍼드와 헨리 캐번디시, 조셉 프리스틀리 등에 의해 질소와 수소, 그리고 산소가 발견되었다.

그리고 라브와지에(1743~1794)가 있다. 그는 공기 속에서 금속을 가열시키면 금속의 질량이 반드시 증가한다는 사실을 정량적 실험을 통해서 증명하고, 금속의 무게가 증가하는 이유를 공기 중의 산소와 금속의 결합으로 설명하였다. 이로써 플로지스톤설이 무너지고 산화설이 등장하면서 합리적인 화학 발전의 기초가 수립되었다.

한편, 유리 플라스크에 물을 넣고 가열할 때 생기는 흙과 같은 침전물을 놓고 사람들은 물이 흙으로 변했다고 생각하였다. 하지만 라브와지에는 가열 이전의 플라스크 무게보다 가열 후의 플라스크 무게가 감소했고, 그 감소분이 물에서 생긴 침전물의 무게와 똑같다는 사실을 확인함으로써 침전물은 물에서 전환된 것이 아니라 플라스크의 한 성분임을 밝혀냈다. 또한 물이 수소와 산소의 화합물이라는 사실을 증명함으로써 4원소설에 치명적인 타격을 가하였다. 이로써 원소변환의 사상은 뿌리째 흔들리게 되었다.[12]

프랑스혁명이 일어나던 1789년, 라브와지에는 『화학원론』을 출판하였다. 라브와지에는 이 책에서 원소를 가리켜 현재까지의 어떤 수단으로도 분해할 수 없는 물질이라고 규정하였으며, 정량적 방법을 바탕으로 '질량불변의 법칙'이라는 현대과학에서 매우 중요한 기초가 되

---

12)『화학의 역사』, 오진곤 편저, 전파과학사, 1993, 116쪽.

는 법칙을 발견하였다.

정량적 방법의 중요성을 인정한 화학자들은 이미 물리학에서 대성공을 거둔 바 있는 수학적 방법을 화학에 응용하기 시작하였고, 독일의 벤자민 리히터(1762~1807)는 '화학양론(化學量論)'이라는 아주 중요한 개념을 화학에 도입하였다. 그는 화학반응에 관한 광범위한 정량분석을 시도하여 원소당량(元素當量)을 측정하였다.

또 같은 시기에 프랑스의 화학자 루이스 프루스트(1754~1826)는 모든 화합물은 어떤 형태로 만들어지더라도 같은 조성을 가진다는 정비례의 법칙을 발견하였다.

정량적인 실험방법과 리히터의 '화학양론', 라브와지에의 '질량불변의 법칙', 그리고 프루스트의 '정비례의 법칙' 등은 돌턴(1766~1844)의 원자론 수립에 기초가 되었다. 돌턴의 원자 이론은 연금술과 화학을 최종적으로 분리해놓았을 뿐만 아니라, 변성의 가능성도 완전히 부정한 마지막 결정타였다. 돌턴은 『화학철학의 새로운 체계』에서 원자는 그 종류가 많고 원소에 따라 각기 정해진 특성이 있으며, 각각의 원자는 크기와 무게가 서로 다르다고 밝혔다. 또한 종류가 다른 두 원소가 결합할 때는 반드시 한 원자씩 정수비로 결합한다고 주장했다. 말하자면 원자는 더 이상 다른 원소의 원자로 변환될 수 있는 성질의 것이 아니었다!

나아가 게이 뤼삭(1778~1850)은 기체반응의 법칙을 수립하여 분자의 존재를 가정했고, 아보가드로(1776~1856)는 1811년에 분자의 개념을 확립하였다.

분자론이 학계에 받아들여진 것은 그로부터 반세기나 지난 1860년의 일이었지만, 원자론과 분자론의 확립으로 이제 원소는 서로 변환될 수 없는 각기 독특한 특성을 지닌 원자라는 사실이 명확해졌으므로 변성에 대한 연금술사들의 믿음은 더 이상 버티고 서 있을 자리가 없어졌다.

한편, 대혁명 이후 프랑스에서는 유물론 사상이 조직적으로 전개되었다. 사회학자인 콩트는 형이상학에 반대하면서 모든 학문에 경험적 방법이 적용되어야 한다고 주장하였다. 베이컨의 사상을 떠받들고 있던 백과전서파 역시 『백과전서』를 편집하면서 종래의 형이상학적 사변을 버리고, 모든 인식대상을 자연현상만으로 한정하였다. 그들은 또 자연을 초월하는 신이라든가 기적, 영혼 따위를 부인함으로써 유물론 사상의 전개에 주력하였다. 특히 변증법적 유물론을 주장했던 헤겔은 이를 유일한 과학적 진리로 보았다.

원자론이 물질의 변성을 부정하는 데 기여했다면, 기계론적 세계관과 유물론은 영혼을 부정하고 생기론적 물질관을 거부하는 데 일익을 담당했다. 유물론은 모든 존재를 생물과 무생물로 구분하여, 무생물에는 영혼은 물론이고 어떤 생명도 깃들어 있지 않은 것으로 보았다. 또한 생명현상을 본질이 아닌 부차적인 것으로 보았기 때문에, 유기체라 할지라도 그 물질은 근본적으로 무생물, 즉 원자와 분자의 집합체로 이루어진 무기물 덩어리와 하등 다를 것이 없었다. 영혼의 존재를 부정하는 유물론의 입장에서 볼 때, 영적인 연금술 따위는 그 의미가 전혀 없는 궤변에 불과했던 것이다.

역사는 마침내 황금 및 불사에 대한 추구가 헛된 욕망과 잘못된 믿음에 불과했다는 판결을 내렸다. 과학혁명이라는 눈부신 인간 지성의 승리 앞에서 유서 깊은 연금술의 역사는 이제 더 이상 버티지 못하고 영원히 막을 내리게 되었다. 유물론 사상에 물들지 않은 신비주의자들도 더 이상 물질의 변성만큼은 믿지 않는다. 나는 여러 신비주의 사상에 박식한 어느 분과의 대화에서, 물질적인 연금술의 가능성을 단호하게 부인하는 모습을 보았다. 나는 이런 게 과학의 힘이라고 느꼈다. 르네상스와 함께 부활한 고대의 원자론이 과학혁명과 돌턴의 노력에 힘입어 새로운 모습을 갖춤으로써, 물질의 변성과 원소의 변환을 주장하는 것은 이제 누가 봐도 어리석은 일이 되어버린 것이다. 현대의 개막과 더불어 연금술은 신비주의를 추구하는 자들 사이에서도 이제 영적인 의미로만 그 명맥을 유지하게 되었다.

2장

변성의 전주곡

원자의 붕괴

1895년, 독일의 한 교수가 이상한 현상을 발견하였다. 뢴트겐 (1845~1923)은 자신의 실험실에서 음극관(크룩스관)에서 일어나는 현상을 연구하던 중이었다. 그런데 하루는, 아직 현상하지 않은 인화지를 검은 종이로 싸서 음극관 옆에 놓아두었는데 나중에 보니 인화지가 감광이 되어 있는 게 아닌가. 이상하게 생각한 뢴트겐은 여러 가지로 실험을 해보다가, 우연히 옆 탁자 위에 있던 백금시안화바륨을 바른 종이가 형광을 발하는 것을 발견하였다. 이렇게 해서 발견된 방사선은 미지의 방사선이란 의미에서 'X선'이란 이름을 갖게 되었다.

이듬해인 1896년, 헨리 베크렐(1852~1908)은 우라늄 염류를 가지고 X선의 정체를 규명하려다가, 외부의 빛을 쪼이지 않았는데도 불구하고 우라늄 염류가 방사선을 자연적으로 방사하고 있다는 사실을 발견하였다. 외부의 입력이 없는데도, 그리고 겉보기로는 전혀 변화가 없는 우라늄 화합물이 끊임없이 방사선을 내보내는 것은 이해할 수 없는 일이었다.

방사능(radioactivity)의 발견이 뜻하는 바는 자못 의미심장한 것이다. 어떤 물질이 방사선을 방출한다는 것은 원자의 일부 성분이 분리되어 나오는 것이며, 이것은 원자가 붕괴될 수도 있다는 것을 시사하는 것이기 때문이다. 베크렐의 방사능 현상 발견으로 19세기 서구 화학계를 지배하던 원자에 대한 개념이 바뀌기 시작하였다.

사실 원자가 붕괴될 조짐은 다른 곳에서도 감지되고 있었다.

패러데이는 전기화학 반응에서 각 원자가 일정량의 전하(電荷)를 갖고 결합된다는 것을 증명하였으며, 아레니우스도 전해질 용액에서 원자들이 일정량의 전하를 갖고 전기적으로 하전(荷電)되어 있음을 증명하였다. 이런 실험결과는 전하들이 중성 원자 안에 함유되어 있다가, 한 중성 원자에서 다른 중성 원자로 전달된다는 추측을 가능하게 했다. 당시의 화학지식으로는 무리가 있는 추측이긴 했지만, 그런 추측은 원자가 쪼개질 수도 있음을 암시하는 것이다.

멘델레프(1834~1907)가 체계를 잡은 원소주기율표도 이런 의혹에 무게를 더하였다. 원자들이 주기적으로 배열된다는 것은 원자의 화학 및 물리 성질들이 어떤 유형을 따르고 있으며, 따라서 원자가 하부구조를 가질지도 모른다는 것을 암시했던 것이다.

결국 1897년에 톰슨(1856~1940)이 전자를 발견함으로써 원자는 전자라는 내부 성분을 갖는 것으로 판명되었다.

노벨상을 두 번이나 수상한 퀴리 부인(1867~1934)이 예전보다 강력한 방사능을 지닌 두 개의 새로운 원소를 발견한 것은 1898년이었다. 피치블렌드라는 우라늄 원광 속에서 찾아낸 그 새로운 원소들에는 퀴리 부인의 조국인 폴란드를 기념한 '폴로늄'과 라틴어로 광선을 의미하는 '라듐'이라는 이름이 붙었다. 라듐은 우라늄의 백만 배나 되는 방사선을 방사하고 있었는데, 처음에는 아무도 이 사실을 믿지 않았다. 외부에서 에너지를 가하지 않아도 방대한 양의 빛과 열, 방사선을 끊임없이 내보내고 있다는 사실 자체가 에너지보존의 법칙을 거스르는 것처럼 보였기 때문이다.

라듐은 세 종류의 방사선을 내고 있음이 밝혀졌다. 그것들은 각각 알파선과 베타선, 감마선이라고 이름 붙여졌으며, 그중 감마선은 X선이나 가시광선처럼 전자기파인 빛의 한 종류임이 드러났다. 반면에 알파선과 베타선은 전하를 띤 알갱이와 같은 것으로 되어 있었다(나중에야 알파선은 헬륨의 핵, 베타선은 전자임이 밝혀졌다). 라듐은 그 과정이 느리기는 하지만, 이 세 종류의 방사선을 방출하면서 붕괴하여 마지막에는 납과 헬륨이라는 전혀 다른 원소로 변해버리고 있었다!

1903년에는 어니스트 러더퍼드(1871~1937)가 프레드릭 소디(1877~1956)와 함께 질소원자에 알파선을 충돌시킴으로써 질소를 산소와 수소로 분해시켰다. 이것은 근대과학사상 처음으로 원소 그 자체를 인공적으로 변환시킨 사례로서, 마치 연금술의 원소변환을 연상시키는 것이었다. 비록 납과 수은을 금으로 바꾸려는 중세 연금술사들의 꿈이 그대로 실현된 것은 아니었지만, 지난 2백 년간 과학이 애써 이룩해놓은 원소불변의 위대한 사상을 한꺼번에 무너뜨리는 허무한(?) 순간이 아닐 수 없었다.

이윽고 새 시대의 연금술사(?)들은 자연에서 발견하지 못한 원소들을 실험실에서 인공적으로 만들어내는 개가를 올리기 시작하였다. 1930년대에 이르기까지 멘델레프와 모즐리가 예언한 원소 중에서 4개의 원소는 끝내 발견되지 않고 있었는데, 1937년 세그레와 뻬리예가 몰리브덴 원자핵을 중수소 원자핵으로 사격하여 그중 한 원소를 만들어냈다. 이 원소는 인공적인 원소라는 뜻으로 '테크네튬'이라고 명명되었다. 1939년에 발견된 두 번째 원소는 악티늄이 붕괴될 때 알파입자와 함께 생성되는 '프란슘'이었다. 이 원소의 반감기(원소의 총량이 절반으로 붕괴되는 데 걸리는 시간)는 겨우 몇십 분에 지나지 않았다. 그리고 1940년에는 비스무트를 알파입자로 사격하여 '아스타틴'이 얻어졌다.

넵투늄(원자번호 93)이나 플루토늄(원자번호 94), 그리고 그보다 무거운 원소들(우라늄보다 원자량이 큰 이들 원소를 초우라늄 원소라고 한다)도 입자가속기라는 물리학자들의 실험장치 속에서 비로소 그 첫 모습을 드러냈다.

이렇게 새로운 과학적 발견들이 이어지면서, 원소는 변하지 않으며, 더 이상 잘게 쪼개어질 수 없다던 돌턴의 원자론에 큰 결함이 생기게 되었다.

소립자의 홍수

원자가 쪼개지고 내부구조를 가진다는 것은 데모크리토스가 '원자'라는 단어를 사용했을 때 의도했고, 돌턴이 그대로 이어받은 원래의 의미가 더 이상 제대로 적용될 수 없다는 걸 의미한다.

원자가 내부구조를 가지고 있다는 실제적인 증거는 19세기 말에 톰슨이 음극선관 실험을 통해 전자를 발견한 것이 그 최초라고 할 수 있다. 전자는 모든 물질에서 방출되고 있었기 때문에 원자를 구성하는 보편 성분이라고 볼 수 있었다. 그러나 원자 내부에 전자가 어떻게 분포되어 있는지는 알 수가 없었으므로, 마치 건포도가 박힌 푸딩처럼

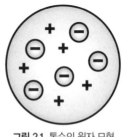

그림 2.1 톰슨의 원자 모형

마이너스 전하를 가진 전자들이 공 모양의 원자 내부에 여기저기 박혀 있는 모습으로 생각하는 것이 당시의 일반적인 견해였다.

현미경이 아무리 배율이 높아도 원자를 직접 볼 수는 없다. 따라서 원자의 내부구조를 알려면 간접적인 탐사방법을 써야 한다. 러더퍼드는 방사성 원소인 라듐에서 나오는 알파입자(선)를 사용하여 얇은 금박에 부딪혀보는 방법으로 원자의 내부 구조를 탐사하였다. 그 결과 대부분의 알파입자는 진로가 거의 휘어지지 않은 채로 금박의 원자들을 통과하였으나, 극히 일부의 알파입자가 크게 산란되거나 반대방향으로 되튕기는 놀라운 현상을 발견하였다. 러더퍼드는 이 실험결과를 매우 작고 단단한 물체가 원자의 중심부에 있기 때문이라고 해석하였다. 이 물체는 전자와 반대로 양의 전하를 가지고 있을 것이고, 크기는 원자 지름의 약 만 분의 일에 불과하지만 원자 전체 질량의 약 99.98%나 차지하는 것으로 추론되었다. 오늘날 우리가 '원자핵'으로 알고 있는 것이 이때야 비로소 발견된 것이다.

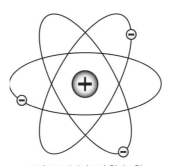

그림 2.2 러더퍼드의 원자모형

1911년에 원자의 핵 모형을 제시한 러더퍼드는, 방사선을 이용한 원자 내부 탐사를 계속하여 1919년에는 양성자를 발견하였다. 양성자는 원자핵을 구성하는 핵자의 하나이다. 양성자가 수소원자와 거의 질량이 같은 것으로 보아, 수소원자는 하나의 양성자와 하나의 전자로 이루어졌다고 추측하는 것이 가능했다. 1932년에는 채드윅이 또 다른 핵자인 중성자를 발견하였다.

이렇게 전자와 양성자, 중성자의 발견으로 현재와 같은 원자모형의 기본틀이 완성되었다. 즉, 원자는 양성자와 중성자가 한데 어우러져 있는 원자핵과, 이 원자핵의 주위를 돌고 있는 전자로 구성되어 있다는 것이다.

나중에 닐스 보어(1885~1962)는 전자가 원자핵 주위를 아무렇게나 돌고 있는 것이 아니라, 전자각(電子殼)이라 불리는, 불연속적이면서 일정한 에너지 준위에 따른 궤도를 형성한다는 추론을 제시하였다. 보어가 말하는 전자각은 마치 양파껍질처럼 원자핵을 겹겹이 에워싸고 있는데, 원자핵에 가까운 전자각일수록 에너지 준위가 낮다. 각 에너지 준위마다 들어갈 수 있는 전자의 수는 제한되어 있어서, 안쪽의 전자각이 모두 채워지면 그다음 전자는 바깥쪽 전자각에 위치하게 된다.

예로부터 물리학자들의 궁극적인 목표 중 하나가 물질의 궁극 입

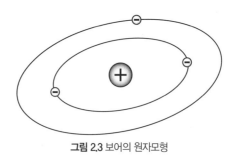

그림 2.3 보어의 원자모형

자, 또는 물질의 궁극 요소를 발견하는 것임을 염두에 둔다면, 원자모형의 발견이 물리학사상 어떤 의미를 지녔을까는 상상하기 어렵지 않다. 물질의 궁극 입자가 하나가 아니라 세 종류라는 사실이 약간의 여운을 남기고는 있지만 크게 문제되지는 않았다. 몇 십 종류의 원자들 모두를 기본 원소로 여기던 때도 있었던 만큼 궁극 입자가 꼭 한 종류여야 할 당위성은 없었으며, 보기에 따라서는 셋이라는 숫자가 오히려 적당하게 여겨질 수도 있었다.

그러나 물질의 궁극에 도달했다는 기쁨도 잠시, 중성미자와 뮤온, 중간자 같은 새로운 입자들이 제안되거나 발견되었다. 람다입자(Λ)와 케이입자(K)도 추가로 발견되었다. 이들은 양성자와 중성자, 그리고 전자와 함께 모두 '소립자(素粒子)'라는 이름으로 총칭되었다. 소립자란 기본이 되는 입자라는 뜻이다.

한편, 1930년대부터 만들어지기 시작한 입자가속기는 입자물리학에 획기적인 발전을 가져왔다. 수없이 많은 새로운 입자의 발견을 가능하게 한 것이다.

입자가속기란 양성자와 같은 하전입자를 가속하여 높은 에너지에 이르게 한 뒤, 원자핵이나 다른 입자들과 충돌시켜 그 결과물을 검출하는 장치인데, 그 결과를 분석하여 새로운 입자의 존재를 확인할 수 있다. 초기의 입자가속기는 크기가 아주 작았지만, 20세기 후반에는 엄청나게 덩치가 커져 유럽원자핵공동연구소(CERN)의 양성자 싱크로트론의 경우 그 둘레가 7km나 된다. 규모가 크다는 것은 그만큼 가해지는 에너지가 높다는 것이고, 에너지가 높으면 생성되는 입자도 그만큼 다양해진다.

곧 새로운 입자의 발견이 홍수를 이루었고, 소립자의 수도 급격하게 늘어나서 무려 200개를 넘어서게 되었다. 당연히 양성자, 중성자, 전자의 원자모델에 만족하고 있던 물리학자들은 아연실색하지 않을 수 없었다. 도대체 자연은 왜 이렇게 많은 종류의 소립자를 필요로 하는 것일까? 이 많은 소립자들을 모두 다 기본 입자라고 할 수 있을까? 혹시 소립자들도 원자와 마찬가지로 하부구조를 갖는 것은 아닐까?

물리학자들이 하는 중요한 일 하나는 자연을 될 수 있는 한 단순화시켜서 설명하는 것이다. 일견 무질서해 보이는 자연의 여러 현상들을 하나의 단순한 법칙이나 방정식으로 표현해낼 때, 그 감동은 희열을 넘어 아름답기까지 하다. 멘델레프의 주기율표가 그런 찬사를 받을 만했고, 러더퍼드나 보어의 원자모형도 그리 나쁘지는 않았다. 그런데 이제 입자물리학계에 또다시 혼돈의 바람이 불어닥치고 있는 것이다. 누가 이 위기를 구할 것인가?

상온 핵융합과 원소변환

백기사가 누가 되었든, 원자가 내부구조를 가지고 있고 다른 원소의 원자로 변할 수도 있다는 사실은 특히 연금술의 환상을 버리지 못한 사람들에게는 고무적인 일이다. 이렇게 되면 변성, 즉 원소변환에 대한 개념을 다시 살펴보지 않을 수 없기 때문이다.

원소의 종류는 양성자수에 의해 결정되므로, 원소를 변환하려면 원자핵에 양성자를 보태거나 빼면 된다. 그런데 이렇게 원자핵을 조작하면 엄청난 에너지가 방출되는데, 이것이 바로 원자력이다. 덕분에 인류는 원자를 연구하고 이해하게 되면서, 원자력이라는 새로운 에너지원을 손에 넣게 되었다.

원자력은 유도 핵분열을 통해 얻어진다. 유도 핵분열은 1938년에 독일의 오토 한과 프릿츠 슈트라스만이 속도가 느린 중성자(열중성자라고 한다)를 우라늄에 충돌시켜 우라늄 원자핵이 2개의 원자핵으로 쪼개지는 것을 보고 발견하였다. 이렇게 분열된 2개의 원자핵은 각각 한두 개씩의 중성자를 방출하는데, 이렇게 방출된 중성자가 또 다른 우라늄의 원자와 충돌하여 연쇄반응을 일으킨다. 이때 발생하는 막대한 에너지가 핵에너지로, 연쇄반응의 결과 핵분열이 기하급수적으로 확산되어 원자폭탄이 폭발하는 것과 같은 상황을 초래한다. 원자력 발전은 이 연쇄반응의 속도를 조절하여 폭발 없이 안정적으로 에너지를 얻는 것이다.

원자력은 적은 양의 물질로 막대한 양의 에너지를 얻을 수 있는 놀라운 에너지원이지만, 방사성 폐기물과 방사선 노출의 위협이라는 결정적인 문제점을 갖고 있다.[1]

---

1) 열중성자로 핵반응을 일으켜 핵에너지를 얻을 수 있는 물질을 '핵분열성 물질'이라고 하는데, 지구에 존재하는 유일한 핵분열성 물질은 우라늄 동위원소(원자번호는 같고 원자량이 다른 원소, 즉 양성자수는 같은데 중성자수가 다르다)중 하나인 우라늄 235(U^{235})뿐이다. 그런데, 우라늄 광석의 불과 0.7% 정도만이 우라늄 235이고, 나머지 99% 이상이 우라늄 238이다. 그래서 길어야 약 50년 후면 우라늄은 고갈될 것으로 추정된다. 그래서 연구되고 있는 것이 고속증식로인데, 그 개념은 다음과 같다.
우라늄 238이 중성자를 흡수하게 되면 우라늄 239가 되고, 이 우라늄 239는 두 번의 베타붕괴를 거쳐 플루토늄 239가 된다. 플루토늄 239는 열중성자로 핵분열을 할 수 있는 핵분열성 물질이다. 우라늄 238처럼 그 자신이 핵분열성 물질은 아니지만 핵분열성 물질로 전환될 수 있는 핵종(核種)을 '친핵분열성 물질'이라고 부른다. 친핵분열성 물질에는 우라늄 238 이외에도 토륨 232, 플루토늄 240, 플루토늄 242 등이 있다. 증식로는 핵분열성 물질의 핵반응시 방출되는 중성자 중 하나를 친핵분열성 물질에 흡수하여 핵분열성 물질을 만드는 데 사용한다. 이렇게 소모된 핵분열성 물질보다 생성된 핵분열성 물질이 많은 원자로를 증식로라고 부르고, 증식률을 높이기 위해 중성자 방출량이 많은 플루토늄 239를 25% 정도로 농축해서 우라늄 235와 함께 연료로 사용하도록 한 것이 고속증식로이다.
고속증식로의 사용은 우라늄광의 이용율을 높여서 우라늄 자원의 수명을 몇천 년이나 연장시켜 주고, 2~3%의 농축우라늄을 사용하는 경수로에서 부산물로 나오는 플루토늄을 연소시켜 방사성 폐기물의 위험성도 없애줄 것으로 보인다. 그러나 고속증식로의 원료인 플루토늄은 바로 핵폭탄의 주원료여서 핵분열 반응에 이어 미래의 차세대 에너지원으로 주목받고 있는 것이 핵융합에 의한 원자력 발전이다. 핵융합은 핵분열에 비해서 몇 가지 획기적인 이점을 가지고 있다. 첫째, 핵분열의 원료로 사용되는 우라늄광은 그 양이 한정되어 있는 데 반해, 핵융합은 무한한 자원을 바탕으로 하고 있다. 핵융합은 두 개의 원자핵을 하나로 결합시킬 때 나오는 에너지를 이용하는데, 그 주원료는 바닷물 속에 거의 무진장으로 존재하는 중수소(양성자 1, 중성자 1을 가진 수소의 동위원소)와 삼중수소(양성자 1, 중성자 2를 가진 수소의 동위원소)다. 둘째, 핵융합 반응시 중성자와 방사선이 나오기는 하지만, 핵분열을 이용한 원자로가 플루토늄을 비롯한 다양하고 많은 양의 방사성 물질과 방사선을 내보내는 것과 비교하면 훨씬 낫다고 할 수 있다.

그런데 핵융합을 일으키는 데는 몇 가지 문제가 있다. 우선 몇백만도 이상의 고온이 필요하다(따라서 핵융합을 고온 핵융합이라고도 한다). 원자핵은 아주 가까운 거리에서만 강력한 힘을 미치는 강력(强力)이라는 핵력에 의해 핵자들을 원자핵 내에 묶어두고 있는데, 강력이 없으면 플러스 전기를 띤 양성자끼리의 전자기적인 상호반발(쿨롱반발력)에 의해 원자핵을 구성할 수가 없다. 마찬가지로 두 개의 원자핵을 하나로 결합시키기 위해 충돌시키면, 똑같이 플러스로 하전된 원자핵은 쿨롱 반발력 때문에 서로 밀쳐낼 터여서, 이 반발력을 이겨내고 두 개의 원자핵을 강력이 작용하는 거리 이내로 접근시키려면 아주

핵 확산의 우려가 높다. 또 그 반감기가 24,000년이나 되는 방사성 물질이기 때문에 취급에 극히 신중해야 한다. 게다가 엄청난 초기 투자비와 채산성 확보도 고속증식로의 걸림돌이다. 이런 심각한 문제점과 비판에도 불구하고, 고속증식로는 핵연료를 유용하게 쓸 수 있다는 점 때문에 '꿈의 원자로'라 불리며 세계 여러 나라에서 계속 연구되고 있다.

높은 에너지(1만 전자볼트 정도)가 필요하게 된다.

또 하나의 문제는, 이렇게 높은 에너지를 중수소에 가하여 가속시키려면 중수소 원자가 전리(電離)되어야 한다는 것이다. 즉 중성원자 자체로는 가속할 수가 없으므로, 전자를 벗겨낸 후 플러스전하를 가진 원자핵만을 가속해야 하는 것이다. 삼중수소 역시 충돌시에 외곽에 있는 전자에게 에너지를 빼앗기지 않도록 전리되어 있어야 한다. 이렇게 원자의 구성입자들이 전리되어 있는 물질 상태를 플라즈마라고 한다. 그런데 중수소와 삼중수소로 핵융합을 일으키기 위해서는 원자를 플라즈마 상태로 만들어 1억 5천만도 이상의 높은 에너지 상태로 유지시켜야 하는데, 이런 플라즈마를 담아둘 마땅한 용기(容器)가 없다는 것이 큰 문제점이다. 현재 토카마크 같은 장치를 비롯하여 강력한 자장을 만들어서 자장 속에 플라즈마를 담아두려는 연구가 진행되고 있지만, 실용화하기까지는 시일이 많이 걸릴 것으로 예상된다.

이렇게 기존의 핵반응은 문제를 안고 있지만, 만약 자원 걱정도 없고 방사능 폐해가 적은 핵융합이 낮은 온도에서도 가능하다면 얼마나 좋을 것인가! 그렇게 되면 인류는 에너지 역사의 새로운 장을 펼칠 수 있을 것이다.

그런데 놀랍게도 1989년에 스탠리 폰즈와 마틴 플레이슈만 두 사람이 상온 핵융합(cold fusion)에 성공했다는 발표를 하여 과학계를 충격에 빠뜨렸다. 폰즈와 플레이슈만의 발견에 따르면, 상온 핵융합시 입력된 에너지의 몇천 배나 되는 에너지가 발생하고, 상온에서 원소변환 현상이 일어나며, 게다가 방사선이 아예 없거나 거의 검출되지 않는다고 한다. 이것이 사실이라면, 이는 앞서의 희망대로 인류의 에너지 문제를 일거에 해결할 수 있는 엄청난 발견이 될 것이다.

물론, 상온에서 핵반응이 일어난다는 것은 기존의 핵 이론으로 볼 때 불가능한 일이다. 이 때문에 미국은 폰즈가 있는 유타 대학에 국립 상온 핵융합 연구소를 설치했다가, 비판적인 시각에 밀려 1년도 안 되어 연구소를 폐쇄했다. 그런데 1992년에 스탠포드 대학의 한 연구실에서 폭발이 일어나 실험실이 날아가고 상온 핵융합 연구가인 앤드루 라일리 박사를 포함한 두 명의 과학자가 숨지는 사건이 발생했다. 이 사건으로 미국은 비밀리에 상온 핵융합 연구를 진행시켜온 것이 아닌가 하는 의혹을 받았다. 일본은 여기에 자극받은 탓인지 통산성 주관 아래 상온 핵융합 연구를 공식 지원하기도 하였다.

기존 과학계와 미 정부의 공식 부인에도 불구하고 이미 상온 핵융합과 관련된 몇천 건의 논문과 특허가 발표되거나 제출되었으며, 미국과 일본에서는 이를 상업적으로 실용화하려는 벤처기업들이 속출하였다. 대표적인 것으로는 패터슨 박사가 1994년에 미국에서 특허를 얻은 패터슨 전지가 있다. 또 일본의 도요타 자동차는 최초 발견자인 폰즈와 플레이슈만을 고용해 프랑스에 상온 핵융합 연구소를 설치, 운영하고 있다.

폰즈와 플레이슈만은 중수를 팔라듐(Pd) 전극으로 전기분해하는 과정에서 과잉의 열에너지와 함께, 전극 표면에 전혀 새로운 원소들이 생성되는 것을 관찰하였다고 한다. 지금은 팔라듐 전극이 아닌 다른 금속의 전극 시스템에서도 이러한 현상이 나타나는 것으로 알려져 있고, 중수가 아닌 일반 경수에서도 동일한 현상이 일어나는 것으로 보고되고 있다. 그리고 상온 핵융합에서 나타나는 이같은 원소변환 현상은 전기분해 장치뿐만 아니라 방전장치와 영구자석을 이용한 회전자장 시스템, 멀티아크 시스템, 웅폭 시스템, 초음파 발광 현상 등에서도 나타난다고 한다.

일본의 미즈노 박사가 재현한 전기분해 실험에 따르면, 팔라듐 전극에 백금과 주석, 티탄, 크롬, 철, 구리 등의 새로운 원소가 생성되었는데, 각 원소의 동위원소 분포는 자연계에서의 동위원소 분포와는 전혀 다른 분포로 나타났다고 한다.

상온에서도 원소가 변환된다는 가설을 뒷받침해주는 또 하나의 사례는, 살아 있는 생명체의 체내에서 원소변환이 이루어진다는 주장이다. 생체 내 원소변환을 연구했던 가장 유명한 예로는 프랑스의 루이 케르브랑을 들 수 있을 것이다. 그는 어린 시절 닭들이 운모(雲母)를 골라 먹고 있는 것을 보고 이상하게 생각한 적이 있었는데, 어른이 된 후에 조사해본 결과 닭이 운모에 함유된 칼륨을 체내에서 칼슘으로 전환시키고 있다는 결론에 도달하였다.

케르브랑은 석회암이 없는 땅에서 자라는 닭들이 석회질 껍질의 달걀을 낳는 것을 이상히 여기고 한 가지 실험을 하였다. 그는 우선 닭들이 칼슘 부족으로 물렁물렁해진 껍질의 달걀을 낳을 때까지 닭들에게 칼슘을 먹이지 않았다. 그런 다음에야 비로소 그는 닭들에게 귀리를 먹이기 시작했는데, 귀리에 함유된 무기질은 칼슘이 거의 없고 운모처럼 칼륨이 주성분으로 되어 있다. 그런데 이 귀리를 먹이기 시작하자 달걀 껍질이 다시 딱딱해지기 시작한 것이다. 케르브랑은 실험을 통해 닭이 자기가 섭취한 칼슘보다 4배나 많은 양의 칼슘을 만들어낸다는 사실을 알아냈다.

케르브랑은 1960년대 들어 여러 가지 동물실험을 통해 원소가 변환되는 관계식도 알아냈다. 그는 원소변환이 단(單)원자 상태에서는 일어나기 어렵고, 원자들이 몇 개 뭉친 덩어리(cluster) 상태에서 일어난

다고 설명하면서 이를 '분자 융합(molecular fusion)'이라고 불렀다.[2]

식물 체내에서의 원소변환 실험은 케르브랑보다 앞서서 이뤄졌다. 하노버의 폰 헤르첼레가 씨앗을 사용한 원소변환 실험으로 식물 역시 필요한 원소를 체내에서 변환시켜 사용한다는 사실을 발견한 것이다. 이 실험은 피에르 바랑제 교수가 1950년경에 이를 재현함으로써 신뢰성을 높였다.

비슷한 시기에 일본의 고마키 히사지 박사는 토양 미생물의 체내에서 나트륨이 칼륨이나 마그네슘으로 변하고 칼륨이 칼슘으로 변하며, 망간이 철로 변환되는 것을 증명해보였는데, 고마키 박사는 케르브랑과 함께 1975년 노벨의학상 후보에 오르기도 하였다.[3]

이 밖에도 19세기부터 20세기에 이르기까지 프랑스의 보클랭, 프로인들러, 랑베르그, 영국의 프라우트, 독일의 포겔, 라베스, 길베르트 등이 생체내 원소변환의 증거들을 발견하였다.

만약 상온 핵융합과 상온에서의 원소변환이 사실로 밝혀져서 실용화된다면 그 파급효과는 상상을 초월하게 될 것이다. 무엇보다도 오염이 없는 청정에너지를 거의 무한정 쓸 수 있으며, 핵폐기물을 무해한 원소로 전환시킬 가능성도 기대해볼 수 있다.

러더퍼드가 질소원자를 분해한 것을 계기로 시작된 현재의 고에너지 물리학은 천문학적인 비용과 장치, 그리고 막대한 에너지가 들어가면서도 매우 제한적으로밖에 핵반응을 일으키지 못하는 기술이다. 그에 비하면 상온 핵융합은 매우 싼값으로, 그리고 비교적 간단한 실험

2) 『신과학이 세상을 바꾼다』, 방건웅 지음, 정신세계사, 1997, 276쪽.
3) 『꿈의 신기술을 찾아서』, 허창욱 지음, 양문, 1998 , 61~62쪽.

장비만을 가지고 훨씬 다양한 핵반응을 일으킬 수 있다. 방사능의 위험까지 수반하는 핵분열 기술과 고온 핵융합에 비하면, 상온 핵융합은 연금술에 보다 더 근접한 기술이라고 할 수 있을 것이다.

불가능을 쫓는 과학자들

상온에서 원소변환이 일어난다는 것은 연금술이 헛된 망상만은 아니라는 것을 보여주는 것이다. 20세기에도 폴카넬리라고 하는, 현자의 돌을 만들어내는 데 성공했다고 주장하는 연금술사가 있었는데, 과연 그가 옳았던 것일까?

상온에서의 핵융합은 아직 이론적으로 설명되지 못하고 있다. 이론보다 앞서 상업화가 먼저 추진되고 있는 상황이라고 말할 수 있다. 그러나 어쨌든 적지 않은 사람들이 상온 핵융합 현상이 일어난다는 사실 자체에 대해서만큼은 이미 의심하지 않고 있다. 아마도 현대과학이 아직까지 밝혀내지 못한 메커니즘이 이 현상 뒤에 작용하고 있을 것이다.

상온 핵융합을 설명하려는 가장 그럴듯한 시도 중 하나는, 공간에너지라고 부르는 미지의 에너지가 관여하고 있을 거란 추측이다. 고온 핵융합과는 달리 상온 핵융합은 방사선을 내보내지 않으면서 초과에너지를 발생시킨다는 사실이 이런 가정에 설득력을 부여하고 있다. 할

퍼토프와 같은 몇몇 사람들은, 상온 핵융합이 비록 어느 정도의 핵융합 과정과 원소변환을 포함한다고 하더라도, 소위 상온 핵융합 과정에서 나오는 대량의 열은 핵융합과 상관없이 공간에너지로부터 추출된 것이 아닐까 하는 견해를 가지고 있다. 즉 상온 핵융합이라는 것은, 둘 이상의 물리 과정이 관여하는 복합적 현상이리란 추론이다.

이 미지의 공간에너지는 여러 가지 다른 이름들로도 불리는데, 진공에너지, 영점에너지, 무한에너지, 또는 프리에너지 등이 그것이다. 프리에너지는 말 그대로 공짜로 얻어지는 에너지란 뜻이다.

프리에너지란 개념은 이른바 초효율 에너지장치 또는 무한동력장치라고 부르는 시스템에서 생겨난 것으로, 일정 조건만 갖추어지면 입력되는 에너지보다도 출력되는 에너지가 훨씬 더 큰 상황이 발생한다는 것이 이들 장치의 요점이다. 이 경우, 열역학 제1 법칙인 '에너지보존의 법칙'에 따르면 닫혀 있는 계에서 입력에너지보다 출력에너지가 더 클 수는 없기 때문에 그 중간의 어느 지점에선가 미지의 에너지가 장치 안으로 유입되었다고 밖에는 설명할 수 없다. 이처럼 미지의 에너지를 가정하지 않으면 열역학 전체와 현대과학의 기반이 무너질 수도 있는 상황에서 가정된 것이 프리에너지란 개념이다.

그렇지만 이 미지의 에너지는 어디에서 오는 것일까? 현대과학은 아직 이 미지의 에너지를 인정하지 않고 있으며, 따라서 초효율 장치라는 것도 있을 수 없다는 것이 기본 입장이다.

우리는 일찌감치 초등학교에서 열역학의 기본 개념을 배운다. 스스로 영원히 돌아가는 제1종 영구기관의 제작은 절대로 불가능하다는 것이 그것이다. 나는 대학교에서 열역학을 본격적으로 배웠는데, 이윽고 나는 열역학이 무서운 학문이라는 것을 깨달았다. 그것은 열역학의 법칙이 암울한 우주의 미래를 예견하고 있었기 때문이다.

열역학 제1 법칙은 라브와지에가 발견한 물질보존의 법칙과 함께 모든 물리법칙의 전제가 된다. 에너지는 비록 그 형태는 바뀔지라도, 총량은 언제나 변함없이 일정하게 보존된다는 것이 열역학 제1 법칙이다. 열역학의 제2 법칙은 엔트로피 증가의 법칙으로 알려져 있는데, 시간이 지남에 따라 계(system) 전체의 엔트로피(무질서도)가 증가하여 언젠가는 열적 평형상태에 도달하고 만다는 법칙이다. 뜨거운 물과 차가운 물을 한 욕조에 부으면 서로 섞이어 잠시 후에는 미지근한 물이 되는 것과 같은 이치다. 또 욕조 속에 잉크 방울을 풀었을 때 잉크 방울이 자발적으로 한 구석에 모이지 않는 것도, 열역학 제2 법칙인 엔트로피 증가의 법칙을 따르기 때문이다. 산산조각 난 접시처럼, 이렇게 한 번 깨뜨려진 질서는 다시 되돌려질 수가 없다. 이 시나리오에 따르면, 우주는 태초에 엄청난 질서를 가지고 태어나서 지금은 서서히 그 질서가 파괴되고 있는 중이며, 결국 언젠가는 엔트로피가 최대가 되어(즉 열적 평형상태에 도달하여) 우주에는 아무런 변화도 있을 수 없게 될 것이다. 곧 영원한 침묵과 죽음만이 남게 되는 것이다.

공간에너지 또는 프리에너지를 도입한다는 것은 이 우주가 닫힌계가 아니라 열린계임을 의미하는 것이다. 이 우주가 만일 열린계라면 에너지보존의 법칙을 깨지 않고도 외부에서 에너지를 도입하여 초효율 현상을 만들어낼 수가 있다. 생명체가 바로 그러한 열린계의 좋은 예이다. 식물은 땅속의 영양분과 대기 중의 이산화탄소와 태양에너지 등을 흡수하여 체내에서 광합성이라는 과정을 통해 새로운 질서를 만들어내고 있다. 그런데 우주의 경우, 우리는 우주가 닫혀 있다고 하는 확고한(?) 신념을 갖고 있다. 생명체의 경우는 우리가 쉽게 체내와 체외를 구별할 수가 있다. 그러나 우주에는 그런 외부가 있을 리 없다. 과학자들은 현재의 물리학이 우주의 모든 부분을 관찰하고, 또 우주의 모든 부분을 다루고 있다고 생각한다. 그러니 알 수도 없고, 알지도 못하는 우주의 외부라는 것을 가정할 필요와 이유가 없는 것이다. 하지만 공간에너지를 도입하고 우주가 열린계임을 인정한다면, 우리는 논란의 여지없이 맞이해야 하는 우주의 비극적인 열역학적 종말을 피해갈 수 있을 것이다. 물론 우주에 열역학적 죽음이 온다고 해도 그것은 태양이 수명을 다하고도 한참 뒤의 일이므로 대다수 사람들은 이에 대해 전혀 걱정하지 않겠지만 말이다.

프리에너지가 존재한다면 영구기관도 이론적으로는 가능하다. 나는 지금도 영구기관을 연구하는 사람들이 있는 것을 알고 깜짝 놀란 적이 있다.

에너지보존의 법칙에 따라 물레방아에서 떨어진 물이 저절로 다시 위로 올라가 물레방아를 영구히 돌리는 것과 같은 일은 분명 있을 수 없다. 물이 가지고 있던 위치에너지가 운동에너지로 변해버렸기 때문이다. 물을 다시 위로 올리려면 외부의 힘이 필요하다. 하지만 물레방아의 운동에너지로 전기모터를 돌려서 물을 다시 위로 올린다 해도 얼마 가지 않아 물레방아는 멈춰버리고 말 것이다. 이렇게 위치에너지가 운동에너지로, 운동에너지가 전기에너지로, 다시 전기에너지가 운동에너지에서 위치에너지로 변화하는 과정에서 에너지 손실이 발생하기 때문이다. 즉, 에너지의 일부가 소리에너지나 열에너지 따위로 바뀌어 빠져나가는 것이다. 에너지가 소실되지 않고 원하는 에너지로 전환되는 정도를 에너지효율이라고 하는데, 100%의 에너지효율을 갖는 기계는 없을 뿐더러(이렇게 에너지효율이 100%에 달하는 장치를 제2종 영구기관이라 한다) 사실 대부분의 에너지 기기는 그 효율이 매우 낮다. 그런데 무한동력장치나 초효율장치 같은 현대판 영구기관에선 에너지효율이 100%를 넘어 초과에너지가 쏟아져나오는 것이다.

이런 장치가 스위스의 한 마을에서 실제 가동됐었다고 하는데, M/L 컨버터라는 장치가 그것이다. 비록 그 원리는 공개되지 않았지만, 실제 작동 현장이 많은 사람들에게 검증을 받아 현재 가장 신뢰도가 높은 장치로 손꼽히고 있다.

또 관심을 끌고 있는 초효율장치 중에는 N-머신이라는 것이 있는데, 1970년경 미국의 데 팔머가 N-효과라는 현상을 발견함으로써 주목받기 시작한 것으로, 일본 전자기술총합연구소의 이노마타 박사와 인도 원자력에너지연구소의 파라마함사 테와리 박사 등이 이를 연구하고 있다.

이 밖에도 플로이드 스위트의 삼극진공증폭기(VTA), 램버트슨 박사의 윈(WIN) 시스템, 쇼율더의 특허 등이 있으며, 모레이 밸브를 발명했던 헨리 모레이(1892~1972) 역시 무한동력장치 제작에 성공한 것으로 전해온다. 특기할 만한 것은 이러한 연구들이 1990년대부터 부쩍 활기를 띠고 있으며, 국제 학술대회가 열리는 등 국제적인 협력과 교류도 빈번해지고 있다는 점이다.[4]

마지막으로, 공간에너지와 무한동력장치를 이야기하면서 빠뜨릴 수 없는 전설적인 한 사람이 있는데, 이들 모두에 앞서서 존재했고 그 누구도 따르기 어려운 업적을 이룬 천재발명가, 니콜라 테슬라

---

4) 한편, 이와는 좀 다르지만 중력을 제어할 수 있는 가능성을 보여준 존 허치슨의 허치슨 효과, 존 셜의 셜 효과, 타운젠드 브라운의 비필드-브라운 효과, 그리고 20세기초의 빅터 샤우버거(1885~1958)의 연구 결과 등도 눈여겨볼 만하다.

(1856~1943)가 그 사람이다.

안타깝게도 역사는 그의 진가를 올바르게 평가하지 못하고 있다. 아마도 그것은 니콜라 테슬라가 시대를 너무 앞서 살았던 사람이었고, 다른 사람들에게서 많은 견제를 받았기 때문이었을 것이다. 800여 개의 특허를 얻은 니콜라 테슬라는 토마스 에디슨을 사실상 능가하는 발명가였으며, 창의력에 있어서도 에디슨을 훨씬 뛰어넘었다. 혹자는 그를 레오나르도 다빈치 이후 최고의 지성이라고까지 격찬하였다.

현재 자기력의 단위로 쓰이고 있는 '테슬라(Tesla)'는 그를 기념하기 위한 것이며, 현재 우리가 사용하고 있는 교류 발전기와 교류 모터 등 대부분의 교류 시스템 역시 그가 발명한 것이다. 테슬라는 그 밖에도 회전자장과 무선전신, 각종 터빈 등을 발명하였다. 또 테슬라는 형광등이 상업적으로 발명되기 40년도 전에 이미 그의 실험실에서 형광램프를 사용하였으며, 여러 박람회나 전시회에서 네온사인의 원형이 되는 장치를 전시 보조용으로 사용하기도 하였다. 또 그는 나이아가라 폭포에 위치한 세계 최초의 수력발전소를 설계하기도 하였고, 역시 세계 최초로 자동차 속도계의 특허를 내기도 하였으며, 또 뉴욕의 메디슨 광장에서 세계 최초로 원격조종 보트를 시연하기도 하였다.

크로아티아에서 태어난 니콜라 테슬라는 한때 에디슨의 조수로 일하기도 하였으나, 성장배경이나 사고방식 등이 모두 달라 곧 결별하고 독자적인 연구소를 운영하였다. 1884년 테슬라가 미국으로 건너가 에디슨의 조수가 되었을 때, 에디슨은 이제 막 전구를 발명하였기 때문에 전기를 보급해줄 시스템이 필요했다. 에디슨이 발명한 직류 시스템은 문제가 많았지만, 이 개발에 워낙 많은 돈을 들인 탓에 에디슨은 테슬라의 교류 시스템이 송전 시스템으로 채택되지 못하도록 계속 비난

했다.

테슬라는 1885년에 다상 교류 발전기와 변압기, 모터 등의 권리를 조지 웨스팅하우스사(社)에게 팔았다. 나중에 교류가 송전 시스템으로 채택되고, 웨스팅하우스사가 테슬라에게 지급해야 할 로열티가 백만불을 넘어서기 시작할 즈음 웨스팅하우스사가 재정적 위기를 맞게 되었는데, 테슬라는 교류 전기를 전세계에 보급하겠다는 마음만으로 웨스팅하우스사와의 계약서를 스스로 파기하였다. 결과적으로 단 216,600달러에 그의 모든 권리를 웨스팅하우스사에 넘기는 꼴이 되고 만 것이다.

테슬라는 무선으로 전세계에 전력을 공짜로 송신하려는 꿈을 가지고 있었다. 그는 1900년에 금융가인 모건으로부터 후원을 받아 롱아일랜드에 무선 방송탑을 착공하였는데, 이 방송탑은 전세계를 상대로 전화와 전신 서비스, 사진, 증권정보, 기상정보 등을 보내려는 계획을 가지고 있었다. 그러나 후원자 모건은 프리에너지를 전세계에 무상으로 공급하려는 테슬라의 숨은 의도를 알아차리고 재정지원을 중단하였다. 이 탑에 관한 또 다른 설로는, 제1차 세계대전 중에 미국 정부가 독일 U-보트의 공격목표를 알려주는 표적이 될 것이 두려워 파괴했다고도 한다. 어쨌든 사람들은 그를 미쳤다고 생각했다. 소리와 영상, 전기를 무선으로 보낸다는 건 생전 들어보지도 못한 이야기였던 것이다.

사실 테슬라는 마르코니가 무선을 발명하기 약 10년 전에 이미 그 원리를 시연해 보인 것이며, 결국 테슬라가 죽던 1943년에 미국 대법원도 테슬라의 우선권을 인정해주었다. 그런데도 대부분의 문헌들에선 아직도 테슬라를 무선의 발명자로 인정하지 않는다. 마르코니의 발명은 소리는커녕 그나마 신호만을 전달하는 수준에 불과한 것이었는데도.

그 밖에도 니콜라 테슬라는 혁신적인 아이디어를 많이 가지고 있었다. 지구를 도체 또는 전기적인 소리굽쇠로 사용하여 정상파(terrestrial stationary wave)를 만들어내고, 200개의 전등을 40km 떨어진 곳에서 무선으로 불을 밝혔으며, 41m 섬광의 인공번개를 만들기도 했다. 그러나 기존 지식 체계를 뒤흔드는 테슬라의 작업들은 재정지원의 중단과 방해 등 큰 장애에 부딪치게 되었으며, 테슬라는 많은 아이디어들을 실행해보지도 못하고 가난 속에서 말년을 보내야 했다. 그의 명성과 이름도 너무 쉽게 잊혀졌다.

니콜라 테슬라는 1891년에 테슬라 코일을 발명하였다. 테슬라 코일은 무선기술에 널리 쓰이는 유도코일로서, 저전압을 고전압으로 바꾸는 변압기의 일종이다. 그러나 철심을 사용하는 교류 변압기와는 달리 철심이 없는 비자성체의 원통에 1차 코일과 2차 코일을 감은 것으로, 1차 코일회로에 불꽃 방전 장치가 있다는 점이 특징이다. 이 테슬라 코일은 공간에너지를 연구하는 학자들에 의해 널리 활용되고 있는 장치들 중 하나로, 이 고압 발생 장치에서 종종 입력보다 출력이 높은 초효율 현상이 나타나는 것으로 알려져 있다.

상온 핵융합 과정과 무한동력장치에 유입된다고 가정되는 공간에너지. 그 공간에너지는 보통 우리가 아무것도 없이 텅 비어 있다고 믿는, 바로 그 공간에서 나온다는 것이 공간에너지를 옹호하는 사람들의 생각이다. 이런 생각은 얼핏 황당하게 들릴지도 모르지만, 사실 공간은 에너지로 꽉 차 있는 에너지의 보고(寶庫)라는 것이 20세기 과학의 결론이다. 다만 그 에너지는 완전한 평형상태에 놓여 있어서 제로의 에너지 상태에 있는 것과 마찬가지이며, 따라서 우리는 결코 그것을 사용하기 위해 접근할 수 없다. 그래서 공간에너지를 영점에너지(Zero Point Energy)라고도 하는 것이다. 무한동력장치를 지지하는 사람들의 연구는, 이 영점에너지를 어떻게 우리가 사용할 수 있는 형태로 끄집어낼 수 있는가에 초점이 모아져 있다.

공간 또는 진공에 대한 물리학적이고 신비학적인 본질은 앞으로 차차 살펴보게 될 것이다. 그런데 이 미지의 에너지가 상온 핵융합이나 원소 변환과 어떻게 관련이 있는지는 알 수 없지만, 혹시 엘릭시르나 현자의 돌도 이런 에너지를 통해 생체에 활기를 넣어주는 것은 아닐까?

아무것도 없는 허공에서 공짜로 에너지를 뽑아 쓰려는 사람들! 이들은 금이나 영생불사약을 만들려는 연금술사도 아니고, 또 그렇게 불린 적도 없지만, 나는 이들이 상온 핵융합을 연구하는 과학자들과 함께 또 다른 의미의 연금술사들은 아닐까 하는 생각을 해보게 된다.

다시 신비의 영역으로

연금술이란 무용(無用)한 것으로부터 유용한 것을 만들어낸다는 의미를 가지고 있다. 그것이 물질적인 연금술이든, 또는 영적인 연금술이든 변성을 추구한다는 점에서 그 의미는 동일하다.

그러나 변성에 대한 믿음은 시대에 따라 변화되는 양상을 보여주었다. 그리스 원자론자들은 모든 물질이 크기와 모양 등이 고정된 원자들로 이루어졌다고 봄으로써 변성에 대한 새로운 해석이 가능하게끔 하였다. 즉 원자들 자체는 변하지 않지만, 원자들이 공간 속에서 여러 가지 방법으로 재결합함으로써 세상의 모든 변화를 만들어낸다는 것이다. 이런 관점은 결국 원소 자체의 변성을 부인하고 있을 뿐만 아니라, 나중에 서양사에서 중요한 흐름이 될 물질주의의 씨앗을 내포한 것이기도 했다.

르네상스를 맞아 부활한 원자론은 프란시스 베이컨과 갈릴레이, 데카르트 등에 의해 기초가 다져진 기계론과 물질과 정신을 서로 별개의 것으로 보는 이원론적 사고방식과 더불어 영향력을 더해갔다. 무엇보다도 물리적, 화학적 분석만으로 모든 것을 설명할 수 있으며, 개개 부속품을 이해하면 시스템 전체를 이해할 수 있다는 식의 환원주의적 사고방식이 원자론과 잘 맞아 떨어졌던 것이다.

한편 뉴턴이 발표한 역학, 즉 운동법칙은 물질을 수동적이고 관성적인 것으로 기술하였으며, 데카르트의 기계론과 이원론, 환원주의, 뉴턴역학, 돌턴에 의해 확립된 원자론도 물질을 생명 없는 대상으로 만들어놓았다. 이제 과학자들 대부분은 자연계의 모든 현상이 미시 입자의 운동과 상호작용만으로 설명될 수 있다고 믿었다. 더욱이 기존의 이원론이 단순히 물질과 마음의 상관관계를 부정한 데 비해, 존 로크(1632~1704) 등은 신의 존재까지 부정함으로써 유물사상이 과학계를 지배하게 되었다. 이런 기계론적 세계관은 19세기 말에 절정을 이루어, 라플라스는 어느 한 순간의 모든 입자들의 운동상태를 알 수만 있다면 뉴턴의 운동법칙에 따라 우주의 모든 미래를 예측할 수 있다고 호언하였다. 또 돌턴의 원자론으로 변성의 믿음이 잘못된 것으로 드러나면서, 원자론 그 자체도 성공적으로 잘 마무리되는 듯했다.

그러나 방사능의 발견 이후 원자에 대한 개념은 다시 급격한 변화를 겪게 되었다. 20세기에 확립된 소립자물리학과 양자역학은 더 이상 원소가 불변의 존재가 아님을 말한다. 원자는 물론 소립자들끼리도 서로 다른 소립자로 변했으며, 심지어 아무것도 없는 빈 공간에서 소립자가 생겨나거나 사라지기도 했기 때문이다.

뉴턴역학 역시 도전을 받았다. 양자역학의 한 개척자인 하이젠베르크에 의하여 제기된 불확정성 원리는, 적어도 미시세계에서만큼은 더 이상 뉴턴역학이 올바르지 않음을 보여주었다. 한편 거시세계에서도, 유클리드 기하학에 기반을 둔 뉴턴의 역학은 비유클리드 기하학의 출현과 아인슈타인의 상대성 이론으로 그 절대 권위에 금이 갔다.

상온 핵융합과 공간에너지는 아직 과학계에서 공인되거나 이론적으로 해명된 현상은 아니다. 많은 과학자들이 폰즈와 플레이슈만의 실험을 재현하고자 시도했지만 성공보다는 실패한 경우가 훨씬 더 많았으며, 미국은 자원부 산하 에너지연구 자문단의 비판적인 보고서를 계기로 상온 핵융합 연구에 대한 공식적인 지원을 중단한 바 있다.

그럼에도 불구하고 여전히 많은 논란에 휩싸여 있는 상온 핵융합은, 만약 그것이 실제로 존재하는 현상이라면, 물질은 변화할 뿐만 아니라 연금술적 변성에 가까운 기적이 가능할지도 모른다는 기대를 갖게 한다.

사실 상온 핵융합을 실재하는 현상으로서 받아들인다는 건 지난 4세기 동안에 이루어진 과학 기반을 통째로 흔들 수도 있다는 뜻이다. 그래서 과학계가 이들 현상을 받아들이기가 더욱 어려운 것인지도 모른다. 우리는 과학이 언제나 새로운 현상을 찾아나서길 좋아하는 진취적이고 용감한 탐험가의 정신으로 무장되었다고 자주 오해하지만, 의외로 과학은 새로운 현상에 심한 알레르기를 가지고 있으며, 그것이 자신의 생존기반을 위협한다 싶으면 더욱 그러한 경향을 드러낸다. 형식적이고 독단적인 관념론이 흔히 그렇듯이, 과학도 마치 하나의 생명체처럼 위험이 닥치면 자기방어를 최우선으로 하는 묘한(?) 생리적 본능을 가지고 있는 것이다.

1996년에 불가능이 현실로 나타난 한 작은 사건이 있었다. 노르웨이의 핀스루드라는 조각가가 12년간에 걸친 노력 끝에 자석과 쇠구슬을 절묘하게 조합한 설치미술 작품을 완성하여 한달 동안 언론을 비롯한 일반에 공개했는데, 그것은 다름 아닌 제1종 영구기관이었다. 영구기관은 불가능하다는 과학자들의 믿음을 무색케 하는 사건이었다.

영구기관을 개발했다고 주장하는 사람들은 과거부터 많이 있었다. 하지만 그 대부분은 엉터리인 것으로 드러났다. 우리나라에서만도 영구기관에 대한 특허신청이 해마다 몇십 건씩 된다고 한다. 기존의 과학이론에서 벗어나는 이런 주장들에 대해서는 당연히 엄격한 검증을 할 필요가 있다. 그러나 모두가 다 속임수나 착각에 의한 것이라고 하기에는 이 세상에는 과학으로 설명하지 못하는 현상들이 수두룩하다. 심지어는 과학자들도, 비록 그 원리를 설명할 순 없지만, 이상(異常)현상에 대한 부인할 수 없는 실험결과를 얻기도 한다.

언젠가 TV에서 일본의 한 여성이, 많은 방청객과 과학자가 지켜보는 가운데 속임수라고는 개입할 여지가 없는 철저한 시험을 통해 투시능력을 검증받는 장면을 보았다. 글자를 적어서 꼬깃꼬깃 접은 종이를 수백 개의 탁구공 속에 집어넣은 다음, 임의로 고른 탁구공 속의 글자를 맞추는 실험이었다. 그 여성은 한 번의 실수도 없이 다섯 번을 모두 알아맞추었다. 우연히 그렇게 알아맞출 확률은 오만 분의 일도 되지 않았기에, 그 실험을 바로 옆에서 지켜본 과학자의 얼굴에는 도저히 믿을 수 없다는 표정이 역력했다.

그렇지만 아마도 그 과학자는 곧 그 일을 잊어버렸을 것이다. 설사 그렇지 않았더라도, 그 실험결과가 다른 과학자들에게 미치는 영향은 미미할 것이다. 이것은 과학이 새로운 현상을 믿기보다는 오래된 이론을 믿으려는 경향이 강하기 때문인데, 과학사학자 토머스 쿤은 과학활동의 거의 전부를 차지하는 정상과학[5]의 목적이, 새로운 현상에 주의

---

5) 토머스 쿤이 정의하는 '정상과학(normal science)'은 하나 이상의 기존 과학적

를 기울이고 새로운 이론을 창안하기보다는, 이미 짜여진 패러다임이 제공하는 이론과 현상을 지지하고 명료화하는 데서 그 이유를 찾는 다.[6] 그렇다면 과학이 새로운 현상 또는 이상현상을 수용하지 못한다 는 건 현재의 과학지식 또는 현 패러다임에 구조적인 한계가 있기 때 문이 아닐까?

우리는 통상 교과서를 통해서 정상과학의 업적을 배우면서, 이러한 과학 이론들을 영구불변하는 절대 진리로 신봉하게 되는 과오를 자주 범하곤 한다. 하지만 우리가 지금까지 살펴보았듯이, 과학의 진리 는 불변하는 것이 아니라 시대에 따라 끊임없이 변화할 수 있다. 그렇 다면 맹목적이거나 정치적인 이유에서 현재의 과학 이론을 과신하고 있지는 않은지 누구라도 한 번쯤 돌아볼 필요가 있을 것이다. 혹자는 20세기 과학의 가장 위대한 발견은 상대성 이론이나 양자역학이 아니 라, 우리가 우주의 본질에 대해서 실제로는 아무것도 모르고 있음을 알게 된 것이라고 했다.

그렇다. 현대과학은 사물의 현상에 대해서는 비교적 잘 기술하고 있지만, 본질에 대해서는 거의 아무런 설명도 하지 못한다. 우리가 일 상생활에서 항상 경험하고 있는 중력을 예로 들어보자. 중력 하면 곧 바로 뉴턴의 사과를 떠올리면서 우리들이 가장 잘 이해하고 있는 힘 으로 생각하기 쉽다. 그러나 사실은, 과학자들이 현재 인식하고 있는 4개의 힘(중력, 전자기력, 강력, 약력) 중에서 가장 그 본질을 이해하 지 못하는 것이 중력이다. "중력이 왜 발생하는가?" 하고 물어봤을 때

성과에 확고히 기반을 둔 연구 활동을 뜻하는 것으로서, 그 성과는 몇몇 특정 과학자 공동체로 하여금 일정 기간 동안 한 걸음 더 나아간 과학활동의 기초 를 제공하게 된다.

6) 『과학혁명의 구조』, 토머스 S. 쿤 지음, 김명자 옮김, 두산동아, 1999, 49쪽.

두 물체가 서로 끌어당기기 때문이라고 답한다면, 그것은 중력의 본질에 대해 아무것도 설명하지 못하고 있는 것이다. 두 물체가 서로 끌어당기는 힘은 중력으로 인한 결과일 뿐이지, 중력이 발생하는 원인과 메커니즘은 아니다. 중력에 대해 올바로 이해한다고 말할 수 있으려면, 왜 중력이 발생하는지를 설명할 수 있어야 한다. 하지만 우리는 일어나는 현상을 인정할 뿐이지, 그 현상의 진정한 원인을 알지는 못한다. 중력과 관계가 있는 질량도 마찬가지다. 질량이 그냥 물체에 내재해 있는 한 속성이라고 말한다면, 우리는 질량에 대해서 전혀 이해하지 못하고 있는 것이다. 말하자면 본질은 모른 채 그 겉으로 드러난 현상만을 보고 이해하며, 또 활용하고 있는 것이다.

화려한 전자문명을 가능케 한 전자기력에 대해서도 그 본질을 모르기는 마찬가지다. 전기와 자기가 유도되는 현상이라든가 조심스럽게 다루는 법은 어느 정도 알고 있지만, 정작 자기의 본질이 무엇이고, 전기의 본질이 무엇이냐고 물으면 대답할 수가 없다. 마이너스 전하를 띠고 있는 전자와 플러스 전하를 띠고 있는 양성자에서 전기가 유래한다고? 그렇다면 전하란 무엇인가? 왜 입자들은 그러한 전하로 하전(荷電)되어 있는가?

이런 면에서 보면, 우주에서 관측할 수 있는 모든 물리량과 사물의 근원, 나아가서 우주 자체의 근원에 대한 대답을 찾아내겠다는 것이 과학자들의 궁극 목표이지만, 과연 그 궁극의 근원에 도달할 수 있을지가 의문이다. 나아가 영혼이나 마음, 생명과 같이 비가시적이고 실체가 없는 현상에 대해서 과학이 아무런 설명을 못하고 있음은 더 말할 나위도 없다. 생물학이나 심리학이라는 과학 분야에서 뇌의 구조와 인간행동을 연구하고, 유전자공학이 생물의 유전자까지 바꾸어놓기는 하지만, 정작 생명이나 마음의 본질에 대해서는 아무런 언급이 없다.

현대과학이 가진 또 하나의 한계는 그것이 지구환경에 미친 악영향이다. 자원의 고갈과 환경오염, 기후변화, 동식물의 멸종위기, 그리고 인구증가와 식량문제 등은 모두 현대과학이 이룩해놓은 기술문명의 직간접적인 부산물들이다.

살펴보았듯이 과학이 지닌 이런 맹점과 한계는 그 철학적 바탕이 되는 패러다임의 문제이기도 하다. 기계론적, 유물론적 환원주의로 특징지을 수 있는 지금까지의 패러다임은 모든 사물을 미분적인 요소로만 환원시켜서 설명하려 하고, 또 지나치게 합리성만 추구하다 보니, 결과적으로 사물을 전체적 안목에서 바라볼 수 있는 혜안을 잃고 말았다. 또 이원론적 사고방식의 영향으로 정량화할 수 있는 것, 계수화할 수 있는 것, 측정할 수 있는 것만 과학의 대상으로 삼고, 다른 모든 추상적이고 형이상학적인 대상들은 배제함으로써, 과학은 스스로 한정한 영역에 갇혀버린 꼴이 되고 말았다.

이런 기계론적 환원주의에 대한 반성으로 문화 전반에 걸쳐서 일어난 새로운 자각운동이 서구의 뉴에이지 운동이다. 과학계에서도 새로운 시각에서 사물을 관찰하려는 시도들이 생겨났는데, 일리아 프리고진의 산일구조 이론, 프리초프 카프라의 『물리학의 도』, 데이비드 봄의 접혀진 질서, 루퍼트 셸드레이크의 형태장, 그리고 카오스 이론 등이 그 대표적인 예들이다.

18세기의 디드로는 『백과전서』를 편찬하면서 형이상학을 배제했지만, 이제 물리학을 비롯한 현대과학은 더 이상 형이상학적인 주제를 건드리지 않고는 다음 단계로 도약할 수 없는 지점까지 다달았다. 그리고 그 도약은 필연적으로 패러다임의 수정이나 변혁을 수반하지 않을 수 없는 것이다.

나는 개인적으로, 물질적으로 현자의 돌을 얻고자 추구했던 중세 유럽의 연금술사들이나 아랍과 그리스, 중국의 연금술사들이 오늘날 일반적으로 평가받듯이 그렇게까지 어리석다고는 생각하지 않지만, 그렇다고 그들이 연금술의 모든 비밀에 관한 온전한 지식을 가지고 있었다고도 생각하지 않는다. 발견한 한두 조각의 공룡화석에 의지해 온전한 공룡의 모습을 복원하고자 애쓰는 고생물학자의 심정, 연금술 사들도 그와 같은 처지에 있었던 것은 아니었을까? 그래서 그들의 작 업을 추적해보면 진리와 무지가 혼재해 있었던 것으로 보이는 게 아 닐까? 그렇다면 과연 온전한 진리의 원형은 존재했을까?

과학은 언제나 일직선으로, 플러스 방향으로만 발전해오지 않았다. 로마제국이 멸망했을 때, 그리스의 자연철학을 계승하지 못했던 서유 럽은 암흑시대로 퇴보하였고, 반대로 17세기의 과학혁명은 아랍과 르 네상스를 통한 그리스 자연철학의 재도입이 있었기에 가능하였다. 이 집트인은 어느 날 갑자기 찬란한 문명을 이룩하였는데, 초기에 지어진 피라미드가 후기에 지어진 피라미드보다 훨씬 더 훌륭하고 튼튼하여, 나중에 지어진 피라미드일수록 더 빨리 붕괴되었다. 또 인도의 『마하 바라타』라는 고대문헌에는 비행기와 원자폭탄을 연상시키는 문구들 이 있으며, 이집트와 칼데아에서는 전기를 사용하였다는 증거들이 있 다. 마야와 잉카, 메소포타미아 등지의 고대유적들은 여전히 현대과학 으로 풀 수 없는 미스테리다.

이원론에 빠진 과학이 외면해온 반쪽의 우주, 어쩌면 고대인들은 그 반쪽의 우주에 대해서 현대인보다 더 많은 것을 알고 있었던 것은 아닐까? 그리고 그 반쪽의 우주는 우리 눈에는 비록 보이지 않는 재질로 이루어진 우주이지만, 우리의 우주와 밀접하게 연결되어 있어서 그 반쪽의 우주를 이해하지 않고는 우리의 우주를 온전히 이해할 수 없는 것은 아닐까?

사실 과학만이 이 세계를 이해할 수 있는 유일한 사고체계도 아니고, 모든 과학 이론들이 합리적이고, 계획적이고, 분석적인 방법으로만 수립된 것도 아니다. 오히려 과학사상 많은 중요한 진전들은 우연한 발견이나 꿈, 직관 같은 것들에 의해 이루어졌다. 한 예로, 케쿨레는 꿈에서 영감을 받고 벤젠의 육각형 고리구조를 발견할 수 있었다. 과연 꿈이나 직관의 본질을 과학적으로 설명할 수 있겠는가?

물질주의는 사실상 그 설 땅을 잃어가고 있다. 양자역학과 상대성 이론, 카오스 이론과 최근의 초끈 이론에 이르기까지 20세기에 이루어진 여러 과학적 진보들은 우리의 우주가 딱딱하고, 결정론적이고, 아무 목적도 없이 기계적으로 움직이는, 단지 작은 낱알들의 우연한 집합체라는 개념이 더 이상 옳지 않음을 말해주고 있다. 기계론적 유물론 철학이 확고한 기반을 갖게끔 도왔던 물리학이, 이제 그 스스로가 쌓아올린 물질주의의 기반을 다시 허물고 있는 것이다. 그러나 안타깝게도 세계의 모든 가치관과 문화, 정치, 경제, 사회 원리는 여전히 과거의 물질주의 사상에서 헤어나올 줄을 모르고 있는 것 또한 현실이다.

한편, 의식의 본질을 탐구하려는 물리학자들이 최근에 점점 늘어나고 있다. 과거 과학의 대상이 아니라고 여겼던 신비의 영역, 마음과 의식, 초능력, 죽음 이후의 영혼에 이르기까지, 실체조차 부인했던 그 미지의 영역에 대해서 과학자들이 진지하게 생각하기 시작한 것이다.

그러나 문제도 있다. 기존의 과학 실험도구들은 물질주의 철학에 바탕을 둔 발명품이어서, 지금까지 다루어오던 물리 대상과는 전혀 다른 대상을 탐색하는 데 적절하지 않다는 점에서. 또 이론물리학의 가장 중요한 도구가 되어버린 수학은 갈수록 점점 고도화, 추상화하여 그 이론이 실제 의미를 가지고 있는지조차 헷갈리는 지경이 되었는데, 수학이 나타내는 고도의 추상성, 예를 들면 마이너스의 에너지라든가 허수(虛數)의 시공간, 10차원의 우주와 같은 개념들을 어떻게 이해하거나 인식할 것인가도 문제다.

게다가 형이상학에 거의 경험이 없는 물질과학이 귀납적인 방법에만 의존해 독자적으로 연구를 할 경우, 우주의 모든 신비를 밝히는 데 도대체 얼마나 오랜 시간이 걸릴지 의문이다. 아니, 그런 시도가 가능하기나 한지조차 의심스럽다. 형이상학의 영역은 차치하고라도, 이 물질세계의 여러 물리량(量), 즉 중력, 질량, 관성, 공간, 시간, 힘, 에너지 등의 본질을 밝히는 문제만도 물리학의 노력만으로는 불가능한 게 아닐까?

다시 한 번 되풀이하지만, 물리학을 비롯한 현대과학은 더 이상 형이상학을 외면하고는 도약을 이룰 수 없는 지점에 와 있다. 반면에, 정반대되는 방법으로 형이상학의 영역을 탐구해온 신비학은 물질과학을 외면하고는 영원히 신비함으로밖에 남을 수 없는 운명을 가지고 있다. 제안하건데, 서로는 상대방의 방법을 통해 보다 많은 것을 배워서 나눠가질 수 있지 않을까? 또는 적어도, 무조건적인 외면이나 배척보다는 한 번쯤이라도 주의 깊게 상대방의 주장에 귀 기울여보는 아량과 지혜가 필요하지 않을까?

현대물리학이 이미 얼마나 신비한 대상들을 다루고 있는지를 생각해본다면, 이런 제안이 터무니없는 것만은 아니라는 것을 알 수 있다. 즉, 빛보다 빠른 속도를 가지고 있는 천체(퀘이사)와 몇십 광년의 벽도 아무렇지 않게 뚫고 지나가는 유령 같은 입자(중성미자), 근처에 다가오는 물질은 모조리 집어삼켜버리는 보이지도 않는 검은 괴물(블랙홀), 다른 공간으로 불쑥 튀어나갈 수 있는 공간 속에 뚫린 벌레구멍(웜홀), 우리 현실과 동시에 존재하는 수없이 많은 또 다른 현실들(평행우주), 우주에 딸린 우주(아기우주), 작은 공간 속에 말려 들어간 10차원 우주(초끈 이론), 동시에 두 곳에 존재하거나(양자 터널링), 때로는 입자로 때로는 파동으로 모습을 바꾸는 입자의 변신술(입자와 파동의 이중성) 등등, 황당무계하다는 서술어가 바로 이런 때에 사용되어야 하지 않을까 싶을 정도로 미처 우리가 깨닫지 못한 사이에 현대물리학은 신비의 영역으로 성큼 발걸음을 들여놓고 있었던 것이다.

앞으로 나는 이 책에서 신비학의 관점에서 이 우주의 그림을 한번 그려볼 것이다. 물론 여기에는 물리학적 고찰도 함께 따를 것이다. 무엇보다 나로서는 이 책이 여러분에게 경이로운 우주의 실상과 함께, 과학과 신비학이 앞으로 어떤 방향으로 나아가야 할지를 직접 체험하고 느낄 수 있는 계기가 되기를 바란다.

먼저 우리는 환원주의의 입장을 따라 원자의 내부 세계를 탐험할 것이다. 점점 작고 깊은 곳으로 원자핵 속을 하강해 내려가다 보면, 어느 순간 또 다른 광대한 우주가 펼쳐져 있는 기적 같은 광경을 보게 되고, 이윽고 천지창조의 장엄한 드라마를 목격할 것이며, 그 모든 여행을 마치고 나면 최초의 주제인 연금술로 다시 돌아와 있는 우리 자신을 발견하게 될 것이다.

3장

—————— 아누와 초원자 ——————

신비한 입자 아누

아누의 그림을 처음 본 순간, 나는 뒤통수를 한 대 얻어맞은 느낌이었다. 물질을 이루는 궁극의 입자, 그것은 내가 10여 년 전에 한동안 알고 싶어했던, 그러나 불가능하리라고 여겨 알기를 포기했던 미지의 해답이 아니던가……! 더욱이 놀랍도록 세밀하게 묘사된 입자의 모습과 그 형태의 기이함이란…….

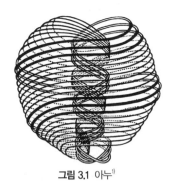

그림 3.1 아누[1]

---

1) 『오컬트화학』 제3판, C.W.Leadbeater & Annic Besant 지음, Theosophical Publishing House, 1951.

그렇지만 그것은 과학자들의 연구성과는 아니었다. 나는 경탄해 마지않으면서도, 한편으로는 의문이 들었다. 어떻게 이런 것을 알 수 있었을까?

그런데 나는 너무 쉽게 그 그림을 잊어버렸다. 그 이유는 세 가지였는데, 첫째로는 너무 생소해서 도저히 이해할 수 있을 것 같지 않아서였고, 둘째로는 그 그림과 자료에서 설명하는 것들이 일반 과학 상식과 맞지 않아서 자료 자체를 선뜻 신뢰할 수가 없어서였다. 그리고 셋째로는 더 이상의 판단 자료가 없었기 때문이다. 나는 곧 평소의 생활로 돌아와 세상의 소음 속에 파묻혀버렸다.

그런데 세상일은 알 수가 없다. 그로부터 3년 후, 나는 다시 그 이상한 그림과 마주하고 있었다. 이번엔 더 많은 자료가 내 앞에 놓여 있었는데, 그것은 바로『오컬트화학』이라는 책이었다.

『오컬트화학』의 방대한 기록에도 불구하고, 당혹스럽기는 마찬가지였다. 한 가지 달라진 점이 있다면, 이번에는 이 모든 것이 머리 속에 상주하기 시작했다는 것이다. 그러나 과학적인 상식과의 괴리를 좀처럼 좁힐 수 없었던 탓에 그것이 결코 유쾌한 경험은 아니었음을 고백하지 않을 수 없다.

나는 가장 간단한 원자인 '수소원자'의 그림을 반복해서 보았다. 화학이나 물리에 대한 상식이 조금이라도 있는 사람이라면, 이 그림을 보자마자 당장 옆으로 치워버렸을 것이다(이 책도 똑같은 운명이 되지 않기를 바란다). 실제로『오컬트화학』을 본 몇몇 직장동료들(나는 화학회사에 다니고 있었다)은 금방 잘못을 지적해내고는 더 이상 관심을 두지 않았다. 말은 하지 않았지만, 아마도 나를 한심하게 생각했을 것이 틀림없다.

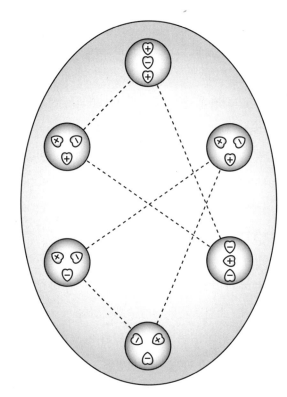

그림 3.2 오컬트화학의 수소원자

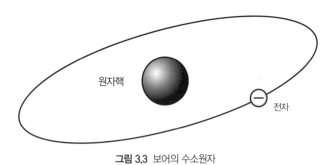

그림 3.3 보어의 수소원자

물론 그들이 옳다. 왜 그들이 옳은지는 다음의 수소원자 그림 하나를 보는 것만으로도 충분하다. 이해를 돕기 위해, 러더포드의 원자모형을 오컬트화학의 수소원자 그림과 나란히 놓고 비교해보자.

이 둘을 비교한다는 것 자체가 거의 불가능하다는 것을 알 수 있다. 러더포드의 원자모델에 따르면 수소는 하나의 양성자로 된 원자핵과, 원자핵의 주위를 도는 하나의 전자로 되어 있다. 반면에 오컬트화학의 수소원자는 단일한 원자핵에 해당하는 구조조차 없다. 전자에 해당하는 것도 없다. 다만 한 가지 생각해볼 수 있는 것은 오컬트화학의 수소원자 그림이 사실은 수소원자 전체가 아니라, 수소의 원자핵만을 묘사해놓았을 가능성이다. 수소원자의 핵은 한 개의 양성자로 이루어져 있으므로, 이 경우 오컬트화학의 수소 그림은 양성자에 해당하는 것이다.

그러나 이제 곧 보게 되겠지만, 설사 오컬트화학의 수소 그림이 양성자를 묘사한 것이라 해도 현대과학의 이론과는 맞지 않는다.

오컬트화학이 처음 발표된 것은 1895년의 일이다. 그때는 물론 러더포드가 원자핵의 존재를 발견하기도 전이었다. 따라서 회의론자들은 이런 주장을 펼지도 모른다. "원자핵도 알려지지 않았고 전자조차 알려지지 않았던[2] 시절, 조작자들은 임의의 원자모형을 만들어내어 희대의 사기극을 준비하였다. 그러나 원자는 중앙에 원자핵을 가지고 있는 태양계와 유사한 구조를 가지고 있음이 밝혀짐에 따라 조작자들의 작품은 완전히 엉터리임이 드러났다!"

나 역시 그렇게 생각하고 말았더라면 이 수수께끼 같은 그림을 가지고 괜한 고민을 할 필요는 없었을 것이다. 그런데 나는 이 얼토당토

---

2) 전자는 1897년 발견되었다.

않은 그림 속에 무엇인가가 담겨져 있다고 느꼈다. 단서는 없었지만, 그리고 불리한 증거들이 더 많았지만, 나의 직관은 여기에 모종의 진실이 숨겨져 있으리라고 속삭이고 있었다. 분명히 드러나는 모순 속에 감추어진 진실, 과연 그런 것이 있을까?

아누는 아주 작은 소립자다. 그것이 이 우주의 가장 작은 부분으로서 모든 물질을 이루고 있는 기본 입자에 해당하는 것이다. 오컬트화학의 수소원자 그림에서 보면 하트 모양의 작은 구체가 모두 18개 있는 것을 알 수 있는데, 이 작은 구체가 바로 아누이다.

앞장에서도 이야기했듯이, 지금까지 밝혀진 소립자의 수는 몇백 개를 헤아린다. 그러나, 아누는 이들 소립자 목록에서 찾아볼 수 없는 입자이다. 소립자들은 대개 거대한 입자가속기 실험을 통해서 그 존재가 밝혀지는데, 물론 직접 그 모습을 볼 수 있는 것은 아니다. 또는 이론물리학을 통해서 예견되었다가, 그후 실험 증거들이 쌓이면 실재하는 소립자로서 인정을 받게 된다. 그런데 실험물리학자의 손도, 이론물리학자의 머리도 거치지 않고 알려진 입자 아누, 과연 그런 게 실재하는 것일까? 단순한 공상의 산물이나 환상, 혹은 사기는 아닐까?

쿼크의 발견

'오캄의 면도날'이라는 이론이 있다. 어느 한 현상을 설명하는 우열을 가리기 힘든 두 이론이 있을 경우 보다 간단한 이론 쪽을 선택한다는 명제이다. 이는 과학사의 경험에서 나온 이론이지만, 예로부터 자연은 간단한 것을 선호한다는 직관적인 믿음이 있어온 데다, 실제로도 간단한 것이 더 아름답다는 심미적인 이유도 있다.

사실 기본 소립자라고 하는 것이 200개도 넘게 존재한다는 사실은 매우 심기불편한 일이었다. 19세기에도 수많은 새로운 원소가 발견될 때 이런 혼동상태가 있었는데, 원소주기율표가 만들어짐으로써 비로소 체계적인 이해가 가능하게 되었다. 따라서 수많은 소립자들을 질서정연하게 분류하고 체계화하려는 노력은 지극히 당연한 것이었다. 그러한 노력의 결과 '표준모형'[3]이라는 것이 소립자물리학의 바탕에 자

---

3) 표준모형(standard model)은 보통 전자기 약력이론과 양자색역학(QCD)을 합하여 말하는 것이다. 자연의 기본 힘, 또는 입자들간의 상호작용에는 전자기력(전자기 상호작용), 약력(약한 상호작용), 강력(강한 상호작용), 그리고 중력의 네 가지가 있는데, 전자기 약력이론은 이중 전자기력과 약력을 통합한

리잡게 되었다.

표준모형에 따르면 소립자는 크게 두 가지 부류로 나눌 수가 있는데, 페르미온(permion)과 보손(boson)이 그들이다. 페르미온은 직접 물질의 토대를 이루는 입자들로, 이른바 페르미 통계를 따른다. 그 의미는 같은 공간에 두 개의 입자가 동시에 중첩하여 존재할 수 없다는 것으로, 우리가 물질에 대해 지닌 일반 상식에 부합된다. 양성자와 중성자, 전자 등이 모두 페르미온에 속한다.

보손은 페르미 통계를 따르지 않고 보스 통계를 따르는 입자들이다. 이 입자들은 페르미온과 달리 동일 공간에 두 개의 입자가 동시에 중첩하여 존재할 수 있다. 물질에 대한 일반 상식과는 맞지 않는, 힘을 운반하는 입자들이다. 여기에 속하는 입자들에는 광자와 글루온(gluon), W, Z 입자 등이 있는데, 광자는 전자기력, 글루온은 강력, W나 Z입자는 약력(원자핵의 베타붕괴와 관련된 힘)의 원인이 된다.

페르미온은 다시 강입자(hadron)와 경입자(lepton)로 나눌 수 있다. 강입자는 일반적으로 원자핵을 구성하는 입자들이다. 양성자나 중성자, 그리고 이보다 더 무거운 시그마(Σ), 람다(Λ)입자 등의 중입자(baryon)족과, 케이(K)중간자, 파이(π)중간자 등의 중간자(meson)족이 강입자에 속한다. 경입자는 가볍다는 뜻으로, 전자와 뮤온, 중성미자 등이 이 부류에 속한다.

몇백 개에 달하는 소립자들이 이렇듯 분류가 가능해지고, 일부 물리량에 따른 주기성을 나타내기도 하였는데, 이런 주기성과 수많은 소립자가 존재한다는 사실 자체가 하이페론[4]을 비롯한 양성자나 중성자

것이며, 양자색역학은 강한 상호작용의 가장 유력한 이론이다.
4) 양성자나 중성자보다 무거운 핵자들을 하이페론(hyperon)이라고 한다.

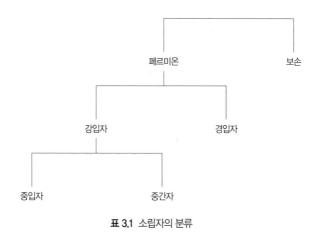

표 3.1 소립자의 분류

같은 핵자들이 하부구조를 갖는 복합 입자임을 강력하게 시사하는 것
이었다.

결국 표준모형에서는 자연에서 가장 기본이 되는 페르미온 입자가
모두 12 종류가 있다고 보고 있으며, 보손을 제외한 나머지 소립자들
모두가 이 기본 입자들의 복합 입자이거나 다른 소립자의 들뜬 상태
에 해당되는 것으로 여기고 있다.

12개의 입자들은 표 3.2에서 보듯이 모두 여섯 종류의 쿼크(quark)
와, 역시 여섯 종류의 경입자라는 입자그룹으로 되어 있다. 이들은 다
시 모두 네 개의 소그룹으로 나눌 수 있는데, 위 쿼크족, 아래 쿼크족,
전자족, 중성미자족이 그것이다. 각각의 소그룹에 속한 입자들끼리는
전하를 비롯한 모든 성질이 같고, 다만 세대가 높아질수록 질량이 증
가할 뿐이다.

이렇게 현대 물리학자들은 우주의 모든 현상이 이 기본 입자들과
이들이 서로 상호작용할 수 있게 힘의 매개역할을 하는 보손들로 이

표 3.2 표준모형의 기본 입자들

A. 페르미온

분류		1세대	2세대	3세대
강입자(쿼크)	위 쿼크족	위 쿼크	맵시 쿼크	꼭대기 쿼크
	아래 쿼크족	아래 쿼크	기묘 쿼크	바닥 쿼크
경입자	전자족	전자	뮤온	타우입자
	중성미자족	전자형 중성미자	뮤온형 중성미자	타우입자형 중성미자

B. 보손: 광자, 중력자, 글루온, W입자, Z입자

루어져 있다고 본다. 그런데 양성자와 중성자가 이 기본 입자 목록에 포함되지 않았다는 것은 이들 핵자들이 복합 입자라는 것을 의미한다. 즉 원자가 내부구조를 가진 것으로 밝혀졌듯이 양성자와 중성자 또한 내부구조를 가지고 있는 것이다.

바로 그 내부구조에 해당하는 소립자가 쿼크다. 양성자와 중성자를 비롯한 모든 중입자와 중간자들은 쿼크로 구성되어 있다. 쿼크모형은 1963년 머레이 겔만의 '중입자와 중간자의 체계적 모형'이라는 짧막한 논문에서 처음으로 제안되었다. 쿼크라는 이름은 제임스 조이스의 소설 『피네간의 경야』에서 따온 것으로, "머스터 마크에게 세 개의 쿼크를!"이라는 소설의 한 구절처럼 양성자와 중성자는 세 개의 쿼크로 구성되어 있다. 즉, 양성자는 위 쿼크 두 개와 아래 쿼크 한 개, 중성자는 한 개의 위 쿼크와 두 개의 아래 쿼크로 이루어져 있는 것이다.

쿼크모형은 매우 성공적인 것으로 나타났다. 사실 쿼크는 한 번도 독립적으로 관찰된 적이 없는 데도 불구하고, 수많은 소립자들이 존재하는 이유를 아주 잘 설명해줄 수 있었다. 이로써 러더퍼드의 원자핵 발견 이후 50년 만에 다시금 원자핵을 이루는 양성자와 중성자의 하부단위가 드러났으며, 과학자들은 또다시 '기본 입자'에 대해 자신 있게 말할 수 있게 되었다. 바야흐로 양성자와 중성자의 시대는 가고, 모두 여섯 종류의 쿼크가 기본 입자로서의 지위를 누리게 된 것이다.

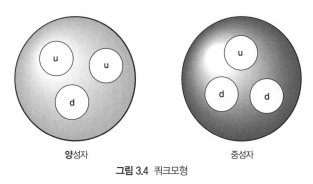

양성자   중성자

그림 3.4 쿼크모형

한편, 소립자물리학이 한층 더 진보한 만큼 오컬트화학의 별스러운 수소 그림과는 그 괴리가 더욱 깊어졌을 법도 하다. 다시 한 번 쿼크모델에 따른 수소원자와 오컬트화학의 수소원자를 비교해보자.

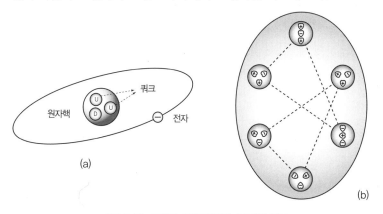

그림 3.5 쿼크모형과 오컬트화학의 수소원자 비교

내가 처음 오컬트화학에 관심을 가졌을 때 주의를 끈 것이 한 가지 있었는데, 사실 그것은 쿼크모형과의 유사성이었다. 오컬트화학의 수소원자 속에 있는 삼각형 모양으로 연결된 세 개의 작은 원들이 양성자 내에 있는 세 개의 쿼크를 연상시킨 것이다. 이 경우 수소원자의 그림은 전자를 포함한 전체 원자의 모습이 아니라, 수소의 원자핵만을 나타낸 것으로 가정할 수 있다. 수소원자핵, 즉 양성자의 반경은 $10^{-13}cm$로 알려져 있는 반면, 수소원자의 반경은 약 $10^{-8}cm$으로 10만 배나 된다. 그러므로 상대적으로 엄청나게 작은 원자핵의 구조를 표시하기 위해 전자궤도의 표시는 생략한 것이라고 가정해볼 수도 있는 일이다.

물론 독자들의 즉각적인 항변이 내 귀에 생생하게 들리는 듯하다. 이 그림이 양성자라면 왜 세 개가 아닌 모두 여섯 개의 작은 원이 그려져 있는가? 이것은 결정적인 모순이다. 따라서 이 그림이 원자핵만을 그린 것이라고 크게 양보해도 쿼크모형과는 분명히 맞지 않는 것이다.

나는 원자론이 잘못되었을 가능성까지 고려해가며 이 문제를 이리저리 돌려가며 생각해보았다. 그러나 한쪽이 맞으면 다른 한쪽이 어긋나는 식으로 해답은 쉽게 찾아지지 않았다. 그런데 다행스럽게도, 내가 더 많은 시간을 이 수수께끼에 낭비하기 전에 이미 이 문제에 대해 그럴듯한 해답을 가진 사람을 발견하게 되었다.

영국의 스티븐 필립스가 그 주인공으로, 그는 이 비과학적(?)인 자료들을 놓고 진지하게 연구했던 최초의 과학자였다. 그는 자신이 오컬트화학을 연구하게 된 경위를 『쿼크의 초감각적 인식』이라는 자신의 책 서문에서 이렇게 밝히고 있다.

"몇 해 전 물리학부 졸업생으로 미국에서 공부하고 있을 때, 나는 우연히 윌리엄 킹스랜드가 쓴 『비교(秘敎)의 물리』라는 책을 접하게 되었다. 특별히 한 페이지가 나의 눈을 사로잡았는데, 그곳에는 초감각적 지각(ESP)의 한 형태를 사용하여 매우 높은 비율로 확대되었다고 생각되는 수소, 질소, 그리고 산소의 원자 도형이 그려져 있었다. 수소 원자의 도형은 특히 기이하고 흥미가 있었는데, 그 도형을 보자마자 '쿼크'라 부르는 입자 세 개가 삼각형으로 무리를 이루고 있는 물리학의 양성자 모델이 떠올랐기 때문이다. 몇 년 후 영국으로 되돌아온 나는 그 도형들의 출처를 조사하였으며 곧 더 많은 기이한 것들을 발견하게 되었다."[5]

그가 발견한 것들을 이야기하기 전에, 우리는 지금까지 언급해온 『오컬트화학』이라는 이 이상한 도형들의 출처에 대해서 좀 더 알아볼 필요가 있을 것이다.

---

5) 『쿼크의 초감각적 인식』, Stephen M. Phillips, Ph. D. 지음, Theosophical Publishing House, 1980, ix쪽.

오컬트화학

오컬트화학은 신지학의 배경 위에서 탄생하였다. 그러므로 독자들의 이해를 돕기 위해서는 신지학에 대한 언급을 먼저 하는 편이 좋을 듯하다.

신지학(神智學)은 말 그대로 '신성한 지혜' 혹은 '신들의 지혜'를 뜻한다.

신지학이라는 명칭은 3세기 무렵 '절충주의 신지학 체계'를 세웠던 알렉산드리아의 철학자 암모니우스 사카스와 그의 제자들로부터 시작되었다고 흔히 알려져 있는데, 디오게네스(B.C.412?~B.C.323)에 따르면 프톨레마이오스 왕조 초기의 사제였던 포트-아문에서 그 체계가 유래되었다고도 한다. 포트-아문이라는 말은 콥트어로 지혜의 신인 '아문(Amun)'에게 헌신한 자를 의미한다.[6]

반면에 근대 신지학이 시작된 것은 러시아 출신의 헬레나 페트로브나 블라바츠키 여사(1831~1891)가 미국의 올코트 대령(1832~1907) 및 아

---

6) 『신지학의 열쇠』, H. P. Blavatsky 지음, 임길영 옮김, 상록, 1994, 21~23쪽.

일랜드계 변호사인 윌리암 젓지(1851~1896)와 함께 1875년에 뉴욕에서 '신지학협회'를 설립한 것이 그 효시다. 블라바츠키 여사는 인도와 티벳을 비롯한 세계 각지에서 숨겨진 고대의 지혜들을 접하고, 1887년에 『비교(The Secret Doctrine)』라는 대작을 남겼다. 이 같은 근대 신지학 운동은 과거 소수의 인원에게만 비밀스럽게 전해지던 오컬트의 가르침들이 대중에 널리 알려지게 된 계기가 되었다.

오컬트는 고대로부터 전해 내려온, 우주와 영혼 등 자연의 모든 신비에 대한 궁극적인 지혜와, 그 지혜가 전달되어온 모든 과정과 흐름을 포함한다. 오컬트나 신지학이 형이상학을 많이 다루고 계시(啓示)에 의한 정보가 많아서 자주 종교에 가까운 것으로 오해하지만, 신앙을 강요하지 않는 점, 자연의 신비를 연구하고 우주의 보편 진리를 추구하는 점, 자연의 숨겨진 작용에 관한 정확한 지식을 바탕으로 합리적인 행동을 실천하려고 노력한다는 점에서 오히려 과학과 유사한 점이 더 많다. 이런 태도는 "진리보다 더 나은 종교는 없다"라는 신지학의 표어에서도 찾아볼 수 있다.

우리가 알고 있는 과거의 대철학자나 종교가들 중에는 사실 숨겨진 오컬티스트가 많았다. 플라톤과 피타고라스, 플로티누스, 디오니시우스, 마이스터 에크하르트, 티야나의 아폴로니우스, 알베르트 마구누스나 로저 베이컨, 셰익스피어 등이 모두 오컬티스트였으며, 심지어 아인슈타인도 『비교』를 읽어볼 것을 동료들에게 추천하였다고 한다. 그리고 인지학(人智學)을 창시한 루돌프 슈타이너나, 나중에 독자적으로 활동을 한 크리슈나무르티도 모두 원래 신지학자였다.

『오컬트화학』은 애니 베전트(1847~1933)와 찰스 리드비터(1847~

1934), 두 사람의 공저이다. 두 사람은 공교롭게도 같은 해에 태어나서, 죽을 때도 불과 반 년 차이를 두고 죽었다.

영국에서 태어난 리드비터는 신지학협회 런던롯지(지부)에 입회한 뒤, 블라바츠키 여사와 함께 인도로 건너간다. 인도 아디아르에 있는 신지학 국제본부에서 여러 스승들의 지도를 받아 영능력을 얻게 된 리드비터는, 그후 스리랑카[7]와 호주, 유럽 등 세계 각지를 돌아다니며 활발히 활동하였다.

애니 베전트 여사가 제2대 신지학협회 회장으로 선임된 뒤에는 여사와 함께 오컬트 탐구활동을 정력적으로 행하였는데, 중요한 저작들을 여사와의 공저로 연이어 발표한 것도 이때였다.

두 사람은 1895년 8월부터 1933년 10월에 이르기까지 약 38년 동안 아주 특별한 방법으로 원자 구조를 조사하였는데, 그 결과로 나온 것이 바로 『오컬트화학』이다.

그들은 1895년 11월 수소와 질소, 산소의 원자구조를 시작으로 해서, 잡지와 책을 통해 꾸준히 연구결과를 발표해오다가 1909년에는 이것들을 모아 『오컬트화학』 제1판을 내었다. 이 『오컬트화학』은 1919년의 제2판을 거쳐 1950년의 제3판에서 그 동안의 모든 연구결과들을 집대성하는 것으로 정리되었다.

그렇다면 그들은 어떤 방법에 의거해서 원자 구조를 연구했을까? 애니 베전트가 대학에서 화학교육을 받긴 했지만 그들은 실험장비 같은 건 전혀 쓰지 않았다. 그들이 가지고 있던 실험도구를 군이 들라고

---

7) 스리랑카에 체류하던 리드비터는 1889년 지나라자다사(1877?~1953)라는 소년을 데리고 런던으로 간다. 지나라자다사는 『오컬트화학』을 저술할 때 두 사람을 보조하는 역할을 많이 했고, 제4대 국제신지학협회 회장으로 취임하게 된다.

그림 3.6 찰스 리드비터와 애니 베전트

하면, 놀랍게도 한 자루의 연필과 두 눈뿐이었다고 해야 할 것이다.

"물질의 구조를 조사하는 방법은 독특하고 설명하기 어려운 것이다. '투시'라는 단어를 들어보았을 것이다. 그것은 평범한 사람들이 지각하지 못하는 광경이나 소리를 인식하는 능력을 의미한다. 인도에서 요가라는 용어는 때때로 일상 인식을 넘어서는 능력을 가리킨다. 요가에서는, 자신을 훈련시킨 사람은 '의지의 측면에서 자신을 무한히 작게 만들 수 있다'고 말한다. 이 말은 몸의 크기가 축소된다는 의미가 아니라, 단지 자신에 대한 개념을 매우 극소화하여 정상적으로는 작은 대상이 그에게는 커다랗게 나타나는 것을 말한다. 애니 베전트와 리드비터는 동양의 스승 또는 교사들로부터 이런 독특한 요가 능력을 발휘할 수 있는 훈련을 받아 원자를 크게 확대해볼 수 있었다."[8]

　누군가에게 오컬트화학을 소개하고자 할 때, 나는 바로 이 '투시'라는 단어 때문에 난감함을 느끼곤 했다. 일반적인 투시도 받아들이기 어려운데, 하물며 전자현미경으로도 볼 수 없는 작은 물체들을 어떻게 맨눈으로 본단 말인가? 말할 것도 없이 과학자들이라면 이것을 인정하기가 더더욱이나 어려울 것이다. 필립스의 책에 서문을 쓴 레스터 스미스 박사도 똑같은 점을 지적하고 있다.

　"이 연구결과(오컬트화학을 말함)들을 그 당시 과학계의 상황과 관련 짓는 데 있어 발생하는 어려움을 인식하려면 수소를 고찰해보는 것만으로 충분하다. ESP(초감각적 지각)에 의해 '본' 수소원자는 18개의 궁극 물질원자를 포함하고 있는데, 각각 3개씩 6개의 구(球)로 무리 지어져 있고, 이 구들은 서로 교차하는 삼각형의 모서리에 배열되어 있는 것으로 나타난다. 수소원자(아마도 그 원자핵일 것이다)의 중요 부분을 구성하는 18개의 아원자 입자는 그 당시에는(또 지금도) 알려진 바가 없었다. 게다가 원자핵에 대한 이해가 깊어짐에 따라 오컬트화학과의 일치 가능성이 높아지기는커녕 오히려 감소하는 것으로 보인다. 오컬트화학을 본 극소수의 과학자들은 피상적으로만 점검하고는 그것을 환상으로 치부해버리는 데 정당함을 느꼈다. 초심리학에 공감을 갖고 있는 더 극소수의 과학자들도 혼란스러워할 뿐이었다. 그들 중 일부만이 연구자들을 이해하였으며, 그들의 성실함을 존중하였

---

8) 각주1)과 동일한 도서, 1쪽.

다."[9]

원자, 심지어 원자핵과 그 속의 아원자 입자까지 들여다볼 수 있는 이런 놀라운 능력이 과연 가능한 것일까? 『쿼크의 초감각적 인식』이라는 책에는 그러한 능력에 대한 다음과 같은 좀 더 자세한 설명이 있다.

"요가수트라의 구절 3 : 26에는 요기는 '초물질적인 능력을 사용하여 작고 숨겨진 것, 또는 멀리 떨어져 있는 것에 대한 지식'[10]을 얻을 수 있다고 말하고 있다. 이 싯디(초능력)를 산스크리트어로는 아니마라 한다. 요기는 '작은 것에 대한 지식'을 시각적인 형태로 보여주는 내부 감각기관을 개발할 수 있다. 의식의 변형상태에 있는 동안 싯디를 발휘하여 인간의 눈으로 인식할 수 없을 정도로 매우 작은 대상의 시각적인 이미지를 받아들일 수 있는 것이다. 그의 지각은 공간 차원에서 자신이 보고 있는 대상과 같은 크기로 축소되었다는 착각을 준다." [11]

실제로 『파탄잘리의 요가수트라』[12]를 펼쳐보자.

"(자기 속에 있는) 내면의 빛을 대상으로 총제(總制)를 행하면 감추어

---

9) 각주5)와 동일한 도서, vii쪽.

10) knowledge of the small, the hidden or the distant by directing the light of superphysical faculty.

11) 각주5)와 동일한 도서, 3쪽.

12) 『파탄잘리의 요가수트라』 번역본을 참고하였다. 파탄잘리 지음, 정창영 · 송방호 편역, 시공사, 1997.

진 것을 볼 수 있는 투시력과 멀리 있는 것을 볼 수 있는 천리안이 생긴다."[13]

"물질의 다섯 원소와 그 미묘한 본질, 그리고 그것들의 성격과 그들 안에서 활동하고 있는 구나(guna, 자연의 내적 속성 또는 성질)들의 상관관계와 구나들이 왜 그렇게 활동하고 있는가를 대상으로 총제를 행하면 물질 원소에 대한 지배력이 생긴다. 그렇게 되면 몸을 원자처럼 작게 응축시킬 수도 있고, 더 이상 물질 요소들의 지배를 받지 않는 완전한 몸으로 만들 수도 있다."[14]

이렇게 요가경전에서는 특별한 형태의 투시능력을 언급하고 있다.

한편, 역사상에는 이와 꼭 같은 경우는 아니지만, 투시력을 발휘하여 자연의 숨겨진 면을 보고 그 지식을 세상에 전하고자 했던 사람들이 종종 있었다. '인지학회'를 설립하였으며 교육(발도르프 스쿨)과 농업, 과학, 예술 등 다양한 분야에서 업적을 남긴 루돌프 슈타이너(1861~1925)와 자신이 본 것을 상징적 그림으로 남겨놓은 빙겐의 성 힐더가르트, 그리고 보텍스와 물의 신비를 깊이 있게 연구하고 응폭(凝爆)의 원리를 내세웠던 오스트리아 태생의 빅터 샤우버거(1885~1958) 등이 그 좋은 예이다.

사실 투시에 대해서는 그 동안 과학자들이 몇천 번이나 반복해서 실험을 한 바 있고, 그때마다 의미 있는 결과를 얻었다.

미국 정부는 70년대에서 90년대에 이르기까지 SRI(스탠퍼드 대학

---

13) 각주 12)와 동일한 도서, 3:26.
14) 위와 동일한 도서, 45~46쪽.

과 일단의 과학자 집단이 제휴하여 설립한 연구소로서, 지금도 SRI 인 터내셔널이라는 독립연구기관으로 이어져오고 있다)와 SAIC(과학응 용국제법인)를 지원하여 원격투시에 대한 연구를 하였는데, 이 연구 에 대한 종합적인 검토를 맡은 캘리포니아 대학의 통계학 교수 제시 카 유츠 박사는 "이처럼 특이한 인지는 실제로 가능하며, 이미 공개적 으로도 확인되었다. 이러한 결론은 저자 개인의 믿음이라기보다는 지 극히 상식적인 과학 기준에 근거한 것이다"라는 의견을 제출했다.[15] 이처럼 원격투시의 과학적 증거들은 제시카 유츠 박사뿐만 아니라, 이 런 연구를 검토해본 거의 모든 학자들이 인정하는 바이다. 하지만 문 제는, 그 원리를 설명할 수 없다는 것이다.[16]

비록 우리가 여태까지 살펴본 것만으로는 가장 기본 원소인 수소 조차 큰 오류가 있는 것으로 드러났지만, 오컬트화학의 여타 많은 관 찰결과들을 살펴보면 단순히 우연이라고만 할 수 없는 사례들이 많이 발견된다.[17] 그러나 우리는 아직 오컬트화학의 전반적인 내용을 모르 니 그런 사례들은 일단 뒤로 미뤄두기로 하자.

두 명의 투시자들이 가장 먼저 조사한 것은 수소였다. 사실 그들이 맨 처음 조사대상으로 삼은 것은 금이었지만, 금은 그 구조가 너무 복 잡하다는 것을 알고 기체원자들을 먼저 조사하게 되었던 것이다. 그 들은 수소, 질소, 산소의 원자로 추정되는 그림을 1895년 『루시퍼』 지

---

15) 『의식의 세계』, 딘 라딘 지음, 유상구 · 전재용 옮김, 양문, 1999, 182쪽.

16) 한편, 리드비터는 그 자신이 투시의 여러 원리와 성격에 대해서 신비학적인 견해를 밝힌 『투시』라는 책을 저술한 바가 있으므로 관심 있는 독자들은 참조 하기 바란다.

17) 각주5)와 동일한 도서, 14~16쪽- 필립스 박사는 여러 가지 구체적인 예를 들어 두 투시자의 관찰결과가 단순한 조작이 아님을 입증하고 있다.

11월호에 발표하였다. 그리고 1907년에는 59가지의 새로운 원소들을 조사하였으며 네온과 아르곤, 크립톤, 크세논, 백금으로 추정되는 원자들의 변종(동위원소)들도 발견하였다. 그 당시 과학계에는 동위원소라는 개념이 없었다. 동위원소라는 용어가 처음으로 사용된 것은 1913년에 소디에 의해서였다. 앞에서 말했듯이 이런 초기의 연구 결과들은 1909년에 『오컬트화학』이란 책으로 출판되었으며, 같은 해 20개의 원소를 추가로 조사했다. 『오컬트화학』 제2판은 1919년에 출판되었으나 서문만 추가되었을 뿐 달라진 내용은 없었다. 1907년 이후로 진행된 작업에 대해서도 언급하지 않았다.

벤젠과 메탄을 비롯한 유기화합물들은 1922년에 조사되어 1924년에 발표되었고, 그다음 해에는 『신지학도』 제46권에 다이아몬드의 결정구조를 발표하였다. 그후로도 흑연, 프란슘, 아스타틴, 프로토악티늄, 테크네튬, 불활성기체와 그들의 동위원소, 수소의 변종, 산소의 동위원소, 오존 등 수많은 원소를 조사하였으며, 일부는 과학계에서 발견된 것보다 앞서기도 하였다. 38년 동안 축적된 모든 자료는 『오컬트화학』 제3판으로 출판되었다. 보다 자세한 것은 책 뒤에 연표를 첨부하였으니 참고하기 바란다.

투시자들이 처음 기체를 조사할 때, 기체원자의 종류를 미리 알고서 조사에 임한 것은 아니었다.

"원자들이 꼬리표를 달고 나타나는 것은 아니었으므로, 제일 먼저 부딪친 문제는 그들을 식별하는 것이었다. 네 기체 중에서 가장 활성이 높은 기체를 연구자들은 산소라고 생각하였다. 좀 둔한 기체는 질소로 생각되었다. 넷 중에서 가장 가벼운 기체는 수소로 여겨졌다. 그러나 그 정체를 최종적으로 알게 된 것은 각 기체의 구성요소(소위 '원자', 즉 '더 나눌 수 없는 것'이 실상 더 작은 구성단위로 이루어져 있다는 것이 발견되었으므로)를 완전히 조사하고 난 후였다. 수소는 18개의 단위로, 질소는 261개, 산소는 290개, 그리고 네 번째 기체는 54개의 단위로 구성되어 있었다. 18개의 단위로 구성된 수소의 질량을 원자량 1로 간주하고 산소와 질소를 구성하는 단위의 개수를 18로 나누었다. 그 결과는 화학책의 원자량과 거의 같았으며, 이렇게 해서 그 기체들은 수소, 질소, 산소로 받아들여졌던 것이다."[18]

이런 식으로 그들은 원자를 식별하였으며, 물론 황이나 철, 수은처럼 단일 원소로 되어 있는 경우에는 식별에 별 어려움이 없었다. 투시자들은 원소를 관찰하는 동안에도 평소 의식을 그대로 사용할 수 있었으며, 대개의 경우 옆에서 보조자가 그들이 묘사하는 내용을 기록하는 것을 도왔다.

"원자를 투시할 때 그들은 깨어 있는 상태이고, 어떤 변성의식 상태에도 있지 않다. 관찰한 것을 기록할 때도 평상시의 능력을 그대로 사용한다. 눈에 보이는 것을 종이 위에 스케치하고 기록하며, 속기사가 받아 적을 수 있도록 그가 받은 인상을 말한다. 현미경을 사용할 때 슬라이드에서 눈을 떼지 않고도 관찰대상을 묘사하고 기록할 수 있는 것처럼, 투시가도 원자나 분자를 관찰하면서 눈앞에 보이는 것을 묘사할 수 있다. 그것은 상상력의 산물이라는 의미에서 주관적인 것이 아니

---

18) 각주1)과 동일한 도서, 1~2쪽.

며, 이 책의 종이나 필기도구만큼이나 객관적이다."[19]

가장 중요한 보조자 역할을 했던 사람은 지나라자다사였으며, 그는 오컬트화학 제3판의 편집을 맡기도 했다. 그는 관찰을 위해 원소를 조달하는 건 물론, 관찰한 원소를 식별하는 일도 도맡다시피 했다.

"각 원소의 대략적인 그림이 그려지면, 그 거친 그림은 나에게 넘겨졌다. 나는 원소의 중요한 부분들을 조심스럽게 그리고, 그 속에 있는 아누의 수를 세었으며, 그 수를 18(수소 안에 있는 아누의 수)로 나누어 우리가 조사한 질량이 화학에 관한 최신서적에 수록된 질량과 얼마나 근접해 있는지 알아보았다."[20]

이 글에서 보듯이, 투시자들은 수소원자뿐만이 아니고 모든 원자가 아누라 부르는 동일한 기본단위로 구성되어 있음을 발견하였다. 그것은 물질계를 이루는 가장 하부의 기본 입자로 드러났다. 그들은 더 잘게 '나눌 수' 없었다. 그런 의미에서 아누는 과거의 원자론자들이 가정하였던 원자의 본래 의미에 부합하는 존재이다. 투시자들은 처음에는 물질의 이 기본 단위에 '궁극의 물질원자'란 용어를 사용했지만, 나중에 가서 아누라는 이름을 붙였다.

"1895년, 가장 가벼운 원자인 수소가 단일체가 아닌 18개의 더 작은 하부단위로 구성되어 있다는 것을 알았다. 그때는 그 하부단위를 '궁

---

19) 위와 동일한 도서, 1쪽.
20) 각주1)과 동일한 도서, 3쪽.

극의 물질원자'라고 불렀다. 그러나 30년쯤 후, 우리는 이 궁극의 물질 입자를 간편한 산스크리트 용어로 부르는 것이 더 낫겠다고 생각했다. 그 단어가 '아누'로, 이탈리아어나 영어로 'ahnoo'로 발음된다. 아누 (Anu)는 복수형으로 쓸 때도 's'를 붙이지 않고 그대로 사용한다." [21]

아누에는 두 가지 종류가 있는 것이 관찰되었다. 아누는 나선 형태로 감긴 선들로 이루어져 있는데, 그 감긴 방향이 서로 반대였던 것이다.

"두 사람은 아누의 크기를 잴 수 있는 어떤 방법도 알지 못했다. 찾아 낼 수 있었던 유일한 차이점은 아누가 두 종류, 즉 포지티브와 네거티 브로 존재하고, 그 둘은 서로 반대방향으로 나선이 감겨 있다는 것뿐 이었다. 따라서 네거티브 아누는 포지티브 아누가 거울에 비친 모습을 하고 있었다. 하지만 포지티브와 네거티브의 본질에 대해서는 아무런 연구도 행해지지 않았다." [22]

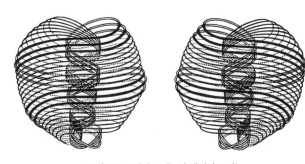

그림 3.7 포지티브 아누와 네거티브 아누

---

21) 위와 동일한 도서, 4쪽.
22) 위와 동일한 도서, 4쪽.

어떻게 더 나누어질 수 없다고 하는 궁극의 원자가 그림처럼 복잡한 구조를 하고 있는지 언뜻 이해가 가지 않는 독자가 많을 것이다. 그러나 오컬트화학에서는, 아누는 "궁극의 물질원자계에서 사라져 버릴지언정 더 이상 분해할 수 없다"[23]고 분명하게 밝히고 있다.

물리학에서는 분리시킬 수도 관측할 수도 없는 쿼크의 하부구조를 가정하는 것이 무의미하다는 견해도 있다. 그러나 어쩌면 더 큰 가속기가 건설된다면 쿼크의 하부구조에 해당하는 입자들을 검출할 수 있을지도 모를 일이다. 가상이긴 하지만, 쿼크를 구성하는 하부입자들을 통틀어서 프리쿼크(prequarks)라 한다. 아누는 전자와 같은 경입자(lepton)를 제외하고는 가장 작은 물질입자이다. 그것은 쿼크보다 작으며, 동시에 쿼크를 구성하는 하부입자, 즉 프리쿼크에 속하는 것이라 할 수 있다.

물질 속 더욱 깊숙이! 사실 그것은 새로운 방식이 아니다. 분자에서 원자로! 원자에서 원자핵으로! 다시 양성자와 중성자로! 그리고 마지막으로 쿼크로! 현대과학은 천문학적인 규모의 자본을 투자해 입자가속기를 건설하면서까지 미시의 세계를 탐구하기 위해 온갖 노력을 다해왔지만, 지금은 그 한계에 부닥쳐 있는 것처럼 보인다.

이 책은 그 쿼크의 한계를 넘어서는 이야기이다. 많은 사람들이 이것이 투시라는 초물리적인 방법에 의한 관찰결과라는 사실에 회의를 가지고 대할 테지만, 현대물리학과의 비교를 통해서 드러나는 유사성에 주의 깊은 관심을 기울인다면, 우리는 뜻하지 않은 발견을 하게 될지도 모른다.

---

23) 위와 동일한 도서, 13쪽.

풀리지 않는 수수께끼

내가 그랬던 것처럼 필립스도 그 이상한 수소 그림에서 쿼크모형과의 유사성에 주목하였다.

그런데 오컬트화학의 수소 그림에는 쿼크에 해당된다고 보여지는 작은 원이 3개가 아닌 6개가 있다. 이 6개의 원이 두 개의 삼각형으로 나뉘어져 서로 교차되게 배열되어 있다. 그렇다면 혹시 하나의 삼각형(앞으로는 수소삼각형이라 부르고자 한다)이 세 개의 쿼크, 즉 하나의 양성자에 해당하는 것은 아닐까? 즉 이 수소 그림에는 양성자가 두 개가 있는 것이다. 아니면 양성자와 중성자는 전하의 차이만 빼면 거의 흡사한 입자들이므로, 양성자와 중성자가 각각 하나씩 있는 것으로 보아도 될 것이다.

수소의 원자핵은 하나의 양성자로 되어 있다. 주기율표상의 원소들은 양성자의 개수로 원소의 종류가 결정된다.[24] 양성자가 두 개 있는

---

24) 원자핵 속에 있는 양성자의 개수를 원소번호, 양성자수와 중성자수를 합한 전체 핵자의 수를 원자량이라 한다.

원소는 헬륨이다. 한편, 양성자의 개수는 같지만 중성자의 개수가 다른 원소들을 동위원소라 부른다. 수소에는 두 가지의 동위원소가 더 있는데, 각각 중수소와 삼중수소다. 중수소는 하나의 양성자와 하나의 중성자, 삼중수소는 하나의 양성자와 두 개의 중성자로 되어있다. 헬륨에도 ^{4}He(두 개의 양성자와 두 개의 중성자)과 ^{3}He(두 개의 양성자와 하나의 중성자)의 두 가지 동위원소가 존재한다.

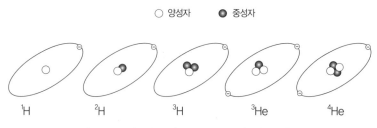

○ 양성자　● 중성자

그림 3.8 수소와 중수소, 삼중수소, 그리고 헬륨의 동위원소들

　오컬트화학의 수소원자에는 두 개의 수소삼각형이 있으므로 가능성은 둘 중 하나이다. 즉, 둘 다 양성자일 경우와 하나는 양성자, 다른 하나는 중성자일 경우다. 뒤의 경우는 중수소에 해당하는 것이다. 앞의 경우는 어떻게 해석해야 할까? 두 개의 양성자가 있는 원자핵이라면 그 원소는 헬륨이다. 그러나 오컬트화학에는 헬륨원소가 따로 있으므로 헬륨원소를 수소원자로 잘못 식별했을 가능성은 없다. 그렇다면 좀 위험한 발상이긴 하지만 이 그림을 수소기체 분자로 보면 안될까? 서로 떨어져 있는 두 원자의 원자핵이 이렇게 같은 공간에 교차해 있다는 것은 우리의 물리 상식으로는 생각할 수도 없는 일이지만, 어떻게든 문제를 해결해보기 위해 과감한 가정을 한번 해보는 것도 나쁘

지는 않을 것이다. 내가 이 가능성을 진지하게 생각해 본 것은, 실제로 이런 의혹을 일으킬만한 문구가 오컬트화학에서 발견되었기 때문이다.

"이들 원소의 원자들은 중수소를 제외하고는 쌍으로 돌아다니는 것이 관찰된 적이 없다."[25]

"수소원자는 쌍으로 움직이는 것이 관찰되지 않았다."[26]

자연상태에서 수소는 독립원자상태로 존재하는 것이 아니라 분자형태(H_2)로 존재한다. 수소뿐만이 아니라 대부분의 기체원자가 그렇다. 그런데 투시자들은 원소를 관찰함에 있어 있는 그대로 관찰하였다고 주장하고 있다.

"조사대상은 그것이 원자이든, 화합물이든 정상 상태 그대로, 즉 전기나 자기장의 어떤 영향도 받지 않는 상태에서 관찰되었다."[27]

이상과 같은 그들의 주장이 맞다면, 그들은 분자를 결코 관찰하지 못했다는 이야기다. 그렇다면 혹시 그들이 관찰한 것이 분자상태의 기체는 아니었을까? 이 경우 두 개의 수소삼각형의 미스터리가 풀릴 것이다. 즉, 두 개의 수소삼각형은 두 개의 양성자인 것이다. 윌리암 아이

---

25) 각주1)과 동일한 도서, 2쪽.
26) 위와 동일한 도서, 38쪽.
27) 위와 동일한 도서, 1쪽.

젠도『카발라의 만능언어』에서 이런 의견을 말하고 있다.

"수소원자는 기체상태에서는 쌍으로 움직이는 것이 관찰되지 않았다. 그러므로 두 투시자가 본 것은 수소원자가 아니라 수소분자였다."[28]

그렇지만 오컬트화학의 또 다른 내용을 보면, 오컬트화학의 수소 그림이 수소 분자일 가능성도 없는 것 같다. 첫째, 물분자(H_2O) 형태로서 관측된 수소원자의 경우, 두 개의 수소원자가 참여하고 있는 것을 볼 수 있다. 둘째, 오컬트화학에서 관찰된 모든 원소들은 수소원자를 기준으로 원자량을 산출한 결과, 즉 수소 = 18개의 아누를 원자량 1로 하여 다른 원소들의 원자량을 계산한 결과, 주기율표상의 원자량과 거의 맞아떨어졌다. 모든 원소들이 수소나 산소 같은 기체처럼 2원자 분자상태로 존재하는 것은 아니다. 오컬트화학에서 관찰한 수소가 실은 기체분자였다면 1원자 분자(즉 독립원자) 상태로 존재하는 금속원소 같은 경우에는 그 원자량이 절반으로 산출되었어야 한다. 그러나 그렇지 않은 것은 수소원자가 수소분자였을 가능성을 부정하는 것이다.

이제 남은 한 가지 가능성, 오컬트화학의 수소원자가 중수소일 가능성에 대해 알아보자. 그러나 이것도 금새 아니라는 것을 알 수 있다. 그것이 중수소라면 별도의 수소원자가 발견되었어야 하는데 그렇지 않았고, 별도의 중수소가 오컬트화학에서 언급되고 있으며, 다른 원소들의 원자량 산출결과 자체가 오컬트화학의 수소원자가 중수소일 가

---

28)『카발라의 만능언어』, William Eisen 지음, DeVORSS & COMPANY, 1989 228쪽.

능성을 허용하지 않고 있다는 것 등이 그 이유이다.

두 가지 가정 모두 타당하지 않음을 알 수 있다.

더 난감한 문제도 있다. 그것은 양성자와 중성자의 구조에 관한 것이다. 지금까지 나는 문제를 단순화하기 위해 가장 간단한 수소원자만을 예로 들어 수소삼각형을 양성자와 중성자에 비유했는데, 다른 원소들로 눈을 돌려보면 문제는 더욱 심각해진다. 몇 가지 다른 원소들의 모습을 살펴보자.

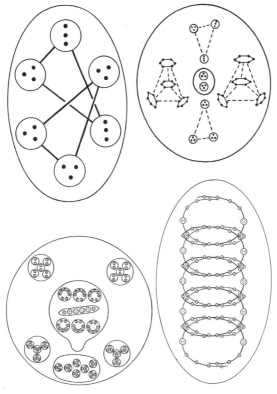

그림 3.9 수소, 헬륨, 질소, 산소원자

그림에서 보듯이 수소삼각형은 모든 원소에 공통되는 일반적인 형태가 아니다. 이것은 수소삼각형을 양성자나 중성자로 볼 수 없다는 것을 의미한다. 더욱이 쿼크에 해당하는 공통적인 구조도 찾아보기 어렵다. 그렇다면 원자핵은 우리가 알고 있듯이 양성자나 중성자, 쿼크가 아닌 다른 구조로 되어 있을까? 그러나 여기에서 어떤 질서를 찾아보기는 어려울 것 같다.

원소들의 원자번호가 증가하면 또 색다른 사실이 드러난다. 그것은 원자들의 형태이다. 오컬트화학의 원자들이 원자 전체를 나타낸 것인지, 아니면 원자핵만을 나타낸 것인지도 아직 확실치 않지만, 그 어느 쪽이라고 해도 원자들의 모습은 기기묘묘한 형태를 가지고 나타난다. 일반적으로 알려진 원자나 원자핵의 모형은 공 같은 구 형태다. 그러나 아래의 리튬(원자번호 3)과 베릴륨(4), 붕소(5)원자의 그림을 보라.

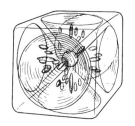

그림 3.10 리튬, 베릴륨, 붕소원자

어떻게 원자가 이런 형태를 할 수 있을까? 이쯤 되면 우리는 양단간에 결정을 내려야 될 듯싶다. 즉, 기존의 양성자, 중성자 모형을 포기하든지, 아니면 오컬트화학을 허위라고 단정짓든지. 만약 오컬트화학이 허위라면 그것은, 무려 38년에 걸쳐서 오컬트화학 제3판만 하더라도 400페이지에 달하는 내용과 200개가 넘는 그림들을 조작해낸, 정신병자들이나 저질렀을 법한 사기행위가 된다. 이 사실도 믿기 쉽지는 않지만, 그래도 어쨌든 우리는 이제 그만 오컬트화학을 허위라고 판정 내리고 이 책을 끝맺는 게 좋지 않을까?

그런데 잠깐, 그러기에는 뭔가 석연치 않은 부분이 오컬트화학에 남아 있다. 나도 처음에는 이것을 대수롭지 않게 생각했는데, 나중에야 그렇지 않다는 것을 깨달았다.

앞에서 나는 투시자들이 있는 그대로의 원자를 관찰하였다고 하였다. 즉,

"조사대상은 그것이 원자이든 화합물이든, 정상적인 상태 그대로, 즉 전기나 자기장의 어떤 영향도 받지 않는 상태에서 관찰되었다."[29]

그러나 바로 뒤따라 나오는 문장을 보면 반드시 그런 것만은 아니었음을 알 수 있다.

"조사대상은 매우 빠르게 움직이므로 자세히 관찰하기 위해선 천천히 움직이도록 해야 하는데, 특정 형태의 의지력만이 그 유일한 힘이다."[30]

이처럼 리드비터와 애니 베전트 두 사람은 원자를 관찰하기 위해

---

29) 각주1)과 동일한 도서, 1쪽.
30) 위와 동일한 도서, 1쪽.

사실상 그 운동속도를 현저하게 낮추었던 것이다. 원자의 구성성분들(아원자입자)이 워낙 빠른 속도로 움직이고 있어 그대로 두고서는 상세한 관찰이 불가능했기 때문이다.

이렇게 본다면 오컬트화학의 모든 관찰결과는 투시자의 의지력이 작용한 결과이다. 그러나 투시자들은 자신들의 의지작용이 대상의 속도 이외에는 어떠한 것에도 영향을 미치지 않았다고 주장하고 있다. 오히려 전기장이나 자기장 따위의 외부 힘에 영향받지 않은, 지극히 정상적인 상태에서의 관찰이란 게 그들의 확신이다. 오컬트화학의 편집을 맡았던 지나라자다사는 여기서 한 걸음 더 나아가—오컬트화학과 물리학이 당장 어떤 관련성을 보이지는 않지만 장차 두 분야가 서로 만나리라 기대하면서—물리학적인 관측방법의 한계를 지적하면서 오컬트화학의 객관성을 신뢰하였다. 예를 들면, 아스톤 질량분석기나 분광기 같은 기기들이 원자를 탐사하려면 자기장이 필요한데, 원자에 자기장을 거는 것은 전기적으로 여기(勵起)된 원자들을 상대로 하게 되어 결과적으로 정상 상태의 원자 모습이 아니게 된다는 것이다. 그렇지만 투시자들의 의지가 과연 관찰대상에 아무런 영향도 미치지 않았을까?

현대 양자론에선 미시세계에서 관찰자의 관찰행위는 어떤 형태로든 관찰결과에 영향을 미친다는 것이 정설이다. 즉, 언제나 관찰 주체의 입장이 개입되는 것이다. 그런데 과연 투시자들은 관찰 대상과의 아무런 상호작용 없이 객관적인 관찰결과들을 얻을 수 있었던 것일까?

필립스는 원자에 일종의 의지력(염력)을 개입시키긴 했지만 아무런 영향도 미치지 않았다는 투시자들의 가정을 독단이라고 결론 내린다. 의지력에 영향받은 원자를 달리 비교할 대상이 없는 상황에서 투시자들이 그것을 정상적인 원자라고 생각한 건 어찌 보면 당연한 일이었겠지만 말이다. 그러나 투시자들의 보고내용을 보면 단순한 관찰자 이상의 역할을 하였음을 알 수 있다. 다음 예들은 투시자와 관찰대상 간에 있었던 역동적인 상호작용들을 묘사한 것이다.[31]

1. 메틸클로라이드를 메틸알콜로 치환하는 과정에서 리드비터는 다음과 같이 말하였다. "나는 염소 대신에 OH그룹을 끼워넣었다. 그러나 내가 의지력을 거두자 그것은 그대로 있지 않고 튀어나갔다. 그들이 계속 결합한 상태로 남아 있도록 하는 것은 불가능해 보인다." 리드비터는 또 이렇게 말했다: "산소는 의지력을 철수하자마자 떨어져 나갔다."

2. 주석산의 분자를 조사하는 과정에서 리드비터는 다음과 같이 말했다. "네 개의 OH기로 $Sn(OH)_4$를 얻을 수는 있지만, 이것은 불안정하여 의지력으로 그들을 붙잡아둘 동안만 그대로 유지된다. 의지력을 풀게 되면 SnO_2가 형성되고 나머지 산소원자는 날아가서 수소와 함께 $2H_2O$를 형성한다."

3. 리드비터는 관찰대상의 운동을 늦추는 능력이 일으키는 섭동효과(攝動效果)에 대해 이렇게 언급하였다. "분자가 회전하고 있다. 그것을 붙잡아 정지시켜야 한다. 그러면서도 그 형태가 망가지지 않도록 주의를 기울여야 한다. 나는 늘상 관찰대상을 교란하지 않을까를 염려

---

31) 각주5)와 동일한 도서, 100쪽.

하는데, 그들의 모습을 파악하기 위해서는 그들의 운동을 정지시켜야 하기 때문이다."

4. 이산화탄소의 분자를 조사하는 동안에 리드비터는 다음과 같은 주문을 받았다. "이들 CO_2 중에서 하나를 취해서 산소를 제거하고 다른 쪽 나팔관(funnels)[32]에서 무슨 일이 일어나는지 살펴보세요." 리드비터의 대답은 이러했다. "그렇게 해보지요, 하지만 나팔관을 떼어낼 수가 없군요. 나팔관은 그대로 남아 있어요. 산소는 떼어낼 수 있지만 나팔관들은 그대로 남아 나머지 부분들과 합치는군요. 나머지 부분들과 합류하여 전체가 분해될 것처럼 보입니다. 함께 붙잡아 둘 수가 없어요. 내가 산소 하나를 빼앗아버리면 다른 것들이 달아나버립니다."

이상의 예들은, 고의든 아니든 투시행위가 관찰대상의 운동체계와 안정성에 교란을 일으킬 수 있음을 시사한다. 그렇다면 그 교란의 내용은 무엇인가?

필립스는 오컬트화학의 원자가 정상 상태의 원자가 아니라, 관찰 과정에서 관찰행위에 영향받아 쌍을 이루게 된 변형된 원자라고 했을 때 많은 의문들이 풀리게 된다고 주장하면서, 다음과 같은 이론적 가설을 제시하였다.

"원소의 M.P.A.(Micro-Psi Atom, 오컬트화학의 원자를 말함)는, 원자

---

32) 깔때기나 나팔처럼 생긴, 오컬트화학에서 본 원자나 분자의 한 구성단위를 말함.

규모의 영역에서 마이크로 투시 행위의 교란으로 초전도 힉스진공[33]의 기저상태가 변함으로써, 두 원소의 원자핵이 합쳐서 구성된, 다중 오메곤(아누)[34]으로 이루어진 일종의 변형된 구속계(拘束系)이다."[35]

즉, 오컬트화학에서 이야기하는 화학원소의 원자는 정상 상태의 원자가 아니라, 인접한 두 원자가 관찰행위의 교란으로 그 구성 성분이 해체되었다가 하나로 뭉쳐져서 독특한 형태의 준-원자 역학계를 형성한 이상(異狀)상태의 원자라는 것이다. 투시자들은 정상 상태의 원자를 관찰하고 있다고 생각하였으나, 사실은 그것이 아니었으며, 그러한 잘못된 가정이 오컬트화학과 물리학의 괴리를 더욱 크게 만들었다고 할 수 있다.

이 가설은 오컬트화학에서 드러나는 여러 가지 골치 아픈 문제점들을 해결해준다. 우선 이 가설로 각 원소에 들어 있는 아누의 수와 원자량의 관계가 더 명확해진다. 즉 아누의 수는 원자량의 아홉 배가 되는 것이다. 18개의 아누로 된 오컬트화학의 수소는 원자량이 2다. 따라서 수소삼각형은 양성자에 해당하며, 세 개의 아누가 들어 있는 작은 원은 쿼크에 해당된다. 수소 내에 두 개의 수소삼각형이 있는 것은 이것이 두 개의 수소원자로 이루어진 변형된 수소원자임을 나타낸다. 왜

---

33) 약한 상호작용을 설명하기 위해서 진공이 일종의 초전도체라는 가정이 도입되었는데, 이러한 힉스기구(Higgs mechanism)는 힉스 보손 혹은 힉스 중간자 혹은 힉스 에테르의 존재를 예언한다.

34) 필립스는 『쿼크의 초감각적 인식』(각주4)과 동일한 도서)에서 오메곤 모델을 통하여 쿼크는 세 개의 하부입자(아누)로 된 복합체라는 것과, 강입자와 경입자를 통일적으로 설명하는 이론을 제시하고 있다. 그의 이론에서 오메곤(omegon)은 아누에 해당한다.

35) 각주5)와 동일한 도서, 101쪽.

기체들이 쌍으로 돌아다니는 것이 관찰되지 않았는지, 즉 분자상태의 기체가 발견되지 않았는지도 이것으로 명료해진다.

오컬트화학을 본 몇몇 사람들이 오컬트화학에 나타나는 수소의 모습을 보고 쿼크와의 연관성을 떠올리지만, 두 개의 수소삼각형이 존재하는 이유나 다른 원소들의 경우 쿼크나 양성자와는 관계없는 구조를 하고 있는 데 대한 설명은 하지 못하고 있다. 그것이 양성자와 쿼크가 해체되어 새로운 구속관계를 갖는 준핵체계(quasi-nuclear system)를 형성한 상태임을 안다면, 그런 특수한 형태의 원자 구조가 존재하는 이유를 이해할 수 있게 된다.

준핵체계의 형성

필립스의 오메곤 모델을 따르면, 양성자는 세 개의 쿼크로 이루어지고 쿼크는 세 개의 아누로 이루어진다.

따라서 오컬트화학의 원자들이 정상 상태의 원자를 관찰한 것이고, 수소원자의 수소삼각형이 양성자에 해당하는 것이라면, 다른 원자 속에서도 수소삼각형이 관찰되어야 한다. 그러나 투시자들은 헬륨 이외의 다른 원자 속에서 수소삼각형이 존재한다는 보고를 한 적이 없다. 다만, 두 개의 아누로 된 아누 이중쌍과 쿼크에 해당하는 아누 삼중쌍의 경우는 흔하게 관찰되고 있다. 그러나 쿼크 세 개를 둘러싸는 양성자에 해당하는 구조는 없다.

오컬트화학의 원자에 별도로 구분되는 원자핵이나 양성자와 중성자에 해당하는 구조가 없다는 사실은 그것이 정상 상태의 원자, 또는 원자핵이 아님을 시사하는 또 하나의 증거이다.

그렇다면 이러한 준핵체계는 어떻게 형성된 것인가? 필립스에 의하면 진공상태의 변화에 그 비밀의 열쇠가 있다.

아누는 매우 다양한 형태의 그룹들로 무리 지어져 있는 것이 관찰되었다.

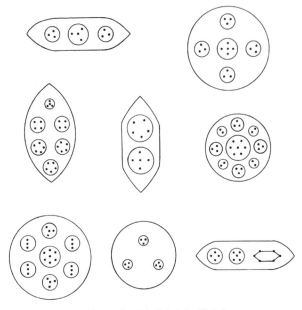

그림 3.11 아누들의 여러 가지 결합상태

위의 그림을 보면 둥근 원 속에 아누들이 들어 있는 것을 볼 수 있는데, 이것은 물론 3차원적인 실체를 평면에 그리다 보니 원으로 표현된 것뿐이다. 오컬트화학에서 아누들은 타원형의 '벽'을 가진 '구멍' 속에 둘러싸인 것으로 묘사된다. 이 벽은 축구공의 가죽이나 풍선처럼 어떤 물질로 이루어진 벽이 아니라, 오히려 물 속의 공기가 주위의 액체에 압력을 행사하여 공기방울을 형성하는 것과 유사한 방식으로 생성된다.

"구형의 벽은 회전하고 있는 아누에 의해 만들어진 일시적인 것이다.

공기의 압력이 수면의 물을 뒤로 밀어붙여 움푹 패이게 하듯이 아누의 그룹들도 그렇다. 아누가 회전함에 따라 그 힘이 주위 매질을 밀어내는 것이다."[36]

벽에 대해서 투시자들은 이렇게 말하고 있다.

"벽은 공간에 속하는 것이지, 원자에 속하는 것이 아니다."[37]

즉, 아누 그룹 주위에 있는 경계면은 아누 그룹 자체가 지닌 특성이 아니라 아누 그룹을 둘러싸고 있는 진공의 특징이라는 것이다. 이 벽이 서로 다른 상태의 진공(초전도 힉스진공)에 의해 나누어지는 경계면이다.

"아누 그룹들은 각각의 진공 영역을 에워싼 위상 경계면에 의해 분리된다. 그룹들을 '벽'으로 둘러싸인 것으로 자주 묘사하는 이유가 여기에 있다…… 서로 다른 진공영역을 구분하고 있는 경계면이 이른바 '벽'인 것이다."[38]

필립스에 따르면 정상 진공 상태에서 아누는 아홉 개의 숨겨진 자유도(自由度)라는 것을 갖는다. 만약 아누가 다른 상태의 초전도 힉스진공 속에 있게 된다면, 자유도 일부가 은폐되어 아누는 아홉 개보다

---

36) 각주1)과 동일한 도서, 28쪽.
37) 위와 동일한 도서, 15쪽.
38) 각주5)와 동일한 도서, 103쪽.

적은 자유도만을 갖게 된다. 이 말은 정상 진공 상태에서는 아홉 개까지의 아누만이 동일한 힉스진공 영역 속에 있을 수 있으며, 다른 진공 상태에서는 그보다 적은 수의 아누만이 동일한 힉스진공 영역 속에 있을 수 있다는 것을 의미한다.

투시자들은 하나의 그룹 속에 아홉 개보다 많은 아누들이 들어 있는 경우는 관찰하지 못하였는데, 이 사실은 초전도 힉스진공이 오직 아홉 개까지의 아누로 된 안정된 시스템을 지지할 수 있다는 필립스의 이론을 뒷받침한다.

필립스는 준핵체계의 형성과정에 이런 다른 진공 상태가 개입된다고 보았다. 그는 투시에 의한 관찰이 이루어질 때, 실제로 관측을 하기 위해 가해진 자극으로 인해 벡터 글루온(아누의 결합을 가능하게 하는 상호작용)의 색농도[39] 대칭의 등급이 인상적으로 감소되리라고 추론하고 있다. 이렇게 아누가 가진 색의 값이 낮아지게 되면, 원자핵 속에 있던 핵자들이 불안정해져 쿼크와 아누 같은 하부입자들로 분해된다. 핵은 이제 원래의 형태에서 벗어나 자유로워진 입자들이 무질서하게 운동하는 무정형의 구름 같은 형태로 변형된다. 이런 팽창은 우세하게 양으로 하전된 입자군 사이의 순반발력(net repulsion, 핵자들의 쿨롱반발력)에 따른 것이다. 자유롭게 풀려난 아누들은 다시 한번 더 상호작용하여 새로운 아누들의 그룹으로 응집되는 새로운 구속상태

39) 양자색역학에 따르면 각각의 쿼크는 적, 청, 녹 세 가지 색 중에 하나의 색깔을 갖고 있다(물론, 이 색이라는 용어는 상징적인 개념이다). 그러나 양성자나 중성자는 색을 갖지 않는 무색으로 나타나는데, 그것은 이들 핵자를 구성하고 있는 쿼크가 적청녹의 조화를 이루어 결합을 하고 그 결과 빛의 혼합색은 흰색이 되는 것과 같은 이치이다. 쿼크를 결합시키는 역할을 하는 입자는 글루온이라고 하며 강한 핵력의 원인이 된다. 글루온 역시 색을 가지고 있다. 필립스의 오메곤 모형에서는 색농도라는 개념이 추가로 도입된다.

가 형성된다.[40]

이때 초전도 힉스장에 감싸인 아누 사이의 결합력은 글루온(핵자 속에서 쿼크들을 결합시키고 있는 것으로 추정되는 아교 입자)의 컴프톤 파장보다 훨씬 큰 거리에서는 거리에 관계없이 동일하기 때문에, 아누는 자신이 속한 입자구름 속의 아누들과는 물론, 이웃하는 원자핵에서 같은 방식으로 형성된 입자구름 속의 아누들과도 마찬가지로 강하게 상호작용한다. 그 결과 두 개의 입자구름은 다시금 응축하거나 수축될 때 분리된 별도의 계로 응집되는 대신에 합체가 되어 움직인다. 아누들은 그들 사이에 작용하는 글루온의 상호작용 결과 무리를 지어 집단을 이루게 되고, 다른 아누 그룹과 함께 정상적인 원자의 원자핵의 결합에 준하는 준핵 전위(quasi-nuclear potential) 속에 전역적(全域的)으로 구속되게 된다.[41]

획일적인 상태에 있던 원래의 힉스진공은 색 SU(9)[42] 대칭이 깨어져 SU(N)의 진공 영역들(N≤9)의 일단으로 된다. 이 각각의 SU(N) 진공 영역들은 새롭게 결합한 아누들의 안정된 그룹을 에워싼다. 입자들이 일괄적으로 양성자나 중성자 같은 원래의 핵자로 재결합하는 일은 없는데, 새로운 진공 속에서는 그러한 결합이 더 이상 아누들의 다른 결합 상태보다 안정되지 않기 때문이다. 그러므로 핵자의 형성이 반드시 가장 선호되는 과정은 아니다. 다음 그림은 준핵체계가 형성되는 이상의 과정을 요약해서 나타내고 있다.[43]

---

40) 각주5)와 동일한 도서, 102~103쪽.

41) 위와 동일한 도서, 103쪽.

42) SU(Special Unitary)는 대칭의 수학적 성질을 규정하는 기호로, 여기서 9는 아홉 종류의 색이 있다는 것을 의미한다.

43) 위와 동일한 도서, 103쪽.

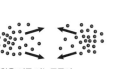

1. 임의로 선택된 두 개의 핵

2. 투시작용의 결과, 핵이 분해되어 쿼크가 자유롭게 되고, 아누들이 강하게 상호작용한다.

3. 결합을 이룬 아누군들이 대칭으로 응집한다.

4. 새로운 아누군들이 시스템을 이룬 준핵체계

그림 3.12 준핵체계의 형성과정[44]

　필립스가 제시하는 새로운 준핵체계의 형성과정에서 제기되는 한 가지 의문은, 오컬트화학의 원자들은 하나같이 두 개의 원자가 합쳐져서 생긴 준핵체계들뿐인데, 왜 단지 두 개의 원자핵만이 이 결합에 참여하는가라는 것이다.

　이 문제에 대한 답은 아직 찾지 못했다. 우리가 아직 모르는 어떤 메커니즘이 그 뒤에 숨어 있으리란 가정을 해볼 뿐이다. 그런데 이와 관련해서 흥미 있는 구절을 다른 책에서 발견했는데, 우리의 궁금증을 과학적으로 설명해주는 것은 아니지만 음미할 부분이 있는 것 같아 여기에 전재한다. 이 글은 리 캐롤이 채널링[45]하고 있는 크라이언이

---

44) 각주5)와 동일한 도서, 104쪽.
45) 채널링(channeling)이라고 하는 것은 다른 영적인 존재나, 또는 자신의 상위자아(上位自我)와 연결되어 여러 정보를 얻는 현상을 말한다. 영매(靈媒)와 비슷하지만, 영매가 저급령들과 통신하거나 저급령들의 지배를 받는 데 비해

원자의 구조에 관해서 아직도 발견되지 않은 놀라운 것이 있느냐는 질문에 대해 답해준 정보이다.

"그렇습니다. 여러분이 물질의 극성을 조작하게 되었을 때 일어날 일들은 앞에서 언급한 것말고도 새롭게 발견될 것들이 많습니다. 그러나 가장 흥미로운 것 중 하나는 여러분이 '트윈(twins)'을 발견할 때일 것입니다.

일반적인 원자 구조 내부에는 믿기 어려운 사실이 숨어 있는데, 그것을 힐끔 본 여러분들은 무척 어리둥절해질 것입니다. 그것은 그 사실이 모든 시공간의 법칙을 깨뜨리는 것으로 보이기 때문입니다. '트윈'은 원자 부분들의 한 쌍으로, 언제나 서로 연관되어 있으며, 또 언제나 한 쌍이 되어 발견됩니다. 어디서 그것을 찾을 수 있는지는 말씀드리지 않겠습니다. 나를 믿으십시오. 그것을 발견할 때 여러분 스스로 알게 될 것입니다. 극소수의 사람들은 이미 그 '족적'을 보았습니다.

그것들의 행동은 여러분을 매우 놀라게 할 것입니다. 자극이 제대로 가해지기만 하면, 그들은 언제나 한 쌍이 되어 함께 움직인다는 것이 발견될 것입니다. 실험으로 그들을 아무리 분리해도, 그들은 어떤 오차도 없이 함께 움직이기를 계속할 것입니다. 아무리 멀리 떼어놓아도 정확하게 말입니다. 심지어 그중 하나를 태양계 너머의 우주로 떠나보내도 그들은 여전히 하나인 것처럼 움직일 것입니다. 하나를 자극하면 다른 한 쪽이 움직입니다. 그들은 영원한 한 쌍이며, 파괴되지 않습니

채널링은 영적으로 진보된 존재를 그 대상으로 한다는 점에서 다르다. 그렇지만 채널링도 주의를 요한다. 채널링의 대상이 부정적인 존재일 경우도 있기 때문이다. 채널러(channeler)가 채널링을 행할 때는 보통 변성(變性)의식 상태에 있거나 몸을 잠시 떠날 때도 있으며, 또는 각성 상태에 있는 경우도 있다.

다. 만약 어느 한 쪽의 에너지가 변환되면, 다른 쪽도 똑같이 될 것입니다.

이 사실은 여러분이 기존에 알고 있던 시공간에 대한 개념을 완전히 재검토하도록 만들 텐데, 그 이유는 이 현상들이 '속도의 한계', 즉 빛보다 빠른 속도는 있을 수 없다는 여러분의 굳은 믿음을 따르지 않고 있기 때문입니다. 지금까지 측정할 수 있었던 그 어떤 속도보다도 빠른 무엇인가를 여러분은 발견하게 될 것입니다!"[46]

이 글에서 언급하는 트윈이 혹시 오컬트화학의 준핵체계를 형성하는 한 쌍의 원자와 관련이 있는 것은 아닐까? 준핵체계의 형성과정에서 왜 단지 두 개의 원자만이 서로 작용을 하는지, 이 의문에 대한 해답의 실마리를 혹시 트윈에서 찾을 수 있는 건 아닐까?

한편, 두 개의 원자가 어떻게 연결되어 있는지는 알 수 없지만, 입자들 사이에는 사실상 신비한 연결이 있다는 주장이 과학계에서도 제기되어 왔다. 1982년에 수행한 아스페의 실험은 서로 떨어진 두 개의 입자 사이에 '양자연결'이 있다는 것을 입증하였으며, 더욱이 그 연결은 즉각적임을 시사했다. 크라이언의 트윈이 아스페의 실험과 다른 점은, 시공간을 초월해 서로 연결이 되어 있는 대상들이 하나의 '입자' 단위에 국한되지 않고, '원자 부분들'이라고 하는 '집단' 내지는 '구조체' 단위로 작용한다는 것이다.

아스페 실험의 의미는 5장에서 다시 살펴보겠지만, 만일 트윈이 존재한다면 아스페의 실험결과가 시사하는 바대로, 그리고 크라이언이

---

46) *Kryon Book 2, Don't Think Like a Human!*, Lee Carroll 지음, The Kryon Writings, 1994, 220~221쪽.

말한 대로 우리는 시공간에 대한 개념을 전면 재검토하지 않으면 안 될 것이다.

초전도와 새로운 상태의 물질들

오컬트화학 초판이 발행되던 해(1908년), 네덜란드의 실험물리학자 카머린 오네스는 헬륨의 액화에 성공한다(헬륨의 끓는점은 절대온도 4.2K이다). 헬륨 액화에 성공한 오네스는 백금과 수은 등을 대상으로 극저온에서 온도 저하에 따른 전기저항의 변화를 측정하는 실험을 통해, 1911년에 초전도(超傳導)라는 새로운 현상을 발견하였다.

초전도체는 몇 가지 놀라운 특성을 갖는다. 우선 초전도체는 초전도 상태가 되는 임계온도 이하에서 전기저항이 제로가 된다. 또 초전도체는 항상 자기장을 배제하는 성질을 가지고 있는데, 이것을 마이스너 효과(Meissner effect)[47]라고 한다. 또 초전도체는 전자의 쿠퍼쌍이 얇은 고체를 뚫고 나가는 양자역학적 터널링 효과인 조셉슨 효과를 보인다. 초전도체의 이런 놀라운 특성들은 자기부상열차와 조셉슨 컴퓨터, SQUID(초전도 양자간섭계), MHD 발전 등 혁신적인 응용을 가능하게 한다. 그러나 초전도 현상은 절대영도에 가까운 극저온에서

---

47) 마이스너 효과에 대해선 4장에서 다시 설명한다.

일어나기 때문에 다루기가 쉽지 않다는 단점을 가지고 있다.

1986년에는 산화물 초전도체의 발견을 계기로 고온 초전도체에 대한 관심이 높아지기 시작했다. 만일 고온 초전도체, 나아가 상온 초전도체가 개발되고 실용화된다면, 그야말로 산업 전반에 걸쳐 충격적인 기술혁명이 일어날 것이다. 그러나 초전도 재료의 안정성이라든지, 초전도성이 유지되는 임계전류의 한계 같은 문제들로 인해 아직까지는 실용화에 어려움이 많은 것이 현실이다. 게다가 무엇보다도 고온 초전도에 대한 메커니즘이 아직 규명되지 않고 있다.

한편, 1995년에 에릭 코넬과 칼 위만은 보스-아인슈타인 응축물(Bose-Einstein condensate)이라는 새로운 상태의 물질을 실험실에서 만들어냈는데, 이런 이름이 붙게 된 것은 1920년대에 사티엔드라 나트 보스와 아인슈타인이 그와 같은 물질상태를 이론적으로 가정하였기 때문이다.

보스-아인슈타인 응축물은 똑같은 양자상태에 있는 원자들의 그룹이다. 그들은 하나의 원자처럼 움직인다. 초전도체도 보스-아인슈타인 응축물의 한 형태다. 코넬과 위만은 절대영도보다 겨우 백만 분의 일도 정도 높은 초저온으로 원자를 냉각하여 이런 물질상태를 얻었다. 이렇게 냉각된 상태에서는 원자의 움직임이 거의 중단되고 운동량이 제로에 가깝게 된다.

그렇다면 보스-아인슈타인 응축물은 어떻게 동일한 양자상태에 있을 수 있을까? 앞에서 설명했듯이 일반적으로 입자는 페르미온 유형과 보손 유형으로 구분이 된다. 그런데 보손 유형의 입자는 같은 양자상태를 공유할 수 있는 반면에, 페르미온 유형의 입자들은 똑같은 양자상태를 공유할 수 없다.[48]

전자는 페르미온에 속한다. 초전도체에서 전자는 쌍을 이루어 움직이는데, 이렇게 쌍을 이룬 전자를 쿠퍼쌍이라 한다. 일반적으로 페르미온이 짝을 이루면 보손으로 변하여 똑같은 양자 상태를 공유할 수 있게 된다. 그러므로 쿠퍼쌍을 이룬 전자는 보손이 되어 마치 빛처럼 행동하게 되고 초전도 현상을 나타내는 것이다.

원자핵도 핵자(양성자나 중성자)의 수량에 따라 입자 유형이 구분된다. 홀수의 핵자를 가지고 있는 원소는 페르미온 유형이 되고, 짝수의 핵자를 가지고 있는 원소는 보손 유형이 된다.

헬륨을 가지고 설명해보자. 원자량이 3인 액체헬륨은 홀수 핵자의 핵을 가지고 있으므로 페르미온 유형에 속한다. 그러므로 원자량 3인 액체헬륨은 똑같은 양자상태를 공유할 수 없고 초유동성을 나타낼 수 없다. 초유동성은 액체가 점착성이나 내부마찰 없이 흐르는 것을 말한다.

그런데 이 액체헬륨을 충분히 낮은 온도까지 냉각하면 헬륨원자들은 쌍을 이루게 된다. 그렇게 되면 각 핵 속에 있는 핵자의 수는 합해서 짝수가 되므로 보손 유형으로 바뀌게 된다. 그 결과 원자량 3인 액체헬륨은 동일한 양자상태를 공유하게 되고 초유동성을 갖게 되는 것이다. 이런 종류의 초유동성은 쿠퍼쌍을 이룬 전자들이 특정 금속과 합금을 저항 없이 흐르는 전통적인 저온 초전도성과 비슷하다.

반면에 원자량이 4인 헬륨은 원래부터 보손 유형이므로 초유동체가 되기 위해 쌍을 이룰 필요가 없다. 원자량 4인 헬륨은 절대온도 2도 근처에서 초유동성 상태가 된다.

이렇게 똑같은 양자상태를 공유하는 원자 그룹을 보스-아인슈타인 응축물이라 한다. 초전도체가 전자의 '쿠퍼쌍'을 형성한다면, 보스-아

---

48) 이것은 '파울리의 배타원리'로 알려져 있다.

인슈타인 응축물은 원자핵이나 원자 자체로까지 그 범위가 확대된다. 결국, 보스-아인슈타인 응축물이 초전도체에 비해 더 폭넓은 개념임을 알 수 있다.

한편 초전도 현상은 우리 몸 속에서도 일어나고 있다는 것이 최근 제기되고 있는 일부 과학자들의 주장인데, 지금부터 그것을 알아보기로 하자. 신경세포인 뉴런을 비롯하여 모든 세포 안에는 미세소관이라는 미세 조직이 있는데, 이 미세소관은 두 가지 형태의 튜불린(tubulin)이라는 단백질로 구성되어 있다. 이 튜불린의 두 가지 상태는 미세전류에 의해서 전환될 수 있다. 그래서 로저 펜로즈는 튜불린이 두뇌 속의 데이터 처리과정을 끄고 켜는 스위치일 거라고 주장한다.

하메로프는 미세소관 내부에 고도로 정렬되어 있는 액상의 물질에 의해서 양자효과[49]가 일어나며, 이것이 또한 두뇌 속에서 양자효과를 일으키는 원인이라고 생각하였다. 즉, 미세소관 내부의 이 물질이 고온 초전도성의 매체가 됨으로써 뉴런세포 안에 보스-아인슈타인 응축물의 상태가 만들어지는 것으로 본 것이다.(그림 3.12)

보스-아인슈타인 응축물은 초저온의 작은 원자 그룹에서 관찰되는 물질현상이다. 반면에, 세포내 미세소관에서 보이는 초전도성과 양자터널링효과는 상온(체온)이라는 상대적으로 고온에서 관측되는 생

---

49) 원자나 분자를 연구하는 미시세계에서는 우리들의 일상경험으로는 도저히 이해할 수 없는 기묘한 현상들이 다반사로 일어난다. 예를 들어 전자는 입자와 파동의 성질을 동시에 지니고 있으며, 장벽을 뚫고 반대편에 나타난다. 이런 현상은 뉴턴의 고전역학이나 상대성 이론으로는 설명할 수 없으며, 양자역학이라는 새로운 이론이 등장하여 이들을 다루게 되었다. 이 미시세계의 기묘한 물리 현상들을 양자효과라고 하는데, 흑체복사, 광전효과, 콤프턴효과, 입자 회절현상, 램소어효과, 터널링효과, 홀효과, 조셉슨효과, 램이동, 뫼스바우어효과, 슈타르크효과, 제만효과 등이 알려져 있다.

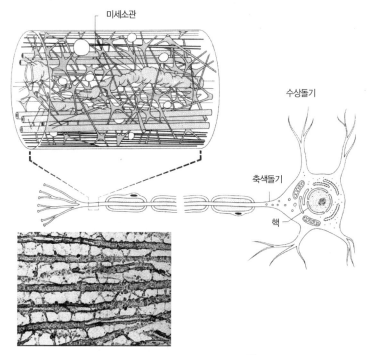

미세소관

수상돌기

축색돌기

핵

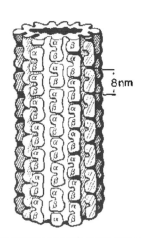

그림 3.13 세포 내 미세소관[50]

8nm

그림 3.14 두 가지 형태의 튜불린으로 구성된 미세소관의 일부

체내 현상이다. 이처럼 보스-아인슈타인 응축물과 미세소관은 그 작용온도와 활동무대는 다르지만 나타나는 현상은 거의 동일하다. 이들은 혹시 유사하거나 동일한 메커니즘으로 작동하는 게 아닐까? 하지만 현재까지의 이론으로는 보스-아인슈타인 응축물과 미세소관을 연결시켜 설명할 방법이 없다.

한편, 1970년대 후반에 데이비드 허드슨(David Hudson)이라는 미국의 한 농부가 아리조나의 화산재 속에서 매우 특이한 물질들을 발견하였다. 그 물질들은 금속원소였지만 이상하게도 금속의 특성은 전혀 없고 오히려 세라믹에 가까웠다. 더욱 놀라운 것은 이들이 초전도성과 초유동성, 조셉슨 터널링효과, 자기부양 등 초전도체가 갖는 특성들을 상온에서 보인다는 것이었다. 허드슨은 1989년 이 이상한 물질과, 이 물질을 얻는 방법에 관한 특허를 얻으면서, 이 물질에 ORME(Orbitally Rearranged Monoatomic Elements)[51]라는 이름을 붙였다. 이 물질들은 주로 주기율표상의 가운데 영역에 있는 전이금속원소들로서, 다음 원소들이 이런 상태에 있음이 확인되었다.(표 3.3)

허드슨의 발견에 따르면, 이 원소들은 해수 속에 전위궤도단원자원소 상태로 풍부하게 존재하는데, 금속상태의 원소로 있는 것보다 무려 만 배나 더 많이 존재한다고 한다.

또 다른 한편, 핵물리학자들은 1989년에 일부 원소의 원자들이 마이크로클러스터(microclusters)라는 상태로 존재하는 것을 발견하였

---

50) 『세포생물학』, 닐 O. 토르페 지음, 강영희 외 7인 옮김, 아카데미서적, 1991, 678쪽.

51) 앞으로 전위궤도단원자원소(轉位軌道單原子元素)라 부르고자 한다. 참고로 발명의 명칭이 '천이원소의 비금속적 단원자형태'로 되어 있는 일본 공개특허(平2-111820)에서는 '궤도상 재배치된 단원자원소'라고 번역되어 있다.

표 3.3 확인된 전위궤도단원자원소

원소 이름	원자량
코발트	27
니켈	28
구리	29
루테늄	44
로듐	45
팔라듐	46
은	47
오스뮴	76
이리듐	77
백금	78
금	79
수은	80

는데, 이것은 적게는 두 개에서 많게는 수백 개의 원자들이 작은 덩어리를 형성한 것이다.

주기율표상의 중앙에 위치하는 전이원소의 귀금속 원소 대부분이 단원자(單原子) 상태로 존재한다. 이 원소들은 하나의 마이크로클러스터 안에 일정 갯수 이상으로 원자들이 존재하면, 원자들은 격자구조로 집단을 이루고 금속의 특성을 띠게 된다. 그러나 마이크로클러스터 안에 임계치 이하의 원자들이 존재한다면, 마이크로클러스터들은 세라믹 특성을 갖는 단원자 상태의 원자들로 분해된다. 단원자 상태에 있는 원자들은 전형적인 격자구조 속에 있는 원자들처럼 이웃하는 원자들과 전자를 공유하지 않는다. 로듐의 경우 이 임계치의 원자수는 9개이며, 금의 경우 임계치는 2이다. 왜 이런 임계치가 존재하는지, 왜 원소에 따라 임계치가 달라지는지는 아직까지 밝혀지지 않았다.

단원자 상태에 있는 원소들은 화학반응을 일으킬 원자가전자(原子價電子)[52]를 가지고 있지 않으므로 화학적으로 불활성이며, 금속보다는 세라믹 재질에 가까운 특성을 나타낸다. 원자가전자를 가지지 않으므로 일반적인 분석화학의 방법으로 단원자 상태의 원소를 찾아내는 것은 거의 불가능하다. 다시 말하면, 마이크로클러스터는 화학적으로 불활성인 원자들의 작은 집단이라고 말할 수 있다.

이 마이크로클러스터 또한 단원자 상태와 고온 초전도성을 나타낸다는 점에서, 또한 쿠퍼쌍을 이루어 원자가전자가 제로가 되어 화학적으로 불활성이라는 점에서 전위궤도단원자원소와 상당히 유사한 면을 가지고 있다.

일반적으로 알려진 물질의 상태에는 고체와 액체, 기체가 있다. 이들은 분자결합의 상태에 따라 그 상태가 구분된다. 이들에 속하지 않는 것으로 액정이 있으며, 물질의 네 번째 상태라 불리는 플라즈마가 있다. 플라즈마는 이온화된 원자와 자유전자, 기타 소립자 등으로 구성된다. 그리고 우리는 앞에서 또 하나의 물질 상태로 초전도체와 보스-아인슈타인 응축물을 살펴보았다.

허드슨이 발견한 전위궤도단원자원소는 지금까지 알려진 것과는 전혀 다른 물질 상태이다. 허드슨은 전위궤도단원자원소를 단원자 (monoatomic) 상태에 있는 원소로 추정한다. 단원자라 함은 1원자 분

---

52) 원자의 최외각에 자리하고 있는 전자를 말한다. 원자가 다른 원자들과 화학결합할 때 이 원자가전자가 참여하게 된다.

자를 나타내는 또 다른 말이다. 그러나 나는 실제로는 전위궤도단원자원소가 단원자 상태가 아닌 2개의 원자가 합체하여 일종의 쿠퍼쌍을 이룬 2원자성 단원자 상태의 원소라고 본다.

2원자성 단원자 상태란 1원자 분자의 상태도 아니고 2원자 분자의 상태도 아니다. 두 개의 원자로 이루어졌지만, 하나의 원자 상태로 되어 있다고 해서 2원자성 단원자라는 용어를 사용하였다. 이것은 전혀 새로운 개념이다. 단원자와 2원자성 단원자를 혼동하지 않기를 바란다. 2원자성 단원자는 원자 두 개가 화학결합하여 분자를 만든 2원자 분자와 분명하게 다르다.

표 3.3에 열거한, 전위궤도단원자원소로 확인된 원소 중 다음의 원소들은 홀수의 양자수, 즉 홀수의 양성자, 또는 전자수를 가지고 있다.

코발트(27), 구리(29), 로듐(45), 은(47), 이리듐(77), 금(79)

괄호 안의 숫자는 원자량을 나타낸다. 이들은 페르미온 유형이기 때문에, 이들이 전위궤도단원자원소와 같은 초전도성을 나타내려면 적어도 쌍을 이룰 2개의 원자가 필요하다.

예를 들면, 이리듐은 77개의 전자를 가지고 있으므로 하나의 전자가 짝을 못 이루고 남아 있게 된다. 그러나 두 개의 원자가 있다면 모두 154개의 전자가 있게 되고, 전자는 남김없이 쿠퍼쌍을 이룰 수 있게 된다. 전위궤도단원자원소는 자유전자만이 쿠퍼쌍을 이루는 단순한 초전도가 아니라, 원자 수준에서 쿠퍼쌍을 이루어 고온 초전도성을 나타내는 특이한 경우로 가정했던 것을 떠올려보자. 전위궤도단원자원소 상태에서는 전자뿐 아니라 핵자들도 쌍을 이루게 된다.

앞서 코넬과 위만은 절대영도보다 겨우 백만분의 일도 정도 높은 초저온으로 원자를 냉각하여 보스-아인슈타인 응축물을 얻었다고 하였다. 절대영도는 모든 원자의 움직임이 멈추는 온도다. 원자가 절대영도에 가깝게 냉각되면, 그 움직임은 정상 온도일 때보다 훨씬 느려지게 된다. 그런데 데이비드 허드슨은 전위궤도단원자원소의 원자 내부 온도가 본래 절대영도에 매우 가깝다고 가정하고 있다.[53] 그렇다면 전위궤도단원자원소는 상온의 보스-아인슈타인 응축물이라고도 할 수 있을 것이다![54]

전위궤도단원자원소와 같은 상태는 여러 생체시스템 내부에서도 존재하는 것으로 보인다. 그 원소들은 세포내 미세소관 속의 에너지 흐름을 향상시킨다.

초저온의 작은 원자 그룹에서 관측되는 보스-아인슈타인 응축물과, 체온에 해당되는 높은 온도에서 보스-아인슈타인 응축물과 유사한 행동을 보이는 세포내 미세소관, 이 둘 사이의 간격을 상온의 보스-아인슈타인 응축물이라고 할 수 있는 전위궤도단원자원소가 메꾸어줄 가능성이 있는지도 모른다.

이러한 여러 가지 상황들은 오컬트화학의 준핵체계를 연상시킨다. 즉, 2원자성 단원자로 이루어진 준핵체계, 준핵체계가 형성되는 과정에 작용하는 초전도 상태, 그리고 준핵체계 원자의 내부 움직임이 거의 없다는 사실 등이 전위궤도단원자원소와의 유사성을 강하게 시사하는 것이다.

---

53) 이것은 또 투시자들이 의지력으로 원자의 속도를 낮춘 것과 유사성이 있지 않을까?
54) 상온의 보스-아인슈타인 응축은 2010년 이후 실험실에서 만들어지고 있다. 부록을 참고하기 바란다.

하이스핀과 초변형핵

　전위궤도단원자원소와 보스–아인슈타인 응축물, 그리고 마이크로 클러스터와 미세소관을 다루는 많은 문헌들은 이 특이한 물질 상태가 단원자 상태에서 비롯되는 것이라고 보는 데 공통점이 있다. 그러나 앞에서 언급하였듯이 실제로는 2원자성 단원자에서 비롯되는 현상들이라고 생각된다.

　일반적인 상태의 원자가 전위궤도단원자원소가 되는 과정은, 물론 추측이긴 하지만, 오컬트화학의 준핵체계가 형성되는 과정과는 조금 다르게 설명되고 있다. 전위궤도단원자원소 상태가 되기 위해서는 우선 적당한 자극이 필요하다. 이 자극으로 원자는 하이스핀 상태가 된다. 하이스핀 상태의 단원자는 원심력 때문에 원자가 구조가 편향되게 된다. 이제 원심력에 의해 밖으로 뻗친 원자가 구조는 원자가 구조를 정상 상태에 붙들어두려는 힘을 이기고 변형된다. 원자와 원자의 하부 구조가 극도로 늘어나 용수철같이 되는 것이다. 그렇게 되면 곧바로 원자의 스핀을 감소시키는 방향으로 원자가 구조의 재배열이 일어나게 된다. 매우 빠르게 회전하고 있는 피겨스케이팅 선수가 두 팔을 쭉 뻗음으로서 회전속도가 줄어드는 것을 생각하면 이해하기 쉬울 것이다.

그러나 충분한 각속도(角速度)를 가지고 있다면, 원자가 구조는 텀블링을 하는 원자의 양쪽 끝에, 원심력에 의해 바깥쪽으로 매달린 두 개의 그룹으로 재배열을 하게 된다. 원자는 이제 길다란 모습이 된다. 이렇게 초변형된 상태에서 화학결합이 이루어지는 원자의 끝 부분이 서로 접근하게 되는데, 원자가 구조의 끝이 충분히 가깝게 되면 그들은 특별한 양식으로 서로 결합하여 쌍을 이룬다. 그들은 마치 안으로 팔짱을 낀 것처럼 보일 것이다.

원자가들이 쌍을 이루게 되면 원자는 더 이상 정상적인 모습이 아니다. 화학결합을 이룰 수 있는 어떠한 결합팔도 남아 있지 않다. 오컬트화학의 원자들도 모두 이러한 단원자 상태의 원자들이다. 그렇기 때문에 이들 원자들이 쌍으로 돌아다니는 것이 관찰된 적이 없다고 투시자들이 증언하고 있는 것이다.[55]

그러면 이런 변형된 원자들은 어떤 모습을 하고 있을까?

오컬트화학의 투시자들은 원자들이 수소와 헬륨, 산소, 질소 등 극히 일부의 예외를 제외하면 몇 가지 종류의 일정한 기하학적 형태를 하고 있음을 발견했다. 그 형태는 기묘하지만 모든 원자들이 일곱 가지로 분류할 수 있는 유형의 하나에 속하며, 이 일곱 가지 유형들은 주기적으로 반복되는 것으로 나타나는데, 각 유형은 스파이크형, 아령형, 정사면체형, 정육면체형, 정팔면체형, 막대형, 별형이라 불린다.(그림 3.15)

---

55) 각주1)과 동일한 도서, 2쪽.

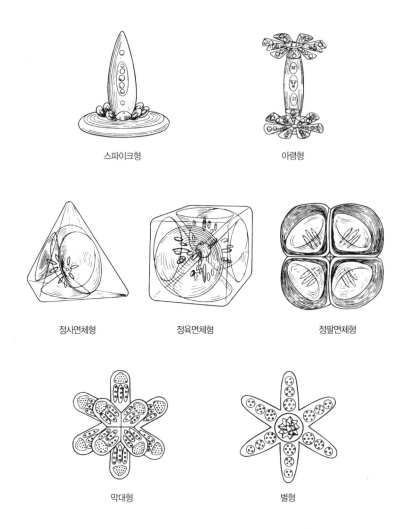

스파이크형

아령형

정사면체형

정육면체형

정팔면체형

막대형

별형

그림 3.15 준핵체계를 이룬 원자의 일곱 가지 유형

전위궤도단원자원소와 오컬트화학의 준핵체계 형성 메커니즘이 정확하게 같은 것이라고 아직 이야기할 수 없으므로, 전위궤도단원자원소가 오컬트화학의 원자와 같은 모습을 하고 있으리라고 단정지을 수는 없다. 그러나 정상 상태의 원자에서 많이 변형된 모습을 하고 있으리라는 건 짐작할 수 있다.

일반적으로 알려져 있는 원자나 원자핵의 모습은 구형에 가까운 것이다. 최근 하이스핀 상태의 원자핵이나 초변형핵에 대한 연구들이 이루어지고는 있지만, 오컬트화학의 원자와 같은 구조는 분명 지금까지의 핵물리학 이론에서는 구경할 수 없는 것이다. 그렇다면 우리는 원자핵에 대해서 어느 정도나 알고 있는 것일까? 1911년 러더포드가 원자핵을 발견한 이래 원자핵에 대한 많은 연구와 이해가 이루어졌지만, 그 이해의 폭은 극히 한정되어 있고 아직도 모르는 것이 더 많다는 것이 진실에 가까울 것이다.

현재 원자핵의 모형은 껍질모형과 물방울모형으로 대표된다. 원자핵을 물방울 같은 것으로 생각한 물방울 모형은 오래 전에 아게 보어[56]와 존 휠러가 제시한 것이다. 핵 구조에 대한 연구가 발전한 지금에도, 이 모형이 핵분열을 손쉽게 설명해준다고 생각되기 때문에 일반적으로 받아들여지고 있다.

그러나 한편에서 제임스 레인워터가 원자핵의 변형을 처음 거론한 이후, 이에 대한 많은 연구들이 이루어졌다. 실제 원자핵이 구형인 경우는 거의 없다. 지금까지의 연구로는, 핵자들이 원자핵 내에서 집단을 이루어 함께 운동하는 집단운동 현상(대표적인 예는 회전운동상태이며 원자핵은 타원형으로 변형된 이미지를 갖는다)과 몇 개의 원자

---

56) 유명한 닐스 보어의 아들이다.

핵을 무더기로 하여 한 개의 안정된 원자핵이 형성된다는 개념의 무더기 구조, 그리고 비교적 높은 에너지 상태에서 일어나는 거대공명 등이 알려져 있다.

허드슨이 전위궤도단원자원소의 형성과정과 관계가 있다고 추정하고 있는 하이스핀 상태의 원자핵이나 초변형핵 등에 대한 연구도 최근 활발하게 이루어지고 있다. 로렌스 버클리 실험실에서는 초변형핵보다도 더 뒤틀어진 상태의 과변형핵을 발견하였다고 발표하였는데, 일반적으로 초변형핵이 1대 2의 축을 가진 럭비공 형태라면 과변형핵은 그 비율이 1 대 3에까지 이른다.[57]

이러한 연구들에서도 시사하듯이, 원자핵은 단순한 양성자와 중성자의 집합덩어리가 아니라 매우 복잡한 구조를 가진 물체임을 알 수 있다. 원자핵의 구조에는 전자기력과 강력, 두 힘이 주로 작용하고 있다. 원자핵 내부에서는 강력이 지배적으로 작용하여, 핵자(양성자)들의 쿨롱반발력을 이기고 핵자들을 매우 단단하게 결합시킨다. 그러나 강력은 극히 짧은 거리에서만 작용하는 힘이며, 거리가 증가함에 따라 그 힘이 급격하게 약해진다. 예를 들어 1페르미(1페르미=$10^{-17} cm$) 거리의 두 핵자를 떼어놓으려면 약 백만 전자볼트의 에너지가 필요하지만, 10페르미 거리의 핵자를 떼어놓는 데는 10전자볼트의 에너지 정도면 충분하다. 반면에 전자기력은 매우 긴 거리까지 영향을 미치는 힘이다. 만약 두 개의 양성자가 1페르미 거리에 떨어져 있으면 강력이 전자기력보다 약 100배나 그 힘이 강하지만, 10페르미의 거리에서는 전자기력의 10분의 1밖에 되지 않아 이런 상태에서는 더 이상 결합력

---

57) 미국물리학회지 『Physical Review Letters』 1995. 6. 26, 앞으로 초변형핵이라고 부르는 것은 초변형핵과 과변형핵을 모두 포함한다.

(강력)이 우세한 힘으로 작용하지 않는다. 말하자면 정상 상태에서는 핵자간의 결합력이 상호 전자기적 반발력을 누르고 단단한 핵을 형성하지만, 하이스핀 상태와 초변형된 핵의 상태에서는 이 상식이 깨어지는 것이다. 과연 이것은 무엇을 의미하겠는가? 앞으로 원자핵물리 분야에서 또 어떤 새로운 사실들이 발견될지 자못 궁금하다.

잠시 정리를 해보도록 하자. 아마도 생소한 용어와 개념들 때문에 다소 정신차리기가 어려웠을 것이다.

전위궤도단원자원소와 보스-아인슈타인 응축물, 그리고 오컬트화학의 준핵체계 원자는 유사하거나 어쩌면 동일한 메커니즘에 의한 현상으로 추측되며, 적어도 서로 밀접한 관계에 있는 것만은 분명한 듯싶다. 이들은 모두 원자 내부의 운동이 최대한 억제되는 일종의 쿠퍼쌍을 이루어 초전도 상태를 얻고 있다. 보스-아인슈타인 응축물의 경우에는 해당이 될 것 같지 않지만, 그 과정에는 먼저 하이스핀 상태를 통하여 원자핵이 초변형되는 과정을 거치게 된다. 그것은 2원자성 단원자 상태이자, 하나의 양자상태를 공유하는 상태이며, 화학적으로 불활성인 상태이다. 세포내 미세소관 내부에도 이런 상태의 물질이 존재하여 생체내의 초전도 현상을 유발하며, 마이크로클러스터는 이런 특이한 상태의 원자가 집단을 이루고 있는 것으로 추측된다.

전자가 쿠퍼쌍을 이루어 하나의 보스입자처럼 행동하는 것을 초전자라고도 한다. 마찬가지로 지금까지 언급하였던 준핵체계를 형성한 오컬트화학의 원자, 원자의 쿠퍼쌍, 2원자성 단원자 등을 앞으로는 '초원자(超原子)'로 통일하여 부르려 한다. 물론 이들이 모두 동일한 원자 상태에 있는 것인지는 아직 확실하지 않지만, 더 세세한 구조가 밝혀지기 전까지는 이렇게 총칭하여도 좋을 듯하다.

전위궤도단원자원소나 마이크로클러스터, 보스-아인슈타인 응축물, 그리고 원자핵의 하이스핀 상태나 초변형 상태들, 고온 초전도, 미세소관 내의 초전도 현상 등은 모두 이제 막 연구가 진행되기 시작한, 아직 명쾌하게 밝혀지지 않은 새로운 분야의 새로운 현상들이다. 그러나 오컬트화학의 준핵체계의 원자와 유사한 상태의 물질이 자연계에도 존재한다는 사실은 단순한 흥미를 넘어 가슴을 뛰게 하는 일이다. 모순덩어리로만 보였던 오컬트화학이 최근의 과학적 성과에 따라 차츰 그 정당성이 입증되어가는 것을 지켜보는 것은 또 다른 즐거움이다. 물론 아직은 그 증거들이 미약하지만 오히려 그 사실이 앞으로 펼쳐질 과학적 발견과 연구성과에 더 많은 기대를 갖게 하고 우리를 흥분시키는 게 아닐까? 로렌스 크라우스는 이 점에서 나와 비슷한 생각을 갖고 있다.

"나는 물리학의 미래를 생각할 때, 모든 수수께끼가 말끔히 해결된 세상을 떠올리곤 한다. 현대 물리학을 가로막고 있는 커다란 문제들이 모두 해결된다면 물론 좋은 세상이 되겠지만, '답을 갖고 있는 상태'보다는 '답을 찾고 있는 상태'가 더욱 자극적이고 살맛 나는 세상이 아닐까 싶다."[58]

핵이 크게 변형된 모습을 갖는다는 것은 놀라운 일이다. 핵물리학의 발전은 방사능과 러더퍼드의 원자핵 발견으로 고전적인 원자 개념

---

58) 『스타트렉을 넘어서』, 로렌스 크라우스 지음, 박병철 옮김, 영림카디널, 1998, 261쪽.

이 깨진 뒤로 또 한번 원자에 대한 우리의 상식이 바뀔 것을 요구하고 있다. 더구나 새로운 발견과 오컬트화학에 따르면, 핵은 변형될 뿐만 아니라 쌍둥이처럼 결합을 하기도 한다. 21세기의 원자론은 과연 어떤 모습으로 변신하게 될 것인가?

4장

궁극원자 아누

초끈과 스파릴래

21세기에나 태어났어야 할 물리학 이론이 20세기에 잘못 태어난 경우가 있다. 초끈(super-string) 이론이 바로 그것으로, 많은 과학자들이 초끈 이론은 다른 이론들처럼 정상적인 경로를 밟아 발명된 것이 아니라, 우연한 기회에 발명된 것이라 생각하고 있다. 초끈 이론의 대가인 에드워드 위튼은 다음과 같이 말한다.

"마땅히 일어나야 옳았을 일은, 21세기나 22세기에 정확한 수학적인 구조가 수립되고, 그런 다음 물리학자들이 이 구조로 가능하게 된 물리학 이론으로서 끈 이론을 발명했어야 했던 것이다. 그 같은 일이 일어났더라면, 그때 끈 이론을 가지고 연구할 최초의 물리학자들은 자신들이 무엇을 하고 있는가를 알았을 것이다. 마치 아인슈타인이 일반상대성원리를 발명했을 때 자기가 무엇을 하고 있는지 알고 있던 것처럼 말이다."[1]

---

1) 『슈퍼스트링』, 폴 데이비스 · J. 브라운 지음, 전형락 옮김, 범양사출판부, 1995,

위튼의 말처럼, 우리가 아직 초끈 이론의 저변에 깔려 있는 물리 원리를 이해하지 못하는 것은 그에 맞는 수학 이론이 발견되지 않았기 때문이다. 현재 끈 이론에는 칼라비야우 다양체, 모듈함수, 리만 표면, 초 리 대수, 캑-무디 대수, 유한군, 대수위상학, 호모토피, 공간위상학 등과 같은 매우 다양한 수학 분야들이 복잡하게 연결되어 있다. 따라서 끈 이론이 완성됨으로써 기대되는 효과 중의 하나가 서로 아무 관련이 없어보이는 이 수학 분야들이 새로운 수학의 출현으로 통일되는 것이기도 하다. 자연은 대개 처음에는 복잡하고 난해한 모습으로 그 진리의 단편들을 내보이다가, 그것들을 관통하는 더 근본적인 원리가 나옴에 따라 그 모든 것이 단순해진다. 이 때문에 초끈 이론 역시 지금 당장은 매우 어려워 보이지만 언젠가는 단순하게 이해되리라는 게 과학자들의 기대이다.

초끈 이론에서 가장 문제가 되는 것은 그 이론을 실험으로 검증할 수 없다는 것이다. 초끈을 실험으로 검증하기 위해서 요구되는 에너지와 현재 실험물리학 수준에서 낼 수 있는 에너지에는 엄청난 차이가 있기 때문이다. 초끈 이론이 지나치게 추상적이라는 이유로 노벨상 수상경력이 있는 샐던 글래쇼와 리차드 파인만 같은 사람은 이 이론에 회의를 표시한 바 있다.

하지만 일부 학자들의 이런 부정적인 견해에도 불구하고, 초끈 이론은 그 강력함으로 많은 물리학자들로 하여금 몸살을 앓게 만들고 있다.

초끈 이론이 과학계를 강타한 것은 1984년, 존 슈바르츠와 마이클 그린이 기존의 초끈 이론이 갖고 있던 기술적인 문제들을 해결했을

144쪽.

때였다. 끈 이론과 초중력 이론을 합쳐 초끈 이론을 만들 수 있을지도 모른다는 논문은 그에 앞선 1976년에도 발표된 적이 있지만, 슈바르츠와 그린의 발표가 있기까지는 아무도 그 문제에 관심을 갖지 않았다. 초끈 이론은 일약 물리학의 가장 유력한 통일이론으로 주목받게 되었다. 아마도 물리학자들의 기대대로 초끈 이론이 옳은 것으로 판명된다면, 초끈 이론은 역사상 가장 위대한 과학적 발견 중 하나가 될 것이다. 그렇다면 초끈 이론이란 어떤 이론이고, 물리학의 통일이론이란 무엇인가?

물리학자들은 물질의 궁극 입자를 찾으려는 노력과 함께, 자연의 모든 현상을 통일적으로 기술해줄 기본 법칙을 발견하고자 끊임없이 노력한다. 자연의 모든 현상은 기본적으로는 입자들 간에 주고받는 상호작용(힘)에 바탕을 두고 있다는 것이 물리학자들의 생각이므로, 통일적인 물리법칙을 발견한다는 것은 곧 자연의 기본 상호작용으로 알려져 있는 네 종류의 힘을 통일적으로 기술하는 것을 뜻한다.

물리학의 첫 통일장 이론은 전기와 자기를 통일적으로 기술하는 것에서 시작되었다고 볼 수 있다. 전기와 자기 현상은 둘 다 오래 전부터 알려져왔지만, 둘 사이의 깊은 연관성이 인식되기 시작한 것은 19세기 초에 이르러서이다. 덴마크의 외르스테드는 전류가 그 주위에 자장을 발생시키는 것을 확인하였으며, 패러데이는 자장을 바꾸면 전류의 흐름이 유도된다는 사실을 증명했다. 이런 배경 위에서 1850년대 맥스웰이 전자기 이론을 수립함으로써 전기와 자기는 통일적으로 기술되기에 이르렀다.

그 다음 통일의 역사는 하버드 대학교의 스티븐 와인버그와 런던 임페리얼 칼리지의 살람 교수에 의해서 이루어졌다. 1967년에 제시된 와인버그-살람 이론은 전자기력과 약력을 통일적으로 설명할 수 있는 길을 마련하였으며, 이것은 1983년에 W와 Z 입자의 발견으로 확증되었다.

그 다음으로 와인버그-살람의 전자기 약력(Electroweak)과 강력을 통일적으로 기술하려는 시도는 1970년대 후반의 '대통일장 이론(Great Unified Theory)'이 대표적이지만, 대통일장 이론을 비롯해서 그 어떤 이론도 여전히 완벽한 통일이론이 되지는 못하였다.

한편, 20세기의 석학 아인슈타인도 그 유명한 상대성이론을 발표한 후 그의 여생을 물리학의 통일이론을 찾는 데 바쳤으나 결국은 성공하지 못하였다. 게다가 당시에는 중력과 전자기력, 두 가지의 상호작용만이 알려져 있었다.

중력은 사실 다른 상호작용들과의 통일이 가장 어려운 힘이다. 1976년에는 다니엘 프리드만과 세르지오 페라라, 피터 반 니벤호이젠 등이 대통일장 이론과 중력을 통합하는 초중력 이론을 발표하였지만, 이 역시 많은 문제점들이 발견되었다.

그런데 1980년대 '모든 것의 이론(Theory of Everything)'이라고 알려지며 중력을 포함한 모든 힘의 강력한 통일이론으로 주목받기 시작한 것이 바로 초끈 이론이다.

그런데 초끈 이론의 등장은 입자에 대한 개념도 극적으로 바꾸었다. 이전까지는 모든 기본 소립자들을 부피와 크기가 없는 점입자로 취급했다. 그러나 초끈 이론은 모든 소립자를 1차원적인 끈의 진동으로서 기술한다. 소립자들을 어떻게 해서든 확대해서 볼 수만 있다면, 실제로는 진동하는 작은 끈을 보게 될 것이란 이야기다. 이것을 바이올린에 비유하면, 바이올린의 현(絃)이 진동수에 따라서 온갖 종류의

그림 4.1 상호작용의 통일

화음을 만들어내듯이 물질들도 결국은 이와 같이 진동하는 끈이 만들어내는 화음에 지나지 않는다는 것이다.

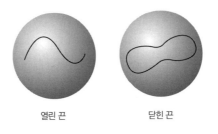

열린 끈   닫힌 끈

그림 4.2 초끈

그런데 오컬트화학에서도 이와 비슷한 표현을 볼 수 있다.

"세 개의 굵은 나선 속에는 여러 가지 전기가 흐른다. 일곱 개의 미세한 나선은 모든 종류의 에텔 파장, 즉 소리, 빛, 열 등에 반응하여 진동하며, 스펙트럼의 7색을 나타내고, 자연의 7음계를 소리내면서, 물질적인 진동에 다양하게 반응한다. 즉, 일곱 개의 나선은 번쩍거리고 노래하고 맥동을 내보내고 상상할 수 없을 정도로 찬란한 빛을 내면서 끊임없이 움직인다."[2]

세 개의 굵은 나선과 일곱 개의 미세한 나선은 아누의 그림에서 볼 수 있는 열 개의 선들을 말한다. 그림에서 보듯이 아누 자체는 이들 열 개의 나선으로 둥글게 휘감겨 있다. 각각의 나선은 아누의 표면에 해당되는 부분을 두 바퀴 반을 회전하듯이 둘러싸고, 내부의 가상 축을 따라 되감겨 올라와 전체적으로 하나의 폐곡선이 만들어진다. 열 개의 나선 중에서 세 개는 두꺼운 나선으로, 일곱 개는 미세한 나선으로 되어 있다. 두꺼운 세 나선은 삼중 나선을 형성하면서 나란히 회전을 하며, 일곱 개의 미세한 나선 역시 칠중 나선을 형성하면서 나란히 감겨 있다. 삼중 나선과 칠중 나선은 아누의 표면에서 서로 나란히 감겨져 있지만, 아누의 내부에서는 새끼줄을 꼬듯이 서로 반대 방향으로 감겨져 있어 마치 캐듀서스와 같은 형태를 하고 있다.

이 나선 하나하나는 다시 '스파릴래(spirillae)'라고 하는 코일구조로 이루어져 있다. 초끈과 스파릴래, 이 둘은 그 숫자(끈의 개수)와 세부구조에서 차이가 있지만, 진동하는 1차원의 선이란 점에서는 기본적으로 무척 비슷하다.

---

2) 『오컬트화학』 제3판, C.W.Leadbeater & Annie Besant 지음, Theosophical Publishing House, 1951, 14쪽.

단자극 아누

끈 이론의 기원은 1960년대 후반에 가브리엘 베네치아노가 창안한 이중공명 이론에서 비롯되었다. 그러나 이중공명 이론 자체는 끈과 아무 관련도 없었기에, 끈에 대해서는 언급하지도 않았다.

1970년에 남부 요이치로와 레너드 서스킨트, 홀거 닐슨이 베네치아노의 이중공명 이론이 끈의 양자화된 운동을 설명하고 있다는 사실을 발견하였다. 남부는 이를 강입자에 적용시켰다.

남부의 끈 모형에 따르면, 쿼크는 고무끈과 같은 것으로 연결되어 있다. 즉, 이 끈의 양쪽 끝에 쿼크가 달려 있는 것이다. 중간자의 경우는 양쪽 끝에 각각 쿼크와 반쿼크가 매달린 끈으로 설명할 수 있으며, 중입자(양성자, 중성자 및 이들보다 무거운 핵자들)는 Y자 형태로 갈라진 끈의 끝에 붙어 있는 세 개의 쿼크에 해당한다고 할 수 있다. 이중 Y자 형태의 끈은 아투와 만델스탐이 제안하였다.(그림 4.3)

이 끈은 탄성적 성질을 지녀 끈의 길이가 늘어나도 장력은 일정하다. 따라서 끈 이론은 입자가속기의 충돌실험에서 쿼크를 직접 검출하

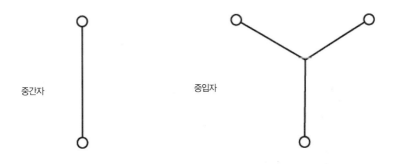

그림 4.3 강입자의 끈모형

지 못하는 이유를 설명해준다. 즉 쿼크가 강입자 속에 영구적으로 구속되어 있기 때문이다. 남부는 끈을 자기력선에 비유하여 쿼크를 단자극(單磁極)에 해당하는 것으로 보고 있다.

"끈을 자석에 비유하면 쿼크는 그 극에 해당한다. 막대자석을 둘로 자르면 그것이 제각각 하나씩의 자석이 되어 N극과 S극을 절대로 고립시킬 수 없듯이, 고립된 단독쿼크란 존재하지 않는다."[3]

단자극이 실험으로 검출되지 않듯이 쿼크도 실험으로 검출되지 않는다. 여기에서 쿼크를 단자극으로 보면 쿼크가 발견되지 않는 이유가 분명하게 드러난다.

단자극이 실제로 존재하느냐 아니냐 하는 것은 물리학계의 오랜 논란거리이다. 전기의 경우에는 전자라는 전하의 기본 양자 값을 갖는 기본 입자가 존재한다. 그렇다면, 자기도 이와 비슷하게 자하(磁荷)의

---

3) 『쿼크』, 남부 요이치로 지음, 김정흠 · 손영수 옮김, 전파과학사, 2000, 188~189쪽.

기본 양자 값을 갖는 기본 입자가 존재하지 않을까란 물음은 당연하다고 할 것이다. 이런 단자극의 존재를 처음으로 예언한 사람은 폴 디랙으로 1931년의 일이다.[4]

그렇지만 단자극은 아직까지 발견된 적이 없다. 단자극을 입자가속기로 만들거나 우주선(cosmic ray) 속에서 검출해보려는 시도는 모두 실패하였다. 해저나 달의 암석 속에서 단자극을 찾아보려는 시도 역시 성공하지 못했다. 이렇게 모든 실험결과가 부정적으로 나타나자, 단자극은 실재하지 않을 것이라는 생각이 우위를 점하게 되었다.[5]

남부의 끈 이론 역시 심각한 결함을 가지고 있었는데, 끈 이론이 모순 없이 잘 작동하기 위해서는 무려 26차원의 시공을 요구한다는 것이 그것이었다. 물리학자들이 이 사실을 받아들일 리 없었다. 더욱이 당시의 끈 이론은 강한 상호작용의 한 가지 이론이었을 뿐이므로, 양자색역학(QCD)이라는 더 나은 강력 이론이 등장하자 끈 이론은 더 이상 학계로부터 주목받지 못했다.

그런데 우리는 남부의 끈과 유사한 것을 오컬트화학에서 찾아볼 수 있다. 아누와 아누를 연결하고 있는 가는 선이 그것으로, 투시자들은 그것을 '밝은 선' 또는 '빛의 흐름'이 각 아누로부터 들어오고 나가고 있다고 묘사하였다. 그들은 이것을 '힘의 선'이라고 여겼다.

---

4) 전하(Q)와 자하(g)는 $Qg = \frac{1}{2}nhc$ (n = 0, ±1, ±2,...)의 관계에 있다. 여기서 $\hbar = h/2\pi$(h는 플랑크상수)이며, c는 광속도이다. 입자들은 전자의 정수 배에 해당하는 전하들만 갖고 있는데(즉, Q = ne), $g = g_0 = \hbar c/2e$ 의 자하를 가지고 있는 단자극이 존재하지 않는다면, 그러한 사실을 설명할 수가 없는 것이다.

5) 2014년에 실험실에서 합성 단자극을 만들어냈다는 소식이 있다. 부록에서 짧게 언급할 예정이다.

그림 4.4 아누와 힘의 유출입

"힘이 아누 윗부분의 하트 모양으로 함몰된 부분으로 쏟아져들어오고, 뾰족한 아랫부분을 통해 빠져나간다. 그리고, 아누를 통과하는 동안 힘의 특성이 변한다."[6]

애니 베전트와 찰스 리드비터 외에도 아누를 관찰했던 사람이 몇명 더 있었는데, 제프리 허드슨(Geoffrey Hodson)도 그중 한 명이었다. 그 역시 힘의 선에 대해서 이렇게 언급하였다.

"처음에는 모두 함께 뭉쳐져 있는 것으로 보였던 입자들이 지금은 떨어져 보입니다. 나는 그 속에 들어가 있으며, 입자들은 매우 가늘고 빛나는 힘의 선들로 서로 연결되어 있습니다."[7]

아누의 결합을 묘사한 오컬트화학의 모든 그림들에서, 우리는 아누들이 이런 힘의 선들로 결합되어 있는 것을 볼 수 있다.(그림 4.5)

필립스는 이 힘의 선들을 양자화된 자기력선을 운반하는 '비아벨

6) 각주2)와 동일한 도서, 14쪽.
7) 제프리 허드슨, 1959. 10. 22

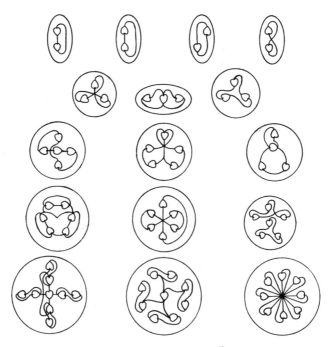

그림 4.5 아누들이 결합한 예[8]

닐센-올레센 보텍스(non-Abelian Nielsen-Olesen vortices)'라고 보았다.[9] 비아벨 닐센-올레센 보텍스란 힉스 중간자 장 속에 놓여 있는 일종의 자속(자기력선의 묶음)을 말한다.

이 힘의 선, 즉 닐센-올레센 보텍스가 형성되는 원리를 이해하려면 우선 초전도에 대한 설명이 어느 정도 필요하다. 여기에 관련된 초전도 현상으로는 '마이스너 효과'[10]라는 것이 있는데, 마이스너 효과란

---

8) 『쿼크의 초감각적 인식』, Stephen M. Phillips, Ph. D. 지음, Theosophical Publishing House, 1980, 73쪽

9) 위와 동일한 도서 72~75쪽.

10) 마이스너 효과는 1933년, 마이스너와 옥센펠드에 의해 발견되었다.

초전도 물질 외부에서 자기장을 가했을 때, 일반 도체의 경우 물체를 곧장 뚫고 지나가는 자기력선이 초전도 물질 내부로부터는 거의 완전하게 배격되는 현상을 말한다. 이런 현상은 초전도 물질 내부의 전자들이 쿠퍼쌍을 형성함으로써 외부에서 가해진 자기장과 정반대인 자기장을 초전도 물질 내부에 만들어내 외부의 자기장을 상쇄시킬 때 일어나는 것으로 이해되고 있다. 초전도 물질 내부의 자기장과 외부에서 가해진 자기장이 합성되어 결과적으로 자기장은 제로가 되는 것이다.

레일 위를 떠서 달리는 자기부상열차나, 초전도 물질이 자석 위 공중에 붕 떠 있는 모습 등은 모두 이 마이스너 효과를 이용한 것이다.

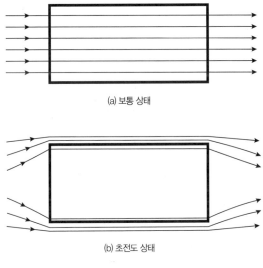

(a) 보통 상태

(b) 초전도 상태

그림 4.6 마이스너 효과

1962년 이후 초전도체에는 두 유형이 있다는 것이 알려졌다. 일정 온도 하에 있는 초전도체가 외부 자기장의 세기에 관계없이 항상 반자성 효과를 나타내어 자기력선을 배격하는 것은 아니다. 즉 임계자기장이라는 것이 있어 외부에서 가해지는 자기장이 이 임계자기장보다 강해지면 갑자기 초전도성이 사라지고 자기력선이 물체를 관통하게 된다. 그림 4.7은 외부 자기장에 대한 초전도체의 자기화 정도를 나타낸 것으로, y축의 음의 값은 반자성 효과를 나타낸 것이다. 이렇게 임계자기장(Hc)에서 갑자기 초전도성이 사라지는 특성을 가지는 초전도체를 제1종 초전도체라 한다.(그림 4.7 (a)) 즉 임계자기장 이하에서는 초전도체이지만 임계자기장 이상에서는 정상 도체가 되어버리는 것이다.

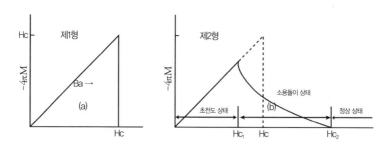

그림 4.7 외부 자기장에 대한 초전도체의 자기화 곡선

한편, 제2종 초전도체에서는 임계자기장이 하나가 아닌 두 개의 임계값을 가지고 있다. 즉 자기장이 이 두 임계값의 중간 세기일 때는 자기력선이 이 물체를 부분적으로 통과하게 되는 것이다. 그러다가 자기장이 더 강해져서 두 번째 임계값(Hc2)마저 통과하게 되면 초전도성이 완전히 사라져 자기력선이 제한 없이 모두 통과하게 된다. 그림 (b)는 제2종 초전도체를 나타낸 것으로, 자기력선은 열역학적 임계자기장 Hc보다 낮은 Hc1에서 물체 속으로 침투하기 시작한다. 이때 이 물

체는 Hc1과 Hc2 사이에서 '소용돌이(보텍스) 상태'에 있다고 한다.[11]

이 같은 제2종 초전도체에 자기장을 가하면 불균질한 초전도체를 관통하는 상전도 영역('결함'이라고 한다)에 묶여 있는 가느다란 필라멘트들이 형성되는데, 이 필라멘트들을 '동결자속(凍結磁束)'이라고 한다. 이 동결자속들은 외부 자기장과 평행선을 이룬 채로 초전도성을 띤 물체의 나머지 영역에 둘러싸이게 된다. 이 동결자속들을 불변으로 유지시키는 힘은 자기장 변화로 유도된 소용돌이 전류이다. 자기력선은 마이스너 효과에 의해서 주변의 초전도 영역으로부터 배격당한 채 이 원통 형태의 소용돌이 관 내부에 갇혀 있다. 각각의 자기력선은 2×10^{-7} gauss cm^2 의 단위로 양자화되어 있다.[12]

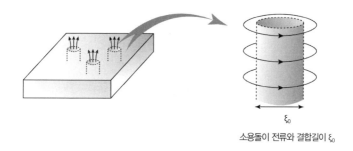

소용돌이 전류와 결합길이 ξ_0

그림 4.8 소용돌이 상태에 있는 제2종 초전도체 속의 자기력선

필립스에 따르면, 고전적인 진공 속에서 양으로 하전된 단자극에서 방사되는 자기력선은 모든 방향으로 발산하지만, 아누 그룹에서처럼 초전도 힉스진공 속에 함침된 자기력선은 마이스너 효과에 의해 주위

---

11) 『현대물리의 이해』, 나상균 지음, 울산대학교 출판부, 1995, 217~218쪽.
12) 각주8)과 동일한 도서, 69쪽.

의 초전도 진공에서 배격되면서 자기력선의 튜브, 또는 소용돌이 관 내부의 양자화된 다발 속에 갇혀 있게 된다.

아누 그룹 속의 이 '닐센-올레센 보텍스', 즉 양자화된 자속은 초유동체처럼 행동하는 힉스 중간자 장 속에 놓여 있다. 자속의 중심에서 멀어지면 힉스장의 밀도는 일정해지며, 진공은 초전도성이 된다. 반대로 자속의 중심에 가까워지면 힉스장의 밀도는 점진적으로 감소하다가 자속의 중심에서 제로가 되고, 이 중심부분은 보통의 진공상태가 된다.[13]

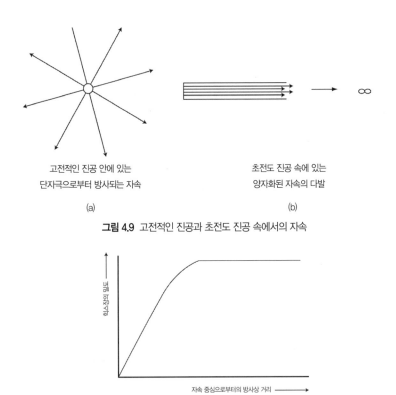

고전적인 진공 안에 있는
단자극으로부터 방사되는 자속

(a)

초전도 진공 속에 있는
양자화된 자속의 다발

(b)

그림 4.9 고전적인 진공과 초전도 진공 속에서의 자속

그림 4.10 자속 튜브의 방사상 길이에 따른 힉스장 밀도의 변화

13) 각주8)과 동일한 도서, 70쪽.

투시자들이 말한 힘의 선들은 양자화된 자기력선을 운반하는 비아벨 닐센-올레센 보텍스이다. 앞에서 보았듯이 남부는 단자극의 쌍이 이러한 자기력선(끈)에 의해 영구적으로 함께 결합해 있다고 주장하였다. 그는 쿼크를 단자극으로 보고, 중간자를 단자극-반단자극의 쌍으로 봄으로써 중간자가 자유쿼크로 붕괴할 수 없는 이유를 설명하였다.

그러나 필립스는 쿼크 또한 세 개의 하부입자(아누)가 끈에 의해 결합된 복합 입자이며, 단자극에 해당하는 것은 쿼크가 아닌 아누라고 주장하였다. 따라서 양성자와 같은 중입자의 경우 다음 그림과 같은 좀 더 복잡한 구조를 갖게 된다.

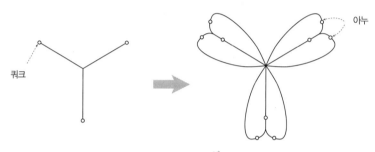

그림 4.11 중입자[14]

힘, 즉 자기력선은 아누의 뾰족한 끝 부분에서 시작되어 함몰된 끝 부분에서 종료된다. 단자극에 해당하는 아누는 단일 보텍스의 종점이 될 뿐 아니라, 두 개의 보텍스를 연결하는 연결점이 될 수도 있다.[15] 이 힘의 특성이 아누에 들어가고 나올 때 변하는 것은 아누에 결합되어 있는 두 개의 보텍스가 서로 다른 자속밀도를 갖기 때문이다.[16]

14) 위와 동일한 도서, 36쪽.
15) 위와 동일한 도서, 74쪽.
16) 위와 동일한 도서, 75쪽.

이 힘의 선이 어떤 주목할 만한 두께를 가졌다는 보고는 없는데, 이는 자기력선의 중심폭인 '결합길이'가 초전도성 영역으로 침투해 들어간 자기장의 거리를 나타내는 '런던 침투깊이'에 비해 극히 작다는 것을 의미한다.[17] 이것은 제2종 초전도체의 조건, 단자극을 구속하는 힉스장(힉스진공)의 바로 그 상태이다.[18] 다음의 인용문은 이 힉스장을 관찰한 것으로 보인다.

"투명하고 보이지 않는 유체(流體)가 있습니다. 이들은 전자기 또는 자화(磁化)의 특성을 가진 것으로 보입니다. 이 특성이 아누에 영향을 미쳐 정렬하게 합니다."[19]

한편, 아누가 만일 디랙의 단자극이라면 전기쌍극자 능률을 가지고 있어야 하는데, 아누가 전기쌍극자 능률을 가지고 있다는 사실은 다음의 문구에서 찾아볼 수 있다.

"아누에 전기를 가하면 아누의 고유 운동이 억제된다. 즉 운동이 느려진다. 전기가 가해진 아누는 평행선으로 정렬되고, 각각의 평행선에서는 하트 모양의 오목한 부분이 전류를 받아들이며 아누의 끝 부분을 통해 빠져나가 다음 아누의 오목한 부분으로 들어가는데, 이렇게 계속해서 다음 아누로 전기가 흐른다. 아누는 항상 전류에 자신을 맞추려고 한다."[20]

---

17) $\xi_0 \ll \varLambda$, ξ_0 는 결합길이(coherence length), $\varLambda$ 는 런던 침투깊이.
18) 위와 동일한 도서, 97쪽.
19) 제프리 허드슨, 1959. 12. 9.
20) 각주2)와 동일한 도서, 15쪽.

이렇게 아누의 스핀축이 외부 전기장에 평행하게 정렬하는 현상은 아누가 전기 쌍극자능률을 가지고 있다는 가정과 일치한다.[21]

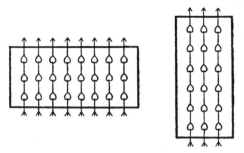

그림 4.12 외부 전기장에 평행하게 정렬된 아누

제프리 허드슨의 다음 언급은 아누가 가진 자기적인 특성을 더욱 실감나게 묘사하고 있다.

"지금 큰 스파릴래 하나를 보고 있습니다. 그놈은 자기 자신의 자기장을 가지고 있습니다. 다시 말하면, 이 나선을 따라 흐르는 힘 말고도 나선의 바깥쪽으로도 에너지가 춤추거나 내뿜어지고 있습니다. 마치 자석 같습니다."[22]

결론적으로 투시자들의 관찰은 남부의 끈 모형을 강력하게 지지하고 있으며, 여기서 힘의 선은 비아벨 닐센-올레센 보텍스, 아누는 단자극, 그리고 쿼크는 세 개의 단자극의 집합으로 된 복합 입자임을 알 수 있다.

---

21) 각주8)과 동일한 도서, 94쪽.
22) 제프리 허드슨, 1958.4.26

양자요동과 플랑크 영역

　남부의 끈 이론을 초끈 이론을 향한 도약대 위에 올려놓은 것은 존 슈바르츠였다. 존 슈바르츠는 끈 이론이 강력 이론일 뿐만 아니라 훨씬 더 많은 것을 설명할 수 있으리라고 믿었다. 1974년에 그는 조엘 셔크와 함께 끈 이론이 중력을 포함한 모든 것의 이론(TOE)이 될 수 있다고 제안하는 논문을 발표하였다. 자연의 4가지 기본 힘 중에서 중력을 포함하는 통일이론은 그때까지 없었다. 따라서 이전의 이론들은 진정한 통일이론이 아니었다. 초중력 이론이 있긴 했지만 무한대의 문제가 나타나는 등 많은 문제점이 있었다. 그러나 그 당시는 끈 이론에 관심을 기울이는 사람이 거의 없었으며, 대부분의 물리학자가 초대칭 이론이나 초중력 이론에 몰려 있었다.

　존 슈바르츠만은 마이클 그린과 함께 끈 이론에 매달렸다. 그들은 초끈 이론이 지닌 문제들을 해결하고 1984년에 그 결과를 발표하였다. 앞에서도 말했듯이 이번에는 물리학자들의 반응이 완전히 달라졌으며, 나중에 물리학자들은 이 시기를 제1차 초끈 혁명이라 부르게 되었다.

초끈 이론에는 많은 변형 이론이 있는데, 그중 가장 많이 받아들여지는 이론은 10차원을 포함하는 것이다. 비록 26차원에서 10차원으로 크게 줄어들기는 했지만, 끈 이론이 가지고 있던 고차원의 문제가 초끈 이론에서도 그대로 살아남은 것이다. 그러나 워낙 초끈 이론에 거는 기대가 크다 보니, 지금은 거꾸로 대부분의 물리학자들이 이런 고차원을 기정사실로 받아들인다. 하지만 우리가 알고 있는 시공은 4차원뿐인데, 나머지 6차원은 어디로 간 것일까?

4차원 시공이라는 개념은 아인슈타인의 일반상대성 이론에서 비롯되었다. 즉, 일반상대성 이론은 3차원의 공간과 1차원의 시간으로 4차원을 기술한다. 그런데 1921년에 테오더 칼루자가 그것을 5차원으로 확장했고, 1926년에 오스카 클라인이 그것을 더욱 발전시켰다. 이것은 오늘날 칼루자-클라인 이론이라고 불린다.

칼루자는 다섯 번째 차원이 드러나지 않는 이유를 아주 길고 가는 원통을 예로 들어 설명했다. 즉, 원통을 멀리서 보게 되면 1차원의 선으로 보이지만, 충분히 가까운 거리에서 보면 원통이 보이는데, 그것이 바로 숨겨진 차원이라는 것이다. 원통이 워낙 작아서 검출되지 않을 뿐이다. 클라인은 양자론을 도입하여 그 원통의 반지름을 계산하였는데, 자그마치 $10^{-32}cm$였다. 그것은 플랑크 길이($10^{-33}cm$)[23]에 근접하는 크기이며, 우리가 현재 관측할 수 있는 한계보다 10^{16}배나 작은 크기이다.[24]

---

23) 플랑크 길이는 물질의 최소 영역이라고 할 수 있는데, 이 영역을 넘어서면 모든 것이 불안정해져서 물리량들을 올바로 기술할 수가 없기 때문이다.

24) 『초이론을 찾아서』, 배리 파커 지음, 김혜원 옮김, 전파과학사, 1998, 273쪽,

칼루자-클라인 이론도 초기의 끈 이론처럼 잊혀졌다가 1970년대 말이 되어서야 재조명을 받기 시작했다. 이후 현대의 칼루자-클라인 이론은 초중력 이론과 결합되어 11차원으로 나타내는 것이 가장 적절한 것으로 알려져 있다.

그림 4.13 숨겨진 차원

초끈 이론에서도 칼루자-클라인 이론과 마찬가지로 여분의 차원은 미세한 영역으로 축소되어 말려 있기 때문에 우리 눈에 관측되지 않는다고 설명한다. 즉 4차원을 제외한 나머지 차원들은 작게 뭉쳐져서 소립자의 '내부공간'에 갇혀 있다고 보는 것이다. 에드워드 위튼은 이 여분의 차원을 축소하는 문제를 연구했는데, 축소 결과 '칼라비-야우 다양체(Calabi-Yau manifold)'라는 기묘한 공간이 된다고 한다.

초끈 이론의 초기 이론에서는 끈이 약 $10^{-13} cm$의 길이(양성자 크기에 해당됨)를 가진 것으로 생각되었으나, 초끈 이론에 중력을 편입시킨 결과 끈의 크기는 플랑크 길이인 $10^{-33} cm$ 규모인 것으로 밝혀졌다.[25]

일반적으로 원자핵의 반지름은 약 $10^{-12} cm$로 알려져 있으며, 쿼크는

---

25) 각주23)과 동일한 도서, 288쪽.

$10^{-16}cm$ 이하일 것으로 추정된다. 이 정도만 해도 현재의 실험장비(입자가속기)로서 관찰할 수 있는 관측한계를 넘어선 것이다. 그렇다면 오컬트화학의 투시자들이 물질의 가장 작은 궁극원자라고 주장했던 아누의 크기는 얼마나 될까? 투시자들은 아누의 크기를 알 수 없었는데, 그것은 비교할 대상이 없었기 때문이다.

참고로 오컬트화학에 그려진 모든 그림은 정확한 축척에 따라 그려진 그림들이 아니다.

"그림들은 비율에 입각해서 그려진 것이 아님에 유념해야 한다. 비율에 맞는 그림을 주어진 공간에 그린다는 것은 불가능하다. 아누를 나타내는 점은 아누를 둘러싸는 영역에 비해서 터무니없이 크게 그려져 있다. 비율에 맞게 그림을 그린다면 수십 평방미터 넓이의 종이에 거의 보이지 않는 점이 찍힌 그림이 될 것이다."[26]

이처럼 모든 그림은 실제 크기와 배율을 무시하고 엄청 과장되게 그려졌다. 그것은 우리가 작은 종이 한 장에 태양계 전체 모습을 담으려고 노력하는 것과 같다. 이러한 엄청난 과장은 원자에 대한 원자핵의 크기나, 양성자에 대한 쿼크의 크기, 쿼크에 대한 아누의 크기에 대해서도 마찬가지로 적용된다. 입자를 태양과 행성들에 비유할 때, 실로 태양계의 공간보다도 더 넓은 공간이 원자 내부에 존재하고 있는 것이다.

이렇게 어마어마하게 작은 비율의 하부입자들을 조사하기 위해서, 투시자들은 역시 엄청난 배율의 확대능력을 사용하며 여러 규모의 단

---

26) 각주2)와 동일한 도서, 36쪽.

계를 힘겹게 왔다갔다해야 했다.

"각 상태의 크기는 조사하기 위해 변화하는 즉시로 엄청난 배율의 투시능력으로 확대된 것이며, 결코 상대적인 크기를 보여주는 것은 아니다."[27]

그렇다면 우리는 단지 추측을 해볼 수 있을 뿐인데, 쿼크의 크기는 최소한 $10^{-16}cm$ 이하일 것으로 추정되므로, 아누는 이보다 훨씬 작고 플랑크 길이보다는 큰 $10^{-33}cm$ 에서 $10^{-19}cm$ 사이의 크기일 것으로 예상된다.

앞에서 우리는 아누의 스파릴래가 초끈과 매우 유사한 특성을 가진 것을 살펴보았다. 물론 아누가 초끈에 해당된다고 단정짓기에는 아직 이르지만, 이런 유사성은 단순한 우연이 아닌 것 같다.

초끈 이론은 아직 완성된 이론은 아니다. 로저 펜로즈는 그의 분류법에서 초끈 이론을 '확실치 않음'의 범주에 넣고 있는데, 초끈 이론이 아직은 모호한 점이 있다는 이야기다. 그럼에도 초끈 이론은 최근에 많은 진전을 이루었다. 1994년에는 초끈 이론을 발전시킨 'M 이론'이 등장하였는데, 이것은 제2차 초끈 혁명이라고 불리고 있다. 이 M 이론은 기존에 있던 다섯 종류의 초끈 변형이론들[28] 모두를 하나로 통합시킬 수 있을 것으로 기대되고 있다.

M 이론은 10차원의 초끈 이론에 차원이 하나 더 보태진 11차원의 이론이다. 11차원은 앞서 칼루자-클라인 이론을 언급하면서 지적했

---

27) 각주2)와 동일한 도서, 10쪽.
28) E8×E8 혼성형, SO(32) 혼성형, 유형 Ⅰ, 유형 ⅡA, 유형 ⅡB.

듯이, 초중력 이론이 예언하고 있는 차원이기도 하다. 초중력 이론은 극미세계를 기술하는 데 어려움을 겪었지만, M 이론은 초중력 이론까지도 포함할 것으로 보인다. 가장 특이한 것은 초끈 이론은 소립자를 1차원의 끈으로 설명하지만, M 이론은 소립자를 2차원의 막이 둥글게 말려 양끝이 닫힌 튜브 모양의 끈으로 설명하는 것이다.(그림 4.14)

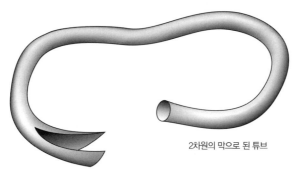

2차원의 막으로 된 튜브

그림 4.14 M이론의 개요

아누의 나선은 사실 매우 복잡한 구조를 하고 있다. 하나의 나선은 곧게 펴진 실선처럼 된 것이 아니라 1,680개의 코일로 이루어진 스프링처럼 되어 있다. 이것을 스파릴래라고 하고, 하나하나의 작은 코일을 스파릴라(스파릴래의 단수형)라고 한다. 이 스파릴라는 다시 그 자체가 더 작은 7개의 코일로 이루어졌는데, 처음의 것을 제1스파릴라, 그리고 제1스파릴라를 이루는 한 차원 아래 단계의 코일을 제2스파릴라라 한다. 제2스파릴라는 제1스파릴라보다 훨씬 더 정묘하다. 제2스파릴라는 또 다시 7개의 제3스파릴라라는 더 작은 코일로 되어 있는데, 이런 단계는 7번이나 계속 반복되며, 마지막 단계의 스파릴라를 제7스파릴라라 한다.

"미세한 7개의 고리는 각각 훨씬 더 정묘한 7개의 고리로 형성되는데, 서로 직각을 이루며 자신 앞의 것보다 더 정묘하다. 우리는 이 일곱 개의 고리 전부를 통틀어 스파릴래(각각의 고리 하나하나는 스파릴라)라 부른다."[29]

"더 잘 이해하기 위해 물질계의 궁극원자를 조사해보자. 이 원자에는 나선 혹은 철사 같은 것이 열 개 있는데, 나란히 있지만 결코 서로 접촉하지는 않는다. 원자에서 이 나선을 하나 끄집어내어 펴면 완전한 원형이 되는데, 하나의 선이 아니라 코일 형태의 스프링이 된다. 1,680바퀴 회전하는 코일로 이루어진 스프링이다. 이 코일 하나하나를 제1스파릴라(전체를 나타낼 때는 제1스파릴래)라고 부른다. 이 제1스파릴래를 펴 늘이면 훨씬 더 큰 원이 된다. 각각의 코일 역시 그 자체가 더 작은 코일 형태의 스프링이다. 이것을 제2스파릴라(스파릴래)라고 부른다. 이렇게 제7스파릴라(스파릴래)까지 존재한다. 각각은 앞의 것보다 더 정묘하며, 그 축이 앞의 것과 직각을 이루고 있다."[30]

이렇게 보면 1차원의 단순한 끈보다는 튜브 모양의 끈 모형이 아누의 스파릴래에 더 근접하는 형태임을 알 수 있다. 그렇다면 M 이론은 스파릴래의 다중구조로 가는 첫걸음일 수도 있을 것이다. 어쨌든 초끈이론은 현재 막(membrane) 이론이나, p 차원의 막으로 된 p-brane 이

29) 각주2)와 동일한 도서, 14쪽.
30) 위와 동일한 도서, 17쪽.

그림 4.15 1차, 2차, 3차 스파릴래

론 등으로 전환되고 있는 중이다.

아누가 초끈에 해당한다면, 당연히 아누의 크기는 초끈의 영역인 $10^{-33}cm$ 근방일 것으로 추정된다. 그것은 물론 플랑크 단위의 길이이고, 초끈의 숨겨진 차원에 해당되는 크기이다. 플랑크 영역은 정상적인 시공 개념이 붕괴되는 지점이며, 양자요동이 일어나는 영역이기도 하다. 그런데 그런 현상을 투시자들은 실제로 목격한 것 같다.

"아누의 내부는 거의 용광로처럼 보입니다. 격렬하게 끓어오르는(열을 의미하는 건 아닙니다) 용광로 같습니다. 그 활동은 확실히 특정한 나선식의 형태로 조직되었지만, 그곳에는 자유롭고 미세한 입자들의 굉장한 활동성이 있습니다."[31]

플랑크 길이 $10^{-33}cm$는 양성자보다 무려 10^{20}배나 작고, 고에너지 입자물리학이 실험으로 탐구할 수 있는 영역보다도 10^{15}배 이상 작은 크기이다. 물질의 경계영역에 존재하는 가장 작은 입자 아누! 초끈 이론에서는 $10^{-33}cm$의 초끈이 $10^{-19}cm$(만약 쿼크의 크기를 이렇게 가정하면)나 그 이상의 크기의 입자들로 나타난다고 하지만, 굳이 그런 무리를 할 필요가 없다는 것이 내 생각이다. 초끈을 아누로, 쿼크를 3개의 초끈이 또 다른 끈(남부의 끈)으로 연결된 복합 입자로 볼 것을 제안한다.

---

31) 제프리 허드슨, 1959.1.26.

초공간

새 한 마리가 살고 있었다. 그 새는 마법의 새장에 갇혀 있었는데, 새가 노래를 하면 새장의 창살이 울려 일곱 가지 음계를 내었고, 새가 날갯짓을 하면 역시 창살이 울려 일곱 가지 무지개 색을 내었다. 새장 안에는 중앙을 가로질러 횃대가 하나 놓여 있는데 신기하게도 항상 소용돌이를 치고 있었다. 새는 언제나 그 횃대에 앉아 있었다.

그러나 아무도 그 새를 본 사람은 없었다. 그 새의 이름은 4차원이다.

앞에서 보았듯이, 끈 이론은 고차원을 포함하고 있다. 그런데 흥미롭게도 일곱 단계의 스파릴래를 좁은 공간에 말려들어간 일곱의 차원으로 보면 3차원 공간과 1차원 시간을 합하여 모두 11차원의 시공이 나오고, 이것은 M 이론이 예견하는 차원수와 같다. 게다가 초끈 이론의 한 모형은 스파릴래가 감겨 있는 형태와 유사한 개념의 6차원 토러스 모형을 제시하고 있어, 아누가 초끈에 해당한다는 확신을 한층 더

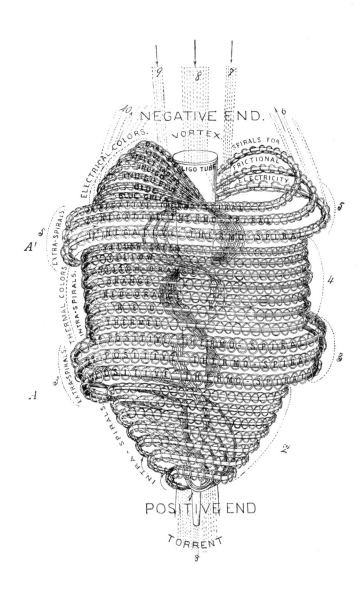

그림 4.16 에드윈 배비트가 묘사한 아누의 모습

강하게 심어준다. 이것은 단순한 우연일까?

한편, 오컬트화학에서는 4차원의 존재를 인정할 뿐만 아니라 원자핵보다도 1조 배의 1억 배나 더 작은 아누를 통해서 이 4차원의 힘이 유입되고 있음을 지적하였다.

"이 궁극적인 상태의 물질계 물질(질료)에는 두 가지 종류가 있는 것이 관찰된다. 이 둘은 나선들의 방향과 이 나선들을 통해 흐르는 힘의 방향이 다를 뿐 모든 것이 다 똑같다. 하나는 힘이 '바깥에서', 즉 4차원 공간인 아스트럴계에서 흘러들어와 아누를 통과하여 물질계로 쏟아져 들어간다. 다른 하나는 힘이 물질계로부터 쏟아져 들어와서 아누를 통해 '바깥으로' 들어간다. 즉, 물질계에서 사라져버린다. 처음에 언급한 아누는 물이 뽀글뽀글 나오는 샘과 같다. 뒤의 아누는 물이 빠져나가는 구멍과 같다. 그래서 우리는 힘이 나오는 아누를 포지티브 아누라 부르고, 힘이 빠져나가는 아누를 네거티브 아누라 부른다."[32]

"이 세 개의 나선 각각을 쭉 펼치면 원형이 되고, 일곱 개의 나선 각각도 마찬가지로 쭉 펼치면 원형이 된다. 그 나선형 속에 흐르는 힘은 '바깥', 즉 하나의 4차원 공간으로부터 들어온다."[33]

아누가 고차원적인 실체임을 시사하는 대목이다. 과연 고차원은 수학적인 추상성을 넘어 실재하는 것일까? 플랑크 영역에서 일어나는 양자요동과 고차원의 존재, 그리고 아누를 통해 들어오는 4차원의 힘

---

32) 각주2)와 동일한 도서, 13쪽.
33) 위와 동일한 도서, 14쪽.

은 서로 어떤 상관관계에 있는 것일까? 지금까지는 우리가 크기의 장벽에만 도전해왔다면, 이제부터는 차원을 상승하여 미지의 불가시 영역을 탐구해보기로 하자.

의심할 여지없이, 우리가 보는 공간은 어디로 보나 3차원[34]이다. 프톨레마이오스는 공간에 서로 수직인 세 직선을 긋고, 이 세 직선에 모두 수직인 제4의 직선을 긋는 것이 불가능하다는 이유로 4차원 개념에 반대하였다. 미치오 가쿠가 그의 책에서 말했듯이, 아마도 우리가 이 세계에 대해 갖고 있는 가장 뿌리깊은 상식 중 하나는 세계가 3차원으로 되어 있다는 믿음일 것이다.

19세기 말, 유클리드 기하학의 아성을 깨고 고차원의 기하학을 물리학에 도입하는 계기를 만든 리만이나,[35] 4차원의 물체를 낮은 차원에 투영시켜서 그 그림자를 볼 수 있게끔 한 힌턴 등의 노력은 대중들이 4차원에 큰 관심을 갖게끔 만들었고, 4차원은 수학은 물론 예술과 철학, 문학, 그리고 공상과학소설의 더없이 좋은 소재거리가 되었다.

상대성 이론에 의하면 항성간 여행은 거의 절망적이다. 빛에 가까운 속도를 낼 수 있는 우주선이 기적적으로 만들어진다 해도, 여러 가지 수반되는 문제 때문에 실제로는 자유로운 항성간 여행은 불가능할 것이다. 그래서 공상과학물에서는 초공간이나 벌레구멍(웜홀) 등의 소재를 도입한다. 영화 『스타워즈』의 우주선 '팔콘호'는 가끔 고장을

---

34) 앞에서도 언급하였듯이, 아인슈타인의 상대성 이론에서는 3차원 공간과 1차원 시간을 합하여 4차원 시공이라는 개념을 사용하고 있다. 이 책에서는 '공간'과 '시공'이라는 말로서 전통적인 개념의 3차원 공간과 아인슈타인의 4차원 시공을 구분하여 혼란이 없도록 하였다. 즉 4차원 시공은 3차원 공간에 해당하는 것이다.

35) 일찍이 리만은 "공간이 3차원이라는 것은 하나의 가설이다"라고 말한 바 있다.

일으켜서 말썽이긴 하지만, 위급할 때면 '초공간항법'으로 제국군의 추격을 따돌린다. 초공간항법이 없다면 은하제국도 존재할 수 없었을 것이다. 아이작 아시모프의 장편소설『파운데이션 시리즈』에서도 초공간항법의 발견으로 은하제국이 탄생하는 장면이 나온다. 한편 미국의 인기 있는 SF 드라마『스타트렉』의 우주탐험선 '엔터프라이즈호'는 장거리 우주여행을 할 때 벌레구멍이라는 것을 이용한다.

루이스 캐럴[36]의『이상한 나라의 앨리스』나『거울 속으로』,『오즈의 마법사』,『피터팬』같은 동화 속에도 이런 4차원적 요소가 숨어 있다.

4차원은 일반 상식에 반하는 것이고, 실험실에서 증명할 수도 없는 것이어서 처음에는 물리학자들로부터 철저히 외면당하였다. 아인슈타인은 최초의 고차원 이론인 칼루자-클라인 이론에 대해 "아름답다"고까지 찬사를 했지만, 대부분의 물리학자들은 여분의 차원을 필요로 하지 않는 다른 이론들에만 매달렸다.

다수의 과학자들이 고차원의 문제에 관심을 갖기 시작한 것은 1970년대 후반에 칼루자-클라인 이론이 초중력 이론으로 통합되어 새롭게 태어나면서부터이다. 이번에는 차원의 수도 증가하여 무려 11차원(시간을 포함하여)이 요구되었다. 게다가 다소 불완전하였던 초중력 이론이 초끈 이론으로 대체되자, 이제는 반대로 고차원의 존재에 대해서 회의를 품는 물리학자가 별로 없게 되었다. 이제 물리학자들의 관심은 고차원의 존재 여부를 논하기보다는 더 적절한 차원의 수는 몇 차원이고, 여분의 차원들은 어디로 갔으며, 여분의 차원들이 소립자 공간에 말려 있다면 그 수학적 기술은 어떻게 될 것인가, 또 고차원, 즉 초공간 사이의 이동과 시간여행은 가능한가 등의 문제에 더

---

36) 루이스 캐럴은 찰스 도지슨의 필명인데, 도지슨은 수학자였다.

집중되어 있다. 과거 신비주의자들의 도피처인양 멸시(?)받던 초공간이 이제 가장 진보적인 물리이론의 없어서는 안 될 동반자로서의 지위를 누리고 있는 것이다.

이론물리학에서 고차원 개념이 받아들여지는 이유는 단순히 수학상의 필요 때문만은 아니다. 즉 고차원이 가지고 있는, 다분히 심미적이기도 한 물리적 의미가 있는데, 그것은 프로인트가 강조한 것처럼 "자연법칙은 고차원에서 표현할 때 더 간단하고 강력해진다"는 사실이다.[37] 칼루자-클라인 이론이 의도했던 것도 빛과 중력의 법칙(그 당시에는 이 두 가지의 힘, 즉 전자기력과 중력만이 알려져 있었다)을 하나 더 높은 차원에서 통일하는 것이었다.

기껏해야 20세기에 들어와서 하늘을 날 수 있게 된 인류는 오랜 세월 평면적인 존재에 불과했다. 지구는 둥글다느니, 그렇지 않다느니 하는 오랜 논쟁은 콜럼버스가 세계를 일주하고 나서야 지구가 둥글다는 것이 증명됨으로써 일단락되었으며, 해와 달이 뜨고 지는 것, 편서풍이 생기는 것, 계절이 변하거나 남쪽지방으로 갈수록 따뜻해지는 것은 그 후로도 한동안 알 수 없는 신비로 남아 있었다. 그 당시 바람이 일정한 방향으로 부는 것과 달이 뜨고 지는 것이 서로 관계가 있다고 생각하는 사람은 아마도 없었을 것이다. 그러나 우주왕복선을 타고 우주공간에 나가서 지구를 내려다본다고 하자. 지구가 둥근 것을 보고, 지구가 자전하는 것을 보고, 또 지구의 축이 기울어져 있는 것을 보는 순간 모든 의문이 한꺼번에 풀릴 것이다. 이것이 물리가 더 높은 차원에서 간단해지는 방식이다. 전혀 별개의 것으로 보였던 빛과 중력도 칼루자의 5차원을 통해 보면 하나로 합쳐져서 나타나는 것이다.

---

37) 『초공간』, 미치오 가쿠 지음, 최성진 · 한용진 옮김, 김영사, 1997, 30쪽.

이렇게 고차원을 통해 자연법칙이 단순화된다는 개념을 처음 발견한 사람은 기하학자 리만이었다. 리만은 종이 위에 사는 2차원 생물(책벌레라고 하자)을 가정하였다. 그런데 이 종이는 평평하지 않고 쭈글쭈글하게 주름이 잡혀 있다. 이 책벌레는 그들의 세계를 어떻게 생각할까? 그들의 몸도 역시 주름이 잡혀 있을 것이므로, 책벌레들은 그들의 세계가 찌그러져 있는 것을 결코 알아차리지 못하고 여전히 평평한 것으로 생각할 것이다. 그러나 만약 이 책벌레들이 주름잡힌 종이를 가로질러 움직이려고 하면, 그들은 자신들이 직선을 따라 운동하는 것을 방해하는, 이전에 느껴본 적이 없는 신비로운 '힘'을 느낄 것이다.

리만은 이것을 4차원 공간에서 주름잡혀 있는 우리의 3차원 세계로 확장하였다. 우리는 우리 자신의 우주가 뒤틀려 있는지 어떤지 분명히 알 수는 없지만, 우리가 직선을 따라 걸어가려고 하면 무언가 잘 안 된다는 것을 깨닫게 되고, 그것을 '힘'으로 느낄 것이다. 리만은 전기와 자기, 중력 같은 힘이 우리의 3차원 우주가, 보이지 않는 4차원에서 주름잡혀 있기 때문에 나타나는 것이라고 생각했다. 즉, 힘은 기하구조가 뒤틀려 생긴 외형상의 효과일 뿐이라는 것이다.[38]

그러나 힘을 기하의 결과로 인식하고 전기와 자기 등을 통일적으로 묘사하려 했던 리만의 원래 의도와 관계없이(리만은 39세의 나이로 요절하였다), 고차원은 몇십 년간 순수 수학적 사고의 대상으로만 남아 있었다. 그러다가 1919년 칼루자에 의해서 비로소 처음으로 물리법칙의 통합에 고차원이 응용된 것이다.[39]

---

38) 위와 동일한 도서, 63~64쪽.
39) 칼루자의 논문은 처음에 아인슈타인에게 보내졌으며, 학술지에 발표된 것은

무명의 수학자였던 칼루자는 아인슈타인의 중력장 방정식에 차원을 추가함으로서 일반상대성 이론과 전자기장을 기술하는 맥스웰의 이론이 동일한 틀 내에서 결합될 수 있음을 발견하였다. 아인슈타인의 중력장 방정식이 시간을 포함한 4차원으로 기술되고 있었으므로, 칼루자는 새로운 차원을 5차원으로 기술하였다. 이 이론은 '빛'을 고차원 공간의 기하가 뒤틀려서 발생하는 것으로 이해하는데, 이는 리만의 원래 의도를 상기시켜주는 것이다.

5차원은 검증이 불가능하다는 이유와 1920년대 후반에 등장한 양자역학의 득세로 칼루자-클라인 이론은 과학자들의 관심 밖으로 밀려나 오랫동안 잊혀졌다. 양자역학의 등장은 기하학적인 아름다움으로 우주를 묘사하려는 리만과 아인슈타인의 아이디어에 심각한 치명상을 입히는 것이었다. 또한, 중력과 전자기력 외에도 강력과 약력이라는 새로운 힘들이 모습을 드러내었다.

양자역학은 상대성 이론과 함께 20세기의 가장 영향력 있고 성공적인 이론이었다. 우리는 '표준모형'이라는 것으로 집약되는 그 연구성과들을 3장에서 간단히 살펴보았다. 표준모형은 대칭성이라는 것에 기반을 두고 있지만, 유감스럽게도 그 대칭성의 기원에 대해서는 설명을 하지 못하고 단지 필요에 따라 적당히 배열해놓은 것일 뿐이다. 이런 문제 때문에 많은 물리학자들은 표준모형이 더 고도의 이론으로 대치되어야 한다고 믿고 있다.

그런데 1960년대에 물리학자들은 5차원 칼루자-클라인 이론을 N차원의 고차원으로 확장하면 이런 대칭의 문제를 해결할 수 있다는 걸 처음으로 발견하였다. 양자역학에 따르면 아원자 입자들은 파동함

그로부터 2년이 지난 1921년의 일이다.

수로 표현이 되는데, 이 입자의 파동함수가 대칭을 갖는 고차원 기하구조의 표면을 따라 진동하면 그 파동함수가 고차원 기하구조가 가지고 있던 대칭을 그대로 물려받으리란 것이다. 따라서 아원자 물리학의 영역에서 나타나는 대칭은 초공간 진동의 부산물로 볼 수 있다.[40]

사실 초끈(super-string)의 '초'는 초대칭(super symmetry)[41]이라는 용어에서 유래한 것이다. 최초의 초공간이론인 칼루자-클라인 이론은 이렇게 현대적인 확장을 거쳐 1970년대의 초중력 이론과 1980년대의 초끈 이론으로 이어져 오늘날 가장 주목받는 이론이 되었다.

더 높은 차원에서 힘이 하나로 통합된다는 것은 신비학의 가르침과도 일치하는 것이다. 블라바츠키 여사는 『비교』에서 모든 종류의 힘은 '포하트(Fohat)'라고 부르는 상위의 근원적인 힘에서 분화된 것에 불과하다고 하였다. 전기 역시 그 자체가 원인적인 힘이 아니라 이차적인 것이다.

"우리는 우선 전기―빛이나 열 등과 같이 물리적인 결과로 우리에게 알려져 있는 상태로서의 전기―란 단지 우리가 인식하고 있는 계(界)로부터 몇 단계나 떨어진 최초 원인의 부차적인 효과에 지나지 않는다는 것에 유의해야 한다."[42]

한편 신비학에서는 '힘'을 '움직이는 물질'로 보고,[43] 물질은 그 자

---

40) 각주36)과 동일한 도서, 199쪽.
41) 1970년대 중반에 등장한 이론으로, 얼핏 보기에 서로 완전히 다른 입자로 보이는 페르미온과 보손을 상호 연관시키는 대칭을 말한다.
42) 『비교의 물리』, William Kingsland 지음, 1909, 131쪽
43) 위와 동일한 도서, 131쪽.

체가 실질적인 것이 아니라 일종의 '효과'로 본다.[44] 실질적인 것은 '근원질료'라고 이름 붙일 수 있는 것으로, 물질은(정확한 표현은 아니지만) 이 근원질료가 분화한 것으로 보는 것이다. 신비학에서는 이러한 질료는 실질적으로 공간 그 자체와 동일한 것이어야 한다고 주장한다.[45] 결국 '힘'이나 '물질'이나 그 본질은 공간의 속성과 긴밀한 관계에 있다는 것이다.[46]

이런 결론은 고차원 공간의 기하학적 속성에서 물리적 힘의 원인을 찾으려는 리만이나 아인슈타인의 아이디어, 나아가서 모든 힘과 입자를 초공간 속에서 통일적으로 기술하려는 초중력 이론이나 초끈 이론의 입장과도 정확히 일치하는 것이다.

고차원이 물리학의 중심에 자리잡으면서 공간에 대한 이해도 변하고 있다.

"현재 과학자들은 '무용지물인' 공간과 시간의 개념들이 자연의 아름다움과 단순성의 궁극 원천임을 깨닫고 있다."[47]

세계가 3차원이라는 믿음만큼이나 뿌리깊은 상식은 공간이 물질을 담고 있는 일종의 그릇이라는 생각이다. 위의 인용문에서 '무용지물'이라는 수식어는 별이나 원자들의 활동무대 역할이나 하는, 그런 수동

---

44) 각주41)과 동일한 도서, 25쪽- 이 책에서는 물질(Matter)과 질료(Substance)를 구별하여 정의 내리고 있다. 더 정확히 말하면, 이 질료는 근원질료(Primodial Substance)를 말하는 것이다.

45) 위와 동일한 도서, 18쪽.

46) 다소 논리의 비약이 있다고 할지도 모르겠으나, 이 주제에 대해서는 6장에서 자세하게 이야기하겠다.

47) 각주36)와 동일한 도서, 35쪽.

적이고 밋밋한 공간(시간도 마찬가지다)을 표현하는 것이다. 공간과 물질을 별개의 것으로 보고, 역동적이고 다양하고 눈에 보이는 물질에 비하면, 공간은 텅 비어 움직이지도 않고 보이지도 않는 불활성이라고 여겨왔던 것이 과거의 일반적인 사고방식이었다.

그러나 초끈 이론을 대표로 하는 초공간 이론들에 따르면, 무한히 복잡한 유형으로 나타나는 물질과 힘들은 실제로는 서로 다른 형태를 갖는 초공간의 진동에 불과하다. 물질 또는 초끈은 시공과 분리하여 생각할 수 없으며, 공간은 휘어지고 뒤틀리며 여러 차원이 작은 영역 속에 말려 있을 수도 있다. 그렇다면 시공을 평탄한 점들의 연속체로 여기는 우리의 사고방식마저도 바뀌지 않으면 안 된다.[48]

시공이 휘어질 수 있다는 생각은 이미 아인슈타인의 중력 이론(일반상대성 이론)에서도 나타난다.

> "아인슈타인은 '물질'을 시공의 꼬임, 진동 혹은 뒤틀림으로 볼 수 있다고 분명히 생각했다. 이런 관점에서, 물질은 공간의 응축된 뒤틀림이었다."[49]

한편 초끈은 $10^{-33}cm$, 즉 플랑크 길이에 해당한다고 하였는데, 이 길이는 양자터널링 등 온갖 기이하기 그지없는 양자역학적 효과들이 극대화되는 영역이다. 기존의 중력 이론(일반상대성 이론과 초중력 이론 등)들은 입자를 점입자로 다루어 이런 양자역학적 효과들을 고려하지 않았지만, 초끈 이론에서는 입자를 확장체, 즉 끈으로 보고 있으

---

48) 각주1)과 동일한 도서, 175쪽.
49) 각주36)와 동일한 도서, 145쪽.

므로 양자역학적 효과들을 고려하지 않으면 안 된다(사실상 초끈 이론은 역사상 처음으로 제대로 된 양자중력 이론이라고 말할 수 있다). 투시자들은 이 영역에 해당하는 아누의 주위와 내부에서 아주 역동적인 광경을 보았는데, 과연 그것은 어떤 물리적인 의미가 있는 것일까?

미니 블랙홀

"양자역학을 설명하는 한 방식으로 이른바 불확정성 원리란 게 있는데, …… 즉 설명하려고 하는 거리의 척도가 짧으면 짧을수록 설명하려고 하는 물체의 에너지에는 더욱더 많은 불확실성이 나타난다는 것입니다. 그런데 중력 이론에서는 이것이, 우리가 믿을 수 없을 만큼 짧은 거리에서 상황을 설명하려 할 때, 우리가 바라보는 물체의 에너지 폭이 자그마한 블랙홀을 형성할 만큼 커진다는 사실을 의미합니다. 그래서 만약 우리가 아주 작은 거리 척도(이 척도를 플랑크 길이라고 말하는데, 그것은 10^{-33} cm입니다)에서 뭔가 관찰을 한다면, 우리는 진공에 대해서조차도 무수히 기복을 거듭하는 블랙홀들이 아주 짧은 시간에 오가는 무한한 바다라고 생각하지 않을 수 없습니다. 이것은 물론 공간이 무엇이냐에 대한 우리의 개념을 근본적으로 바꾸게 만들고, 거기서 무슨 일이 일어나고 있는지 더 이상 알 수 없기 때문에 하나의 이변으로 나타납니다."[50]

---

50) 각주1)과 동일한 도서, 173~174쪽.

초끈 만큼 기이한 것이 또 있다면 그것은 단연코 블랙홀일 것이다. 블랙홀만큼 대중의 상상력을 자극하는 대상도 그리 흔치 않으리라. 그 독특한 이름으로 인해 더욱 신비롭게 느껴지는 블랙홀은 우주의 여러 신비 중에서도 가장 우리의 관심을 끄는 주제 중의 하나이다. 블랙홀이라는 명칭은 1969년에 존 휠러에 의해서 처음으로 사용되었다. 그렇지만 블랙홀의 존재는 이미 그 이전부터 예측되고 거론되던 것이다.

오래전(1783년)에 존 미첼은『런던 왕립협회 물리학 회보』에 발표한 논문에서 충분한 질량과 밀도를 갖춘 별은 중력장이 강해서 빛조차도 그 별을 빠져나오지 못할 것이라고 지적한 바 있다.[51] 빛이 그 별을 빠져나오지 못한다면, 그 천체는 우리에게 검은 공동으로 보일 것이다.

이 검은 공동이 물론 오늘날의 블랙홀에 해당하는 것이다. 블랙홀은 아인슈타인의 중력 방정식을 통해 도출된다. 공간이 휘어질 수 있다는 생각을 처음으로 한 것은 리만이지만, 실제로 공간이 휘어질 수 있다는 사실을 처음 증명한 사람은 아인슈타인이었다.

1915년 일반상대성 이론이 발표된 직후, 슈바르츠실트는 아인슈타인의 방정식을 풀어 '중력반지름'이라는 것을 발견하였다. 아더 에딩턴[52]은 이 슈바르츠실트의 중력반지름 내부를 '마법의 원'이라고도 불렀는데, 중력반지름이란 오늘날 블랙홀의 '사건지평'이라고 알려진 것과 동일한 것이다. 더 정확히 말하면, 사건지평의 반지름과 중력반지름의 크기는 같다.

한편, 나중에 맨해튼 프로젝트(2차 세계대전 당시 원폭제조계획)의

---

51)『그림으로 보는 시간의 역사』, 스티븐 호킹 지음, 김동광 옮김, 까치, 1998, 105쪽.
52) 그는 1919년 일식 때 태양 근처에서 별빛이 굴절을 일으키는 현상을 관찰함으로써 아인슈타인의 이론을 입증하기도 했다.

주역이 된 오펜하이머는, 1939년에 충분히 큰 질량을 가진 별이 일생을 마칠 때는 중력붕괴를 일으키면서 무한히 수축한다는 사실을 발견하였다. 수축하는 별의 반지름이 중력반지름보다 더 작아질 때 공간에 검은 구를 남기고 그 별의 모든 물질은 계속해서 이 검은 구의 중심에 있는 한 점으로 수축해 들어갈 것이라고 하였다. 중심에 있는 이 한 점을 '특이점'이라고 부른다.

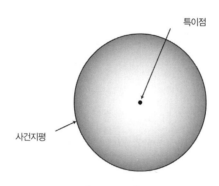

그림 4.17 블랙홀의 구조

그림에서 보듯이 블랙홀은 사건지평과 특이점으로 구성되어 있다. 사건지평은 블랙홀의 경계에 해당하는 곳으로, 일단 그 안으로 들어가면 결코 빠져나올 수 없다. 사건지평의 바깥으로 빠져나오려면 빛보다 빠른 속도가 필요하지만, 상대성 이론이 빛보다 빠른 속도를 금지하고 있으므로 그것은 불가능하다.

앞에서도 언급하였듯이 블랙홀은 아인슈타인의 중력 방정식을 통해 시공의 기하로 나타내어진다. 그런데 초공간 이론들에 따르면 물질 또는 입자 역시 고차원의 진동, 혹은 시공의 기하로 나타낼 수 있다고 앞에서 말했다.

나는 신비학에서 언급하는 입자(아누, 궁극원자)의 개념이 블랙홀과 상당히 유사함을 발견하고 이 둘을 연관지어서 생각해보기로 하였다. 그런데 이렇게 입자를 블랙홀과 같은 것으로 간주해서 생각해보려는 시도는 소수이기는 하지만, 몇몇 물리학자들도 갖고 있었음을 알게 되었다.

예를 들면, 웜홀(벌레구멍)이라는 표현을 맨 처음 쓰기도 했던 프린스턴 대학의 존 휠러는 양자 기하역학의 공간 속에서 나타났다 사라지는 미니 블랙홀을 가정하였다.

"그(존 휠러)는 기이하며 모든 것을 삼키는 우주의 블랙홀과 화이트홀에 착안하여, 이 웜홀의 통로, 즉 출입구를 미니 블랙홀과 미니 화이트홀이라고 표현한다. 소우주에 있는 이 거품 모양의 보잘것없는 것들은 직경이 단지 $10^{-33}cm$ 에 불과하다는 계산이 나왔는데, 이는 콤마 뒤에 0이 32개 있는 소수를 뜻한다."[53]

계속해서 『타임터널』에서는 이 미니 블랙홀과 미니 화이트홀에 대해서 다음과 같이 설명한다.

"회전하는 미니 블랙홀과 미니 화이트홀은 굽은 빈 공간을 형성한다. 이들은 3차원의 공간에서는 반지 모양으로 표현되며, 몇 개의 닫힌 2차원 표면들로 둘러싸여 있다. 이 표면들을 '사건지평', 즉 미니들의 주변지역으로 표현하는데, 이들은 한 방향으로 작용하는 멤브레인과 유사한 상태이다. 이들은 단지 표면 외부에서 안쪽으로 접근하는 것만

---

53) 『타임터널』, 에른스트 메켈부르크 지음, 추금환 옮김, 한밭, 1997, 80쪽.

허용한다. '반대-사건지평'을 지닌 화이트홀은 바로 이와 반대의 작용을 한다. 이들은 안에서 바깥쪽으로만 접근하는 것을 허용한다. 따라서 미니 블랙홀은 안쪽으로 폭발하는 형상일 것이며, 미니 화이트홀은 바깥쪽으로 폭발하는 형상일 것이다."[54]

이것은 어쩐지 회전하면서 하나는 힘을 방출하고 하나는 힘이 사라지는 포지티브 아누와 네가티브 아누를 연상시킨다.[55]

휠러는 또한 하전된 입자란 공간의 한 지점과 또 다른 지점을 다른 차원을 통해 연결하는 웜홀의 두 끝에 있는 반대 전하를 가진 입자쌍이라고 보았다.[56]

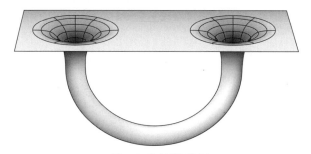

그림 4.18 휠러의 벌레구멍

---

54) 위와 동일한 도서, 80~81쪽.
55) 각주2)와 동일한 도서, 13쪽- "하나는 힘이 '바깥에서', 즉 4차원 공간인 아스트럴계에서 흘러들어와 아누를 통과하여 물질계로 쏟아져 들어간다. 다른 하나는 힘이 물질계로부터 쏟아져 들어와서 아누를 통해 '바깥으로' 들어간다. 즉, 물질계에서 사라져버린다. 처음에 언급한 아누는 물이 뽀글뽀글 나오는 샘과 같다. 뒤의 아누는 물이 빠져나가는 구멍과 같다. 그래서 우리는 힘이 나오는 아누를 포지티브 아누라 부르고, 힘이 빠져나가는 아누를 네거티브 아누라 부른다."
56) 『초힘』, 폴 데이비스 지음, 전형락 옮김, 범양사출판부, 1994, 203쪽.

모든 입자와 힘을 기하 구조로만 설명하려는 휠러의 이 같은 시도는 '기하역학'이라고 불렸는데, 완전한 성공을 거두지는 못했다.

한편 스티븐 호킹은 1973년에 양자론을 블랙홀에 적용한 결과 블랙홀이 입자나 복사를 방출한다는 사실을 알게 되었다. 그것은 놀라운 결론이었는데, 빛을 비롯해서 그 어떤 것도 블랙홀에서 빠져나올 수 없다고 믿고 있었기 때문이다.

블랙홀이 복사를 방출하는 과정은 매우 큰 입자가 붕괴되는 것에 비유할 수 있다. 만약 일반적인 블랙홀이 충분히 오랫동안 복사를 방출한다면 결국에는 많은 에너지를 잃어버리고 질량은 플랑크 규모까지 축소될 것이다. 이렇게 플랑크 규모로 축소된 블랙홀에는 양자효과가 지배적으로 작용하여 그 마지막 폭발 때는 블랙홀과 입자를 구별하기가 어려워질 것이다.

"호킹의 양자중력 이론은 공간 도처에서 계속적으로 생성되고 소멸하는 아주 미세한 웜홀들이 있다고 예측한다. 그러나 이런 일이 일어나는 크기는 믿을 수 없을 정도로 작은 플랑크 규모이다."[57)]

완전한 구형의 비회전체인 블랙홀 모형을 슈바르츠실트 블랙홀이라 한다. 앞에서 살펴보았던 블랙홀의 구조는 슈바르츠실트 블랙홀을 나타낸 것이다.

하지만 대부분의 별은 회전을 하고 있어서, 이들이 붕괴하여 블랙홀이 될 경우 회전하는 블랙홀을 만들게 된다. 이런 유형의 블랙홀에

---

57) 『우주여행·시간여행』, 배리 파커 지음, 김혜원 옮김, 전파과학사, 1997, 310쪽.

대한 해(解)를 발견한 사람은 뉴질랜드의 수학자 로이 케르로 1963년의 일이다. 케르 블랙홀에는 사건지평 둘레에 정지한계라는 표면이 있고, 사건지평과 정지한계 사이의 지역을 작용권이라고 한다. 또 케르 블랙홀에서는 특이점이 고리형태가 된다.[58]

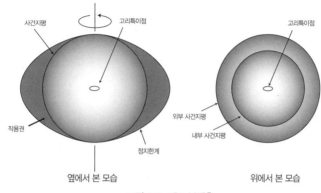

그림 4.19 케르 블랙홀

또 다른 유형의 블랙홀에는 회전하는 동시에 전하를 가진 블랙홀이 있는데, 이 경우에 대한 아인슈타인 방정식의 해를 뉴만이 발견하였으므로 이를 케르-뉴만 블랙홀이라고 한다.

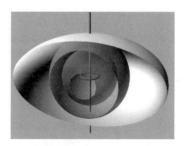

그림 4.20 케르-뉴만 블랙홀

---

58) 고리 특이점(Ring Singularity)이라고 한다.

나는 플랑크 길이인 아누는 그 자체가 하나의 양자블랙홀일 가능성이 매우 높다고 생각한다. 우리는 앞에서 전자기적인 속성을 가진 아누의 특성에 대해서 살펴본 바 있다. 한편 아누는 매우 빠른 속도로 회전하고 있다. 따라서 만일 아누를 휠러가 말한 미니 블랙홀에 비유한다면, 그것은 질량뿐 아니라 전하와 회전을 함께 갖춘 케르-뉴만 블랙홀 유형에 해당할 것이다. 회전하는 아누에 대한 묘사는 오컬트화학에서 어렵지 않게 찾아볼 수 있다.

"아누는 세 가지 고유 운동, 즉 외부에서 아누에 가해지는 운동과는 별개로 나름의 운동을 한다. 첫째로, 그것은 팽이처럼 자신을 축으로 끊임없이 회전한다. 둘째로 아누는 마치 돌고 있는 팽이가 작은 원을 그리듯이 자신을 중심으로 하여 작은 원을 그린다. 셋째로 아누는 규칙적으로 맥동 친다. 심장이 맥동 치듯이 수축하고 팽창하는 것이다. 어떤 힘이 아누에 가해지면, 아누는 위아래로 춤추고 급속하게 좌우로 움직이며 아주 놀랍고 급속한 회전을 하지만, 세 가지 기본 운동은 끊이지 않고 계속된다."[59]

참고로 위와 같은 아누에 대한 묘사가 처음으로 출판된 것은 1908년으로, 그 당시에는 입자의 스핀이나 세차운동 같은 것은 전혀 알려져 있지 않았다. 제프리 허드슨도 아누의 스핀과 맥동 현상을 관찰하였는데 다음과 같다.

"아, 곤추선 모습인데요, 내가 보고 있는 놈이 이제 그 측면을 보이고

---

59) 각주2)와 동일한 도서, 14쪽.

서 있습니다. 아주 흥미롭군요. 그것을 한쪽 끝에서 보면, 아, 예, 더 큰 쪽의 끝에서 보면요. 아, 더 뚜렷해지는군요. 네, 그것은 아누입니다. 아누 하나를 보고 있는데 마침 옆모습이군요. 스파릴래로 이루어졌고, ⋯⋯그리고 만일 큰 쪽의 끝에 가서 내려다보면⋯⋯ 이놈은 시계방향으로 회전하는 것을 알 수 있습니다. 굉장한 속도로 회전하고 있고, 모양은 계속 변하네요. 부풀었다가 움츠러들었다가, 원심력 같은 것이 아누를 부풀게 했다가 다른 무엇이 다시 움츠러들게 만들고, 그렇게 맥동 치고 있습니다. 밝게 빛을 내고 있는데, 아주 휘황찬란한 빛입니다."[60]

"아누는 확실히 빛을 내고 있으며, 스파릴래 별로 발광 정도를 식별할 수 있습니다. 그리고, 아마 노란색, 아주 아주 희미한 노란색을 제외하고는 거의 색깔을 볼 수 없는데, 어쨌든 밝게 빛을 내고 있습니다. 마치 매우 빠르게 회전하면서 빛을 내고 있는 새장 같군요, 달걀 모양, 또는 하트 모양을 한 새장이요. 달걀 모양이라고 하기에는 너무 평평하네요. 매우 빠르게 회전하고 있는 것을 알 수 있습니다. 위에서 안을 내려다본다고 생각해보세요. 이놈은 시계방향으로, 흐려 보일 정도로 정말 빠르게 회전하고 있습니다."[61]

기본 입자들을 케르-뉴만 블랙홀로 간주하는 사람들 중에는 시드 핫과 함께 토니 스미스라는 인물이 있다. 이런 케르-뉴만 블랙홀은 보

---

60) 제프리 허드슨, 1959.10.27.
61) 제프리 허드슨, 1958.4.26

텍스 형태를 취한다는 것이 이들의 생각이다.[62]

그런데 이들이 말하는 컴프턴 반경 보텍스의 경계에서는 물리법칙이 급격하게 변화한다. 컴프턴 반경 보텍스의 외부에서는 고전적인 물리가 적용되지만, 컴프턴 반경 보텍스에 다가가면서 우리는 시간과 공간의 축이 복소평면이 되는 지역과 마주치게 된다. 다시 말해 시공은 컴프턴 반경 보텍스의 외부에서는 실수의 4차원 구조를 하고 있지만, 컴프턴 반경 보텍스의 내부에서는 복소 4차원의 구조를 하고 있는 것이다.[63]

보통 케르-뉴만 블랙홀에는 이중의 사건지평면과 작용권, 그리고 고리형태의 특이점이 있다. 그런데 이 케르-뉴만 블랙홀에 더 많은 회전을 가하면 외부 사건지평은 안으로 움직이고 내부 사건지평은 바깥쪽으로 움직여 결국 두 개의 사건지평이 하나로 합쳐져서[64] 복소 4차원이 되며, 작용권은 블랙홀 외부의 실수 4차원 시공간과 내부의 허수 4차원 시공간 사이의 경계가 된다. 그 결과 고리 특이점은 외부로 노출되고, 봄의 양자 포텐셜의 수력학적 흐름, 또는 컴프턴 반경 보텍스 내부의 상대론적인 가상 유령입자의 영점요동의 흐름은 고리 특이점

---

62) 토니 스미스의 표현에 따르면, 허버트-사파티의 중력자장 정지영역에서 일어나는 양자곡률요동이 살람의 강한 단거리 중력작용을 일으켜 컴프턴 반경 보텍스를 형성할 때 페르미 입자들이 케르-뉴만 블랙홀로서 형성된다. 컴프턴 반경 보텍스도 아누가 네가티브와 포지티브를 갖듯이 좌선(左旋)과 우선(右旋)의 헬리시티(helicity)를 가지고 있다. (Compton Radius Vortice – http://www.innerx.net/personal/tsmith/Sidharth.html)

63) 또한 컴프턴 반경 보텍스 내부에는 상대론적인 가상 유령입자의 영점요동(零點搖動)이 있다. 이 내부영역에서는 초광속이 허용되며, 마이너스 에너지의 해(반입자), 그리고 반에르미트 연산자(nonHermitian operators)가 존재한다.

64) 이런 상태의 케르-뉴만 블랙홀을 극단적 케르-뉴만 블랙홀이라고 한다.

의 주위를 도는 보텍스 형태를 하게 된다는 것이 토니 스미스의 주장이다.

이것은 마치 아누에 대한 묘사를 하는 것처럼 들리지 않는가? 고리 특이점은 우리의 정상적인 시공간과 특이 시공간을 연결하는 지점이 되는데, 그렇다면 아누 역시 상위차원으로부터 힘이 들어오고 나가는 것이 바로 이 고리 특이점을 통해서일 것으로 추정해볼 수 있다. 물론, 아누 그 자체가 극단적인 케르-뉴만 블랙홀이자 겉으로 드러난 고리 특이점이라는 것이 그 전제이다.

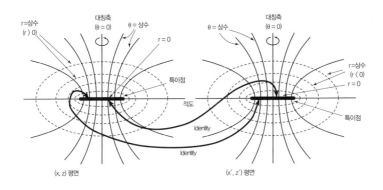

그림 4.21 시공간을 연결하는 고리 특이점

라야센터

한편, 신비학의 여러 문헌에도 블랙홀과 유사한 개념의 용어가 등장하는데 '라야(laya)' 또는 '라야센터(laya center)'가 그것이다. 블라바츠키 여사의 『비교』[65]에 보면 다음과 같은 구절이 있다.

"위대한 숨결이 공간 속에 일곱 구멍을 판다. 그것은 라야의 형태로 나타나는데, 만반타라 기간 동안 두루 돌아다닌다."[66]

이 구절에서 '위대한 숨결'은 우리가 가늠하기 어려운 지고의 위대한 생명력을 일컫는데, 이에 해당하는 좀 더 낮은 차원의 물리적인 용

---

65) 『비교(秘敎)』의 인용은 인도 아디아르에서 1979년에 발행한 『비교』 제7판 (H. P. Blavatsky, Adyar E. 지음, Theosophical Publishing House)을 기본으로 하였으며, 『비경(秘經)』 (H. P. 블라바츠키 지음, 임길영 옮김, 도서출판 신지학, 1999)을 함께 참조하였다. 이하 모두 같다.

66) 『비교』, H. P. Blavatsky, Adyar E. 지음, Theosophical Publishing House, 1979, 147쪽- "The great Breath digs through Space seven holes into Laya to cause them to circumgyrate during Manvantara."

어가 '포하트'라는 신비학 용어이다. 그러므로 위의 문장은 "포하트가 공간 속에 일곱[67] 구멍을 판다"고 말해도 좋을 것이다.

포하트가 공간 속에 판 구멍이 원자,[68] 즉 아누이다. 그리고 이 말은 원자가 공간의 기하구조와 밀접한 관계에 있음을 강하게 암시한다. 오컬트화학에서도 아누가 포하트에 의해 유지되고 있음을 밝히고 있다.

"비록 아누가 모든 물질을 구성하는 기본 물질이지만 아누를 '하나의 물질'이라고 말하기는 어렵다. 아누는 일종의 생명력이 흘러듦으로써 형성되고, 생명력이 빠져나가면 사라져버린다. 이 생명력은 포하트라고 알려져 있는데, 이 포하트로부터 모든 물질계의 힘들이 분화되어 나왔다. 이 힘이 '공간'에 발생할 때, 즉 포하트가 '공간(생각할 수 없을 정도의 정묘한 어떤 물질로 채워져야만 하는 명백한 바로 그 공간[69])에다 구멍을 팔 때' 아누가 나타난다. 만일 아누에게 이 힘이 흘러들지 못하도록 힘을 막아버리면 아누는 사라져버린다. 즉 아무것도 남지 않는다. 만일 한 순간이라도 그 힘의 흐름이 중단되면 물질계 전체가 사라져버릴 것이다. 마치 창공의 구름이 눈 녹듯 사라지는 것처럼 말이다. 우주의 물질 토대를 유지하는 것은 다름 아닌 포하트라는 에너지의 흐름이 계속 흘러들기 때문이다."[70]

---

67) 일곱이라는 숫자는 우주의 구조와 관계가 있다. 7장에서 우주의 구조를 살펴볼 것이다.

68) 궁극원자를 말함.

69) 우리는 공간은 텅 비어 있다는 환상 또한 버리지 않으면 안 된다. 텅 비어 있는 공간에 어떻게 구멍을 파겠는가? 그리고 텅 비어 있는 공간이 어떻게 기하구조를 가지며 뒤틀릴 수 있겠는가? 5장과 6장에서 더 자세한 것을 다룰 예정이다.

70) 각주2)와 동일한 도서, 13~14쪽.

만반타라(manvantara)는 우주가 현현하는 기간을 말한다. 우주도 하나의 생명처럼 활동과 휴식의 주기가 있는데, 그것을 절대신 브라만의 밤과 낮에 비유한다. 브라만이 잠을 자는 시기, 즉 우주의 휴식기는 프랄라야(pralaya)라고 한다.

우주의 현현기 동안에 원자는 활동하게 되는데, 신비학에서는 이 원자를 라야센터라고 부른다. 원자라는 용어 외에 굳이 라야센터라는 또 다른 용어를 사용할 필요가 있었다면, 그 의도는 무엇일까? 또는 라야의 형태로 나타난다고 했을 때 그 의미는 무엇인가?

라야 또는 라야센터를 푸루커(1874~1942)[71]는 다음과 같이 정의하고 있다.

"라야센터의 의미는 '소멸하는 지점'이다. 라야는 산스크리트어 어근 'li'에서 왔는데, '용해하는', '분해하는', 또는 '사라지게 하는'이란 뜻을 가지고 있다. 라야센터는 어떤 사물이 하나의 계(界)에서 사라져 또 다른 계에서 다시 나타나는 신비스러운 지점이다. 라야센터는 카르마의 법칙에 의하여 돌연히 활동적인 생명력의 중심이 되는 공간 속의 지점이다. 생명력은 처음에는 상위의 계에서 활성화하여, 라야센터를 통해 하위의 계로 하강하여 현현한다. 어떤 의미에서 라야센터는

---

71) 푸루커는 뉴욕에서 태어나 제네바 대학에서 성직자의 길을 준비하던 중, 고대문헌과 동양의 사상, 산스크리트어 등을 접하면서 종교, 철학, 과학에 대한 광범위한 이해와 함께 오컬티즘의 영역으로 발을 내디뎠다. 1929년부터 1942년까지 미국 신지학회(캘리포니아 파사데나 소재) 회장으로 있었으며, 『오컬티즘의 원천』, 『오컬트 철학의 연구』, 『비의철학의 기초』, 『오컬트 용어집』 등 많은 저서가 있다. 주로 블라바츠키 여사의 저작에 대한 해석과 설명에 많은 공헌을 했다.

하나의 도관이나 통로라고 생각할 수 있는데, 이 통로를 통하여 상위 초월 영역의 생명력이 하위의 계 또는 하위의 질료상태로 쏟아져들어 간다. 또는 불어넣어 진다고도 할 수 있다. 그런데 이 생명력 너머에는 지배적이고 추진적인 힘(force)이 존재한다. 우주에는 다양한 단계의 의식과 힘(power)의 역학이 존재하는데, 순수한 역학의 배후에는 역학, 즉 기계를 작동시키는 영적이고 지성적인 기계공이 버티고 서 있다."[72]

즉 라야센터는 물질이 소멸하는 지점이며, 이는 블랙홀의 개념과 동일한 것임을 알 수 있다. 나아가 라야센터는 두 개의 세계(예를 들면 정상적인 시공간과 특이 시공간)를 연결하는 일종의 웜홀에 해당한 다. 우리는 앞에서 아누의 내부 공간은 4차원 복소영역으로 연결되는 케르-뉴만 블랙홀의 고리 특이점에 해당하며 아누를 통하여 상위 차 원의 힘이 들어오고 나가는 것을 보았는데, 그것은 곧 라야센터의 기 능과 똑같은 것이다. 신비학자들이 라야라는 용어를 사용한 것도 바로 궁극원자의 이런 기능을 나타내고자 함이었다.

한편 일종의 영구기관인 킬리모터를 발명했던 존 워렐 킬리 (1827~1898)는 뉴트럴센터(neutral centre)란 개념을 갖고 있었는데, 다 음의 글을 보면 뉴트럴센터가 라야센터와 매우 유사한 개념임을 알 수 있다.

"어느 점에서 보면 뉴트럴센터는 주어진 감각능력들의 한계지점이라

72) 『오컬트 용어집』, G. de Purucker 지음, Theosophical Uvinersity Press, 1972, 84쪽.

할 수 있다. 연속으로 이어져 있는 두 질료의 계를 생각해보자. 각각의 계는 그에 걸맞는 고유의 지각범위를 가지고 있다. 즉, 한정된 감각으로만 그 계를 지각할 수 있다. 선회운동이 끊임없이 일어나고 있는 그 두 질료계의 중간영역으로 우리가 들어가도록 허용되었다고 하자. 그런 다음 하위의 계에서 상위의 계로 변형을 일으키고 있는 원자나 분자를 쫓아간다면, 그것은 우리를 우리가 하위계에서 활용하던 능력의 범주를 전적으로 넘어서는 지점으로 데려갈 것이다. 하위계에 있는 우리에게는 사실상 질료가 우리가 지각할 수 있는 상태로부터 무(無) 속으로 사라지는 것으로 보일 것이다. 혹은 더 정확하게 말하자면 하위 질료가 상위계로 변화되어 나아가는 것인데, 그러한 변화의 지점에 대응하는 질료의 상태는 특별하며, 쉽게 알 수 없는 특성을 지니고 있다."[73]

블랙홀의 이론 중에 대머리 정리라는 것이 있는데, 블랙홀 내부에서는 질량(이것은 나중에 회전과 전하로 확장되었다)을 제외한 모든 정보가 소실되어 사라진다는 것이다. 라야 또한 동질성으로 나아가는 일종의 용광로이다.

"마지막으로, 라야센터는 질료가 균질하게 되는 지점이다. 그러므로 어떤 라야센터라도 필연적으로 하나의 계를 다른 계와 구분 짓는 임계점 또는 임계국면 위에 존재한다. 따라서 어떤 우주의 계층구조라도 그 자신의 내부에 수많은 라야센터를 포함하고 있다."[74]

---

73) 각주65)와 동일한 도서, 148쪽.
74) 각주71)와 동일한 도서, 84쪽.

질료가 변형을 일으켜 사라지는 지점, 회전하는 블랙홀, 복소수의 세계, 그곳은 질료가 열반[75]에 들어가는 곳이다. 라야센터, 곧 원자(물론 궁극의 원자를 말함)는 상위계와 하위계를 연결하는 지점, 즉 웜홀이다.

최근에 양자 블랙홀은 새로운 주목을 받게 되었다. 물리학자들이 초끈 이론의 끈 상태가 블랙홀과 상당히 유사하다는 점을 감지했기 때문이다. 최근에 끈 연구가들은 유형 Ⅱ의 칼라비-야우 끈 진공 속에 있는 원뿔주름 형태의 특이점에서 블랙홀의 축합이 일어난다고 주장하고 있다. 블랙홀의 축합이 일어난다는 것은(서로 다른 오일러 특성과 호지수(Hodge numbers)를 갖는)새로운 칼라비-야우 공간으로 부드럽게 전이될 수 있다는 것을 나타낸다. 끈 이론에는 무한히 많은 칼라비-야우 공간들이 존재하는데, 이런 방법으로 끈 이론은 모든 존재 가능한 칼라비-야우 공간들을 통합하고 있는 것이다. 이처럼 기본적인 끈 상태와 블랙홀은 매끄럽게 교대로 전이를 일으키고 있기 때문에, 이들은 변형되지 않고 구별될 수 없는 것이다.

앞에서도 말했듯이 블랙홀이 복사를 방출한다는 것은, 이 사실을 널리 알린 호킹조차도 처음에는 믿지 못할 정도로 놀라운 사실이었다. 그런데, 초기 우주와 플랑크 규모로 축소된 블랙홀의 양자효과를 검토하던 호킹은 나아가 블랙홀의 특이점 자체에도 의문을 품게 되었다. 기존 일반상대성 이론에 따른 블랙홀의 특이점은 무한곡률을 가진 시공의 한 점으로 표현된다. 그러나 양자론에 따르면, 원자 속의 전자가 원자핵 주위에 퍼져 있는 것처럼, 양자효과를 고려하지 않을 수 없는

---

75) 각주65)와 동일한 도서, 140쪽- "Laya is a synomym of Nirvana,"

양자 블랙홀의 특이점 역시 퍼져 있다고 해야 할지 모른다.[76]

일반상대성 이론은 중력을 기술할 뿐이지, 전자기력이나 약력, 강력 같은 상호작용들을 통일적으로 설명할 수 있는 모든 것의 이론이 아님을 생각한다면, 호킹의 이런 생각은 너무나 당연하다고 해야 할 것이다.

호킹의 생각을 완벽하게 뒷받침하기 위해서는 완전한 양자중력 이론이 요구되는데, 현재로서 이런 요구에 부합할 수 있는 것은 초끈 이론이 거의 유일하다. 끈 상태가 고차원의 시공이 압축된 상태라는 점, 끈의 길이가 플랑크 길이라는 점, 블랙홀의 대머리 정리처럼 끈이 스핀과 질량, 전하를 가진다는 점, 블랙홀의 특이점을 그저 무한한 한 점으로만 나타내는 것은 잘못일지 모른다는 점 등이 끈 상태와 블랙홀 상태 사이에 어떤 강한 연관성이 있다는 것을 시사하고 있다.

아누는 초끈이자 동시에 블랙홀이라고 제안한다. 물리학자들 역시 초끈을 블랙홀과 연관 지어서, 또는 블랙홀을 일종의 끈 상태로 간주하기 시작하였다. 언젠가 블랙홀보다는 블랙스트링(black-string)이라는 말이 더 많이 쓰이는 날이 오게 될지 누가 알겠는가?

---

76) 『새로운 우주이론을 찾아서』, 키티 퍼거슨 지음, 이충호 옮김, 대흥, 1992, 143~146쪽.

5장

공간의 신비

보이지 않는 세계

일반적으로 우리가 경험하는 거시세계는 실수(實數)로서 묘사가 가능하다. 그러나 극미세계에서는 그렇지 않다. 소립자를 기술하는 양자역학의 세계에서는 복소수(複素數)라고 하는 새로운 수의 도입이 필요하다. 복소수는 실수부분과 허수부분의 조합(예 : $a + bi$, $i = \sqrt{-1}$)으로 표현되는데, 실제 물리세계에서는 허수의 존재를 상상하기 어려우므로 순수한 수학적 개념으로만 받아들이는 경향이 있다.

복소수로 기술되는 양자론적 실체들이 어떻게 실수의 거시세계로 전환되는지, 그 과정은 완전하게 밝혀져 있지 않다.[1] 이것은 양자역학과 상대성 이론을 통합하려는 것만큼이나 쉽지 않은 문제이다. 그러나 이 우주의 기본이 되는 양자적 실체들이 복소수의 형태를 취하고 있다면, 거시세계 또한 본질적으로는 복소수로 나타내어져야 마땅하지

---

1) 이 과정에 대한 설명을 보려면, 『황제의 새마음』(로저 펜로즈 지음, 박승수 옮김, 이화여자대학교 출판부, 1989) 제6장 '양자의 마력과 양자의 신비'를 참조하라.

않을까?

그런데 우리는 앞장에서 아누의 내부 공간이 복소 4차원일 가능성과 함께 물질이 고차원의 초공간으로부터 비롯되었음을 살펴보았다. 게다가 아인슈타인도 물질의 존재에 따른 시공의 휘어짐을 이야기하였으며, 로저 펜로즈는 8차원 복소수로 나타내어지는 트위스터 이론을 통하여 소립자(물질)와 공간이 불가분의 것임을 주장하였다. 초끈 이론이나 초중력 이론도 마찬가지다. 따라서 공간을 올바르게 이해하지 않고는 물질의 본질을 논할 수 없으며, 공간 역시 물질과 분리하여 별개로 다룰 수 없다.

물질의 존재를 고려하지 않고 3차원의 공간과 1차원의 시간만을 벡터로 나타낸 시공을 '4차원 민코프스키 공간[2]'이라고 한다. 한편, 소립자를 기술하는 데는 '발산(發散)'이라는 문제가 발생하는데, 이 문제를 제거하려면 소립자를 확장해야 한다. 만일 보통의 4차원 민코프스키 공간을 그대로 두고 발산을 제거하려고 하면 인과율의 파탄을 초래한다. 따라서 인과율의 파탄을 막기 위해서라도 시공 역시 확장할 필요성이 있다. 이렇게 해서 민코프스키 공간의 차원을 무한히 크게 한 것이 '부정계량의 힐버트 공간[3]'이다.

이것이 의미하는 것은 간단하다. 아인슈타인의 특수상대성 이론은 4차원 민코프스키 시공에 기반을 둔 것이다. 하지만 소립자를 확장하

---

2) 좌표변환에 대하여 불변인 두 점간의 거리를 $(\Delta s)^2 \equiv (c\Delta t)^2 - (\Delta x)^2 - (\Delta y)^2 - (\Delta z)^2$ 로 나타내는 4차원 벡터 공간.
3) 힐버트 공간을 도입한 이유는 양자역학의 어떤 추상적인 개념들에 대해 기하학적인 성질을 부여하기 위해서다. 힐버트 공간의 요소들은 3차원 벡터가 아니고 함수이며, 이것은 벡터와 아주 유사하므로 종종 벡터라고 하기도 한다. 수학에서는 이 힐버트 공간을 무한차원 벡터공간이라고 부른다.

면서 시공을 민코프스키 시공에 묶어두는 것은 이치에 맞지 않는다. 따라서 특수상대성 이론은 수정되어야 한다는 것을 의미한다. 그리고 무한복소공간을 의미하는 (부정계량의) 힐버트 공간이 민코프스키 공간을 대신해야 한다는 것은 우리가 인식하지 못하는 무한한 세계가 존재함을 암시하는 것이다. 이런 추론에서도 알 수 있듯이 소립자와 시공간은 뗄래야 뗄 수 없는 깊은 관련을 맺고 있다.

무한의 힐버트 공간이 평범한 4차원 민코프스키 공간을 대체해야 한다면, 우리는 왜 그 무한한 세계를 다 느끼고 보지 못하는가? 그 답 역시 간단하다. 우리에게는 그런 능력이 없기 때문이다. 우리는 한정된 공간(또는 시공)만을 인식할 뿐이다. 이 경우 초끈 이론가라면 여분의 차원들이 소립자 내부의 극히 작은 영역 속에 말려들어가 있기 때문에 우리가 그것을 볼 수 없다고 말할 것이다. 과연 그 여분의 차원들은 소립자 속에 구겨 넣어져 아무 쓸모가 없는 수학적 존재에 불과한 것일까?

여기 하나의 그림이 있다. 이 그림이 소립자, 또는 원자의 구조를 나타낸다고 가정해보자. 40개의 동심원들은 소립자의 내부구조를 이루는(마치 전자궤도의 에너지 준위나 핵자의 껍질 모형을 연상시키는) 겹겹의 물질적, 비물질적 베일들이다.

이 원들의 맨 바깥에 위치해 있는 우리는 베일들의 내부를 직접 들여다보지는 못하기에 입자가속기와 같은 도구를 이용하여 바깥쪽 베일에 충격을 가한다. 잠시 기다리면, 어떤 반응이 원들로부터 되돌아올 것이다. 마치 지진파를 검출하여 지구의 내부 구조를 추정하는 것처럼, 우리는 되돌려받은 실험결과를 바탕으로 소립자(또는 원자)의 내부구조를 추측하고 모형이나 가설을 만들게 된다.

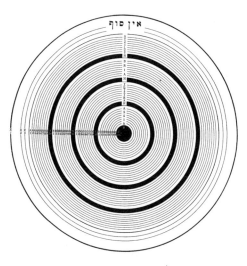

그림 5.1 40개의 베일[4]

그러나 우리가 얻은 결과는 수십 개의 베일 안쪽에서 여러 번의 복잡한 과정을 거친 뒤에야 튀어나온 하나의 최종 결과물일 수 있다. 즉, 우리는 이 베일들의 안쪽에서 벌어지는 과정들을 보지 못한채 겉으로 드러난 결과만 관찰하고 있을 뿐이다. 따라서 우리는 베일을 뚫고 들어가는 만큼만, 또 이해하는 만큼만 그에 상응하는 이론과 모형들을 세우게 되기에, 더 많은 베일을 뚫고 들어갈 때라야만 비로소 더욱 정묘한 이론 수립이 가능해진다.

우리가 미처 관측하지 못하는 베일 안쪽의 이러한 내부 과정을, 데이비드 봄은 '숨은 변수'와 '접혀진 질서'라는 개념으로 설명하고자 하였다. 숨은 변수 이론은 다음과 같이 이해할 수 있다.

---

4) 『모든 시대의 비밀 가르침』, Manly P. Hall 지음, The Philosophical Research
   Society, Inc. 1989, 119쪽.

고전 열역학의 경우, 수많은 분자들로 이루어진 기체와 같이 어떤 집단 내에서 일어나는 전체적인 현상은 통계를 이용하여 기술하고 예측해낼 수 있다. 그러나 그것은 통계이어서, 평균치를 중심으로 어느 정도의 오차나 요동이 있을 수 있다. 그런데 이러한 요동이 원래부터 불확정적인 것은 아니다. 원리적으로는 모든 분자 하나 하나의 운동을 정확하게 기술할 수 있기 때문이다.

그러나, 이 하나 하나의 분자 운동을 정확하게 기술하자면 수많은 변수를 다 파악해야 한다. 예를 들어 기체의 압력만으로 분자 운동을 나타내려면, 우리가 무시한 나머지 변수 때문에 어떤 불확정의 모호한 요소가 개입되게 된다. 이렇게 우리가 무시함으로써 어떤 계에 모호함을 불러일으키는 변수, 그것을 '숨은 변수'라고 부른다. 자연에는 언제나 이런 숨은 변수들이 존재하지만, 우리의 관찰이 워낙 조잡해서 그것을 밝히지 못할 뿐이다.

반면에 불확정성과 모호성이 생기는 건, 이처럼 우리가 자연을 완벽하게 인지하지 못하기 때문이 아니라, 양자 세계에 불가피하게 존재하는 본질적인 요인이라는 가정이 양자역학을 해석하는 보어 학파의 중요한 철학 정신이다.[5] 이것은 현재 물리학계의 공식 견해이기도 하다. 하지만 과연 그럴까?

현실의 과학과 공학이 계산의 편리함을 위해 근사치를 사용하거나 자연을 단순화하는 방법을 취하고 있는 건 분명하다. 그러나 실제 자연은 그렇게 단순하지가 않다. 대부분의 과학자들은 그러한 단순화 작업에 정당함을 느끼지만, 바로 그런 단순화 작업으로 우리가 무시한 숨은 변수 때문에 심각한 오류가 생길 수도 있다는 것을 진지하게 고

---

5) 코펜하겐 해석이라 한다.

려하지 않는다. 많은 경우에 그러한 단순화 작업이 유용하긴 하지만, 때로는 전혀 엉뚱한 결과를 낳을 수도 있다는 사실을 지나치게 무시해온 것이다.

접혀진 질서는 다음과 같이 설명할 수 있다. 그림이 그려진 종이를 동일한 간격으로 잘게 접어 위에 돌출된 부분만을 이어 붙인다면, 우리는 새로운 종이의 표면 위에서 의미 없는 선이나 점 또는 색의 얼룩만을 보게 될 것이다. 그러나 우리는 이미 접혀진 종이 속에 완벽한 그림이 존재하고 있음을 알고 있다. 그러므로 아무런 의미와 법칙이 없어보이는 선들이 사실은 접혀진 그림, 즉 접혀진 질서를 따르고 있는 것이다.

이 세상에 펼쳐보이는 모든 물리현상들도 그런 보다 깊숙한 질서, 즉 접혀진 질서에서 표출된 일부라고 생각해볼 수 있지 않을까? 무질서한 혼돈의 계에서 어느 순간 갑자기 드러나는 질서를 다루고 있는 카오스 이론, 엔트로피의 법칙을 거슬러 자발적으로 생겨나는 질서의 존재를 제시하는 일리야 프리고진의 산일구조 이론,[6] 아마 이런 이론들도 접혀진 질서와 관련이 있을지 모른다.[7] 데이비드 봄은 아원자 입자들이 보이는 파동과 입자의 이중성도, 이러한 접혀진 질서가 경우에

---

6) 1977년에 노벨 화학상을 수상한 일리야 프리고진은 이 세상의 모든 구조를 평형구조(equilibrium structure)와 산일구조(dissipative structure)로 구분한 바 있다. 평형구조가 기계와 같은 정태적이고 안정된 구조인데 반하여, 산일구조는 불안정 속에 변화하는 구조, 에너지와 물질이 끊임없이 무질서하게 흐르면서 유지되는 힘찬 요동의 상태다. 이 요동이 분기점에 이르면 구조 변화가 일어나는데, 구조 자체의 창조적인 자기 조직 행위에 의하여 더 높은 차원의 새로운 질서가 출현한다.

7) 접혀진 질서를 설명하는 또 다른 좋은 예는 홀로그래피이지만, 홀로그래피에 대해서는 잠시 후에 별도로 설명하기로 하자.

따라 때로는 파동으로, 때로는 입자로 펼쳐져서 나타나는 것으로 이해하였다.

또 독자 여러분은 앞서 4장에서 고차원을 설명하기 위해 예로 든, 리만이 책벌레를 등장시켜 기어다니게 한 주름 잡힌 종이를 기억할 것이다. 고차원 공간과 접혀진 질서가 이렇게 비슷한 예로 설명될 수 있다는 것은, 둘 사이에 어떤 밀접한 관계가 있지 않을까란 추론을 가능케 한다.

아인슈타인은 3차원 공간을 휘게 만들었지만, 고차원의 존재를 전제하지 않으면 이렇게 공간을 종이 접듯이 접을 수는 없는 법이다. 우리는 칼루자-클라인 이론이나 초중력 이론, 초끈 이론 등을 통해서 고차원의 존재를 탐색했다. 그런데 이 고차원 혹은 접혀진 질서를 좀 더 이해하려면 공간에 대해 더 많은 것을 탐구해볼 필요가 있을 것이다.

충만한 진공

앞장에서 공간에 대한 일반의 뿌리 깊은 믿음 두 가지를 이야기했는데, 하나는 이 세계가 3차원이라는 것이고 다른 하나는 공간이 일종의 용기(容器)라는 선입관이다. 우리가 공간에 대해 가진 또 하나의 선입관이 있다면, 그것은 진공이 '아무것도 존재하지 않는 빈 공간'이라는 생각일 것이다. 아직도 많은 사람들이 이런 생각을 상식으로 여기는 경향이 있다. 그러나 이런 생각은 실상 19세기까지의 진공관(眞空觀)이라고 할 수 있다. 아리스토텔레스는 진공이 없다고, 데모크리토스는 자연이 원자와 진공으로 되어 있다고 서로 상반된 주장을 한 이래, 진공에 대한 논란은(원자론과 마찬가지로)반전에 반전을 거듭해 왔지만, 현대 우주론이나 양자론에서는 더 이상 진공을 '아무것도 존재하지 않는 빈 공간'으로 간주하지 않는다. 현대 우주론에 따르면 아무것도 없는 곳에서, 즉 무(無)에서 우주가 탄생하였다는 설이 유력하게 받아들여지고 있다. 그런가 하면 양자역학에서는 아무것도 없는 것으로 생각되는 진공에서 소립자가 생성되기도 하고 소멸하기도 한다.

그렇다면 이미 진공은 그 무엇을 낳는 생산자(生産者)이지, 아무런 작용도 하지 않는 순수한 무(無)의 개념은 아닌 것이다.

공허한 개념의 진공의 존재를 부정한 사람은 아리스토텔레스 외에도 케플러, 브루노, 데카르트, 버클리, 마하, 아인슈타인, 휠러, 디케 등이 있었다. 반대로 데모크리토스를 비롯하여 루크레티우스, 갈릴레이, 게리케, 뉴턴, 싱 등은 진공의 존재를 주장하였다. 앞의 주장을 '진공 충만설' 또는 '상대공간설'이라 하고, 뒤의 주장을 '진공설' 혹은 '절대공간설'이라 한다.

역사적으로 진공이 존재한다고 믿게 된 시기는 불과 3백 년 정도에 지나지 않는다. 근대과학이 싹트기 시작한 17세기에 이르기까지, 서구의 자연관은 진공의 존재를 부정한 아리스토텔레스의 사상을 고수하고 있었다. 아리스토텔레스는 진공의 존재를 부정하고, 매질(媒質)로 가득 찬 유한우주를 생각하였다. 아리스토텔레스는 공간이 물질에 의해 규정된다고 믿었던 것이다.

이런 아리스토텔레스의 의견에 반대하면서 진공이 존재한다고 생각하게 된 것은 지동설을 주장하여 아리스토텔레스의 천동설에 반대했던 갈릴레이에 이르러서다. 이어서 그의 조수였던 토리첼리(1608~1647)와 프랑스의 파스칼(1623~1662), 그리고 독일의 물리학자 게리케(1602~1686) 등이 실험을 통해 진공의 존재를 입증하고자 하였다. 토리첼리는 수은주를 이용하여 진공을 만들어내는 데 성공하였다. 수은을 채운 긴 유리관을 수은 용기에 거꾸로 세우면 유리관 속의 수은 일부가 흘러나와 76센티미터 높이에서 멈추는데, 이때 이 유리관 속의 수은 위에 아무것도 없는 텅 빈 곳이 생긴다. 하지만 그는 진공을 금기시하는 교회를 두려워하여 실험결과를 공표하지 않았다.

파스칼 역시 토리첼리와 유사한 실험을 하여 대기압의 변화에 따라 수은주의 높이가 달라지는 것을 발견하였다. 또 게리케는 국왕과 여러 제후들 앞에서 직경 40센티미터의 반구 두 개를 서로 합친 후 안에 있는 공기를 빼고 양쪽에서 말 여덟 마리씩이 끌도록 했을 때, 두 개의 반구가 떨어지지 않는 시범을 보였다. 다시 공기를 넣자 이번에는 쉽게 반구가 떨어졌는데, 이 실험 역시 진공이 존재한다는 것을 나타내주는 강력한 증거로 받아들여졌다. 이 실험은 후일 게리케가 마그데부르크의 시장이었던 것을 기념하여 '마그데부르크의 반구'로 불리게 되었다.

그러나 데카르트(1596~1650)는 공간의 존재를 부정하고[8] 힘은 매질을 통해(시간이 걸려서) 전달된다고 하는 근접작용론을 주장하였다. 그에 앞서 케플러와 브루노도 공허한 공간의 존재를 인정하지 않았으나, 다만 케플러는 우주가 유한하다는 유한우주론을 내세운 반면, 브루노(1548~1600)는 무한우주론자였다.

한편 뉴턴(1643~1727)은 만유인력이 원격작용으로, 즉 매질 없이 순식간에 전달된다고 하는 역학 이론을 세움으로써 데카르트의 힘과 진공에 대한 개념과 대립하였다. 이 절대공간의 존재를 밑바탕으로 하는 뉴턴역학의 성공은 만물을 진공과 원자의 구성으로 보는 원자론의 부활과 함께 진공의 존재를 확증해주는 것 같았다.

그러나 뉴턴역학은 물체나 천체의 운동을 정확하게 기술할 수는 있지만, 힘(이 경우 중력)의 진짜 원인에 대해서는 언급하지 못한다. 그

---

8) 데카르트는 공간이 물질 그 자체여서, 공허한 공간, 즉 진공은 물론이고 공간 그 자체도 존재하지 않는다고 생각했다. 그에 따르면 물체는 공간 속에 있지 않고 다른 물체들 사이에 있을 뿐이다.

저 중력이 존재하며 뉴턴이 밝힌 법칙에 따라 운행한다는 것을 알 수 있을 뿐이다. 한편 중력에 대한 현대적인 해석에 따르면, 중력은 원격작용이 아닌 근접작용에 의해 힘이 전달되는 것으로 되어 있다. 그렇다면 중력은 거의 진공에 가까운 우주공간을 통하여 작용하고 있는 셈인데, 이것은 가만히 생각해보면 놀라운 일이 아닐 수 없다. 왜냐하면 이 경우 진공은 그저 아무것도 없는 빈 공간이 아니라 힘을 전달할 수 있는 숨겨진 능력을 가진 것이 되기 때문이다.

진공에 대한 새로운 해석은 장(Field)이라는 개념이 도입됨으로써 이루어졌다. 장의 개념은 본래 전자기 현상에 대한 연구를 계기로 형성되었다. 1831년에 전자기유도 현상(자장 속에서 도선을 움직이면 도선에 전류가 유도되어 흐르는 현상)을 발견한 영국의 패러데이(1791~1867)는 전자기력이 매질을 통해 전달해가는 근접작용에 의한 힘이라고 생각하였다. 자석과 철가루를 이용하면 전기력선이나 자기력선의 형태로 전자기력이 전달되는 경로를 쉽게 확인할 수 있듯이 말이다.

이런 역선(力線)의 존재는 비록 그 실체를 알기는 어려웠지만 전자기력의 성질을 잘 설명할 수 있었으며, 중력 역시 이와 같은 역선의 개념으로 설명될 수 있었다. 일반적으로 공간의 장소별로 어떤 힘의 양이 분포되어 있을 때 이 분포를 장이라고 부르는데, 전기력에 해당하는 장을 전기장, 자기력에 해당하는 장을 자기장, 중력의 분포를 나타내는 장을 중력장이라 부른다.

역선은 공간적인 힘의 분포를 나타내는 것인데, 결국 역선이 충만한 공간이라는 것은 장 그 자체를 가리킨다. 전자기력을 전달하는 빛은 전자기장의 진동이며, 중력은 물질이 진공에 놓임에 따라 기하학적인 성질이 바뀐 중력장의 변형이 전파됨으로써 전해진다고 보는 것이다.

장은 데카르트나 케플러, 브루노와 같이 진공 충만설을 지지하는 대부분의 사람들이 가정하는, 힘의 전달매체인 매질을 필요로 하지 않는다. 따라서 장의 개념에 의한 진공 역시 매질을 필요로 하지 않는다. 그렇지만 이제 진공은 공허하기만 한 비존재의 존재가 아니라, 장을 발생시키고 힘을 전달하는 등 놀라운 능력을 지닌 성질의 것으로 되었다. 과연 순수한 허공이 이런 능력을 보유할 수 있을까?

한편, 양자역학이 발달함에 따라 진공은 더욱 특이한 성질을 가진 것으로 나타났다. 한 예로, 아무것도 없는 진공에서 소립자가 튀어나오기도 하고 다시 진공 속으로 소멸하여 사라지기도 하는 것이다. 또한 1928년에 디랙은 전자의 '상대론적인 양자역학적 운동방정식'을 완성하면서 마이너스 에너지의 전자로 가득 찬 진공의 개념을 제시하였다. 그에 따르면 우주는 마이너스 에너지의 전자로 가득 차 있지만 우리는 그것을 관측하지 못한다. 우리가 관측할 수 있는 것은 에너지를 부여받아 마이너스 에너지의 전자 바다로부터 튀어나온 플러스 에너지의 전자, 그리고 전자가 튀어나옴으로써 바다 속에 생긴 빈 구멍이다. 이 빈 구멍은 전자와 반대의 전하부호를 가진 플러스 전하의 전자, 즉 양전자(陽電子)로 우리에게 비쳐질 것이다. 이런 디랙의 예언은 1933년에 앤더슨이 실제로 우주선 속에서 양전자를 발견함으로써 실증되었다.

실험적으로 진공이 텅 빈 공간이 아님을 결정적으로 보여준 것은 '캐시미어 효과'라는 현상의 발견이다. 공간에 두 장의 금속판을 나란히 놓게 되면 금속판 사이에 미소한 인력이 작용하여 서로를 끌어당기게 되는데, 이 현상을 캐시미어 효과라 한다. 이 힘은 만유인력과는 관계가 없으며, 오히려 만유인력보다 더 강한 힘이다.

캐시미어 효과가 일어나는 이유는 이렇다. 양자론에 따르면 동일한 입자의 위치와 운동량을 동시에 알 수는 없는데, 만약 입자의 위치를 특정한 한 지점에 존재하는 것으로 규정 짓는다면 바로 다음 순간에는 그 입자가 전체 공간으로 퍼져버리는 일이 발생하고 만다. 따라서 입자의 위치를 어느 정도 한정된 영역에 존재하도록 제한하려면 아예 처음부터 어느 정도의 퍼짐을 가진 상태를 공존(즉 복수의 상태로 존재)시켜 놓을 필요가 있는데, 그렇게 하면 공존하는 각각의 상태가 서로 영향을 미쳐 그 이상의 퍼짐이 일어나지 않게 된다.

똑같은 현상이 전자기파의 진폭에서도 일어나는데, 만일 어떤 순간에 전자기파의 진폭이 완전히 제로였다면 다음 순간에는 모든 진폭의 파가 공존하게 되어버리는 것이다. 즉 파의 진폭을 될 수 있는 대로 작게 억제하려면 처음부터 어느 정도의 미세한 진폭의 차가 공존하고 있다고 인정해야 하는데, 바로 이 미세한 진폭의 파를 영점(零點)진동이라고 부른다. 진폭이 제로인 상태의 주변에서 일어나는 사소한 움직임이라는 의미다.

진폭이 완전히 제로라는 이야기는 전자기파가 전혀 존재하지 않는다는 말과 같다. 만약 어떤 용기의 내부를 완벽한 진공으로 만들기 위해서는 용기 안에 들어 있는 공기뿐만 아니라 전자기파까지도 모두 없애야 하는데, 전자기파는 광양자(光量子)라는 입자의 집단이기 때문이다. 용기의 온도를 절대온도 0도로 떨어뜨리면 용기 안에는 광양자마저도 없어지게 된다.

그러나 전자기파는 최저의 에너지 상태에서도 아주 약하게 물결치고 있는데, 이것이 영점진동이다. 광양자가 전혀 없는 상태란, 실은 전자기파가 전혀 없는 상태가 아니라 양자론적인 영점진동으로 충만해 있는 상태인 것이다.

한편 모든 전자기파는 각각의 파장에 대한 영점진동이 있기 마련인데, 전자기파를 차단하는 금속판을 공간 속에 놓으면 그 결과 영점진동의 종류에 제한이 생기게 된다. 이로 인해 두 금속판 사이에 있는 진공의 상태가 가지는 에너지에도 변화가 생긴다. 네덜란드의 물리학자 캐시미어가 1948년에 그 변화를 계산하였는데, 금속판의 간격이 좁을수록 영점진동에 의한 진공의 에너지도 작아진다는 것을 알아냈다. 따라서 금속판은 에너지가 작아지는 방향으로, 즉 간격이 좁은 상태로 움직이게 되고, 결국 서로를 끌어당기게 되는 것이다. 최근 미국의 로스 앨러모스 국립연구소에서도 캐시미어 효과를 입증하는 실험결과를 내놓았는데, 결국 진공이란 아무것도 없는 텅 빈 상태가 아니라, 이러한 영점진동으로 충만한 그 무엇이라는 것이 이 실험의 요지인 셈이다.

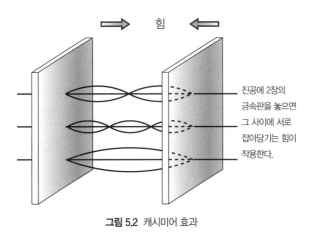

그림 5.2 캐시미어 효과

물질이라는 것이 하나의 환상이나 착각에 불과하다는 것을 이해시키고자 할 때, 우리는 종종 하찮은 물질에 비해 광대한 영역을 차지하고 있는 공간을 비유로 들어 이야기할 때가 있다. 즉 우리가 단단하고 연속적인 물질이라고 여기는 것은 모두가 원자로 되어 있고, 원자는 다시 원자핵과 원자핵 주위를 돌고 있는 몇 개의 전자로 묘사되곤 하는데, 원자핵을 우리 태양계의 태양에 비교한다면 원자핵과 전자 사이에 펼쳐져 있는 공간이란 태양과 지구 사이의 우주공간보다도 더 넓은 것이다. 이런 틈새가 없도록 원자핵과 전자를 하나의 덩어리로 뭉친다면, 우리 육체를 이루고 있는 모든 원소를 총동원하여도 공기 중에 떠도는 아주 작은 먼지 하나의 크기도 되지 않을 것이다. 우리가 딱딱한 물체라고 느끼는 것, 예를 들면 돌멩이나 쇳덩어리도 그 부피의 99.999% 이상이 진공이다. 이쯤 되면 우리가 보고 있는 돌덩어리라는 형태는 실체라기보다는 환상에 가까운 것이다. 상대적으로 공간이란 얼마나 광대한 것인가! 우주는 거의 무(無)라고 해도 지나친 표현이 아닌 것이다.

그러나 캐시미어 효과와 양자요동으로 가득 찬 공간, 소립자의 탄생과 소멸, 광속의 한계를 뛰어넘는 아인슈타인-포돌스키-로젠 실험(다음 절에서 설명함), 중력장과 전자기장 같은 각종 장의 발생, 디랙의 마이너스 에너지 입자의 바다, 초공간이나 블랙홀의 존재와 같은 진공의 기하학적 성질, 공간에너지, 카오스 이론과 산일구조 이론의 자발적인 질서, 3장에서 언급한 트윈의 존재 등은 공간 또는 진공이 단순히 아무것도 존재하지 않는 텅 빈 것이 아님을 말해준다. 그러므로 우리가 비어 있는 공간 또는 진공이라고 할 때, 그것은 우리의 인식 범위를 넘어서 있을 뿐이지 공간의 본질 자체가 텅 비어 있다는 뜻은 아니다.

신비학 역시 공간은 비어 있는 것이 아니라고 말한다.

푸루커는 블라바츠키 여사의 『비교』를 연구하고 강의한 강의록인 『비의철학의 기초』에서 "공간(space)은 진공이 아니다. 공간은 단순히 무엇을 담는 그릇이 아니다. 만일 공간이 하나의 그릇이라면, 그 그릇을 담는 그릇 또한 있어야 할 것이다. 그리고 그것은 무한히 반복될 것이다. 공간은 그 모든 것을 포함하는 무한대의 충만함이다"[9]라며 공허한 개념의 진공을 부정하고 있다.

과학자들과 일부 철학자들이 텅 빈 진공의 존재에 대해 일진일퇴의 공방을 벌이는 사이, 신비학자들은 거의 한결같이 공간의 충만함을 이야기하였다. 신비학자들의 견해가 옳았던 것일까? 그리스 철학자들이 가득 찼다(Fullness)는 의미로 '플레로마(pleroma)'라고 불렀던 공간, 혹은 진공은 양자역학을 비롯한 과학의 발달로 우리의 일반 상식과는 달리 미지의 에너지로 충만해 있으면서 아주 놀라운 성질을 가지고 있는 것으로 드러나고 있다. 불교는 그러한 공(空)의 성질을 진공묘유(眞空妙有)라는 절묘한 말로 표현한다. 간혹 불교의 가르침을 공의 가르침(一切皆空 혹은 諸法皆空)이라 하여, 일체 모든 것은 환상이요, 허무한 것이라고 잘못 아는 경우가 있는데, 이렇게 공을 허무한 것으로 이해하는 것을 악취공(惡取空), 또는 편공(偏空), 단공(但空)이라 한다.

이제 공허한 개념의 진공은 더 이상 과학적인 개념이 아니다. 우리를 둘러싸고 있는 진공, 진공포장 속의 진공과 진공펌프가 만들어내는 진공, 수은주 실험으로 만들어내는 진공, 또 우주공간의 진공이 아

---

9) 『비의철학의 기초』, G. De Purucker 지음, Theosophical University Press, 1979, 400쪽.

무엇도 없는 텅 빈 것으로만 느껴진다면 그것은 우리의 불완전한 감각이 만들어내는 환상 탓이다. 우리의 감각은 인식범위에 한계가 있을 뿐 아니라, 그렇게 믿을 만한 것도 못된다.

비국소성과 양자 퍼텐셜

위의 책에서 푸루커는 계속해서 공간이 충만해 있을 뿐만 아니라, 전체가 하나의 단일체라고 이야기한다.

"공간은 시작도 없고, 끝도 없는 무한한 전체이다. 공간은 광대한 하나의 유기체이며, 단일체이다…… 진공에 의한 분리 같은 것은 없다. 그 어느 곳에도 절대적인 분리 같은 것은 없다. 진정한 의미의 진공은 없다. 모든 것이 존재들로 꽉 차 있다. 무한한 전체를 채우고 있는 이들 존재가 공간 그 자체이다. 그러므로 우리가 공간이라는 것을 이야기할 때는 단순히 어느 한 존재계의 광대하고 끝없는 영역을 의미하는 것이 아니라, 좀 더 특별하게는 내부로 향한 상승적인 존재계를 포함하는, 보이지 않는 영역들을 말하는 것이다. 그 존재의 계는 내부의 내부의 계로, 또 그 내부의 내부의 계로 무한히 계속된다. 이것은 바깥쪽을 향해서도 마찬가지다."[10]

---

10) 각주9)와 동일한 도서, 400쪽.

"모든 것은 하나"라는 철학은 신비학의 기본 대명제이다. 신비학의 관점으로 볼 때 이 우주에 분리란 없으며, 있다면 오직 분리의 환상만이 있을 뿐이다. 우주의 모든 것이 분리되지 않은 한 존재와 연결되어 있다고 하는 이런 개념은 아직까지 고수되고 있는 과학의 현재 패러다임 안에서 보면 타당하지 않을지도 모른다.

그러나 모든 실재는 분리되지 않는 하나의 존재라는 이런 파격적인 개념은 사실 '비국소성(非局所性)'이라는 이름으로 양자론에서 비교적 오래 전부터 논란을 거듭해오는 주제이다. 특히 1982년에 수행된 아스페의 실험으로 이런 논쟁은 그 절정을 이루었다.

아스페의 실험을 설명하기에 앞서 EPR 실험을 소개하지 않을 수 없는데, 항상 양자역학의 불확실성을 못마땅히 여겨 보어와 의견대립을 하곤 했던 아인슈타인은 입자에 대한 양자역학의 묘사가 불완전함을 보여주기 위해 1935년에 보리스 포돌스키 및 나단 로젠과 함께 하나의 사고(思考)실험을 하였다. 이 실험을 EPR 실험(아인슈타인-포돌스키-로젠 실험)이라고 한다. 이 사고실험에서 아인슈타인은 입자의 위치와 운동량을 절묘하게 관측해냄으로써 입자의 위치와 운동량을 동시에 측정할 수 없다는 하이젠베르크의 불확정성 원리를 교묘하게 빠져나가 양자역학의 역설적인 면을 보여주었다. 구체적인 실험방법을 알아보자.

정지해 있던 한 입자가 폭발하여, 운동량과 크기는 똑같지만 방향만 서로 반대인 두 개의 입자 A와 B로 분리되어 날아간다고 가정하자. 하이젠베르크의 불확정성 원리에 의하면 한 입자의 위치와 운동량을 동시에 측정할 수는 없다(예를 들어 누군가 위치를 측정하려고 하면 그 측정하려는 행위로 인해 운동량에 영향을 미쳐 운동량을 결정할 수 없다. 이런 불확정성과 모호성이 본래 자연에 내재하는 필수적인 성질이라고 가정하는 것이 코펜하겐 해석이라고 알려진 보어학파의 견해이다). 그러나 두 입자는 운동량이 같고 방향만 반대이기 때문에, 어느 한 입자의 운동량을 알면 작용과 반작용의 법칙을 이용하여 다른 한 입자의 운동량을 추정할 수 있다. 즉, 입자 A의 운동량을 측정하면 B의 운동량을 추정할 수 있고, B의 운동량을 측정하면 A의 운동량을 추정할 수 있다. 마찬가지로, 어느 한 입자의 위치를 알면 다른 한 입자의 위치를 추정할 수 있다.

이제 누군가 A 입자의 운동량을 측정하면 B 입자의 위치에 영향을 주지 않고도 B 입자의 운동량을 유도해낼 수 있다. 그리고 다른 누군가가 동시에 B의 위치를 측정하기만 하면 우리는 B 입자의 위치와 운동량을 동시에 알 수 있다. 비록 사고실험이기는 하지만 원리적으로는 불확정성 원리의 허를 찔러가면서 위치와 운동량을 동시에 알아내는 데 멋지게 성공한 것이다!

그러나, 이 실험은 두 가지 가정을 전제로 하고 있는데, 첫째는 한 장소에서 수행된 측정이 멀리 떨어진 다른 입자에 순간적으로 영향을 미칠 수가 없다는 것이다. 이것은 두 입자가 충분히 떨어져 있기만 하면, 거리에 따라 상호작용의 영향이 감소할 뿐만 아니라, 아인슈타인 자신의 특수상대성 이론에 따라 빛보다 빠른 신호나 영향은 전달될 수가 없으므로 위치나 운동량에 즉각 영향을 미칠 수 없다는 논리에서 나온다.

두 번째 가정은 객관 실체(objective reality)의 존재를 인정한 것인데, 객관 실체라 함은 우리의 관찰과는 무관하게 외부세계에 실재하는 실체를 말한다. 이 실험에서 서로 반대방향으로 날아간 두 개의 입자는 각기 분리된 객관 실체이다. 하지만 만약 두 입자가 서로 분리되어 있는 것이 아니라면, 어느 한 입자를 관측하였을 때 다른 한 입자도 즉각 영향을 받아 불확정성 원리를 피할 수 없게 된다.

보어는 아인슈타인의 사고실험을 부인하였는데, 만일 그렇다면 비록 A와 B의 두 입자가 공간적으로는 서로 떨어져 있지만 실은 분리될 수 없는 한 덩어리라는 것을 시사하는 것이다. 아인슈타인은 이를 '유령 같은 원격작용'이라 하여 비웃었다.

1965년에 존 벨은 실제 실험으로 아인슈타인과 보어의 상반된 입장을 구별해낼 수 있다는 사실을 발견하였다. 벨은 EPR 실험의 기본 가정이기도 했던 위의 두 가지 가정을 택하여, 즉 '국소적 실재(local reality)'라는 가정을 전제로 서로 떨어져 있는 두 입자를 동시에 측정할 때 얻어지는 결과 사이의 상관관계를 조사하여, 만일 고유의 불확정성을 갖는 양자역학이 옳다면 결코 충족시킬 수 없는 어떤 실험적 예측을 할 수 있었다. 이 예측은 벨의 부등식이라는 수학적 표기로 나타낼 수 있는데, 만일 국소적인 세계에 대한 아인슈타인의 생각이 옳다면 벨의 부등식은 실제 실험결과를 만족시키지만, 만일 보어가 옳다면 이 부등식은 깨질 것이다.

이후 벨의 부등식을 시험하기 위해서 많은 실험들이 시도되었지만, 가장 성공적인 예는 알랭 아스페가 장 달리바르, 제라르 로저와 함께 실시한 실험이다. 아스페와 그의 동료들은 레이저로 칼슘원자를 때려 쌍둥이 원자를 만들어낸 다음, 각각의 광자를 파이프를 통해 서로 반대 방향으로 날아가게 하여 특수한 필터에 통과시키는 방법을 썼다.

1982년에 발표된 이 아스페의 실험결과는 벨의 부등식을 만족시키지 못하였으므로, 결과적으로 보어의 견해를 강화시켜 주었으며, 양자역학에서 불확정성 원리가 본질적인 것임을 다시 한 번 말해주는 것으로 보였다. 그러나 다른 해석도 가능하다는 것에 주목해야 할 것이다. 즉, 벨의 정리의 기본 가정, 나아가 EPR 실험의 기본 가정[11]이 잘못되었을 경우로, 이럴 경우는 빛보다 빠른 효과를 인정하거나 분리된 실체, 즉 국소성을 포기해야 한다는 것을 의미한다.

결국 아스페의 실험결과는 객관 실체나 국소성, 둘 중에서 어느 하나를 포기할 것을 주문하고 있었다. 국소성을 포기한다면 불확실성을 배제할 수 있는 대신 빛보다 빠른 물리효과를 인정하거나 비국소성을 인정해야 한다. 보어학파의 코펜하겐 해석은 대체로 객관 실체를 포기하는 경우라 할 수 있다. 그러나 코펜하겐 해석을 받아들이는 쪽을 택하더라도 입자 상호간에 서로 영향을 주는 모종의 연결은 이미 양자역학에 내포되어 있던 현상으로, 새삼스러울 것이 없다고도 할 수 있다. 그렇다면 조금 비약해서 생각한다면, 실질적인 선택은 비국소성과 객관 실체를 모두 받아들일 것이냐, 아니면 객관 실체는 포기한 채 비국소성만을 받아들일 것이냐의 문제라고 볼 수도 있을 것이다.

계속해서 아스페의 실험을 좀 더 살펴보면, 서로 반대 방향으로 날아간 광자는 필터를 통과하여 두 개의 편광분석기 중 하나로 향하게 된다. 필터가 한 분석기에서 다른 분석기로 전환하는 데 걸리는 시간은 100억분의 1초로, 광자가 파이프를 통과하는 데 걸리는 시간보다 300억분의 1초 짧게 하여 두 광자쌍이 어떤 알려진 물리적 작용을 통해서도 교신할 수 없도록 모든 가능성을 배제하였다. 그런데 아스페

---

11) 벨의 정리와 같은 가정을 하였던 EPR 실험의 핵심은 실험 속에 들어 있는 두 부분을 서로 연결되지 않은 영역으로 나눈 것으로, 이른바 아인슈타인의 분리성(Einstein separability)이라고도 부른다.

와 그의 동료들은 광자가 그 자신의 짝이 되는 광자의 편광각과 자신의 편광각을 일치시킬 수 있다는 사실을 발견했다. 앞에서 지적한 대로 이것은 아인슈타인의 특수상대성 이론이 불가능하다고 선언한 초광속 교신이 일어났거나, 두 광자가 비국소적으로 상호 연결되어 있음을 의미하고 있다. 대부분의 물리학자들은 초광속 현상을 인정하려 하지 않았으므로, 아스페의 실험은 두 개의 광자 사이에 비국소적인 연결이 있음을 사실상 증명한 것으로 받아들여지고 있다.

이미 앞에서 소립자를 올바로 기술하기 위해서는, 특수상대성 이론의 기반이 되고 있는 민코프스키 공간이 부정계량의 무한복소 힐버트 공간으로 확장되어야 하고, 따라서 특수상대성 이론도 수정될 필요성이 있음을 거론한 적이 있다(아니면 뉴턴역학이 상대성 이론의 특수한 경우인 것과 마찬가지로, 상대성 이론도 좀 더 포괄적인 이론의 특수한 경우에 해당할지도 모르겠다). 말하자면 아인슈타인 상대성 이론 자체를 재검토해봐야 할 단계에 이른 것이다. 그러나, 어디까지나 개인적 견해이기도 하지만, 많은 사람들의 생각과 마찬가지로 아스페의 실험결과는 객관적으로 분리된 두 실체가 초광속의 연락을 주고받는다기보다는 초공간적으로 상호 연결되어 있음을 시사하는 것으로 이해된다.

데이비드 봄은 배질 힐리와 함께 비국소적인 숨은 변수 이론을 발전시켜 '양자 퍼텐셜'이라는 비국소 이론을 만들어내었다. 이 이론은 비국소성을 받아들이면서도 아인슈타인이 양자역학의 불확정성 원리에 반대하면서 고수하고자 했던 객관 실체, 바꾸어 말하면 인과성(因果性)을 유지하는 해석이다. 양자 퍼텐셜은 중력 퍼텐셜이나 전자기 퍼텐셜과 흡사하지만, 전일적(全一的)인 구조에 바탕을 두고 있다는 것이 크게 다른 점이다. 양자 퍼텐셜은 거리가 멀어진다고 해서 반드시 줄어들지도 않으며, 하나의 힘이라기보다는 입자의 주변 환경에 대한 정보의 형태로서 나타난다. 이러한 정보는 개개의 입자에 전체성이라는 새로운 성질을 제공하는데, 즉 분리되어 보이는 조그만 부분일지라도 전체의 상태를 반영하는 방식으로 움직인다는 것이다.

표 5.1 실체에 대한 개념 비교

	초광속 효과	비국소성	객관 실체(인과성)
아인슈타인	×	×	○
코펜하겐 해석	×	×	×
아스페 실험	?	○	–
양자 퍼텐셜	–	○	○

홀로그래픽 우주

따라서 전 우주에서 벌어지는 모든 물리적 상황이 이 양자 퍼텐셜 속에 구현되어 있다. 데이비드 봄과 함께 양자 퍼텐셜의 개념을 창안한 배질 힐리는 양자 퍼텐셜이 곧 정보 퍼텐셜이라는 표현까지 사용하고 있다.[12] 그런데 봄과 힐리가 창안한 이 양자 퍼텐셜이란 개념 속에는 우주의 모든 존재가 하나로 연결되어 있다는 비국소성 개념(봄은 양자 퍼텐셜을 다른 모든 퍼텐셜을 포함하는 초양자 퍼텐셜이라는 개념으로 확장을 꾀하고 있다)은 물론, 부분이 전체를 포함하고 있다는 놀라운 주장까지 들어 있다.

부분이 전체를 포함하고 있다는 생각은 신비학 전통에서는 새로운 개념이 아니다. 그러나 이러한 개념이 보다 많은 과학자들의 관심을 끌고 이해하기 쉽도록 해준 데는 홀로그래피의 발견이 큰 역할을 하였다.

---

12) 『원자속의 유령』, 폴 데이비스 · 줄리언 브라운 지음, 김수용 옮김, 범양사출판부, 1994, 195쪽.

홀로그래피 사진술은 1947년 데니스 가보어(1900~1979)가 처음 생각해내었고, 1963년에 에밋 리드가 레이저를 홀로그래피에 응용해 실용화의 길을 열었다. 홀로그래피의 원리는 두 파동의 간섭으로 형성되는 간섭무늬를 사진에 기록하는 것으로, 이때는 레이저 같은 동조성 빛(진행 방향이 일정하고 규칙적이며 단일 파장의 빛)이 필요하게 된다. 홀로그래피가 일반 사진술과 다른 놀라운 점은 그것이 3차원 영상을 재생해낸다는 점에 있다. 즉, 일반 사진이 3차원 대상을 2차원의 평면(사진)에 표현해내는 데 비해, 홀로그래피는 실물과 똑같은 3차원 영상을 공간상에 재생해낸다. 따라서 우리는 홀로그래피 영상을 앞과 뒤, 옆, 위, 아래에서도 바라볼 수 있으며, 실제의 3차원 물체를 보는 것과 마찬가지로 보는 각도에 따라 물체의 서로 다른 측면을 접하게 된다.

홀로그래피의 정말 놀라운 특성은, 재생된 3차원 영상보다도 그 영상이 기록되는 방식에 있다. 홀로그래피는 다음 그림에서 보는 것과 같이, 레이저에서 나온 빛을 기준광선과 작용광선으로 나누어, 이 중 기준광선은 직접 건판(필름)에 도착하게 하고 나머지 작용광선은 촬영대상을 거쳐 건판에 도착하게 한다. 건판에 도착한 두 빛은 서로 간섭을 일으켜 간섭무늬를 건판에 기록하게 되는데, 이 간섭무늬를 홀로그램이라고 한다. 일반 사진술은 그 필름을 보면 어떤 영상이 기록되어 있는지 확인할 수 있지만, 홀로그램은 전혀 알아볼 수 없는 암호 같은 간섭무늬만이 찍혀 있을 뿐이다. 그렇지만 이 홀로그램이 담겨 있는 사진 건판에 레이저광을 비추면 홀로그램이 3차원 공간상에 실물처럼 되살아난다.

이제 이 건판을 두 개의 조각으로 가위질을 해보자. 일반 필름이라면, 예를 들어 큼지막한 사과를 찍은 일반 필름이라면 필름에는 사과의 반쪽만이 남아서 이 조각난 필름을 가지고 인화를 하면 반쪽 사과의 사진만 얻을 것이다. 그러나 홀로그램은 다르다. 조각난 홀로그램에 레이저광을 비추어도 원래의 사과 전체가 그대로 재생이 되는 것이다. 다시 또 가위질을 해서 네 조각을 내고, 그것을 또 수십 개의 조각으로 나눈다고 해도 잘게 조각난 홀로그램은 희미해지기는 해도 원래의 사과 전체를 그대로 재생해낸다.

이러한 현상은 아무리 작은 홀로그램 부분이라 할지라도 홀로그램 전체의 정보를 담고 있다고 밖에 해석할 수 없다. 전체가 부분의 정보를 포함하고, 부분이 전체의 정보를 담고 있는 것이다.

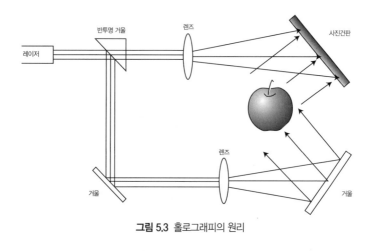

그림 5.3 홀로그래피의 원리

홀로그램은 우리의 전통 의학에서도 그 개념을 찾아볼 수 있다. 신체의 어느 한 부분이 다른 장기(臟器)의 정보를 담고 있다는 생각이 그것이다. 경락과 경혈, 수지침(手肢針), 이침(耳針) 등이 좋은 예이다. 특히 수지침과 이침은 손이나 귀에 인체의 모든 정보가 들어 있다는 가정을 전제로 한 것으로, 홀로그램의 단적인 예다. 혀나 눈, 손톱, 피부, 복부의 관찰만으로 신체 전반의 이상을 알아내는 것도 홀로그램의 예라 하겠다. 대체의학의 한 요법으로 알려져 있는 홍채관찰법이나 발반사요법 등도 홀로그램의 원리가 아니고서는 설명할 수 없는 현상들이다.[13]

홀로그램의 모델을 물리학과 심리학을 비롯한 여러 다양한 분야에 적용하려는 과학자들이 점차 늘어나고 있는 추세인데, 이런 분야에는 과학적으로 설명하기 힘든 현상들, 예를 들면 임사(臨死)체험, 자각몽(자신이 깨어 있음을 자각하는 상태에서 꾸는 매우 생생한 꿈), 투시, 공시성(共時性, 단지 우연의 결과라고만 볼 수 없는 사건들간의 시간적 일치성)과 같은 초상현상들도 포함되어 있다. 대표적으로 신경생리학자인 칼 프리브램은 인간의 두뇌가 홀로그램의 원리가 아니고서는 설명될 수 없다고 보았다.

이미 암시하였듯이 홀로그램은 데이비드 봄이 주장한 접혀진 질서의 가장 좋은 예이기도 하다. 홀로그램의 각 부분에는 전체에 대한 정보가 접혀져 있어, 이것을 펼치면, 즉 레이저광을 비추면 전체의 아름다운 영상이 되살아난다. 전체가 각 부분으로부터 펼쳐지고 있는 것이다. 봄은 양자역학이 이런 접혀진 질서를 암시해준다고 생각하였다.

---

13) 의상대사의 법성게(法性偈)가 이런 홀로그램의 성질을 시적으로 잘 표현하고 있다. "일중일체다중일(一中一切多中一), 일즉일체다즉일(一卽一切多卽一), 일미진중함시방(一微塵中含十方), 일체진중역여시(一切塵中亦如是)" 즉 "하나 속에 모든 것이 들어 있고 모든 것 속에 하나가 들어 있으니, 하나가 곧 모든 것이고 모든 것이 곧 하나이다. 하나의 작은 먼지가 온 세계를 다 머금었으며, 모든 낱낱의 먼지가 또한 이와 같이 온 세계를 다 머금고 있다."

EPR 실험의 패러독스나 아스페의 실험도 홀로그램의 개념을 받아들이면 쉽게 이해할 수 있는 것인지 모른다.

모든 것을 다 논하지는 못하겠지만, 홀로그램은 새로운 우주의 모델로서 진지하게 검토되고 있다. 이제 우리는 또 하나의 놀라운 가능성에 직면해 있는데, 이 우주 자체가 하나의 거대한 홀로그래피 영상일지도 모른다는 것이다! 즉 우주는 홀로그램이라는 초공간적 필름 속에 담겨 있는 정보가 의식이라는 레이저 광선으로 투사된 것이며, 공간과 차원이라는 것은, 스크린에 비치는 영화 장면들을 3차원적인 실체로 느끼듯이, 우리의 감각과 인식이 만들어낸 일종의 환영일지도 모른다. 신비학에서는, "존재의 세계는 장소가 아니고 존재의 상태"[14]라고 하여, 공간적인 차원의 개념을 다시 되돌아보게 만드는 매우 심오한 견해를 보여주고 있다.

---

14) 『비교진의』, M. Doreal 지음, 이일우 옮김, 정음사, 1989, 144쪽.

공간의 공간들

홀로그래피 영상이라는 눈으로 직접 확인할 수 있는 실제 예가 있기 때문에 부분이 전체의 정보를 담고 있다는 홀로그래피의 놀라운 개념이 사실로서 받아들여지고는 있지만, 어떻게 작은 부분이 거대한 전체를 반영하고 있는지 이해하기란 결코 쉽지 않다. 따라서 이 우주 자체가 하나의 홀로그래피라는 주장을 수용하는 사람은 그리 많지 않다.

『맨 인 블랙』이라는 영화를 본 적이 있다. 외계인이 데리고 있던 오리온이라는 이름의 고양이 목에는 작은 구슬이 매달린 벨트가 채워져 있었는데, 그 구슬 속에는 진짜 은하계가 들어 있고, 이것을 차지하기 위해 벌이는 외계인들 간의 암투가 이 영화의 중요한 배경이었다. 어떻게 손톱만한 구슬 속에 광대한 우주가 들어 있을 수 있을까? 이것은 단순히 공상과학에 지나지 않는 것일까?

재미있는 계산을 한번 해보자. 어려운 계산이 아니므로 직접 따라서 해보면 그 결과에 놀랄 것이다.

블랙홀의 영역은 슈바르츠실트 반지름으로 나타낼 수 있는데, 슈바르츠실트 반지름은 탈출속도가 광속도와 같아지는 곳의 반지름이다.

탈출속도 $V = \sqrt{\dfrac{2GM}{R}}$ 에서 V를 광속도 C로 바꾸어놓으면 $C = \sqrt{\dfrac{2GM}{R}}$ 가 된다. 여기에서 M은 천체의 질량, R은 천체의 반지름, 그리고 G는 중력상수이다. 양변을 제곱하면 슈바르츠실트 반지름은

$$R = \frac{2GM}{C^2}$$

로 구할 수 있다. 이 식에서 볼 수 있듯이, 슈바르츠실트 반지름은 천체의 질량에 비례한다. 만일, 붕괴 당시 태양의 10배의 질량을 가진 천체가 블랙홀이 된다면, 그 슈바르츠실트 반지름은 블랙홀이 된 태양의 10배가 될 것이고, 그 부피는 $10^3 = 1,000$배가 된다. 따라서 밀도는 질량을 부피로 나눈 것이므로, 블랙홀의 밀도는 태양으로 만들어진 블랙홀보다 100분의 1로 작아질 것이다.

$$\rho = \frac{M}{V} = \frac{M}{\frac{4}{3}\pi R^2} = \frac{3C^6}{32\pi G^3} \cdot \frac{1}{M^2}$$

이와 같이 블랙홀의 밀도는 질량의 제곱에 반비례하여 급격히 감소한다.

태양급 질량을 가진 천체가 블랙홀이 되면 질량밀도는 $10^{16} g/cm^3$ 이 된다. 만일, 우주 전체의 질량(태양의 10^{23}배로 가정)을 가지고 블랙홀을 만들면 그 질량밀도는 $10^{-30} g/cm^3$ 가 될 것이다. 그런데, 이 숫자는 실제 우주의 밀도와 거의 같다. 또한 이 블랙홀의 슈바르츠실트 반지름을 구하면 태양급 블랙홀의 경우(약 $3km$)의 10^{23}배로 $3 \times 10^{23} km$, 즉 3백억 광년으로 우주의 반지름($1.42 \times 10^{23} km$)과 그리 큰 차이가 없다.

이것은 무엇을 의미하는가? 이것은 어쩌면 이 우주 자체가 하나의 거대한 블랙홀일지도 모른다는 것이다. 그렇다면 우리는 블랙홀 내부에서 살고 있는 셈이 아닌가!

상상하기는 힘들겠지만, 일부 신비학 단체에서는 이 우주 전체가 엄청난 속도로 회전하는 일종의 관(space tube)이라고 말하고 있다.[15] 우리는 그 안에 있기 때문에 이것을 감지할 수는 없는데, 이 우주 자체가 하나의 블랙홀이라는 사실을 받아들인다면 그것은 회전하는 블랙홀, 즉 케르 블랙홀이거나 케르-뉴만 블랙홀(그것도 극단적인 케르-뉴만 블랙홀)일 가능성이 크다.

아누가 바로 플랑크 길이의 케르-뉴만 블랙홀에 해당된다고 제안한 것을 기억할 것이다. 그런데 아누의 어원을 살펴보면 아주 흥미로운 사실을 발견하게 된다.

"산스크리트어로 '원자'를 뜻하는 아누는 베단타 철학에서 파라브라만의 이름이기도 하다. 파라브라만은 가장 작은 원자보다도 더 작은 존재[16]이면서 또 가장 큰 우주의 영역보다도 더 큰 존재[17]로 묘사된다."[18]

케르-뉴만 블랙홀을 연결고리로 한 아누와 전체 우주, 극소와 극대

---

15) 물론 이것은 공간의 관점에서만 생각해서는 안 되고 시공의 관점에서 생각해야 한다.

16) aniyamsam aniyasam : smallest of the small.

17) Anor aniyan Mahato mahitan.

18) 『비교』, H. P. Blavatsky, Adyar E. 지음, Theosophical Publishing House, 1979, 357쪽.

에서 동시에 나타나는 파라브라만과 아누의 어원, 그리고 이 우주 자체가 블랙홀이라는 사실은 여기에 어떤 무한의 순환고리가 존재함을 일깨워준다. 그에 비하면 상대적인 공간의 크기를 절대적인 것으로 여기고 살아가는 우리는 얼마나 무감각한 존재들인가! 위의 영화에서, 조그만 구슬 속에 은하계가 들어 있다는 것을 믿지 못하는 지구인에게 외계인은 "중요한 것은 크기가 아니오"라고 말한다.

이제 우리는 아누의 내부에 또 하나의 우주가 존재한다고 해도, 아니 우주보다 더 큰 세계가 존재한다고 해도 받아들일 수 있는 마음의 준비를 해야 할지도 모른다.

그림 5.4 자기의 꼬리를 물고 있는 뱀 '오로보로스(Ouroboros)'
극대와 극소의 무한한 순환을 나타낸다.[19]

한편, 홀로그래피와 유사한 개념 중에 홀론(holon)이라는 말이 있다. 홀론은 유태계 헝가리 출신의 영국 소설가 아더 케슬러가 만든 용어다. 케슬러는 요소환원주의의 한계를 비판하면서 홀론이라는 개념

---

19) 클레오파트라의 크리소포에이아, 3세기.

을 제안했다.[20]

홀론은 그리스어 홀로스(holos, 전체)와 온(on, 부분, 입자)의 합성어로, 즉 부분이면서 동시에 전체라는 의미를 가지고 있다. 어떤 시스템에서나 부분과 전체는 밀접한 관련을 맺고 있는데, 이 부분과 전체의 관계를 새롭게 규정하려는 개념이 바로 홀론이다.

홀론은 독립성과 의존성, 모두를 갖춘 존재이다. 그 무엇에게도 의존하지 않는 절대적인 독립자를 절대독자(絶對獨者)라 하는데, 이 우주 안에 절대독자는 있을 수 없다. 의존성이 전혀 없는 절대독자들은 마치 모래알과 같아서 그들은 아무것도 만들어내지 못한다. 반대로 독립성은 전혀 없고 의존성만 있는 것도 무용지물이다. 이것은 마치 묽은 진흙탕이나 물처럼 주루룩 흘러내려 자신의 모습조차 갖지 못하는 존재이다.

그러나 홀론은 서로 독립성과 의존성으로 결합하여 어떤 구조를 만들고 형체를 만들어나간다. 우주에 존재하는 모든 것은 각각 특정의 비율로 독립성과 의존성을 갖춘 홀론들이다.

또 홀론은 위와 아래 어디나 열려 있는 일종의 개방계이다. 개방계로서의 홀론은 위로부터 끊임없이 정보를 얻어내고 그것을 아래로 보내주지 않으면 존재할 수 없는 것이다. 따라서 케슬러는 우주가 홀론의 계층적인 구조를 하고 있다고 주장한다. 아누가 결합하여 쿼크를 만들고, 쿼크가 강한 상호작용을 해서 핵자를 만들고, 다시 원자핵, 원자, 분자, 세포, 생명체를 만드는 것도 홀론시스템의 한 예라고 할 수 있다.

"모든 원자, 모든 행성, 모든 태양은 우리 몸이 그렇듯이 하나의 유기

---

20) 『복잡성의 과학』, 장은성 지음, 전파과학사, 1999, 182쪽.

체이다. 그들은 위대한 한 생명(One Life)의 유기적인 현현체이다."[21]

신비학에서 공간은 홀로그래피 혹은 홀론의 성격을 갖춘 '초공간' (이때의 초공간은 단순히 3차원 우주를 넘어선 고차원 영역을 가리키는 것이 아니라, 이들을 모두 포함한 통일적 유일자로서의 공간을 말한다)이다. 초공간은 단지 현현된 질서와 접혀진 질서, 즉 우리의 인식 하에 있는 3차원 물질우주와 보이지 않는 세계로 양분될 뿐 아니라(이것을 明在界와 暗在界로, 혹은 유한계와 무한계로 구분하는 사람들도 있다), 무한한 계층구조를 가지고 있다.

"그러므로 공간은 다중(뭇겹)으로 되어 있으며 그것을 우리는 공간의 공간들(spaces of Space)이라 불러도 좋으리라. 그 공간들은 경계가 없는 물리 공간의 영역일 뿐만 아니라, 훨씬 더 중요하게는 내부의 공간, 그리고 그 내부의 내부의 공간, 무한한 안쪽으로의 영역들이다."[22]

즉 다중구조의 공간에서 한 공간은 더 낮은 차원의 공간에 대해서는 접혀진 질서와 펼쳐진 질서의 관계에 있으며, 더 높은 차원의 공간에 대해서는 반대로 펼쳐진 질서와 접혀진 질서의 관계에 있다. 그러므로 우리는 접혀진 질서의 접혀진 질서, 또 그 접혀진 질서의 접혀진 질서가 계속 소급하여 존재하고 있음을 알 수 있다. 바꾸어 말하면 우리가 인식하는 3차원 물질우주는 더 높은 차원의 펼쳐진 질서의 펼쳐진 질서의 펼쳐진 질서, 또는 보다 근원적인 홀로그램의 그림자의 그

---

21) 『비교의 물리』, William Kingsland 지음, 1909, 116쪽.
22) 『오컬티즘의 원천』, G. de Purucker 지음, Theosophical University Press, 1974, 74쪽.

림자의 그림자쯤에 지나지 않는다고 할 수 있다. 일반적으로 이런 방식으로 분화된 초공간은 7중의 구조[23]를 가지고 있다고 신비학에서는 이야기한다.

> "공간은 비교의 상징학에서 '일곱 개의 피부를 가진 영원한 어머니-아버지'로 표현된다. 공간은 미분화(未分化) 상태에서 분화한 층에 이르기까지 일곱 층의 표면으로 구성되어 있다."[24]

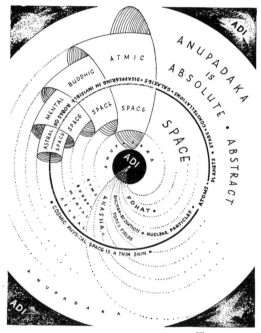

그림 5.5 일곱 개의 피부를 가진 공간[25]

---

23) 문헌에 따라서는 10중이나 12중으로 표현되기도 하는데, 그것은 보는 관점에 따른 차이다.
24) 각주18)과 동일한 도서, 9쪽.
25) 『공간-의식의 기하』, James S. Perkins 지음, The Theosophical Publishing

이 분화된 일곱 층의 공간을 신비학에서는 존재의 계(plane of existence)라고 하는데, 각각의 존재계는 다음과 같은 나름대로의 이름을 가지고 있다.[26]

아디계	(Adi plane)
아누파다카계	(Anupadaka plane)
아트마계	(Atmic plane)
붓디계	(Buddhic plane)
멘탈계	(Mental plane)
아스트럴계	(Astral plane)
물질계	(Physical plane)

우리가 인식하는 3차원 공간은 물질계에 해당한다. 물질계의 궁극원자인 아누에 힘을 부어주는 상위의 4차원 공간은 아스트럴계이다.

"하나는 힘이 '바깥에서', 즉 4차원 공간인 아스트럴계에서 흘러들어와 아누를 통과하여 물질계로 쏟아져들어간다."[27]

그러나, 이들 상위 차원의 공간들이 말 그대로 일반 공간 개념의 '위'나 '바깥'에 존재하는 것은 아니다. 각 차원의 공간을 나타낸 위의

House, 1978/1986. 87쪽.

26) 존재계의 이름은 문헌마다 조금씩 차이가 있는데, 이것은 언어와 전통의 관점에 따른 차이다.

27) 『오컬트화학』 제3판, C.W.Leadbeater & Annie Besant 지음, Theosophical Publishing House, 1951, 13쪽.

그림은 상징일 뿐이다. 굳이 말하자면 모든 존재의 계들은 서로 중첩되어 있을 뿐 아니라, 3차원적인 위치 개념을 초월해 있다. 그러므로 아스트럴계의 공간으로 가기 위해서 초광속 우주선을 타고 태양계 바깥이나, 은하계 바깥으로 빠져나갈 필요는 없다. 라디오파나 가시광선, 자외선, 또는 X선과 같이 전혀 다른 주파수의 전자기파가 같은 공간을 점유하고 있는 것을 생각하면 중첩된 공간을 이해하는 데 조금은 도움이 될 것이다.

이처럼 공간론에서 현대물리학은 신비학이 그간 주장해오던 공간의 성질을 인정하거나 실험 혹은 수학적 계산으로 이를 반증해주는 과정을 밟아나가고 있다. 즉 캐시미어 효과는 신비학의 공간 충만설을, 아스페의 실험은 공간의 비국소성을, 그리고 홀로그래피와 홀론 개념은 부분과 전체의 유기적 관계를, 또 궁극원자와 우주 양쪽 다가 블랙홀일 수 있다는 사실은 신비학의 다중적 공간론을 확인해주는 첫 걸음이라 할 수 있을 것이다. 그리고 우리는 아누가 물질우주의 가장 작은 경계선에 위치해 있으면서도 그것이 한 세계의 끝이 아니라, 어쩌면 상위 차원이라고 해야 할 새로운 차원으로 들어가는 미지의 출입구가 되고 있다는 점에서 기계적 사고방식으로는 결코 이해할 수 없는 우주의 경이로움에 숙연함을 느끼지 않을 수 없는 것이다.

그렇다면 이제 이 공간을 가득 채우고 있는 매질의 성질에 대해 살펴보자.

6장

에테르의 바다

코일론과 에테르

어항을 보면 산소를 공급해주는 공기발생기를 통해 공기방울이 물 속에서 뽀글뽀글 올라오는 것을 볼 수 있다. 그것은 마치 하나의 구슬 같다. 그렇지만 우리는 그 구슬이 공기로 되어 있는 걸 안다. 우리는 평소에는 공기를 볼 수가 없다. 그런데 대기 중의 공기와 성분은 다를 것이 없건만, 그 공기가 어항 속에 들어가 있을 때는 우리는 공기를 '보고' 있다는 착각에 빠진다.

이번에는 우리 스스로가 물고기가 되었다고 상상해보자. 우리는 인간이 공기를 마시듯이 물을 마시고, 새가 날갯짓을 하듯이 지느러미를 퍼덕거린다. 우리가 한평생 바다 속에서만 사는 어종이라면, 인간이 공기의 존재에 무뎌지듯이 물의 존재에 무뎌질 것이다. 그리고는 바람이 부는 것을 보고 공기가 존재하는 것을 비로소 깨닫듯이, 물의 흐름을 느끼고서야 물의 존재를 이따금 인식할 것이다.

그런데 유유히 헤엄치고 있는 우리 눈앞에 어디선가 동그란 풍선 같은 것이 나타나서 흔들거리면서 위로 올라간다고 해보자. 그 표면은 반들반들해서 우리의 툭 튀어나온 눈이 반사되어 보일 정도다. 가슴지느러미로 그 풍선을 건드려보지만 모양이 찌그러지긴 해도 터지지는 않는다.

이렇게 공기방울은 물고기가 된 우리에게 하나의 실체라는 인상으로 강하게 다가올 것이다. 평생 단 한번도 해수면 위로 올라가보지 못한 우리는 공기방울의 정체가 본래 형태가 없는 기체라는 사실을—물고기 과학자가 있어 그 성분을 분석해보기 전에는—알기 어려울 것이다.

"물고기가 아니어서 다행이야." 공수증(恐水症)이 있는 누군가는 이렇게 말할지도 모를 일이다. 그러나 오컬트화학을 보는 순간, 나는 인간이 한 마리 물고기에 지나지 않음을 알게 되었다.

이제 또 하나의 질문에 대답할 때가 되었다. 나는 앞에서 아누가 물질계의 궁극원자임을 다양한 검토를 통해 주장해왔다. 그런데 궁극원자라고 하는 아누는 왜 그렇게 복잡한 구조를 하고 있는가? 스파릴래라고 하는 것은 무엇인가? 그것은 무엇으로 되어 있는가?

"더 잘 이해하기 위해 물질계의 궁극원자를 조사해보자. 이 원자에는 나선 혹은 철사 같은 것이 열 개 있는데, 나란히 있지만 결코 서로 접촉하지는 않는다. 이 나선을 하나 끄집어내어 펴면 완전한 원형이 되는데, 하나의 선이 아니라 코일 형태의 스프링이 된다. 1,680바퀴 회전하는 코일로 이루어진 스프링이다. 이 코일 하나하나를 제1스파릴라(전체를 나타낼 때는 제1스파릴래)라고 부른다. 이 제1스파릴래를 펴늘이면 훨씬 더 큰 원이 된다. 각각의 코일 역시 그 자체가 더 작은 코일 형태의 스프링이다. 이것을 제2스파릴라(스파릴래)라고 부른다. 이렇게 제7스파릴라(스파릴래)까지 존재한다. 각각은 앞의 것보다 더 정묘하며, 그 축이 앞의 것과 직각을 이루고 있다. 이 고리들을 펴는 과정을 계속 진행하면, 눈에 보이지 않는 줄 위에 있는 진주들처럼 상상할 수 없을 정도의 작은 점들로 이루어진 거대한 원을 보게 된다. 이 점들은 너무나 작아서 궁극의 원자 하나를 만드는 데는 수백만 개의 점이 필요하다. 이 점들이 우리가 현재 알고 있는 모든 물질의 기초인 것 같다."[1]

위에서 하나의 나선은 1,680개의 코일로 이루어져 있다고 했는데, 이 하나하나의 코일(제1스파릴라)은 7개의 더 작은 코일(제2스파릴라)로 이루어져 있고, 제2스파릴라는 또 다시 7개의 제3스파릴라로 이루어져 있다. 그리고 마지막 제7스파릴라는 7개의 작은 점으로 이루어져 있다.[2]

이 점들이 실질적으로 우리가 보는 모든 물질을 구성하고 있는 기초이다. 하나의 아누 속에는 이러한 점들이 약 140억 개가 있다. 이 작은 점들은 모든 물질의 토대이지만, 그 자체는 결코 물질이 아니다. 오컬트화학에서는 이 점들을 거품이라고 표현하고 있다.

---

1) 『오컬트화학』 제3판, C.W.Leadbeater & Annie Besant 지음, Theosophical Publishing House, 1951, 17쪽.
2) 10개의 나선 중에서 세 개는 나머지 일곱 개보다 조금 더 두꺼운 것을 알 수 있는데, 이 세 개의 두꺼운 나선에서는 점의 수에 조금 차이가 있다. 끝에서부터 살펴보면, 100개의 '마지막 스파릴라'에는 700개가 아니라 704개의 점이 존재한다. 175개의 점마다 1개가 더 늘어나는 것이다. 스파릴라의 순서가 올라갈수록 이상하게 조금씩 증가한다. 스파릴라의 서로에 대한 비율은 동일하고, 마지막 스파릴라 속에 있는 점의 수와 일치한다.

"이 단위들은 모두가 똑같으며, 모양은 구형(球形)이고 그 구조는 극히 단순하다. 이들은 모든 물질의 토대이지만, 그 자체는 결코 물질이 아니다. 이들은 덩어리가 아니라 거품들이다."[3]

"이 거품을 공기 중에 떠다니는 비누방울 같은 것이라 생각하면 안 된다. 비누방울은 얇은 막을 가지며 이 막을 기준으로 내부와 외부가 분리되면서, 막 자체가 내면과 외면을 가지고 있다. 하지만 아누의 스파릴래를 구성하는 거품은 공기 중의 거품보다는 차라리 물 속에서 보글보글 솟아오르는 거품과 비슷하다. 물 속의 거품은 단지 하나의 면만 가지고 있다. 즉 거품 속에 담긴 공기에 의해 뒤로 밀려나는 물의 면(面)만 있는 것이다. 물 속의 거품이 물이 아니고 물이 없는 지점인 것처럼, 모든 물질 원자를 구성하는 기본적인 단위는 코일론이 아니라 코일론이 없는 상태이다. 즉 코일론이 없는 유일한 지점이며, 코일론 안에서 떠도는 무(無)의 점들이다. 왜냐하면 이러한 공간-거품의 내부는 우리의 눈에는 하나의 절대공(absolute void)[4]으로 나타나기 때문이다."[5]

어항 속의 공기방울처럼, 스파릴래를 이루는 거품도 코일론(Koilon)이라고 부르는 바다 속에 생겨난 공기방울이다. 소위 공간을 가득 채우고 있는 것은 코일론이다.

---

3) 위와 동일한 도서, 17쪽.
4) 유(有)의 상태가 아니라 절대적으로 비어 있는 상태라는 뜻으로, 나중에 언급할 절대공(Absolute VOID)과는 의미가 다르다.
5) 위와 동일한 도서, 17쪽.

"이 물질을 코일론이라 부르자. 이것이 우리가 소위 공간이라고 부르는 것을 가득 채우고 있다. 물라프라크리티 혹은 '모물질(母-物質)'이 생각할 수 없는 엄청난 우주들의 총합이듯이, 코일론은 우리가 속하는 특정한 우주의 총합이다. 즉 우리 태양계뿐만 아니라 눈에 보이는 모든 태양을 포함하는 광대한 단일체. 코일론과 물라프라크리티 사이에는 아주 많은 단계들이 있지만, 현재로서는 그 수를 추정하거나 그 단계를 알 수 있는 방법이 전혀 없다."[6]

물 속의 공기방울이 물이 아니라 물이 없는 영역인 것처럼, 아누를 이루는 거품도 코일론이 아니라 코일론이 없는 상태라는 것이다. 물질을 이루는 것은 바로 이 거품이며, 우리가 인식하는 것도 바로 이 거품이다. 역으로 우리는 코일론을 인식하지 못한다. 우리의 본질이 거품과 같은 것이기 때문이다. 비어 있는 그것, 우리가 있다고 생각하는 것이 사실은 없는 것이고, 우리가 없다고(비어 있다고) 생각하는 것이 사실은 있는 것이다. 코일론은 비현현의 상태여서 우리가 알아차릴 수가 없다.

코일론과 관련하여 생각할 수 있는 것은, 한때 과학자들이 가정하였던 에테르(ether)란 개념이다. 신비학의 우주론에서는 에테르에 해당한다고 볼 수 있는 여러 가지 개념이 등장한다. 에테르(ether), 에테르(aether), 아스트럴광(astral light), 아카샤(akasha) 등이 그것이다. 그러나 코일론이야말로 진정한 의미의 에테르에 해당되는 것으로 추정된다.

에테르란 개념은 매우 오래된 것이다. 고대 그리스 철학자들은 공

---

6) 각주1)과 동일한 도서, 17쪽.

간을 충만(Fullness)을 의미하는 '플레로마(pleroma)'라고 불렀다. 진공을 부정한 아리스토텔레스와 데카르트의 머리 속에는 힘을 전달하는 매질로서의 에테르란 개념이 자리잡고 있었다. 뉴턴 역학은 에테르의 가정 없이도 천체의 운행을 아주 잘 기술하였지만, 정작 뉴턴 자신은 에테르의 존재를 긍정하지도 부정하지도 않았다.

한편 음파나 수면파와 같은 파동은 반드시 매질을 필요로 한다. 게다가 토마스 영(1791~1865)의 이중 슬릿 실험과 오거스틴 프레넬(1788~1827)의 빛의 회절 이론, 장 푸코(1819~1868)의 물 속에서의 광속도 측정, 그리고 제임스 맥스웰(1832~1879)의 전자기 이론에 이어 헤르츠(1857~1894)가 1888년에 실험적으로 전자기파의 검증에 성공하는 등 빛이 파동성을 지닌 전자기파인 것으로 밝혀지자,[7] 빛을 전달하는 매질로서 에테르의 존재가 상정되었다.

그러나 19세기 말까지만 하더라도 거의 모든 과학자들이 믿어 의심치 않던 에테르의 존재는, 에테르의 존재를 그토록 확인하고자 열망하였던 알버트 마이켈슨과 에드워드 몰리의 실험이 실패함으로써 중대한 위기를 맞이하게 되었다.

지구는 태양 주위를 약 $30km/sec$의 속도로 공전하고 있고, 태양은 다시 다른 별들에 대해 운동을 하고 있으며, 태양계 전체는 약 $250km/sec$의 속도로 은하의 핵을 중심으로 공전하고 있다. 그러므로 만약 에테르가 존재하고 지구가 에테르 속을 움직이는 것이라면, 지구에서 보았을 때는 에테르가 흐르고 있는 것으로 관측될 것이다. 이 에테르의

---

7) 플랑크의 양자 가설과 아인슈타인의 광전효과 발견 등으로 빛은 파동의 성질 뿐 아니라 입자의 성질도 동시에 갖는 것으로 밝혀졌으며, 빛의 입자를 광양자(光量子)라 부르게 되었다.

흐름을 에테르 유동이라고 하자. 그런데 어떤 물체가 매질 속을 움직일 때에는 저항을 받게 된다. 물 속에서 수영하거나 공기 중에서 뜀박질을 할 때 물과 공기의 저항을 느끼는 것처럼 말이다. 고속도로를 달리는 차에서 창문을 열어놓으면 그 효과를 더욱 확연히 느낄 수 있다. 마찬가지로 에테르라는 매질이 존재한다면, 비록 우리가 그 효과를 느끼지는 못하지만 빛은 영향을 받을 것이라고 가정해볼 수 있다.

1887년에 마이켈슨과 몰리는 에테르 속을 움직이는 빛의 속도 변화를 측정할 수 있는 실험방법을 고안하였다. 그들은 광 간섭계의 나트륨 등에서 나온 빛이 거울을 통해 서로 수직으로 갈라져, 일부 광선은 에테르 유동에 대해서 수직방향으로, 나머지 광선은 에테르 유동과 같은 방향으로 동일한 거리를 일주하게끔 한 다음, 이 두 갈래의 빛이 하나로 합쳐지게 하였다. 일주하는 데 걸린 시간이 차이가 난다면, 합쳐진 두 개의 빛은 간섭무늬를 만들어낼 것이다. 따라서 실험장치의 방향을 돌려가면서 실험한다면, 어느 한 광선의 방향이 에테르 유동과 수직을 이룰 때 간섭효과는 최대가 되고, 두 광선 모두 에테르 유동과 45도의 각도를 이룰 때 최소의 효과를 나타낼 것이다. 따라서 장치가 회전함에 따라 간섭으로 인한 주름무늬는 계속 변화할 것으로 예상할 수 있었다.

그러나 마이켈슨과 몰리는 아무런 간섭효과도 발견할 수 없었다. 그들은 에테르의 증거를 찾기 위해 실험장치의 방향을 바꾸어가며 끈질기게 실험하였으나 결과는 모두 실패였다. 이후 많은 사람들이 마이켈슨-몰리의 실험을 반복해봤지만 결과는 마찬가지였다. 모든 실험 결과는 에테르의 존재를 강력하게 부정하는 것이었고, 과학자들은 이것을 어떻게 설명해야 할지 알지 못했다.

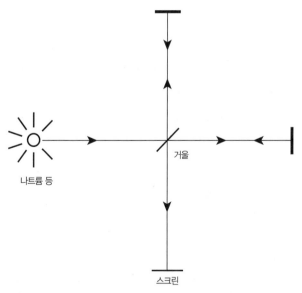

나트륨 등

거울

스크린

그림 6.1 마이켈슨–몰리의 실험장치 개요[8]

에테르에 대한 해석은 그로부터 얼마 뒤에 헨드릭 로렌츠가 새로운 가설을 내놓음으로써 새로운 국면을 맞았다. 기존의 에테르가 다분히 기계적인 개념이었던 데 비해, 1904년에 로렌츠가 내어놓은 에테르 개념은 전자기적인 것이었다. 그는 아원자 입자들이 에테르와 구별되는 일종의 당구공 같은 것이 아니라, 에테르 그 자체로부터 형성된 파동의 여기(勵起)상태와 같은 것이라고 생각하였다. 그러므로 물질 자체가 에너지파와 같은 전자기적인 본질을 가진 것으로 보았던 것이다.

한편, 조지 피츠제럴드(1851~1901)와 로렌츠는 빛의 속도에 근접한 속도에서는 물체가 움직이는 방향으로 수축될 수 있다는 가설을 내놓

---

8) 『빅뱅을 넘어서-*Beyond The BIG BANG*』, Paul A. Laviolette 지음, Park Street Press, 1995, 245쪽.

았다. 만약 그렇다면 마이켈슨-몰리의 실험장치 자체가 에테르 유동이 있는 방향으로 수축되어 실험결과가 무의미해졌다는 해석이 가능한 것이다. 왜냐하면 피츠제럴드-로렌츠의 가설대로 수축이 일어난다면 빛의 신호가 에테르 속을 어느 방향으로 움직여나가든지 일주하는 데 걸리는 시간은 똑같을 것이기 때문이다.

로렌츠의 방정식은 또한 움직이고 있는 시계의 시간이 느리게 갈 것이고, 시계의 기계장치가 광속에 가까워질수록 물리적인 움직임은 더 느려질 것임을 함축하고 있었다. 그러나 로렌츠는 한동안 시계의 지연 현상을 실제적인 물리 효과로서 인정하지 않았다. 그 결과 이 현상을 처음으로 지적한 영예는 아인슈타인에게 돌아가게 되었는데, 아인슈타인은 이 효과에 대해 전혀 다른 해석을 내리고 말았다. 즉, 1905년에 발표한 특수상대성 이론에서 시계의 지연 현상을 시간 그 자체의 지연 현상으로 결론내린 것이다. 이렇게 해서 속도에 따라 물체 자체가 수축된다는 피츠제럴드-로렌츠 수축 가설은 속도에 따라 공간과 시간이 바뀐다는 상대성 이론의 일부가 되고 말았다.

한편 구스타프 미에는 물질에 대한 로렌츠의 전자기적 개념을 더욱 발전시켰다. 그는 전자와 같은 기본 입자들은 전기와 자기장의 강도가 특별히 높은 곳에 해당될 뿐이고, 그 위치에서는 통상적인 전자기 역학 방정식이 더 이상 적용되지 않고 새로운 유형의 비선형 행동이 나타나 물질이 된다고 추론했다. 로렌츠와 미에, 그리고 전자기적인 에테르의 개념을 갖고 있던 다른 사람들은 이렇게 여전히 에테르를 유일한 실재로 보았다.

사실 이미 19세기에 켈빈 경을 비롯해서 톰슨과 올리버 롯지 경 등도 이와 유사한 생각을 가지고 있었다. 1867년에 보텍스-원자 이론을 발표한 켈빈 경은 물질의 원자란 건 보텍스링 운동을 하는 에테르 질류의 어떤 형태일지도 모른다고 가정하였던 것이다.[9] 또 전자를 발견한 톰슨은 모든 질량과 운동량, 운동에너지는 결국 에테르의 질량과 운동량, 운동에너지에 불과하다고 주장하였다. 그리고 올리버 롯지 경은 1882년에 하나의 연속적인 질료가 모든 공간을 가득 채우고 있는데, 그것은 빛의 형태로 진동할 수 있으며, 양전기와 음전기로 전단(剪斷) 변형을 일으킬 수 있고, 소용돌이 형태가 되었을 때에는 물질을 구성하며, 충돌에 의한 충격이 아닌 연속성을 통해서 물질의 모든 움직임과 반응을 전달하는 것이 가능하다고 에테르에 대해서 썼다.

이렇게 에테르를 지지하는 사람들은 에너지파를 비롯한 모든 물리현상과 물질 입자들은 우주에 보편적으로 존재하는 에테르가 여기되어 외형상으로 나타난 것으로 보았으며, 에테르와 입자를 별개로 나누어 이분법으로 볼 필요도 없다고 생각했던 것이다.[10]

그러나 로렌츠와 미에의 에테르 이론은 물리학계에서 확실한 위치를 확보하지 못했다. 바로 1905년에 아인슈타인이 특수상대성 이론을 발표한 것이다. 만일 빛의 한 방향 속도가 일정한 상수값을 유지한다는 특수상대성 이론의 가정(즉 광속 불변의 법칙)을 받아들이면 관찰자가 속해 있는 좌표계의 속도에 관계없이 마이켈슨-몰리의 실험결과도 단순하게 설명할 수 있을 터였다.

아인슈타인의 해석은 공간과 시간의 절대적인 기준계를 가정하는 고전적 개념을 반박하는 것이었다. 대신에 아인슈타인은 공간상의 두 지점이나 시간상 두 사건간의 간격이 관찰자가 얼마나 상대적으로 빨

---

9) 『비교의 물리』, William Kingsland 지음, 1909, 13쪽.
10) 위와 동일한 도서, 15쪽.

리 두 지점을 움직여가느냐에 따라 무한하게 변할 수 있는 탄성적인 양이라고 이론화하였다. 그런데 이렇게 관찰자의 속도를 시공간에 의존하도록 만드는 것은 일반적인 직관에 반해 매우 복잡한 해석을 불러일으키는 것이다. 예를 들면, 군중 속에 있는 한 사람을 서로 다른 백 가지의 방향으로 움직이는 백 명의 사람들이 동시에 관측한다고 해보자. 상대성 이론대로라면, 이 백 명의 사람들은 각각 그 자신만의 척도를 가진 백 개의 서로 다른 시공 틀 속에 존재하게 되는 것이다.

아인슈타인의 이론은 또한 쌍둥이 시계 패러독스나 광원속도의 패러독스와 같은 문제들을 야기한다. 전자기적 에테르 이론이라면 이런 모순들이 발생하지 않는다. 그러나 물리학자들 대부분은 전자기적 현상을 오로지 수학적인 기술로만 이해할 뿐이고, 구체적인 실체의 개념과 분리시켜 장 방정식으로 다루는 데 익숙해져서 이런 패러독스들을 기꺼이 감수하는 쪽을 택한다. 그들은 수학적 우아함에 기초하여 상대성 이론을 수용하기를 마다하지 않으며, 직관에 반하는 것으로 보이는 암시들도 너그럽게 보아 넘기려 한다. 어쨌든 1910년경에는 이미 특수상대성 이론이 널리 받아들여지기 시작하였다.[11]

상대성 이론의 성공은 곧 에테르 가설의 실패를 뜻하였다. 상대성 이론은 에테르를 필요로 하지 않았다. 게다가 광속 불변의 법칙과 그에 따른 무수한 시공 틀을 가진 상대성 이론은 단지 하나의 공간과 시간의 척도만을 수반하는 에테르 개념과는 양립할 수 없는 것이었다. 오늘날 상대성 이론이 최대의 찬사와 함께 확고한 지위에 올라섬으로써, 에테르 가설은 마이켈슨-몰리의 실험 실패에 이어 이미 영원히 종말을 맞이했다고 보는 것이 과학계의 일반적인 정설이다.

---

11) 각주8)과 동일한 도서, 248쪽.

그러나 비록 권위에 밀려 역사의 뒤안길로 사라지기는 했지만, 상대성 이론에 대한 반론도 만만치는 않았다. 주목할 만한 첫 번째 반론은 아인슈타인이 상대성 이론을 발표한 지 얼마 안 된 1913년에 프랑스의 물리학자 게오르그 사그낙이 실험을 통해 제기했는데, 이로 인해 상대성 이론은 심각한 도전에 직면하게 되었다.

사그낙은 광원을 회전반 위에 설치하였다. 사그낙은 거울을 사용하여 그 빛을 두 개의 광선으로 나누어, 회전반의 페리미터(perimeter) 주위를 서로 반대 방향으로 움직이게 하였다. 그 다음 두 개의 광선을 재결합하여 간섭 무늬를 만들어냈는데, 회전반이 시계방향으로 돌 때 광선의 간섭무늬가 회전반의 속도에 비례해 변화되는 것이 발견되었다. 이것은 회전반의 회전에 따라, 시계반대 방향으로 움직이는 광선이 그 일주를 마치는 데 걸리는 시간이, 시계방향으로 움직이는 광선의 일주 시간보다 적게 걸린다는 것을 의미한다. 사그낙은 이것을 빛이 에테르 속을 움직이는 직접적인 증거로 간주하였다. 사그낙의 발견은 나중에 유도장치 기술에 중요한 진보를 가져다주었는데, 오늘날 보잉 757기와 보잉 767기 같은 여객기들을 유도하는 링-레이저 자이로스코프는 바로 이와 똑같은 원리에 의해 작동된다.[12]

사그낙의 실험은 한때 상대성 이론을 혼란에 빠뜨렸지만, 상대성 이론의 지지자들은 곧 그 실험결과를 해명하는 방법을 생각해냈다. 1921년에 폴 랑제방이 상대성 이론의 시간지연 효과를 고려하면 사그낙의 실험결과가 무효화될 수 있다고 주장한 것이다.

랑제방의 주장이 잘못되었음을 보여주는 논문은 벨연구소의 허버트 아이브에 의해 1938년에 발표되었는데, 이 논문에 의하면 적어도

---

12) 위와 동일한 도서, 249쪽.

회전하는 좌표계에서는 사그낙의 해석이 정당하며, 특수상대성 이론은 잘못되었다. 그러나 아이브의 반증에 주의를 기울이는 사람은 거의 없었으며, 랑제방의 논문 발표 이후 에테르 가설은 점차로 낡은 것이 되어갔다. 물리학자들은 특수상대성 이론에서 에테르에 관한 것은 잊어버리고 오직 장 방정식에만 관심을 기울였다. 그들에게 있어서 에테르의 존재를 완전히 부정하는 일은 상대적으로 사소한 것으로 여겨졌다.[13]

1951년에 아이브는 다시 한 번 아인슈타인 이론의 중대한 결점을 폭로하였다. 마이켈슨-몰리의 실험결과에 상대성 이론의 푸엥카레 법칙을 적용하여, 상대적으로 움직이는 계에서 빛의 한 방향 속도는 아인슈타인이 주장하는 것과 같이 항상 상수인 c(광속도)가 되지 않음을 보여준 것이다. 오히려 한 좌표계에서 다른 좌표계로 이동할 때 상수로 남는 것은 자와 시계의 눈금과 그것을 사용하는 방법을 기술한 용어가 포함되는 매우 복잡한 수학적 함수였다. 아인슈타인의 결과는 정상적인 물리 방법으로는 측정할 수 없는 시간과 공간의 양을 사용함으로써만 얻을 수 있다는 것이 명백하였다. 특수상대성 이론의 불안정한 관찰 근거를 가지고 자기 만족에 빠진 물리학계에 화가 난 아이비는 "측정기구에 의지하지 않고 권위적인 명령에 의해 미지의 속도(빛의 한 방향 속도)에 한정된 값을 할당하는 것은 참된 물리 작업이라 할 수 없으며, 오히려 일종의 의식(儀式)에 가깝다고 하는 것이 더 적당할 것이다. 광속 불변의 원리는 단지 이해할 수 없을 뿐 아니라, 객관적인 사실로도 뒷받침되고 있지 않다"고 비판하였다.[14]

---

13) 각주8)과 동일한 도서, 249쪽.
14) 위와 동일한 도서, 250쪽

아이브는 1940년대와 1950년대 초를 통하여 상대성 이론에 대한 그의 투쟁을 계속하였다. 그는 전자기적인 에테르 이론이 특수상대성 이론을 지지하는 것으로 자주 인용되는 실험결과들을 설명할 수 있다는 걸 보여주는 논문들을 연속해서 발표하였다. 로렌츠의 이론에 대한 그의 설명은 오늘날 '잣대수축-시계지연 에테르 이론'으로 알려져 있다. 그러나 그의 노력은 다른 과학자들의 상대론적인 견해에 별 영향을 주지 못했다.

아인슈타인의 특수상대성 이론은 특별히 빛의 한 방향 속도가 일정할 것을 요구한다. 만약 그렇지 않다면 특수상대성 이론은 틀리게 될 것이다. 그러나 마이켈슨-몰리의 실험은 빛의 양방향 왕복속도의 평균이 일정하다는 것을 보여줄 뿐이지, 빛의 한 방향 속도가 어느 방향을 향하든지 일정하다는 것을 증명하는 것은 아니다. 따라서 특수상대성 이론은 마이켈슨-몰리 실험의 결과를 훨씬 넘어서 불확실한 외삽법(外揷法) 위에 세워진 셈이다.[15]

비록 아무도 빛의 한 방향 속도를 정확하게 측정하는 데 성공하지 못했지만, 1987년에 어네스트 실버투스는 빛의 파장이 빛이 전파되는 방향에 따라 변하는 것을 뚜렷하게 보여주는 실험결과를 발표하였다. 실버투스는 파장을 측정하기 위한 특별한 종류의 레이저 간섭계를 만들었는데, 이 장치에는 조정이 가능한 거울과 광선 스플리터들이 포함되어 있다. 그것은 서로 반대 방향의 두 레이저 광선을 서로 간섭하게 하여 일정한 간격의 밝고 어두운 띠나 무늬로 나타나는 정상파형(定常波形)을 만들어내는 장치였다. 그는 이어서 특별히 제작된 TV 카메라를 이용하여 이 무늬의 간격을 측정하였다. 이 검출기에는 그 유효 두

---

15) 위와 동일한 도서, 250쪽

께가 레이저 광선의 파장보다도 10% 이내로 작은 투명한 감광층이 있어서 매우 정확한 측정이 가능하였다.

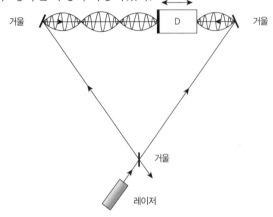

그림 6.2 실퍼투스의 파장 측정 장치[16]

실버투스는 서로 반대 방향을 향하도록 조정된 레이저 광선이 천구의 사자자리와 일치하도록 정렬되었을 때 간섭무늬의 간격이 가장 좁아지는 것을 발견하였다. 그는 이것이 에테르 속을 움직이는 지구의 방향을 나타낸다고 생각하였다. 실버투스는 간섭무늬의 이 최소 간격을 측정하여 지구가 사자자리를 향하여 약 $378(\pm 19) km/sec$의 속도로 움직인다는 결론을 내렸는데, 몇 년 후에 더 개선된 장치를 만들어 행한 실험에서도 비슷한 결과를 얻었다. 이와는 별도로 천문학자들은 태양계가 주위의 $3°K$ 의 우주 마이크로파 배경복사의 복사장에 대하여 $365(\pm 18) km/sec$의 속도로 사자자리 남쪽 부분을 향하여 움직인다는 사실을 발견하였다. 이것은 실버투스의 실험결과와 상당히 일치하며,

---

16) 각주8)과 동일한 도서, 250쪽

마이크로파 배경복사가 국부적인 에테르 정지계에 대하여 고정되어 있음을 의미한다.

이처럼 실버투스의 발견은 방향에 따라 빛의 한 방향 속도 역시 변화한다는 증거를 제공하는 것이다. 말하자면 사그낙의 실험이 회전하는 좌표계에서 특수상대성 이론이 적용되지 않음을 보여준 것이었다면, 실버투스의 실험은 특수상대성 이론이 선형 움직임에서도 적용되지 않음을 시사하는 것이었다.[17]

에테르의 존재를 지지하는 또 하나의 증거는 그리스의 물리학자 파나지오티스 파파스와 미국 물리학자 피터 그라누가 수행한 전기역학적인 실험으로부터 얻어졌다. 이 실험결과는 하전된 입자들이 자기장을 발생시키는 방법을 묘사하는 데 사용되어왔던 상대론적인 로렌츠 수축의 법칙이 보편적으로 유효한 것이 아니며, 대신 좀 더 정확하고 비상대론적인 암페어의 힘의 법칙으로 바뀌어야 함을 보여주는 것이었다. 암페어의 힘의 법칙에 따르면, 모든 전기역학적인 상호작용은 우선하는 절대적인 좌표계, 즉 에테르 정지계와 관련되어 있다.[18]

실버투스와 사그낙, 아이브, 파파스, 그리고 다른 몇몇 사람들의 발견은 우리가 에테르의 존재를 받아들여야 할 뿐만 아니라, 상대성 이론과 상대성 이론에 바탕을 둔 현대 우주론을 다시 재고해야 할 필요가 있음을 말해준다.

현재 일부 물리학자들 사이에서는 에테르 개념이 새롭게 부활되고 있다. 그러나 19세기에 유행하던 기계적인 개념의 에테르 이론으로 돌아갈 수는 없다. 마이켈슨-몰리의 실험이 그 가능성을 부정하고 있

---

17) 위와 동일한 도서, 251~252쪽
18) 위와 동일한 도서, 252쪽

기 때문이다. 수학적으로 난해한 로렌츠의 '전자기 에테르 이론'과 아이브의 '잣대수축-시계지연 에테르 이론'이 마이켈슨-몰리의 실험결과를 설명할 수도 있지만, 폴 라비올레는 1995년에 펴낸 『빅뱅을 넘어서』에서 자신의 독특한 에테르 이론을 내세우면서 좀 더 구상적인 에테르를 가정할 필요성을 역설하였다.

그는 위의 책에서 일반 시스템 이론과 카오스 이론을 응용하여 에테르가 물질로서 현현하는 과정을 도식화하면서, '반응-확산 파동'이라는 새로운 개념의 파동을 제안하였다. 이 반응-확산 파동은 수동적이고 불활성인 기존의 기계적인 파동이 자발적으로 생성될 수 없는데 반해(따라서 이 기계적인 파동의 매질은 단순히 파동을 전달하는역할만 할 뿐이다), 일정 상황하에서는 자발적으로 생성될 수 있는 파동이다. 반응-확산 파동은 매질의 접혀진 질서가 외부로 드러난 표현이기도 하다. 반응-확산 파동, 또는 화학적 파동의 쉬운 예로 벨로소프-자보틴스키 반응을 들 수 있다.(그림 6.3)

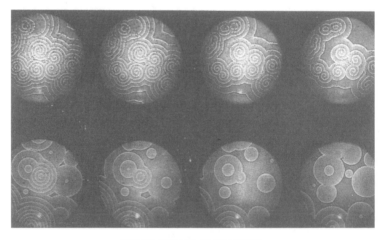

그림 6.3 벨로소프-자보틴스키 반응

라비올레는 또 그의 변성 에테르 이론을 이집트의 창조신화와 서양 트럼프의 원형이자 역시 이집트에 기원을 갖는 타로(Tarot)카드, 그리고 점성학과 연계시켜 흥미로운 풀이를 하고 있다. 그는 자신의 변성 에테르 이론이 기원전 500년경 고대 그리스의 철학자 헤라클리투스의 '원초적 유동'과 유사한 점이 있다고 지적하였다. 헤라클리투스는 에테르를 불에 비유하면서 에테르가 끊임없이 변화하며, 그 자신의 구성성분의 동시 발생적인 창조와 파괴를 지탱하는 것으로 상상하였다. 그의 표현에 따르면 이 질서정연한 우주(코스모스)는 얼마간은 켜져 있고, 얼마간은 꺼져 있는 영원히 사는 불이다.[19]

그런데 오컬트화학의 코일론은 전자기적인 에테르 또는 라비올레의 변성 에테르의 개념과 마찬가지로 물질이 일어나는 바탕이 된다는 점에서 공통점이 있지만, 그 자신은 물질과는 다른 질서와 유형에 속한다는 데 차이점이 있다.

"투시를 통하여 확대할 수 있는 능력을 가진 사람에게는, 코일론이 실제와는 다를지 모르지만 동질(同質) 혹은 균질(均質)적인 것으로 보인다. 코일론은 우리가 알고 있는 어떤 물질보다도 상상을 초월할 정도로 조밀한 점에서는 과학에서 말하는 에테르의 요구조건을 만족시킨다. 하지만 코일론은 물질과는 전혀 다른 질서와 유형에 속한다. 왜냐하면 우리가 물질이라고 부르는 것은 코일론이 아니라 코일론이 없는 상태이기 때문이다. 그러므로 실제 상황을 이해하려면 물질과 공간에 대한 우리의 개념을 거의 180도 수정해야 한다. 비어 있음은 곧 비어

19) 각주8)과 동일한 도서, 66쪽.

있지 않음이고, 비어 있지 않음은 곧 비어 있음이다."[20]

기존의 에테르 이론들은 물질과 에테르를 모두 실체로 보고 있는 반면에, 오컬트화학의 코일론-에테르 개념은 물질의 실체를 부정한다. 비록 아누라는 구상적인 물질의 최소 단위를 제시하고 있지만 그 실체는 공(空)한 것이다. 통상적인 믿음과는 반대로 진공은 어마어마한 밀도로 꽉 차 있고 물질은 비어 있다.

이와 비슷한 개념을 1902년에 오스본 레이놀즈 교수가 제안한 바 있다. 물질은 에테르의 질료 속에 생긴 일종의 결함이나 갈라진 틈, 또는 잘 맞지 않고 어긋난 열 같은 것으로, 질료로 충만한 것이 아니라 오히려 질료가 없는 상태라고 가정한 것이다.[21]

그렇다고 물질이 없다고 할 수는 없다. 다만 우리는 실체가 아닌 것을 실체로 믿고 있을 따름이다. 우리가 똑똑한 물고기라면 바다의 수면 위로 떠올라 바다의 존재를 깨우칠 수가 있을 것이다. 마찬가지로 코일론이라는 바다를 보려면 날치나 돌고래처럼 수면 위로 뛰어올라야 한다. 그러나 우리는 코일론의 바다를 빠져나갈 수가 없다. 우리의 우주는 '바깥'도 존재하지 않고 '수면'도 존재하지 않기 때문이다. 결국 우리는 공기방울로 지어진 용궁을 진짜라고 착각하면서 코일론의 바다 속에 영원히 묻혀 사는 심해 어족에 불과하다.

---

20) 각주1)과 동일한 도서, 16~17쪽.
21) 각주9)와 동일한 도서, 26쪽.

원초적 질료

코일론은 물질 그 자체는 아니지만(또는 물질과는 다른 유형이지만) 물질의 바탕이 된다. 나는 그것이 아인슈타인이나 그 밖의 몇몇 사람들이 찾고자 꿈꾸어왔던 통일장(unified field)에 해당하는 것이라고 생각한다. 마치 공간이 하나의 단일체인 것처럼, 공간의 분화물이자 그 공간을 가득 채우고 있는 코일론 역시 하나의 단일체라고 이야기할 수 있다.

"이 물질을 코일론이라 부르자. 이것은 우리가 소위 공간이라고 부르는 것을 가득 채우고 있다…… 코일론은 우리가 속하는 특정한 우주의 총합이다. 즉 우리 태양계뿐만 아니라 눈에 보이는 모든 태양을 포함하는 광대한 단일체다."[22]

이 단일체라는 개념을 하나의 덩어리를 이루는─원자와 분자의 집

---

22) 각주1)과 동일한 도서, 16쪽.

합체에 지나지 않는—연속적인 물체를 뜻하는 것으로만 받아들이는 것은 큰 잘못이다. 이 개념을 보다 정확히 이해하기 위해서는 타키온의 예를 드는 것이 좋을 것 같은데, 타키온은 일반적으로 알려진 입자들과는 달리 빛보다 빠르게 움직이는 초광속 입자이다. 물론 특수상대성 이론이 초광속을 허용하지 않고 있으므로, 타키온은 기존의 상대론적인 물질관에서는 존재할 수 없는 가상의 입자로 취급받고 있다.

보통의 물질 입자는 에너지를 가하면 속도가 점점 빨라져서 광속에 접근하게 된다. 따라서 속도가 0일 때 가장 낮은 에너지 상태가 된다. 그러나 이와는 반대로, 타키온은 아무리 에너지를 가하여도 빛의 속도보다 낮출 수가 없다. 오히려 무한대의 속도일 때 타키온은 가장 안정된 에너지 상태가 되는데, 무한대의 속도를 가지고 있다는 이야기는 동시에 모든 곳에 존재한다는 말과 같은 것이다. 다시 말하면, 무한대의 타키온이란 곧 공간 그 자체를 의미한다.

그러므로 코일론을 타키온에 해당하는 것으로 가정할 때, 코일론-타키온은 나뉘어진 입자들의 집합이라기보다는 전체를 하나의 동일한 존재로서 보는 것이다. 그리고 이것이 공간을 가득 채우고 있는 코일론이 하나의 단일체라고 이야기하는 이유이다.

앞 절에서 공기방울을 비유로 설명한 것처럼, 코일론은 물질에 속하는 것이고, 실제적인 물질이란 아무것도 없는 것이라고 할 수도 있을 것이다. 그런데 우리가 물질 또는 물체라고 부르던 것을 계속 물질이라고 부르기를 고집한다면, 반대로 코일론을 물질이라고 부르면 안될 것이다. 그러나 이 책에서는 앞으로 코일론 역시 물질이라고 부를 것이다. 이 둘이 비록 서로 다른 유형과 질서에 속하는 것이기는 해도, 이 둘이 함께 빚어져 비로소 물질이라는 조각품을 내어놓는 것이므로 이 둘을 서로 떼어놓기가 불가능할 뿐 아니라, 나아가 코일론은 물질의 재료라고까지 할 수도 있기 때문이다. 그것은 마치 터널의 실체가 아무것도 없는 텅 빈 공간이지만 터널을 만들고 있는 것은 아치형의 기다란 콘크리트 원통인 것과 비슷한 이치이다. 또 다른 예로 물질을 물결치는 파도에 비유한다면 코일론은 바닷물과 같다. 즉 바닷물이 없다면, 아무리 바람이 불어도 파도가 일어날 수 없는 것이다. 그리고 코일론을 물질(더 정확하게는 질료의 개념)로 간주하는 더 중요한 이유는 코일론조차도 더 높은 질서의 하위 개념에 불과하다는 데 있다.

"현대과학이 아무리 에테르를 무엇이라고 인식하여도, 에테르는 결국 분화된 질료에 지나지 않는다."[23]

아누도, 코일론-에테르도 물질의 궁극이 아니라면, 도대체 무엇이 이들을 존재하게 하였는가? 또는 위의 인용문처럼 에테르가 그 어떤 것으로부터 분화된 질료에 불과하다면, 분화 이전의 것은 무엇이었을까? 이 어떤 것을 최초의 근원 질료라는 의미에서 '원초적 질료(Primordial Substance)'라고 부르기로 하자.

물질(Matter)과 질료(Substance)는 어떻게 다른가? 둘을 확연하게 구분하는 것은 쉬운 일이 아니지만, 대체적으로 이 책에서는 물질을 질량이나 관성, 전충성(塡充性, 물체가 공간을 점유하는 성질)과 같은 특성을 지니고 있는 것으로, 질료는 이런 특성들을 갖지는 않지만 보다 원인적이며 물질을 구성하는 재료라는 개념으로 사용하고 있다. 물질이 가진 위와 같은 특성은 본래부터 물질에 내재해 있는 본원적인

---

23) 각주9)와 동일한 도서, 24쪽.

성질이라고 볼 수 없으므로(차차 설명할 것이다), 물질은 질료에 비해 부차적인 것, 또는 질료의 운동이나 결합 같은 작용의 결과로 나타난 일종의 효과라고 볼 수 있다. 그러나 이 책에서 이런 구분이 항상 유지된 것은 아니고, 경우에 따라 물질과 질료를 서로 바꾸어 쓰기도 하였다. 예를 들어, 의식이나 생명과 대비하여 존재의 물질적 측면을 말할 때에는 질료라 하지 않고 물질이라 하기도 하였다.

에테르를 상상하는 것도 쉬운 일이 아닌데, 과학의 개념이나 인간의 인식능력으로 원초적 질료를 그려보는 것은 지극히 어려운 일이다. 사실 이 이상의 것을 다루는 것은 형이상학 중에서도 형이상학의 영역에 속하는 것이다. 그러나 물질의 본질에 다가가려는 우리의 노력을 멈출 수가 없기에 신비학의 지혜에 의존해서라도 남은 여정을 계속해 나가기로 하자.

원초적 질료를 신비학에서는 산스크리트어로 물라프라크리티(Mulaprakriti)라 한다. 물라프라크리티는 문자적으로 천지만물 또는 물질의 뿌리를 의미하며,[24] 굳이 우리말로 번역하자면 '모물질(母物質)'이라고 할 수 있을 것이다. 오컬트화학의 표현대로 "코일론과 물라프라크리티 사이에는 아주 많은 단계들이 있지만, 현재 그 수를 추정하거나 그 단계를 알 수 있는 방법이 전혀 없다."[25] 모물질이라는 말이 나타내는 것처럼 물라프라크리티는 코일론을 포함한 모든 물질과 질료의 모체가 되는 것이다. 그렇지만 물라프라크리티는 동서양의 여러 신비주의에서 이야기하는 아카샤나 에테르보다도 훨씬 더 상위의 개념이다(코일론조차도 이들보다는 더 상위의 개념이다. 아카샤나 에테

---

24) Mula: the root, prakriti: nature
25) 각주1)과 동일한 도서, 16쪽.

르 모두 일반 물질과 코일론의 중간 단계에 해당하며, 이때의 에테르(aether)는 코일론-에테르와 같지 않다. 에테르라는 이름에 대해서는, 여러 단계의 물질 상태가 같은 이름으로 불리고 있다는 사실을 미리 알아두면 혼란을 줄일 수 있다. 또 오컬트화학과 여러 신비 문헌에서는 물질계의 보다 정묘한 부분, 즉 기체 상태를 넘어서 아원자 수준에 해당되는 물질 상태를 에텔(ether)이라 부르는데, 이것 역시 과학계에서 논의하는 에테르나 위의 에테르와 혼동하지 않기를 바란다).

우리는 지금까지의 여행을 통해서 공간과 물질이 사실상 서로 구별될 수 없는 성질의 것임을 보았다. 우리는 보통 우주가 한 점에서 팽창해나왔다는 빅뱅 이론 등의 영향으로 우주가 창조되면서 비로소 공간이 생겨났다고 생각하기 쉬우나, 신비학에서는 공간이야말로 우주의 현현(顯現)과 관계없이 존재하는 우주 이전의 상태라고 생각한다.

"우주가 존재하건 존재하지 않건 간에, 과거에도 있었고, 현재에도 있으며, 미래에도 있을 것은 무엇이겠는가? …… 그 답은 '공간'이다."[26]

따라서 공간 자체를 우주의 현현 이전과 현현 이후로 구분하여 볼 수도 있다.

"공간은 그것이 우주활동 전일 때 어머니라고 불리며, 다시 막 깨어나는 단계는 아버지-어머니로 불린다."[27]

---

26) 『비교』, H. P. Blavatsky, Adyar E. 지음, Theosophical Publishing House, 1979, 9쪽.
27) 위와 동일한 도서, 84쪽.

물라프라크리티는 그러한 공간의 물질 측면을 나타내는데, 종종 베일이라는 표현으로 묘사된다.

"'영원한 어버이(공간)는 영원히 볼 수 없는 그녀의 옷자락에 감추어져 있다.' …… '옷자락'은 분화되지 않은 우주 질료 그 자체를 나타낸다. 그것은 우리가 알고 있는 대로의 질료가 아니라 질료의 영적 에센스이다. 그리고 공간과 함께 영원히 공존하는 것이며 관념상의 인식에서는 오히려 공간과 하나이다…… 그것은 말하자면 유일하며 무한한 영(One Infinite Spirit)의 영혼[28]이다. 힌두인들은 그것을 물라프라크리티라 부르며, 그것이 원초적 질료라고 말한다. 그것은 물질 현상이든, 심령이나 정신 현상이든 모든 현상의 우파디(Uphadi), 또는 매체(Vehicle)의 토대이다. 그것은 아카샤가 방사되는 근원이다."[29]

유일하고 무한한 영, 또는 물라프라크리티가 모든 분화된 질료의 근원인 것처럼 모든 분화된 의식의 근원인 형용할 수 없는 존재, 그것을 파라브라만(parabrahman)이라 한다. 물라프라크리티의 개념은 언제나 파라브라만과 함께 나타난다. 물라프라크리티는 파라브라만을 덮고 있는 베일이며, 동시에 파라브라만의 다른 측면이기도 하다.

"파라브라만과 물라프라크리티는 그 본체는 하나이지만, 현현된 우주의 개념에서 볼 때는 둘이다. 심지어 최초의 '현현'인 하나의 위대한

---

28) 영과 영혼은 다르다. 영이 순수한 에너지의 본질이라고 한다면, 영혼은 영을 싣고 있는 일종의 매체이다.
29) 각주26)과 동일한 도서, 35쪽,

로고스의 개념 속에서도 둘로 구분된다. 객관적인 견지에서 볼 때는 파라브라만으로서 나타나는 것이 아니라 물라프라크리티로서 나타난다. 무제약적이고 절대적인 하나의 위대한 실체로서가 아니라, 그 실체를 가리고 있는 베일로서 나타나는 것이다."[30]

불교에서는 파라브라만과 물라프라크리티의 통일적 일자(一者)를 스바바바트(Svabhavat)라고도 한다.[31] 말하자면 파라브라만이 이 통일적 일자의 의식 측면이라면, 물라프라크리티는 물질 또는 공간 측면이라고 할 수 있다.[32]

파라브라만이라는 용어는 '브라만 너머'라는 의미를 가지고 있다. 브라만은 절대자이자 우주 최고의 신성한 영적 존재를 말한다. 그러므로 브라만을 넘어서 있는 파라브라만을 어떤 존재로 생각하는 것은 잘못이다. 파라브라만은 신이 아니다. 더욱이 여러 종교에서 나타나는 인격신의 개념을 파라브라만에 적용하는 것은 큰 잘못이다. 파라브라만은 무한의 개념이다. 무한은 절대의 개념조차도 초월한다. 절대자란 우주적인 계층구조의 수장(首長)을 의미하며, 수식어를 동원하여 형용을 하게 되고, 결과적으로 한정지어지게 된다. 하지만 경계가 없는 파라브라만은 시작도 없고, 끝도 없고, 시간도 없고, 죽음도 없는 무한, 바로 그것이다. 무엇이라고 이름 붙일 수 없는 그것을 감히 파라브라만이라고 부를 뿐이다. 파라브라만과 물라프라크리티는 카발라의 아

---

30) 위와 동일한 도서, .294쪽.
31) 위와 동일한 도서, 46쪽.
32) 『오컬티즘의 원천』, G. de Purucker 지음, Theosophical University Press, 1974, 91쪽.

인 소프(Eyn Soph),[33] 또는 동양철학에 등장하는 무극(無極)의 두 측면에 해당한다고 볼 수 있다.[34]

파라브라만-물라프라크리티는 브라만-프라다나, 그리고 이어서 브라마-프라크리티 또는 푸루샤-프라크리티로 현현되어 나타난다. 프라다나는 근원질료(원초적 질료)의 첫 번째 현현이라고 할 수 있으며,[35] 코일론은 이보다도 나중 단계이다.

---

33) 무(無), 또는 무한(無限)을 의미함. 다음 장에서 다룰 예정이다.

34) 『비의 철학의 기초-*Fundamentals of the Esoteric Philosophy*』, G. De Purucker 지음, Theosophical University Press, 1979, 124쪽.

35) 위와 동일한 도서, 49쪽- first filmy appearance of root-matter.

불의 바람

앞에서 물질을 파도에 비유한 적이 있다. 즉 원초적 질료, 나아가 코일론이 바다와 같은 것이라면, 물질은 바다가 만들어내는 소용돌이 또는 파도와 같은 것이라고 할 수 있다. 아무런 움직임도 없다면 그 어떤 변화도 일어나지 않을 것이고, 우리가 인식하는 모든 현상과 사물도 존재하지 않을 것이다. 신(神)을 나타내는 그리스어 접두사 'theo-' 역시 '운동'한다, '달린다'는 의미를 가지고 있다.

그렇다면 파도를 일으키는 바람에 해당하는 것은 무엇인가? 다시 말해 에테르의 바다 속에 물결을 일으켜 모든 변화를 가능케 하는 원동력은 무엇인가?

신비학에서 이 원동력은 큰 숨이라는 표현으로 상징되는데, 그것은 파라브라만의 또 다른 측면이기도 하다. 이 큰 숨에는 여러 가지 이름이 따라붙지만, 대표적인 이름은 로고스(Logos)이다. 그러므로 파라브라만은 물라프라크리티와 로고스의 양면으로 존재한다고도 할 수 있다. 물라프라크리티는 파라브라만의 여성적인 측면이며, 미분화(未

分化)된 질료이다. 즉, 우주만물의 초월적 근원이라고 할 수 있는 파라브라만은 여성적인 측면과 남성적인 측면의 양극성을 띠고 있어서, 여성적 측면 혹은 '질료'의 측면은 물라프라크리티로서 나타나고, 남성적 측면 혹은 '힘'의 측면은 로고스로서 나타나는 것이다.

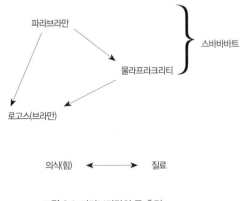

그림 6.4 파라브라만의 두 측면

그런데, 오컬트화학에서는 무한한 밀도의 코일론 속에 생명력을 불어넣어 거품을 만들어내는 힘이 바로 이 로고스의 숨결이라고 말하고 있다.

"그러면 거품의 진정한 내용물은 무엇인가? 다시 말해 무한한 밀도를 가진 물질 속에다 거품들을 불어넣은 그 엄청난 힘은 무엇인가? 그것은 다름 아닌 로고스의 막강한 창조력이 아닌가? 현현이 시작되기를 바랄 때 로고스가 공간의 바다 속에 불어넣은 호흡, 혹은 기운, 또는 생명력이 아닌가? 무한히 작은 이 거품들이 '포하트가 공간에다 판 구멍들'이다. 로고스는 그 구멍 안을 채우고 그 구멍이 코일론의 압력에도 견디고 존재할 수 있도록 한다. 왜냐하면 로고스 자신이 그 구멍 안에 머무르기 때문이다. 이러한 힘의 단위들은 로고스가 우주를 창조할 때 사용하는 벽돌과 같다. 아무리 높고 낮은 계의 물질이라도 모든 물질은 이러한 힘의 단위들로 이루어져 있으며 모든 물질은 그 본질에 있어 신성하다."[36]

에테르, 나아가 에테르의 모체인 원초적 질료는 종종 '물'로서 상징된다. '물'은 물질적 존재의 기초이자 원천이다. 블라바츠키 여사가 소개하고 있는『쟌의 서』는 "암흑이 잠자는 생명의 물 위에서 숨쉬고(움직이고) 있다"는 표현을 사용한다.[37] 여기서 생명의 물은 물론 원초적 질료를 나타내며, 잠자는 생명의 물이란 혼돈(Chaos)의 상태, 즉 우주(Cosmos)가 현현하기 이전의 상태를 말한다. 이 표현에서 암흑이란 자존하는 절대 신성의 본질이자 절대 의식, 절대 운동이며, 이것을 묘사하는 인간의 입장에서는 무의식이며 부동(不動)인 것으로 보인다.

의식이란 제한과 조건을 내포하고 있다. 말하자면 의식은 대상과 주체의 분리를 전제로 하는 반면에, 절대 의식은 인식하는 자와 인식되어지는 것, 그리고 인식력을 자기 안에 모두 포함하고 있어서, 절대 의식 속에서는 이 세 가지 모두가 하나의 상태로 존재한다. 마치 일반적인 감각에서 벗어나 있는 공간이 무(無)로 인식되는 것처럼, 인간의 인식에서는 절대 의식, 절대광(絕對光)이 무의식, 암흑으로 비쳐진다.[38]

이와 동일한 개념으로 브라만교의 나라야나는 물들 위에 움직이는

---

36) 각주1)과 동일한 도서, 17쪽.
37) 이 표현은 "흑암이 깊음 위에 있고 하나님의 신은 수면에 운행하시니라"라는 성서의 창세기 1장을 생각나게 한다.
38) 각주26)과 동일한 도서, 56쪽.

자라는 의미를 가지고 있는데, 무의식적 전체(All)인 파라브라만의 영원한 숨이 의인화된 표현이다.[39]

에테르 또는 원초적 질료가 물이라면, 로고스의 숨결은 불이라고 할 수 있다. 그러므로 고대 그리스 철학자들이 우주의 본질을 물과 불이라고 했을 때는 이것을 의미한 것이다. 서양에서 가장 오래되고 가장 영적인 로고스의 개념인 파이만더(Pymander)는 '빛과 불, 화염'을 발산하는 불의 용으로 헤르메스에게 나타난다.[40] 불은 영(Spirit)의 상징으로, 질료인 물이 수동적이고 여성적인 데 비해 적극적이고 남성적인 성격을 반영하고 있다.

본래 로고스는 '이성' 또는 '말'을 나타내는 그리스어로, 기독교에서는 하나님의 말씀 혹은 그리스도를 상징한다. 어떤 생각을 다른 사람에게 전달할 때 우리는 말이라는 도구를 사용하게 되는데, 이때 말은 생각을 전달하는 매체가 된다. 마찬가지로 최초에 신성한 생각(또는 이성)이 있었으니, 이 신성한 생각을 나타내기 위해서는 말이라는 매체가 필요하였다. 이성의 작용으로 말이 생성된 것이다. 따라서 로고스는 무의식적인 절대의식의 신성한 생각이자, 그 매체로서의 말을 가리키는 것이다.

한편, 로고스라는 용어는 우주의 여러 단계의 의식 존재들을 나타낼 때 좀 더 넓게 사용되기도 하는데, 앞으로 우리는 태양 로고스나 행성 로고스, 혹은 우주 로고스 같은 표현들을 만나게 될 것이다. 사실 우주의 모든 계층구조는 각각의 로고스를 가지고 있는데, 이때 모든 로고스는 삼위일체로 작용한다. 삼위의 로고스는 현현되지 않은 로고스

---

39) 각주26)과 동일한 도서, 64쪽.
40) 위와 동일한 도서, 74쪽.

와 부분적으로 현현된 로고스, 그리고 현현된 로고스로 구분할 수 있는데, 이를 보통 제1로고스, 제2로고스, 제3로고스라고 한다.

제1로고스는 힌두의 브라만(Brahman)에 해당한다. 앞절에서 파라브라만-물라프라크리티는 브라만-프라다나, 그리고 이어서 브라마-프라크리티로 현현되어 나타난다고 했는데, 브라만과 프라다나(Pradhāna), 그리고 브라마(Brahmā)를 총칭하여 로고스라고 하며, 브라만이 제1로고스라면 프라다나는 제2로고스, 그리고 브라마는 제3로고스라고 할 수 있다.[41] 즉 브라만이 미현현된 로고스라면 브라마는 현현된 로고스인 것이다. 브라마는 로고스가 의인화된 표현이다.

또한 제1로고스는 카발라에서 태고의 존재(Ancient of Days), 즉 호아(HOA)에 해당한다.[42] 제2로고스는 프라다나가 브라만에 대해 그러한 것처럼, 제1로고스의 베일이다.[43] 여성적인 파워를 가진 제2로고스는 푸루커가 '공간의 우주자궁'이라고 부른 것처럼 제1로고스의 생명의 씨를 받아 브라마, 즉 제3로고스를 낳는 역할을 한다. 제3로고스는 비쉬뉴에서 태어난 시바이며, 그리스인들이 말하는 우주의 건설자인 데미우르고스이자, 앞서 말한 나라야나이고 푸루샤이다.[44]

로고스가 의인화된 또 다른 표현으로는 이슈바라(Iswara)가 있다. 이슈바라는 주(Lord)라는 뜻을 가지고 있다.[45] 그것은 또한 조로아스

---

41) 각주32)와 동일한 도서, 182쪽.
42) 다음 장에서 다시 언급한다.
43) 각주26)과 동일한 도서, 49쪽, 각주32)와 동일한 도서, 183쪽.
44) 각주32)와 동일한 도서, 183쪽, 『비경』(H. P. 블라바츠키 지음, 임길영 옮김, 도서출판 신지학, 1999)507쪽에서는 나라야나를 제1로고스인 미현현의 로고스를 상징하는 것으로 보기도 한다.
45) 『오컬트 철학의 연구』, G. de Purucker 지음, Theosophical University Press, 1973, 309쪽.

터교의 아후라 마즈다이며, 대승불교의 관세음과 동의어인 아발로키
테스바라이다.

　신비학의 여러 체계마다 조금씩 다른 뜻으로 쓰이며, 자주 혼동을
일으키는 이 용어들을 굳이 다 이해할 필요는 없을 것이다. 따라서 지
금부터는 제3로고스인 푸루샤와 그의 우주적인 베일이자 물질의 바
탕인 프라크리티, 둘의 개념만을 가지고 이야기해보자.

　『비교』에서는 "영과 물질, 또는 푸루샤와 프라크리티는 유일무이한
존재의 원초적 두 측면에 불과하다"[46]고 하여 이 둘이 서로 다른 것이
아니라 본질에서 하나이며, 동시에 이들은 영과 물질의 근원으로서 현
현된 우주의 이원성으로 존재하고 있음을 말하고 있다. 다시 말해 이
이원성은 물리 차원에서 보면 물질과 에너지 또는 물질과 힘이고, 보
다 근원 차원에서 보면 질료와 영인 것이다. 우리는 자칫 우주가 먼저
존재하고 영과 물질이 우주를 채우고 있다고 잘못 생각하기 쉬운데,
실상은 우주 자체가 이 이원성에서 비롯되었다.

　　"부-모는 근원적 성질의 측면에서 남성원리와 여성원리로서, 우주의
　　모든 계에 있는 모든 것들 속에 나타나는 상반되는 양극인데, 비유적
　　인 표현을 쓰지 않고 말하면 영과 물질이다. 이 영과 물질에서 생겨나
　　는 것이 자식인 우주이다."[47]

　다음 장에서 보게될 '생명의 나무' 역시 우주가 영과 물질로 이루어
졌음을 보여주는데, 생명의 나무를 양쪽에서 떠받치는 상대성의 두 기

---

46) 각주26)과 동일한 도서, 51쪽.
47) 위와 동일한 도서, 41쪽.

등으로 우주의 이원성을 상징하고 있다. 즉 호크마-헤세드-네짜로 이어지는 오른쪽 적극의 기둥은 힘을, 그리고 비나-게부라-호드로 이어지는 왼쪽 소극의 기둥은 질료 혹은 형태의 측면을 나타낸다.

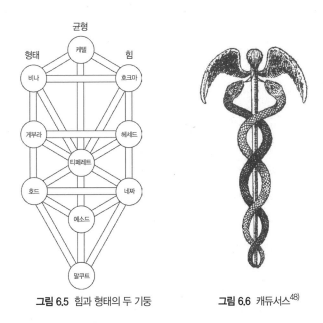

그림 6.5 힘과 형태의 두 기둥　　　　**그림 6.6** 캐듀서스[48]

헤르메스의 상징(헤르메스의 지팡이)인 캐듀서스에서도 이러한 개념이 표현되고 있는데, 사실 생명의 나무와 캐듀서스는 서로 일치하는 상징임을 다음의 글에서 알 수 있다.

"……매 태초마다(새로운 만반타라가 시작될 때마다) 아스바타(생명의 나무와 그 생명의 나무가 상징하고 있는 존재, 캐듀서스의 기둥)의 몸체는 위대한 생명의 백조의 어두운 두 날개로부터 자라나 하강한다.

48) 위과 동일한 도서, 550쪽.

두 날개 사이에 있는 하나의 머리에서 자라난 두 개의 머리는 두 마리의 뱀이다. 두 마리의 뱀, 즉 영원한 생명(스피리트)과 그 환영(물질)은 서로 껴안듯이 교차하면서 몸체를 따라 하강하여, 두 개의 꼬리는 지상(현현한 우주)에서 하나로 합쳐진다. 이것은 위대한 환영이다, 오라누[49]여!"[50]

여기서 백조의 어두운 두 날개라 함은 비현현 상태에서의 이원성을 묘사한 것이며, 두 날개 사이에 있는 하나의 머리에서 자라난 두 마리의 뱀, 즉 영원한 생명과 그 환영은 잠재적인 이원성이 분화되어 나타난 상대성의 현현물을 가리킨다. 그것은 결국 영과 물질이며, 생명의 나무에서 보면 상대성의 두 기둥, 즉 적극과 소극의 기둥에 해당하는 것이다.

이 영과 물질은 다양한 상호작용과 분화과정을 거쳐 우리가 거주하는 물질우주(생명의 나무에서는 맨 아래쪽의 말쿠트에 해당)를 형성하고 있고, 이것이 또한 두 마리 뱀의 꼬리가 지상에서 하나로 합쳐진다는 의미이기도 하다. 이것이 위대한 환영이라는 마지막 말은 이 모든 것이 존재하지 않는다는 뜻이라기보다는 우리가 인식하는 것은 본질 그 자체가 아닌 착각이며, 또 영원히 존속하는 것이 아닌 일시적 현상이라는 의미이다.

반복되는 이야기지만, 영과 물질은 서로 독립된 실재가 아니다. 그것은 유일한 절대자의 두 측면일 뿐이며, 비록 겉보기에는 분리된 것으로 보일지라도 마치 태극의 음양처럼 통일적으로 존재하는 것이어

---

49) 제자라는 뜻.
50) 각주26)과 동일한 도서, 549쪽.

서, 둘 중 어느 하나를 떠나서 다른 한 존재를 생각할 수 없다. 킹스랜드의 표현을 빌리자면 이 원동력은 로고스 그 자신의 또 다른 측면인 원초적 질료를 수태시키거나 비옥하게 만든다. 그리하여 더 이상 질료를 원동력 그 자체에서 구별할 수 없게 된다. 질료의 모든 현현의 내부 혹은 이면에는 '힘'이 있으며, 더욱이 그 힘은 기계적인 힘이 아니라 의식적이며 살아 있는 로고스의 생명력인 것이다.[51]

원자를 비롯해서 어떤 물질도 순수한 질료만으로 이루어진 것은 없다. 또 절대의식이 나타나는 우주적 관념작용 역시 질료가 없이는 개별화된 의식으로 현현할 수가 없다. 『비교』의 표현대로 모든 물질에는 의식이 깃들어 있으며, 모든 원자 속에는 내적인 열과 외적인 열, 다시 말해 아버지(스피리트)의 기운과 어머니(질료)의 기운(열)이 있는 것이다.[52]

---

51) 각주9)와 동일한 도서, 35~36쪽.
52) 각주26)과 동일한 도서, 112쪽.

우주전기

한편 로고스와 연관된 개념으로 포하트가 있다. 이 포하트는 우주는 물론 원자의 형성과정에서 빼놓을 수 없는 것이다. 오컬트화학의 다음 구절을 보면 포하트의 역할이 얼마나 중요한지 알 수 있다.

"아누는 일종의 생명력이 흘러듦으로써 형성되고, 생명력이 빠져나가면 사라져버린다. 이 생명력은 포하트라고 알려져 있는데, 이 포하트로부터 모든 물질계의 힘들이 분화되어 나왔다. 이 힘이 '공간'에 발생할 때, 즉 포하트가 '공간—생각할 수 없을 정도의 정묘한 어떤 물질로 채워져야만 하는 명백한 [바로 그] 공간— 에다 구멍을 팔 때' 아누가 나타난다. 만일 아누에게 이 힘이 흘러들지 못하도록 힘을 막아버리면 아누는 사라져버린다…… 우주의 물질적인 토대를 유지하는 것은 다름 아닌 포하트라는 에너지의 흐름이 계속 흘러들기 때문이다."[53]

---

53) 각주1)과 동일한 도서, 13~14쪽.

그렇다면 공간에다 구멍을 파고, 아누를 비롯한 물질 존재들을 유지해주는 포하트는 어디에서 비롯된 것일까?

포하트는 산스크리트어 '다이비프라크리티'에 해당하는 매우 신비로운 용어이다.[54] 티벳 오컬티즘에서 사용되는 이 용어의 어근 'foh'는 몽골어에서 기원한 것으로, 깨달은 자를 의미하는 '붓다',[55] 인간의 본질 중 상위의 영적인 부분이나 영적인 원리를 나타내는 말인 '붓디', 또는 '붓다의 지혜'에 상응한다. 몽골인종이 이 우주적인 생명력을 붓디나 붓다 등의 용어와 동일한 의미를 갖는 말을 어근으로 삼은 것은, 조화롭고 균형잡힌 우주의 구조가 단지 맹목적인 힘이 죽어 있는 물질에 작용하여 만들어낸 단순한 결과라고는 보지 않았기 때문이다. 이들에게 우주는 우주적 지혜의 표현이다.[56] 『쟌의 서』에서는 포하트를 다음과 같이 표현하고 있다.

"지혜의 용이 처음으로 내쉰 일곱 번의 숨, 즉 원초의 칠중(七重) 존재는 회전하는 신성한 자신들의 숨으로 불의 소용돌이를 일으킨다. 원초의 칠중 존재는 그 불의 소용돌이를 자신들 의지의 심부름꾼으로 삼는다. 쥬(Dgyu)는 포하트가 된다. 신성한 아들들의 민첩한 자식이며, 리피카들의 어버이인 포하트는 그들에게 맡겨진 심부름을 수행하며 원형으로 달린다. 포하트는 말(馬)이고, 말의 기수는 생각이다(즉 포하트는 그들을 지도하는 생각의 영향하에 있다). 포하트는 번갯불처

---

54) 『오컬트 용어집』, G. de Purucker 지음, Theosophical Uvinersity Press, 1972, 49쪽.
55) buddha의 어근 budh는 '깨어난다(to awaken)'는 의미를 가지고 있다.
56) 각주32)와 동일한 도서, 189쪽.

럼 불의 구름(우주의 안개)을 뚫고 지나간다."[57]

여기서 포하트는 불의 소용돌이, 원초의 칠중 존재의 의지의 심부름꾼으로 표현되고 있다. 쥬는 유일하고 실재적인 신비 지식, 또는 오컬트 지혜를 나타내는 것으로,[58] 디아니붓다들의 통합적 지혜를 표현한다.[59]

블라바츠키 여사가 말했듯이, 그리고 "포하트는 말(馬)이고, 말의 기수는 생각"이라는 표현에서 보듯이, 포하트는 로고스의 신성한 생각을 구체적으로 실현하는 도구이자 심부름꾼인 것이다.

"형이상학적으로 말하자면 포하트는 객관적으로 드러난 '신들의 생각'인 것이다. 좀 더 낮은 단계에서는 그는 '육신이 된 말씀'이고, 우주

---

57) 『쟌의 서』 스탠자 5-1, 5-2.
58) 이와 반대되는 것은 실재가 아닌 환영과 허상, 또는 그림자만을 다루는 지식으로 쥬-미(Dgyu-mi)라고 한다.
59) 각주26)과 동일한 도서, 108쪽 - 여기에 등장하는 원초의 칠중적인 존재나 리피카들, 디아니붓다들, 또는 이후에 세계의 건설자로서 묘사되는 디아니초한들을 모두 설명하는 것은 무리이므로, 다만 이들이 다음 구절에서 설명하듯이 우주의 창조과정에 개입하는 여러 단계의 에너지적인 존재를 의인화한 표현이라는 것만 알아두자.
44쪽 - "디아니초한은 기독교 신학에서는 대천사, 지천사등으로 말하고 있다. 신비학에서는 우주창조 과정에 개입하는 여러 존재들을 이야기하고 있는데, 『비교』에서는 이들이 의인화된 대상임을 다음과 같이 말하고 있다. 비밀가르침에 의하면, 존재하고 싶은 욕망 및 모든 존재의 참된 원인은 영원히 감추어져 있는 상태이며, 그 원인에서 최초로 유래한 발산물은 마인드가 인식해낼수 있는 가장 완전한 추상물이다. 그러한 추상물들은 당연히 감각이나 지성의 대상으로 나타나는 물질우주의 원인이라고 가정해야만 하는 것이다. 그리고 이것들은 자연의 여러 이차적, 종속적 힘의 기초가 된다. 이 여러 힘은 모든 시대에서 일반대중에 의해 신이나 신들로서 의인화되어 숭배받아왔다."

및 인간적인 관념 작용의 사자(使者)이며, 우주의 보편 생명 속에 있는 활동력이다."[60]

포하트를 로고스라는 광원에서 나온 광선과 같은 것으로 생각해볼 수도 있다. 즉 빛을 발생시키는 것은 전구이지만, 실제로 방을 밝히고 벽을 비추는 것은 전구에서 나온 광선이다. 푸루커의 오컬트 용어집에서는 포하트의 또 다른 표현인 다이비프라크리티를 '원초의 빛', 또는 로고스의 빛이라고 설명한다. 이 용어집에 따르면 다이비프라크리티가 어떤 현현 상태에 이르렀을 때 그것을 포하트라는 이름으로 적절하게 부를 수 있다고 한다.

이처럼 포하트는 질료 속으로 들어가 로고스의 생각을 객관 우주로 현현시키고 구체화시키는 역할을 한다. 우주심(宇宙心)의 여러 개념이 질료에 새겨지는 것이 포하트를 통해서인 것이다.[61]

역으로 포하트는 로고스의 신성한 생각과 물질, 또는 우주적 질료와 영 사이에서 매개역할을 한다고도 볼 수 있다. 블라바츠키 여사는 포하트가 고대 그리스의 신비적인 에로스와 거의 동등한 의미가 있다고 말하였는데, 에로스는 카오스, 가이아, 에로스로 이루어지는 태초의 삼위일체 중 세 번째에 해당한다. 카오스 이론을 연구하는 미국의 수학자 랠프 에이브러햄의 근사한 표현을 빌리면, 이 오르페우스적[62] 삼위일체 중 카오스는 창조 공간으로서 모든 형태의 근원이고, 가이아는 창조된 세계의 물리적 실존과 그것의 살아 있는 영(spirit)이며, 에

---

60) 위와 동일한 도서 208쪽.
61) 위와 동일한 도서, 85쪽.
62) 오르페우스는 그리스 신화에 나오는 인물로, 오르피즘(Orphism)은 고대 그리스의 가장 중요한 종교를 지칭한다.

로스는 카오스와 가이아를 연결하는 영적 미디어 혹은 창조 충동이 다.[63]

이처럼 포하트는 로고스의 심부름꾼으로 우주 현현계에서 일자(一者)를 이자(二者)와 삼자(三者)가 되게 하는 추진력이자, 동시에 삼중의 일자가 분화해서 다수로 되고 나면 원소적 원자들을 함께 모아서 결합시키는 결합력이다.

"포하트는 무수한 불꽃(원자)들을 불러모아 그들을 하나로 결합시킨다."[64]

"다음에 스바바바트는 원자를 단단하게 결속시키기 위해 포하트를 내보낸다. ―이 원자들― 각각은 우주적인 망의 한 부분이다."[65]

블라바츠키 여사는 포하트가 창조적인 로고스의 의지에 영향받아 모든 형체를 모아서 결합시키고, 나중에는 법칙이 되는 최초의 자극을 주는 오컬트적, 전기적 생명력이라고 하였다. 오컬트화학에 따르면 물질계의 원자인 아누의 나선 속에는 포하트에서 분화되어 나온 이 전기적 생명력이 흐른다.

"세 개의 굵은 나선 속에는 여러 가지 전기가 흐른다."[66]

---

63) 『카오스 가이아 에로스』, 랠프 에이브러햄 지음, 김중순 옮김, 두산동아, 1997, 14쪽.
64) 『쟌의 서』 스탠자 5-2.
65) 각주26)과 동일한 도서, 85쪽.
66) 각주1)과 동일한 도서, 14쪽.

"포하트에서 분화되어 나온 전기를 전달하는 세 개의 나선은 태양 로고스와 관련이 있다고 생각된다."[67]

전기의 본질은 무엇일까? 실생활에서 각종 전기기구와 전자기기의 혜택을 입고 있는 우리는 과학이 전기에 대해 속속들이 아주 잘 알고 있다고 생각할지 모르지만, 정작 과학은 전기의 본질에 대해서 아무것도 알지 못한다. 앞서 4장에서도 살펴보았듯이 신비학에서는 전기가 그 자체로 본질적인 것이 아니라 몇 단계나 떨어진 상위의 원인적인 힘이 분화된 부차적이고 낮은 차원의 힘이라고 말한다. 전기현상이 그 근원에서 몇 단계나 떨어진 부차적인 효과에 지나지 않는다는 이런 견해는 고차원에서 힘을 통일적으로 설명하려고 하는 물리학계의 시도와도 일면 부합하는 것이다.

그렇다면 포하트는 전기적 본성을 가진 생명에너지로서, 우주적 전기의 본질이라고 표현할 수 있다. 다만 이 경우에 우리는 전기라는 용어에 의식의 속성을 부여하지 않으면 안 된다.[68]

한편 전기현상을 포함한 물질차원의 모든 힘은 포하트로부터 분화된 것이다. 원초적 질료 또는 물라프라크리티가 분화된 모든 물질의 근원이듯이, 포하트는 다른 모든 힘들의 근원이자 총합이라고 할 수 있다.[69] 영국의 물리학자 폴 데이비스는, 자연의 모든 힘들이 분화되어

---

67) 위와 동일한 도서, 14쪽.
68) 각주26)과 동일한 도서, 85쪽-"포하트의 성질에 대한 막연한 개념은 '우주 전기'라는 명칭에서 얻을 수 있다. 그러나 이 경우 보통 알려져 있는 전기의 특성에 지성을 포함한 다른 특성을 더 보태어야 한다. 모든 정신활동과 두뇌 활동에는 전기적 현상이 일어난다고 말하는 근대과학의 결론은 흥미롭다."
69) 각주9)와 동일한 도서, 129쪽.

나온 태초의 힘을 가정하고 그것을 '초힘(superforce)'이라고 불렀는데, 포하트야말로 이 진정한 '초힘'에 해당하는 것이 아닐까? 나아가 우리는 '초기 거짓 진공' 상태로 볼 수 있는 물라프라크리티가 이 초힘의 작용으로 비로소 '정상 양자 진공' 상태의 코일론으로 상전이(相轉移)되었다는 양자역학적 해석을 내려볼 수도 있을 것이다.[70]

이상에서 우리는 우주의 심연 너머 비현현의 잠재 상태로 존재하는 공간의 본질과 신비, 그리고 이해와 상상을 뛰어넘어 벌어지는 초월계의 분화 과정을 신비학의 주장을 따라 살펴보았다. 또 진공의 개념을 바꿀 에테르 가설을 재검토하였으며, 원초적 질료와 파라브라만으로 대표되는 태초의 양극성이 몇 단계를 거쳐 코일론과 포하트로 현현해가는 과정을 유추해보기도 했다.

그렇다면 우주가 이들 매체로부터 현현하였다고 주장하는 신비학의 우주론은 현대과학의 우주론과 어떤 차이점이 있을까? 결과적으로 나는 이 둘을 비교하면서 매우 중대한 결론에 도달하였는데, 이제부터 그 이야기를 해보도록 하자.

---

70) 『Nexus』 1994년 10/11월호.

빅뱅은 일어나지 않았다

현대우주론의 창세기는 빅뱅이론으로 귀결된다. 빅뱅이론에 따르면, 우주는 상상할 수 없을 정도로 작은 점으로부터 대폭발과 함께 태어났다. 이 거대한 폭발과 함께 우주의 모든 물질과 에너지가 생겨났으며, 폭발이 일어나기 전에는 물질과 에너지는 물론 시간과 공간조차도 존재하지 않았다.

그런데 이 가설은, 비록 미현현의 카오스 상태이기는 하지만, 우주의 현현과 관계없이 존재하는 절대 공간을 내세우는 신비학의 우주론과는 명백하게 모순된다. 또한 공간 그 자체와 동일시할 수 있는 에테르로부터 물질이 출몰한다거나, 시작과 끝, 그리고 경계가 없는 우주의 본체(파라브라만-물라프라크리티, 또는 로고스-프라크리티)에 대한 신비학의 개념도 현대 우주론의 정설인 빅뱅이론과는 함께할 수 없는 것이다. 이 모순을 제거하는 유일한 해결방법은 신비학적 우주론과 빅뱅이론, 두 가설 중 어느 하나를 버리는 것이다. 그렇다면 지금까지 살펴본 신비학의 개념들을 모두 포기해야 할 것인가?

거의 모든 사람들이 빅뱅이론을 너무나 철석같이 믿고 있어서 이 이론이 잘못되었다는 가정조차 하지 않는다. 과학자들은 물론이고, 대부분의 종교인이나 철학자들도 빅뱅을 기정사실로 받아들이는 전제 위에 다른 종교철학적인 해석들을 시도할 정도이다. 예를 들어 동양 철학자들은 빅뱅의 특이점을 무(無)로부터 만물이 생겨난 증거로 해석하며, 신학자들과 일부 과학자들은 태초의 빅뱅시에 우주에 어마어마한 질서(엔트로피 증가의 법칙인 열역학 제2법칙에 따라)를 부여한 (우주를 초월해 있으며 우주와는 별도로 존재하는) 절대 권능의 신적 존재를 상정해야 한다고 주장한다.

그러나 과학적인 검증 능력이 부족한 뉴스와 언론매체에서 맹목적으로 빅뱅이론을 홍보하고 있는 데 비해, 빅뱅이론이 가진 문제점들은 지나치게 간과되는 경향이 있다는 점을 주목할 필요가 있다. 물론 과학자들이 이런 문제들을 풀기 위해 혼신의 노력을 다하고는 있지만, 그들 역시 빅뱅이론 자체를 재고하려 하지 않기는 마찬가지다. 하지만 빅뱅이론은 아직 확실하게 검증되지 않은 하나의 가설로서 대하는 쪽이 더 옳은 태도일 것이다. 어째서 그런지, 우선 빅뱅이론이 성립하게 된 배경부터 살펴보기로 하자.

빅뱅이론의 개념은 1927년에 벨기에의 우주론자인 게오르그 르메트르가 처음으로 제시하였다. 그는 빅뱅이라는 용어를 사용하지는 않았지만, 우주가 태초의 작은 점으로부터 폭발적인 팽창을 거쳐 탄생하였다는 최초의 빅뱅 우주모형을 창안하였다. 르메트르가 빅뱅 우주모형을 창안하게 된 데는 두 가지 배경지식이 작용하고 있었는데, 그 첫 번째가 적색편이의 발견이었다.

천문학자들은 각각의 천체들로부터 온 빛을 분석한 스펙트럼이 일정한 양식을 가지고 있다는 것을 알게 되었다. 즉 스펙트럼의 배열이 청색 쪽이나 적색 쪽으로, 즉 높은 파장이나 낮은 파장 쪽으로 이동하는 것을 관찰함으로써 그 별이 지구에 상대적으로 접근하고 있는지, 또는 멀어지고 있는지를 확인할 수 있다고 생각한 것이다. 이렇게 스펙트럼의 배열이 청색 쪽으로 이동한 것을 청색편이, 적색 쪽으로 이동한 것을 적색편이라고 하는데, '도플러 효과'를 도입해서 이런 파장의 변화가 움직이는 물체의 속도 때문에 일어나는 것으로 해석했다. 도플러 효과란 파동의 일종인 소리의 경우를 통해서 쉽게 확인할 수 있는데, 경적을 울리며 다가오는 기차의 소리는 멀어지는 기차의 경적소리보다 음파의 파장이 짧아지기 때문에 훨씬 높은 음으로 들리는 것을 말한다.

1912년에 비스토 슬라이퍼는 안드로메다 성운의 스펙트럼을 분석하여 성운의 한쪽 측면이 다른 쪽 측면에 비해 상대적으로 접근하고 있음을 발견하였다. 이것은 안드로메다 성운이 성운의 핵을 중심으로 회전하고 있다는 것을 나타내는 것이다. 그런데 슬라이퍼는 안드로메다 성운의 스펙트럼이 전체적으로 푸른색 쪽으로 편이되어 있는 것을 발견하였다. 슬라이퍼는 이것을 관례에 따라 자연스럽게 안드로메다 성운이 지구 쪽으로 접근하고 있는 것으로 해석하였다.

슬라이퍼는 이어서 다른 13개 성운의 스펙트럼도 측정하였는데, 두 개의 성운을 제외하고는 모두 붉은 색 쪽으로 편이되어 있었다. 뿐만 아니라 지구에서 보았을 때 희미하게 보이는 성운일수록 붉은색 쪽으로 더 많이 편이되어 있었다. 이들 중 한 성운은 초당 천 킬로미터의 속도로 지구에서 멀어지는 것으로 해석되었는데, 이 속도는 별들의 일반적인 속도를 크게 초과하는 것이었다. 슬라이퍼는 이런 관측결과로부터 주로 나선형의 이 성운들이 은하계의 외부에 존재한다는 놀랄만한 발표를 하였다. 그 당시까지만 해도 외부 은하의 존재는 알려지지 않았다.

1925년까지 모두 45개의 스펙트럼이 조사되었는데, 이들 중 오직 두 개만이 청색편이를 나타낼 뿐 나머지는 모두 적색편이를 보여주었다. 당시 스펙트럼의 편이를 일으키는 다른 원인은 알려진 것이 없었으므로, 과학계는 외부 은하들이 높은 속도로 멀어지고 있다는 사실을 받아들일 수밖에 없었다.

1924년, 독일의 칼 비르츠는 겉보기에 작은 지름을 가진 은하들의 적색편이 정도가 더 크다는 것을 밝혀내었다. 따라서 비르츠는 적색편이가 거리에 따라 증가한다는 결론을 내렸으며, 이는 거리에 따라 은하의 후퇴속도가 증가함을 나타내는 것으로 받아들여졌다. 이런 비르츠의 가정은 에드윈 허블에 의해서 확증되었다. 즉 33개 은하들의 거리를 측정한 허블은 실제로 은하들의 적색편이가 거리에 정비례하여 증가한다는 사실을 발견하였다. 적색편이를 후퇴속도로 해석한다면, 1929년에 발표한 허블의 이 데이타는 백만 광년마다 $150km/s$ 의 추가속도로 더 빨리 후퇴하는 것으로 나타났다. 이 데이타에서 도출된 적색편이와 거리의 관계는 허블의 법칙으로, 그리고 그 함수값은 허블상수(H_0)로 알려져 있다.

적색편이의 도플러 효과에 의한 해석과 이 해석에 따른 더 먼 은하들의 더 빠른 후퇴속도가 시사하는 바는 한 가지 놀랄만한 사실로 귀착되는 듯했다. 즉, 우주가 팽창하고 있다는 것이다.

우주가 팽창하고 있을지도 모른다는 것은 당시로서는 받아들이기 쉽지 않은 결론이었다. 그런데 은하들의 적색편이가 발견되던 초기에 현대 우주론의 형성에 매우 큰 영향을 끼치게 된 이론이 등장하였으니 바로 아인슈타인의 상대성 이론이다. 아인슈타인은 일반상대성 이론을 발표한 2년 뒤인 1917년에 그의 중력장 방정식을 우주에 적용하였다. 그러나 아인슈타인의 일반상대성 이론을 적용한 우주는 불안정하였다. 그 방정식은 우주공간이 팽창하거나 수축해야 한다는 것을 나타내고 있었다. 그 당시의 일반적인 믿음대로 우주는 정적이라고 믿고 있던 아인슈타인은 그의 방정식을 안정되게 만들기 위해 '우주상수'라고 하는 항을 도입하였다. 그러나 아인슈타인은 이를 두고 나중에 '일생 최대의 실수'라며 탄식했다고 한다.

아인슈타인이 우주상수를 도입하여 정적인 우주를 만들려던 것과 달리, 러시아의 알렉산더 프리드만은 그러한 시도를 하지 않고 일반상대성 이론의 장 방정식의 해를 구하여 1922년에 발표하였다. 프리드만의 우주모형은 세 가지 유형을 제시한다. 그 첫 번째 유형은 우주 속에 있는 총 물질 밀도가 어떤 임계치보다 작을 때로, 이 경우는 중력장의 인력이 팽창을 억제할 수가 없어 우주는 영원히 팽창하는 모형을 갖게 된다. 이런 우주모형을 '열린 우주'라 한다. 또 반대로 물질의 밀도가 임계밀도보다 높을 때, 우주는 팽창을 멈추고 급기야는 수축하게 된다. 이런 우주모형은 '닫힌 우주'라 한다. 그리고 세 번째는 우주가 임계밀도와 똑같은 밀도를 가져 유클리드적인 평탄한 우주가 되는 경우이다. 어쨌든 우주가 팽창할 수도 있다는 프리드만의 이 방정식은 현대 빅뱅이론의 바탕을 제공하였다.

르메트르는 이렇게 팽창하거나 팽창과 수축을 주기적으로 반복하는 프리드만의 우주모형과 천문관측에서 얻어진 적색편이의 발견 성과를 연결시켰다. 그는 프리드만의 해와 유사한 상대성 이론의 방정식 해를 발표하면서 적색편이의 존재가 현재 우주가 팽창 중에 있는 증거라고 주장하였다. 그리고 르메트르는 실제로 우주가 팽창하고 있다면, 과거 어느 순간에는 우주의 모든 물질이 매우 밀도가 높은 한 작은 지점에 뭉쳐 있었으리라는 데 주목하였다. 르메트르는 태양의 30배 정도 되는 크기에 굉장히 높은 밀도를 가진 '원시 원자'를 상상하여, 이 원시 원자가 폭발적으로 분열하여 수많은 원자들로 쪼개어지고, 결국 지금과 같은 은하와 별들로 된 것으로 추론하였다.

르메트르의 이 원시 원자 폭발이론은 1948년에 핵물리학자인 조지 가모브와 랄프 알퍼에 의해 불덩어리 모형으로 대체되었다. 그들은 아마도 히로시마와 나가사키에 첫 투하된 원자폭탄의 폭발에서 영감을 받은 듯하다. 초고밀도의 원시 원자 대신에 전자기 방사와 고에너지 아원자 입자들로 구성된 뜨거운 태초의 불덩어리가 팽창하여 지금의 냉각된 우주가 되었다는 것이 '불덩어리 빅뱅(hot Big Bang)' 모형의 골자이다. 현대 빅뱅이론의 기본이 되고 있는 것은 이 이론이다.

한편 같은 해에 헤르만 본디와 토마스 골드, 그리고 프레드 호일은 또 다른 팽창우주 이론인 정상우주론(定常宇宙論)을 주창하였다. 이 이론에서는 빅뱅 우주모형과 달리 시간과 공간의 시작이나 끝이 없고, 별과 은하들이 멀어지는 만큼 물질과 에너지가 계속적으로 창조되어 그 빈 공간을 메우기 때문에 우주의 평균 밀도는 항상 일정한 값을 유지하는 것으로 된다.

가모브의 불덩어리 빅뱅이론은 비현실적으로 젊은 나이의 우주를 예견하는 모순이 있었으므로, 과학자들은 이 둘을 동등한 입장에 놓고 저울질하였다. 그러나 1960년대에 우주 마이크로파 배경복사가 발견되자 그것은 빅뱅이론의 강력한 증거로 받아들여졌고,[71] 정상우주론은 폐기되는 운명에 처해졌다.

훨씬 나중에 프레드 호일은 제프리 버비지 및 자얀트 나리카와 함께 물질의 계속적인 창조라는 아이디어를 버리고, 대신 작은 빅뱅들이 연속적으로 일어난다는 '준-정상우주론' 모형을 개발하기도 하였다. 이 모형에 따르면 약 100억년 전이나 150억년 전에 일어난 작은 빅뱅이 우리 우주의 영역을 팽창하게 한 것으로 된다. 그러나 이 모형은 최종적인 우주모형을 제시한다기보다는, 빅뱅이론으로 인해 막혀 있던 우주론 분야의 어려운 상황을 뚫어보기 위한 노력으로서 시도된 것이었다.[72]

현재는 빅뱅 초기의 우주가 정상적인 팽창속도를 크게 능가하는 급속한 팽창을 겪었다고 보는 '인플레이션' 모형이 정설이 되고 있다. 이 인플레이션 빅뱅 모형은 마이크로파 배경복사의 평탄성과, 빅뱅이론이 지닌 다른 많은 문제들을 설명하기 위해 알란 구스에 의해 1980년에 처음 제안되었다.

빅뱅이론을 확증적으로 뒷받침해주는 것으로 거론되는 증거는 다음 세 가지이다. 첫째가 적색편이의 존재로, 이것은 우주 팽창의 강력한 증거로 해석된다. 앞에서도 설명했듯이 이로부터 유추하여 빅뱅 우주론이 탄생한 것이다. 둘째는 마이크로파 배경복사의 존재이다. 과학

---

71) 우주는 대략 3K의 온도를 갖는 광자(복사)로 가득 차 있는데, 빅뱅이론가들은 이 복사가 빅뱅으로부터 방출된 초기우주의 잔재라고 보고 있다.
72) 『New Scientist』 1993. 2. 27.

자들은 이것을 빅뱅 초기 불덩어리의 잔재로 해석하여 대폭발의 결정적인 증거로 받아들였다. 그리고 세 번째가 수소에 비해 상대적으로 풍부하게 존재하는 중수소와 헬륨, 리튬 등의 가벼운 원소들이다. 빅뱅이론만이 이 상대적인 풍부함을 설명할 수 있다고 믿어지고 있다.

도플러 효과에 의해 적색편이가 일어나는 것은 사실이다. 그러나 적색편이를 무조건 도플러 효과에 의한 것으로 설명해야 할 당위성은 없다. 적색편이를 설명하는 다른 해석들도 있는데, 대표적인 것이 '지친 빛의 이론'이다. 빛이 먼 거리를 여행하는 동안 에너지를 잃어서 긴 파장인 적색으로 나타난다는 것이 이 이론의 골자다. 이 이론에는 두 가지 변형이 있다. 하나는 빛 입자가 먼 거리를 여행하는 동안 성간물질(星間物質)을 구성하는 먼지 입자들과 충돌하여 에너지를 잃는다는 것인데, 이 입장에서 관측되는 적색편이를 모두 설명하기 위해서는 성간물질이 관측 값보다 10만 배나 더 조밀해야 한다는 문제가 있다. 그리고 두 번째 변형은 빛이 모든 공간에 충만해 있는 동시에 모든 물질의 토대가 되는 에테르를 통과하면서 에너지를 잃는다는 이론이다. 이 이론은 프랑스 물리학자 장 폴 비기어와 플라즈마 물리학자인 에릭 레르너, 그리고 시스템 이론가인 폴 라비올레 등이 주장하고 있다.

지친 빛의 이론을 처음으로 제안한 사람은 독일의 물리학자인 발터 네른스트였다. 네른스트는 정적인 우주거나 팽창하는 우주거나 무한한 나이의 우주라면, 별이 방사하는 복사에너지의 축적 때문에 성간 공간의 온도가 지속적으로 증가할 수밖에 없는 문제를 지적하였다. 그래서 그는 우주 공간의 온도가 아주 낮게 유지되기 위해서는 빛이 공간 속을 움직이는 동안 에테르에 에너지를 빼앗겨야 한다고 생각하였다. 네른스트가 지친 빛의 이론을 언급한 시기는 1921년으로 프리드만이 팽창우주 방정식을 발표하기 1년 전이었으며, 르메트르의 빅뱅이론보다도 6년이나 빠른 것이었다. 또한 그것은 허블이나 칼 비르츠가 적색편이와 거리와의 상관관계를 밝히기도 전이었다. 그러나 그의 주장은 1938년에야 논문으로 발표되었기에 과학계에서는 거의 알려지지 않았다.

허블이 적색편이-거리의 상관관계를 발표한 같은 해(1929년), 프리츠 쯔위키는 허블의 발견에 대해 빅뱅이론가들과 전혀 다른 해석을 내놓았다. 그는 우주가 정상적(static)이며, 적색편이는 빛이 우주공간을 통해 긴 여행을 하는 동안에 점진적으로 에너지를 잃기 때문이라고 하였다. 그러나 네른스트와는 다르게 이 에너지 손실이 중력장과 관계된 일종의 마찰 장애에 의한 것일 것으로 추측하여, 손실된 에너지는 아마도 매우 낮은 에너지를 가진 이차적인 광자의 형태로 다시 나타나리라고 보았다.

쯔위키의 이론은 허블의 적색편이-거리의 상관관계를 설명하려는 시도에서 비롯된 것이지만, 에테르 이론에서는 적색편이 현상을 자동적으로 예견하게 된다. 에테르 이론에 의한 적색편이는 지친 빛의 에너지가 실제로 사라진다는 점에서 에너지보존의 법칙을 고려한 쯔위키의 이론과 차이가 있지만, 이 책에서 살펴보았듯이 우주가 열린 계로 작용한다면 그것은 전혀 문제될 것이 없다.

한편, 더 먼 우주를 탐사하게 되면서 적색편이의 값도 계속 증가하였는데, 그 값이 터무니없이 크게 나타남으로써 일부 천문학자들은 스펙트럼의 이동이 과연 도플러 효과에 의한 것인지 의심을 품게 되었다. 허블과 리차드 톨만은 적색편이가 의미하는 속도가 광속의 무려 13퍼센트에 달하자 1935년에 지친 빛의 이론과 팽창우주 가설을 함께 비교하는 논문을 발표하였다. 그리고 1년 뒤에는 더 확장된 데이터를 가지고 논문을 작성하였는데, 이 논문에서 그는 팽창우주 가설이 관측 사실과 반드시 일치하지는 않음을 지적하였다. 더 먼 우주에서 관측되는 적색편이의 값은 오히려 지친 빛의 이론과 더 잘 들어맞았던 것이다. 그러나 적색편이와 거리와의 상관관계를 증명했던 허블이 정작 자신은 팽창우주론을 신뢰하지 않았다는 사실은 잘 알려져 있지 않다.

1931년에는 광속의 7퍼센트, 1935년에는 광속의 13퍼센트까지 높아진 은하들의 후퇴속도는 1950년대 후반에는 초속 10만km로 광속의 3분의 1을 넘게 되었다. 그리고 1963년에는 퀘이사(準星)의 발견과 함께 후퇴속도는 광속의 41퍼센트에 달하였으며, 더 많은 퀘이사들이 발견되자 적색편이의 값은 1990년에 최고 4.73에까지 육박했는데, 이것은 광속의 94퍼센트에 달하는 속도를 의미하는 것이었다.

르메트르가 처음 빅뱅이론을 제안했을 당시에는 적색편이의 최대 값이 현재의 10만 분의 1에 지나지 않았으며, 알려진 우주의 크기도 천 분의 1밖에 되지 않았다. 이 때문에 라비올레는 현재 우리가 알고 있는 적색편이와 거리 값이 르메트르가 빅뱅이론을 제시할 당시에 발견되었더라면, 그것을 우주가 팽창하는 증거로 쉽게 받아들일 수 있었겠느냐고 의문을 제기하고 있다.[73]

빅뱅이론의 결정적인 증거로 받아들여지고 있는 마이크로파 배경복사는 1955년 르룩스에 의해 처음 관측되었다. 그는 하늘의 모든 영역에서 오는 3±2°K의 마이크로파 잡음을 발견하였으나 불행하게도 그의 작업은 주목받지 못하고, 그로부터 9년 후인 1964년에 극초단파 안테나를 사용하여 이 우주잡음을 발견한 아르노 펜지아스와 로버트

---

73) 각주8)과 동일한 도서, 260쪽.

윌슨에게 영예가 돌아갔다. 그들이 계산한 배경복사의 온도는 $3.5 \pm 1^\circ$ K 정도였다. 현재 밝혀진 정확한 배경복사의 온도는 $2.73 \pm 0.01^\circ$ K로 우주배경복사 탐사위성(COBE)이 1989년에 측정한 것이다.

마이크로파 배경복사가 발견되자마자, 빅뱅이론가들은 환호하면서 이 우주 배경복사의 발견을 빅뱅이론과 연결시켰다. 펜지아스와 윌슨이 마이크로파 배경복사의 발견을 발표한 바로 그 저널의 같은 호에서, 프린스턴 대학의 네 명의 우주론자들은 주저하지 않고 이 발견을 빅뱅이론과 연결시키는 글을 게재하였다. 이후로도 마이크로파 배경복사는 빅뱅이론의 정당성을 증명하는 것으로 해석되고 있다.

그러나 원래 빅뱅이론가들이 예견했던 우주 배경복사의 온도는 실제 관측값보다는 높은 것이었다. 대부분의 천문학 교과서는 마이크로파 배경복사의 존재를 처음으로 예견한 사람으로 빅뱅이론가인 랄프 알퍼와 로버트 헤르만을 들고 있는데, 그들은 1948년에 발표한 논문에서 마이크로파 배경복사의 온도가 약 5° K 일 것이라고 추측했다가, 3년 후 28° K로 수정하였다. 이것은 실제 관측값보다도 10배나 높은 것이었다.

그러나 이들보다 15년이나 앞서 마이크로파 배경복사의 존재를 예견한 사람이 독일의 물리학자인 레게너다. 그는 1933년에 고에너지 우주선에 데워진 2.8° K의 마이크로파 배경복사의 존재를 예견했는데, 이 온도는 실제 관측값과 비교하여 3퍼센트의 오차밖에 나지 않는다. 배경복사의 에너지 밀도는 온도의 네제곱으로 변하기 때문에, 레게너가 빅뱅이론가들보다도 훨씬 더 탁월한 정확성으로 배경복사의 존재를 예견하였다고 볼 수 있다. 네른스트는 1938년의 논문에서 이 레게너의 예견을 지친 빛의 이론을 뒷받침해주는 한 요소로 해석했다.

그런데 비록 레게너가 마이크로파 배경복사의 온도를 올바르게 예견하였지만, 복사가 성간 먼지입자들로부터 방출된다는 그의 가정은, 성간 먼지의 농도가 은하의 적도 평면 쪽에 집중되어 있으므로 마이크로파 복사도 이 방향으로 편중되어 있어야 함을 의미하는 것이었다. 그러나 마이크로파 배경복사는 전 하늘에 걸쳐서 균등하게 분포되어 있는 것이 관찰되었고, 이 사실이 전 우주가 균일한 원시의 작은 우주(또는 특이점)로부터 팽창한다는 논리의 강력한 증거로 받아들여지고 만 것이다.

한편 에릭 레르너는 2.73°K의 우주 흑체 복사[74]가 성간 공간을 채우고 있는 이온화된 필라멘트의 안개로부터 나온다고 가정하였다. 레르너는 1990년에 멀리 떨어진 라디오전파 은하의 라디오파와 마이크로파 신호가 1억 광년의 거리를 여행하면서 강도가 15% 정도 감쇄되는 것을 발견함으로써 그러한 플라즈마 필라멘트 안개의 증거를 포착하였다. 그러나 그는 이들 필라멘트들의 주된 에너지원이 라디오전파 은하의 마이크로파가 아니라 은하계 우주간의 우주선들(cosmic rays)일 것으로 보았다. 만약 필라멘트들이 그들을 통과하는 우주선의 4퍼센트만 흡수하여도 2.73°K 온도의 복사를 방출할 것으로 예측되기 때문이다. 이처럼 우주선과 플라즈마 안개의 존재만으로 빅뱅을 가정하지 않고도 관측치와 일치하는 등방성(等方性)의 흑체 마이크로파 복사를 설명할 수 있다는 것이 레르너의 주장이다.

사실 마이크로파 배경복사는 빅뱅이론과 일치하지 않는 관측 결과

---

74) 마이크로파 복사의 특징은 주변환경과의 완전한 열평형상태에 도달한 물체와 같은 흑체 복사의 스펙트럼을 가지고 있다는 것이다. COBE 위성은 2.73°K의 이 마이크로파 복사의 스펙트럼이 완전한 흑체 복사의 스펙트럼에서 1퍼센트 미만의 값으로 어긋나 있음을 발견하였다.

를 많이 보여주고 있다. 마이크로파 배경복사의 평탄성은 빅뱅을 일으킨 초기의 불덩어리가 극도로 균일하였음을 시사한다. 그러나 우리가 바라보는 우주는 평탄하지만은 않다. 우주의 물질과 별들은 가스구름과 은하들, 그리고 은하단과 초은하단 등으로 덩어리져 있다. 이런 구조들을 설명하기 위해선 마이크로파 배경복사의 강도가 부분적으로 굴곡이 있어야 함을 빅뱅이론은 요구한다. 더욱이 1980년대 중반에 발견된 초은하단의 복합물 같은 더 광대한 우주 구조물들은 마이크로파 배경복사의 더 큰 불균일성을 필요로 한다. 그러나 COBE 위성의 관측은 빅뱅이론의 예측보다도 100배 이상이나 작은 10만분의 1의 변화만이 있음을 보여준다. 이것은 빅뱅이론을 부정하는 증거로 해석할 수도 있는 관측 결과이다. 그럼에도 불구하고 1992년에 COBE 위성이 마이크로 배경복사의 이 아주 작은 불균일성(잔결)을 발견했을 때, 과학자들은 그것이 빅뱅의 존재를 최종적으로 증명해주는 것이라고 주장하였다. 하지만 적색편이의 경우와 마찬가지로 마이크로파 배경복사의 존재를 빅뱅의 전유물로 속단하는 것은 명백히 지나친 착각이다.

빅뱅이론을 지지하는 세 번째 관측 증거는 우주에 존재하는 가벼운 원소들의 풍부함이다. 통상적으로 우주에 있는 화학원소 대부분은 별 내부에서의 핵반응을 통해서 수소로부터 생성되었다고 믿어진다. 그러나 이 설명은 수소에 비해서 상대적으로 많은 중수소와 헬륨, 그리고 리튬의 존재를 해명하지 못한다. 관측에 의하면 헬륨은 예측보다 약 23퍼센트나 많이 존재한다고 한다. 중수소의 경우는 수소에 대한 비율이 약 백만분의 17 정도이고, 리튬7의 경우는 수소의 약 100억분의 1 정도인데, 이것은 빅뱅이론이 허용하는 우주 나이의 시간 동안에 별 내부의 핵반응만으로는 생성될 수 없는 양이다. 빅뱅이론가들은 이 헬륨과 중수소, 리튬 대부분이 빅뱅의 처음 몇 분 동안의 고에너지 상태에서 수소로부터 합성되었다고 봄으로써 빅뱅이론만이 이들 원소의 풍부함을 설명할 수 있다고 주장하지만, 사실 빅뱅이론은 이들 원소들의 올바른 비율을 예측하는 데 실패하고 있다. 만약 빅뱅의 불덩어리 우주모형이 헬륨의 풍부함을 설명할 수 있도록 조정된다면 중수소의 풍부함은 10배나 높게 되고 헬륨의 풍부함은 3배나 높게 되어 결국 빅뱅이론이 만족한 해답은 아니라는 것을 말해주고 있다.

만약 빅뱅우주의 가설이 옳은 것이 아니라면, 이 문제에 대한 해명은 두 가지 가정에서 그 가능성을 찾아볼 수 있다. 그 하나가 할톤 아프와 폴 라비올레가 주장하고 있는 계속적인 물질 창조이다. 원소들은 물질들이 밀집해 있는 은하의 핵 주변에서 가장 높은 비율로 창조되어, 별 내부나 우주선들의 충돌이 일어나는 별의 외각대기에서 핵융합반응으로 합성될 것이다. 이 경우 에테르 가설을 인정한다면, 계속적인 물질의 창조를 받아들이기가 더욱 용이해진다. 게다가 빅뱅이 없는 우주라면 모든 원소들이 생성될 충분한 시간을 가질 수 있다. 빅뱅이론은 우주의 나이를 우주의 팽창으로부터 거꾸로 추산하여 100억년에서 150억년 사이로 보고 모든 은하들이 이 기간 동안에 형성되었다고 추측하지만, 적외선 천문위성(IRAS)의 탐사에 따르면, 몇몇 은하들은 은하를 구성하는 별들의 나이가 은하의 형성보다도 오히려 더 오래된 경우를 보여주고 있다. 또한 천문학자들은 빅뱅 우주가 충분히 냉각되기 훨씬 이전에 형성된 것이 명백한 극히 오래된 은하들을 발견하였다. 정적인 우주나 정상우주론과 같이 빅뱅이론이 예측하는 것보다도 훨씬 더 많은 나이를 가진 우주라면, 오래된 천체의 존재와 헬류 같은 원소의 풍부함을 모두 쉽게 설명할 수 있다. 그러나 빅뱅 우주론의 틀로 해석하는 데 문제가 된 것을 다시 빅뱅 우주론의 증거로 삼는 것은 일종의 자기모순이다. 따라서 일부 원소들의 풍부함은 오히려 상대적으로 짧은 나이를 예견하는 빅뱅 우주론의 가설을 부정하는 증거가 될 수도 있는 것이다.

또 다른 설명 가능성은 별의 진화에 관련된 것이다. 일반적으로 초신성은 별들의 일생 중 마지막 단계에서 발생한다고 하는 것이 정설이다. 즉, 핵연료를 거의 다 소모한 적색거성이나 적색초거성이 폭발하여 초신성이 된다는 것이다. 그러나 1987년에 마젤란 성운에서 적색초거성이 아닌 청색초거성이 초신성으로 폭발하는 것이 발견되었다. 라비올레가 에테르 가설과 제닉 에너지(genic energy)의 도입을 통해 초신성의 새로운 발생 메커니즘을 제안했듯이,[75] 상대적으로 짧은 수명의 별들이 초신성 폭발을 통해 헬륨을 우주공간에 흩어냈다고 생각한다면 헬륨의 풍부함을 일부 설명할 수 있게 된다.

지금까지 빅뱅이론을 지지하는 기본 증거들의 오류 가능성에 대해 알아보았지만, 빅뱅의 문제점은 여기에서 멈추지 않는다. 가장 큰 문제는 빅뱅이론이 예견하는 우주의 젊은 나이다. 빅뱅이론에서는 우주의 나이가 c/H_0, 즉 광속도를 허블상수로 나눈 것과 같은 나이를 가질 것을 요구한다. 허블상수는 빅뱅이론 초기에 백만 광년당 150km/s로 믿어졌기 때문에 우주의 나이는 20억 년이라는 계산이 나온다. 지구 지각의 나이가 45억 년으로 추정되므로, 이 값은 터무니없이 짧은 것이었다.

1952년에 월터 바데가 안드로메다 은하의 거리가 허블의 계산보다

75) 각주8)과 동일한 도서, 305~307쪽.

두 배 반이나 더 멀리 떨어져 있다고 함에 따라 모든 은하들의 거리가 상향조정되었다. 이에 따라 허블상수의 값도 작아져서, 우주는 70억 년의 나이를 갖게 되었다. 그 이후로도 우주의 나이는 계속 늘어나 1960년대에는 100억 년에서 200억 년 사이가 되었다.

그러나 1988년에 툴리가 허블상수의 값이 백만 광년당 30km/s 라는 증거를 제시하고, 나중에 허블 우주망원경이 측정한 허블상수의 값도 백만 광년당 25±5km/s 로 툴리의 계산을 뒷받침하는 결과가 나오자, 우주의 나이는 다시 100억 년 정도로 축소되었다.

그러나 우주의 이런 젊은 나이는 일부 별들이 형성되고 진화하는데 충분한 시간을 주지 못한다. 예를 들어 구상성단에 존재하는 별들은 가장 오래된 별들 중 일부라고 생각되는데, 스펙트럼은 이 별들의 나이가 150억년 이상임을 나타내고 있다. 이것은 이 별들이 빅뱅이 일어나기 50억년 전에 만들어졌다는 뜻이다.

매우 높은 적색편이의 값을 보이는 은하들도 문제이다. 퀘이사 은하인 PC1247+3406는 적색편이 값이 4.9인데, 거리는 94억 광년 떨어져 있다. 만약 우주가 100억 년의 나이라면, 단지 5억 년이 조금 넘는 기간에 그 은하는 형성된 셈이다. 하지만 가장 성공적인 빅뱅모형이라 할지라도 한 은하가 형성되는 데는 적어도 7~8억 년 이상의 시간을 필요로 한다.

설령 은하 형성에 필요한 시간이 충분히 주어진다 해도, 빅뱅이론은 은하의 형성을 만족스럽게 설명하지 못한다. 만약 우주의 평균 밀도가 너무 낮다면, 초기 불덩어리의 농도가 아무리 불균일해도 원시 은하의 가스 구름을 만들 만큼 충분한 인력을 발휘하지는 못할 것이다. 그러한 물질의 응집이 이루어지려면, 입방미터당 세 개의 수소원자에 해당하는 임계 밀도나 그 이상의 밀도가 되어야 한다. 그러나 관측할 수 있는 물질 양에서 추산한 우주의 밀도는 임계값의 2%도 되지 않는다. 더욱이 이 추산은 비교적 은하가 밀집해 있는 우리 은하를 중심으로 한 영역에서 이루어진 관찰을 토대로 한 것이기 때문에, 물질이 없는 우주의 거대한 동공을 고려에 넣는다면, 실제 전우주의 밀도는 이보다 훨씬 낮아질 것이다.

빅뱅이론가들은 이 우주에는 막대한 양의 눈에 보이지 않는 '암흑물질(dark matter)'이 있다고 가정하고는 이 문제를 피해가려고 한다. 그들의 가정대로라면 우주의 90~99%가 이 암흑물질인 셈이다. 그리고 천문학자들 역시 회전하는 은하들의 속도와 그들이 은하단에서 움직이는 속도의 관측 결과로부터 은하들이 해일로라고 부르는, 눈에 보이는 물질보다 5배에서 10배 정도 많은 암흑물질의 거대한 구체 속에 담겨 있는 것으로 추산하여 빅뱅이론가들의 주장을 뒷받침하고 있다. 하지만 마우리 발토넨과 진 비어드가 '비리얼의 정리'를 사용하여 몇몇 은하단의 중력 질량과 그 은하단에 속한 은하들의 속도를 평가한 결과, 암흑물질의 어떤 증거도 발견하지 못하였으며, 은하들의 속도는 정상적인 것으로 나타났다고 한다.[76] 암흑물질은 현대 우주론의 가장 큰 수수께끼로 남아 있으며, 물리학자이자 천문학 교수인 베리 파커는 암흑물질의 존재를 확신하면서도, 너무나 많은 여러 미해결 문제들을 고려할 때 현재의 아이디어 중 일부는 크게 잘못된 것이 분명하다고 언급하였다.[77] 블랙홀이나 중성자별, 적색왜성과 갈색왜성, 백색왜

76) 각주8)과 동일한 도서, 265쪽.

77) 『보이지 않는 물질과 우주의 운명』, 배리 파커 지음, 김혜원 옮김, 전파과학사, 1997, 262쪽.

성, 질량이 있는 우주끈, 중성미자와 액시온 같은 특이입자들이 현재 암흑물질의 후보로서 다양하게 거론되고 있으나, 그 어느 것도 흡족한 답이 되지는 못하고 있다. 또 한때 중성미자가 질량을 가지고 있을 가능성이 알려지면서 암흑물질의 유력한 후보로 생각되었지만, 이 역시 암흑물질이 되기에는 여러 문제점이 있는 것으로 드러나고 있는 것이 현실이다.

빅뱅이론가들에게 이보다 더 큰 골칫거리가 되고 있는 것은 은하들의 집단으로 이루어진 우주의 거대한 구조물의 존재이다. 1950년대에 초은하단이 발견된 데 이어서, 1970년대와 1980년대에는 초은하단의 군집이 발견된 것이다. 더욱이 천문학자들은 우리가 관측할 수 있는 우주의 대부분에 해당하는 70~100억 광년 너머에 걸쳐서, 거대한 동공으로 분리된 채 일정한 간격을 이루며 나타나는 어마어마한 패턴을 발견하였다. 은하들의 그룹은 백만 광년당 30km/s 의 허블상수에 근거하여 계산할 때, 약 4억 7천만 광년의 간격으로 떨어져 있는 것으로 나타났다. 이런 대규모 구조물이 형성되기 위해서는 약 천억 년의 세월이 필요할 것으로 추산된다. 따라서 설사 암흑물질이 존재한다고 하더라도 빅뱅이론으로서 이 거대한 구조물들을 설명하는 것은 불가능한 일이다.

또 하나의 문제는 마이크로파 배경복사가 나타내는 균일함인데, 이렇게 마이크로파 배경복사가 매끈하다는 것은 빅뱅 이후 우주가 극히 부드럽게 확산되었다는 것을 의미한다. 오랫동안 은하들을 형성할 만한 어떤 요동이나 울퉁불퉁함의 증거도 발견되지 않다가, COBE 위성이 배경복사의 아주 작은 불균일함, 혹은 잔결을 발견하였을 때 빅뱅이론가들이 느꼈을 흥분을 짐작하기란 크게 어려운 일이 아니다. 그러나 앞에서도 살펴보았듯이, 사실 그것은 우주의 여러 구조가 형성되기에는 너무 작은 것이었다. 비록 COBE의 발견이 빅뱅이론을 지지하는 것으로 빅뱅이론가들에게 환영받았지만, 동시에 대부분의 우주형성 모형들을 쓸모 없는 것으로 만들고 말았다.

마이크로파뿐만 아니라, 라디오파, X선, 감마선, 그리고 우주선 또한 균일한 배경복사를 가지고 있는 것도 문제이다. 그 어느 것도 빅뱅이론에 의해서 설명되지 않고 있다. 예를 들어 우주선 배경복사의 주된 원천은 초신성의 폭발이라고 생각되는 반면에, 흩어진 X선 복사는 성간가스나 외부은하의 X선원으로부터 방출되는 것으로 여겨지고 있다. 앞에서 살펴본 대로, 몇몇 과학자들은 마이크로파 배경복사가 빅뱅이 아닌 다른 원천을 가지고 있다고 생각한다.

이 밖에도 빅뱅을 일으킨 에너지원에 대해 아무런 설명도 할 수 없다는 점, 빅뱅 초기 인플레이션 우주의 초광속효과, 관측자료와의 불일치 등을 빅뱅이론이 가진 문제점으로 지적할 수 있다.

과학자들은 빅뱅이론을 하나의 가설로 다루기보다는, 이미 검증이 끝난 확정된 사실로 다루기를 좋아하였다. 그래서 그들은 빅뱅이론의 예측과 어긋나는 데이터들이 나올 때마다 빅뱅 가설 자체가 잘못되었다고 생각하기보다는, 지엽적인 가정과 수치들이 조절되어야 함을 나타내는 것으로 받아들였다. 그러나 만일 최초의 근본 가정부터 잘못된 것이라면, 잘 맞지 않는 조건들을 맞추기 위해, 또는 관측 결과에 맞추기 위해 또 다른 가정을 무리하게 할 수 밖에 없게 된다. 그 결과 상황은 점점 더 꼬이게 되고, 이해하기 어렵게 될 것이다. 현재의 혼란스러워 보이는 우주론의 상황도 이처럼 기본적인 가정의 오류로부터 출발하고 있는 것인지도 모른다.

계속적인 창조

    그렇다면 우리가 빅뱅이론의 대안으로서 검토해볼 만한 또 다른 이론은 어떤 것들이 있을까? 우선 적색편이를 빅뱅이론과 전혀 다르게 해석했던 지친 빛의 이론이 있다. 지친 빛의 이론은 팽창우주 가설보다 실제 관측 결과들에 더 잘 부합한다는 것이 장점으로, 허블을 비롯하여 레르너, 라비올레 등도 이 사실을 지적하였다.

    또 하나의 대안으로서 검토되고 있는 것이 플라즈마 우주론이다. 스웨덴의 천체물리학자이자 노벨상 수상자인 한네스 알벤에 의해 시작된 플라즈마 우주론은 특히 은하의 형성과정에 대해 흥미로운 주장을 담고 있으므로 잠시 살펴보고 가기로 하자.

    플라즈마 우주론은 호일의 정상우주론처럼 이 우주가 공간과 시간적으로 무한하며, 계속적으로 진화하고 있다고 전제한다. 알벤은 적색편이에 대해 지친 빛의 이론과 달리 은하들이 서로 멀어지고 있는 표시라고 해석하지만, 이것은 빅뱅 때문이 아니라 수십억 년 전에 일어난 물질과 반물질의 폭발로 인한 국지적인 결과라고 생각한다. 그러나 플라즈마 우주론의 또 다른 지지자인 에릭 레르너는 적색편이의 해석에 대해 더 많은 검토작업이 이루어져야 할 것이라고 덧붙이는 것을 잊지 않는다.

플라즈마를 구성하고 있는 것은 전자나 이온처럼 전기적으로 하전된 입자들이다. 별들과 행성의 외부대기 물질과 행성간, 성간, 은하간 물질을 포함해서 우주에 존재하는 물질의 99% 이상이 사실 이 플라즈마 상태로 존재하고 있다. 알벤은 태양계의 형성과 진화과정에 작용하는 플라즈마와 전류, 자기장의 중요성을 잘 보여주었다. 그러나 대부분의 우주론자들은 아직도 전기와 자기력이 은하와 초은하 구조물의 형성과 진화를 설명하는 데 별반 중요하지 않은 것으로 생각하고 있다.

플라즈마 우주론자들은 막대한 양의 전류와 자기장이 교차하고 있어 중력뿐 아니라 전자기장에 의해서도 배열되고 제어받는 우주를 상상한다. 플라즈마 우주론에 따르면 우주의 구조가 불균일하고 섬유질 같은 모양을 하고 있는 것은 그리 놀라운 일이 아니다. 거의 대부분의 플라즈마 상태들이 자연적으로 불균일함을 만들어내며, 또한 소용돌이치는 필라멘트들을 만들어내기 때문이다. 실험실에서 서로를 향해 높은 속도로 발사된 작은 플라즈마는 플라즈모이드라는 나선 형태의 도넛 구조를 만들어내는데, 이는 은하들이 거대한 규모의 필라멘트 소용돌이에 의해 형성되었을 가능성을 시사해주는 것이다. 알벤과 레르너 외에도 에드워드 루이스와 페라트 등이 플라즈모이드 현상을 우주론과 연결시켜 은하의 형성 등을 설명하고 있으며, 보스틱은 원자나 초끈 역시 일종의 플라즈모이드라고 제안한다. "위에서와 같이 아래에서도, 아래에서와 같이 위에서도"라는 헤르메스의 가르침을 돌이켜

보면, 원자로부터 번개,[78] 토네이도, 은하의 형성까지 플라즈모이드 현상으로 설명하려는 최근의 이 시도는 주목할 만하다.

또 다른 대안으로는 물질의 계속적인 창조를 들 수 있는데, 이것은 헬륨과 같은 가벼운 원소들의 풍부함을 설명하는 하나의 방법으로서 앞 절에서 언급한 바 있다. 이 이론은 호일을 비롯한 초기의 정상우주론자들이 제안하였다가 포기한 바 있고, 현재로서는 할톤 아프와 라비올레 등이 주장하고 있다.

독일 막스 플랑크 연구소의 할톤 아프는 동일한 거리에 있는 은하들이 매우 다른 적색편이의 값을 나타내고 있는 예들을 들어 적색편이를 지구에서 멀어지는 속도가 아니라 천체의 나이와 연관시켜 설명했다. 그의 해석에 따르면 우리가 보고 있는 별들은 그 별들이 젊었을 때의 빛이다. 적색편이가 높을수록 나이가 젊은 천체이며, 일부 청색편이를 나타내는 별들은 늙었다는 증거다. 이 이론에서는 천체의 나이가 적색편이의 본질적인 원인이고 지친 빛의 이론은 이차적인 역할을 하는 것에 지나지 않는다(이상하게 들리겠지만, 소립자는 처음부터 일정한 질량을 갖는 것이 아니라 나이가 듦에 따라 점점 질량이 늘어난다. 처음에는 약한 파장의 빛을 방출하는 것이다).

그런데 흥미롭게도 적색편이가 낮은 천체가 적색편이가 높은 천체를 방출하는 현상이 관측되었다. 아프는 이것을 오래된 천체로부터 새로운 천체가 탄생하고 있는 것으로 보았으나, 다른 과학자들은 배경과 전경에 있는 두 개의 천체가 우연히 겹쳐진 현상이며, 양쪽을 연결하고 있는 필라멘트는 일종의 잡음이나 관측기계의 결함 탓으로 돌렸다.

주류 천문학자들은 퀘이사(準星)들이 가지는 매우 높은 적색편이의

---

78) 좀 더 정확하게는 구전광(球電光) 현상을 말하는데, 8장에서 설명한다.

값을 퀘이사들이 우주의 가장자리에 있기 때문이라고 믿고 있다. 많은 퀘이사들이 낮은 적색편이의 값을 가진 은하들과 매우 가깝게 놓여 있는데, 그들은 퀘이사와 은하핵을 연결하는 물질의 존재에도 불구하고 이를 중력렌즈 이론으로 설명하고 있다.[79] 하지만 아프의 해석대로라면 퀘이사는 아직 팔을 갖지 못한 새로 탄생하는 은하의 핵인 것이다. 따라서 은하는 은하를 낳고, 물질은 물질을 낳는다고 할 수 있다.

또 아프는 중심 은하보다 그 주위에 딸린 은하들이 항상 더 높은 적색편이를 보이고 있다는 사실에 주목하였다. 그리고 은하단에서도 역시 더 작고 젊은 은하들이 과도한 적색편이를 갖는 것으로 나타났다. 이 과도한 적색편이가 은하들의 젊은 나이로 인한 것이라고 가정할 때만이 이런 현상을 설명할 수 있다. 그들은 중심 은하로부터 태어나서 인근으로 방출되는 것이다.[80]

만약 팽창우주의 가설이 맞다면, 적색편이의 값은 연속적인 증가를 보일 것이다. 그렇지만 1976년에 윌리암 티프트는 적색편이의 값이 특정한 값들 주위로 모여 있는 것을 발견하였으며, 이 현상을 '적색편이의 양자화'라고 한다. 적색편이가 도플러 효과에 의한 것이라면 이런 현상은 있을 수 없는 일이지만, 이런 현상은 이미 존재하고 있으며, 왜 이런 현상이 일어나는지에 대해서는 아무것도 알려진 바가 없다.[81] 다만 아프는 이 현상의 원인이 "일정한 간격의 물질 창조가 이루어지

---

79) 『Sunrise』 1998.12/1999.1– 즉, 배경에 있는 퀘이사들이 아마도 큰 질량을 가지고 있는 전경의 은하들의 중력장에 의해서 다중의 밝은 상으로 갈라졌다는 것이다. 그러나 프레드 호일은 그런 렌즈효과의 가능성이 오십만분의 일도 안 된다고 주장하였다.

80) 『Sunrise』 1998.12/1999.1. 호

81) 각주77)과 동일한 도서, 62쪽.

고 있기 때문"일지도 모른다고 제안하였다.

천문학적인 구조들의 계속적인 창조에 대한 증거는 풍부하다. 별들은 우리 은하의 오리온 성운에서와 같이 지금도 계속 태어나고 있다. 표준 빅뱅이론은 은하들이 상대적으로 짧은 기간에, 그리고 모두 100억년에서 150억년 사이에 형성되었다고 예견하지만, 적외선 천문위성(IRAS)의 탐사에서 별보다도 젊은 은하들이 일부 목격되었다. 더욱이 빅뱅 우주가 충분히 냉각되기 훨씬 이전에 형성된 것이 명백한, 극히 오래된 은하들도 발견되고 있다.[82]

이 같은 계속적인 창조가 정상우주론에서와 같이 공간상에서 균일하게 일어나는 것이 아니고 기존 물질이 존재하는 곳에서, 즉 중력장의 강도가 높은 곳에서 주로 이루어진다면, 초은하적인 응집구조물들도 쉽게 설명할 수 있을 것이다. 은하의 핵은 물질이 가장 활발하게 창조되리라고 추정되는 곳이다. 변성에테르론을 주장하는 라비올레에 따르면, 이들 지역은 에테르가 물질화되기 좋은 조건을 갖춘 곳이다. 생태학적으로 비유하자면, 우주공간에도 더 기름지고 다산(多産)인 지역이 있는 것이다. 별들 또한 그러한 곳이다.[83]

빛은 그 여행 중에 에너지를 항상 잃기만 하는 것이 아니라, 은하와 같이 에테르가 물질화되기 좋은 초임계(supercritical) 지역을 지나면서 에너지를 얻으며, 반대로 저임계 지역을 지나면서 에너지를 잃는다

---

82) 『Sunrise』 1998.12/1999.1.호

83) 라비올레는 별들의 중심으로부터 제닉에너지(genic energy)라는 것이 나오며, 이 제닉에너지로 별들의 에너지와 초신성의 폭발에너지를 설명할 수 있다고 가정하였다. 한편, 변성에테르의 존재는 화학적 파동의 반응-확산 과정이 만들어내는 산일구조와 같이, 초은하 규모의 광대한 패턴의 형성을 설명할 수 있을 것이다.

는 것이 라비올레의 추론이다. 우주에는 은하가 없는 동공지역이 더 많으므로 빛은 적색편이로 되는 경향이 있을 것이다.

　어쩌면 적색편이는 도플러효과와 에너지 상실, 그리고 광원 천체의 젊은 나이 등이 모두 작용하는 복합적인 것일 수도 있다. 그런데 빅뱅 이론은 적색편이를 도플러효과에 의한 속도의 요소로만 해석한 결과 은하단 내의 은하들이 실제보다 훨씬 더 빨리 움직인다는 판단을 하게 되었고, 이 판단은 다시 은하의 보이는 물질만으로는 그렇게 빠른 움직임을 일으킬 수 없으므로 암흑물질의 존재를 가정하게끔 했다. 올바른 우주의 모습을 알기 위한 더 많은 탐구와 이론상의 조정이 앞으로 필요하겠지만, 지친 빛의 이론과 플라즈마 우주론, 에테르 이론을 적용함으로써 우주의 수수께끼가 좀 더 잘 풀릴 수도 있지 않을까?

　빅뱅 우주의 운명은 그 우주가 열려 있는가, 아니면 닫혀 있는가에 달려 있다. 우주에 있는 물질의 양이 임계밀도보다 작으면 우주는 열려 있게 되고 영원히 팽창하게 된다(우주 밖에는 아무것도 없다고 하지만, 우주가 팽창해 들어가는 그곳은 무엇인가? 혹은 공간이 무한하다면, 그 공간은 팽창할 수 있는 것일까?). 결국 별들도 다 타버릴 것이고, 물질은 완전히 냉각될 것이며, 모든 힘마저 사라져서 우주는 '열사망'에 이를 것이다. 만약 닫혀 있다면, 우주는 중력의 힘으로 언젠가는 팽창을 멈추고 빅뱅과는 반대로 모든 물질이 작은 점으로 재압착될 때까지 수축할 것이다. 닫힌 우주에서 예상되는 이 대참사를 '빅 크런치'라고 한다. 아마도 우주는 수축할 때의 반동으로 다시 빅뱅과 빅크런치의 주기를 반복할지도 모른다.

　어떤 사람은 이렇게 빅뱅과 빅크런치를 주기적으로 반복하거나 진동하는 우주를 힌두의 우주신화와 비교하여 유사성을 끌어내기도 한다. 힌두 신화에서는 우주 신성인 브라마가 숨을 들이마시고 내쉬는 것에 따라 우주가 창조되고 소멸한다고 이야기한다(우주는 브라마의 숨, 그 자체이다). 또는 세계는 브라만의 가슴속에서 나와서 브라만의 가슴속으로 들어간다고 표현하기도 한다. 그러나 블라바츠키 여사는, 비록 그 당시에 빅뱅이론이 등장하지는 않았지만, 마치 빅뱅이론을 부정하는 듯한 발언을 하였다.

"'공간의 물', '우주의 매트릭스' 등으로 불리는 어머니가 '안에서 밖으로' 팽창한다는 말은, 하나의 작은 중심이나 초점이 팽창하는 것을 암시하는 것이 아니라, 크기나 한계나 영역과 관계없이, 무한한 주관성이 무한한 객관성으로 발전한다는 뜻이다. '우리가 결코 볼 수 없으며 영원히 존재하는 비물질적 질료는 자신의 존재계로부터 마야의 무릎 앞에 주기적으로 그림자를 던진다.' 이는 이 팽창이 크기의 증대가 아니라, 상태의 변화임을 나타내는 것이다. 왜냐하면 무한한 확장은 크기의 증대를 허락하지 않기 때문이다. 그것은 '연꽃 봉우리처럼 부풀어올랐다.'"[84]

다시 말하면,『쟌의 서』에서 말하는 팽창은 근원계로부터 가장 조잡한 물질계에 이르기까지, 보다 정묘한 질료로 이루어진 상위의 계가 하위의 계로 물질화되어 펼쳐지는 현현 과정, 즉 에테르의 물질화로 이해할 수 있다. 한편, 우주 진화의 중간지점에서 진화의 역과정이 시작된다. 하위 세계가 점점 비물질화하고 에텔화되어 상위의 세계로 접

84) 각주26)과 동일한 도서, 62~63쪽.

혀지거나 들이마셔지는 것이다.

이처럼 신비학에서의 세계 진화와 역진화는 빅뱅이론처럼 공간 그 자체가 아무것도 없는 것에서 '뻥' 튀어나와 풍선처럼 팽창하는 것을 (그리고 나중에는 수축하여 무로 사라지는 것을)의미하지는 않는다. 따라서 힌두 신화를 빅뱅이론과 비교하는 것은 적절하지 못하며, 푸루커 역시 이러한 의견을 내비치면서 팽창우주 가설에 반대하고 있다.[85]

"우주에는 마치 심장이 박동하는 것처럼 확장과 수축을 주기적으로 반복하는 불후의 운동이 있다. 이것은 팽창우주와는 전혀 다르다. 우주의 골격이나 신체 자체는 상대적인 구조와 만반타라의 기간 동안 안정되어 있다."[86]

빅뱅이론에 따르면 우주는 대략 150억년 전에 창조되었다. 하지만 플라즈마 우주론을 지지하는 에릭 레르너는 관측가능한 우주가 실제로는 조 단위의 나이를 가졌을 것이라고 생각한다. 그는 약 3조년 전에 원초의 균질한 수소 플라즈마로부터 현재의 진화주기가 시작되었다는 시나리오를 제시하였는데, 이것은 힌두 신화에서 브라마의 1년에 해당하는 기간이다.

아프와 마찬가지로 물질의 계속적 창조를 믿었던 라비올레는 고대 이집트신화[87]와 점성학까지 동원하여 이것을 증빙하고 있다. 이들의

---

85) 각주32)와 동일한 도서, 80~81쪽.
86) 위와 동일한 도서, 80~81쪽.
87) 이집트 모든 신들의 어머니인 눈(Nun)은 '원초의 물'로 표현된다. 이로부터 아툼(Atum) 신이 나타나고 슈와 테프누트가 태어났다. 아툼은 눈과 분리된 것이 아닌, 눈의 활동적인 측면으로 이해되기도 한다. 슈와 테프누트는 비현현

이런 주장은 지친 빛의 이론과 함께 물질 보존의 법칙, 에너지 보존의 법칙을 깨는 것이다. 하지만 우리의 관측이 한정된 범위의 것임을 감안한다면, 가능성 없는 이야기는 아니라고 할 수 있다. 사실 지친 빛의 이론을 통해 빛이 에너지를 잃는 비율은 너무나 미미해서 현재의 실험기기로는 그 변화를 검출할 수 없을 것으로 예상된다. 어쩌면 우리는 너무 성급하게 국부적인 관측 결과를 우주 보편의 사실로 일반화시켰는지도 모른다.

빅뱅이론이야말로 아무것도 없는 무에서의 시작을 말한다. 그러나 신비학과 에테르론을 지지하는 학자들은 계속적인 창조에서의 물질 창조는 비록 그것이 무에서의 창조인 것처럼 보일지라도 실상은 그렇지 않다고 한다. 다만 우주는 열려 있을 뿐이며, 물질 창조는 원물질-에너지가 확산되어 있는 바다, 즉 에테르의 바다에서 물질이 포말이 되어 현현하는 것에 지나지 않는다고 보는 것이다. 이들에게 우주와 공간은 한 점에서 시작되어 팽창한 것이 아니라, 여러 지점에서 동시에, 그리고 내부로부터 외부로 펼쳐지는 것이다.

빅뱅이론의 재고와 함께 에테르를 과학에 다시 도입하는 것, 이것이 아마도 21세기 물리학의 화두이자 향후 과학의 운명을 가늠하는 중요한 잣대가 될 것이다. 지금까지 보았듯이 물질은 공간 그 자체이자 공간을 가득 채우고 있는 일종의 '매질'인 에테르의 바다로부터 생겨났을 가능성이 농후하고, 그렇다면 현재의 우주와 물리 이론은 근본적으로 바뀌어야 하기 때문이다.

의 양극성이며, 이들의 결합과 작용으로 비로소 현현의 양극성인 누트(하늘)와 게브(땅)가 분리되었다. 눈은 다름 아닌 원초적 질료 또는 원초의 에테르를 나타내며, 아툼신앙은 이 원초적 에테르의 물질화를 상징하고 있는 것이다.

한편 앞에서도 암시하였듯이 원초적 에테르가 곧바로 물질이 되어 나타난 것은 아니다. 물라프라크리티에서 코일론으로 분화하기까지 여러 단계를 거쳤듯이, 코일론에서 물질계의 질료 혹은 아누가 현현하기까지 수많은 단계를 거쳐야 한다는 것이 신비학의 관점이다. 10차원 이상을 필요로 하는 고차원 이론들과, 5장 말미에서 언급한 다중공간의 개념들도 이를 뒷받침한다.

이에 따라 다음 장에서는 물질우주가 전개되기까지의 과정을 체계적으로 가장 잘 보여주는 카발라의 우주론을 살펴보았으면 한다. 카발라는 우주의 분화과정뿐 아니라 우주의 본체에 대해서도 깊이 있고 가장 잘 정돈된 시각을 갖고 있고, 이것은 우주에 대한 이해는 물론 오컬트화학을 이해하는 데도 중요한 지식이 되기 때문이다. 현현 이전의 우주, 현대과학이나 천문학으로는 갈 수 없는 우주의 심연 너머로 다시 한 번 떠나보자.

7장

우주의 계층구조

우주의 본체

갈릴레오가 망원경을 발명한 이래, 근대천문학은 기본적으로 이와 유사한 도구들에 의존해 우주를 탐색해왔다. 반면 신비학에서는 인간의 의식이라는 도구를 사용해 우주를 탐구하였다. 우리는 고대인들의 터무니없는 우주관이 천문학의 발달로 차츰 올바른 우주관에 다가선 것으로 알고 있다. 그러나 과연 근대천문학의 과학적 방법이 우월하다고 일방적으로 단정지을 수 있을까?

천문학의 역사에서 태양계 밖에도 태양계와 같은 다른 별의 세계가 있다고 믿게 된 것은 그렇게 오래된 일이 아니다. 그러나 17세기, 이단자로 몰려 화형을 당한 도미니크의 수사 브루노는 우주에는 수많은 태양계가 있을 뿐 아니라, 행성이 그 태양의 주위를 돌고 있다고 말하였다. 그보다 2천년이나 앞서 고대 그리스의 아낙시메네스(B.C. 550~575)나 아낙사고라스(B.C. 5세기) 역시 외계 행성들에 대해 언급하였다. 고대 인도의 『수리아 시단타』에도 "지구는 우주 중 하나의 구

(球)"라고 기록되어 있다.[1]

또 코페르니쿠스(1473~1543)가 지동설을 주장하기 전까지만 해도 사람들은 우주의 모든 천체들이 지구를 중심으로 회전하고 있다고 믿었다. 그러나 기원전 3세기경에 아리스타르쿠스는 지구가 태양 주위를 공전하는 동시에 지축을 중심으로 자전하고 있다고 하였으며, 기원전 6세기경 피타고라스와 아낙시만드로스도 지구가 태양을 중심으로 돌고 있다는 것을 알고 있었다. 폰투스의 헤라클레이데스(B.C. 4세기)는 "지구는 24시간에 한 번 지축을 중심으로 회전한다"고 하였다. 바빌로니아의 셀레우코스도 지구의 자전과 공전궤도에 대해 말하고 있다.

비교적 최근에야 지구가 둥글다는 사실이 알려졌지만, 피타고라스와 아낙시만드로스는 이미 2천5백년 전에 지구는 둥글다고 하였다. 그리고 18세기에 이르러서도 라브와지에는 "하늘에는 돌이 없으므로, 하늘에서 돌이 떨어지는 일은 있을 수 없다"고 하였지만, 이미 기원전 5세기에 아폴로니아의 디오게네스는 유성이 "우주 속을 이동하고 가끔 지구에 떨어진다"고 생각하고 있었다. 또 데모크리토스(B.C. 470~380)는 일찌감치 은하수가 수많은 별들로 이루어진 것임을 알았다.

물론 그 시대의 모든 사람들이 그렇게 믿은 것은 아니고, 고대의 철학자들 역시 전적으로 옳은 생각만 했던 것은 아니었지만, 이러한 사실들은 우리가 알고 있는 것보다 훨씬 뛰어난 지식들이 그 당시에 존재했음을 암시하고 있다. 그런데도 대개의 천문학 교과서는 고대의 지식에 대한 정당한 이해도 없이 과거의 우주론을 무지하고 잘못된 것으로만 몰아붙이려는 경향이 있다. 하지만 빅뱅이론이야말로 몇십 년

---

1) 『우리가 처음은 아니다』, 앤드류 토머스 지음, 이길상 옮김, 전파과학사, 1971. 29쪽.

후에는 그와 같은 운명에 처해질지 그 누가 알겠는가?

아직 별과 우주에 대한 과학의 이해는 매우 불완전하다. 은하의 형성과 진화는 여전히 수수께끼이고, 퀘이사나 블랙홀, 암흑물질과 초은하단의 존재도 그러하며, 우주의 시작과 미래에 대해서도 확실하게 아는 것이 없다. 빅뱅 가설이 명확하게 증명하지 못하는 문제들에 대해 열린 마음으로 다른 대안들도 검토하는 자세가 필요하지 않을까?

빅뱅우주론과 신비학의 우주론을 다음 그림과 같이 한번 비교해보자.

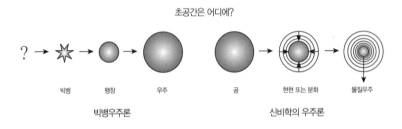

그림 7.1 빅뱅과 신비학의 우주론 비교

신비학에서 우주가 창조와 소멸을 반복한다는 개념은 얼핏 보면 빅뱅이론의 빅뱅-빅크런치 개념과 동일하다. 불교에서도 우주와 여러 별세계들의 반복되는 창조-성장-파괴-소멸의 과정을 성주괴공(成住壞空)이라고 한다. 그러나 이미 살펴본 대로 신비학의 우주론에서는 우주의 탄생과 성장이 공간적인 팽창을 의미하지 않는다는 데 빅뱅우주론과 큰 차이가 있다. 또 빅뱅이론은 빅뱅 이전의 단계(또는 상태)에 대해서는 아무것도 말하지 못하는 맹점이 있다.

그런데 초끈 이론과 같은 초공간 이론은, 만일 우주가 대폭발을 통해 태어났다면 그것은 공간적인 폭발이 아니라 차원적인 붕괴(예를 들면 10차원에서 4차원으로의 붕괴)가 있었을 것임을 암시하고 있다. 기존의 빅뱅이론은 고차원의 존재를 고려하고 있지 않다. 앞에서도 보았듯이 에테르나 원초적 질료, 다차원 공간, 그리고 고차원은 우리 눈에 보이는 우주가 전부가 아님을 시사한다. 성주괴공을 되풀이하는 것은 현재 천문학의 대상이 되고 있는 물질우주를 포함한 '현현우주'일 뿐이다. 현현우주는 주기를 갖지만, 현현우주를 넘어선 본체에 해당하는 그 무엇, 그 무엇은 실로 주기를 넘어 영원한 것이다.

그 본체에 대해 과학이 이야기할 수 있는 것은 없다. 신비학은 이 본체로부터 물질우주가 현현하는 것을 자존(自存)하는 초월적 유일자가 감고 있던 눈을 뜨는 것에 비유하고 있다. 그가 다시 눈을 감으면 우주는 사라지고 만다. 빅뱅이론에 비하면 정상우주론자들의 우주나 신비학의 정적인 우주가 어마어마하게 긴 진화기간을 별들에게 허용하는 건 사실이지만, 그 어떤 우주도 성주괴공의 과정에서 벗어나지는 못한다.

"전체로서 우주는 끝없이 평온하고 영원무변한 것이지만, 그것은 '끊임없이 나타났다 사라지기도 하는 무수한 우주의 놀이터'이기도 한 것이다. 그와 같은 여러 우주는 '현현하는 별들'이나 '영원의 불꽃'이라고 일컬어진다."[2]

그러면 모든 우주의 모체가 되는 현현 이전의 영원무변하는 본체는

---

2) 『비교』, H. P. Blavatsky, Adyar E. 지음, Theosophical Publishing House, 1979, 16쪽.

무엇인가? 이미 앞에서 우리는 그 답을 보았다.

"우주가 존재하건 존재하지 않건 간에, 과거에도 있었고, 현재에도 있
으며, 미래에도 있을 것은 무엇이겠는가? ……그 답은 '공간'이다."[3]

"어버이 공간은 영원하고 언제나 존재하며, 모든 것의 원인이다."[4]

『대불정수능엄경』 제3권에서는 "공(空)이란 이 우주에 널리 충만하
여 동요하지 않고, 또 지수화풍 같은 모든 사물의 근본 원소를 낳는 근
원이며, 그 자체는 불생불멸"이라고 밝히고 있다.[5] 공을 산스크리트어
로 수냐(Śūnya), 또는 수냐타(Śūnyatā)라고 하는데, Śūnya는 '비어있
음' 혹은 '공허함'을 의미하고, tā는 라틴어의 -tas나 영어의 -ty와 같
은 문법상의 접미사이다. 그러므로 수냐타를 영어의 'vacuity(공허, 진
공)'로 번역할 수 있을 것이다.[6] 또 불교에서 말하는 진여(眞如)는 공
의 어원인 Sunya에서 음차한 것으로 우주 만물의 근원이 공에 뿌리를
두고 있음을 암시하고 있다.

불교뿐 아니라 많은 고대지혜들이 모든 물질과 우주의 근원을 공
이라고 말하고 있다. 우리는 앞의 5장과 6장에서 공(간)은 그냥 텅 비
어 있는 상태가 아니라, 충만한 통일체이자 역동적인 움직임으로 가득
찬 상태임을 살펴보았다. 그러나 일반적으로 공을 말할 때는 상황에

---

3) 각주2)와 동일한 도서, 9쪽.
4) 위와 동일한 도서, 35쪽.
5) 『과학과 불교』, 김용정 지음, 석림출판사, 1996, .44쪽.
6) 『오컬트철학의 기초』, G. de Purucker 지음, Theosophical University Press,
   1973, 433쪽.

따라 여러 가지 뜻으로, 즉 상대적인 의미로 사용되었음을 이해해야 한다. 그리고 공간은 앞장에서도 이야기하였듯이 우주의 현현 이전과 현현 이후로 구분할 수 있다.

> "공간은 그것이 우주활동 전일 때 어머니라고 불리며, 다시 막 깨어나는 단계에서는 아버지-어머니로 불린다."[7]

현현 이전의 절대공간, 가장 초월적인 상태에 있으며 궁극의 근원에 해당하는 공, 그것을 현현 단계의 공간과 구별하기 위해 절대공[8]이라고 부르자. 이 절대공의 상태를 카발라[9]에서는 아인 소프(AIN SOP)라고 한다. 공간 그 자체이자 모든 물질과 의식의 근원인 파라브라만-물라프라크리티는 바로 이 아인 소프에 해당한다.

아인 소프는 그야말로 인식의 한계를 넘어서 있는 초월 상태의 상징적인 표현이다. 그러나 현현 이전의 이러한 아인 소프조차도 다음의 세 단계로 나눌 수 있는데, 아인 소프란 말은 이 세 단계 모두를 총칭하기도 한다.

아인	AIN
아인 소프	AIN SOP
아인 소프 오르	AIN SOP AUR

---

7) 각주2)와 동일한 도서, 18쪽.
8) Absolute VOID.
9) 일반적으로 유대 신비주의 전통으로 알려져 있다. 잠시 후에 다루게 될 것이다.

아인은 무(無) 또는 비현현성이라고 할 수 있으며, 아인 소프는 무한(無限), 그리고 아인 소프 오르는 무한광(無限光) 또는 무한한 빛이라고 할 수 있다. 카발라에서는 이들을 비현현 존재의 세 베일이라고 부르고 있는데, 이 세 개의 베일을 절대공의 내부 움직임이라고 볼 수도 있을 것이다. 각각의 베일은 또다시 더 세분화되어 아인은 셋, 아인 소프는 여섯, 아인 소프는 아홉 개의 베일을 가지고 있다고 한다. 모두 18개의 베일이 있는 셈이다.

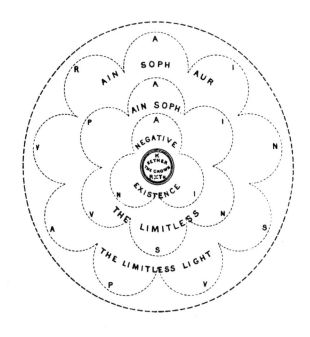

그림 7.2 아인 소프의 18 베일[10]

---

10) 『베일 벗은 카발라』, S. L. MacGregor & Mathers 지음, Weiser, 1970/1993, 20쪽.

본질에 있어서 아인이 아인 소프와 별개의 것이 아니듯이 절대공이 아인 소프와 별개의 것은 아니다. 그러나 현현을 위한 전개의 관점에서 보았을 때는 다음의 순서와 같이 보아도 큰 무리는 없을 것이다.

절대공	Absolute VOID
아인	AIN
아인 소프	AIN SOP
아인 소프 오르	AIN SOP AUR
네거티브	
포지티브	

아인 소프 오르 이후에 비로소 현현계가 펼쳐진다. 그러나 비현현의 존재와 현현의 존재 사이에는 너무나 깊은 골이 존재하므로 이 깊은 골을 연결하기 위해서는 많은 단계의 잠재적인 상태가 필요하다. 아인 소프는 아인 소프 네거티브와 아인 소프 포지티브로 나눌 수 있는데, 아인 소프 포지티브의 처음 상태를 보이드(VOID)라 한다. 흔히 말하는 공은 이 보이드나 그 이후에 전개되는 역동적인 흐름을 주로 설명한 것이다.[11]

네거티브의 단계는 호아(HOA), 아이요드(I.YOD), 심연(ABYSS), 카오스(KAOS) 등으로 더 세분되며, 포지티브도 여러 단계로 세분된다. 카발라에서는 네거티브의 첫 상태인 호아를 가장 거룩한 '태고의 존재(Ancient of Days)' 혹은 '태고의 존재 중에 태고의 존재'라고도 부르는데, 이 호아를 진정한 우주의 창조자라고 할 수 있다. 네거티브

---

11) 『오컬트다이제스트-5호』 시타출판사, 1998. - 〈공, 그 무한맥동〉

에 이르러 비로소 존재는 현현의 단계에 들어서며, 아인, 아인 소프, 아인 소프 오르는 현현 이전의 단계로, 앞에서 말한 바대로 절대공의 내부 움직임이라 할 수 있다.

절대공의 내부 움직임에 해당하는 아인과 아인 소프, 아인 소프 오르의 과정은 창조 이전 단계이다. 반대로 호아 이후 현현우주의 전개 과정은 공의 내부 움직임이 외부로 투영되어 나타난 공의 외부 움직임이라고 할 수 있다. 절대공에서 아인 소프를 거쳐 호아에 이르는 과정은 일반 종교에서 이야기하는 창조행위와는 다르다. 창조과정은 호아에서 비로소 시작되었다고 할 수 있으며, 로고스나 브라만에 해당하는 이 단계 이후에야 비로소 여러 종교에 의해 인격화된 신을 말할 수 있다.

파라브라만 상태의 절대의식은 존재하고자 하는 의지(이 존재의지는 아인 소프 오르의 무한한 빛을 통해서 상징된다)에서 우주를 현현시켰다. 그러나 앞장에서 이야기했듯이 이러한 절대의식은 제한된 의식을 가진 우리에게는 무의식으로 비친다. 블라바츠키 여사는 이러한 현현 이전의 상태가 오직 상징으로만 표현될 수 있으며, 일반적인 묘사가 불가능하다고 설명했다. 인간의 개념작용의 한계를 넘어서는 이런 상태는 부정어 이외의 말로는 표현할 수 없다.[12] 그러므로 아인이라는 단어가 뜻하는 바도 '무', 또는 '아무것도 아님(nothing)'인 것이다.

절대의식은 그 자신을 투영하였다. 합일된 상태로 있던 그 자신의 속성들을 투영된 우주 속에서 상대성으로 나누어 놓고 그 자신을 경험하기로 한 것이다. 그러므로 우주는 절대의식의 거울이라고 말할 수

---

12) 각주2)와 동일한 도서, 21쪽.

있다. 이처럼 절대의식으로부터 상대계인 우주가 투영되어 나오는 것이 카오스[13]가 코스모스가 되는 과정이며, 무극(無極)이 태극(太極)이 되는 과정이다.

그러나 절대의식이 자신을 투영할 스크린을 어디에 마련할 것인가? 무한이 두 개 존재할 수는 없다. 무한은 모든 것을 포함하기에 스크린을 마련할 외부 영역이라는 것은 있을 수 없기 때문이다. 한편, 창조라는 행위는 하위의 입장에서 바라볼 때는 무(無)에서 유(有)를 만들어내는 것이지만, 근원의 입장에서 볼 때는 무한한 것으로부터 유한한 것을 만들어내는 작업이다. 그러므로 아인 소프는 창조를 행할 유한 공간을 그 자신의 영역 안에 만들어내지 않으면 안 되었다.

본질상 무한과 유한은 한 곳에 동시에 존재할 수 없다. 무한이 있는 곳에 유한이 존재할 수 없으며 유한이 있는 곳에 무한이 있을 수 없기 때문이다. 그러므로 무한한 유일 존재는 그 자신의 영역에서 스스로 철수함으로써 유한 공간을 만들어냈다. 즉 아인 소프는 무한의 영역에 편재되어 있던 에센스들을 자기 자신의 일점에 집중(또는 수축)시켰다. 이것을 아인 소프가 자신의 일점 속으로 철수해버렸다고도 이야기한다. 이러한 아인 소프의 수축개념을 짐줌(ZimZum)이라 한다. 짐줌의 개념은 근대 카발리즘의 모태가 된 16세기 사페드의 카발리스트 이삭 루리아가 정립하였다.

한편, 짐줌의 과정으로 생겨난 유한 공간에 처음으로 나타난 것이

---

13) 『오컬티즘의 원천』, G. de Purucker 지음, Theosophical University Press, 1974, 72쪽- 그리스 철학에서 카오스는 에레보스(Erebos)와 닉스(Nyx)의 어머니이다. 에레보스는 힌두 철학의 브라만에 해당하는 영적이고 활동적인 측면을, 닉스는 근원질료인 프라다나나 물라프라크리티에 해당하는 수동적인 측면을 의미한다.

바로 창조주 호아, 또는 제1로고스이다.

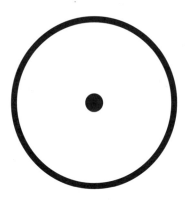

그림 7.3 제1로고스의 상징

카발라와 생명의 나무

　무한의 아인 소프로부터 물질우주가 현현하기까지는 수많은 단계가 필요하였다. 카발라에서는 그 단계들을 세피로트의 체계로 설명하고 있다. 세피로트는 무한과 유한의 깊은 골을 연결하는 다리이며, 우주는 세피로트의 복합 작용에 의해서 이루어진 결과물이다.

　세피로트의 교의가 처음으로 문헌상에 드러난 것은『세펠 예트지라』에서이다. 세펠 예트지라는 '형성의 서' 또는 '창조의 서'로 번역이 되는데, 우주 창조론과 우주철학을 다루는 비교(秘敎)전통인 '마쉐 베레쉬트'로부터 유래한 책이다. '마쉐 베레쉬트'는 '마쉐 멜카바'와 함께 카발라의 두 원류가 되는 신비학파로 바빌로니아에 그 기원을 두고 있다.[14] 마쉐 베레쉬트가 주로 창조의 역사에 관심이 있었던 반면, 마쉐 멜카바는 멜카바 보좌의 세계에 들어가는 것에 목표를 두었다. 멜카바는 성경의 에스겔서 1장에 나오는, 에스겔이 환영 속에 본 천상의 보좌 또는 신의 전차를 일컫는 말로, 멜카바 보좌의 세계에 들어가

---

14)『카발라』, 찰스 폰스 지음, 조하선 옮김, 물병자리, 1997, 63쪽.

기 위해서는 일곱 하늘과 일곱 천궁을 통과해야 한다. 마쉐 베레쉬트는 사변적 카발라로 그 전통이 이어졌으며, 마쉐 멜카바는 실천적 카발라에 그 원형이 남아 있다.

『세펠 예트지라』는 대략 3세기에서 6세기 사이 마쉐 베레쉬트의 전통에서 유래하는 문서들을 포함하고 있다. 이 책은 열 개의 세피로트와, 히브리 알파벳 스물두 문자의 확립에 대해서 다루는데,『세펠 예트지라』6장의 다음 구절을 보면 이 책이 비전(vision)적 체험으로 쓰여졌음을 알 수 있다.

"그리고 우리의 시조 아브라함이 이 모든 것을 알아차리고 이해하고 적어서 새겨넣자, 하느님(the Lord)은 가장 높게 그 자신을 드러내었으며, 아브라함을 그의 사랑하는 자로 부르고, 아브라함과 그의 자손들과 계약을 맺었다."[15]

그러나 랍비들에 의하면 아브라함은 결코 자신이 받은 계시를 기록하지 않았으며, 대신 그것을 그의 아들들에게 구두로 전했다고 한다.[16] 한편, 카발리스트인 제프 벤 시몬 할레비에 따르면 아브라함에게 카발라의 가르침을 전해준 것은 지극히 높은 하나님의 제사장, 멜기세덱이었다고 한다. 맥그리거 매터스의『베일 벗은 카발라』에서는 처음에는 신이 에덴 동산(Paradise)의 신지학파를 형성하고 있던 선택된 천사들에게 직접 카발라를 가르쳤다고 한다. 그리고 이 천사들이 신성실락

---

15)『창조의 서』, William Wynn Westcott 지음, Wizards Bookshelf, 1990, 22~23쪽.
16) 각주14)와 동일한 도서, 37쪽.

이후 아담으로 하여금 신성 상태를 회복할 수 있도록 카발라를 가르쳤다. 카발라는 아담으로부터 노아를 거쳐 아브라함에게 전해졌으며, 아브라함은 이것을 다시 이집트에 전했다는 것이다.[17]

성경의 기록에 의하면 아브라함은 갈대아 우르 사람이다.

"나는 이 땅을 네게 주어 업을 삼게 하려고 너를 갈대아 우르에서 이끌어낸 여호와로다"[18]

갈대아(칼데아) 우르는 메소포타미아의 유프라테스 강 하류에 위치하고 있는데, 현재 역사학계에서 서양문명의 기원으로 보는 수메르 문명이 자리잡고 있던 곳이다. 아브라함은 가나안을 거쳐서 헤브론에 거주하던 중 기근이 닥치자 이집트로 들어간다. 아브라함은 다시 헤브론으로 나오지만, 나중에 아브라함의 증손자인 요셉이 다시 이집트로 들어감으로써 이집트에서 유태인의 삶이 시작된다. 아브라함이 우르에서 나와 유프라테스 강을 따라 이동하게 된 이유는 우르 지역의 우상숭배 또는 다신교 때문이라는 설도 있고, 우르가 주변국의 침략에 패망했기 때문이라는 설도 있다.[19]

모세는 이집트에서 카발라의 비전에 입문했고, 히브리인을 노예생활에서 구해낸 뒤 40년 동안의 방랑을 거쳐 카발라에 통달하게 되었다고 한다. 모세는 다시 70명의 장로들을 카발라에 입문시켰고, 그 이

---

17) 『베일 벗은 카발라』, S. L. MacGregor & Mathers 지음, Weiser, 1970/1993, 5~6쪽.
18) 창세기 15:7.
19) 『뒤집어서 읽는 유태인 오천년사』, 강영수 지음, 청년정신, 1999, 20쪽.

후 이스라엘에서 전승이 이어지게 되었다.[20]

카발라(QBLH)라는 단어는 '받다'라는 의미의 히브리어 어근 키벨(QBL, Qibel)에서 파생한 것으로, 본래 구전으로 전승되었다. 카발라가 문자로 기록되기 시작한 것은 서기 150년경 랍비 시메온 벤 요하이에 이르러서였는데, 요하이가 죽은 뒤 랍비 엘리자르, 랍비 아바 등이 그의 논문들을 모았고, 이 논문들은 후에 카발라의 대작인 『세펠 조하르』의 원형이 된다.

카발라의 우주론은 아인 소프와 세피로트로 설명이 되고, 세피로트의 체계는 다시 '생명의 나무'로 상징된다. 세피로트가 현현 이후의 존재계를 상징하고 있으므로, 당연히 생명의 나무 또한 물질계를 포함한 존재계 전체와 그 창조과정을 상징하고 있다.

우파니샤드에서는 "우주는 하늘에 뿌리를 박고 온 땅 위에 가지를 드리운 거꾸로 선 나무"라고 말한다. 페르시아 신화에서도 생명의 나무가 바다에 뿌리를 내리고 있는데, 앞서 보았듯이 바다는 혼돈, 무형성, 존재의 모든 잠재적 가능성의 원천이자 우주만물의 원천, 현상계를 만들어내는 근본 질료인 물라프라크리티, 또는 에테르를 상징한다.[21] 이 밖에도 지구상에는 '세계수(世界樹)' 또는 '우주수(宇宙樹)'에 대한 신화가 널리 퍼져 있는데, 이는 나무가 우주를 나타내는 보편 상징임을 암시한다.

세피로트는 아인 소프로부터 발출되어 나온 빛의 광구(光球)로 표현된다. 물질계를 상징하는 말쿠트에 이르기까지 모두 10개의 세피로트가 아인 소프의 무한계로부터 우주의 여러 존재계를 이루며 순

---

20) 각주17)과 동일한 도서, 6쪽.
21) 『베일 벗은 천부경』, 조하선 지음, 물병자리, 1998, 202쪽.

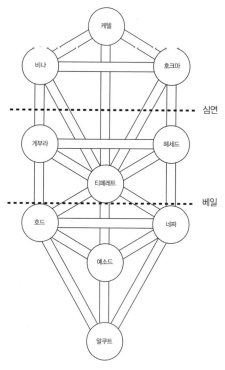

그림 7.4 생명의 나무

서대로 아래로 하강한다. 10개의 세피로트(각각의 세피로트는 세피라라고 한다)는 각각 케텔, 호크마, 비나, 헤세드, 게부라, 티페레트, 네짜, 호드, 이소드, 말쿠트라는 이름이 있다. 앞서의 NEGATIVE 와 POSITIVE 의 과정은 제1세피로트에 해당하는 케텔(KETEL)에 포함되어 있다. 즉, 절대공 → 아인 → 아인 소프 → 아인 소프 오르 → 케텔의 과정이 되는 것이다.

또한 각 세피라는 그 내부에 더 세부적인 현현의 과정을 내포하고 있다. 첫 번째 세피라인 케텔을 예로 들면, 케텔의 내부에 또 하나의 생명의 나무가 포함되어 있는데, 케텔 중의 케텔에 해당하는 것이 바로 무한계와 유한계를 연결해주는 태고의 존재, 곧 호아이다.

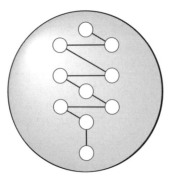

그림 7.5 케텔 중의 케텔

호아에 이르기 전의 잠재되거나 비현현인 상태는 호아 또는 케텔을 넘어서는 과정이다. 호아에 이르러서야 비로소 현현의 과정을 밟기 시작하는 것이다. 따라서 일반적인 생명의 나무 그림에는 케텔보다 상위에는 그 어떤 세피라도 없으며, 때로는 비현현의 세 베일(아인, 아인 소프, 아인 소프 오르)을 케텔 위에 표시하여 케텔 이전에 어떤 잠재 활동이 있었음을 암시하기도 한다.

카발라와 신지학에서 존재의 계는 4중체계 또는 7중체계로 구분 된다. 생명의 나무는 존재의 4중 체계와 7중 체계를 모두 나타내는데, 각 세피라가 이들 체계에 대응하는 방식에는 몇 가지 경우가 있다. 일 반적으로 상위의 세 개의 세피라, 즉 케텔, 호크마, 비나를 아칠루트계 (원형계 또는 영계), 그 다음의 세 개의 세피라인 헤세드, 게부라, 티페 레트를 브리아계(창조계 또는 멘탈계), 또 그 다음의 세 개의 세피라, 즉 네짜, 호드, 이소드를 예치라계(형성계 또는 아스트럴계), 마지막 세피라인 말쿠트를 아시야계(물질계)로 본다. 아니면 그림 7.6과 같이

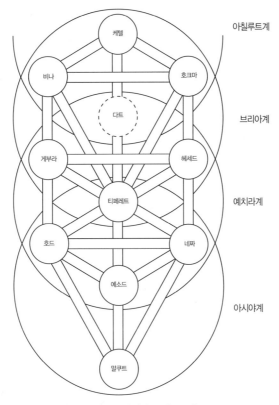

그림 7.6 존재의 4중 체계의 또 다른 모습

구분하기도 한다.

존재의 계를 구분하는 방식에서도 나타나듯이 생명의 나무는 삼개 조씩의 세피라로 구성되어 있다. 첫 번째 삼개조의 첫 세피라인 케텔에서 최초로 분출되는 호크마는 양성의 세피라이며 두 번째 발출물인 비나는 음성의 세피라인데, 이 둘은 케텔의 속성을 분화하여 나타낸 것이기도 하다. 그러므로 어떤 의미에서 이 셋은 하나, 또는 하나의 케텔이라고 볼 수도 있다. 각각의 세피라에는 나름의 속성이 부여되는

데, 호크마는 지혜, 비나는 지식(또는 이해)의 측면을 나타낸다.

두 번째 삼개조를 이루는 세피로트들에서 헤세드는 자비를, 게부라는 정의(또는 심판)를 나타낸다. 자비가 없이 정의만 행사된다면 세계(우주)는 파괴되고 말 것이며, 정의 없는 자비는 무정형의 결과만을 낳을 것이다. 이 둘을 조화시키는 역할을 하는 티페레트는 아름다움의 속성을 가지고 있다.

세 번째 삼개조 네짜, 호드, 이소드에서 네짜는 승리를, 호드는 영광을 나타내며, 이소드의 속성은 기초라고 한다.

한편, 5장에서 잠시 언급하였던 존재의 일곱계, 또는 일곱층의 피부를 갖는 공간은 다음과 같이 존재의 4중 체계와 대응을 이루는 것으로 볼 수 있다. 즉, 원형계 혹은 영계에 아디계와 아누파다카계(모나드계), 아트만계, 붓디계 4계가 포함되는 것이다.

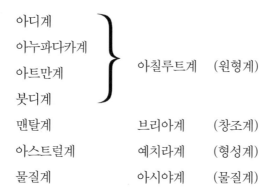

아디계		
아누파다카계		
아트만계	아칠루트계	(원형계)
붓디계		
맨탈계	브리아계	(창조계)
아스트럴계	예치라계	(형성계)
물질계	아시야계	(물질계)

동양의 우주론과 생명의 나무

생명의 나무는 모두 세 개의 기둥으로 이루어져 있는데, 좌·우에 있는 기둥은 각각 적극과 소극, 또는 남성적인 속성과 여성적인 속성을 가지고 있다. 반면에 케텔로부터 티페레트, 이소드로 이어지는 중앙의 기둥은 균형을 상징한다.

그중에서도 양쪽 좌우측 기둥의 가장 꼭대기에 있는 호크마와 비나는 최초의 음양적인 대대(對待)를 이루면서 가장 분명하게 남성적인 속성과 여성적인 속성을 나타내고 있다. 호크마는 케텔의 잠재적인 활동성이 겉으로 드러난 것이다. 호크마를 통하여 흘러들어온, 우주의 창조과정을 자극하는 이 역동적인 힘은 세 번째 세피라인 비나에 의해 수용되고 제한받는다. 이 때문에 호크마의 마법적 이미지가 수염난 남성인 반면, 비나의 이미지는 성숙한 여인으로 묘사된다.

아인 소프의 첫번째 발출물인 케텔로부터 원형적인 음양을 형성하는 호크마와 비나가 발출되어 삼개조를 형성하는 것은 태극(太極) 속에 잠재해 있던 음양의 작용이 현상계를 통하여 드러나는 것과 완전히 동일한 것이다. 한의학자이자 동양철학가인 한동석 씨는 "태극이란 개념은 한마디로 말하면 극히 클 수 있는 바탕을 지니면서도 극히 작은 상(象)을 나타내는 것을 말한다"[22]라고 하였는데, 이는 짐줌의 과정을 거쳐 아인 소프의 에센스가 한 점에 응축된 케텔의 상태를 말한다.

호크마와 비나는 태극 중의 순음순양(純陰純陽), 즉 건곤(乾坤)에 해당한다. 이에 대해 한동석 씨는 "건곤이라는 순양과 순음은 만물생성의 시초이며 음양운동의 본원이기 때문에, 우주운동의 본원인 남북극을 기준으로 하고 배치한 것"이라고 하였으며, 또 "건곤은 우주작용의 본체인즉, 그것은 또한 태극의 본체이기도 하다. 그런즉 음양이라는 후천 작용은, 즉 건곤의 가음가양(假陰假陽)작용에 불과한 것인바 이것이 바로 (古)태극도가 상징한 바의 순음순양에서 일어나는 것이다"라고 하였다.[23]

그림 7.7 고태극도와 건곤의 위치

---

22) 『우주변화의 원리』, 한동석 지음, 행림출판, 1985, 284쪽.
23) 위와 동일한 도서, 285쪽.

주자(周子, 周濂溪)는 목수(穆修)로부터 전해받은『한상역도(漢上易圖)』를 보완하여 '주자의 태극도설(太極圖說)'이라는 것을 만들었는데, 태극도설이란 (고)태극도의 태극의 운동하는 상을 설명하기 위한 그림과 설명이다. 그런데 이런 주자의 태극도설을 보고 있으면 그 자체가 하나의 완벽한 생명의 나무를 이루고 있는 것에 놀라움을 금치 못하게 된다. 그림 7.8에 각 세피로트에 음양과 오행의 속성을 부여하여 주자의 태극도와 비교하였다.

태극도의 음양동정으로 표시된 태극은 생명의 나무의 케텔 또는 첫번째 삼개조를 나타내며, 태극의 핵은 케텔 중의 케텔인 호아, 그리고 이괘(☲)와 감괘(☵)로 표시된 양동(陽動)과 음정(陰靜)은 호크마와 비나를 상징한다.

태극도의 위에는 속이 빈 둥근 원과 함께 '무극이태극(無極而太極)'이라는 말이 쓰여져 있는데, 이 원은 다름 아닌 무극(無極)을 나타내는 것이다. '무극이태극'이라는 말은 무극에서 태극으로 계승한다는 의미이며, 주자는 또한 "五行은 一陰陽也요 陰陽은 一太極也니 太極은 本無極也"라고 하여 태극의 본원이 무극에 있음을 밝혔다.[24] 동양학자들 중에는 주자의 이 글을 두고 태극이 곧 무극이라고 동일시하는 사람들이 있는데 이는 잘못이다.

태극이 무극에 본원을 두고 있음은 카발라 우주론의 관점에서 보면 더욱 명확해진다. 즉, 무극은 카발라의 아인 소프와 같은 것이다. 태극도의 오행 기호 밑에 있는 둥근 원도 무극을 표시하는데, 이는 오행의 작용이 무극의 생명력을 바탕으로 하고 있음을 상징적으로 보여주는 것이다. 태극의 핵을 나타내는 작은 원 역시 수축과정을 거쳐 응축

---

24) 위와 동일한 도서, 292쪽.

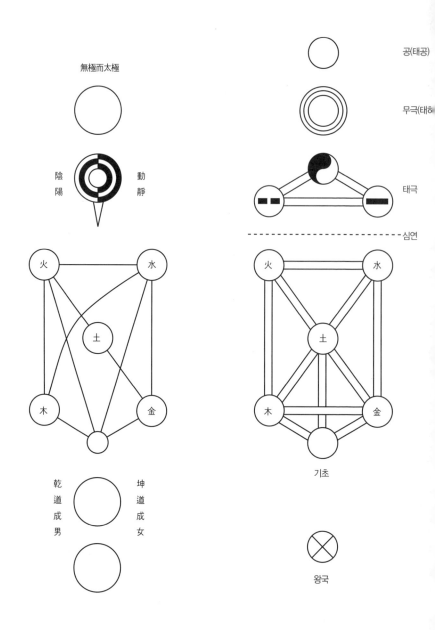

그림 7.8 생명의 나무와 주자의 태극도

된 무극을 표현한 것으로, 무극이 없다면 태극의 영속성도 있을 수 없다.[25]

무극이 태극으로 되는 것은 카발라의 짐줌과정에 해당한다. 보통 무극의 상(象)은 십(十)으로, 태극의 상은 일(一)로 상징된다. 정역(正易)이라는 독특한 역학 체계를 세운 김일부(金一夫)는 "거편무극(擧便無極)이니 십(十)이요, 십은 편시태극(便是太極)이니 일(一)이니라"라고 하여 이것을 손에 비유하였는데, 열 손가락을 다 펴고 보면 그것은 만물이 무한분열을 한 상이니 이것이 바로 십무극의 상이요, 열 손가락을 다 오므리면 십이 통일하여서 한 덩어리가 되는 것이니 이것이 바로 일태극의 상이라 하였다.[26]

또한 민족경전의 하나인 『태백일사 소도경전본훈』에도 '공왕색래(空往色來)'라는 말이 나타나는데, 이 말은 아인 소프(空)가 가고 세피로트의 존재계(色)가 왔다는 뜻으로 곧 카발라의 짐줌 현상을 일컫는 것이다.[27]

이렇게 무극에 바탕을 두고 있으면서 우주운동의 본체가 되는 태극은 짐줌의 과정을 거쳐 아인 소프의 응축된 에센스를 담고 있는 호아이자 제1로고스인 것이다.

이 호아는 케텔, 호크마, 비나의 삼위일체로 현현하며, 첫 번째 삼개조는 다시 하위계에 반영되어 제2, 제3의 삼개조를 형성한다.

케텔, 호크마, 비나의 제1삼개조는 다음과 같이 히브리의 중요 세 문자 알레프(א), 멤(מ), 쉰(ש)으로 상징되기도 한다. 이 셋은 또한 원시

---

25) 각주22)와 동일한 도서, 289쪽.
26) 위와 동일한 도서, 293쪽.
27) 각주21)과 동일한 도서, 120~121쪽.

의 공기, 물, 불을 상징하는 것으로 현현계의 모든 존재가 이 셋을 통해 만들어진다. 물은 비나의 여성적인 속성으로 물질과 형태의 모체가 되는 것이고, 불은 호크마의 남성적인 속성으로 에너지의 측면을 나타낸다.

그림 7.9 제1삼개조와 히브리 3 모자(母字)

『천부경(天符經)』[28]의 '석삼극(析三極)' 또한 제1삼개조의 현현을 의미하며('一始無始一'의 一은 호아를 나타낸다), '천일일지일이인일삼

---

28) 천부경은 환인시대 때 구전으로 전하여지다 환웅시대에 이르러 녹도문으로 기록이 되고, 최치원이 81자의 한자로 번역하여 묘향산 석벽에 새겨 넣은 것을 구한말에 계연수가 발견하여 탁본을 떴다는 신비의 민족 경전이다. 우주창조의 원리를 담고 있으며, 전문은 다음과 같다.

一始無始一析三極無
盡本天一一地一二人
一三一積十金巨無匱化
三天二三地二三人二
三大三合六生七八九
運三四成環伍七一妙
衍萬往萬來用變不動
本本心本太陽仰明人
中天地一一終無終一

(天一一地一二人一三)'의 天一, 地一, 人一은 제1삼개조의 세 세피로트를 나타낸다. 이어서 나오는 '일적십거무궤화삼(一積十鉅無匱化三)'에서 일적십거(一積十鉅)는 생명의 나무가 자라 열 개의 세피로트로 현현하는 모습을, 무궤(無匱)는 무를 담아놓은 궤짝이라는 뜻으로 이 역시 호 아를 나타낸다. 따라서 무궤화삼(無匱化三)은 석삼극과 마찬가지로 호 아가 세 개의 극으로 화한 것을 설명하는 것이다.[29]

노자의 도덕경에 등장하는 "道生一 一生二 二生三 三生萬物(도가 하나를 낳고 하나가 둘을 낳고 둘이 셋을 낳고 셋이 만물을 낳았다)"이라는 구절도 결국 생명의 나무가 펼쳐지는 과정을 간략하게 표현한 말로, 도(道)는 곧 아인 소프에 해당하는 것이다.

제1삼개조는 생명의 나무를 떠받치는 세 기둥의 머리돌이 된다. 즉 우측에 있는 자비의 기둥과 좌측에 있는 정의의 기둥, 중앙에 위치한 균형의 기둥이 그것이다. 이와 같이 생명의 나무에는 삼(三)이라는 숫자가 매우 중요한 역할을 하고 있으며, 그것은 천부경 또한 마찬가지이다.

天二 　△　 케텔, 호크마, 비나

地二 　▽　 헤세드, 게부라, 티페레트

人二 　▽　 네짜, 호드, 예소드

그림 7.10 천이지이인이와 생명의 나무

---

29) 각주21)과 동일한 도서, 38~50쪽.

첫 번째 삼개조는 제2, 제3의 삼개조로 이어져서 생명의 나무의 몸통을 형성한다.

이 제1, 제2, 제3 삼개조가 천부경에서는 천이(天二), 지이(地二), 인이(人二)에 해당한다(天二三地二二人二三).

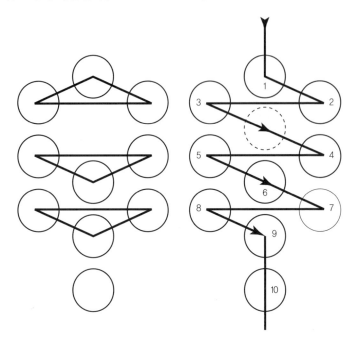

그림 7.11 생명의 나무와 세 개의 삼개조들　　**그림 7.12** 세피로트의 발출 순서

천이와 지이가 교합하면 다윗의 별(Star of David)이 나오며, 이것은 생명 나무의 여섯 세피로트(케텔, 호크마, 비나, 헤세드, 게부라, 티페레트)를 상징한다. 그리고, 이로부터 인이(人二)의 제3삼개조가 나오는데, 이 과정을 천부경에서는 '대삼합육생칠팔구(大三合六生七八九)'로 표현하고 있다.(그림 7.13)

이상에서 보듯, 수많은 여러 단계를 거친 뒤에야 비로소 우리가 인식하는 유한계인 물질계(말쿠트)가 탄생하였다. 생명의 나무가 나타내는 다른 상징 의미들과 세피로트 간의 다양한 상호관계에 대해서는 설명하지 않았지만, 무한계와 물질계 사이에 존재하는 여러 존재계들이 곧 앞서 우리가 언급했던 고차원의 초공간들이다. 뿌리없는 나뭇잎이 존재할 수 없듯이, 무한계와 초공간은 물질계의 근원이자 밑바탕을 이루고 있는 것이다.

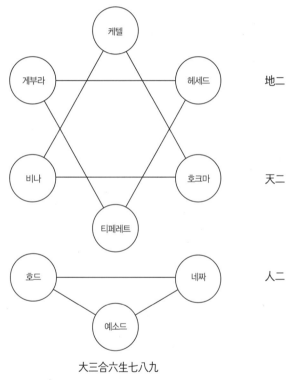

大三合六生七八九

그림 7.13 대삼합육생칠팔구와 생명의 나무

우주원소

이렇게 절대공의 무한계로부터 분화된 각 차원의 공간들은 나름대로의 존재계를 이루며 현현하는데, 현현된 존재계는 필경 영적인 측면과 함께 질료의 측면을 포함하고 있게 된다. 이제부터는 분화된 각 존재계의 물질적 기초를 이루는 질료의 측면에 대해 알아보기로 하자.

신비학에서는 우주에 일곱 가지 원소가 있다고 말한다. 여기서 말하는 원소는 물론 주기율표상의 화학원소를 가리키는 것이 아니다. 원소를 뜻하는 'element'란 단어는 라틴어에서 유래한 것으로, '기초'라는 뜻이다. 플라톤 이후 그리스에서는 원소를 'stoicheia'라고 불렀는데, 복수형 지소사 'stoichos'는 '연속물(series)' 또는 다른 말로 '하이어라키(계층구조)'를 의미한다.

상카야 철학이나 베단타 학파에서는 만물의 여섯 원소를 프라크리티로 표현한다. 이 여섯 프라크리티는 최초의 프라크리티 또는 뿌리 프라크리티(root-Prakriti)로부터 파생된 것이므로[30] 최초의 프라크리

---

30) 『비의철학의 기초』, G. De Purucker 지음, Theosophical University Press, 1979

티를 포함하면 일곱의 프라크리티, 즉 일곱 원소가 존재하는 셈이다.

프라크리티는 질료의 개념이다. 즉 이 우주를 구성하는 질료에 해당하는 것으로 모물질인 물라프라크리티에서 분화되어 나온 것이다. 우주의 계층구조는 프라크리티를 바탕으로 하여 이루어진다.

상카야 철학과 베단타 학파에서는 또한 만물의 일곱 원소를 "타트바"라고 부르기도 한다. 타트바는 "로고스의 의식 변화에 따라 질료에서 일어나는 결과이며, 로고스의 의식 변화 그 자체는 '탄마트라'"라 한다. 말하자면 탄마트라를 모래사장에 밀려왔다 밀려가는 파도들에 비유한다면, 타트바는 그 결과로 생겨나는 작은 모래 물결에 비유할 수 있다.[31] 타트바가 힘의 측면을 나타낸다면, 프라크리티는 질료의 측면을 강조한다.

일곱으로 분화된 프라크리티의 하이어라키는 곧 그들만의 공간과 차원을 형성하는데, 이것들이 바로 앞에서 몇 차례 언급하였던 존재의 일곱계에 해당한다. 각 계에는 그에 합당한 원소의 이름이 다음과 같이 주어져 있다.

표 7.1 타트바와 프라크리티

하이어라키 (존재의 계)	타트바(Brahmanic Tattwas) 힘의 측면	원소(프라크리티) 질료의 측면
아디계	아디(Adi) 타트바	불의 바다(Sea of fire)
모나드계	아누파다카(Anupadaka) 타트바	아카샤(Akasha)
아트만계	아카사(Akasa) 타트바	에테르(Aether)

357쪽.

31) 『태양계』, A. E. Powell 지음, The Theosophical Publishing House, 1985, 22쪽.

붓디계	타이자사(Taijasa) 타트바	火(Fire)
멘탈계	바유(Vayu) 타트바	風(Air)
아스트랄계	아파스(Apas) 타트바	水(Water)
물질계	프리티비(Prithivi) 타트바	地(Earth)

아디란 '원형'이나 '최초'를 뜻하는 산스크리트어이다. 아누파다카는 '어버이가 없다'는 의미로 해석되는데, 개체화된 선조를 가지지 않는다는 뜻이지 근원이 없다는 의미는 아니다. 그리고 아카사(akasa)는 '빛나는'이라는 어의를 가지고 있다. 아카사 타트바는 원소 에테르에 해당하는 것으로, 이 에테르를 6장에서 거론하였던 에테르나 과학에서 이야기하는 에테르, 그리고 또 물질계의 상위 부분을 일컫는 에테르(이 책에서는 에텔이라 표기함)와 혼동하지 않기를 바란다. 또 아카사 타트바는 에테르의 상위 원소인 아카샤(Akasha)와도 별개의 것이다. 참고로 우측 원소의 이름은 『우주불(A Treatise on Cosmic Fire)』의 표기를 기준으로 한 것이다.

타이자사는 '불같은', '반짝이는'과 같은 뜻으로 원소 '불'에 해당한다. 마찬가지로 '공기 같은'이라는 뜻을 가진 바유는 원소 '공기(바람)'에, 아파스는 '물'에, 그리고 '연장(extension)'이라는 의미의 프리티비는 원소 '흙'에 해당한다.

그리스 철학자들이 이야기했던 원소는 이들 우주 원소를 말하는 것이다.[32] 오행(五行)철학의 목, 화, 토, 금, 수가 문자 그대로의 나무와 불을 지칭하는 게 아니듯이, 4원소설(四元素說)의 불이나 바람도 우리가

---

32) 혹자는 흙, 물, 공기, 불을 고체, 액체, 기체, 플라즈마에 비유하는데, 우주의 구조는 상응의 원리에 따르고 있으므로 그것도 일리는 있는 견해이다.

보는 물질 그대로의 불이나 바람을 말하는 것은 아니다.

위의 표에서는 일곱 원소를 제시하였는데, 보통 4원소설에서 거론하는 것은 하이어라키의 아래 부분에 해당하는 지, 수, 화, 풍 네 원소뿐이다. 간혹 여기에 제5원소인 에테르[33]가 추가되기도 하지만, 왜 그리스 철학자들은 일곱을 다 말하지 않고 넷 또는 다섯 개의 원소만 이야기하였을까? 그 답에 대한 실마리를 『비교』에서 찾아볼 수 있다.

"신비학(Occult Science)에서는 일곱 개의 우주 원소가 있음을 인지하고 있다. 네 개의 원소는 완전히 물질적이고 다섯 번째의 원소(에테르)는 반쯤 물질적이다. 다섯 번째 원소는 제4라운드가 끝나갈 무렵에 공기 중에 보이기 시작하여 제5라운드 전체에 걸쳐 다른 네 원소 위에 군림할 것이다. 나머지 두 개의 원소는 아직 인간의 인식능력을 완전히 벗어나 있다. 그러나 그들은 이번 라운드의 제6근본인종과 제7근본인종 기간 중에 표상을 보일 것이다. 그들은 각각 제6라운드와 제7라운드에 완전히 인지될 수 있을 것이다."[34]

즉, 장차 우리가 제5원소뿐만 아니라 제6원소, 제7원소까지 인식하게 될지는 몰라도 현재의 인류에게는 4개의 원소만이 인식 가능하다는 것이다. 라운드와 근본인종은 태양계와 인류의 진화에 관련된 신지학의 독특한 개념으로서, 장구한 세월에 걸친 우주 역사를 설명하기 위한 것이다.[35]

---

33) 불교에서는 空大라고 함.
34) 『비교의 물리』, William Kingsland 지음, 1909, 58쪽.
35) 라운드는 태양계 전체와 관련된 시대구분이며, 근본인종은 지구의 인류와 관련된 진화체계상의 시대구분이라는 것만 언급하고 넘어가자. 자세한 것은 아

한편 오컬트화학에 의거해서 보면, 원소란 각 존재의 계를 이루고 있는 그 계의 궁극 원자들과 그 궁극 원자들로 이루어진 화합물들을 일컫는다. 즉 아누가 물질계의 궁극 원자이듯이 물질계를 넘어선 상위의 계들도 각기 자기 계의 궁극 원자들을 가지고 있으며, 또한 이들은 모두 동일한 질료에서 만들어진 것이다.

"신성한 생명력의 하강은 거품들을 회전시켜 우리가 여러 계의 원자라 부르는 다양한 배열을 낳는다. 이 생명력은 또한 원자들을 모아서 화학원소들로 이루어진 분자를 만든다."[36]

물질계의 궁극 원자인 아누는 약 140억 개의 양자거품으로 이루어진다. 다른 계의 궁극 원자들 역시 이들 양자거품으로 이루어졌다. 가장 상위의 아디계의 경우 양자거품 그 자체가 하나의 궁극 원자가 된다. 그 다음 단계인 아누파다카계의 궁극 원자는 49개의 거품으로 되어 있고, 그 아래 아트마계의 궁극 원자는 2,401개의 거품으로 되어 있다. 이런 식으로 계속 늘어나는데, 잘 살펴보면 49의 승수로 그 수가 늘어남을 알 수 있다.

더 포웰의 『태양계』(각주31)과 동일한 도서)를 읽어볼 것을 추천한다.
36) 『오컬트화학』 제3판, C.W.Leadbeater & Annie Besant 지음, Theosophical Publishing House, 1951, 17쪽.

표 7.2 각 계의 궁극 원자를 구성하는 거품의 수

아디계	1	=	$49^0(7 \times 7)^0$
아누파다카계	49	=	49^1
아트마계	2,401	=	49^2
붓디계	117,649	=	49^3
멘탈계	5,764,801	=	49^4
아스트럴계	282,475,249	=	49^5
물질계	13,841,287,201	=	49^6

각 계의 궁극원자는 차상위계의 궁극원자 49(7×7)개에 해당한다. 그러나 이 말이 곧 그 계의 궁극원자가 차상위계의 궁극원자 49개로 구성된다는 뜻은 아니다. 다시 말해 물질계의 아누를 해체하면 곧바로 49개의 아스트럴 궁극원자로 나누어지는 것이 아니라, 일단 개개의 거품으로 모두 흩어진 후 다시 재편성되어 49개의 아스트럴 궁극원자가 된다는 것이다. 이렇게 각 계의 원자가 형성되는 과정은 다음과 같다.

"첫 번째 충동은 로고스가 한정된 영역 전체에 걸쳐 엄청나게 많은 수의 작은 소용돌이를 일으키는데, 각각의 소용돌이는 자체 속으로 49개의 거품들을 끌어들여서 어떤 모양으로 배열한다. 이렇게 형성된 작은 거품 집단들은 두 번째 계(아누파다카계 혹은 모나드계)의 원자들이다. 모든 거품들이 이렇게 사용된 것은 아니고, 서로 분리된 상태로 아디계 혹은 최초의 계의 원자들이 될 정도로 충분한 거품들이 남아 있다.

시간이 지나면서 두 번째 충동이 온다. 이 충동은 49개의 거품으로 이루어진 원자들을 거의 전부(아누파다카계의 원자들을 남겨두고) 끌어당겨서 원자를 구성하는 거품들로 해체시켜 다시 밖으로 내던진다. 그리고 나서 거품들 속에 소용돌이를 일으키는데, 각각의 소용돌이는 자체 내에 49^2 즉 2,401개의 거품들을 포함한다. 이것들이 세 번째 세계 즉 아트마계의 원자다.

또다시 시간이 지난 후에 세 번째, 네 번째, 다섯 번째, 여섯 번째 충동이 와서 위와 같은 과정을 되풀이한다. 여섯 번째 충동으로 물질계의 원자가 형성되는데, 원자 속의 거품 수는 49^6, 즉 약 14,000,000,000개의 거품으로 이루어진다."[37]

---

37) 각주31)과 동일한 도서, 20쪽~21쪽.

에텔계의 아원자 입자들

오컬트화학에 따르면 일곱의 존재계 중 하나인 물질우주도 일곱 가지 상태로 되어 있다. 그 중 셋은 우리도 잘 알고 있는 것인데, 고체와 액체, 기체를 말한다. 나머지 물질의 상태는 원자를 분해하여 얻게 되는 아원자 상태에 해당되는데, 오컬트화학에서는 이들을 E1, E2, E3, E4,[38] 또는 궁극원자계(atomic), 아원자계(subatomic), 초에텔계(superetheric), 에텔계(etheric)로 세분하였다. 물론 이것은 오컬트화학에 따른 것으로 현대과학의 분류법은 아니다. 다음은 물질계의 하부 에텔계에 대한 오컬트화학의 설명이다.

E1 (제1 에텔 하부계) : 이 계는 단독으로 존재하는 아누에 의해 형성된다.

E2 (제2 에텔 하부계) : 이 계는 아누가 가장 간단한 형태로 결합되어 형성된 계이다. 아누의 결합은 결코 7개 이상으로는 이루어지지 않

---

38) E는 에텔(ether)이라는 뜻.

는다. 아래 그림에 E2 상태의 독특한 아누의 결합 예들이 나타나 있다.

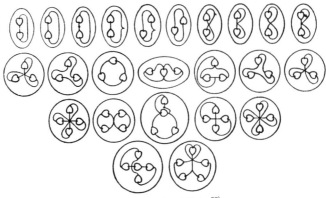

그림 7.14 E2 질료의 형태들[39]

E3 (제3 에텔 하부계) : E3 단계에서는 몇몇 결합들이 얼핏 보기에 E2 단계의 결합을 반복하는 것처럼 보인다. 둘을 명확하게 구분할 수 있는 유일한 방법은 이 결합들을 분해해보는 것이다. 만일 E2에 속하는 결합이라면 즉시 개개의 아누로 분해되어 버리겠지만, E3에 속하는 결합이라면, 더 적은 수의 아누의 결합으로 이루어진 보다 작은 그룹으로 나누어진다.

그림 7.15 E3 질료의 형태들[40]

---

39) 각주36)과 동일한 도서, 24쪽.
40) 위와 동일한 도서, 25쪽.

E4 (제4 에텔 하부계) : E4 단계는 화학 원소 속에서 대부분 그 형태가 유지되는 상태이다.

그림 7.16 E4 질료의 다양한 형태들[41]

---

41) 위와 동일한 도서, 27쪽.

오컬트화학의 관찰 결과가 일반적인 상태에 있는 물질이 아닌 초원자 상태를 거쳐 재배열된 상태의 입자들임을 감안해야 하겠지만, 대체로 보면 각 상태는 아래와 같은 아원자 상태에 해당한다고 볼 수 있다.

E1 : 　자유아누

E2 : 　쿼크 (3개의 아누로 이루어짐)

E3 : 　쿼크이중쌍 (diquark, 2개의 쿼크로 이루어짐)

E4 : 　핵자(양성자 또는 중성자)와 핵자들의 결합

이런 제1 에텔계에서 제4 에텔계까지를 상부 물질계라 하고, 기체, 액체, 고체상태를 하부 물질계라 한다. 우리가 보통 인식하는 세계는 하부 물질계여서, 때로는 이 하부 물질계만을 가리켜 물질계라고도 한다. 상부 물질계를 신비학에서는 에텔계라고 한다. 현재 인간의 시각 및 인식능력은 이 에텔계를 감지 못하고 있다. 신비학에 따르면 에텔계는 하부 물질계처럼 하나의 독특한 세계를 형성하는데, 하부 물질계와 진동의 차이가 있기 때문이다.

이렇게 물질계를 일곱 개의 하부계로 나눌 수 있는 것처럼, 상응의 법칙에 의해서 우주의 일곱 계 각각도 또다시 일곱 계의 하부계로 세분할 수 있다. 앞에서 이야기한 것처럼 각 계의 하부계는 물질계와 마찬가지로 자기 계의 궁극원자가 화학결합하는 방식으로 이루어진다.[42]

---

42) 이상에서 보듯이 신비학에서 이야기하는 원자는 단지 아누만을 가르키는 것이 아님을 알 수 있다. 일곱 계에 존재하는 궁극원자 모두가 하나의 원자들이다. 사실 신비학에서 원자라는 개념은 보다 광범위한 의미를 가지는데, 하이어라키를 이룬 어떤 연속물에서 일곱 번째 또는 가장 높은 단계에 해당하는 요

존재의 일곱 계와 그 하부계들을 도표로 보면 다음과 같다. 물질계
가 상부 물질계(에텔계)와 하부 물질계로 구분되는 것처럼 아스트럴
계나 멘탈계 역시 상부 아스트럴계와 하부 아스트럴계, 상부 멘탈계와
하부 멘탈계 등으로 구분이 된다. 이런 각 존재의 영역은 신비주의 전
통에 따라 각양각색의 이름으로 불리고 있지만, 신지학과 카발라의 우
주론을 중심으로 잘 살펴보면 결국 같은 것을 이야기하고 있음을 알
게 될 것이다.

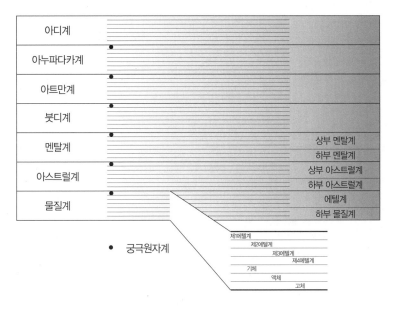

그림 7.17 우주의 일곱계와 하부계들

이렇게 매질(원초의 에테르)은 여러 차원의 존재계를 이루며 차츰
물질화되었다는 것이 신비학의 주장이다. 다음 장에서는 이런 물질화

───────────────

소를 원자라고 한다.

의 형태적 의미를 알아본다. 물질의 특성은 '형상'을 갖는다는 것인데, 사실 형상은 물질의 한 속성이라기보다는 물질 그 자체의 존재를 가능하게 하는 일차적인 원인이다. 따라서 우리는 아누의 신비한 형태역시 결코 우연한 것이 아님을 깨닫게 될 것이다.

8장

신성한 기하

태초의 빛

구약성서의 '창세기'에는 모든 창조행위에 앞서 다음과 같이 빛이 등장하고 있다.

"하나님(엘로힘)이 가라사대 빛(오르)이 있으라 하시매 빛이 있었고"[1]

바로 그 앞에는 "땅이 혼돈하고 공허하며, 흑암이 깊음 위에 있고 하나님(God)의 영이 수면에 운행하였다"는 구절이 보인다.

물은 공간의 물, 즉 에테르 또는 원초적 질료의 상징임을 6장에서 보았다. 창세기의 위 구절은 전체적으로 우주가 현현하기 이전의 혼돈 상태, 또는 모든 존재의 가능성이 잠재해 있는 비현현의 초월 상태, 형상 없는 상태를 말하고 있다.

여기서 "수면에 운행하는 하나님의 영"이란 표현은 "물들 위에 움직이는 자"로 의인화된 '나라야나'나 『쟌의 서』에 쓰여진 "잠자는 생

---

1) 창세기 1:3.

명의 물 위에서 움직이는 암흑의 숨"[2]을 연상케 한다. 『조하르』에서 설명하는 바에 따르자면, '하나님의 영(spirit of God)'[3]은 '엘로힘 하임(살아 있는 하나님)'으로부터 나온 하나의 거룩한 영(성령)이며, 이것이 "물들의 표면 위에 맴돌고 있었다." 여기서 영(spirit)에 해당하는 히브리어(רוח)는 바람으로도 번역되며, 라틴어 'spiritus' 역시 숨, 바람, 또는 공기 등으로 번역되고 있다.[4]

앞서 6장에서 로고스의 신성한 생각과 물질, 또는 영과 우주적인 질료 사이에서 매개역할을 하는 포하트에 대해 살펴보았다. 또한 포하트의 원초적인 단계를 다이비프라크리티라고 할 수 있으며, 이 다이비프라크리티는 '신성한 빛', '원초의 빛', 또는 '로고스의 빛'으로 번역될 수 있음을 보았다.

'창세기'에서도 빛은 공간의 물 위에 나타난 첫 번째 현현을 나타내고 있다. 『조하르』의 카발라적인 해석에 따르면 아인 소프는 그 자신의 에테르를 가르고 하나의 신비스러운 점(dot)을 드러내었는데, 이점이 오르, 즉 빛(Light)이라는 것이다.

그리고 아인, 아인 소프, 아인 소프 오르로 이어지는 절대공의 내부

---

2) 『비교』, H. P. Blavatsky, Adyar E. 지음, Theosophical Publishing House, 1979, 64쪽.

3) 히브리 원전에서 하나님(God)에 해당하는 엘로힘(elohim)은 사실 'gods'로 번역되어야 옳았을 복수형 명사이다. el은 신(god)을, elōh는 여성 명사 'goddess'를 뜻하는데, īm은 남성 명사의 복수형을 나타내는데 쓰는 접미어일 뿐이므로, 매우 기묘한 복합어라고 할 수 있다. 엘로힘이 6일 동안 창조를 행하시고 일곱 번째 날에 휴식을 취하였듯이, 조로아스터교의 창조신화에서도 일곱 암샤스펜드가 6일 동안 세상을 창조하고 제7의 날 휴식을 취하였다고 한다.

4) 『비의철학의 기초』, G. De Purucker 지음, Theosophical University Press, 1979, 453쪽.

움직임 속에서 아인 소프 오르를 '무한한 빛(무한광)'으로 번역한 것을 기억할 것이다.

아인 소프 오르로부터 발출되어 나온 열 개의 세피로트 역시 빛으로 상징되는데, 그 첫 번째 광구(光球)가 바로 케텔이다. 이렇게 본다면 빛은 '창세기'에서처럼 모든 피조물에 앞선 첫번째 현현물이라고 할 수 있다.

한편, 아인 소프가 에테르를 가르고서 신비스러운 점을 드러냈다는 『조하르』의 언급은 로고스의 입김에 의해 코일론 속에 불어넣어진 오컬트화학의 거품을 설명하는 듯이 들린다. 다시 한번 이 부분에 대한 오컬트화학의 설명을 들어보자.

"모든 물질 원자를 구성하는 기본적인 단위는 코일론이 아니라 코일론이 없는 상태이다. 즉 코일론이 없는 유일한 지점이며, 코일론 안에서 떠도는 무(無)의 점들이다. 왜냐하면 이러한 공간-거품의 내부는 우리의 눈에는 하나의 절대공(absolute void)으로 나타나기 때문이다. 그러면 거품의 진정한 내용물은 무엇인가? 다시 말해 무한한 밀도를 가진 물질 속에다 거품들을 불어넣은 그 엄청난 힘은 무엇인가? 그것은 다름 아닌 로고스의 막강한 창조력이 아닌가? 현현이 시작되기를 바랄 때 로고스가 공간의 바다 속에 불어넣은 호흡, 혹은 기운 또는 생명력이 아닌가? 무한히 작은 이 거품들이 '포하트가 공간에다 판 구멍들'이다. 로고스는 그 구멍 안을 채우고 그 구멍이 코일론의 압력에도 견디고 존재할 수 있도록 한다. 왜냐하면 로고스 자신이 그 구멍 안에 머무르기 때문이다."[5]

---

5) 『오컬트화학』 제3판, C.W.Leadbeater & Annie Besant 지음, Theosophical

코일론 안에서 떠도는 무의 점, 그것은 바로 아인 소프가 그 자신의 에테르를 가르고서 드러낸 신비스러운 점(dot), 즉 오르이다.

"이러한 힘의 단위(거품)들은 로고스가 우주를 창조할 때 사용하는 벽돌과 같다. 아무리 높고 낮은 계의 물질이라도 모든 물질은 이러한 힘의 단위들로 이루어져 있으며 모든 물질은 그 본질 자체가 신성하다."[6]

앞에서 살펴보았듯이 모든 계의 원자들을 이루는 것은 이 거품들이다. 그렇다면 다음과 같은 추리가 가능하다. 즉 거품은 곧 빛이고, 빛은 물질이 되었다. 다시 말해 물질은 빛이다!

실제로 많은 문헌에서 이를 뒷받침하고 있다.

"우리가 존재하는 계의 물질은 결정화된 빛이다."[7]

"모든 것은 빛으로 구성되어 있다. 그대는 빛이다. 단지 그대가 모르고 있었을 뿐이다. 모든 물질의 입자는 빛이다…… 빛은 만물의 근원이다. 그대 또한 빛이 응축된 존재이다."[8]

"물질은 때때로 '결빙된 빛'이나 영(spirit)의 표현이 농밀하게 표현된 상태를 나타내는 것으로 이야기되어왔다."[9]

Publishing House, 1951, 17쪽.

6) 위와 동일한 도서, 17쪽.

7) 각주4)와 동일한 도서, 369쪽.

8) 라즈니쉬.

9) 『카발라의 만능언어』, William Eisen 지음, DeVORSS & COMPANY, 1989,

"빛의 파(波)가 황금나선을 만들어 맥놀이가 생기는 곳마다 전하 (charge)를 가진 원환체의 도넛 또는 소립자가 된다."[10]

거품은 포하트와 별개의 것으로 떼어놓을 수 없는 불가분의 것이다. 그러므로 빛을 포하트가 아닌 거품이라거나 거품이 아닌 포하트라고 확연하게 구분하기는 어렵다.

앞에서 포하트는 로고스의 빛 또는 로고스의 심부름꾼이며, 영과 질료의 매개역할을 한다고 하였다. 영은 하위 로고스의 개념이다. 따라서 빛은 영의 현현이라고 할 수 있다. 애니 베전트 여사는 빛과 영의 관계에 대해, 빛을 물질 속으로 들어온 영의 현현으로 보았다.

"일반적으로 불교에서는 영(Spirit)과 빛(Light)을 분명하게 구별하고 있으며, 빛을 비물질적인 것으로 여기지 않는다. 불교도들 사이에서 발견되는 빛에 대한 견해는 영지주의자들의 견해와 밀접한 관련이 있다. 그에 따르면, 빛은 물질 속으로 들어온 영의 현현이다. 그러므로 우주 지성은 빛의 옷을 걸치고 물질과 관계를 맺게 된다. 물질 속에서 빛은 축소되고 마침내 흐려져서 지성은 결국 완전한 무의식 상태로 떨어지게 된다. 지고의 지성은 빛도, 빛이 아닌 것도, 또는 어둠도, 어둠이 아닌 것도 아닌 상태로 유지된다. 그것은 이들이 지성을 빛과 관련시켜서 표현한 것들이기 때문이다. 빛은 최초에는 이런 연결관계로부터 자유로웠으나, 나중에는 지성을 둘러싸고 지성과 물질의 연결을

222쪽.

10) *Alphabet of the EARTHEART*, Daniel Winter 지음, Aethyrea Books, 1997, 151~152쪽.

매개하게 되었다."[11]

빛은 영(스피리트)의 현현이며, 물질 또한 빛의 결정이라고 하였으므로 이제 우리는 다음과 같이 말할 수 있다.

"물질은 결정화된 영이라 할 수 있다."[12]

결국 영과 물질이 그 본질에서 하나임은 여기에서도 확인할 수 있다. 빛은 둘을 매개하여 우주만물을 빚어내는 역할을 한다. 잠시 이해를 돕기 위해 지금까지 언급해온 개념들을 개략적인 도식으로 나타내보기로 하자.

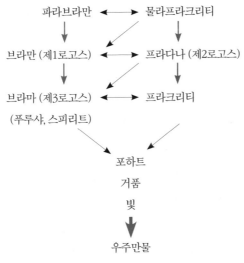

그림 8.1 우주만물의 형성

11) 『고대지혜』, Annie Besant 지음, The Theosophical Publishing House, 1897, 29쪽.
12) 각주4)와 동일한 도서, 358쪽.

마찬가지로 고대 그리스의 4원소설을 순서에 구애받지 않고 살펴보면, 이것이 우주의 현현을 비유적으로 설명해내고 있음을 알 수 있다. 즉 물은 공간의 바다 에테르를 상징하고, 바람은 영을 상징한다. 불은 빛을 상징하는데, 바람이 바다에 마찰을 일으켜서 만들어내는 포말 또는 물결이 이 빛에 해당한다. 흙은 물질을 상징하며, 포말이 형성한 파도 또는 파도의 형태를 나타낸다.

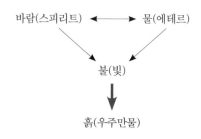

그림 8.2 4원소와 우주만물의 현현

질료에도 여러 층의 존재계가 있어 우리가 흔히 물질이라고 부르는 것이 낮은 차원의 분화된 질료에 지나지 않듯이, 우리가 흔히 눈으로 느끼는 빛(물질계의 빛)도 앞에서 말한 빛의 낮은 차원의 분화물에 지나지 않는다. 즉 우리가 보는 빛은 하위계의 빛이라고 할 수 있다.

푸루커는 "빛은 질료-에너지, 또는 에너지-질료라고 할 수 있다. 그것을 힘(force)이라고 부른다. 또 빛인 힘은 상위계의 질료, 상위계의 프라크리티인 것이다"[13]라고 하였다.

상위계의 질료는 하위계에서 볼 때는 힘의 형태로 나타난다. 블라바츠키 여사는 "우리가 알고 있는 힘이라는 것은 우리가 전혀 모르는

---

13) 각주4)와 동일한 도서, 369쪽.

어떤 실체가 현상으로 드러난 것에 불과하다는 사실을 솔직히 인정해야 할 때가 빠르게 다가오고 있다"[14]고 하여 질료적인 측면에서의 힘을 암시하였다. 오컬트화학에서도 "물질은 다름 아닌 원자들의 힘이 모인 집합체이다"[15]라고 하여 이러한 견해를 뒷받침하고 있다.

이와 같이 신비학에서는 물질이란 단지 상위 차원의 힘 또는 에너지가 응결된 것에 불과하다고 보고 있으며, 원자력의 사용을 가능하게 한 아인슈타인의 공식($E=mc^2$)도 물질과 에너지가 서로 치환될 수 있는 관계임을 나타내고 있다.

그렇다면 물질이란 무엇인가? 물질은 결국 에너지의 소용돌이다. 단, 자유로운 상태에서 곧 흩어지고 마는 에너지가 아니라, 안정된 형태의 운동을 통해서 지속성을 가지고 일정 형태 속에 가두어진 에너지 상태라 할 수 있다.

빛은 전자기파다. 이것은 풀려난 에너지다. 즉 물질 형태를 취하지 않은 에너지다. 그러므로 빛이 안정된 운동상태에 가두어졌을 때, 즉 결정화되었을 때, 그것을 '물질'이라 한다. 하위계의 물질일수록 더 구조화되고 더 결정화된, 따라서 더 고정적이고 굳어진 상태의 에너지라고 한다면, 그에 비해서 상위계의 질료는 상대적인 힘 또는 빛이라고 부를 수 있을 것이다. 빛이 상위계의 질료, 또는 상위계의 힘이라고 하는 푸루커의 주장도 힘과 질료의 이런 관계를 언급한 것이다.

물질이 내적인 에너지가 외부로 표현된 것에 불과하다는 이러한 개념은 스칼라 전자기학이라고 부르는 다소 진보적인 물리이론에서 그 동일한 맥락을 찾아볼 수 있다. 토마스 베어든 등이 옹호하고 있는 이

14) 각주2)와 동일한 도서, 234쪽.
15) 각주5)와 동일한 도서, 22쪽.

이론은 전자기 현상의 일차적인 원인을 스칼라 포텐셜이라고 하는 정전기(靜電氣)적인 개념에 두고 있다.

고전적인 물리 이론에서 에너지의 합이 제로로 나타나는 영점(零點)은 존재의 측면에서도 실제로 아무것도 없는 제로의 상태를 나타내는 것으로 해석하지만, 스칼라 전자기학에서는 각각의 영점이 비록 겉으로는 제로로 나타나도 내부적으로는 다를 수 있다고 이해한다. 즉 영점은 그냥 영점이 아니라 내부의 하부구조를 가지고 있는 실재적인 것이며, 다만 하부구조의 에너지 총합이 외부적으로 제로로 나타나는 것뿐이라는 것이다.

스칼라는 본래 벡터와 반대되는 수학적 개념으로, 벡터가 크기와 방향의 성분을 가지고 있는 물리량이라면 스칼라는 방향성 없이 오직 크기만을 가진 물리량을 나타낼 때 쓰는 말이다.

스칼라 포텐셜이라고 할 때의 이 포텐셜(사실은 스칼라장)은 정전기적인 개념으로 볼 때에는 스칼라적인 양이라고 해석할 수 있다. 그러나 본질적인 측면에서 보았을 때의 스칼라 포텐셜은 전혀 스칼라가 아니며, 오히려 다중 벡터의 특성을 가지고 있다. 아래 그림의 예에서 보듯이 각각의 시스템들은 여러 개의 벡터들로 이루어져 있지만, 그 합은 모두 제로가 되어 마치 스칼라인 것처럼 보이는 것과 같다.

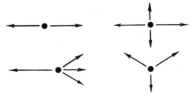

그림 8.3 내부 벡터에너지의 합[16]

16)『정묘한 에너지』, John Davidson 지음, C. W. Daniel Company Ltd., 1993,

잠재되어 있는 이 내부 에너지가 스칼라 포텐셜이다. 고전적인 전자기학은 전자기 현상의 일차 원인을 전자기장에 두고 있는데, 스칼라 전자기학에 따르면 실제로 존재하는 것은 전자기장이 아니라 포텐셜이며, 이 포텐셜은 가상입자의 흐름으로 구성되어 있다. 포텐셜은 어떠한 조건이 되면 외부로 현현(하전)하게 되는데, 전자기장은 스칼라 포텐셜이 겉으로 나타난 이차적인 효과일 뿐이라고 볼 수 있다.

다중 벡터, 즉 다중 전자기파로 채워진 공간의 에너지 밀도 합이 스칼라장을 형성한다. 다시 말하면, 스칼라 포텐셜은 다중 전자기파의 집합이며 이 전자기파들이 차지하고 있는 공간의 에너지 밀도가 스칼라 포텐셜의 크기이고, 에너지 밀도의 집합(스칼라 포텐셜 자체가 아니라)이 스칼라장을 이루게 된다.

이처럼 스칼라 전자기학은 과거 우리가 비어 있다고 생각했던 진공이 사실은 잠재적인 포텐셜로 꽉 차 있다고 본다. 하지만 안정된 상태일 때 포텐셜의 합이 제로여서 우리는 아무것도 없다는 환상을 갖게 된다. 이 안정된 상태가 정전기적인 스칼라 포텐셜의 가상 상태로 알려져 있는데, 이 가상 상태는 현대 물리학에서도 매우 친숙한 개념이다. 가상 입자들의 요동은 이 가상 상태 또는 스칼라 하부구조의 활동으로 인한 것이다.

따라서 외부의 물리적인 방법으로 관찰할 수 없는 이 내부 에너지, 즉 스칼라 포텐셜은, 비록 외부 세계에 대해서는 일종의 가상 상태로 비쳐지지만, 이와 같이 어떤 고정적으로 압축되고 구조화된 하부구조 내부의 끊임없는 변화들이고, 게다가 이 가상 상태는 그 자신보다 더 높고 더 안쪽에 위치하는 또 다른 가상 상태들로부터 현현한다. 말하

263쪽.

자면 스칼라 전자기학은 다중에 걸친 '진공'의 내부구조를 인정하고 있는 것이다.

마찬가지로 빛은 아인 소프의 잠재 에너지(또는 공의 에센스)가 한 점으로 응축된 초점이다. 이 초점은 외부에서 볼 때는 하나의 점에 불과하지만, 초점의 내부에는 무한한 에너지를 담고 있다. 이 에너지가 안정된 형태로 가두어진 것이 물질에 내재된 엄청난 에너지이며, 또한 벡터 성분을 가진 빛 에너지들의 합계인 스칼라 포텐셜이다.

그림 8.4 빛의 중첩 토러스 구조[17]

그런데 우리는 스칼라 포텐셜의 다중 벡터가 안정된 형태를 취할

---

17) 빛은 로저 펜로즈의 트위스터(twistor)처럼 중첩된 토러스 구조를 통해 하나의 초점을 형성하고 있다고 생각된다.

수 있다는 사실로부터 물질의 내부구조가 기하학과 밀접한 관련이 있으리란 추측을 해볼 수 있다. 지속적으로 운동하고 변화하는 벡터성분이 어떤 일정한 운동형태를 따르지 않는다면, 그 물질의 안정성은 금방 붕괴되고 결국 자유로운 상태의 에너지로 흩어져버리고 말 것이기 때문이다.

사실 물질의 특성은 형상을 가진다는 것이다. 형상은 곧 기하이다. 그러므로 모든 물질이 기하학적인 속성을 가지고 있다는 것은 너무나 당연한 이야기이며, 여기에 의의를 달 사람은 아무도 없을 것이다. 하지만 내가 볼 때는 기하의 중요성이 사람들로부터 제대로 인식받지 못하는 것 같다. 흔히 기하를 물질이 만들어내는 외형적인 결과물이라고 생각하기 쉽다. 예를 들면, 주사위는 육면체를 만들고 커피잔은 원형을 만들며 창틀은 사각형을 만들고 축구공은 구형을 만든다. 나머지는 이러한 기하학적 요소들의 조합이다.

그러나 기하는 물질의 부수적인 속성이나 결과가 아니라, 물질의 직접적인 원인이다. 앞에서 물질을 결정화된 빛이라고 하였는데, 빛이란 건 찰흙같이 어떠한 정적인 개념의 질료가 아니다. 동적인 에너지가 정적인 물질로 되었을 때는 그 과정의 밑바탕에 본질적인 기하의 원리가 작용하고 있음을 알아차려야 한다.

기하가 없다면 물질도 없다. 왜 고대의 현인들이 "신은 기하학자"라고 가르쳤겠는가? 기하학은 결코 거시세계에서만 통용되는 학문이 아니다. 아원자 세계의 기하학, 그 신비한 세계로 들어가보자.

그림 8.5 기하학을 하는 태고의 존재[18]

---

18) 윌리엄 블레이크 작, 1794.

아누의 신비한 형태

만일 거품들이 제멋대로 떠돌아다니기만 한다면 우리가 보고 만지는 것과 같은 물질은 결코 형성되지 않을 것이다. 거품이 안정적인 운동을 할 때라야만 관성을 저장할 수 있고, 물질로서의 형태를 유지할 수 있다. 그 지속적인 운동이 기하학적인 형태가 되리라는 건 짐작하기 어렵지 않다.

카발라의 세피로트 체계에서도 이와 비슷한 생각을 엿볼 수 있는데, 다음의 인용문을 보면 물질의 기초가 되는 것은 비나이며, 안정된 상태의 힘이 형상의 기초가 된다고 말한다.

"케텔은 순수 존재이고 완전히 잠재적이며 비활동적이다. 케텔로부터 활동이 발생되어 나올 때 우리는 그것을 호크마라 부른다. 이 순수 활동의 하강 흐름은 우주의 역동적 힘이며 호크마의 힘인 것이다. 우주의 모든 힘은 직선이 아닌 곡선으로 움직인다. 따라서 하나의 힘은 결국 자신이 발생되어 나온 곳으로 돌아오게 된다. 이때 그 힘은 일종의 안정 상태에 있게 되며 이는 형상의 기초가 된다. 이러한 상태를 카발리스트들은 비나라고 부른다. 예를 들어서 원자(물질계에서의 안정의 단위)는 비나의 힘의 현현인 것이다."[19]

한편 초끈과 초공간 이론 역시—우리가 아직 그 본질을 잘 파악하지 못했다 하더라도—기하학에 그 뿌리를 깊이 내리고 있다. 다시 한 번 말하지만, 초끈의 '초'라는 접두어는 '초대칭' 이론에서 유래한 것이다. 대칭이 중요한 것은 대칭이 기하의 바탕이 되기 때문이다. 대칭이 없다면 기하학 형태가 성립하기 어렵다. 비정형이 아닌 기하형태라면 그 어느 형태이든 대칭을 포함하고 있다. 비정형의 기하 형태(이것을 기하학 형태라고 부를 수 있다면)라면 대칭을 포함하지 않을 수도 있겠지만, 일정한 형태를 유지하거나 어떤 안정된 구조물을 만들어내지는 못할 것이다.

오컬트화학에서는 빛이 물질로 되기 위해 안정된 기하 형태의 운동을 해나갈 때, 코일론이 그 대칭의 바탕을 제공한다.

"투시를 통하여 확대할 수 있는 능력을 가진 사람에게는, 코일론이 실제와는 다를지 모르지만 동질(同質) 혹은 균질(均質)적으로 보인다."[20]

공기나 물과 같은 매질 없이 어떻게 회오리바람이나 소용돌이가 있을 수 있겠는가? 마찬가지로 코일론이라는(균질한)바탕질료가 없다

---

19) 『베일 벗은 천부경』, 조하선 지음, 물병자리, 1998, 517~518쪽.
20) 각주5)와 동일한 도서, 16쪽.

면 거품은 물질 형태를 이룰 수 없고, 기하 형태도 생겨날 수 없다. 따라서 다니엘 윈터 같은 이는 물질(matter-mater-mother)을 '기하의 자궁'이라고 표현했다.

그렇다면 가장 간단하면서도 어떤 고정된 형태의 이미지를 줄 수 있는 운동형태가 있다면 어떤 것일까? 그것은 아마도 원운동일 것이다. 그런데 이 원운동은 2차원에서는 원으로 나타나고 3차원에서는 토러스 형태로 나타난다. 푸리에의 변환 원리는 모든 파동이 사인파(sine wave)라는 하나의 형태로 이루어졌다는 것을 보여주는데, 2차원의 형태인 이 사인파를 3차원으로 확장하면 토러스 형태가 되는 것이다.

앞에서 빛 자체도 중첩된 토러스의 형태를 하고 있다고 말한 바 있다. 이처럼 토러스는 모든 3차원 형상의 기본이 되는 기하 형태라고 할 수 있다. 또 토러스는 에너지의 흐름을 안정적으로 유지할 수 있는 가장 기본이 되는 형태이기도 한데, 담배연기나 잉크 방울이 도넛 형태로 번지는 모습을 보면 쉽게 이해할 수 있을 것이다. 모든 물질이 본질적으로는 에너지의 흐름이자 파동이라는 것을 기억하자.[21]

3차원 물질의 토대인 아누 역시 전체적으로는 이런 토러스 형태의 윤곽을 하고 있다. 우리는 얼핏 보아 대나무로 된 통발이나 새장을 연상시키는 아누의 별스러운 형태를 몇 가지 요소로 분석해볼 수 있는데, 10개의 소용돌이치는 나선과 중심을 관통하는 보텍스 형태, 각각 3개와 7개 두 묶음으로 나눌 수 있는 이중나선의 꼬임, 폐곡선을 이루고 있는 나선들의 순환구조, 전체적으로 보아 위아래가 움푹 패인 구

---

21) 1924년에 드 브로이는 소립자도 파동의 성질을 가지고 있다고 제안하며 물질파라는 용어를 사용하였다. 일상생활에서 경험하는 물체들의 물질파 파장은 너무 작아서 그 파동의 효과, 즉 간섭, 회절과 같은 현상은 관측하기 어려운 것으로 생각할 수 있다.

또는 토러스 등이다. 아누를 구성하는 스파릴래가 그 자체로 하나의 견고한 물질이 아닌 에너지의 끊임없는 흐름임을 이해한다면, 그리고 아누 자체가 빠른 속도로 회전하고 있다는 걸 감안한다면, 우리가 아누를 직접 본다 해도 아누가 토러스 형태의 외형을 하고 있다는 인상을 받을 것임을 짐작할 수 있다.

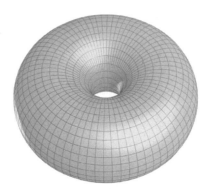

그림 8.6 토러스

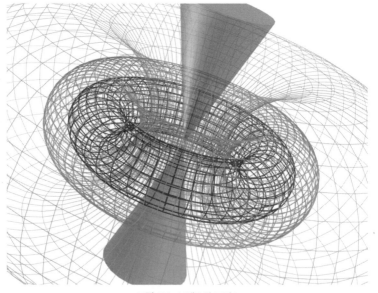

그림 8.7 보텍스와 토러스

한편 토러스는 기본적으로 한 쌍의 보텍스를 내포하고 있다. 즉 토러스의 움푹 패인 곳으로부터 한 쌍의 보텍스가 유도되는데, 여러 겹의 중첩된 토러스를 놓고 보면 이런 보텍스의 모습이 더욱 확연하게 드러난다. 둘 중 어느 한쪽 보텍스의 회전방향이 시계방향이라면 다른 한 쪽의 보텍스는 반시계 방향으로 회전한다. 보텍스 또한 회오리바람이나 태풍, 물의 소용돌이에서 그 예를 볼 수 있는, 자연의 기본적인 운동방식 중 하나이다.

아누의 양쪽 끝 움푹 패인 곳과 내부의 나선이 만나는 곳에서 보텍스를 발견할 수 있다. 이처럼 아누는 한 쌍의 보텍스와 토러스 구조를 통한 자체 순환구조를 가지고 있는 동시에, 엄청난 속도로 회전하고 있는 일종의 소용돌이다. 빠른 속도로 회전하는 보텍스는 견고한 물질의 환상을 만들어낸다. 쉬운 예로 대기의 보텍스가 만들어내는 위력적인 토네이도(회오리바람)를 생각해보자. 평상시에는 대기의 입자를 보는 것이 불가능하지만, 토네이도가 형성된 곳에서 현실적인 힘과 형체와 단단함을 가진 실체의 환상을 보게 된다. 다음 글은 이런 환상이 형성되는 과정을 잘 설명하고 있다.

"물리적인 실체를 갖춘 물질이라는 것은 공간상의 특별한 한 점에서 에너지를 강력하게 응집함으로써 형태를 이룬다는 점을 분명히 이해할 수 있다. 그래서 아무것도 없는 것에서 모든 것이 생성될 수 있는 것이다. 다시 말해 이런 현상에 대해 극한을 취하면 무에서 유가 생겨나는 것이며, '바늘구멍'(즉 무한한 잠재력을 지니고 있으나 아무런 형태도 없는 진공과도 같은 영원한 창조 지성)을 통해 모든 현상이 드러난다고 말할 수 있다. 따라서 우주의 근본을 이해하게 되면 우리가 살아가는 현상계는 실로 환상 세계에 불과할 뿐이다."[22)]

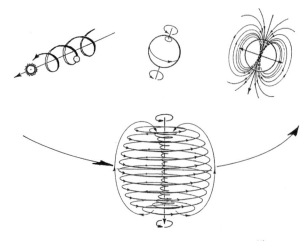

그림 8.8 틸만 사우버거 박사가 말하는 창조적 형성운동[23)]

　이처럼 소용돌이는 무형의 것이 유형의 것으로 드러나는 창조적인
운동형태인 동시에 그 형태적 생명을 오래 지속하는 놀라운 특성을
가지고 있다. 수백 년간 사라지지 않고 관측되고 있는 목성의 붉은 대
반점(목성 대기의 소용돌이 현상)이 그 좋은 예가 될 것이다.
　현대 우주론에서는 은하계와 태양계, 지구 같은 행성도 최초에는
소용돌이 운동을 하는 원시상태의 가스원반으로부터 형성된 것으로
생각하고 있다. 흥미롭게도『오아스페(OAHSPE)』라는 신비스러운
책에서도 이와 유사하게 우주와 태양계, 그리고 지구가 형성되는 과정
을 다루고 있는 것을 볼 수 있는데, 비록 과학적인 이해를 넘어서는 내

---

22)『살아 있는 에너지』, 콜럼 코츠 지음, 유상구 옮김, 양문, 1998, 77쪽.
23) 위와 동일한 도서, 90쪽.

그림 8.9 보텍스 형성의 제1단계

그림 8.10 보텍스 형성의 제2단계

그림 8.11 보텍스 형성의 제3단계

그림 8.12 보텍스 형성의 제4단계

용과 전물질(前物質) 단계에서 벌어지는 일들을 다루고 있긴 하지만 우주적인 보텍스 운동이 단계별로 형상화되는 과정을 그린 일련의 묘사가 눈길을 사로잡는다. 특히 그 마지막 단계는 아누의 형태를 연상시키고 있다.

한편, 블랙홀이라는 명칭을 처음으로 사용했던 존 휠러 역시 보텍스를 언급했다는 것은 재미있는 사실이다.

"그리고 실제로, 우리 시대의 일류 우주론자인 존 휠러는 그가 기하역학—구부러지고 텅 빈 공간의 기하학적인 동력학—이라고 부른 학문 분야에서 우리 우주의 구조 자체가 보텍스 링(vortex ring)에 지나지 않는다고 말한다."[24]

파동과 의식의 세계를 독특한 시각으로 해석한 이차크 벤토프 역시 우주의 구조가 바로 이런 보텍스 링, 즉 토러스 형태를 하고 있을 것으로 추측한다.[25]

아누를 형성하는 가장 큰 특징 중 하나인 나선 역시 우주의 기본적인 운동형태이다. 솔방울이나 조개, 태풍, 은하계, 심지어 우리 머리의 가마나 지문 등에서도 이런 나선형태를 발견할 수 있는데, 흥미로운 것은 카발라의 생명의 나무 역시 잘 살펴보면 순환하는 나선구조를 하고 있다는 것을 알 수 있다.(그림 8.13)

---

24) 『나선의 신비』, Jill Purce 지음, Thames and Hudson, 1980, 32쪽.
25) 『우주심과 정신물리학』, 이차크 벤토프 지음, 류시화 · 이상무 옮김, 정신세계사, 1987, 참조.

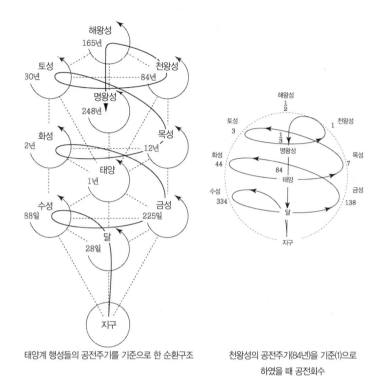

태양계 행성들의 공전주기를 기준으로 한 순환구조

천왕성의 공전주기(84년)을 기준(1)으로
하였을 때 공전회수

그림 8.13 생명의 나무의 순환구조[26]

열 개의 세피로트는 우주의 현현 과정을 상징하는데, 최초의 빛은 가장 상위의 세피라인 케텔로부터 가장 하위의 세피라인 지상의 말쿠트로 내려오는 길을 따라 하강한다. 거꾸로 세피로트는 의식이 상승하는 단계를 나타내기도 하는데, 인간은 세피로트가 하강한 길의 역순을 따라 근원으로 되돌아가 신성한 빛과 하나가 된다. 세피로트는 또한 태양계의 천체들과도 대응된다. 이 때문에 인간은 땅에서 하늘로 되돌아가기 위해 각 세피로트에 해당하는 모든 행성의 구체를 통해서 여

---

26) 각주24)와 동일한 도서, 108쪽.

행해야 한다.

각 세피로트에 해당되는 천체들의 공전주기는 달에서 수성, 금성, 화성, 목성, 토성, 천왕성, 해왕성으로 감에 따라 점점 더 길어지는 것을 알 수 있다. 이러한 순례의 길은 보이지 않는 11번째 세피라이자 명부(冥府)에 해당하는 명왕성을 거쳐 다시 말쿠트인 지상으로 되돌아옴으로써 한 주기를 이루는데, 이렇게 생명의 나무를 따라 순환하는 생명의 흐름은 근원으로부터 연장되어 나와 다시 근원으로 수축하고 되돌아가는 구형의 소용돌이처럼 보인다.[27]

순환은 우주의 기본 리듬이다. 이 되돌아가는 나선 형태는 확장과 수축을 동시에 표현하고 있다. 만약 어떤 에너지의 운동방식이 주기적이지 않다면, 그 에너지는 일정한 형태를 유지하지 못할 것이다. 아마도 이 세상에서 가장 유명한 공식일 $E=mc^2$ 이 물질이 에너지 형태로 환원될 수 있음을 시사하듯이, 물질은 어떤 고정되어 있는 실체라기보다는 운동의 개념으로 이해해야 한다. 따라서 물질은 시간과 떼어서 별도로 논의할 수 없는 본질을 가지고 있다. 만약 어느 한 순간 시간이 멈춰버린다면, 모든 물체는 더 이상 존재하지 않을 것이다. 물체는 형태를 갖춘 에너지의 흐름이어서 순환이 이루어지지 않으면 에너지는 일정한 형태를 유지하지 못할 것이기 때문이다.

한편 아누는 두 개의 극성을 가진 서로 다른 나선의 조합으로 되어 있다. 세 개의 나선과 일곱 개의 나선으로 구분되는 이 두 종류 나선의 흐름은 특히 아누의 내부에서 캐듀서스 모양으로 교차하고 있다.

---

27) 각주24)와 동일한 도서, 108쪽.

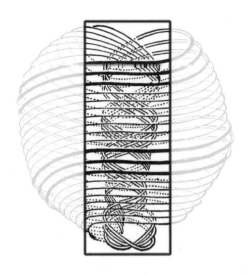

그림 8.14 캐듀서스

이중나선을 볼 수 있는 가장 유명한 예는 유전물질인 데옥시리보핵산(DNA)일 것이다. 또한 태극은 자연에서 나타나는 이중성 또는 상대성을 상징하는 도형으로, 동양철학에서는 모든 우주의 변화와 현현을 음양의 승부(勝負)작용으로 본다. 그런데 현대수학에서 이 양극성, 즉 두 가지의 인자(因子)가 서로 상호작용하여 빚어내는 결과를 살펴보면 상황은 극적으로 전개된다.

카오스 이론[28]에서 두 개의 주기가 결합하는 경우가 있는데, 이를

---

28) 혼돈을 뜻하는 카오스가 과학의 대상이 된 것은 1975년 미국의 수학자 요크(1941~)와 그의 제자 이천암(李天岩)이 그들의 논문에 카오스란 용어를 사용한 것이 계기가 되었다. 물론 수학자였던 푸엥카레(1854~1912)나 미국의 기상학자인 에드워드 로렌츠(1917~2008), 물리학자인 파이겐바움(1945~)등 많은 학자들이 카오스 이론의 성립에 지대한 공헌을 하였다. 카오스 이론이 주목받기 시작한 것은 1980년대를 전후한 극히 최근의 일로, 20세기 초의 상대성 이론과 양자역학에 이어 20세기 후반의 또 하나의 혁명적인 과학이론으

준주기 운동이라 한다. 빌 랭포드는 어떤 준주기 상태에서 서로 다른 두 주파수를 가진 서로 다른 두 주기 운동이 결합하는 것을 발견하였는데, 그 결과로 생기는 '기묘한 어트랙터'는 그림 8. 15와 같은 모양을 하고 있었다. 이와 같은 형태의 혼돈은 소련의 수학자 실니코프가 깊이 연구하였다.[29]

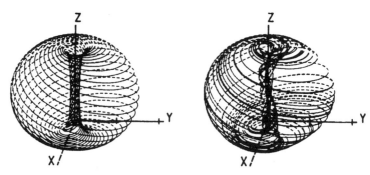

그림 8.15 호프/정상 상태 상화작용에서의 준주기 운동과 그 결과로 생기는 혼돈

카오스 이론에서 역학계의 변화는 다차원 위상공간 내의 점의 궤도로 나타나며, 외부에서 주어진 에너지에 의해 요동하게 된 궤도는 시간이 지남에 따라 차츰 안정된 궤도로 이끌려가는데, 최종적으로 귀착하게 되는 하나의 궤도를 어트랙터(또는 끝개)라고 부른다. 어트랙터는 주어진 역학계의 안정된 상태를 나타내는 표시가 된다. 어트랙터에는 고정점 어트랙터, 한계순환 어트랙터, 준주기 어트랙터들이 있는데, 이 중에서 준주기 어트랙터는 토러스 모양을 하고 있다. 어트랙터의 성격은 위상공간의 차원에 따라 달라지는데, 3차원이 되어야 비로

로 받아들여지고 있다.
29) 『하느님은 주사위 놀이를 하는가?』, 이안 스튜어트 지음, 박배식 · 조혁 옮김, 범양사출판부, 1993, 366쪽.

소 준주기 어트랙터가 나타날 수 있다.

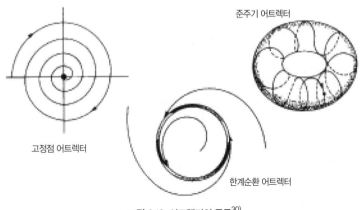

그림 8.16 어트랙터의 종류[30]

　위의 비교적 단순한 기하학적 어트랙터 외에도 훨씬 더 복잡한 모양의 기묘한 어트랙터들이 있으며, 그 중 하나가 랭포드가 발견한 두 개의 주기운동이 결합한 준주기 상태에서의 기묘한 어트랙터인 것이다.

　한편, 외부에서 에너지가 가해지면 역학계는 상전이(相轉移)를 일으키고 어트랙터는 위상적인 변화를 일으키게 되는데, 이러한 어트랙터의 변화를 '분기(bifurcation)'라고 한다. 여러 가지 유형의 분기가 있지만, 1948년 독일의 에버하르트 호프에 의해 밝혀진 '호프 분기'의 과정을 보면 처음에는 고정점 어트랙터였던 것이 분기가 일어남에 따라 차원이 증가하고 토러스 형태의 어트랙터로 변해가는 것을 볼 수 있다.

　그림 8.17에서 보듯이, 처음에는 고정점 어트랙터로 모였던 궤도들

---

30)『프랙탈과 카오스의 세계』, 김용운 · 김용국 지음, 우성, 1998, 229쪽.

이 점점 에너지가 증가하자 계에 요동이 일어나고, 고정점의 둘레를 휘감아돈다. 에너지가 증가할수록 회전력도 증가해서 궤도는 고정점으로부터 떨어져 나오고, 드디어 분기가 일어나 한계순환 어트랙터로 변한다. 다시 계속해서 에너지가 증가하면 여기에서도 요동이 일어나고 한계순환 어트랙터를 휘감아 돌아간다. 마침내 임계점에 이르면 어트랙터는 토러스 형태로 변해버린다.[31]

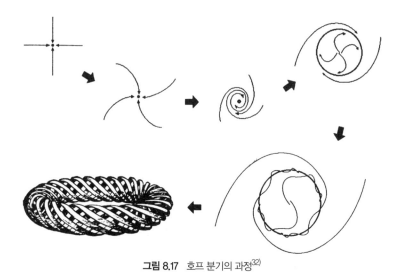

그림 8.17 호프 분기의 과정[32]

아누의 형태와 비슷한 보텍스 구조는 이밖에 플라즈마 물리학 실험에서도 관찰된다. 예를 들면, 융합반응을 할 때 사용되는 고전류 스파크 방전장치가 직경 약 0.5밀리미터의 구형 플라즈마 보텍스를 생성하는 것이 확인되었다. 여덟 개 혹은 열 개의 전류 플라즈마 필라멘트

31) 각주30)과 동일한 도서, 234~235쪽.
32) 위와 동일한 도서, 235쪽.

로 된 그러한 플라즈모이드(plasmoid)는 아누와 닮은 형태의 구조를 한 나선 토러스 구조로 휘감긴다.[33]

플라즈모이드와 비슷한 현상이 대기 중에서도 발생하는데, 구전광(球電光)[34]이 그것이다. 전기와 자기를 동반한 둥근 공 형태의 이 불덩어리는 약 70% 정도가 뇌우 중에 관측되며, 종종 토네이도와 함께 발견되기도 한다. 일부 연구자들은 구전광과 토네이도, 그리고 플라즈모이드가 모두 동일한 원리에 의한 현상일 것으로 추측한다. 더욱이 이들 현상이 상온 핵융합과도 관련이 있을 것으로 보는 시각이 존재하며, 이로 인한 초과에너지의 발생은 이들과 유사한 형태인 아누가 상위 차원의 에너지를 끌어내는 통로라는 것을 생각나게 한다.

흥미롭게도, 플라즈모이드나 드물게 토네이도의 내부에서 층이 진 고리 모양의 구조를 목격했다는 사람들이 있다. 어쩌면 이들은 아누와 동일한 내부회로를 갖고 있는지도 모른다. 아누의 그림을 보면 바로 알 수 있듯이, 아누의 나선 구조는 스스로 자기 순환의 완벽한 주기를 이루는 가장 완벽한 순환형태인 것이다.

한편, 보텍스나 구전광의 생성과 유지는 언제나 매질을 바탕으로 한다. 원자가 일종의 보텍스이자 플라즈모이드 현상이라는 것은 다시 한번 에테르 가설의 타당성을 뒷받침하는 것이다. 매질로부터 자발적으로 파동이 일어나서 안정적인 시공구조를 유지하는 원리는, 폴 라비올레가 제시한 에테르 동역학[35]과 화학적인 파동의 개념,[36] 일리야 프

---

33) 『빅뱅을 넘어서』, Paul A. Laviolette 지음, Park Street Press, 1995, 235쪽.
34) Ball Lightning, Fire Ball이라고도 한다. 일본에서는 구전(球電)현상 또는 불의 공(火の玉)이라고 부르며 비교적 많은 연구가 이루어지고 있다.
35) 위와 동일한 도서, 61~64쪽.
36) 물질을 파동이라고 할 때에, 그것은 라비올레의 화학적인 파동의 개념(확산

리고진의 산일구조 이론, 그리고 벨루소프-자보틴스키 반응과 컴퓨터 시뮬레이션인 브뤼셀레이터 반응-확산 시스템 등에서 그 가능성과 예들을 찾아볼 수 있을 것이다.

그런데 왜 아누의 나선 수는 전체적으로 열 개일까? 또 둘로 나누어져 캐듀서스를 이루는 나선의 수는 왜 각각 세 개와 일곱 개로 되어 있을까? 이것은 현재로서는 신비학의 설명에 의존하는 수밖에 없는데, 오컬트화학에 따르면 이들 두 나선의 흐름은 각각 태양 로고스와 행성 로고스를 반영하고 있다고 한다.

"아누는 상상할 수 없을 정도로 미세한 자신만의 우주에서 하나의 태양으로 존재한다. 일곱 나선 각각은 일곱 행성 로고스 중 하나와 연결되어 있으며, 각각의 행성 로고스는 만물을 형성하는 물질에 작용하여 직접 영향을 준다. 포하트에서 분화되어 나온 전기를 전달하는 세 개의 나선은 태양 로고스와 관련이 있다고 생각된다."[37]

즉, 두 가지 나선 흐름은 음양으로 태양 로고스와 행성 로고스에 연결되어 세 개와 일곱 개로 분화하고 있다. 로고스는 모든 우주를 그 자신의 몸으로 삼는 절대의식을 말하는 것으로 종교에 따라 '이슈바라', '아후라 마스다' 등으로도 불린다. 우주 로고스가 있는 반면에, 태양이나 각 행성을 몸으로 하는 의식체인 태양 로고스와 행성 로고스가 존

반응 파동)에 가까운 것이다. 기존의 기계적인 파동은 자발적으로 일어날 수 없다. 반면에 화학적인 파동은 일정한 조건 하에서 자발적으로 일어나서 안정된 파형을 유지한다. 화학적인 파동은 카오스 이론과 마찬가지로 비선형 방정식에 의해서 표현된다.
37) 각주5)와 동일한 도서, 14쪽.

재한다. 물론 행성 로고스는 태양 로고스의, 태양 로고스는 우주 로고스의 일부이다. 이런 관점에서 볼 때, 한 행성에 속한 원자(아누)는 그 행성 로고스의 신체를 구성하는 구성 성분인 것이다. 모든 존재는 그 근원에서 하나로 연결되어 있다고 보는 것이 신비학의 기본 관점이므로, 어떤 형태로든 원자는 태양 로고스나 행성 로고스의 영향을 받고 있는 것이다.(그림 8.18)

3과 7의 관계는 신비학 문헌 곳곳에서 찾아볼 수 있다. 현현하지 않은 최초의 근원에 해당하는 하나는 삼중으로 작용하며 곧 7로 분화된다. 『비교』에서는 비형상인 최초의 불은 삼중인 반면, 현현한 우주의 불은 칠중이라고 말하고 있다.[38] 한편 『원인체(The Causal Body and The Ego)』에서는 이 3과 7의 관계를 다음과 같이 설명하고 있는데, 태양 로고스와 행성 로고스가 각각 3과 7로 표현되고 있다는 것을 알 수 있다.

"현현된 모든 생명이 나오는 근원인 유일한 존재, 즉 최상의 존재는 삼중적인 방식, 삼위일체로서 자신을 표현한다. 이것을 여러 종교에서는 서로 다른 이름으로 부르고 있다. 예를 들면, 사트—치트—아난다, 브라마—비쉬누—쉬바, 이츠츠하—즈나나—크리야, 케텔—호크마—비나, 성부—성자—성령, 권능—지혜—사랑, 의지—지혜—활동성 등이다.

최초의 삼위일체 주위로, 그들로부터 나오는 빛 속에서 소위 일곱 존재들을 발견하게 된다. 힌두인은 아디티의 일곱 아들들을 이야기하는데, 그들은 태양 속에 있는 일곱 영들이라 불렸다. 이집트에서는 그들

---

38) 각주2)와 동일한 도서, 87쪽.

이 일곱의 신비스러운 주님들(Mystery Gods)로 알려져 있었다. 조로아스터교(배화교)에서는 일곱 암샤스펜드로 불렸고, 유대교에서 그들은 일곱 세피로트이다. 기독교와 이슬람교에서 그들은 일곱 대천사들, 즉 하나님의 보좌 앞에 있는 일곱 영들이다. 신지학에서 그들은 대개 일곱 행성 로고스들이라고 불리며, 각자가 태양계 중 자신이 맡고 있는 부분(분야)을 다스리고 있다."[39]

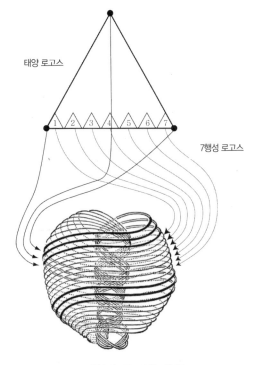

그림 8.18 로고스와 나선들

39)『원인체』, A. E. Powell 지음, Theosophical Publishing House, 1928/1992, 8장.

『세펠 예트지라』에 따르면, 히브리 알파벳의 22 문자와 그 소리는 창조의 신성한 도구로써 전체적으로 만물의 기초를 이루고 있다. 히브리 알파벳은 세 개의 가장 기본적인 자음인 알레프, 멤, 쉰의 세 모자(母字)와, 이 세 개의 모자가 낳은 일곱 개의 복자(復字), 그리고 이로부터 파생된 열두 개의 단자(單字)로 되어 있다. 히브리어 자체가 우주의 창조와 형성과정을 상징하고 있는데, 여기에서도 우리는 3과 7이 분화되어 나오는 과정을 볼 수 있다.

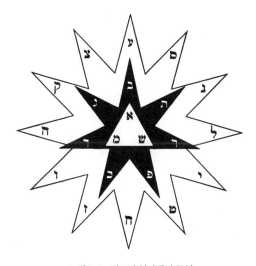

그림 8.19 히브리 알파벳의 구성

카발라의 생명의 나무 역시 이 3과 7의 관계가 존재한다. 상위 세 개의 세피로트(케텔, 호크마, 비나)와 하위의 일곱 개 세피로트 사이에는 심연(Abyss)이 존재하는데, 심연은 건너뛸 수 없는 거대한 간격을 상징한다. 우주의 창조과정에서 볼 때, 삼개조를 이루고 있는 상위 세 개의 세피로트는 비현현의 상태를, 하위의 일곱 개 세피로트는 현현의 상태를 나타낸다. 그리고 세피로트를 연결하는 22개의 길은 22개의 히브리 알파벳에 대응된다.

한편 아누의 나선은 내부에서 다섯 쌍의 회전형태를 만들고 외부에는 행성 로고스를 나타내는 일곱 개의 나선이 표면을 감싸고 있는데, 이것은 크레타의 미로[40]와도 관련이 있다. 미로 역시 신비학에서는 중요한 상징이다. 잠시 후에 언급하겠지만, 토러스는 하나의 표면 위에 가장 많은 수(일곱)의 서로 다른 색 각각이 나머지 모든 색과 접할 수 있는, 유일한 3차원적 위상 형태이다. 이러한 사실은 가장 간단한 형태의 3차원 입체인 정사면체가 일곱 개의 대칭축을 가지고 있다는 사실과도 연관이 있다. 이 일곱 개의 영역을 평면에 펼쳐놓으면 일곱 번의 방향전환을 하는 크레타의 미로가 된다.[41]

그림 8.20 크레타의 미로　　　　**그림 8.21** 솔로몬의 진리의 문장[42]

마지막으로 아누의 외형은 사과의 단면을 닮고 있는데, 이것은 스

---

40) Cretan Labyrinth, 또는 Minoan Labyrinth라고도 한다.
41) 각주10)과 동일한 도서, 44쪽.
42) 내부에 5, 외부에 7개의 꼭지점을 가진 별이 있다.

탄 테넨이 '이상적인 과일' 또는 '아담의 사과'라고 부르는 형태와 밀접한 관련이 있을 것으로 생각된다. 아담의 사과 역시 기본적으로는 토러스 형태이며, 토러스의 외부 표면과 양극의 보텍스 부분을 따라 황금나선이 소용돌이치고 있다. 이 형태를 보고 있으면 마치 불꽃방전 장치 같다는 생각이 드는데, 불꽃방전이 일어나는 중심 부위는 바로 아누에서 초공간 전이가 일어나는 곳이기도 하다.

그림 8.22 '아담의 사과'와 아누

이상과 같은 여러 가지 예로부터, 비록 그 메커니즘을 완벽하게 밝히지는 못했지만, 아누의 형태가 결코 우연히 발생한 것이 아님을 알 수 있다. 아누는 자기 스스로 형태를 유지하며 순환하는 가장 완벽한 기하형태, 또는 에너지흐름의 회로구조인 것이다. 오히려 아누의 형태를 연구함으로써, 비평형 열역학이나 카오스 이론, 공간에너지, 플라즈마 물리학 같은 분야의 발전을 기대해볼 수도 있을 것이다.

플라톤 입체

자연을 가만히 관찰해보면, 그 아름다움의 밑바탕에는 어떤 기하학적 요소가 자리잡고 있음을 알 수 있다. 일정한 각도와 형태를 한 나뭇잎의 배열이라든가 대칭적인 꽃잎들, 광물과 보석의 아름다운 결정과 눈의 신비한 육각구조, 소라껍질과 개울물, 태풍, 심지어 은하계 규모에서까지 나타나는 나선형의 소용돌이, 벤젠분자의 육각형 고리구조와 DNA의 이중 나선 등, 우주 배경에 어떤 기하학적인 원리가 없고서야 이렇게 질서정연한 형상들이 우연히 생겨났을 리 만무한 것이다.

바로 앞에서 살펴본 아누의 경우도 그렇지만, 오컬트화학을 보고 있으면 그런 생각이 더욱 강하게 든다. 그림 3.15에서 보았듯이 수소를 포함하여 극히 일부를 제외한 모든 초원자들이 일곱 가지로 분류할 수 있는 매우 특이한 기하학적 형상들을 하고 있기 때문이다.

그런데 이런 특이한 형상들이 특히 플라톤 입체의 모습을 하고 있음에 주목할 필요가 있다. 다음 문장은 오컬트화학의 2가와 3가, 4가 원소들에서 나타나는 플라톤 입체의 특성을 보여주는 것이다.

"주목할 만한 사실은 일곱 가지 유형 중 2가 원소들에는 4면체의 표면에 4개의 나팔관이 달려 있다는 것이다. 반면에 3가 원소들에는 6면체의 표면에 6개의 나팔관이, 4가 원소들에는 8면체의 표면위에 8개의 나팔관이 달려 있다. 이 점에서 우리는 플라톤 입체의 규칙적인 수열을 보게 되고, 12면체와 20면체로 확장될 가능성을 보게 된다."[43]

그림 8.23 나팔관

"그림은 다섯 가지 플라톤 입체를 나타낸다. 바이저히르쉬에서의 연구에서 수소, 산소, 질소를 제외한 모든 화학 원소들이 유명한 플라톤 입체(4면체, 6면체, 8면체, 12면체, 20면체)를 연상시키는 방향으로 구성되었음을 알게 되었다. 12면체를 연상시키는 원소는 발견되지 않았지만 몇몇 원소의 중심핵을 형성하는 아누의 집단이 12면체의 20개 모서리에 6개의 아누로 이루어진 무리들을 가지고 있다."[44]

---

43) 각주5)와 동일한 도서, 28쪽.
44) 위와 동일한 도서, 29쪽.

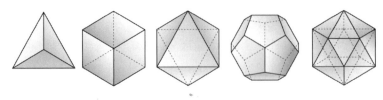

그림 8.24 플라톤 입체

5개의 플라톤 입체 중에서 정사면체는 최소의 면과 최소의 선으로 구성할 수 있는 가장 간단한 3차원 입체이다. 또한 여러 개의 둥근 공이 있다고 했을 때, 가장 적은 숫자의 공으로 만들 수 있는 입체도 정사면체이다. 이 정사면체로부터 나머지 모든 플라톤 입체가 만들어진다. 다시 말해서, 정사면체는 모든 입체의 기본형태가 되는 것이다.

한편 앞 절에서는 토러스가 모든 3차원 형상의 기본이 되는 기하 형태라고 하였는데, 사실 정사면체와 토러스는 서로 상보적인 것이라고 할 수 있다. 하나의 토러스에는 한 쌍의 보텍스가 유도된다. 따라서 두 개의 토러스가 중첩되면 네 개의 보텍스가 나타나고 세 개의 토러스가 중첩되면 여섯 개의 보텍스가 나타나는데, 이 여섯 개의 보텍스는 앞의 나팔관 그림에서 보듯 정육면체의 여섯 면과 상응하는 것이다.

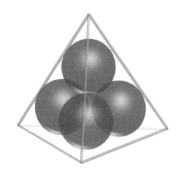

그림 8.25 가장 간단한 입체

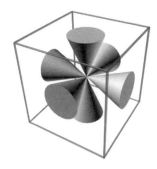

그림 8.26 보텍스와 정육면체

그런데 정사면체는 일곱 개의 대칭축을 가지고 있다. 우선 각각의 네 꼭지점에서 맞은편 삼각형모양의 면 중심을 바라보면 120도의 회전대칭이 나온다. 또한 하나의 모서리 중앙에서 이 모서리와 교차해 보이며 이 모서리와 접해 있지 않은 나머지 한 모서리의 중간지점을 바라보면 180도의 회전대칭이 얻어짐을 알 수 있다. 모서리가 모두 여섯 개 있으므로 3개의 대칭축이 존재한다. 따라서 정사면체는 모두 일곱 개의 대칭축을 가지고 있다.

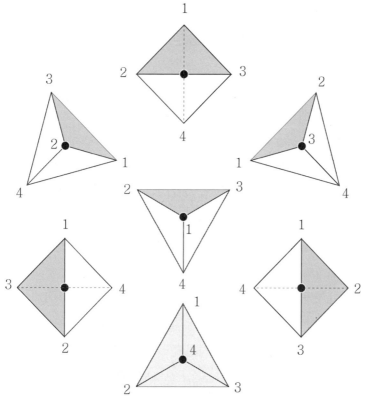

그림 8.27 정사면체의 일곱 회전 대칭축

한편 토러스의 표면을 여러 개의 영역으로 나누되, 하나의 영역이 나머지 모든 영역과 접할 수 있도록 하면서 나눌 수 있는 최대 영역수도 일곱 개이다.

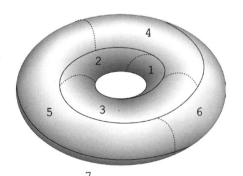

그림 8.28 토러스의 일곱 영역

이 일곱 개의 영역에 각각 서로 다른 색을 입힌다면 그것이 바로 무지개의 일곱 색깔이 된다. 사실 다니엘 윈터 같은 사람은 무지개 색은 빛의 보텍스(또는 토러스)가 정사면체의 일곱 대칭축을 따라 바운스되면서 만들어내는 것이라고 주장한다.

이렇게 토러스와 밀접한 관련을 맺고 있는 정사면체는 차례대로 정육면체, 정팔면체, 정십이면체, 정이십면체 등의 나머지 플라톤 입체들로 확장해나간다. 잠시 그 과정을 살펴보기로 하자.

먼저 두 개의 정사면체가 서로 반대 방향으로 교차하면 8개의 꼭지점이 생기는데, 이 꼭지점들을 서로 이으면 정육면체의 모서리들이 된다. 이렇게 서로 교차한 두 정사면체의 2차원 단면은 육각형 별 모양이 된다. 이 형태는 히란야라는 이름으로도 널리 알려져 있는데, 히란야는 산스크리트어로 '황금'을 뜻한다.

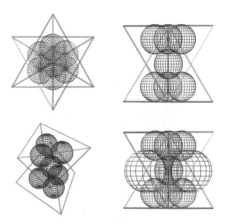

그림 8.29 보텍스(토러스)와 정사면체

한편 교차한 정사면체의 중첩된 부분에서는 정팔면체가 모습을 드러낸다. 정팔면체는 밑면이 서로 붙어 있는 두 개의 피라미드 형태이다.

그림 8.30 정육면체와 정팔면체의 생성

이번에는 정육면체를 32°씩 비스듬하게 기울이기를 다섯 번 반복하면 정십이면체가 나타난다. 정사면체 5개를 서로 교차시켜도 정십이면체를 얻을 수 있다. 이 형태는 오컬트화학의 별형(雪形)그룹에 속하는 초원자들의 중앙 부분에서 발견되는 형태이다.

그림 8.31 정십이면체의 생성

그림 8.32 정이십면체의 생성

    마지막으로 정십이면체의 면심에서 선들을 연장하여 별 모양의 정십이면체를 만든 다음 꼭지점들을 연결하면 이번에는 정이십면체가 만들어진다. 그리고 정이십면체에 대해서 똑같은 방식으로 행하면 다시 정십이면체가 만들어진다. 따라서 이 과정을 반복하면 정십이면체와 정이십면체가 무한히 반복된다.

그림 8.33 플라톤 입체의 순환

이렇게 플라톤의 다섯 입체가 모두 정사면체로부터 유도된다. 뿐만 아니라 이런 순환은 무한히 계속되며, 우리는 이런 순환 속에서 새삼 중요한 또 하나의 요소를 발견하게 되는데, 그것은 바로 황금비라는 비율이다.

황금 비율

정육면체의 한 변의 길이를 1이라 하자. 이 정육면체로부터 유도된 정십이면체의 한 변의 길이는 0.618이 된다. 한편 정십이면체에서 별 모양으로 연장된 선의 길이를 1이라 하면, 이 별 모양의 꼭지점을 연결해 탄생한 정이십면체의 한 변의 길이는 1.618이 된다. 이 1:0.618, 1:1.618을 황금비(또는 황금율)라 한다.

황금비가 왜 중요한가? 그것은 그저 우연히 나타나는 비율인가, 아니면 필연적인 것인가? 이것을 해명하기 전에, 먼저 황금비와 매우 밀접한 관계를 가지고 있는 피보나치 수열에 대해 알아보기로 하자.

레오나르도 피보나치는 1170년 이탈리아의 피사에서 태어났다. 그는 이집트와 그리스, 아라비아, 시칠리아 등을 여행하면서 당시 유럽에서는 잘 알려지지 않은 상업수학, 신비주의 철학, 연금술, 점성술 등을 접했는데, 특히 이집트 지역을 여러 차례 여행하면서 직접 피라미드를 측량해보기도 하였다. 그는 32세에 아랍의 수학을 소개한 『계산론』을 썼는데, 이 책을 통하여 십진법 체계와 아라비아 숫자가 유럽에 전해짐으로써 그때까지 쓰고 있던 5진법 체계의 로마숫자를 대체하는 계기가 되었다.[45]

『계산론』에 소개된 여러 수학이론 중에는 현재 피보나치 수열이라고 불리는 수열이 있다. 피보나치 수열은 다음과 같은데, 이것을 보면 아주 간단하게 만들어진 수열이라는 것을 알 수 있을 것이다.

1, 1, 2, 3, 5, 8, 13, 21, 34, 55, 89, 144……

앞의 연속하는 두 숫자를 더해서 뒤따라오는 숫자를 만들고, 다시 그 숫자와 바로 앞의 숫자를 더해서 그 뒤의 숫자를 만들면 된다. 이 피보나치 수열은 다음과 같은 특성을 가지고 있다.

1) 항상 앞의 두 수를 더한 합이 뒤따라오는 숫자와 같다.
2) 어떤 숫자도 앞의 수에 대하여 0.618 대 1 의 비율이 된다.
3) 어떤 숫자도 뒤따라오는 수에 대하여 1.618 대 1의 비율이 된다.

직접 앞의 수열을 나누어보자. 수열 중에서 연속하는 두 숫자를 골라 앞의 숫자를 뒤의 숫자로 나누어보면, 그 결과가 어떤 일정한 값에 근접해 가는 것을 알 수 있다.

$$1/2 \quad = 0.5$$
$$2/3 \quad = 0.667$$

45) 『신비한 엘리오트 파동여행』, 이국봉 지음, 정성출판사, 1995, 37~40쪽.

```
3/5      = 0.6
5/8      = 0.625
8/13     = 0.6154
13/21    = 0.619
21/34    = 0.6176
34/55    = 0.6182
55/89    = 0.6180
89/144   = 0.6181
         ⋮
```

거꾸로 뒤의 숫자를 앞의 숫자로 나누어보면,

```
2/1      = 2
3/2      = 1.5
5/3      = 1.6666
8/5      = 1.6
13/8     = 1.625
21/13    = 1.6154
34/21    = 1.6190
55/34    = 1.6176
89/55    = 1.6182
144/89   = 1.6180
233/144  = 1.6181
         ⋮
```

0.6181 또는 1.6181은 파이(Φ)로 상징되는 황금분할의 수, 즉 황금비이다.

일정한 길이의 직선을 둘로 나누어, 나누어진 선분 중 짧은 선분과 긴 선분의 길이의 비율이 긴 선분의 길이와 나누기 전의 원래의 선분의 길이의 비율과 같게 할 수 있는 직선상의 점은 오직 하나가 존재한다. 즉, A : B = B : (A+B)의 등식(이것은 피보나치 수열을 만들어내는 비례관계임을 주목하라!)을 성립하게 하는 점은 오직 한 점이며, 이것을 충족하는 분할을 황금분할, 이 비율을 황금비라 한다.

그림 8.34 황금분할[46]

황금비는 숫자가 아니다. 황금비는 영원불변하는 비례다. 그런데 신비학에서는 이 비례야말로 로고스를 경험할 수 있게 해주는 비밀의 열쇠라고 본다.

"어떤 의미로 보면, 황금비는 초합리적이거나 초월적인 것이라고 할 수 있다. 황금비는 유일자가 가장 처음에 만들어낸 것이고, 통일성 안

---

46) 전체 선분의 길이를 1이라 하고 B를 x라 하면, A는 1-x 가 된다. 따라서, 황금비 Φ는, $Φ = x/(1-x) = 1/x$

이것은 x에 대한 이차방정식 $x^2 + x - 1 = 0$ 이 되며,

양의 값을 가진 해는 $(\sqrt{5} - 1)/2$ 가 된다.

이 값은 0.6180339... 의 무리수이다.

Φ는 $(\sqrt{5} - 1)/2 : 1$ 인데 양변에 $(\sqrt{5} + 1)/2$를 곱하면

$1 : (\sqrt{5} + 1)/2$를 얻게 된다.

즉, 황금비 $Φ = (\sqrt{5} + 1)/2 = 1.618033989\cdots$ 가 된다.

에 내재하는 것 중에 창조성을 가진 유일한 이원성인 것이다. 황금비는 비례적 존재인 이 우주가 통일성과 나눌 수 있는 가장 가까운 관계라고 우리는 말할 수 있다. 유일자가 최초로 분열한 모습인 것이다. 바로 이런 이유 때문에 고대인들은 이 비례에 황금이란 수식어를 붙인 것이다. 완전한 비례라는 뜻이다. 그래서 기독교 철학자들은 이 비례를 하느님의 아들 예수 그리스도의 상징으로 삼았던 것이다.

그러면 이렇게 물어볼 수도 있겠다. 왜 통일성은 똑같은 2개의 부분으로 양분되지 못하는가? 왜 1항 비례인 a : a는 일어나지 않는단 말인가? 대답은 간단하다. 평등한 분열의 경우에는 차별이 없기 때문이다. 차별이 없으면 우주가 생성될 수 없기 때문인 것이다…… 비대칭 분할이야말로 통일성이 무한히 팽창하며 진행해나가기 위해 필요한 역동성을 창조해내기 위해 꼭 필요한 것이다. 따라서 황금비는 통일성을 분할하는 완전한 분할이다. 황금비는 창조적이다. 비례로 구성된 이 우주 전체가 이 황금비에서 나오며 다시 황금비로 돌아간다. 우주는 그야말로 이 황금비 안에 들어 있다."[47]

황금분할은 미술이나 건축물에서 많이 응용되고 있으며, 우리도 이러한 미술품이나 고대 건축물 등을 통해 황금분할을 배우고 접해왔다. 왜 황금분할이 미술이나 건축물에서 즐겨 사용되는가? 황금비는 사람들에게 가장 안정적이며 편안한 느낌을 준다. 다음의 사각형들 중에서 가장 조화롭다고 느껴지는 사각형을 골라보라.

---

47) 『기하학의 신비』, 로버트 롤러 지음, 박태섭 옮김, 안그라픽스, 1997, 46~47쪽.

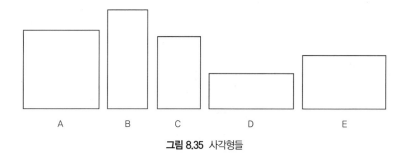

그림 8.35 사각형들

아마도 대부분의 사람들이 E 와 C를 고를 것이다. 이들은 황금분할 구도가 내재된 사각형들이다.

그러나 황금분할 또는 황금비가 인공물에서만 나타나는 것은 아니며, 단순히 보기에 좋으라고만 존재하는 것도 아니다. 예를 들어, 피보나치 수열은 여러 개의 거울이 서로 다중 반사하는 현상을 지배하는 법칙이며, 또 에너지의 복사에서 득과 실을 지배하는 율동적 법칙이기도 하다. 피보나치 급수는 토끼의 번식 패턴을 정확하게 보여주며, 생산력의 상징이기도 하고, 벌통에 사는 암놈과 수놈의 비례를 나타내기도 한다. 식물의 가지 뻗기 역시 피보나치 수열 또는 황금비 수열이 제어하는 자연계의 성장 패턴의 하나이다. 황금비 수열은 정오각형에서도 나타나기 때문에, 황금분할은 꽃잎이 다섯이거나 5의 배수인 모든 꽃에서 발견될 수 있다.[48] 이 오각형별은 피타고라스 학파의 상징이기도 했다. 그 밖에도 DNA, 파인애플의 다이아몬드형 무늬, 솔방울 등 황금비는 자연의 도처에서 발견된다.

---

48) 위와 동일한 도서, 58쪽.

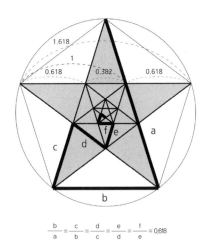

$$\frac{b}{a} = \frac{c}{b} = \frac{d}{c} = \frac{e}{d} = \frac{f}{e} = 0.618$$

그림 8.36 오각형별에서 발견되는 황금비

황금비의 수열은 또한 피보나치 수열임을 잊지 말자. 아래와 같이 황금분할로 생성된 수열들은 모두 피보나치 수열이 될 수 있다.

1, 1, 2, 3, 5, 8, 13, 21, 34, 55, 89, 144, 233, ⋯

1, 3, 4, 7, 11, 18, 29, 47, 76, 123, 199, 322, 521, ⋯

1, 5, 6, 11, 17, 28, 45, 73, 118, 191, 309, 500, 2118, ⋯

2, 10, 12, 22, 34, 56, 90, 146, 236, 382, 618, 1000, 1618, ⋯

$\Phi^{-5}, \Phi^{-4}, \Phi^{-3}, \Phi^{-2}, \Phi^{-1}, 1, \Phi^{1}, \Phi^{2}, \Phi^{3}, \Phi^{4}, \Phi^{5}, \cdots$

0.090, 0.1458, 0.236, 0.3819, 0.618, 1, 1.618, 2.618, 4.236, 6.854, 11.090, ⋯

해바라기는 시계방향으로 회전하는 나선과 시계반대방향으로 회전하는 나선이 겹쳐진 모습으로 씨앗이 배열되어 있는 것을 볼 수 있는데, 나선의 수가 34개와 55개, 또는 55개와 89개, 89개와 144개 등 피보나치 수열에서 연속한 두 개의 수로 되어 있다. 파인애플의 껍질에 보이는 다이아몬드형 무늬 역시 왼쪽으로 비스듬히 내려오는 인편이 8, 오른쪽으로 비스듬히 내려오는 인편이 13으로 피보나치 수열을 따르고 있다.

　피라미드와 히란야, 그리고 힌두교에서 명상도구로 쓰이는 스리 얀트라에서도 황금비는 발견된다. 기자의 대피라미드는 높이가 5,813인치(5-8-13 피보나치 수열!)이고, 밑변의 길이는 각각 9,131 인치다. 네 개의 밑변을 모두 합하면 총 36,524.22 인치이며, 이는 태양력을 기준으로 한 1년 365 1/4일과 정확히 일치한다. 높이와 밑변의 비율은 63.6%로 황금비 61.8%에 근접하고 있다. 밑변의 절반(220큐빗)과 변심거리(356큐빗) 역시 정확히 황금비를 이루고 있다.[49]

(a) 해바라기와 피보나치 수열

---

49) 한편, 기자의 대피라미드와 스핑크스를 포함한 기자의 피라미드군은 황금비로 이루어진 나선(곧 설명한다)에 기초를 둔 배치를 하고 있다.

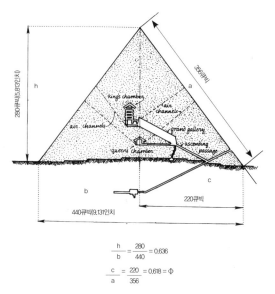

$$\frac{h}{b} = \frac{280}{440} = 0.636$$

$$\frac{c}{a} = \frac{220}{356} = 0.618 = \Phi$$

(b) 피라미드와 황금비

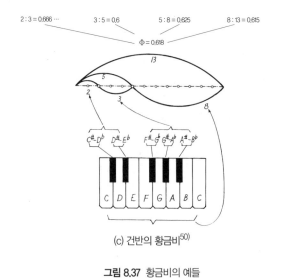

$2:3 = 0.666 \cdots$ $3:5 = 0.6$ $5:8 = 0.625$ $8:13 = 0.615$

$\Phi = 0.618$

(c) 건반의 황금비[50]

그림 8.37 황금비의 예들

50) *The Power of Limits*, Gyorgy & Doczi 지음, Shambhala, 1994, 10쪽.

황금비는 비단 유형의 사물에서만 나타나는 것이 아니라, 음악이나 사회현상과 같은 무형의 것에서도 발견할 수 있다. 1934년에 뉴욕 증권시장을 분석하여 파동 이론을 탄생시킨 엘리오트는 자신의 파동 이론에 나타나는 피보나치 수열에 주목하고, 주식시장과 자연계에 나타나는 황금분할의 법칙을 깊이 있게 연구하여 『자연의 법칙─우주의 비밀』이라는 저서를 남겼다. 오늘날 주식시장에서 들을 수 있는 '상승 5파 하락 3파'는 엘리오트의 파동 이론에 나오는 어구이다.

프레드릭 크룩스는 황금비가 적용되는 사례를 광범위하게 연구하여 지구물리학, 자기장, 카오스, 태양계, 원자구조, 기후, 심지어 지진과 화산활동, 지구의 궤도, 초신성의 폭발에 이르기까지 황금분할의 법칙이 지배하고 있음을 방대한 자료를 근거로 보여주고 있다. 실로 황금비는 전 자연에 걸쳐서 그 신비한 지배력을 발휘하고 있는 것이다.

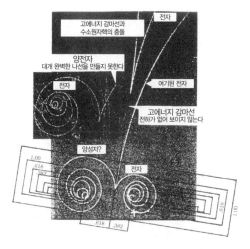

그림 8.38 입자궤적에서 보이는 황금비[51]

51) *Universal GENE*, Frederick Crooks 지음, Quark Publishing Company, 1996, 262쪽.

한편, 자연은 정지해 있는 것이 아니라 동적인 상태에 있다. 따라서 기하학도 동적인 측면에서 검토하지 않으면 안 된다.

황금비는 노몬(gnomon) 전개를 통해 팽창해나갈 때 황금나선 (golden spiral)을 그리면서 동적으로 전환된다. 노몬이란 "원래의 도형에 덧붙여지더라도 그 결과로 생기는 도형을 원래의 도형과 닮은꼴로 만드는 도형"[52]을 말한다. 모든 도형은 노몬 전개를 통하여 나선을 그릴 수 있는 교차점들을 만들어나가는데, 황금비의 경우 무한히 계속되는 황금분할의 직사각형 속에 황금나선이 내재하고 있음을 볼 수 있다. 즉, 다음과 같이 황금직사각형의 교차점들을 호(弧)로 이어나가면 황금나선을 얻을 수 있다.

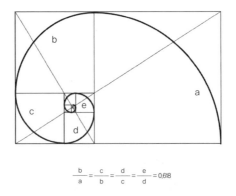

$$\frac{b}{a} = \frac{c}{b} = \frac{d}{c} = \frac{e}{d} = 0.618$$

그림 8.39 황금직사각형과 황금나선

황금나선은 황금비의 일정한 비율을 유지하면서 무한소(無限小)를 향해서, 그리고 다른 한쪽으로는 무한대(無限大)를 향해서 끝없이 전개된다. 황금나선은 시작도 없고 끝도 없지만 무한히 수렴해 들어가는

---

52) 각주47)과 동일한 도서, 65쪽.

하나의 초점을 가지게 되는데, 이 초점은 프랙탈 수학의 어트랙터와 같은 것이다.[53] 따라서 황금나선은 재귀적(再歸的)인 순환을 하는데, 다니엘 윈터는 이것이 물질의 질량과 블랙홀의 기하에 대한 열쇠라고 보았다.

앞에서 살펴보았듯이 플라톤 입체가 무한한 순환을 하는 것은 황금비를 통해서다. 그리고 모든 입체 중에서 가장 기본이 되는 것은 정사면체다. 정사면체 속에는 황금나선과 토러스가 포함된다.[54] 이때의 나선은 토러스의 표면을 따라 그려진 나선이다. 스탄 테넨은 이 나선을 '불꽃 글자(flame letter)'라고 부르는데, 그 이유는 이 나선이 정사면체 속에 들어가 있을 때 그 모습이 꼭 텐트 속에 피워놓은 모닥불처럼 생겼으며, 이 형태로부터 히브리 알파벳의 모든 글자가 도출되기 때문이다.

정사면체와 불꽃글자(또는 황금나선)는 각각 정적인 것과 동적인 것을 상징한다. 그리고 이 둘은 모든 기하학적인 형태의 대칭과 비대칭의 원형이다. 자연은 대칭과 비대칭이 상호 미묘하게 작용하는 것이다. 대칭과 비대칭이 조화를 이룰 때 비로소 모든 형상과 현상이 가능하다.[55]

---

53) 피보나치 수열로 만들어진 나선 역시 무한히 팽창하면서 황금나선에 접근해가지만, 그것은 시작점을 가지고 있다. 피보나치 수열 자체가 되먹임(feedback)을 통한 진동을 하면서 황금비에 무한히 접근해가는 성격을 가지고 있다. 로날드 홀트는 이런 피보나치 수열의 성격을 인생의 경험을 통해 차츰 근원으로 돌아가는 우리의 인생역정에 비유하고 있다.

54) 자세한 것은 로날드 홀트의 『생명의 꽃(Flower of Life)』과 스탄 테넨의 글을 참조하기 바란다.

55) 완벽한 대칭만이 존재한다면 아무런 변화도 없을 것이다. 대칭성의 깨어짐은 물리학에 있어서도 매우 본질적인 주제이다.

만약 우주의 모든 물질이 동일한 질료로 이루어졌다면 질료 자체로는 서로 다른 다양한 정보를 저장할 수 없을 것이다. 이 경우 정보를 저장할 수 있는 유일한 방법은 형태 속에 정보를 저장하는 것이다. 황금비가 중요한 것은 그것이 안정된 형태를 통하여 빛이 물질이 되게 하는 유일한 비율이기 때문이며, 따라서 황금비가 존재하지 않는다면 물질 역시 형성될 수 없기 때문이다. 이처럼 기하는 단순히 물질이 빚어놓은 결과물이 아니라, 오히려 물질을 형성하는 원인이 된다.

초끈 이론도 대칭과 기하에 바탕을 두고 있으며, 홀로그램의 속성도 프랙탈 기하와 같은 기하학적인 원리에 그 뿌리를 두고 있을지 모른다. 피타고라스나 플라톤 같은 고대 철학자는 물론, 제임스 진스, 리만, 아인슈타인, 그리고 다수의 끈 이론가들을 포함한 현대의 적지 않은 물리학자들이 기하를 이 우주의 본질적인 것으로 보았다. 신비학자들 역시 자연에 내재된 기하학적 요소의 중요성을 일찌감치 깨달았으며, 나아가 기하를 신성한 것으로 여겼다. 이 신성이라는 의미를 다니엘 윈터는 영원히 지속되는 형태를 이루는 황금비의 특성과 관련이 있다고 해석하였는데, 결국 기하는 물질의 본성을 이해하는 데 필수적인 요소 그 이상의 것이다.

그럼 좀 더 계속해서 오컬트화학에 나타나는 기하학적 원자구조를 살펴보기로 하자.

초원자 원소의 기하구조

오컬트화학을 보면 누구나 느끼는 것이겠지만, 아누의 형태만큼이나 초원자들의 형태도 기이하기 짝이 없다. 그렇지만 각 원소들의 초원자들은 앞에서도 소개한 것처럼 몇 가지 유형으로 나눌 수 있는 특정한 형태들을 취하고 있는데, 투시자들은 그 형태에 따라 초원자 원소들을 다음 일곱 가지 유형으로 분류하였다.

1. 스파이크형 그룹 : 이 형태의 초원자들은 아누를 포함하는 스파이크 모양의 동일한 돌기들로 이루어져 있다. 이 돌기들은 원소에 따라 1개에서부터 16개까지 그 숫자가 다양하며, 역시 아누들을 포함하고 있는 중앙의 구체로부터 대칭적으로 방사하는 형태를 하고 있다. 리튬과 불소, 칼륨, 망간 등의 초원자들이 이 그룹에 포함된다.

2. 아령형 그룹 : 이 형태의 초원자들은 중앙에 아누군이 열 지어 있는 막대 모양의 구역을 가지고 있고, 그 양쪽 끝에는 또 다른 아누군을

포함하고 있는 구체가 있다. 두 개의 구체는 서로 동일하며, 각각의 구체로부터 방사형태로 12개의 깔때기모양의 나팔관이 돌출되어 있다. 나팔관들은 구체의 중심 주위에 꽃잎처럼 대칭으로 배열되어 있는데, 각각의 나팔관은 약간씩 위나 아래를 향하고 있다. 전체적으로 아령처럼 보이므로 아령형 그룹이라 하며, 이 그룹에 포함되는 초원자 원소로는 나트륨과 염소, 구리, 은, 금 등이 있다.

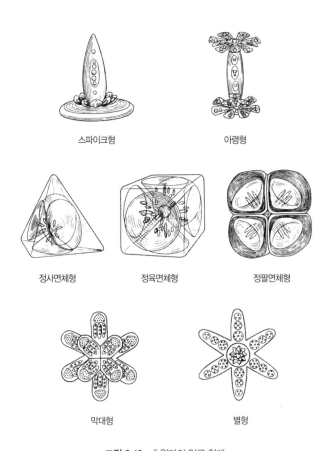

스파이크형   아령형

정사면체형   정육면체형   정팔면체형

막대형   별형

그림 8.40 초원자의 일곱 형태

3. 정사면체형 그룹 : 이 형태의 초원자들은 타원 형태의 아누군들을 담고 있으며, 정사면체의 표면에 해당되는 쪽으로 열려 있는 네 개의 나팔관을 가지고 있다. 그들은 아누들의 폐쇄된 그룹인 중앙 구체로부터 방사되는 형태로 되어 있다. 이 밖에도 이 유형에 속하는 것 중 세 개의 원소에는 정사면체의 모서리들을 향하고 있는 네 개의 대못 모양의 형체가 있다. 이 그룹에 포함되는 초원자 원소로는 베릴륨과 마그네슘, 황, 칼슘, 아연, 크롬, 수은 등이 있다.

4. 정육면체형 그룹 : 이 형태의 초원자들은 타원 형태의 아누군들을 담고 있으며, 정육면체의 표면에 해당되는 쪽으로 열려 있는 여섯 개의 나팔관으로 구성되어 있다. 또한 이들은 중앙 구체를 가지고 있다. 이 밖에도 이 유형에 속하는 것 중 두 개의 원소는 육면체의 모서리를 향하고 있는 여덟 개의 대못 모양 형체를 가지고 있다. 이 그룹에 포함되는 초원자 원소로는 붕소와 알루미늄, 인, 비소, 안티몬 등이 있다.

5. 정팔면체형 그룹 : 이 형태의 초원자들은 정팔면체의 표면쪽으로 열려 있는 여덟 개의 나팔관으로 되어 있다. 정팔면체의 모서리에서 둥글려져 있으며 이 둥글려짐의 결과로 면과 면 사이는 약간 움푹 들어가 있다. 마치 끈으로 묶은 짐짝처럼 보인다. 하나의 예외를 제외한 모든 원소가 중앙의 구체를 가지고 있으며, 두 개의 원소는 그 밖에도 팔면체의 모서리를 향하고 있는 여섯 개의 대못형태를 가지고 있다. 이 그룹에 포함되는 초원자 원소로는 탄소와 규소, 티타늄, 게르마늄, 주석, 납 등이 있다.

6. 막대형 그룹 : 이 형태의 초원자들은 14개의 막대 형상의 돌기로 되어 있다. 이 돌기들은 공통의 점으로부터 육면체의 모서리와 면심을 향하여 방사되는 형태로 되어 있다. 모든 막대는 같은 조성의 아누군으로 되어 있다. 중앙의 구체는 없다. 이 그룹에 포함되는 초원자 원소로는 철과 코발트, 니켈, 팔라듐, 백금 등이 있다.

7. 별형 그룹 : 이 형태의 초원자들은 불가사리처럼 평평하고 여섯 개의 꼭지점을 가진 별 모양을 하고 있다. 여섯 개의 '팔'은 같은 조성의 아누들로 되어 있다. 팔들은 동일한 아누군으로 되어 있는 다섯 개의 교차되는 사면체로 구성된 형체를 포함하는 중앙 구체에서 방사되는 형태로 되어 있다. 이 그룹에 포함되는 초원자 원소로는 네온과 아르곤, 라돈 등이 있다.

다음의 표는 각 유형에 속하는 원소들을 유형별로 정리한 것이다.

표 8.1 초원자 원소들의 분류

스파이크형	아령형	정사면체형		정육면체형		정팔면체형		막대형	별형
		A	B	A	B	A	B		
리튬	나트륨	베릴륨	마그네슘	붕소	알루미늄	탄소	규소	철	네온
불소	염소	(산소)	황	(질소)	인	티타늄	게르마늄	코발트	아르곤
칼륨	구리	칼슘	아연	스칸듐	갈륨	지르코늄	주석	니켈	크립톤
망간	브롬	크롬	셀레늄	바나듐	비소	세륨	테르븀	루테늄	크세논
루비듐	은	스트론튬	카드뮴	이트륨	인듐	하프늄	납	로듐	카론
테크네튬	요드	몰리브덴	텔루르	니오븀	안티몬	토륨		팔라듐	라돈
세슘	사마륨	바륨	유로퓸	란타늄	가돌리늄			X, Y, Z	

프로메튬	에르븀	네오디뮴	홀뮴	프라세오디뮴	디스프로슘		오스뮴	
튤륨	금	이트븀	수은	루테슘	탈륨		이리듐	
레늄	아스타틴	텅스텐	폴로늄	탄탈륨	비스무스		백금	
프란슘		라듐		악티늄				
		우라늄		프로토악티늄				

이들 일곱 가지 유형에 속하지 않는 소수의 예외가 있는데, 수소, 헬륨, 질소, 산소의 초원자로, 이것들은 타원형의 외형을 하고 있다. 이들 초원자들의 유형별 그룹이 멘델레프의 주기율표상에서는 어떻게 분포되어 있는지 보도록 하자.

표 8.2 주기율표상의 초원자 분포

	s 오비탈		d 오비탈										p 오비탈					
그룹 주기	IA	IIA	IIIA	IVA	VA		VIIA		VIII		IB	IIB	IIIB	IVB	VB	VIB	VIIB	0
원자가	1	2	3	4	5	6	7				1	2	3	4	5	6	7	0
유형		사면	육면	팔면	육면	사면						사면	육면	팔면	육면	사면		
1	H																	
2	Li	Be											B	C	N	O	F	Ne
3	Na	Mg											Al	Si	P	S	Cl	Ar
4	K	Ca	Sc	Ti	V	Cr	Mn	Fe	Co	Ni	Cu	Zn	Ga	Ge	As	Se	Br	Kr
5	Rb	Sr	Y	Zr	Nb	Mo	Tc	Ru	Rh	Pd	Ag	Cd	In	Sn	Sb	Te	I	Xe
6	Cs	Ba	La*	Hf	Ta	W	Re	Os	Ir	Pt	Au	Hg	Tl	Pb	Bi	Po	At	Rn
7	Fr	Ra	Ac*	Rf	105	106	107	108	109	110								

f 오비탈

6 란타니드	Ce	Pr	Nd	Pm	Sm	Eu	Gd	Tb	Dy	Ho	Er	Tm	Yb	Lu
7 악티니드	Th	Pa	U	Np	Pu	Am	Cm	Bk	Cf	Es	Fm	Md	No	Lr

정사면체형　　정육면체형　　정팔면체형

	s 오비탈		d 오비탈									p 오비탈					
그룹 주기	IA	IIA	IIIA	IVA	VA	VIIA		VIII		IB	IIB	IIIB	IVB	V	VIB	VIIB	0
원자가	1	2	3	4	5	6	7			1	2	3	4	5	6	7	0
유형	스파 이크 아령					스파 이크	막대		아령						아령 스파 이크		별형
1	H																He
2	Li	Be										B	C	N	O	F	Ne
3	Na	Mg										Al	Si	P	S	Cl	Ar
4	K	Ca	Sc	Ti	V	Cr	Mn	Fe	Co	Ni	Cu	Zn	Ga	Ge	As	Se	Br	Kr
5	Rb	Sr	Y	Zr	Nb	Mo	Tc	Ru	Rh	Pd	Ag	Cd	In	Sn	Sb	Te	I	Xe
6	Cs	Ba	La*	Hf	Ta	W	Re	Os	Ir	Pt	Au	Hg	Tl	Pb	Bi	Po	At	Rn
7	Fr	Ra	Ac*	Rf	105	106	107	108	109	110								

	f 오비탈													
6	란타니드	Ce	Pr	Nd	Pm	Sm	Eu	Gd	Tb	Dy	Ho	Er	Tm	Yb	Lu
7	악티니드	Th	Pa	U	Np	Pu	Am	Cm	Bk	Cf	Es	Fm	Md	No	Lr

☐ 스파이크형   ▨ 막대형   ▩ 별형   ■ 아령형

이 주기율표를 보면 원소들이 오비탈에 따라 분류되어 있는 것을 알 수 있는데, 오비탈이란 원자핵 주위에서 전자가 발견될 확률을 함수로 나타낸 일종의 전자궤도를 말한다. 이 오비탈은 태양 주위를 도는 행성의 공전궤도처럼 정확한 궤적으로 나타나는 것이 아니라, 원자핵 주위에서 전자가 발견될 확률이 있는 공간을 구름과 같은 형태로 나타낸 분포도 같은 것이다. 구름의 밀도가 높을수록 전자가 발견될 가능성이 높은 지역임을 뜻한다.

그런데 이 오비탈에는 매우 다양한 종류의 형태가 있으며, 각 오비탈의 형태를 s, p, d, f 오비탈이라고 부른다. 아래 그림에 s, p, d 오비탈

의 일반적인 형태를 나타내었다.

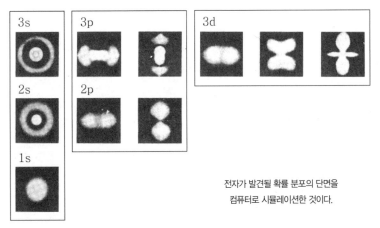

전자가 발견될 확률 분포의 단면을
컴퓨터로 시뮬레이션한 것이다.

그림 8.41 s, p, d 오비탈의 예[56]

또 같은 형태의 오비탈이라고 하더라도 에너지의 높고 낮음에 따라
서로 다른 종류의 궤도들이 존재하는데, 1s, 2s, 3s… 하는 식으로 표기
를 하여 구분하고 있다.

한편, 전자는 에너지준위에 따른 불연속적인 궤도를 형성하고 있는
것으로 알려져 있는데 이를 전자각(電子殼)이라고 하며, 각 에너지준
위마다 들어갈 수 있는 전자의 수가 한정되어 있다. 전자각은 안쪽으
로부터 차례대로 K, L, M, N, O, P, Q 라 한다. 각 전자각은 여러 개의
오비탈로 이루어지는데, 오비탈이 채워져 나가는 규칙은 다음과 같다.

---

56) 『물리학』, Marcelo Alonso & Edward J. Finn 지음, Addison-Wesley
    Publishing Company, 1970, 732쪽.

표 8.3 전자각

	K	L	M	N	O	P	Q
s	1s —— 2s		3s	4s	5s	6s	7s
p		2p	3p	4p	5p	6p	7p
d			3d	4d	5d	6d	
f				4f	5f		
총전자수	2	8	18	32	32		

멘델레프 주기율표에서 1주기에서 7주기까지의 주기는 바로 이 전자각의 갯수에 따른 것이다. 그리고 1주기 원소의 경우에는 K, 2주기의 경우에는 L, 3주기의 경우에는 M각이 가장 바깥의 전자각에 해당되는데, 원자가라고 하는 것은 이들 최외각(最外殼) 전자각에 속한 전자들의 수를 가리킨다. 예를 들어 3주기 BⅢ족에 속한 알루미늄은 최외각 전자각에 3개의 전자를 가지고 있으므로 원자가는 3이 된다. 이렇게 최외각에 있으면서 다른 원소와 결합도 하고 원자의 화학적 성질을 결정하는 전자를 원자가전자(原子價電子)라 한다.

보통의 원자도 그렇지만, 초원자 역시 오비탈이나 원자가전자와 관계가 깊다. 멘델레프 주기율표상에 분포되어 있는 초원자들의 유형을 살펴보면, 알카리금속과 할로겐원소들을 포함한 원자가가 1가와 7가인 원소들은 스파이크형과 아령형 그룹에, 알카리 토금속류를 포함한 2가와 6가의 원소들은 정사면체 그룹에, 3가와 5가의 원소들은 정육면체 그룹에, Ⅷ족에 해당하는 원소들은 막대형 그룹에, 그리고 0의 원자가를 가진 불활성기체들은 별형그룹에 속하는 것을 볼 수 있다. 이것을 정리하면, n = 1, 2, 3, 4 일 때, n이나 8-n개의 원자가를 갖는 원소들의 초원자들끼리는 같은 그룹에 속한다.

표 8.4 원자가전자와 초원자 유형의 관계

	n	8-n	그룹	나팔관의 수	결합수
n = 1	1	7	스파이크형, 아령형		
n = 2	2	6	정사면체형	4	2
n = 3	3	5	정육면체형	6	3
n = 4	4	4	정팔면체형	8	4
n = 0	0		별형, 막대형	0	0

이렇게 초원자의 유형은 일정한 주기를 가지고 반복되며, 멘델레프의 주기율표와도 어떤 상관관계를 가지고 있는 것으로 나타난다. 이런 관련성은 투시자들로 하여금 초원자가 일반 통상의 원자라고 믿게끔 만든 한 요인이 되었으며, 실제로 그들은 이런 관계를 그들이 관찰한 원소를 식별하는 수단으로 사용하였다. 즉, 그들은 이른바 '수원자량'(초원자 속의 아누 수/18)을 그 당시 알려져 있던 화학원자의 원자량과 비교하여 원소들의 정체를 추론한 것이다.

또한 그러한 관련성은 그 당시 미처 과학계에서 발견하지 못한 원소들을 주기율표상에 위치시키는 것을 가능하게 하였다. 예를 들면 투시자들은 자신들이 1909년에 발견하여 '일리늄'이라고 불렀던 막대형 그룹에 속하는 초원자 원소에 61의 원자번호를 1932년에 할당하였는데, 이것은 프로메튬으로 1947년에야 처음 인공적으로 만들어졌다. 또 1932년에 그들은 원자번호 '85'와 '87'의 초원자 원소들을 관찰하고 기록하였는데, 이 원소들은 각각 1947년과 1939년에 과학계에서 발견된 아스타틴과 프란슘이었다.

한편 s, p, d, f 오비탈에는 각각 2, 6, 10, 14개의 전자가 들어갈 수 있는데, 이것은 2, 6, 10, 14개의 보텍스와 같은 것이다(이들은 플라톤 입체들을 형성한다). 1개의 토러스에서 2개의 보텍스가 유도되므로, 결국 각 오비탈은 1, 3, 5, 7개의 토러스에 해당하는 것이다.

표 8.5 오비탈과 보텍스

오비탈	s	p	d	f
전자 수	2	6	10	14
보텍스 수	2	6	10	14
토러스 수	1	3	5	7
플라톤 입체	토러스	정육면체	정십이면	

표 8.4를 보면 초원자의 나팔관 수는 원자가전자수와 대응관계를 가지고 있다. 정사면체, 정육면체, 정팔면체 그룹에 속하는 초원자들은 각각 4, 6, 8개의 나팔관들을 가지고 있는데, 이들 원소들은 본래 각각 2가, 3가, 4가의 원자가를 가진 원자들이다. 초원자가 두 개의 원자로부터 형성된 것이므로, 원자가전자의 수를 두 배로 늘리면 나팔관의 수와 일치함을 알 수 있다. 이로부터 하나의 나팔관은 1가의 원자가전자에 대응하는 것으로 가정해볼 수 있다.

이처럼 초원자 형성에 있어서 그 외형적인 형태를 결정하는 가장 중요한 요인은 원자가전자인 것으로 보인다. 원자가전자가 아닌 나머지 전자들은 초원자가 형성되기 전 원자의 핵에 매우 근접한 상태에서 전자로 꽉 채워진 전자각에 속해 있기 때문에 초원자의 외형에 별다른 영향을 미치지 않는다고 생각된다. 이들의 전하 분포는 기하학적으로도 완벽한 균형상태에 있어 초원자를 형성할 때 두 원자핵에서 풀려난 아누들을 서로를 향해 끌어당기지 않는다. 여러 원자에 의해 공유되며 기하학적으로도 완전하지 않은 원자가전자만이 아누와 핵자들이 재배열을 하는데 외형적인 영향을 미치는 것으로 판단된다.[57]

각 유형별로 살펴보면, 먼저 정사면체형 그룹의 경우 초원자들은 2가의 원자가를 가진 두 개의 원자로부터 온, 모두 네 개의 원자가전자가 쿨롱반발력(전하)을 발휘하여 아누들의 집합이 어떤 일정한 형태가 되도록 만드는데, 동등한 크기의 네 반발력(또는 인력)을 받는 아누들의 집합이 공간 속에서 취할 수 있는 그 어떤 형태란 다름 아닌 정사면체다.

정육면체형 그룹에서는 모두 여섯 개의 원자가전자가 작용하고, 그들의 힘은 입방체 모양의 배열이 생겨나게 한다. 마찬가지로 정팔면체형 그룹에서도 모두 여덟 개의 원자가전자가 정팔면체 형태의 배열을 유도하는 것을 볼 수 있다.

한편 정사면체와 정육면체, 정팔면체 그룹에 속하는 초원자 원소에는 중심핵을 가진 것과 그렇지 않은 것이 있는데, 필립스에 따르면 그러한 결과는 나팔관들이 서로 동일한 전하를 갖고 있는 것과 관계가 있다. 즉 모든 나팔관들이 같은 전하를 가질 수 있도록 일정한 조건에 맞추어 아누들이 배열될 수 없으면, 나머지 아누군들은 중심핵을 형성하여 전하의 균형을 맞추게 된다.[58]

---

57) 『쿼크의 초감각적 인식』, Stephen M. Phillips, Ph. D. 지음, Theosophical Publishing House, 1980, 110쪽.
58) 위와 동일한 도서, 110쪽.

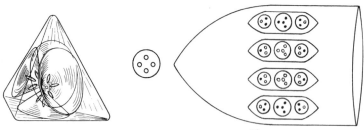

그림 8.42 베릴륨의 중심 핵과 나팔관[59]

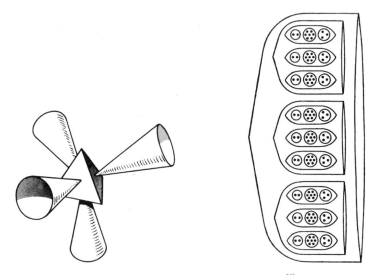

그림 8.43 중심핵이 없는 마그네슘 초원자와 나팔관[60]

    불활성기체의 경우에는 원자가전자가 없으므로 나팔관 또한 없을 것이라고 예측할 수 있다. 과연 불활성기체에 해당하는 별형 그룹의 초원자들에게는 나팔관이 존재하지 않는다. 별형 그룹의 초원자들은 맨 바깥쪽에 서로 반대의 스핀을 가진 전자의 쌍으로 된 세 개의 p 오

---

59) 각주57)과 동일한 도서, 135쪽.
60) 위와 동일한 도서, 168쪽.

비탈(p_x, p_y, p_z)을 가지고 있다. 나팔관이 없는 대신, 모두 여섯 개의 전자로 된 이들 전자쌍들이 육각형 배열을 유도하여 눈 결정 모양을 만들고 있다.[61]

그림 8.44 별형 그룹의 초원자[62]

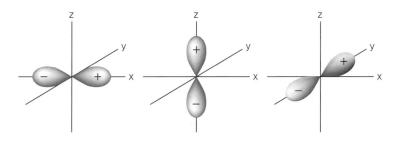

그림 8.45 p 오비탈

한편 막대형 그룹은 원소주기율표 가운데 세 칸을 차지하는 Ⅷ족 원소들에 해당되는데, 이들의 원자가는 특이하게도 2에서 8까지 변하는 가변 원자가이다. 이처럼 원래의 원자가 가지고 있는 원자가전자의 수가 일정하지 않기 때문에 이를 초원자의 14개 막대수와 관련짓기

---

61) 위와 동일한 도서, 111쪽.
62) 위와 동일한 도서, 111쪽.

는 쉽지가 않다. 하지만 필립스는 그 이유를 다음과 같이 d 오비탈의 세부구조와 관련 있는 것으로 추측함으로써 이 그룹의 초원자 형태도 원자가전자와 관련이 있음을 보여주었다.

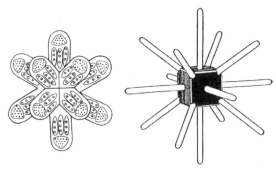

그림 8.46 막대형 그룹의 초원자

즉 철, 코발트, 니켈은 화학결합시 3d 와 4s 전자들이 결합에 참여하며, 루테늄, 로듐, 팔라듐은 4d 와 5s 전자들이 결합에 참여한다. 오스뮴과 이리듐, 백금은 5d 와 6s 전자들이 결합에 참여한다. 이들 초원자 그룹의 막대형 구조는 d 오비탈과 관련이 있는 것으로 보이는데, d 오비탈의 5 개의 성분의 각 의존성을 그림 8.47에 나타내었다. 이것을 보면 d_{z^2} 와 $d_{x^2-y^2}$ 오비탈은 X, Y, Z 좌표축을 따라 형성되어 있으며, d_{xy}, d_{xz}, d_{yz} 오비탈은 각각 XY, YZ, XZ 평면 위에 수직축을 중심으로 45° 회전한 상태로 형성되어 있다. 14개의 막대는 육면체의 여섯 꼭지점과 팔면체의 여덟 꼭지점이 복합되어 있는 것으로 볼 수 있는데, 이 중 d_{xy}, d_{z^2} 은 육면체의 꼭지점과 관계가 있고, d_{xz}, d_{yz} 오비탈은 팔면체의 형성과 관계가 있는 것 같다.[63]

---

63) 각주57)과 동일한 도서, 111~113쪽.

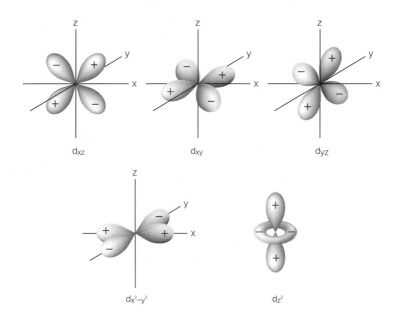

그림 8.47 d_{xy}, d_{yz}, d_{xz}, $d_{x^2-y^2}$, d_{z^2} 오비탈의 각 의존성

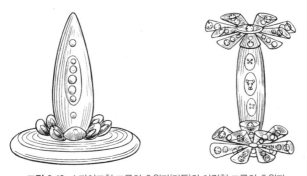

그림 8.48 스파이크형 그룹의 초원자(리튬)와 아령형 그룹의 초원자

이번에는 스파이크형 그룹의 경우를 살펴보자. 스파이크형 그룹의
초원자는 중심의 원반형과 이로부터 돌출되어 있는 여러 개의 돌기들
로 이루어져 있는데, 돌기들의 숫자가 일정하지는 않다. 이 그룹에 속

하는 프란슘, 레늄, 프로메튬, 세슘, 테크네튬, 루비듐의 이온들은 외각에 8개의 전자들을 가지고 있는데, 이들의 초원자는 각기 16개의 돌기를 가지고 있다. 이것은 초원자를 형성하기 이전 두 개의 이온들이 가지고 있던 모두 16개의 외각전자가 초원자의 돌기형태와 관련이 있음을 암시한다. 그러나 예외도 있는데, 불소와 칼슘의 이온 역시 8개의 외각전자를 가지고 있고 망간 또한 테크네튬 및 레늄과 동일한 전자배치를 이루고 있지만, 불소의 초원자는 8개, 칼슘은 9개, 망간은 14개의 돌기만을 가지고 있어 이 규칙에 맞지 않는다.[64]

아령형 그룹의 초원자들은, 여섯 개의 전자들로 채워진 최외각 p 전자각을 가지고 있는 두 개의 이온이나, 분자 속에서 공유결합을 하고 있는 두 개의 원자들로부터 형성된다. 이들은 아령 모양의 각 끝에 있는 여섯 개의 이중 나팔관들을 초래한다는 것을 시사하고 있다.

이 그룹에도 예외는 있는데, 불소와 나트륨이 그것이다. 리튬은 여섯 쌍의 이중 나팔관을 만들 만한 p 오비탈의 전자들을 가지고 있지 않으므로 아령형 그룹에 속하지 않는다고 하지만, 나머지 알칼리 금속 중에서도 왜 유독 나트륨만이 아령형 그룹에 속하는지 그 이유가 분명하지 않다. 또 불소는 아령형 그룹에 속하는 다른 할로겐 원소들과 유사한 구성을 하고 있으면서 왜 같은 아령형 그룹에 속하지 않고 스파이크형 그룹에 속하는지도 의문이다. 필립스는 그 이유를 일반적인 할로겐 원소들이 여섯 개의 최대 공유결합을 할 수 있는데 비해 불소는 오직 네 개의 공유결합쌍(여덟 개의 전자)만을 가지고 있기 때문이 아닐까 추측하고 있다. 이 추측대로라면 스파이크형의 불소 초원자가 여덟 개의 돌기를 가지고 있는 것은 이 공유결합쌍과 관계가 있을 것

---

[64] 각주57)과 동일한 도서, 113쪽.

이다.[65]

이와 같이 전자와 형상 사이에는 밀접한 관계가 있다. 란탄족(란타니드)과 악티늄족(악티니드)의 경우에는 이 관계가 좀더 복잡하고[66] 다른 원소들의 경우에도 몇 가지 예외와 이해하기 어려운 부분들이 있지만, 개별적이고 더 깊은 연구가 진행되면 이해의 폭이 넓어지리라고 기대해본다.

다음은 표 8.2의 멘델레프 주기율표를 초원자의 유형분류에 맞도록 재편성한 것이다.

표 8.6 변형된 주기율표

주기	0	1A	2A	3A	4A	5A	6A	7A	8			1B	2B	3B	4B	5B	6B	7B
유형	별형	스파이크	사면	육면	팔면	육면	사면	스파이크	막대			아령	사면	육면	팔면	육면	사면	아령
1	H																	
2	He	Li	Be	B	C	N	O	F	Ne	mNe		Na	Mg	Al	Si	P	S	Cl
3	Ar	K	Ca	Sc	Ti	V	Cr	Mn	Fe	Co	Ni	Cu	Zn	Ga	Ge	As	Se	Br
4	Kr	Rb	Sr	Y	Zr	Nb	Mo	Te	Ru	Rh	Pd	Ag	Cd	In	Sn	Sb	Te	I
5	Xe	Cs	Ba	La	Ce	Pr	Nd	Pm	X*	Y*	Z*	Sm	Eu	Gd	Tb	Dy	Ho	Er
6	Ka*	Tm	Yb	Lu	Hf	Ta	W	Re	Os	Ir	Pt	Au	Hg	Ti	Pb	Bi	Po	At
7	Rn	Fr	Ra	Ac	Th	Pa	U	Np				Pu	Am	Cm	Bk	Cf	Es	Fm
8		Md	No	Lr	Rf	105	106	107	108	109	110							

주) 1. Ne 과 mNe 은 별형그룹에 속함.
　　2. Ka(Kalon)과 X, Y, Z 는 오컬트화학에만 있는 것임.
　　3. 음영부분은 란타니드와 악티니드 원소를 나타냄.

---

65) 위와 동일한 도서, 114~116쪽.
66) 위와 동일한 도서, 115~116쪽 참조.

네온이 제자리에서 벗어나 있을 뿐, 나머지는 형태와 원자번호 순으로 질서정연하게 자리잡고 있음을 알 수 있다. 그런데 멘델레프의 주기율표를 위와 같이 재편성하는 과정에서 비어 있는 여덟 개의 칸들을 발견하게 되는데, 그 중 네 개는 란탄족 원소들 사이에 있는 X, Y, Z 과 Ka 로 표시된 자리이며, 다른 네 개는 악티늄족 원소들 사이에 있다. X, Y, Z 와 Ka 의 네 원소는 투시자들에 의해서 관측된 것들이다.

초원자 원소들을 외형에 따라 정돈해보면 윌리암 크룩스 경이 1887년 런던 왕립학회에서 제시한 주기율표와 상당히 유사함을 알 수 있다. 이 주기율표에 따르면 두 가지 주기가 발견되는데, 그것은 원자량이 증가함에 따라 아래로 내려오는 수직방향의 움직임과, 또 하나는 원소의 외형에 따라 좌우로 흔들리는 진자형태의 움직임이다.

중앙의 수직선에 위치하는 원소들은 원자가를 갖지 않는, 주기와 주기 사이의 원소들이다. 별형 그룹과 막대형 그룹의 원소들이 여기에 해당된다. 중앙의 수직선을 중심으로 좌우에 4개씩의 수직선이 있는데, 이들은 각각 원자가 1, 원자가 2, 원자가 3, 원자가 4를 나타낸다. 왼쪽으로 가면서 1가의 스파이크형, 2가의 정사면체형, 3가의 정육면체형, 4가의 정팔면체형의 원소들이 나타나고, 중심선으로부터 오른쪽으로 가면서는 1가의 아령형, 2가의 정사면체형, 3가의 정육면체형, 4가의 정팔면체형이 나타나는 것을 볼 수 있다. 수소와 헬륨과 같은 극소수의 예외를 제외하고는 같은 유형의 원소들이 동일 수직선상에 위치하고 있어서, 원자가전자가 초원자의 기하구조와 매우 밀접한 관계에 있음을 단적으로 드러내고 있다.[67] 이처럼 초원자의 기하구조가

---

67) 초원자들은 일반 원자들처럼 분자를 형성하기도 하는데, 이때 나팔관들이 어

원자가전자와 관련이 있다는 사실은 시사하는 바가 많은데, 전자에 관해서는 다음 장에서 좀 더 자세히 살펴보기로 하자.

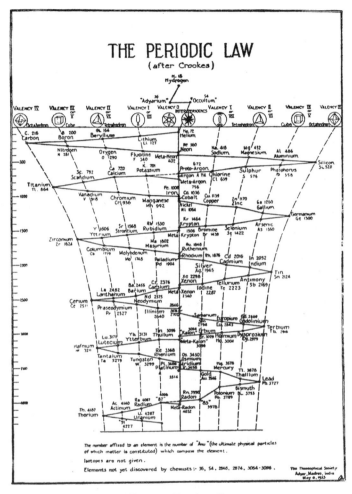

그림 8.49 크룩스의 주기율표

떤 힘에 의해 서로 결합되어 있는 것을 볼 수 있다. 이 역시 나팔관이 원자가전자와 관련있음을 입증하는 것이다.

전자가 기하와 관련하여 중요하다는 사실은 다른 몇몇 사람들도 지적하였다. 앞에서도 인용했지만 다니엘 윈터는 전자각이 보텍스로 이루어진 플라톤 입체라고 하였으며, 이를 황금비 및 프랙탈 기하학과 연계시켜 전하와 중력까지도 지배하는 중요한 요소로 보았다. 프랙탈의 어트랙터와 황금나선의 초점은 단순히 닮은 것 이상의 공통점이 있다. 계속 순환하며 커가는 플라톤 입체 역시 일종의 프랙탈로 볼 수 있다. 또한 프레드릭 크룩스는 전자의 궤도가 변경될 때 발생되는 수소원자의 스펙트럼 선을 예로 들어 황금비와 전자각의 관계를 설명하였으며,[68] 알렉스 카이바라이넨 역시 양자역학을 기술하는 파동방정식 속에 황금비가 숨어 있다고 보고 어떻게 해서 파동의 황금비율이 중력의 수학적 모델을 제시하는지 설명하고자 했다.

한편 다니엘 윈터에 따르면 금은 가장 완벽한 프랙탈 구조를 하고 있는데, 이 역시 전자각과 관련이 있다. 완전함의 대명사로 불리어지는 금의 원자가 완벽한 구조를 하고 있음은 우연이 아닌 듯 싶다. 다니엘 윈터는 우리의 심전도(EKG)마저 공조(동정 또는 사랑)의 상태에 있을 때 황금비의 파형을 이룬다는 것을 보여주고 있다. 뿐만 아니라 DNA도 황금비와 관련이 있다. 어쩌면 황금 불사약도 이런 기하학적 구조와 관련이 있는 것은 아닐까?

황금은 아름다울 뿐만 아니라 생명과 물질의 원천인 듯하다. 우리는 이 책을 연금술에 대한 의문으로 시작했지만, 신성한 기하는 이렇듯 황금과도 밀접한 관련이 있는 것이다. 이때의 황금은 물론 물질이 아니고 비례이다. 다니엘 윈터의 표현대로 비례는 신성하고 크기는 비

---

68) 각주51)과 동일한 도서, 14~16쪽, 263쪽.

속(卑俗)하다.[69] 즉 중요한 것은 비례이지 크기가 아니다. 개미들에게는 개미들 나름대로의 세계가 있고, 천상의 거대한 존재들에게는 그들 나름의 세계가 있다.[70] 우리는 우주라는 거대한 거인의 발뒤꿈치도 온전히 바라보지 못하는 극히 제한된 시야를 가지고 있으며, 또 원자와 분자들 사이에서 노닐기에는 너무나 큰 몸집을 가지고 있다. 우리의 경험과 우리의 규모만 가지고 전 우주를 판단하려고 하지 말자. 원자 내부에 태양계보다도 더 넓게 펼쳐져 있는 무한공간, 그 무한한 공간 속에 무엇인들 있을 수 없겠는가? 시인 윌리엄 블레이크는 "한 알의 모래알에서 세계를" 그리고 "한 송이 들꽃 속에서 천국을" 보았다. 황금과 프랙탈의 기하학은 우리를 그런 무한대의 세계와 무한소의 세계로 연결시킨다. 물질과 모든 현상계는 빛이 황금의 춤을 추며 이루어내는 기하학의 무대라 불러도 무방하리라.

---

69) Ratio as the sacred, Scale as the profane
70) 태양계나 성단, 은하계 등을 거대한 생명체의 일부분으로 보는 견해가 있다. 어쩌면 우리의 은하계는 상상할 수도 없을만큼 거대한 존재에게 있어 하나의 원자에 지나지 않는 것은 아닐까?

9장

원자의 영혼

아스트럴 원자

사실 투시자들의 관찰에 의하면 전자는 아스트럴 궁극원자일 것으로 추정된다. 그 첫 번째 근거는 초원자의 나팔관이 아스트럴 질료로 이루어져 있다는 점이다.

"나팔관은 나팔관 내의 물체에 의해 뒤로 밀려난 아스트럴 질료입니다. 하지만 그곳에는 아스트럴 질료뿐 아니라 멘탈 질료도 있습니다."[1]

또 다음의 관찰에서는 아스트럴 궁극원자가 원자는 침투해도 나팔관 속으로는 침투하지 못한다고 말하고 있다.

"모든 물질계의 물질들은 그에 대응하는 아스트럴 짝을 가지고 있습

---

1) 『오컬트화학』 제3판, C.W.Leadbeater & Annie Besant 지음, Theosophical Publishing House, 1951, 384쪽.

니다. 그러나 아스트럴 짝이 물질과 일치하는 것은 아닙니다. 산소의 아스트럴 짝은 산소가 아닙니다. 나는 전에는 이들을 분리해보려고 시도해본 적이 없습니다. 아스트럴 질료는 궁극원자 상태일 때를 제외하고는 산소의 타원형 속으로 침투하지 못합니다. 그리고 아스트럴 궁극원자 상태일 때조차도 사슬형태의 산소 구성성분 속으로 뚫고 들어가지는 못합니다. 아스트럴 궁극원자 상태의 질료는 원자는 관통하지만 나팔관은 침투하지 않는 것 같습니다. 그럼에도 불구하고 나팔관을 침투하는 무엇인가가 있는데, 아마도 궁극원자 상태의 멘탈 질료인 것 같습니다."[2]

그리고 다음의 글에서도 나팔관이 아스트럴 원자 질료와 깊은 관계에 있음을 말하고 있다. 즉 나팔관은 아스트럴 원자 질료 그 자체이거나 아스트럴 원자 질료에 의해서 형성된 구조라는 것이다.

"나팔관은 뒤로 밀려난 아스트럴 원자 질료입니다. 나팔관은 물체들을 내몰고 있어서, 그 안에는 거의 아무것도 없습니다. 그들은 멘탈 질료도 밀어내고 있습니다. 이것은 새로운 생각인데, 화학원자는 전체적으로 모든 보통의 아스트럴 질료를 뒤로 밀어내고 있습니다. 그리고 그 나팔관은 아스트럴 원자 질료마저 밀어내고 있습니다."[3]

오컬트화학의 초원자들을 보면 전자가 묘사되어 있지 않다. 전자가 아누에 해당하는지, 아니면 또 다른 무엇인지조차 확실히 하지 못하고

---

2) 위와 동일한 도서, 384쪽.
3) 위와 동일한 도서, 385쪽.

있다. 리드비터는 38년에 걸친 조사기간의 끝 무렵에야 전자의 관찰을 본격적으로 시도했는데, 아쉽게도 그리 오래 연구하지는 못했다.

"아누가 전자냐 아니냐 하는 질문이 많았다. 대답은 한정적으로 '아니다'이다. 그것은 앞으로 결정되어야 할 문제로 남아있다."[4]

그럼에도 불구하고 오컬트화학의 저자들은 전자가 아스트럴 원자가 아닐까 추측하였다.

"전자에 대한 마지막 관찰은 1933년 10월 13일에 있었다. 전자가 무엇인지 알기 위해 우리가 사용한 것은 라디오 수신기였다. 전자는 아누가 아니라, 아마도 아스트럴 원자인 것 같다."[5]

한편 윌리암 킹스랜드도 아누들이 전기쌍극자능률을 갖는 현상을 보고 전자가 아스트럴 원자일 것이라고 생각하였다.

"만일 그렇다면, 전류현상은 상위의 계에 속하는 것이다. 적어도 그것은 아스트럴 질료의 원자들로 구성되어야 한다. 그런데 현대과학은 전류를 단순히 전자의 흐름으로 보고 있다. 그것이 사실이라면, 베전트 여사의 말대로 현대과학의 전자는 아스트럴 원자여야 할 것이다."[6]

---

4) 각주1)과 동일한 도서, 서문.
5) 위와 동일한 도서, 385쪽.
6) 『비교의 물리』, William Kingsland 지음, 1909, 101쪽.

이어서 투시자들은 자유 상태의 전자와 그 운동을 관찰하였는데, 이 역시 전자가 아스트럴 원자가 아닐까하는 의구심을 불러일으킨다. 먼저 투시자들은 음극선관(CRT)의 전자빔을 조사한 적이 있으며, 그곳에서 회전하는 나선형태의 운동을 목격하였다.[7]

1. "어떤 회전하는 종류의 운동이 보입니다. 아 예, 빔을 따라서 원형운동이 있습니다. 눈을 뗄 수가 없군요. 그것은 마치 안정된 상태를 지속하는 빔의 선 같습니다. 그러나 두꺼워졌다 가늘어졌다 하는 것이 파동과 같은 상태입니다."

2. "아 예, 바깥쪽으로 원형의 움직임, 나선이나 소용돌이 형태의 움직임이 보입니다."

3. "네, 이 원형 움직임을 다시 얘기해야겠군요. 빔의 둘레에 일어나는 움직임 말입니다. 아주 주목할 만합니다. 꼭 일련의 파속(波束) 같습니다."

4. "그것은 나선형태인데, 확장하면 그 주위를 도는 뱀장어처럼 되어 있습니다."

5. "그것은 빔을 따라서 나선형의 흐름으로 이루어져 있습니다."

6. "아, 이 나선의 움직임은 매우 주목할 만합니다. 그것은 거의 몸부림치면서 앞으로 나아가는 것 같습니다. 빔과는 완전히 독립적이고 그 영향을 받지 않으면서 말이죠."

7. "그것은 꼭 일련의 파속 같습니다. 그것은 빔의 선 주위를 도는 궤도 속의 입자로 구성되어 있습니다."

---

7) 『쿼크의 초감각적 인식』, Stephen M. Phillips, Ph. D. 지음, Theosophical Publishing House, 1980, 90쪽.

8. "중심의 빔을 따라서 달리는 입자들의 매우 밝은 선을 잘 볼 수 있습니다. 그러나 나는 다른 축(軸)현상의 분명한 이미지를 얻기 위해 노력하고 있습니다. 방사상의 현상입니다. 오, 그것은 입자들입니다. 입자들이 원형으로 움직이면서 이런 환상을 만들어냅니다. 다른 철사의 주위를 감고 있는 철사를 생각해보십시오. 이 두 번째 철사는 매우 빠른 움직임으로 되어 있습니다. 둥글게 둥글게 돌아가면서, 마치 주된 철사가 그것을 관통해서 나아가는 것 같습니다."

이러한 전자빔의 회전운동은 슈뢰딩거가 1930년에 지적한 자유전자의 지터베베궁 현상을 연상시키는 것이다. 즉 전자의 궤도는 고전역학에서 예견하듯이 단순한 직선이 아니라, 콤프톤 파장($\lambda c = \hbar/mc = 3.86 \times 10^{-11}$cm)의 반경을 가지고 스핀방향으로 회전하는 나선형태이다.[8]

그림 9.1 전자의 지터베베궁

투시자들은 음극선관 내 진공 중에서 전자 자체도 관측했던 것으로 보인다.

---

8) 각주7)과 동일한 도서, 90쪽.

"간헐적인 게 보입니다. 길게 늘어진 입자입니다. 아, 우연히 하나가 시야에 잡혔는데 그것은 회전하고 있군요. 회전하고 있는 입자입니다. 확실히 회전하고 있는 입자입니다."[9]

또 다른 경우에는, 구리선에 흐르는 5μA의 직류전류를 조사하는 중에 빛의 점들의 흐름이 '나선과 같은 방식으로 진동하는 파의 원반에서 원반으로, 또는 물마루에서 물마루로 움직이는' 것이 관측되었다. 또 전류가 지나가는 흑연봉 속에 있는 아누를 관측하는 중에도 투시자들은 빛나는 점들의 흐름이 쇄도하는 것을 목격하였는데, 그들은 아누보다 훨씬 작았으며, 어떤 것은 봉을 따라 움직이는 동안 산란하거나 편향되는 것으로 나타났다. 그중 하나를 자세히 관찰하여 묘사한 것을 보면 다음과 같다.

"그것은 아누는 아니지만 아누와 비슷합니다. 이중 나선의 움직임이 그 안에 보입니다. 상대적인 크기는 말씀드리기 어렵지만…… 어쨌든 그 내부에는 이중 나선의 움직임이 있습니다. 그것은 마치…… 비유를 드는 게 좋겠군요. 그것은 마치 가시 돋친 밤송이를 닮았다는 게 처음 본 인상입니다. 달리 말하면 그 표면은 부드러운 게 아닙니다. 그 자신을 방사하고 있습니다. 온 둘레로 빛과 힘의 선을 방사하고 있으며, 이 가시들은 관측 대상의 한 배, 두 배, 세 배…… 약 여섯에서 일곱 배 정도의 비스듬한 직경을 가지고 있습니다. 그것은…… 그 자신의 주위를 빙 둘러서 방사하는 힘들이며, 게다가 나선형으로 감고 있는 듯한 움직임을 하고 있습니다. 이런 형태는 한 번도 본적이 없는 매우 주목할

---

9) 위와 동일한 도서. 91쪽- 리네스와 제프리 허드슨의 녹음 중에서, 1959

만한 것입니다. 하지만 밤송이와 똑같다고 생각하면 안 됩니다. 밤송이에 달린 가시보다는 훨씬 더 촘촘하게 전체를 빙 둘러서 극히 섬세한 방사를 하고 있습니다. 또 이건 아주 강하고 단단한 인상을 줍니다. 그 중의 하나를 보고 있는데, 글쎄요, 그것은 마치 아누처럼 생겼습니다."[10]

우리는 이들이 화학원소에 속하지 않은 자유전자이며, 아누에 비해 훨씬 작긴 하지만 그와 비슷한 외형을 갖고 있으리라 추측할 수 있다. 한편 전자가 마치 밤송이처럼 방사하는 빛과 힘의 선으로 둘러싸여 있다는 표현은 현대물리학에서 가상광자의 옷을 입고 있는 것으로 묘사하는 전자 모형을 연상시킨다. 이상과 같은 몇 건의 관찰만으로 전자가 아스트럴 원자라는 결론을 내리기에는 무리가 있는 것도 사실이지만, 원자가전자와 나팔관, 아스트럴 원자가 깊은 상관관계에 있는 것만은 틀림이 없다.

한편 위 인용문에서 언급된 멘탈 질료는 중성미자와 관련 있는 것이 아닐까 의심해본다. 최근 일본의 수퍼가미오간데 실험결과 중성미자가 질량을 가지고 있을지 모른다는 증거를 포착했는데, 전자형 중성미자와 뮤온형 중성미자 사이의 질량차가 0.07 eV(전자볼트)라는 것이 밝혀졌다. 잭 사파티는 뮤온형 중성미자의 최소 정지질량인 0.07 eV가 전자질량의 10^{-7}배라는 것에 주목했는데, 그것은 뮤온형 중성미자의 콤프톤 반경이 마이크론 단위라는 것을 의미한다. 콤프톤 반경(h/mc)은 결국 입자가 가지고 있는 불확실한 퍼짐을 나타내는 것으로, 전자의 경우 그 크기는 3.9×10^{-11} cm이다. 질량이 적을수록 콤프톤

---

10) 각주7)과 동일한 도서, 91쪽.

반경은 증가하는 것을 알 수 있다.[11] 전자형 중성미자의 콤프톤 반경은 전체 우주의 크기에 맞먹는다. 이 때문에 토니 스미스는 이 두 종류의 중성미자가 서로 진동(변환)하는 것이 세포 수준의 개체의식과 우주 규모의 집단의식간의 어떤 연결을 형성하는 것과 관련이 있을 수 있다고 추측하기도 하였다.[12]

전자도 그렇지만 중성미자 역시 수수께끼가 많은 입자이다. 만약 이들이 상위계의 입자들이라면, 맑은 물 속에 투명한 유리조각이 흘러가듯이 또는 TV 안테나에 라디오 전파가 잡히지 않는 것처럼, 물질계에 존재하는 우리가 볼 때는 초공간의 기하가 유령과 같은 모습으로 힐끗힐끗 나타나는 것일 수도 있다. 나는 원소의 전자 수를 단순히 입자의 개수로 나타낼 수 있는 것이 아니라고 생각한다. 나팔관과 원자가전자가 밀접한 관계를 가지고 있는 데서 알 수 있듯이 원소의 전자 수는 나팔관이라든가 보텍스와 같은 원자의 기하학적 구조와 보다 직접적인 관계에 있는 것 같다.

지금까지 보았듯이 전자는 아스트럴 원자일 가능성이 있다. 그러나 하나의 나팔관이 하나의 아스트럴 원자에 해당하는 것으로 보기는 어렵고, 전자 또는 전자각은 다수의 에너지 입자의 흐름으로 해석된다. 전자의 콤프톤 반경이 $3.9 \times 10^{-11}\,cm$ 나 되는 것도 원자 속의 전자가 하나의 알갱이 입자에 해당하는 것이 아니라, 전자의 운동반경이나 오비탈, 나팔관 같은 기하학적 구조를 반영하고 있는 것이 아닐까하는 추측을 하게 한다. 물론 이런 견해는 현재의 물리 이론과 정면으로 배치

---

11) 상위계의 입자일수록 콤프톤 파장이 커진다는 것은 상위계로 올라갈수록 통합의 정도가 커지고, 반대로 분리의 정도가 반감된다는 신비학의 견해와 관련 있는 것이 아닐까?

12) http://www.innerx.net/personal/tsmith/Sidharth.html.

되는 것이지만, 나는 양쪽 모두 아직 완벽한 이론들이 아니라고 생각하므로 여기서 어떤 결론을 내리기보다는 좀 더 두고 지켜보고자 한다.

어쨌든 초대칭 이론이나 초끈 이론도 마찬가지고, 신비학의 우주론에서도 아직 발견되지 않은 수많은 소립자(또는 초미립자)들이 있을 것임을 예언하고 있다.[13] 전자와 중성미자의 경우에서도 잠깐 보았지만, 특히 이 상위계의 초미립자들은 물질우주에 어떤 식으로든 영향을 미칠 수도 있으며,[14] 초물질적인 성격을 가지고 있을 것이라고 추측할 수 있다. 성급한 가설이지만, 나는 전자가 아스트럴 원자, 뮤온형 중성미자가 멘탈 원자, 그리고 전자형 중성미자가 붓디 원자에 해당하는 것이 아닐까 가정해본다.

이렇게 화학원자의 구성에는 상위계 질료들이 포함되며, 물질의 형성에 상위계의 영향력(그것이 에너지이든 입자이든)을 배제할 수 없다는 사실을 웅변하고 있다. 즉 물질계는 상위계와 독립적으로 존재하지 않는다. 특히 차상위계 입자인 전자가 원자의 형태에 결정적 영향을 미친다는 것은, 원자핵 또는 원자에 종속되어 있는 전자라는 종래의 이미지에서 벗어나 원자의 특성과 형태를 좌우하는 힘있고 능동적

---

13) 우리는 이미 6장에서 빅뱅 이론의 대안 이론들을 검토함으로써 암흑물질의 필요성을 반감시켰으나, 우주론에서는 질량을 가진 중성미자와 함께 아직 밝혀지지 않은 소립자들이 이 암흑물질의 미스테리를 풀 수 있는 유력한 하나의 후보로 거론되고 있다.

14) 사실 물질계의 원자가 물질계의 소립자만으로 이루어졌다고 생각하는 것은 큰 잘못이다. 지금까지 보아왔듯이 아누에서 발산되는 갖가지 에너지 입자의 흐름, 힘의 선, 나팔관과 관련 있는 아스트럴 질료, 멘탈 질료 등이 모두 상위계의 입자들이며, 인간이 단순히 육체만으로 이루어진 존재가 아니듯이 원자도 그렇다고 할 수 있다.

인 존재로 재평가되어야 함을 시사하는 것이다. 흥미롭게도 양자물리학자 데이비드 봄은 전자가 마음을 가진 것처럼 행동한다고 말한 바 있는데,[15] 이것은 전자가 아스트럴 원자일지도 모른다는 가정과 신비학에서 이야기하는 아스트럴계가 감정의 차원이라는 주장과도 부합하는 것이다. 또 실제 화학원소의 화학적 특성을 결정하는 것도 전자이다.

한편 아스트럴계가 감정과 관련이 있는 것처럼, 멘탈계는 생각과 또 붓디계는 직관과 관련이 있다는 것이 신비학의 주장이기도하다. 이들은 모두 일종의 에너지이며, 동시에 질료의 특성을 지니고 있다. 감정이나 생각도 일종의 물질(상위계의 질료)이며 형태가 있는데, 다만 상위계일수록 질료보다는 영적인 측면의 특성이 강하게 나타날 뿐이라고 해석할 수 있다.

상위계의 질료는 하위계에서 볼 때 영인 것으로 나타나며, 반대로 하위계의 물질은 영 또는 에너지의 갇힌 형상으로 나타난다. 전자가 원자의 형성에 주도적인 영향을 미친다는 것은 영이 물질에 직접 관여한다는 것이고, 반대로 앞에서 우리가 지속적으로 살펴본 대로 물질 역시 영적인 요소를 가지고 있음을 반증하는 것이다.

---

15) 『양자적 자아』, Danah Zohar & Marshall, I. N. 지음, Quill, 1990, 59~60쪽- 데이비드 봄은 전자들이 마치 악보에 따라 춤을 추는 발레리나와 같다고 비유하였다. 전자들은 고전물리법칙에 따라 단순히 기계적으로 밀고 당기기보다는 다른 전자의 움직임, 실험장치의 디자인, 실험하는 사람의 의도와 같은 주변 상황 속에 잠재된 전체적인 정보에 비국소적으로 반응하는 것처럼 행동한다.

에너지	물질	관련속성
7	1	신성(聖父)
6	2	신성(聖子)
5	3	영성
4	4	직관
3	5	생각
2	6	감정
1	7	육체

그림 9.2 차원에 따른 에너지와 물질의 강도, 그리고 속성

육체 밖으로

몇 년 전, 나는 작은 체험을 하나 하였다.

명상을 한 후 어슴푸레 잠이 들었을 무렵, 갑자기 내가 내 방을 보고 있는 걸 깨달았다. 방의 한쪽 벽과 창문이 보였으며, 창문 밖으로 뭔가가 보이는 것만 같은 기분이 들었다. 나는 곧 뭔가 이상하다는 걸 깨달았는데, 잠을 자느라 누워 있던 내 눈엔 천장이 보여야 했던 것이다. 순간 두려움이 일었으며, 때마침 다른 방에서 나는 것 같은 짤막한 부저 같은 소리에 그 이상한 상황은 종료되고 말았다.

그때서야 나는 눈을 떴다. 물론 나는 누워 있었고, 눈앞에 있는 것은 어두운 천장뿐이었다. 창문은 고개를 들어야만 볼 수 있었다. 방금 꿈을 꾼 걸까? 그러나 그건 분명 꿈이 아니었고 너무나 생생했다. 더욱이 나는 내 방의 것과 똑같은 벽과 창문을 보았는데, 그런 광경을 보려면 서 있거나 상체를 일으킨 자세에서만 가능했다. 이게 꿈이 아니라면 무엇을 뜻하는 것일까?

나는 잠시 후에 이상한 점이 한 가지 더 있는 걸 눈치챘는데, 한밤중에 불이 꺼져 있었으므로 내 방은 거의 아무것도 보이지 않을 정도로 깜깜했다는 것이다. 당연히 벽과 창문도 윤곽만 겨우 구별할 수 있을 정도로 어두워야 했지만, 그럼에도 나는 희미하게 발광하는 듯한 비교적 밝은 벽을 보았던 것이다.

유체이탈! 나는 비록 그 경험이 매우 짧은 순간에 일어났고 몸을 완전히 떠나지도 못했지만 말로만 듣던 유체이탈이 내게도 일어난 것이라고 생각했다. 나중에 유체이탈에 대한 경험담을 더 많이 접하게 되었을 때, 내가 겪은 경험이 유체이탈의 초기에 일어나는 현상들과 정확하게 일치함을 확인하였다.

이런 유체이탈, 그리고 임사(臨死)체험과 같은 사례들은 육체를 넘어선 또 하나의 몸 또는 영혼의 존재를 시사하며, 동시에 육체의 죽음과 관계없이 지속되는 영원한 생명의 가능성을 암시하는 것이다. 나는 언제부턴가 죽음에 대한 두려움이 사라지게 되었는데, 육체를 넘어선 영원한 생명의 존재를 인지하게 된 것과 무관하지 않다. 비록 육체는 죽고 형태는 변하지만 생명은 지속될 것이다. 그래도 남아 있는 죽음에 대한 두려움이 있다면, 그것은 이제 막 고등학교를 졸업하고 사회나 대학의 전혀 새로운 세계로 발걸음을 내딛으려는 사춘기 청소년의 낯선 것에 대한 두려움과 본질적으로 다를 것이 없다.

그런데 이런 인식의 변화는 '나는 무엇인가'라는 데 대한 인식의 변화도 함께 요구한다. 나는 생명이 떠나면 썩어 문드러지거나 7년마다 몸의 전세포가 완전히 바뀐다고 하는 육체는 분명 아닌 것이다. 또 나는 냄새나 소리, 통증 따위의 감각을 받아들이고 느끼는 여러 감각기관이나 신경덩어리도 아닐 것이다.

그렇다면, 기뻐하고 슬퍼하며, 사랑에 지쳐 울거나 두려워하기도 하는 이런 감정들이 나일까? 아니면 내가 나라고 생각하는 이 생각 자체가 나일까? 그것도 아니면 앞서 말한 생명이나 영혼이 진정한 나일까? 하지만 생명과 영혼이 진정한 '나'에 해당되는 것이라 할지라도 우리의 질문은 끝나지 않는다. 아직 생명과 영혼의 실체와 본질을 모르기 때문이다.

한편 나는 유체이탈시(또는 유체이탈이 일어나려고 했던 순간)에 보았던 벽이 보통 우리가 보는 물질의 벽이 아니라는 데 주목하였다. 그림자 없이 희미한 빛을 내던 비정상적 벽의 모습이 이를 뒷받침하고 있다. 뭐라고 표현할 수는 없지만 색깔도 원래의 벽과 달랐다.

추측하건대 나는 에텔 질료로 된 벽을 보았던 것으로 생각된다. 보통 유체이탈에서 유체(幽體)란 1차적으로 에텔체[16]를 가리키는데, 에텔체는 바로 에텔계의 여러 자극과 인상을 받아들이기 위한 신체적 도구로 작용하기 때문이다. 즉 잠시 육체와 분리된 나의 에텔체가 의식의 채널로 작용하여 같은 진동대(존재계)에 속하는 에텔계의 벽을 보았던 것이다.

사실 모든 물체는 그 자신과 형체가 닮은 에텔 질료로 둘러싸여져 있으며, 이것이 유체이탈을 경험한 사람들이 보통의 평범한 물체를 보았다고 착각하는 이유이다. 예를 들어, 유체이탈 상태에서 본 탁자는 일반적인 탁자와 형태가 똑같을 뿐이지 실은 에텔 질료로 된 에텔계의 탁자인 것이다.

또 한 가지 유체이탈과 관련해 충분히 인식되지 못하고 있는 사실은, 우주에 여러 차원의 존재계가 있는 것처럼 유체이탈에도 여러 차

---

16) 에텔체는 에텔복체(etheric double)라고도 하는데, 육체와 같은 형상을 가지고 육체와 중첩하여 존재한다고 하여 이런 이름이 붙여졌다.

원의 등급이 있다는 점이다. 육체를 벗어난 에텔체는 그 첫 단계에 지나지 않는다. 에텔체를 넘어서면 아스트럴체라는 또 하나의 몸이 있는데, 짐작할 수 있는 것처럼 이 아스트럴체는 아스트럴계의 질료로 이루어졌다. 이 단계에서 우리의 의식은 아스트럴체를 통해 유영을 하며,[17] 더 이상 물질계에서 보던 것과 닮지 않은 전혀 다른 차원의 풍경을 보게 된다. 아스트럴체를 넘어서면 또 멘탈체라는 의식의 매체가 있다. 이렇게 유체이탈은 마치 꿈속에서 또 꿈을 꾸는 식으로 차원을 높여가며 여러 단계로 탈바꿈해가는 것이다.

그러나 이런 여러 의식의 체들이 서로 독립적으로 존재하는 것은 아니고, 마치 신경계와 순환계, 그리고 임파계와 골격이 하나의 육체 속에 중첩하여 존재하는 것처럼 하나의 커다란 수직적(차원 간) 시스템을 이룬다. 바로 이 시스템이 인간이라는 한 존재를 구성하고 있는 보이지 않는 요소들이며, 넓은 의미에서의 신체이다. 다시 말해 인간이란 육체로만 이루어졌거나 단순히 육체와(애매모호한 개념의) 영혼으로 나눌 수 있는 존재가 아니라, 육체와 에텔체, 아스트럴체, 멘탈체 등 여러 겹의 몸이 중첩하여 이루어진 복합적인 존재라는 것이다.

과연 이런 상위의 체들이 실제로 존재하고 있을까? 보통 우리는 화학원자들만이 물체와 형상을 형성할 수 있다고 알고 있다. 따라서 화학원자가 아닌 아원자 입자나 고차원의 원소가 어떤 형상이나 에너지 그물을 만든다는 것은 기존 물리학의 이해로는 있을 수 없는 일이다. 게다가 고차원은 실제적 의미가 없는, 소립자 내부에 쓸모 없이 압착된 수학적인 개념으로만 여겨지고 있다.

하지만 과학이 설명하지 못하는 새로운 현상들이 종종 발견되는

---

17) 아스트럴 비행이라고 한다.

것을 보면 그렇게 쉽게 부정적인 속단을 내릴 일만은 아니다. 한 예로 로버트 로그린은 분수전하를 가진 양자유체의 새로운 형태(양자홀 효과)를 발견하여 전자들이 집단적인 행동을 할 수 있음을 보여주었으며, 이 업적으로 1998년 노벨상을 공동 수상하였다. 또 최근에는 하나의 전자와 복수의 자력선이 결합한 복합 페르미온(composite permions) 같은 모델이 제시되어 입자 행동에 대한 새로운 가능성을 열고 있다.

한편 생명체와 전류의 관련성을 깊이 있게 연구한 헤롤드 버나 로버트 베커 같은 이는 모든 생명체에는 전자기적인 생명장이 존재하여 생명체를 형성하고 조절하는 일종의 틀로서 작용한다고 보았는데, 그 기능이나 전자기적인 성질은 에텔체 혹은 아스트럴체에 해당한다고 볼 수 있는 것이다. 즉 생체전자기장이라고도 할 수 있는 전자기적인 격자구조가 먼저 형성된 뒤에 이 에너지장의 영향에 따라 물질이 이합집산한다는 것인데, 이는 생명체의 발생과정이나, 특히 일부 저급한 동물들에서 볼 수 있는 신체 일부의 놀라운 재생능력 같은 현상들을 쉽게 설명해준다.

결국 생체전자기장의 존재 가능성은 생명체의 모델이 되는 '원형(原型)'이 존재함을 뜻하고, 이 경우 생명체의 발육과 성장이 유전물질(DNA)에 의한 것만은 아님을 시사한다. 말하자면 물질은 보다 높은 차원, 즉 영적인 차원의 작용으로 어떤 특정한 형태를 갖추게 되는 것이다.[18]

---

18) 마치 주물을 만드는 과정에 비유할 수 있다. 먼저 설계도가 있고, 그 설계도에 따라 금형(金型)을 만든 후 용융된 재료를 부어넣어 원하는 형태의 제품을 얻는다. 그러나 설계도가 가장 최초의 '원형'은 아니다. 설계도는 인간의 생각이 종이 위로 옮겨진 데 불과하기 때문이다.

우주의 모든 현상을 물질만으로, 또는 물리화학적 작용만으로 설명할 수는 없다. 대표적인 예가 인간으로, 인간은 원자의 집합 그 이상이다. 유물론적인 관점에서 보면 우주에 존재하는 것은 오직 물질과 의식이 없는 에너지뿐이고 생명활동이나 의식활동은 복합적인 유기물 시스템이 만들어낸 이차적인 현상에 불과하다고 할지 모르지만, 기실 이 우주에는 보이지 않는 부분, 즉 영적인 측면이 있고, 그런 의식활동에 비하면 오히려 물질이 부차적인 현상일 수도 있는 것이다. 바로 이런 영적인 측면을 다루는 것이 이번 장의 주된 목적이다. 또 영혼과 의식의 진화, 그리고 진화의 과정을 통해 드러나는 의식과 형상, 또는 의식과 물질의 관계를 알아봄으로써 우주가 운영되는 방식을 조금이나마 더 잘 이해하게 될 것이다.

사실 이제까지 우리는 물질과 형상을 위주로 다루어왔다. 물질의 본질은 무엇인가? 우주와 물질의 형성에 있어 형상은 어떤 의미를 갖는가? 이 한 권의 책에서 모든 것을 명쾌하게 밝혔다고 할 수는 없지만, 나름대로는 적지 않은 해답의 실마리를 제시하였다고 생각한다.

만약 독자들이 이 책의 내용에 어느 정도 공감하고 있다면, 물질의 기초인 원자에 대한 개념 역시 많이 바뀌었을 것이다. 여러분은 원자를 무엇이라고 생각하는가? 여러 가지 답변이 가능하겠지만, 원자는 힘의 센터라는 대답이 아마도 가장 적절한 대답 중의 하나일 것이다. 일찌감치 1920년대 앨리스 베일리 여사가 다음과 같이 말한 것을 보면, 이러한 개념은 이미 그 당시 과학계에도 생소하지 않았던 것 같다.

"당시(19세기를 말함)에 원자는 분리할 수 없는 질료의 단위라고 간주되었다. 그러나 지금은 전기적인 힘 혹은 에너지의 센터로써 여겨진다."[19]

사실 원자는 에너지와 물질의 경계에 존재한다. 에너지가 물질화된 첫 번째 구조물이 원자다. 원자는 모든 물질의 기초이고, 에너지의 센터이자 형상이다. 바로 앞장에서 보았듯이 원자와 물질은 에너지가 기하학적 원리에 따라 형상화한 것이다.

반대로 순수한 에너지, 즉 영은 형상을 갖지 않는다.[20] 그렇지만 질료와 영은 별개의 것이 아니며, 독립적으로 존재할 수 없는 것이기도 하다. 블라바츠키 여사가 표현하였듯이 "영과 물질은 영도 물질도 아닌 그 하나의 두 가지 상태이다."[21] 다만 우리가 보기에 질료와 영은 분리된 것으로 나타나며, 이렇게 질료와 영을 별개로 생각하는 것이 우주를 기술하고 이해하는 데 오히려 더 편리할 수도 있다. 따라서 물질 내부에서 작용하는 측면에서 보면 영은 형상 속을 흐르고 있다고도 표현할 수 있다.

영은 의식 또는 생명이라고도 할 수 있다. 물론 이 세 용어는 경우에 따라 구별해서 써야겠지만 본질적으로는 존재의 동일한 측면을 이야기하고 있다. 그러나 의식이라고 할 때에도 매우 다양한 차원의 의식이 있음을 이해해야 할 것이다. 심리학에서 다루는 영역만 해도 현재 의식(표면의식), 잠재의식, 무의식, 집단무의식 등이 있고, 인간의 의식이 있는가 하면 동물의 의식, 식물의 의식, 그리고 단세포 생물이나

---

19) 『원자의 의식』, Alice A. Bailey 지음, Lucis Publishing Company, 1922/1993, 18쪽.
20) 에너지는 사실 영의 낮은 차원의 표현이라고 할 수 있다.
21) 『비교』, H. P. Blavatsky, Adyar E. 지음, Theosophical Publishing House, 1979, 258쪽.

세포, 심지어 광물이나 원자에 해당하는 단순의식이 있고 행성 차원의 의식이나 우주의식과 같은 초월의식이 있는 것이다.[22]

또 불교의 유식론(唯識論)에서는 인간 의식의 작용을 여덟 단계로 나누어 안이비설신(眼耳鼻舌身)의 전오식(前五識)과 의식(意識, 제6식), 말나식(末那識, 제7식), 아뢰야식(阿賴耶識, 제8식)으로 구분하고 있다. 전오식은 육체의 감각을 통하여 알게 되는 식(識)으로 사고(思考)의 과정을 포함하지 않으며, 제6식인 의식은 주로 두뇌작용과 관련이 있는 것으로 우리가 일반적으로 표면의식이라고 말할 때의 의식과 가까운 것이다. 제6식인 의식을 표면의식에 비유하면 제7식인 말나식은 잠재의식에 비유될 수 있는 것으로, 나중에 언급하게 될 에고(ego)와 깊은 연관이 있다. 말나식은 마음을 뜻하는 산스크리트어 마나스(manas)에서 유래하였다. 그리고 제8식인 아뢰야식은 아다나식(阿陀那識) 또는 장식(藏識)이라고도 하는데, 산스크리트어 아라야(alaya)에서 연유한 것으로 아(a)는 부정, 라야(laya)는 없어진다는 의미이다. 그러므로 아라야는 영원히 존재하며 없어지지 않는다는 뜻으로, 불교에서 말하는 계속적으로 이어지는 윤회의 주체,[23] 즉 중생(衆生)의 근본 생명이다.[24] 바로 이 아뢰야식이 육체가 죽음을 맞이한 뒤에도 영원히 지속되는 생명에 대한 해답이 될 것이다.

우리가 일상적으로 인식하는 의식은 표면의식일 뿐이고, 가끔 꿈이

---

22) 모든 물질은 영과 분리할 수 없다는 것을 받아들인다면, 무생물체를 포함한 모든 존재가 의식(물론 인간의 의식과 동등한 것은 아니다)을 가지고 있다는 사실을 인정해야 할 것이다.
23) 유식학파에서는 생사 윤회하는 주체로서 아뢰야식을 이숙식(異熟識)이라고 한다.
24) 따라서, 근본무명(根本無明)인 이 식(識)을 뿌리 뽑아야만 연기법(緣起法)을 바로 깨닫고 생사윤회의 사슬을 벗어나 해탈을 할 수 있다고 한다.

나 예지를 통하여 심층의식을 접하게 된다. 그러나 이 책에서 언급해 온 신비학의 맥락에서 이해하면, 하위 차원의 의식과 생명[25]의 본질은 영이고 그 본체는 우주의식, 즉 로고스이다. 우주의식은 다시 파라브라만, 즉 물질과 별개일 수 없는 하나의 위대한 초월의식에서 분화된 것이다. 물질은 로고스의 신성한 의식이 외부로 현현된 것이라고 볼 수 있다. 말하자면 연극의 각본이 로고스의 의식이라면, 영은 배우들의 연기이고 물질은 배우와 무대, 무대장치에 해당하는 것이다.

이 신의 생명은 형상 속으로 들어가 진화한다. 바로 이것이 형상이 존재하고 물질이 존재하는 이유이다. 형상과 물질을 통해서 영 또는 우주의식은 그 자신을 표현하고 진화해간다. 물질이 의식이나 생명, 영혼 따위를 만들어내는 것이 결코 아니다.

한편 진화하는 영(의식)은 한층 진보된 자신을 표현하기 위해 낡은 형상을 벗고 새로운 형상으로 항상 거듭나야 할 운명에 있는데, 이는 마치 여행 중인 사람이 일정한 목적지에 도달하면 다른 교통수단으로 갈아타는 것과 같다. 애니 베전트 여사는 다음과 같이 말하였다.

"어떤 주어진 우주 속에서 신의 생명은 형상들의 향상적(向上的)인 계열을 통한 많은 생명(체) 속으로 진화한다. (로고스의) 생명력은 에너지로서 현현하며, 형상에 의하여 겉으로 드러나고 더욱 계발될 기회를 갖게 된다. 그러나 생명이 계발되기 위해서는 형상들을 계속하여 바꾸어야 한다. 왜냐하면 각각의 형상은 처음에는 생명의 표출과 계발의

---

25) 생물과 무생물의 경계는 사실 애매모호한 것이다. 과학이 발달할수록 이러한 예들을 더 많이 접할 수 있게 될 것이다. 신비학적 견지에서 생물과 무생물의 차이는 단지 생명력의 많고 적음에 따른 것이다.

수단이 되지만 나중에는 속박의 틀로서 작용하기 때문이다. 비록 생명 (나무가 보이지 않는 뿌리로부터 분리될 수 없듯이 신의 생명으로부터 분리할 수 없는) 속의 잠재적인 힘이 주변환경의 작용에 의해 표출되기는 하나, 유용한 탈것이었던 형상은 생명을 속박하는 틀이 된다. 생명은 형성된 형상에 의해 질식해 소멸할 뿐 아니라, 형상은 조각조각 분해되어 더 높은 형태의 형상 속으로 들어갈 수 있도록 생명을 놓아주어야 한다. 형상은 분해되지만 생명은 소멸하지 않는다. 언제나 확장, 발전하는 생명을 중심으로 한 형상들의 분해는 진화를 의미한다."[26]

생명만이 아니라 질료와 형상도 함께 진화한다는 개념을 엿볼 수 있는 대목이다. 이렇게 형상들 속에 진화하는 생명이라는 개념과 자연이 보여주는 질서정연함, 고도로 발달한 생명체들의 존재는 진화과정 속에 어떤 지성적인 요소가 있음을 암시하고 이는 수많은 형상 속을 흐르는 의식의 진화를 고려하게 만드는데, 엘리스 베일리 여사는 이 진화하는 의식이 밟는 경로는 인간 이전의 의식 상태로부터 진화하여 어느 순간에는 인간의 단계를 거치게 되고 이윽고는 초인간적 의식의 상태에 이르는 것이라고 가정하였다.

"그런 다음, 우리는 다음과 같은 질문을 하게 될 것이다. 이 모든 요소들 뒤에 있는 것은 무엇일까? 물질 형상과 그 형상에 생기를 불어넣어주는 지성의 배후에 '나'의 기능에 해당하는 것, 혹은 인간의 자아에

---

26) 『영적인 삶』, Annie Besant 지음, Quest Books, 1993, 52쪽.

해당하는 그 무엇의 진화가 일어나고 있는 것이 아닐까?"[27)

물질과 형상의 배후에서 진화의 추진력을 제공하는 이 '나'는 누구인가? 그것은 앞서 의문을 품었던 '진정한 나'와 동일한 존재일까? 그리고 인간의 의식이란 무엇이며, 동식물의 의식과는 어떻게 다른가? 또 윤회의 주체, 아뢰야식이란 구체적으로 무엇인가?

---

27) 각주19)와 동일한 도서, 19쪽.

의식의 단위 모나드

흔히들 의식과 물질은 별개의 것이며, 따라서 의식이 떠난 물질은 완전한 불활성의 죽은 물질이라고 여기기 쉽다. 영적인 길을 추구하는 사람들이 무조건 물질을 배척하는 경향을 보이는 것도 이와 같은 맥락에서다. 그러나 전자의 경우에서도 보았듯이, 의식은 소립자 수준의 물질에서도 살아 움직인다. 게다가 의식을 지닌 것처럼 행동하는 것은 비단 전자만이 아니다.

빛의 경우를 한번 보자. 비동조성의 평범한 광원으로부터 방출된 광자들은 일반적인 상식대로라면 검출기에 도달할 때 고른 분포를 보여야 되지만, 실제로는 무리를 지어 다발로 검출되는 현상이 있다. 이것은 마치 광자들에게 사회적 성격이 있어 저희들끼리 뭉치려는 의도가 있는 것처럼 보이는데, 이것을 보고 독일의 물리학자 프리츠 포프는 생물과 무생물의 차이란 양자 수준의 공유상태가 많고 적음에 따른 것이라고까지 말하였다.[28]

---

28) 각주15)와 동일한 도서, 222~223쪽.

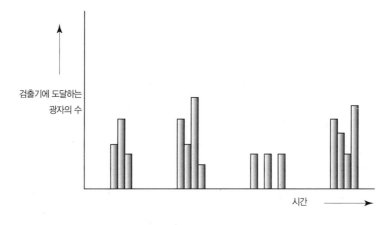

그림 9.3 무리를 지어 도착하는 광자의 다발 효과

휠러가 제안한 이중슬릿 실험에서도 빛의 특이한 성질이 드러난다. 두 개의 슬릿이 뚫린 스크린을 빛이 통과하도록 장치하고 스크린의 오른쪽에 두 개의 입자검출기를 그림과 같이 놓으면, 빛은 하나의 슬릿과 하나의 입자검출기를 향하는 한정된 통로를 따라 움직이는 하나의 입자처럼 행동할 것이다. 그런데 만약 이중슬릿과 입자검출기 사이에 검출을 위한 스크린을 설치하면 빛이 이번에는 파동처럼 반응한다. 빛은 두 개의 슬릿 모두를 통과하여, 스스로 간섭한 후 검출 스크린 위에 간섭무늬를 만들어낸다. 이것은 실험자의 행위나 의도 자체가 실험 결과에 영향을 미치거나, 빛이 마치 전체 실험상황을 알고 있는 것처럼 행동한다는 사실을 의미하는 것이다.[29]

---

29) 위와 동일한 도서, 45~47쪽.

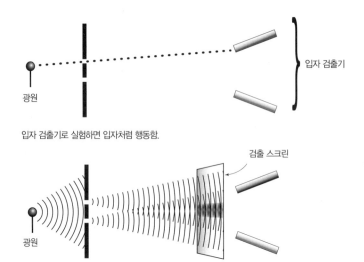

입자 검출기

입자 검출기로 실험하면 입자처럼 행동함.

검출 스크린

광원

파동을 검출할 수 있는 장치(간섭무늬를 볼 수 있는 스크린)로 실험하면 파동처럼 행동함.

그림 9.4 휠러의 이중슬릿 실험 개략도

빛(광자)은 2장에서 언급한 입자의 분류에 의하면 보손에 속하는데, 특히 이 보손들의 성질은 파동에 가깝고 동일한 공간에 중첩하여 존재하는 등 고전적인 물질 개념과 거리가 멀다는 것을 이야기하였다. 자연의 입자들을 서로 이어주는 힘의 매개역할을 하며, 동일한 양자상태를 공유하는 보손의 성질은 어찌 보면 물질이나 입자라기보다는 오히려 의식과 유사한 것이다. 물리학과 함께 철학을 공부한 다나 조하르는 두 개의 보손이 만나서 상호작용하는 것이 의식의 가장 기본적인 단계라고 보았다. 그러나 동시에, 페르미온 역시 쌍을 형성하면 보손처럼 행동하므로 이 둘을 명확하게 구분할 수는 없다고 강조하기도 하였다.[30]

---

30) 각주15)와 동일한 도서, 105쪽.

이렇게 아원자 입자들은 의식의 특성을 보여주고 있는데, 이런 입자의 속성은 이미 앞선 장들에서 언급했듯이 사실상 물질과 의식이 별개가 아님을 말해준다고 할 수 있다. 한편 비록 초보적인 단계일지라도 아원자 입자들이 의식을 지니고 있다는 주장은 모든 만물에 의식이 편재해 있다는 범신론(汎神論)을 연상케 한다. 사실 범신론은 인간의 오랜 역사와 함께 있어온 보편적 철학사상이며, 지금과 같이 생명 없는 물질이라는 사고방식이 지배하게 된 것은 최근 몇백 년 사이의 일에 지나지 않는다. 스피노자, 라이프니츠, 화이트헤드 같은 철학자들이 이런 범신론적 견해를 가지고 있었으며, 양자물리학자인 데이비드 봄 역시 이 계열에 속한다.

　그런데 물질이 동일한 원질료로부터 분화되었지만 원자라는 물질의 기본 단위를 갖는 것처럼, 의식 역시 기본 단위를 갖는다고 볼 수는 없을까? 왜냐하면 이 세상에는 수많은 형태의 진화된 유기체들이 있으며, 각 생명체 또는 유기체마다 다른 유기체와는 구별되는 개개의 의식을 가진 것처럼 보이기 때문이다. 즉 의식 역시 근본은 하나이지만, 어느 한 지점에 초점을 맺거나 바다에서 떨어져 나온 물방울처럼 개체화를 이루고 있는 것이다. 여기에 대해서는 흥미롭게도 고대 그리스의 루크레티우스가 영혼이 '영혼의 원자'들로 이루어져 있다고 믿었으며, 에피쿠로스 역시 '영혼의 원자'라는 것이 온 몸에 흩어져 있다고 보았다.

　이렇게 개체화를 이룬 의식 혹은 의식의 단위가 있다면, 그것이 바로 앞에서 거론한 진화의 주체, 또는 물질과 형상의 배후에서 진화의 추진력을 제공하는 '나'에 해당하는 요소일 것이다. 바로 이 의식의 단위를 신비학에서는 '모나드'라 부른다. 신플라톤주의에 영향받은 이탈리아의 철학자 브루노는 모나드에 대해 다음과 같이 말하였다.

"신은 하나이므로 그 신에서 변화한 바의 만물은 일(一)이라는 존재의 양면에 불과하다. 그러므로 만물의 생명은 신이 주재하는 것이다. 따라서 만물은 분열에 분열을 거듭하여 극미의 것이 되면 여기에서 물심(物心) 양면성을 띠게 되는 것이니 이것이 바로 단자(單子), 즉 모나드다. 단자는 그 상태에서 신을 나타내는 것인즉, 단자란 것은 바로 우주 자체의 영사경이다."[31]

과거 부루노나 라이프니츠의 철학을 깊이 접할 기회가 없었던 나는 이들이 원자론자의 원자를 대체하는 의미에서 모나드(단자론)란 개념을 만들어낸 줄로만 알고 있었다. 그러나 신비학에서는 원자(궁극원자)와 모나드를 서로 구별하고 있으며, 부루노 역시 결코 이 둘을 같은 의미로 사용하지 않았다.

신비학에서 모나드는 공(VOID)이 하나로 응결된 점이자 제1로고스[32]의 존재의지가 불꽃의 섬광들로 나타나는 의식의 단위들이라고 할 수 있다.

"모나드들은 최상의 불(지고의 불)의 섬광들로, 즉 '신의 단편들'로 묘

---

31) 『우주변화의 원리』, 한동석 지음, 행림출판, 1985, 176쪽.
32) 여기에서 말하는 제1, 제2, 제3로고스는 삼위일체로 존재하는 로고스의 세 측면을 이야기하는 것으로, 6장에서 언급했던 제1, 제2, 제3로고스와는 다른 것이다. 제1로고스는 의지(Will), 제2로고스는 지혜(Wisdom), 제3로고스는 활동성(Activity)의 측면을 나타낸다.

사되고 있다."[33]

『비교』의 한 문답에서 스승의 질문에 제자는 다음과 같이 대답하고 있다.

"머리를 들어라. 오, 라누여! 너는 네 머리 위의 칠흑같이 어두운 밤하늘에서 불타는 하나, 혹은 수많은 빛들을 볼 수 있느냐?"
"하나의 위대한 불꽃을 느낍니다. 오, 구루데바여! 저는 분리되지 않은 무수한 섬광들이 불꽃 안에서 빛나는 것을 봅니다."[34]

하나의 위대한 불꽃은 이슈바라이며, 제1로고스로서 현현해 있다. 분리되지 않은 상태의 섬광들은(인간과 다른 존재들의) 모나드이다. '분리되지 않은'이란 표현은 모나드들이 로고스 자신임을 의미한다.[35]

"태초에 오직 유일한 존재만이 있었느니라. 어떤 이들은 태초에는 아무것도 존재하지 않았을 따름이며, 그 무의 상태에서 우주가 나왔다고 말한다. 그러나 그와 같은 일이 어떻게 있을 수 있겠느냐? 존재가 어

---

33) 『원인체』, A. E. Powell 지음, Theosophical Publishing House, 1928/1992, 8쪽.
34) 각주21)과 동일한 도서, 120쪽.
35) 각주33)과 동일한 도서, 8쪽- 이 장에서 많이 인용하고 있는 『원인체(The Causal Body and The Ego)』는 아더 포웰경이 주로 리드비터와 애니 베전트 여사의 저술을 근거로 해서 인간의 여러 체들을 주제로 편집하여 출판한 시리즈물 중의 하나이다. 이 시리즈에는 『원인체』 이외에도 『에텔체』, 『아스트럴체』, 『멘탈체』가 있으며, 포웰은 이 시리즈물 이후에 인간의 진화에 대한 분야를 다룬 『태양계』를 별도로 편찬하였다.

떻게 무로부터 나올 수 있겠느냐? 아니다, 내 아들아. 태초에는 오직 유일한 존재가 있었느니라. 그가 바로 유일한 존재였으며, 그 스스로 가 온갖 많은 존재들을 내려고 생각했단다.

그러므로 그는 그 자신으로부터 우주를 만들었으며, 그 자신으로부터 우주를 창조하고 난 후에 모든 존재들 속으로 들어갔느니라. 존재하는 모든 것은 오직 그의 안에서만 모습이 있었다. 모든 사물들 가운데에 서 그는 미묘한 바탕이었으니, 그는 진리이니라. 그는 신이니라. 그리 고 스베타케투야, 그는 바로 너이니라." - 찬도갸우파니샤드[36]

이렇게 무수한 의식 단위들이 태어나게 된 것은 제1로고스가 현현 하고자 하는 의지가 작용된 결과이다.

"언제나 생명을 더욱 완전하게 현현시키고자 애쓰는 이 신성한 충동 은 자연계의 모든 곳에서 보이는데, 종종 존재 의지로 이야기되고 있 다…… 확장하고자 하는 것, 증대하고자 하는 것은 바로 존재 의지에 서 온다"[37]

한편 모나드가 물심양면성을 띠는 존재라는 것은 다음 문구들에서 잘 표현되고 있다.

"하나의 모나드는 질료라는 가장 엷은 막에 의해 하나의 개별 실체로 서 분리된 신성한 생명 그 자체의 일부라고 정의할 수 있다. 그 질료는

---

36) 『우파니샤드』, 박석일 옮김, 정음사, 1994, 122~123쪽.
37) 각주33)과 동일한 도서, 10~11쪽.

너무나 엷어서, 비록 각각의 모나드에게 별도의 형태를 부여하지만, 이렇게 질료에 둘러싸인 한 생명이 주위의 비슷한 생명들과 자유롭게 상호작용하는 데 아무런 장애가 되지 않는다."[38]

"모나드는 순수한 의식, 순수한 자아(Self), 삼빗(samvit)이 아니다. 그 개념은 추상적인 것이다. 구체적으로 현현된 물질우주에서는 항상 자아(Self)와 그의 집들(혹은 체들)이(아무리 그 질료가 엷을지라도) 함께 존재하고 있어, 의식의 단위를 질료(물질)에서 분리할 수 없다. 그러므로 모나드는 의식과 질료를 합친 것이다."[39]

하지만 모나드가 입고 있는 엷은 질료는 최저 한도에서 개별성을 보장하는 것에 불과해서, 그것이 물질 속에서 진화해가기 위해서는 또 다른 외적 조건을 필요로 한다. 이 때문에 제1로고스의 소산인 모나드들은 두 번째 계인 아누파다카계[40]에 머물면서 자신들을 표현할 외부 여건을 제3로고스가 조성하기를 기다려야 한다. 그림 9.5는 자신들이 진화하게 될 무대인 세계가 만들어지는 동안에 자신들의 고유영역에서 기다리고 있는 모나드들을 나타낸다.

"생명의 근원이 아디계에 있지만, 모나드 자신들은 아직까지 자신들을 표현할 수 있는 체도 없이, '신의 아들들이 현현할(나타날)' 날을 기다리면서 아누파다카계에 머물고 있다. 그들은 계속해서 거기에 머

---

38) 위와 동일한 도서, 8쪽.
39) 위와 동일한 도서, 9쪽.
40) 아누파다카계를 모나드계(monadic plane)라고도 한다.

물고 있는 반면에, 제3로고스는 물질우주의 질료를 형성하면서 외부적인 현현작업을 시작한다."[41]

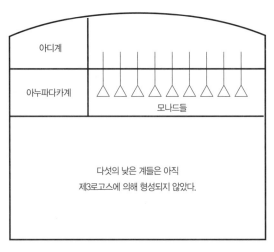

아디계

아누파다카계

모나드들

다섯의 낮은 계들은 아직
제3로고스에 의해 형성되지 않았다.

그림 9.5 모나드의 출현

제3로고스가 물질우주의 질료를 형성하는 과정을 『원인체』에서는 다음과 같이 묘사하고 있다.

"제3로고스 혹은 우주심은 공간의 질료(물라프라크리티)에 작용하여, 자신의 세 가지 속성 타마스(관성), 라자스(이동성), 그리고 사트바(리듬)를 안정된 균형상태(대칭)에서 불안정한 균형상태(대칭성의 파괴—역주)로 만들어 이러한 상태에서 이루어지는 서로의 관계를 통해서 계속해서 운동을 일으킨다.

제3로고스는 이리하여 다섯 개의 하위계인 아트마, 붓디, 마나스, 카

---

41) 각주33)과 동일한 도서, 9쪽.

마와 스툴라[42]의 원자들을 창조한다. '포하트'는 원초적인 물질 혹은 창세 전의 질료에 전기적인 에너지로 생명을 띠게 하여 원자들을 분리(형성)시킨다."[43]

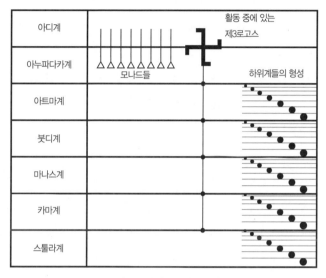

그림 9.6 다섯 하위계의 형성

그러나 원자(궁극원자)의 형성에 관여하는 것은 제3로고스뿐만이 아니다.

"그러나 그렇게 형성된 하부계들의 질료는 현재 존재하고 있는 질료가 아니다. 그 질료를 더욱더 강하게 통합(결합)시켜서 현재 우리가 잘 알고 있는 형태들의 물질을 형성시키는 것은, 지혜 혹은 사랑의 측

---

42) 마나스(Manas)는 멘탈계, 카마(Kama)는 아스트럴계, 스툴라(Sthula)는 물질계를 일컫는다.
43) 위와 동일한 도서, 12쪽.

면인 바로 제2로고스의 '더욱 강하게 끌어당기는 응집력이 있는' 에너지들이기 때문이다."[44]

제2로고스는 제3로고스에 의해 활성화된 질료 속으로 그 생명력을 하강시키며, 제3로고스에 의해 준비된 질료들은 이 신성한 생명의 두 번째 유출에 의해 섬유처럼 짜여져 장차 정묘하고 조잡한 여러 형체들로 발전하게 될 원초적인 조직들(tissues)을 형성하게 된다.[45]
그리고 마지막으로, 원자의 스파릴래를 활성화시키는 것은 제1로고스의 일이다.

"원자인 그 소용돌이 자체는 제3로고스의 생명이다. 이 소용돌이의 표면에서 서서히 형성되는 원자의 벽은 제2로고스의 생명이 하강함으로써 만들어진다. 그러나 제2로고스는, 마치 막이 쳐진 통로를 흐르듯이 스파릴래의 외곽선을 따라 단지 미약하게만 나아갈 뿐이다. 그는 그들을 활성화시키지는 못한다."[46]

"스파릴래로 알려져 있는 원자들 속에 있는(소용돌이 모양으로) 회전하는 흐름들은 제3로고스에 의해서 만들어지는 것이 아니라, 모나드들에 의해 만들어진다."[47]

신비학에 따르면 현재 4개의 스파릴래만 활성화되어 있다고 한다.

---

44) 각주33)과 동일한 도서, 12~13쪽.
45) 위와 동일한 도서, 18쪽.
46) 위와 동일한 도서, 38쪽.
47) 위와 동일한 도서, 13쪽.

제5라운드, 제6라운드에 다섯 번째, 여섯 번째 스파릴래가 활성화된다고 하는데, 이는 모나드와 원자의 관련성 및 진화를 동시에 시사하는 것이다.

> "이렇게 모든 원자 내부에는 의식의 세 측면에 대한 이루 헤아릴 수 없이 많은 반응이 일어날 가능성들이(필연적으로) 포함되어 있으며, 이 가능성들은 진화하는 과정의 원자 속에서 펼쳐져간다."[48]

모든 원자의 핵심에는 영혼 또는 모나드가 있다. 원자 또한 의식을 가지고 있다는 것이 신비학의 관점이다. 비록 그것이 인간의 의식과는 다른 종류라 해도 원자가 의식을 가지고 있다는 것은 물질을 바라보는 우리의 시각에 대한 새로운 성찰을 요구한다. 원자의 형성에 로고스가 작용하는 것만 보더라도 물질과 의식을 별개로 생각할 수 없다는 것을 다시 한 번 알 수 있다.

---

48) 위와 동일한 도서, 13쪽.

모나드의 우주여행

한편 모나드는 그 자신의 계인 아누파다카계(모나드계)에서는 전지(全知)하고 편재(偏在)하지만, 나머지 하위계에서는 무의식적인, 다시 말해 '지각이 없는' 상태이다. 모나드는 모든 계에서 전지하고 편재할 수 있도록, 다시 말해서 단지 최고의 높은 계의 진동에만 반응하는 것이 아니라 우주에 존재하는 모든 신성한 진동들에 반응할 수 있도록(즉 하위계들을 경험하기 위해서) 그 자신의 광채를 가리는 질료의 옷을 입고서 하위계로 하강하였다.[49]

먼저 모나드는 아트마, 붓디, 멘탈계(마나스계)의 궁극원자들과 차례로 결합하는데, 이렇게 모나드와 결합된 궁극원자를 '영원한 원자', 또는 '생명 원자'라고 한다. 영원한 원자는 물질계로 직접 내려올 수 없는 모나드가 하위계에 영향을 미치기 위해 사용하는 좋은 매체 겸 도구이다. 모나드는 이 아트마-붓디-마나스의 영원한 원자를 통하여 3중적인 영, 또는 소위 상위의 삼개조를 형성한다. 이 상위의 삼개조

---

49) 각주33)과 동일한 도서, 10쪽.

(아트마-붓디-마나스)는 질료의 베일에 의해 비록 그 힘이 제한되고 약해지기는 했지만 본질상 모나드와 동일하다. 『원인체』에서는 그것이 사실상 모나드라고까지 말한다.[50]

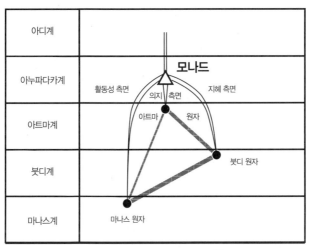

그림 9.7 모나드와 상위의 삼개조[51]

이 상위의 삼개조를 영적인 3개조, 천상의 인간, 지바트마(Jivatma), 상위 자아, 신성한 아들, 순례자, 모나드의 광선 등으로도 부르는데,[52] 순수한 영인 모나드 및 육체를 포함하는 하위 자아와 함께 삼중으로 구성되는 인간 구조의 중간 부분에 해당되는 것이다.

나중에 상위 멘탈계에서 원인체라는 것이 형성되었을 때, 이 상위의 삼개조는 에고(ego)라고도 불리며 원인체를 그 체로 사용하게 된다. 흔히 이야기하는 인간의 영혼(soul)은 바로 이 에고를 나타내는 것

---

50) 위와 동일한 도서, 31쪽.
51) 위와 동일한 도서, 31쪽.
52) 위와 동일한 도서, 36쪽.

으로 보면 된다. 영혼은, 순수의식의 불꽃인 모나드조차 질료적인 측면을 갖고 있듯이, 더 높은 영(spirit)의 하위 매체(질료적 성격을 포함하고 있는)가 되는 인간 본성의 중간적인 부분이라고 할 수 있다.

반면에 인간의 하위 자아는 하위 마나스(하부 멘탈)계와 아스트럴계, 그리고 물질계의 체들로 구성된다. 즉 유체이탈 등의 경험을 통해서 그 존재를 인지할 수 있는 에텔체와 아스트럴체, 멘탈체 등이 모두 하위 자아에 속하는 것이다.

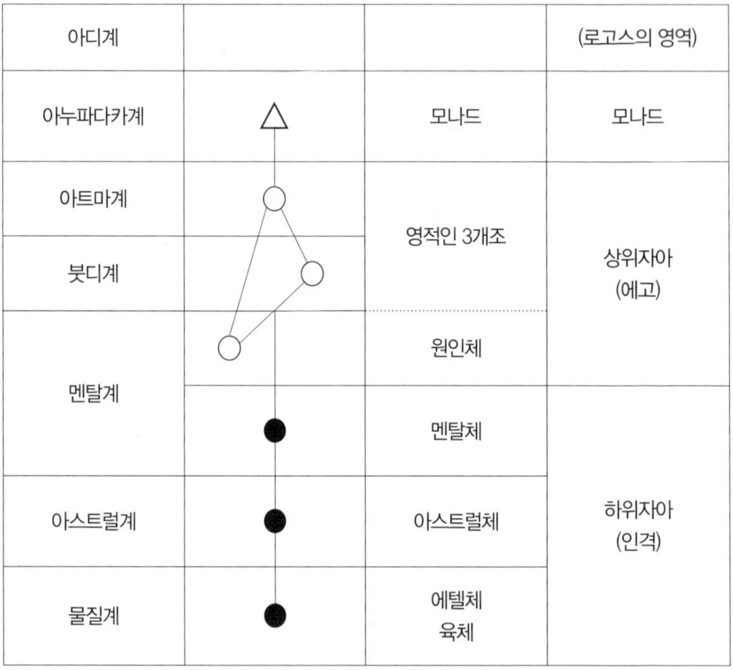

아디계			(로고스의 영역)
아누파다카계	△	모나드	모나드
아트마계	○	영적인 3개조	상위자아 (에고)
붓디계	○		
멘탈계	○	원인체	
	●	멘탈체	하위자아 (인격)
아스트럴계	●	아스트럴체	
물질계	●	에텔체 육체	

그림 9.8 인간의 3중적 구조

인간은 이렇게 육안으로는 볼 수 없지만 다양한 체들로 구성된 복합적인 존재이며, 각각의 체들을 통해서 그 체가 속한 계의 진동과 경험들을 받아들이고 있다.

한편 원인체라는 것은 에고와 함께 인간을 동물이나 식물 같은 다른 생명체들로부터 구별짓는 아주 중요한 것이다. 다시 말하면 인간만이 원인체를 갖고 있는데, 그것은 한마디로 개체성의 확립을 뜻한다.

개체성은 진화의 산물이다. 개체성이 확립됨으로써 비로소 '나'라는 자의식이 생겨났으며, 이때부터 개별 생명체로서의 영속성이 의미를 갖기 시작하였다. 예를 들어 인간은 죽어도 원인체라는 것이 남아 있어 또 다른 몸을 받아 태어나더라도(즉 하위의 체들이 새로 구성이 되더라도) 그 몸은 동일한 원인체의 지배를 받게 된다. 즉 전생의 나와 지금의 나는 비록 몸은 다르지만 동일한 영혼을 소유하고 있는 것이다. 원인체는 바로 이런 반복적인 삶, 즉 윤회의 주체가 된다.

반면에 동물들은 죽게 되면 그 개체성이 사라지고 만다. 다시 말해 죽기 전과 동일한 영혼으로서 물질계에 다시 태어나는 일은 없다는 것이다. 대신 동물들은 집단영혼이라는 것에 연결되어 있어서, 동물이 죽게 되면 그 영혼은 이 집단영혼이라는 거대한 연못 속에 녹아든다. 각각의 개체가 경험했던 모든 진동들은 이 연못 속에서 하나로 뒤섞이게 된다. 그러므로 어느 한 물질 개체의 경험이 집단영혼 전체에 영향을 끼칠 수는 있지만, 그 자체만으로 고스란히 보전되지는 못한다. 그러다가 새로운 동물이 태어나게 되면, 이 집단영혼의 연못으로부터 한 바가지만큼의 물이 퍼올려져 그 동물의 영혼으로 부어지는 것이다.

이것은 아직 원인체라는 개별 영혼의 저장장치가 형성되지 않았기 때문이다. 원인체가 형성되기 전에는 인간은 오직 모나드로서만 존재했으며, 모나드는 하위계의 형성과 동식물의 등장, 그리고 동물의 집단영혼이 원인체로 발전하기까지의 전체 진화 과정에 걸쳐 미미하게 작용했을 뿐이다. 모나드는 인간의 출현으로 진화의 새로운 국면을 맞게 된다.

진화의 전과정을 이해하려면, 먼저 세 번으로 나누어져 이루어지는 신성한 생명력의 하강을 살펴보아야 한다. 원자의 형성에 로고스의 세 측면이 차례로 작용하듯이 우주 전체의 진화에도 이 신성한 생명력이 삼위일체로 현현하여 작용하는데, 각각을 제1로고스, 제2로고스, 제3로고스, 또는 로고스의 첫 번째 측면, 두 번째 측면, 세 번째 측면이라고 부른다. 비록 우리가 전자의 용어를 즐겨 쓰고 있지만, 사실은 후자의 표현이 보다 정확한 것이다.

그림 9.9 로고스의 세 측면

제3로고스 혹은 로고스의 세 번째 측면으로부터 비롯된 첫 번째 생명력의 유출은 하위계의 원자들을 조성하고 다른 로고스의 측면들이 하강할 수 있도록 사전 정지작업을 한다. 그러나 이렇게 형성된 질료들은 현재 우리가 보고 있는 질료들이 아니며, 이를 더욱 강하게 결합시켜 현재 우리가 알고 있는 형태들의 물질로 만드는 것은 지혜 혹은 사랑의 측면인 제2로고스의 '더욱 강하게 끌어당기는 응집력 있는' 에너지들이 있기 때문이다.

포하트가 제3로고스의 생명력을 대변한다면, 제2로고스의 생명에너지는 프라나[53]라고 부르는 것으로서 보통 우리가 생명체 또는 유기체라고 여기는 생명형태가 생명을 이어나가게 하는 원동력이다. 따라서 생명체는 제2로고스의 생명력이 그 형체를 유지하여 가는 동안 존속하게 된다.

이 두 생명력의 흐름은 하위계들을 통과하여 점진적으로 하강한 끝에 광물계에까지 이른다. 그후 이 두 흐름은 식물계와 동물계를 거쳐 인간계로 상승하는데, 인간계에서 로고스의 첫 번째 측면으로부터 하강하고 있는 세 번째 유출과 만나게 된다.

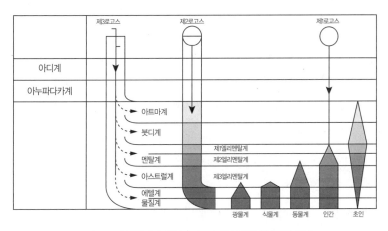

그림 9.10 진화무대의 형성과 로고스의 신성한 생명력의 하강

53) 이 프라나는 제3로고스의 포하트와는 전혀 다른 유형의 에너지로 과학의 대상이 되지 않고 있다. 기존에 알려져 있는 모든 물리적 에너지들은 포하트에 속하는 것이다. 한편 프라나 에너지를 관찰하고 연구한 소수의 과학자들이 있었는데 대표적인 사람이 미국의 빌헬름 라이히이다. 그가 말한 오르곤 에너지가 다름 아닌 프라나로, 생명에너지로서의 기(氣)에 해당하는 것이다.

위의 그림을 보면서 좀더 자세히 설명해보자.

제3로고스에 의해 형성된 각 존재계의 원자는 제2로고스의 생명력이 부가되어 모나드 에센스가 된다. 이런 이름이 붙게 된 것은 이 단계의 원자(모나드 에센스)가 모나드와 결합하여 '영원한 원자'가 되기에 적합하기 때문이다. 그렇지만 모든 원자가 모나드와 결합하게 되는 것은 아닌데, 이렇게 모나드와 결합하여 '영원한 원자'가 되지 못한 원자들은 계속 모나드 에센스로 남아있게 된다.

한편 모나드 에센스가 멘탈계 및 아스트럴계의 분자들과 결합하여 이들 질료를 영화(靈化)시키면 엘리멘탈 에센스라고 부르는 것이 된다. 독특한 이름의 이들은 멘탈계와 아스트럴계의 질료로 이루어진 일종의 원소적 생명이라 할 수 있다. 이들은 자신이 속한 계의 특정한 진동에 반응하는 법을 배우면서 영겁의 세월동안 경험을 축적해나간다.

멘탈계의 엘리멘탈 에센스는 진동의 차이에 따라 상위 멘탈계의 엘리멘탈 에센스와 하위 멘탈계의 엘리멘탈 에센스로 나뉘는데, 상위 멘탈계에 속한 엘리멘탈 에센스들의 생명계를 제1엘리멘탈계라 부르고 하위 멘탈계에 속한 엘리멘탈 에센스들의 생명계를 제2엘리멘탈계라 한다. 엘리멘탈 에센스들은 먼저 제1엘리멘탈계에서 오랜 진화의 기간을 거친 후에 비로소 제2엘리멘탈계의 엘리멘탈 에센스로 진화한다.

제2엘리멘탈계에서의 경험을 완수하면 이번에는 제2로고스의 생명이 아스트럴계라고 하는 더 아래 단계의 진동 영역으로 내려오는데, 이 곳에서 제2로고스의 생명은 아스트럴 질료로 된 형태들을 취하여 제3엘리멘탈계를 형성한다.

제3엘리멘탈계에서 오랜 진화의 과정을 보낸 제2로고스의 생명은 비로소 광물계의 에텔적인 부분에 생명을 불어넣어 광물계를 활성화시키는 생명이 되고, 마침내 우리에게 익숙한 광물계가 모습을 드러낸다.

광물 속에서는 멘탈 단위[54]라고 부르는 일종의 멘탈 분자와 아스트럴계, 그리고 물질계의 영원한 원자들이 발견되는데, 이들은 하위의 삼개조라 불리는 원자(또는 분자)들의 조합이다. 이들은 붓디계의 질료로 둘러싸인 가느다란 실로 상위의 삼개조와 연결되어 있다.

상위의 삼개조와 하위의 삼개조를 이루는 영원한 원자들의 용도는, 그들이 겪었던 모든 경험의 결과들을 그들 속에 진동의 힘들로 보전하는 것이다. 따라서 영원한 원자들은 진화하는 에고와 함께 영원히 남아 있는 유일한 부분이기도 하다. 그렇지만 상위의 삼개조가 고도로 진화한 단계에 이를 때까지는 이들 영원한 원자들과 연결되어 있는 모나드가 직접적으로 작용하지 않고 간접적으로 작용할 뿐이며, 그때까지 상위의 삼개조는 대부분의 에너지를 제2로고스로부터 부여받는다.

제2로고스의 생명력 또는 두 번째 유출이 광물계의 중심에 도달했을 때, 하강하는 압력은 중단되고 진화의 물결은 상승하는 성향을 띠게 된다. 이에 따라 신비학에서는 전체의 진화과정을 둘로 구분하는 전통이 있는데, 지금까지의 진화과정을 하강 진화 또는 내적 진화(involution)라 하고, 이후의 진화과정을 상승 진화 또는 외적 진화(evolution)라 한다.

내적 진화의 일반적인 계획은, 신성한 생명의 거대한 물결이 점진

---

54) 멘탈계의 제4하부계(subplane)에 해당하는 일종의 멘탈 분자(分子)로, 아스트럴계의 영원한 원자, 물질계의 영원한 원자와 함께 인간의 하부 자아를 구성한다.

적으로 분화되는 과정을 의미하고, 결국 반복되는 분화와 세분화의 과정을 통해 하나의 인간으로서의 명확한 개체성이 확립되는 것이다. 인간으로서 세분화가 된 후에는 더 이상의 세분화가 불가능한데, 그 이유는 인간적인 실체가 더 이상 나눌 수 없는 단위 혹은 '영혼'이기 때문이다. 그러므로 동물계와 식물계, 심지어 광물계에 존재하는 집단영혼은 개별적인 인간의 실체들 혹은 단위(영혼)들로서 완전한 분화에 이르기 전의 중간 단계들을 나타낸다.[55]

최초의 집단영혼은, 하위의 삼개조가 형성될 때 그 주위로 층을 이루며 모여든 제2엘리멘탈계의 엘리멘탈 에센스와 아스트럴 모나드 에센스, 그리고 에텔 질료가 보호막을 만들면서 생겨난다. 그러나 삼중의 막으로 형성되어 있는 집단영혼의 벽은 식물계와 동물계를 거치면서 차츰 얇아져 동물에서는 제4하위 멘탈계의 멘탈 엘리멘탈 에센스만으로 구성된 단지 하나의 층만을 가지게 된다. 이것은 광물과 그 집단영혼의 활동영역이 주로 물질계에 국한된 데 반해 식물계와 동물계에선 아스트럴계와 멘탈계로 활동영역이 넓혀졌고, 따라서 그 자신의 에텔체 및 아스트럴체를 강화시키는 데 집단영혼의 물질적 층이 사용되어 버렸기 때문이다.

한편, 같은 집단영혼에 속한 영원한 원자들이라고 하더라도 서로 비슷한 경험을 했던 영원한 원자들끼리는 서로 강하게 영향을 주고받는데, 이렇게 시작된 분리는 결국 집단영혼의 분열을 가져온다. 식물계와 동물계로 올라갈수록 영원한 원자들은 훨씬 다양한 진동들을 경험하게 되고, 집단영혼들이 분화하는 속도도 더욱 빨라지게 된다. 하나의 집단영혼 속에 있는 하위 삼개조들의 숫자도 점점 줄어들게 되

---

55) 각주33)과 동일한 도서, 47쪽.

어, 결국에는 각각의 하위 삼개조가 별도의 자신의 체를 가지기까지에 이른다.(그림 9.11)

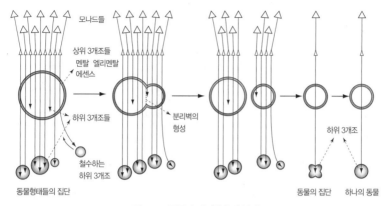

그림 9.11 동물의 집단영혼과 분리

이렇게 되면 더 이상 집단영혼이라는 표현은 어울리지 않게 된다. 한편으로 영겁의 세월동안 다양한 경험을 마친 하위의 삼개조는, 마침내 한층 더 많은 양의 신성한 생명을 받아들이는 단계로 나아갈 수 있을 정도로 충분히 각성된다. 즉 세 번째 유출로 알려진 제1로고스의 생명력이 본격적으로 하강할 때가 드디어 온 것이다.

제1로고스의 소산인 모나드의 생명력이 크게 증대함에 따라 상위 삼개조에 속한 영원한 원자들 사이의 흐름 역시 증대되고, 멘탈계의 영원한 원자가 각성되어 진동을 발산하게 된다. 이어 다른 멘탈 원자들과 분자들이 그 주위로 모여들어 상위 멘탈계에 소용돌이 하나가 형성된다. 이와 유사한 소용돌이 운동이 집단영혼 속의 멘탈 단위를 에워싸고 있는 구름 같은 질료 속에서도 일어나는데, 집단영혼의 벽은 그후에 갈갈이 찢어져서 위에 있는 소용돌이 속으로 말려 올라간다.

여기서 그것은 해체되어 제3 하부 멘탈계의 질료로 용해된다. 그리고 그 소용돌이가 가라앉을 때 그것은 정묘하고 얇은 막과 같은 하나의 체로 형성되는데, 이것이 바로 원인체(causal body)다.[56]

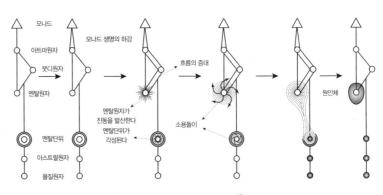

그림 9.12 원인체의 형성[57]

원인체가 형성됨으로써 상위의 삼개조 혹은 영적인 삼개조는 훨씬 더 고도로, 그리고 훨씬 더 효과적으로 진화를 계속하기 위한 영원한 체를 하나 갖게 되었다. 원인체는 만반타라 기간동안 사라지지 않고 영원하다. 그것은 반복적인 삶, 즉 윤회의 주체이다. 원인체를 원인체라고 부르는 것은 원인체 속에 하위 여러 계들에서 결과로서 나타나게 될 모든 원인들이 존재하기 때문이다. 왜냐하면 현재의 인생관과 그에 따라 취하는 행동의 원인은 원인체 속에 저장된 과거 생의 경험들이기 때문이다. 산스크리트어로 원인체는 '카라나 샤리라'라고 하는데, 카라나는 원인을 의미한다.[58]

---

56) 각주33)과 동일한 도서, 68쪽.
57) 위와 동일한 도서, 68쪽.
58) 위와 동일한 도서, 89쪽.

앞에서 아뢰야식의 말뜻이 아라야, 즉 영원히 존재하며 없어지지 않는다는 의미를 가지고 있으며 동시에 윤회의 주체가 된다고 했는데, 이로부터 아뢰야식은 원인체, 또는 에고[59]와 밀접한 관계에 있다고 추정해볼 수 있다.

원인체가 개체성을 지닌 영원한 생명의 주체가 되는 반면, 인간 본성의 하위 부분, 즉 육체를 포함한 하위 자아[60]는 죽음과 함께 사라진다. 먼저 육체가 죽고 난 뒤에 에고가 각각의 체를 비워감에 따라 아스트럴체와 멘탈체가 분해되고 마침내 원인체만 남게 된다. 에고가 원인체만 입고 있을 동안에는 한때 하위자아를 형성했던 물질계의 영원한 원자, 아스트럴계의 영원한 원자, 그리고 멘탈 단위가 비활성화되어 원인체 내로 철수하게 된다. 이렇게 영원한 원자가 비활성화되어 수면 상태에 들어가면, 스파릴래 속을 흐르는 정상적인 생명력의 흐름도 감소하게 된다. 상위 멘탈계에서의 삶이 끝날 때, 즉 원인체로서의 삶이 끝날 때 하위계에서의 더 많은 경험을 원하는 에고는 다시 천계의 문턱을 넘어서 환생의 영역으로 들어간다.(그림 9.13)

이렇게 에고는 인간이 진화하는 동안 탄생과 죽음의 영향을 받지 않는 불멸의 개체성이 되고, 원인체는 상위의 생명력(우주적 영)을 부여받아 하나의 점으로 집중시킴으로써 분리를 일으키는 수용체가 된다. 본질적으로 인간의 영은 우주적 영(로고스)과 동일하지만, 하위계에 현현했을 때는 개체로서 분리된다. 이런 분리 또는 개체화의 목적은, 하나의 개체가 형성되어 성장하며 강력한 힘을 가진 개체화된 생

---

59) 에고는 영(아트마계), 직관(붓디계), 지성(멘탈계) 이 세 가지 측면의 통합으로서, 원인체에 거주하고 있다.
60) 인간의 하위자아를 보통 Personality(인성 혹은 인격)라고도 한다.

명으로서 우주의 모든 계에 나타나는 데 있다. 또한 그 생명이 영계를 아는 것처럼 물질계와 다른 계에서도 의식의 연속성을 유지하며, 자신의 계를 벗어나서도 의식을 유지하는 데 필요한 체들을 스스로 만들고, 나아가서는 서서히 그 체들을 하나씩 정화하여 체들이 더 이상 장애가 되지 않고 모든 계의 지식 전부가 들어오는 순수하고 반투명한 매체로서 작용하도록 하기 위한 것이다.[61]

동식물의 진화, 또는 지금까지 언급한 진화과정의 목적은 개체성을 달성하기 위한 것이라고 해도 과언이 아니다. 그러나 개체성의 달성이 진화의 마지막 종착역은 아니다. 그림 9.10에서 보듯이 인간은 '초인(超人)'이라고 표시한 진화의 다음 단계를 향해 중단 없이 나아가는데, 그것은 자신이 나왔던 근원인 신성을 향하여 되돌아가는 과정이라 할 수 있다.

다시 말하면, 진화의 과정은 어느 한 방향만을 쫓아서 흘러가는 일방적이거나 아무런 목적도 없이 우연히 이루어지는 맹목적인 과정이 아니라, 근원으로부터 물질을 향하여 내려오는 하강의 과정과 다시 근원으로 돌아가려는 상승의 과정이 어우러진 것이다. 이를 하강 진화와 상승 진화, 또는 내적 진화와 외적 진화라고 구분하며, 개략적으로 다음과 같은 단계를 밟는 것으로 생각할 수 있다. (그림9.14)

생명의 물결이 하강하는 1, 2, 3단계는 점차 견고한 물질화가 이루어지는 과정이며, 영과 물질이 균형을 이루는 4단계를 지나서 유기체는 다시 영화(靈化)되는 과정으로 접어든다. 그러나 이것은 단순히 영

---

61) 불교에서 말하는 욕계(欲界)는 아스트럴계, 색계(色界)는 하부 멘탈계, 무색계(無色界)는 원인체가 자리잡고 있는 상부 멘탈계를 가리킨다. 한편 붓디계는 직관계, 아트만계는 니르바나(nirvana; 涅槃)계, 모나드계는 파라니르바나(paranirvana)계에 해당한다고 볼 수 있다.

의 상태로 원상회복되는 것을 의미하는 것은 아니며, 진화과정에서 경험한 수많은 체험과 지혜를 통해 의식의 각성상태를 이룸으로써, 자각을 가진 신으로 다시 태어나는 과정인 것이다.

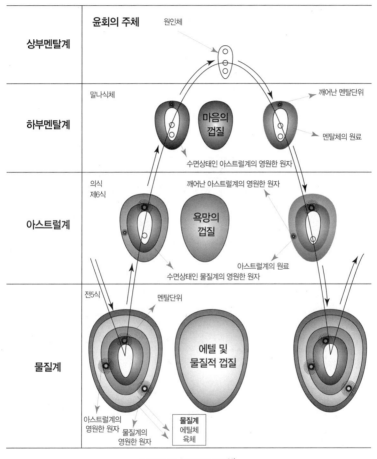

그림 9.13 윤회의 과정[62]

---

62) 각주 33)과 동일한 도서, 147쪽.

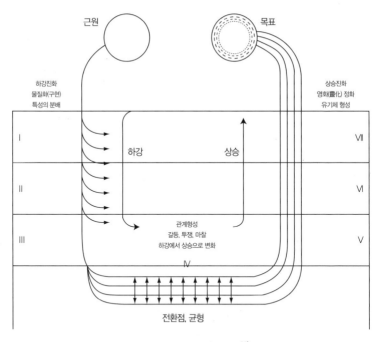

그림 9.14 진화의 일곱 단계[63]

　인도에서는 영이 하강하여 질료 속으로 들어가는 전과정을 프라브리티 마르가, 즉 떠나는 길이라 불렀으며, 그 반대의 길을 니르브리티 마르가, 즉 귀환의 길이라 불렀다.[64] 사실 우주라는 활동영역은 모나드들, 즉 의식의 단위들이 질료를 통해서 진화하도록 마련된 것이다. 모나드는 영원한 원자와 에고라는 옷을 입고, 또는 하위의 여러 체들과 집단영혼 혹은 원인체라는 우주선을 갈아타며 마치 우주여행을 하고 있는 순례자처럼 보인다.

---

63) 각주33)과 동일한 도서, 77쪽.
64) 위와 동일한 도서, 78쪽.

위대한 마야

모나드를 다루거나 이해하기는 결코 쉬운 일이 아니다. 아무리 높은 단계에 도달한 비전가(아라한)라 할지라도 모나드의 존재에 대해서 겨우 알 수 있을 뿐이라고 하였는데, 하물며 물질과학의 입장에서 모나드의 존재를 규명한다는 것은 거의 불가능한 일이다.

뿐만 아니라 이런 진화의 개념은 단순히 개체나 종(種)이 살아남기 위해서 자연의 선택에 의해 환경에 적응하는 데 그치는 다윈의 진화론에 익숙한 우리에게는 매우 낯선 것이다. 광물의 의식(생명)이 식물계와 동물계로 진화해나간다는 것도 그렇고, 엘리멘탈이라는 눈에 보이지도 않는 질료로 이루어진 생명체가 존재한다는 것도 그렇다. 광물에도 영혼이 있다는 것과 집단영혼의 개념, 그리고 인간을 넘어선(초물질적인)진화의 단계를 언급한 것도 우리의 이해와 상식을 넘어선 것들이다.

찰스 다윈이 1859년『종의 기원』을 발표한 이래 진화론은 정설로 받아들여져 지금까지 지배적인 이론이 되고 있다. 아마 20세기에 물질주의 사상이 깊이 뿌리를 내리게 된 데는 진화론이 미친 영향도 적지 않을 것이다. 하지만 근래에는 진화론이 가지고 있는 여러 가지 문제점들이 부각되면서 여러 차례 논란이 일기도 하였으며, 기존의 진화론을 보완하려는 새로운 이론들이 제시되기도 한다. 더욱이 진화론은 인간을 신이 직접 창조한 것으로 보는 일부 종교의 시각과 극명한 대조를 이루고 있어서 종종 이를 두고 공방이 벌어져왔다.

여기서 그러한 논쟁을 재연하려는 것은 아니다. 다만 이야기하고 싶은 것은, 현재의 진화론은 생명체의 물질적인 측면, 즉 유기체에만 초점이 맞추어져 있어서 생명 그 자체는 고려되지 않고 있다는 것이다. 그러나 신비학의 관점에서 보면 유기체라는 형상은 생명이 그 자신의 생명을 펼치기 위한 외형적인 도구에 지나지 않는다. 따라서 진화의 문제는 물질적인 측면에서만 바라볼 것이 아니라 생명의 측면, 다시 말하면 의식적인 측면에서도 살펴보아야 할 것이다. 물질이 어떤 형체를 갖춘 후에 생명이 그 육체에 깃들이는 것이 아니라, 생명이 주도적으로 작용하여 그 의지대로 물질 형상을 창조하고 변화시켜갈 수도 있다는 사실이 앞으로 진지하게 검토되기를 바란다. 이런 의미에서 보면 물질은 의식이 진화하기 위한 마당이라고 할 수 있다. 우리가 물질계에서 관찰할 수 있는 형상계열의 진화는 의식의 진화를 위한 것이다.

그렇다면 진화란 무엇인가? 그리고 의식이 진화한다는 것은 어떤 의미인가? 이에 대한 한 가지 해답을 앨리스 베일리 여사의 책『원자의 의식』에서 찾을 수 있을 것 같다.

"잠시 '진화과정'이라는 말의 의미를 생각해보자. 이 말은 매우 빈번하게 사용되고 있는데, 일반인들은 '진화'라는 말이 내부에서 외부로의 전개, 혹은 내부 중심에서의 펼쳐짐을 암시한다고 할 때 이것을 잘 이해할 수 있을 것이다. 그러나 우리는 진화의 의미를 좀 더 분명하게 정의할 필요가 있으며, 그 결과 진화에 대한 더 나은 개념을 얻을 수 있을 것이다. 내가 알고 있는 진화에 대한 여러 가지 훌륭한 정의들 중에 진화를 '반응하기 위해 끊임없이 증가하는 힘의 펼쳐짐'이라고 정의한 것이 있다. 이것은 물질 측면에서 우주의 현현 과정을 고려할 때 매우 도움이 되는 정의이다. 이 표현에는 진동의 개념, 또는 진동에 대한 반응이라는 개념이 들어 있다…… 이러한 생각은 현실화(realization)의 정도가 차츰 증가한다는 발상과 환경에 대한 주관적인 생명력의 반응이 발달한다는 발상을 포함하며, 결국에는 우리를 모든 진화계통을 아우르고 있는 통합된 존재 이상으로, 그리고 원자와 같은 물질 단위이든 인간과 같은 의식 단위이든, 모든 진화하는 단위개체들을 융합하고 함께 묶는 중심생명, 혹은 중심력의 개념으로 이끈다. 진화란 이렇게 모든 단위개체 내에서 생명을 펼쳐나가는 과정이며, 결국 사람들이 자연 혹은 신이라 부르는, 모든 단계의 의식의 집합인 통합체라는 개념에 이를 때까지 이 모든 단위개체들과 그룹들을 융합하는 추동력(the developing urge)을 뜻한다."[65]

이 글 속에서 진화에 대한 앨리스 베일리 여사의 신비학적인 여러 개념을 접할 수 있지만, 특히 주목할 것은 진화를 진동에 대한 반응이라는 개념으로 해석한 것이다. 앨리스 베일리 여사는 진화를 '주기적

---

65) 각주19)와 동일한 도서, 20~21쪽.

인 발전',[66] 또는 '질서정연한 변화와 끊임없는 변이'[67]로도 정의하였지만, 결론적인 언급에서 재차 진화의 요체는 "그것이 물질이든, 지성이든, 의식이든, 정신이든 간에 진동에 대해 끊임없이 증대되는 반응력에 있다"[68]고 강조하였다.

우리는 앞서 원자는 한 순간도 정지하여 있지 않을 뿐만 아니라, 원자마다 활동성에 차이가 있음을 보았다. 활성화된 스파릴래와 그렇지 않은 스파릴래가 있으며, 진화 정도에 따라 궁극원자(아누)의 활성화 정도는 달라진다. 스파릴래의 활성화는 결국 진동에 대한 반응을 의미하며, 수많은 세월에 걸친 경험을 축적하고 그 역량을 발휘하는 영원한 원자들 역시 진동에 의해 그 기능을 발휘한다.

물질은 살아 있다. 정지해 있는 것처럼 보이는 물질도 사실은 굉장히 활동적이다. 모든 개개의 원자는 끊임없이 움직이고 있으며, 입자간, 원자간, 그리고 이들 원자 덩어리들 간의 상호작용이 있고, 여러 종류의 에너지들 사이에서도 끝없는 활동과 상호작용이 있다.

근대 원자론이 처음 성립될 당시에는 원자는 단단하고 쪼갤 수 없으며, 뿐만 아니라 변하지 않고 고정적이라는 개념을 가지고 있었지만, 불과 1세기만에 원자에 대한 생각은 놀라울 정도로 바뀌었다. 그러나 신비학적인 견지에서 보자면 앞으로 원자에 대한 개념은 더욱더 극적이고 진보적으로 탈바꿈할 것을 요구받고 있는지도 모른다. 심지어 원자도 진화 주기에 따라 변화한다는 개념도 그 중의 하나가 될 것이다. 블라바츠키 여사는 "단일 원소든 복합 원소든, 우리 연쇄의 진화

---

66) 각주19)와 동일한 도서, 22쪽.
67) 위와 동일한 도서, 23쪽.
68) 위와 동일한 도서, 23~24쪽.

가 시작된 이후로 원소가 전혀 변하지 않고 그대로 있다는 것은 불가능하다. 우주의 모든 것은, 보다 작은 주기에서는 끊임없이 올라갔다 내려갔다 하지만, 대주기 안에서 보면 꾸준히 진보를 해간다. 자연은 만반타라 동안에 결코 정체(停滯)하고 있지 않다. 왜냐하면 자연은 단순히 '존재(being)'하는 것이 아니라 '끊임없이(무엇인가로) 되고 있는 중(becoming)'이기 때문이다"[69]라고 하였다.

아리스토텔레스 역시 자연은 끊임없이 진보하고 변화한다는 생각을 가지고 있었다. 특히 "자연은 간단하고 불완전한 것으로부터 복잡하고 완전한 것으로 변하려고 애쓴다"는 생각은 연금술 사상의 바탕이 되기도 하였다.

우리가 피상적으로 보기에도, 원자는 서로 결합하여 보다 복잡한 구조의 분자를 형성하며, 원시성운으로부터 태양계와 행성들이 만들어지고, 은하계와 우주 역시 좀 더 다양하고 복잡한 형태로 끊임없이 변화하는 등 자연은 더 나아진 형태로 되기 위해 쉴새없이 노력을 하는 것 같다. 그러나 물활론(物活論)을 믿는다면 형상계열의 진화는 내적 진화의 외적인 나타남일 뿐이다. 과학에서는 이러한 외적인 변화과정만을 두고 우주는 진화한다는 표현을 즐겨 사용하지만, 의식과 생명, 그리고 의지의 측면까지 살피지 않고서는 진화의 진면목을 알기 어렵지 않을까?

의식과 물질은 분리할 수 없는 것이다. 모든 물질은 나름대로의 의지와 생명력을 갖고 있는 것으로 보아야 한다. 지구를 하나의 살아 있는 생명체로 보는 제임스 러브록의 '가이아 가설'은 과학계에서 시도된 이러한 관점의 한 좋은 예이다. 처음 가이아 가설이 제안되었을 때

---

69) 각주21)과 동일한 도서, 257쪽.

그것은 과학자들로부터 냉소를 받았지만 지금은 많은 사람들로부터 진지하게 받아들여지고 있다. 생명이 넘쳐나고 있는 이 지구는 물론 우주 전체가 매우 미묘한 균형상태에 있으며, 과학자들은 그것을 기적이라고 말한다. 의식과 생명의 요소가 작용하지 않았다면, 물질의 진화만으로 어떻게 지금과 같은 발전과 존재계의 균형이 이루어질 수 있었겠는가?

물질의 진화와 형태의 진화, 그리고 의식의 진화는 각기 독립적이 아닌, 상호의존성을 가진 관계이다. 나는 이 책을 쓰면서 주로 존재(우주)의 물질 측면에 초점을 맞추었기 때문에 생명이나 의식의 문제는 가능하면 다루려 하지 않았으나, 물질의 본질을 깊이 탐구해 들어갈수록 이 문제들을 외면하기가 여간 어려운 일이 아니라는 것을 깨달았다. 사실 그것은 불가능한 일이다. 근본적으로 물질과 의식은 동일한 근원에서 나온 것이며, 서로 분리되어 독립적으로 존재할 수 없는 동전의 양면과 같은 것이다.

의식과 물질이 결국 같은 것이라는 주장이 일부 독자에게는 여전히 이해할 수 없는 것으로 다가가겠지만, 양자역학에서는 이미 의식의 문제를 언급하지 않고는 양자의 실체를 다룰 수 없게 되었다. 나아가 일부 학자들은 입자와 파동의 이중성으로 나타나는 소립자들의 파동성이 의식과 관련이 있다고 생각한다. 다나 조하르나 프레드 알란 울프, 유진 위그너, 로저 펜로즈 같은 이들이 그들로, 관찰자의 개입으로 일어나는 파동함수의 붕괴를 의식의 기초과정으로 보는 것이다.

그런데 입자 중에서도 파동의 성질을 극단적으로 나타내는 것이 보손이다. 보손은 배타적이고 독립적인 페르미온에 비해 서로 중첩하여 공명하면서 관계하는 매우 사회적인 입자이다. 다나 조하르는 두 개의 보손이 만날 때마다 파동함수의 붕괴가 일어난다는 한 연구결과를 언급하면서[70] 의식의 기원을 두 개의 보손이 만나 상호작용하는 것에서 찾았다.

그런데 우리는 앞에서 페르미온 역시 보손이 되는 것을 보았는데, 그것은 바로 보스-아인슈타인 응축물의 상태에 있을 경우이다. 보스-아인슈타인 응축물은 레이저, 초유동체, 초전도체 등과 함께 동일한 양자상태를 공유하는 특수한 물질 상태다. 바로 이 보스-아인슈타인 응축물이 두뇌와 신경조직에 존재하는 것은 이 물질이 인간 의식작용의 물리적 기반이 되고 있음을 시사한다. 다나 조하르나 로저 펜로즈, 스튜어트 하메로프 등은 인간 의식의 기저상태가 두뇌조직에 있는 보스-아인슈타인 응축물로부터 비롯된다고 보았다.

더욱 흥미로운 것은, 모든 실체의 밑바탕에 놓여 있는 양자진공 역시 기본적으로는 일종의 보스-아인슈타인 응축 상태라는 것이다. 우리는 이미 3장에서 초전도체로서의 진공(힉스진공)을 언급했었다. 그런가 하면 5장과 6장, 그리고 7장에서는 모든 우주와 존재의 근원이 진공(공)임을 살펴보았다. 그 내부에 무한한 가능성을 포함하고 있던 이 응집성의 양자진공[71]이 파동함수의 붕괴가 일어나면서 선택 과정이 이루어지고, 객관적이고 구체적인 우주로 펼쳐져나간 것이다.

진공의 기저상태와 인간 의식의 기저상태가 동일하다는 것은 공간 그 자체가 의식적임을 뜻한다. 따라서 이것은 우주 역시 그 자체로 의식적임을 말하는 것이다. 여기에서 물질은 의식작용의 결과로 인한, 또는 파동함수의 붕괴로 인한 기저상태의 공명이 깨짐으로써 일어나

---

70) 각주15)와 동일한 도서, 223쪽.
71) 다나 조하르는 '진공'이라는 말 자체가 적절치 못하다고 하였다.

는 진공의 여기상태에 불과한 것이라고 볼 수 있다. 다시 말해 물질을 의식의 여기상태라고도 말할 수 있다. 물질세계는 공명상태가 깨지면서 일어난 공간의 의식적인 잠재력이 밖으로 펼쳐져나온 것이다.[72]

한편 입자의 생성, 또는 진공의 기저상태로부터 물질이 여기되어 출현하는 것은 하나로 융합된 전체의 공명상태에서 빗방울이 떨어지듯이 떨어져나오는 것에 비유될 수 있다. 그러므로 한번 입자(보손)가 진공의 통일된 기저상태로부터 추락하게 되면, 빗방울이 바다를 찾아가는 것처럼 새로운 결합을 향한 길고 느린(자기 정체성의) 재발견 과정이 뒤를 잇게 된다.[73]

우주의 기본적인 진화 방향은 무의식적 혼돈상태로부터 질서 잡히고 정돈된 통일의 상태를 향해 나가는 것이다.[74] 본래 하나의 생명이었던 의식은 수많은 불꽃의 의식으로 나뉘어지고, 질료의 막으로 둘러쳐져 분리의 환상 속에서 개체로서의 기나긴 경험을 하며, 이윽고 낮은 계에서의 다양한 경험을 위하여 외부로 표출되었던 의식 단위들은 분명한 자의식을 선물로 얻은 채 다시 하나의 생명 속으로 통합되는 과정을 겪는 것이다.

---

72) 우주가 하나의 의식, 또는 '사고체계'라는 생각은 20세기 초의 물리학자이자 수학자였던 제임스 진스(1887~1946) 등이 통찰한 바 있는데, 신비학 역시 우주의 모든 현상이 결국은 우주의식의 사고작용에 지나지 않음을 말하고 있다. 우주의식이 잠에서 깨어남과 동시에 우주는 창조되고, 우주의식이 다시 깊은 잠에 빠져들 때 우주는 소멸한다.

73) 각주15)와 동일한 도서, 227쪽.

74) 일리야 프리고진의 산일구조 이론을 우주적 규모로 확대 적용한 에리히 얀치(1929~1980) 역시 대칭성 파괴를 통해 펼쳐진 우주(시간과 공간의 펼쳐짐)가 자기조직적(self-organizing)인 진화과정에 의해 대칭성들이 복원되는 방향(시간 묶임과 공간 묶임)으로 움직여 나간다고 보았으며, 게다가 의식 또는 마음의 관점에서 우주의 역사를 바라보았다.

입자의 경우 보스-아인슈타인 응축물을 결집된 통일상태의 물질로 볼 수 있다. 보스-아인슈타인 응축물이 일반 보손 입자와 다른 점은 조직화, 질서화, 복잡화할 수 있다는 것이다. 이것이 중요한 이유는, 질서정연한 공명상태만이 주변환경과 그 자신간의 창조적인 상호작용으로 새로운 것을 만들어낼 수 있기 때문이다. 물질계의 의식작용도 보스-아인슈타인 응축물이 존재함으로써 가능한 것이며, 만약 보스-아인슈타인 응축물이 없거나 보스-아인슈타인 응축물을 담을 신경조직이 없다면 물질계에서 개체로서의 뚜렷한 자의식을 경험하지 못할 것이다. 보스-아인슈타인 응축물이 일으키는 양자공명과 신경조직(물질), 이 둘이 두뇌에 의식적 능력을 부여하는 것이다.[75]

페르미온은 우주의 뼈대를 제공하고 보손은 이를 조직한다. 그리고 창조적인 재통합을 위한 보스-아인슈타인 응축물이 있다. 마치 자연은 장대한 진화의 노정을 위하여 이들을 적재적소에 미리 계획적으로 준비해놓은 것처럼 보이는데, 과연 이것은 나만의 느낌일까?

신의 정확한 의도와 계획을 우리의 유한한 의식으로 알 수는 없다. 블라바츠키 여사가 말했듯이 우리가 절대의식에 도달해서, 우리 자신의 의식이 절대의식과 융합할 때에야 비로소 우리는 그 마음을 이해하고 또 마야에 의해 만들어졌던 망상으로부터도 해방될 것이다.[76] 무한한 우주의 실체를 아는 것, 또는 체험하는 것(이것은 모든 종교와 과학의 궁극목표이다)이 어찌 그리 간단하고 쉬운 일이겠는가. 우주의 절대의식은 자식이 집으로 돌아오기를 참을성 있게 기다리며, 자식이

---

75) 위와 동일한 도서, 221쪽.
76) 각주21)과 동일한 도서, 40쪽- 블라바츠키 여사는 마야(maya), 즉 환영은 모든 유한한 것을 일으키는 요인이라고 하였다.

성장함에 따라 한 꺼풀 한 꺼풀씩 그 자신의 비밀을 들춰내 보이는 사려 깊은 어버이와 같다.

우주의식의 분신인 모나드는 본래 그 어버이(聖父)와 마찬가지로 전지전능하지만, 물질의 베일을 입으면서 그 능력이 제한되었다. 인간은 물질에 갇힌 영으로 표현될 수 있다. 신성은 우주에서의 경험과 일(Work)을 위하여 자기 자신을 분리시키고 위축시키고 제한하였지만, 결국에는 다시 무한한 자기 자신으로 돌아가는 과정이 인간의 진화, 모나드의 기나긴 여행인 것이다.

"각각의 모나드가 질료의 베일에 둘러싸인 동안에는 일시적으로 신으로부터 분리된 것이 분명하지만, 그럼에도 여전히 신의 일부이고 한순간도 신성과 분리된 적이 없다. 왜냐하면 자신을 에워싸는 질료 그 자체도 신성의 일부이기 때문이다. 비록 질료(물질)가 우리의 의식을 속박하고 우리의 능력들을 펼치는 데 장애가 되고 진리의 길을 가는 데 우리를 저해하기 때문에 우리에게 악한 것처럼 보이지만, 이는 단지 우리가 질료를 통제하는 법을 배우지 못했기 때문이며, 질료도 신 안에 존재하므로 그 본질에 있어서 마찬가지로 신성하다는 것을 깨닫지 못하기 때문이다."[77]

물질은 영과 마찬가지로 신성의 일부이지만 신성한 계획에 의하여 영의 반대편에 서게 되었다. 진화과정의 전반기(그림 9.14의 1, 2, 3단계)에는 물질화가 진화의 주목적이다. 영은 질료에 여러 속성과 생명을 불어넣으며 물질의 세계로 하강한다. 그러다가 물질과 영이 비슷한 세력

---

77) 각주33)과 동일한 도서, 290쪽.

을 이루는 중간지점(그림 9.14의 4단계)에 오게 되면 둘은 다양한 관계를 가지며 서로 심한 마찰을 일으키게 된다. 이때 처음에는 영이 질료에 압도당하는 상황이 벌어진다. 그리고 나서 어느 쪽도 상대방을 능가하지 못하는 균형점이 오게 되고, 이후 영은 서서히 질료를 이기기 시작하여 진화의 후반기(그림 9.14의 5, 6, 7단계)에서는 영이 질료를 통제하면서 상승할 수 있게 되는 것이다.

이 진화과정의 한가운데 인간이 서 있다. 신비학에서 인간은 우주의 어느 부분에 속해 있더라도 최고의 영과 최하의 질료가 지성에 의해 결합된 존재로서 정의된다.[78] 그는 결국엔 다시 신성과 완전한 일체를 이루겠지만, 그의 앞에 펼쳐진 긴 진화기간 동안 물질과의 충돌에서 오는 갈등을 극복해나가야 할 운명을 지니고 있는 것이다.

우주는, 그리고 우주의 진화는 영과 물질(질료)의 절묘한 게임이다. 둘은 같은 근원에서 나온 형제이면서 때로는 서로 돕고 때로는 다툰다. 영은 물질계로 하강(경험)하기 위해 질료를 필요로 하였고 또 질료를 그 자신을 표현하기 위한 매체로 사용했지만, 물질은 영을 속박하고 제한하였다. 그러나 이것은 필요한 일이었는데, 제한의 행위로 우주의 현현이 가능하였기 때문이다. 이 제한하려는 물질의 속성과 자유로워지려는 영의 속성이 만나 영과 육의 투쟁을 일으킨다. 앞에서 진화의 목표는 신성으로의 복귀이자 재통합이라고 하였다. 물질로부터 자유로워진 영이 물질을 극복하고 신성의 상태로 돌아가는 것이 바로 영혼의 변형이고 영적인 연금술의 본질이다.

물질적인 연금술과 영적인 연금술 사이에, 물질의 영혼을 해방시키는 것이 진정한 연금술이라는 절충적 입장이 있어왔다. 연금술 작업이

---

78) 위와 동일한 도서, 76쪽.

물질의 자연적인 진화과정을 인위적으로 빠르게 할 뿐이라는 생각도 이러한 입장과 일맥상통하는 것이다. 사실 물질적 연금술만을 추구하는 것은 진리의 한 극단이며, 물질적 연금술을 부정한 채 영적인 해석만 하려는 것도 역으로 지나치게 물질계에 얽매여 온 결과라고 할 수 있다.

이제 우리는 다소 지루했던 여행을 마치고 다시 알타노르가 있는 연금술의 실험실로 돌아갈 때가 된 것 같다. 과거의 진정한 연금술사들이 오직 황금만을 얻기 위해서 기저금속의 변형을 시도한 것이 아니었듯이, 우리도 미흡하긴 하지만 존재의 진면목을 찾아 에테르의 깊은 바다와 천계의 무한사다리, 그리고 수정조각과 눈꽃이 만발한 기하학의 정원과 진화의 거대한 놀이동산을 거치면서 우주에 대해 많은 것을 생각할 기회를 가졌다. 입자가속기의 도움 없이도 원자의 심층부를 들여다보았으며, 물질의 본질을 찾아 우주의 보이지 않는 영역들 속을 헤매기도 하였다. 물질은 공이자 에테르이며, 빛, 기하, 그리고 형상인 동시에 의식이었다. 한편 원자는 상위의 에너지가 쏟아져 내려오는 힘의 센터이며, 무한한 의식이 한 점으로 응축된 공점(空點)이라 할 수 있다. 본질에 있어서 의식과 물질은 하나이며, 이 둘은 신성한 것이다. 그렇지만 동시에 물질은 신성의 대해(大海)에서 분리된 비평형의 상태이기도 하였는데, 모든 것은 언젠가 그 자신이 나온 곳으로 되돌아갈 운명을 가지고 있다. 물질과 우주, 그리고 생명에 대한 더 깊은 부분을 통찰하고 이해할 수 있을 때, 그때 우리는 과거 연금술사들이 도달하고자 했던 목표에 한 발짝 더 가까워지게 될 것이다.

그림 9.15 프시케(영)를 안고 하늘로 올라가려는 헤르메스

자, 이제 최초의 질문으로 돌아가자. 과연 연금술은 실제로 작용하는 것일까? 우리는 2장에서 상온 핵융합과 공간에너지를 중심으로 원소변환의 가능성을 알아보았으며, 3장에서 오컬트화학의 초원자와 초전도 현상, 그리고 전위궤도단원자원소의 상호관계를 살펴손보았다. 마지막 장에서는 다시 이 전위궤도단원자원소라는 신비한 물질을 중심으로 이야기를 이어나갈 것이다. 어쩌면 우리는 연금술이 새천년의 미래과학으로 화려하게 부활하는 광경을 아주 가까운 미래에 목격하게 될지도 모른다.

10장

연금술의 부활

현자의 돌과 그림자 화학

흥미롭게도 오컬트화학은 대개의 뉴에이지 관련 도서목록에서 연금술서로 분류된다. 오컬트화학이 정통과학에서 인정받지 못하는 데도 그 이유가 있겠지만, 신비학과 연금술의 밀접한 관계 덕분에 신비화학하면 곧 연금술을 연상시키기 때문이기도 할 것이다. 그러나 내가 처음 오컬트화학에 흥미를 가졌을 때만해도 연금술과의 관련성은 전혀 생각지도 못했다. 오컬트화학을 관심 있게 지켜본 유일한 이유는 물질의 근본구조를 알아보고 싶다는 비교적 단순한 동기에서였다. 오컬트화학의 저자들 역시 그들이 본 원자의 모습을 정상 상태의 원자로만 알았다.

사실 이 책에서 가정한 초원자의 존재를 고려하지 않는다면, 오컬트화학은 그저 수수께끼투성이의, 일부 신비가들이나 가끔씩 들여다보는 희귀 고서로만 남을 것이다. 그러나 초원자라는 새로운 물질 상태가 존재할 가능성이 오컬트화학에 새로운 빛을 던져주고 있다. 필립스의 경우 오컬트화학을 현대과학의 입장에서 해석하기 위하여 두 개의 원자핵이 합체를 이룬다는 이런 혁신적인 가정을 도입하였는데, 그 것은 원자핵이 지극히 안정되어 있다는 기존의 물리 상식에 정면으로 도전하는 것이다.

그런데 놀랍게도 원자핵은 변화하고 있다는 것이 최근의 발견이다. 어쩌면 상온에서도 초전도와 핵융합 현상이 가능할지 모르며, 또 핵의 모양도 심하게 변형될 수 있다. 마이크로클러스터나 보스-아인슈타 인 응축물같이 마치 하나의 원자처럼 움직이는 거대한 원자집단들의 존재도 확인되었다. 아직 과학은 이들 현상을 설명할 수 없지만, 이러 한 새로운 발견들 덕분에 초원자 가설의 타당성이 한층 더 설득력을 얻게 될 것으로 보인다.

필립스 한 사람을 제외하고는 아무도 오컬트화학을 깊이 있게 다루 거나 과학 발전에 활용하지 않았지만, 내가 보기에 그것은 아직 다듬 어지지 않은 보석과 같아서 언젠가는 찬란한 그 본연의 광채를 발하

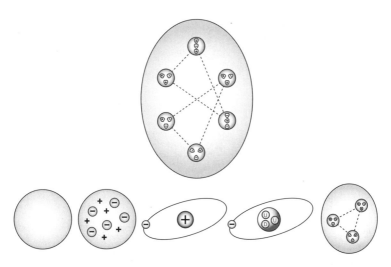

그림 10.1 수소의 초원자와 돌턴, 톰슨, 러더포드 원자모형, 쿼크모형, 오메곤모형과의 비교

게 될 것이다. 그리고 이 원석(原石) 상태의 보석을 연마하기 위한 첫 번째 열쇠가 바로 초원자 상태의 원소를 발견해내는 것이다. 다시 한 번 오컬트화학의 원자가 2원자성 단원자 상태에 있는 두 개의 합체된 핵이라는 가정 아래 일반 원자모형과 비교해보도록 하자.

처음에는 전혀 아무 관계가 없는 것처럼 보였던 두 개의 모형(오컬트화학의 초원자와 물리학의 원자모형)이 어떻게 서로 닮아가는지를 눈여겨보도록 하자. 수소의 초원자는 2원자성 단원자이므로 수소삼각형 1개가 양성자에 해당한다. 한편 양성자는 세 개의 쿼크로, 쿼크는 세 개의 아누로 되어 있다.

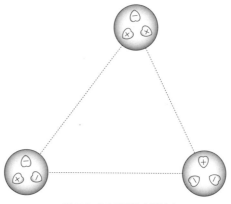

그림 10.2 수소삼각형과 양성자

점차 많은 과학자들이 쿼크만을 가지고 모든 강입자를 다 설명할 수는 없음을 시인하고 있다. 1995년에 꼭대기쿼크를 발견한 페르미 연구소의 CDF 연구팀에서는 고에너지의 양성자-반양성자 충돌실험에서 쿼크가 다른 쿼크 속에 있는 단단한 물질에 부딪혀 산란되었다고 해석할 수도 있는 결과들을 수집하였는데, 그것은 러더포드가 알파입자(헬륨핵)를 금박에 부딪혀 산란되는 것을 보고 원자핵을 발견했던 상황과 흡사하다.[1] 만약 CDF 연구팀의 실험결과가 확증된다면, 지금까지 가장 기본 입자라고 믿어왔던 쿼크가 하부구조를 갖는 복합입자임이 밝혀지면서 '표준모형' 또한 재검토될 것이다. 사실 표준모형은 최근 중성미자가 질량을 갖고 있을 가능성이 높아지면서 그 존립기반이 흔들리고 있다.

우리는 본문을 통하여 오컬트화학이 시사하는 많은 새로운 가정들을 검토하여 왔지만, 당장 소립자물리학의 골격을 바꿀만한 눈에 띄는 사실 두 가지는 쿼크가 아누라는 하부의 궁극입자로 구성되어 있다는 것과, 2원자성 단원자라는 특이한 상태의 원자가 존재한다는 것이다.

저자가 초원자라고 명명한 이 오컬트화학의 특이 원자상태는 1990년대에 새로이 그 존재를 드러낸 마이크로클러스터나, 역시 1990년대에 그 존재가 확인된 보스-아인슈타인 응축물 등과 관련이 있을 것이라고 3장에서 추론한 바 있다. 그러나 무엇보다도 저자의 흥미를 끄는 것은 이들과 전위궤도단원자원소 간의 관련성이다. 그것은 전위궤도단원자원소가 초원자의 살아 있는 증거가 되며, 게다가 저자로 하여금 연금술을 이 책의 가장 큰 주제로 정하게 만든 장본인이기 때문이다.

전위궤도단원자원소의 발견자인 데이비드 허드슨은 이 물질이야말로 과거 연금술사들이 그토록 애타게 추구했던 현자의 돌(철학자의 돌)이라고 믿고 있다. 허드슨이 발견한 이 물질에는 코발트, 니켈, 구리, 루테늄, 로듐, 팔라듐, 은, 오스뮴, 이리듐, 백금, 금, 수은 등의 원소가 포함되어 있는데, 이 원소들은 전이금속에 속하면서도 전혀 금속의

---

1) 『Science』지, 1996. 2. 9.

특성을 갖지 않는다. 즉 금속결합을 하지 않는다. 그것은 겉보기에 금속보다는 오히려 세라믹에 가까우며, 놀랍게도 상온에서 초전도성, 초유동성, 조셉슨 터널링효과, 자기부양 등과 같은 초전도체의 특성들을 나타낸다. 이들은 극저온에서 초전도성과 터널링 현상을 보이는 것으로 밝혀진 보스-아인슈타인 응축물과, 상온에서 같은 현상을 보이는 미세소관의 행동을 연결하여 설명할 수 있으리라고 3장에서 언급하였는데, 더욱 믿기 어려운 것은 이들이 생명의 영약으로서 사용될 가능성이다. 치료 효과를 포함한 이런 놀라운 특성들에 대해서는 잠시 후에 살펴보도록 하자.

전위궤도단원자원소[2]는 우연한 기회에 발견되었다.

3장에서도 언급했듯이 허드슨은 아리조나의 한 평범한 농부였다. 그가 이 이상한 물질을 다루기 시작한 것은 1975년에서 1976년 사이였으나 처음부터 그 정체를 알고 연구를 시작한 것은 아니었다. 1995년에 행한 강연에서, 허드슨은 이 물질이 무엇인지 이해하게 된 것이 불과 4~5년 사이의 일에 지나지 않았다고 밝히고 있다. 그가 전위궤도단원자원소를 발견하게 된 경위는 대략 다음과 같다.

허드슨은 농장의 토질을 개선하려는 과정에서 직접 금광산을 소유하게 되었다. 그는 금을 회수할 수 있는 설비를 마련하여 가동하였는데, 그 과정은 먼저 광석을 스프레이하여 활성탄에 통과시킨 후 금이 흡착된 활성탄을 시안화물과 가성소다로 스트리핑을 하는 것이었다. 마지막에는 일렉트로 위닝(일종의 전기분해법)을 하여 금과 은을 얻

---

2) ORME라는 이름은 허드슨이 특허 출원시에 명명한 이름이며, ORMUS, ORMEs, 단원자금(monoatomic gold), 화이트 골드(white gold), 화이트 파우더 골드(white powder gold), m-state, AuM 등으로도 불리고 있다.

었다.

그런데 이상한 일이 일어났다. 금과 은이 아닌 다른 무엇인가가 회수되기 시작한 것이다. 금과 은은 구슬 같은 비드 상태로 회수가 되는데, 본래 금과 은은 연한 금속이므로 단단하거나 부서지지 않는다. 또한 그런 합금을 형성하지도 않는다. 그런데 이 정체불명의 물질은 단단하면서도 잘 부서지는 것이 아닌가? 그것은 결코 금이나 은의 성질이 아니었다.

허드슨은 곧 이 물질의 분석을 전문가에게 의뢰했지만 금과 은, 그리고 극미량의 구리가 검출될 뿐이었다. 금과 은 외에 다른 무엇인가가 회수되고 있었지만 그것이 무엇인지 설명할 수는 없었다. 게다가 이 정체불명의 물질이 회수되는 양이 금, 은보다 많았으므로 자연히 수익성도 떨어졌다.

허드슨은 장치의 가동을 중단하고 이 물질의 정체를 알아보기로 했다. 심청색의 이 물질은 그 어떤 산과 염기에도 녹지 않았다. 먼저 허드슨은 화학적 방법으로 이 물질에서 금과 은을 분리해낸 후 코넬대학에 X선 분석을 의뢰하였다. 분석 결과는 철과 실리카, 그리고 알루미늄으로 나왔다. 허드슨은 대학 측과 함께 샘플로부터 모든 철과 실리카, 그리고 알루미늄을 제거했지만 여전히 샘플의 98퍼센트가 그대로 남아 있었다. 분석기기에 입력되어 있는 스펙트럼과 일치하는 스펙트럼은 발견되지 않았으며, 결국 분석을 수행하였던 대학 관계자는 분석 결과 '아무것도 없는 것'으로 나타났다고 이야기할 수밖에 없었다. 코넬대의 이 사람은 추가 연구비로 35만 달러를 요구하였으나, 허드슨은 이를 거절하고 자기가 직접 연구해보기로 결심하였다.

아리조나는 화산지대로, 광산에서 오랫동안 일했던 사람들 중에선 광석 속에 백금족 원소들이 다량 함유되어 있다고 믿는 사람들이 많았다고 한다. 허드슨은 긴즈버그의 『백금족 원소들의 분석화학』이라는 책을 참고하여 실험을 하였는데, 그 책은 소비에트 과학아카데미에서 출판한 것을 번역한 것이었다. 허드슨이 이 실험방법에 의존하여 정체불명의 물질로부터 백금족 원소들을 추출한 결과 그 양이 톤당 2,400온스가 넘었다. 이것은 그 물질의 12~14퍼센트가 백금족 원소라는 것을 말한다. 보통 남아프리카에서 산출되는 광석 중 이들 함량이 톤당 1/3 온스인 것에 비하면 이것은 터무니없는 결과로, 왜 그 동안 아무도 이런 물질을 발견하지 못했는지 이해할 수 없는 일이었다.

허드슨은 피닉스에 있는 분석전문가에게 이 샘플의 분석을 의뢰하였지만, 2년 동안의 연구 끝에 얻은 것은 그 물질이 주기율표상에 있는 그 어떤 원소에도 해당되지 않는다는 결론뿐이었다. 이후에도 허드슨은 사재를 털어 수많은 실험과 분석의뢰를 하였지만, 전혀 분석이 되지 않거나 이해할 수 없는 엉뚱한 결과들만 나왔다.

심지어는 로듐과 같은 귀금속 원소들이 어디론가 사라지거나 다시 나타나는 듯한 현상들이 있었으므로, 한번은 존슨매티사로부터 로듐, 이리듐, 백금, 팔라듐, 루테늄, 오스뮴 같은 귀금속 원소들의 순수한 표준샘플을 구입하여 로듐이 사라지는 과정을 재현하는 실험을 해보았다. 그리고 반복적인 증발 탈수법을 통하여 실제로 로듐을 기기분석에서 사라지게 만들 수도 있었다. 로듐은 연료전지(fuel cell)에 매우 중요한 원소였던 관계로, 허드슨은 미국 유수의 연료전지 회사와 함께 한 가지 실험을 하였다. 즉 로듐과 이리듐이 분석되지 않는 상태의 물질을 만든 후에 그것을 연료전지에 장착하여 제대로 작동하는지 살펴보는 것이었는데, 결과는 로듐이 있을 때와 마찬가지의 성능을 보였다. 더욱이 실험이 끝난 뒤에 분해한 연료전지의 전극에서는 6퍼센트의 로듐이 어디로부턴가 도깨비처럼 나타났다.

이렇게 로듐이 분석기기로부터 사라지는 현상은 탈집합화(disaggregation) 과정과 관련이 있을 거라고 허드슨은 추측하였다. 탈집합화 과정을 통해 자신이 가정한 단원자 상태로 로듐이 이행했을 거라는 추측이었는데, 이는 1989년에 물리학자들이 발견한 마이크로클러스터 상태와 같은 것이다.

허드슨은 연료전지 실험을 하기 위해 붉은색의 로듐 염화물 용액을 처리하여 세 가지 상태의 물질을 얻었는데, 그 첫 번째는 적갈색의 로듐 산화물이었으며 두 번째는 회색의 수산화물이었고, 세 번째는 두 번째 물질을 1,400도에서 담금질하여 얻은 정체불명의 것이었다. 이 세 번째 물질은 불활성기체 하에서 처리된 것이기 때문에 로듐인 것은 분명하였지만, 스펙트럼 분석에 의한 분석결과로는 로듐이라는 증거가 전혀 없었다. 연료전지 실험은 이 세 번째 물질을 가지고 한 것이다.

아무튼 단원자 상태로 추측되는 이 세 번째 물질은 새하얀 색을 하고 있었다. 로듐화수소[3]로 추정되는 회색의 두 번째 물질로부터 수소 양성자를 날려버리면(즉 탈수소화하면) 물질은 새하얀 색이 된다. 로듐뿐 아니라 이리듐, 금, 은, 팔라듐, 백금, 루테늄 등 허드슨의 특허에 포함되어 있는 모든 원소들의 순수한 단원자 상태는 새하얀 색이다. 이들은 마치 밀가루처럼 보이며, 전혀 금속처럼 보이지 않는다. 또 이

---

[3] 허드슨은 순수한 단원자 상태로 가기 직전의 마지막 물질을 수산화물(?)이라고 하였는데, 금, 로듐, 이리듐과 같은 경우에는 전기음성도가 수소보다 더 높기 때문에 수산화금이 아니라 금화수소, 로듐화수소, 또는 이리듐화수소라 하는 게 맞다.

들은 매우 보풀보풀하며 밀도도 금속의 13% 정도에 지나지 않는다. 이런 특성들이 전위궤도단원자원소를 화이트 골드, 화이트 파우더 골드 등의 별칭으로 부르게 된 이유다.

한편, 함께 연료전지 실험을 하였던 회사 관계자들의 건의로 허드슨은 1988년에 특허를 출원하였다. 허드슨은 19년 동안 엄청난 돈을 이 연구에 쏟아부었다. 그가 부농이 아니었거나 분석 결과를 그대로 믿었거나 실험결과를 그대로 간과해버렸더라면, 그는 특허를 내는 데까지 이르지는 않았을 것이다.

이러한 발견과정의 에피소드들은 이 전혀 새로운 물질의 상태가 전통적인 방법으로는 쉽게 발견되기 어렵다는 것을 보여준다. 실제로 허드슨은 전위궤도단원자원소 상태의 물질이 천연상태로 자연에 풍부하게 존재한다고 하였는데도 불구하고,[4] 그 동안 이런 상태의 물질이 발견되지 않았던 이유는 일반적인 기존의 화학분석 방법으로는 전혀 검출이 안 된다는 데 있다. 즉, 이 새로운 상태의 물질은 화학결합이 가능한 원자가전자를 가지고 있지 않아 불활성이며 전혀 금속의 특성을 나타내지 않았던 것이다. 원자가전자를 가지지 않으므로 일반적인 분석화학의 방법으로는 이 단원자 상태의 원소를 찾아내기가 불가능하며, 또한 핵의 배열에도 변화가 생겼다. 이 물질은 또한 질량을 측정하기가 어려운데, 그것은 이 물질이 초전도 특성을 갖기 때문이다. 단원자 상태 이전의 물질에서 순수한 단원자 상태를 나타내는 새하얀 색

---

4) 허드슨의 특허에 따르면, 전위궤도단원자원소가 알칼리금속이나 알칼리토금속과 함께 염(鹽) 속에서 자연적으로 존재하는 것이 발견되었으며, 수화(水和)작용을 하는 물과 함께 결합되어 있고, 보통 실리카와 알루미나와 함께 발견되었다고 한다. 전위궤도단원자원소는 또한 황화물, 그리고 다른 미네랄 성분과 자주 관련된다고 한다.

으로의 변화가 일어날 때 무게가 무려 56퍼센트로 감소된다고 한다. 마이크로클러스터 역시 화학적으로 불활성인 원자들의 작은 집단이라고 할 수 있는데, 마이크로클러스터도 전위궤도단원자원소와 마찬가지로 초전도체이며 마치 이상한 나라의 앨리스에 나오는 체셔 고양이처럼 사라져서 통상의 화학적 방법으로는 검출이 되지 않는다.

이들 물질을 다루기 위해서는 지금까지와는 전혀 다른 새로운 방법이 필요하다. 예를 들어 이들은 초전도체이므로 자기장으로 조작하거나, 일종의 화학적 격자(상자) 속으로 이들을 유도하여 그 격자를 다루는 등의 방법이 있을 수 있다. 말하자면 전혀 새로운 화학이 필요한 것이다. 그리고 그것은 마치 유령을 다루는 듯하여 그 이름도 그림자화학(shadow chemistry)이라고 하는 게 어울릴 것 같다.

게다가 이 그림자 화학은 연금술과 깊은 관련이 있음을 알 수 있는데, 그것은 그 과정이나 다루는 물질의 성상이 연금술의 그것과 유사하고, 무엇보다도 이 새로운 상태의 물질이 현자의 돌에 비견되는 특성을 골고루 갖추고 있기 때문이다.

상온 초전도 혁명

이미 앞에서 언급했듯이 전위궤도단원자원소는 초전도체의 특성을 나타낸다.

초전도체를 대표하는 가장 중요한 특징은 초전도체의 전기저항이 제로가 되는 현상과 자기부양 현상을 일으키는 마이스너 효과일 것이다. 전기저항이 제로가 되면 초전도체에는 영속전류가 흐르게 되며, 마이스너 효과는 초전도체가 반자성체로 변하면서 외부 자기장을 배격한 결과 생기게 된다. 초전도체의 그 밖의 특성으로는 터널링 현상, 초유동 현상 등이 있다. 터널링 현상은 전자의 쿠퍼쌍이 얇은 고체를 뚫고 나가는 양자역학적 터널링 효과를 지칭하는 것으로 조셉슨 효과라고도 한다. 또 초유동 현상은 초전도성을 지닌 액체가 내부마찰이나 점착성 없이 흐르는 현상을 말한다.

초전도체가 가지고 있는 이런 놀라운 특성들은 다양한 분야에서 혁신적인 응용을 가능하게 한다. 전력손실이 전혀 없이 전기를 먼 곳까지 보낼 수 있는 송전선, 레일 위를 떠서 달리는 자기부상열차, 현재보다 수백 배나 빠르게 작동하는 조셉슨 컴퓨터, 극히 미약한 자기장도 검출할 수 있는 SQUID(초전도 양자간섭계), 그리고 MHD(전자기 유체역학) 발전 등이 대표적인 응용 예다.

이미 초전도자석과 양자간섭소자를 이용한 자기 측정 등, 일부 분야에서는 초전도 기술이 실용화되고 있는 실정이다. 초전도자석은 병원에서 사용하는 MRI 내부에 장착되어 있으며, 입자가속기 같은 고에너지 물리학 분야나 플라즈마 물리, 핵융합 물리 분야에서도 사용되고 있다. 고온 핵융합이 실현되려면 고온 플라즈마를 가두어둘 수 있는 토카마크와 같은 장치가 필요한데, 여기에 초전도 기술이 필수적인 것이다. 일부 국가에서 실용화되기 시작한 자기부상열차에도 초전도자석이 사용되고 있다.

전기를 저항 없이 보낼 수 있다면, 전력손실로 인한 막대한 비용을 절감할 수 있는 것은 물론, 전기가 남아도는 지역에서 생산한 전기를 전기가 부족한 지역으로 거리에 상관없이 보낼 수 있다. 뿐만 아니라 원한다면 전기를 저장해두었다가 필요할 때 꺼내어 사용할 수도 있다. 발전에 있어서도 플라즈마 상태의 이온 흐름에서 직접 전기를 얻는 MHD 발전이 실용화되면 지금의 절반 가격으로 전기를 생산할 수 있게 된다.

이 밖에도 초전도의 응용 분야는 무궁무진하다. 초전도 기술의 실용화가 본격적으로 이루어질 경우, 사회, 과학, 경제 전반에 미치는 파급효과는 엄청날 것으로 예상된다. 초전도 기술의 개발과 실용화 정도에 따라 앞으로 국가의 위상도 크게 달라질 것이다. 따라서 초전도에 대한 각국 정부와 과학자들의 관심은 대단히 크며, 우리 나라를 포함하여 대부분의 선진국에서 초전도 연구는 중요한 국가적 프로젝트로 되어 있다.

그러나 많은 경우에 그렇듯이, 기술적 혁신이 언제나 상업적 성공으로 곧바로 이어지는 것은 아니다. 초전도체가 지닌 엄청난 잠재력에도 불구하고 실용화가 더딘 것은, 아직 해결되지 않은 기술적 난제들이 곳곳에 널려 있기 때문이다.

첫째로, 초전도 현상은 절대영도에 가까운 극저온에서 일어나기 때문에 다루기가 쉽지 않다. 그리고 비용도 많이 든다. 특히 액체 헬륨을 냉각제로 사용해야 하는 경우라면 경제성이 더욱 더 문제된다.

두 번째로, 초전도체는 초전도성을 유지할 수 있는 최대 임계전류값을 가지고 있다. 즉 임계전류값 이상의 전류가 초전도체에 흐르게 되면 초전도성이 깨지고 마는데, 문제는 임계전류값이 그리 크지 않다는 데 있다. 초전도성이 사라지면 갑자기 큰 전기저항에 노출되게 되는데, 실용화를 위해서라면 이러한 상황도 염두에 두고 충분한 대비를 해야 한다.

세 번째로, 임계자기장을 넘어서도 초전도체는 정상상태로 되고 만다.

마지막으로, 초전도체가 실제적으로 적용되기 위해서는 원하는 모양으로 만들기 좋은 연성(軟性)이라든가 기계적 강도 등, 경우에 따라 여러 가지 성질을 고루 갖춘 재질이 필요하게 되는데, 이런 성질들을 모두 충족시키는 초전도 물질을 얻기가 결코 쉽지 않다는 데에 문제가 있다.

이런 여러 가지 문제 중에서도 가장 큰 장애는 아마도 온도의 문제일 것이다. 극저온에서 작업하기 위한 설비와 조작의 문제도 크지만, 무엇보다도 귀하고 비싼 헬륨을 써야 한다. 우리는 간혹 풍선이 폭발하는 사고를 접하곤 하는데, 안전한 헬륨대신 값싸고 위험한 수소가스를 사용하기 때문이다. 적어도 액체 질소를 액체 헬륨 대신으로 사용하기 위해선 초전도체의 온도를 77.3K(1기압하에서 액체 질소의 끓는점) 이상으로 높여야 하지만, 한동안 초전도체의 한계온도는 30K를 넘지 못할 것으로 예상되었다. 액체 질소를 사용할 수만 있어도 초전도체의 실용화는 큰 진전을 보일 것이고, MRI 같은 의료기기의 비용도 현재의 1/10 정도로 크게 줄어들 것이다.

이러한 문제 때문에 1987년에 90K나 되는 고온 초전도체가 발견되자 전세계적으로 커다란 소동이 일어났다. 곧 고온 초전도체가 실용화되어 초전도 혁명이 일어날 것처럼 보였으며, 과학자들은 보다 높은 온도에서 초전도성을 보이는 물질을 개발하기 위해 경쟁하였다.

그러나 고온 초전도체 역시 여러 가지 기술적 난제들이 산적해 있어 본격적인 실용화까지는 아직 넘어야 할 산이 많다. 몇 가지 기술적 문제들은 차츰 개선이 이루어지고 있기도 하지만, 본격적인 실용화가 이루어지기 위해선 경제적인 문제 역시 해결되어야 한다. 예를 들어 송전선의 경우, 아무리 초전도체의 특성이 좋아도 설치하고 유지하는 데 드는 비용이 전력손실로 인한 비용보다 크다면 결국 아무런 경제적 의미가 없을 것이다.

이런 난관에도 불구하고 조만간 초전도 혁명이 도래할 것이라는 사실을 의심하는 사람은 별로 없다. 아마도 20세기의 전기와 반도체, 컴퓨터 혁명에 이어 21세기에는 초전도 혁명이 도래할 것이다. 그것은 되고 안 되고의 문제가 아니라 다만 시간의 문제일 뿐이다. 의료와 교통, 에너지, 전자와 일상생활에 이르기까지 초전도 혁명이 미칠 영향은 예측을 불허한다.

초전도 혁명이 현실화되기 위해서는 무엇보다도 초전도의 메커니즘이 밝혀져야 한다. 현재 초전도 연구가 다소 소강상태에 있는 듯이 보이는 것도 고온 초전도체의 물리적, 화학적 성질을 잘 이해하지 못하고 있다는 사실에 기인한다. 저온 초전도의 메커니즘이 밝혀지기까지 반세기가 넘게 걸린 것을 보면, 고온 초전도의 메커니즘이 밝혀지기 위해선 더 많은 시간을 필요로 할지 모른다. 더욱이 고온 초전도의 존재는 기존의 초전도 이론(BCS 이론)이 잘못되었을 수도 있음을 시사하고 있으며, 따라서 일부 학자들은 전혀 새로운 시각에서 초전도에 대한 접근을 시도하고 있는 형편이다.

이러한 상황에서 전위궤도단원자원소나 마이크로클러스터, 보스-아인슈타인 응축물 등의 발견은 초전도 연구의 새로운 방향과 새로운 가능성을 제시하고 있다. 그것은 이들 물질이 초전도 성질을 가지고 있기 때문이다. 이 중 전위궤도단원자원소는 과학자가 아닌 일반인에 의해 발견이 진행되었는데, 흥미롭게도 전위궤도단원자원소가 발견되고 데이비드 허드슨이 특허등록을 추진하던 시기에 과학계에서도 마이크로클러스터와 같은 새로운 현상들이 발견되기 시작하였다.

마이크로클러스터는 단원자상태와 고온 초전도성을 나타낸다는 점에서, 또한 쿠퍼쌍을 이루어 원자가전자가 제로가 되어 화학적으로 불활성 상태라는 점에서 전위궤도단원자원소와 상당히 유사한 면모를 가지고 있다. 1995년에 실험실에서 확인된 보스-아인슈타인 응축물 역시 초유동성과 터널링 현상 등 초전도체의 특성을 가지고 있다고 말한 바 있다.

이들은 하나같이 똑같은 양자상태에 있는 원자들의 그룹이다. 이들은 마치 하나의 원자처럼 움직인다. 말하자면 양자적 효과가 거시적으로 나타나는 몇 안 되는 예들인 것이다.

양자의 세계는 우리가 이 책에서도 살펴보았듯이 매우 기묘한 세계이다. 그리고 우주는 이들 양자적 실체로 구성이 되어 있다. 그러나 이렇게 우주의 본질이 양자적인 실체로 되어 있음에도 불구하고, 우리가 일반적으로 경험하는 거시세계의 영역에서는 양자적 효과가 나타나지 않는다는 암묵적인 믿음들이 있어왔다. 즉, 축구공이 담벼락을 뚫고 반대편에 나타나거나 동시에 두 곳에 존재하는 일은 일어나지 않는다. 그렇지만 모든 물리학자들이 그렇게 생각하고 있는 것은 아닌데, 예를 들어『스타트렉의 물리학』이라는 저서로 미국에서 호평을 받은 로렌스 크라우스는 다음과 같이 말하였다.

"나는 양자적 우주 속에 우리의 미래가 있다고 믿는다. 물리학의 미개척 분야 중에서 가장 우리의 관심을 끄는 것은 단연 '양자적 현상을 거시세계에 적용하는 기술'일 것이다(적어도 입자물리학 실험을 전공한 학자들은 이 말에 동의할 것이다). 양자역학적 현상이 실험실에서 관측되는 경우는 크게 두 가지로 분류될 수 있다. 첫 번째는 거시적 물체를 이루고 있는 수많은 입자들이 모두 동일한 양자적 상태에 있는 경우이다. 일반적으로 한 곳에 뭉쳐 있는 여러 입자들은 제각각의 양자적 상태에 있기 때문에, 개수가 아주 많을 때에는 제각각의 상태들이 모두 상쇄되어, 거시적 스케일에서는 양자적 효과가 관측되지 않는다. 그러나 모든 입자들이 같은 양자적 상태에 있다면 아무것도 상쇄되지 않을 것이므로 거시적 양자효과가 관측될 수 있다. 최근에 제기된 이론 중에서 거시적 스케일의 양자적 효과를 가장 잘 보여주고 있는 것은 '보스-아인슈타인 응축물'이다."[5]

물론, 보스-아인슈타인 응축물이나 마이크로클러스터에 대해서 아는 것은 아직 너무 적다.[6] 이제 막 실험실에서 그 존재를 확인하였을 뿐이며, 한 번에 겨우 몇 백만 개의 원자에 불과한 매우 적은 양의 샘플만을 만들었을 뿐이다. 그래도 벌써 과학계에서는 이를 활용한 여러 가지 분야의 응용이 기대되고 있다.

보스-아인슈타인 응축물은 동일한 양자 상태에 있다는 점에서 빔 속의 광자가 동일한 양자 상태를 얻는 레이저와도 유사한데, 이것은 원자를 마치 레이저처럼 사용하는 것을 가능하게 해준다. 이는 아주 미세한 컴퓨터칩 제조에 사용될 수 있다. 보스-아인슈타인 응축물은 또한 정밀측정기기에 사용될 수 있다. 1999년 초에는 보스-아인슈타인 응축물을 이용하여 빛의 속도를 무려 시속 $61km$까지 낮추었다는 레네 베스터가르트 하우 박사팀의 발표가 있었는데, 광학 컴퓨터, 고속 스위치, 광학 통신시스템, TV, 야간 투시장치 등에 응용될 수 있을 것으로 과학자들은 내다보았다.

아직은 보스-아인슈타인 응축물의 응용 잠재력을 정확히 예측하거나 평가하기 어렵다. 레이저나 홀로그래피가 처음 발견된 이후 수십 년 동안이나 단지 학술적인 관심에 머물러 있었던 것처럼, 보스-아인

---

5) 『스타트렉을 넘어서』, 로렌스 크라우스 지음, 박병철 옮김, 영림카디널, 1998, 245~246쪽.

6) 『Physical Review Letters』지, 1999.9.27- 최근 물리학계에서는 탐침용 레이저 빔을 사용하여 보스-아인슈타인 응축물에 유도된 양자화된 보텍스 현상을 관찰하였는데, 혹시 이것이 초유동성이나 초전도 현상과 관련이 있지 않을까 하는 의구심을 불러일으키고 있다.

슈타인 응축물의 응용도 어쩌면 그에 상당하는 시간을 필요로 할지도 모른다.

한편, 우리는 세포내에 존재하는 미세소관 역시도 초전도 특성을 가지고 있을 가능성을 보았다. 전위궤도단원자원소나 미세소관의 존재는 거시적 규모의 양자적 현상이 좀 더 보편적인 현상일 뿐만 아니라, 상온에서도 일어날 수 있는 현상임을 보여주고 있다. 따라서 고온 초전도체, 나아가 상온 초전도체에 의한 초전도 혁명의 꿈을 간직하게 한다. 만일 상온 초전도체를 실용화할 수 있다면, 그 결과 불어닥칠 기술적 변화, 사회적 변화는 그야말로 상상을 불허할 것이다.

더욱이 전위궤도단원자원소의 특성을 이용하면 상온 초전도체로의 응용 외에도 터빈의 날개, 연료전지, 염소의 생산, 의료, 레이더 교란, 미사일 추적장치 열차단, 핵반응 차단, 공중부양 등 무궁무진한 분야에 응용될 수 있을 것으로 기대된다.

그런데 앞에서도 보았듯이 상온 초전도의 메커니즘에는 중첩된 원자, 즉 원자들의 2원자성 단원자 상태가 매우 깊이 관련되어 있을 것으로 추정된다. 저온 초전도체에서는 격자 내 포논의 작용으로 쿠퍼쌍이 형성된다고 설명하지만, 초원자에서는 두 개의 원자가 중첩되는 것만으로 쿠퍼쌍을 형성할 여건이 마련되므로 저온에서 쿠퍼쌍을 유도하는 포논의 역할이 필요하지 않다. 페르미온이었던 스핀 $\frac{1}{2}$의 전자는 쿠퍼쌍을 형성하여 정수 배의 스핀을 가진 보스 입자, 즉 더 이상 입자의 특성을 지니지 않은 빛과 같은 존재로 변화한다. 앞으로 차츰 여기에 관한 많은 사실들이 밝혀지리라 기대하는데, 한 예로 비교적 최근에 닐 아쉬크로프트와 리차드슨은 양성자 쌍으로 이루어진 양이온 격자가 포논을 발생시켜 수소가 높은 압력하에서 초전도 상태로 전환될 수 있으며, 더욱이 상온에서도 초전도 현상이 가능할 것이라고 예견하였다.[7] 또한 오거스트 더닝은 'Na3Au-m 의 의사결합과 전이금속원소의 보스-아인슈타인 응축물의 원자형상에 관한 이론'에서 초원자를 연상시키는 합체된 핵을 그리고 있다.

보스-아인슈타인 응축물, 마이크로클러스터, 전위궤도단원자원소, 초전도, 그리고 오컬트화학의 초원자를 연결하는 환상(環狀)형 고리 안에 미래 문명의 패스워드가 들어 있다. 핵심은 초원자에 있는 것으로 보인다. 나는 이 책을 쓰는 도중 신비학의 여러 상징들을 둘러보다가 '현자의 돌'을 상징하는 그림 중에 독수리의 머리가 두 개인 것을 보고 새삼 흠칫하였는데, 그것은 마치 연금술의 비밀이 바로 초원자에 있음을 상징하고 있는 듯이 보였기 때문이다.(그림 10.3)

비록 아직까지는 이들 새로운 물질들과 새로운 현상들의 메커니즘이 확실히 밝혀진 것은 아니고 실용화를 위한 여러 문제점들도 해결되지 않았지만, 끊임없는 과학적 규명노력에 힘입는다면 미래는 점차 변화되어 나아갈 것이 확실하다. 21세기는 변화하지 않으면 어차피 살아남을 수 없는 시대가 되고 있다. 한정된 자원과 환경위기 속에서 현재의 시스템으로 현대문명을 영속적으로 지탱해나갈 수는 없다. 금세기 초반에 본격적으로 시작될 그 변화의 폭은 약 400년 전에 시작되었던 근대 과학혁명의 그것을 훨씬 뛰어넘을 것으로 예상되며, 동시에 과학의 영역도 획기적으로 넓어질 것으로 기대된다. 가히 초과학 혁명이라고 이를만한 이 후-과학시대의 기술적 변혁의 중심에는 초전도 현상이 있으며, 이는 상온핵융합이나 공간에너지와도 밀접한 관계를 가지고 있을 것으로 예측된다.

---

7) 『Physics News』 300, 1996.12.20 "Can Hydrogen be a Superconductor?"

아마도 우리는 초과학 혁명과 양자적 미래로의 변화를 동시에 경험하게 될 첫 세대가 될 것이다.

그림 10.3 현자의 돌, 존 오거스트 냅 작, 20세기 초.

빛의 몸

　초과학 혁명으로 변화될 세계는 단순히 기술이나 사회제도의 변혁 차원에 머물지 않을 것으로 보인다. 어쩌면 그 과정을 통하여 인간의 몸과 영혼 자체가 근본적인 변화를 겪을지도 모르는데, 그것은 생명의 영약(靈藥)으로서의 연금술, 또는 연금술의 영적인 측면을 상기시키는 것이다. 많은 사람들이 꿈같은 이야기라고 할지 모르지만, 내가 이야기하려는 건 유전공학이나 인공장기의 개발로 몇십 년 수명이 연장되거나 영적인 세계에 눈뜸으로써 종교적 신념을 갖게 되는 현상 정도를 말하는 것이 아니다. 나는 인간의 몸이 영적인 변화를 일으켜 그야말로 빛의 존재로 다시 태어나는 것을 말하고 있는 것이다.

　그런 불사의 약이 정말 가능할까? 도를 통하거나 죽어서가 아니라, 살아서 생명의 약을 마시고 신선이나 빛의 존재가 된다는 게? 나 역시도 이 책을 쓰기 전까지는 그러한 물질은 있을 수 없다고 믿었다. 게다가 어떻게 물질 따위로 영적인 각성을(의식을 고양시키거나 일부 초능력을 발현시킨다는 약초에 대한 이야기가 있긴 하지만)달성할 수 있겠는가?

그런데 지금 나는 그 꿈같은 가능성을 이야기하려고 한다. 그리고 나는 그 가능성을 다름 아닌 전위궤도단원자원소의 상온 초전도체 특성과 우리 몸속에서 실제로 일어나는 초전도 현상의 연관성에서 찾고자 한다.

초전도 현상이 우리 몸 속에서도 일어나고 있다는 사실은 아직 공인된 것은 아니며, 과학계나 의료계에서조차 널리 알려져 있지 않다. 그러나 이미 적지 않은 수의 과학자들이 이런 현상을 포착하였고, 일부는 이로부터 의식현상을 물리적으로 해명하려는 매우 야심에 찬 프로젝트까지 착수하였다.[8]

---

8) 생체내 초전도 현상을 다루고 있는 논문에는 다음과 같은 것들이 있으므로 더 깊은 연구를 원하는 독자들은 참조하기 바란다.
1. Evidence from Activation Energies for Superconductive Tunneling in Biological Systems at Physiological Temperatures (Physiological Chemistry and Physics 3, 1971)
2. Magnetic Flux Quantization and Josephson Behavior in Living Systems (Physica Scripta Vol.40, 1989)
3. Biological Sensitivity to Weak Magnetic Fields Due to Biological Superconductive Josephson Junctions (Physiological Chemistry and Physics 5, 1973)
4. Nonlinear properties of Coherent Electric Vibrations in Living Cells (Physics Letters Vol.85A#6&7 Oct.12,1981)
5. Orchestrated Objective Reduction of Quantum Coherence in Brain Microtubules: The "Orch OR" Model for Consciousness (Internet) Stuart Hameroff and Roger Penrose
6. Cytoplasmic gel states and ordered water: possible roles in biological quantum coherence (Proceedings of the Second Annual Advanced Water Sciences Symposium, October 4-6, 1996)
7. Exotic atoms and a mechanism for superconductivity in biosystems (Internet) Matti Pitkanen

생체, 그것도 특히 신경계에서 일어나고 있는 초전도 현상은 의식이나 생리 작용이 양자적 특성을 가질 수도 있음을 암시해준다. 우리가 여태 배우기로는 세포들 간의 통신에 사용되는 것은 화학물질과 전기신호뿐인 것으로 알고 있는데, 진실은 아마도 초전도 현상이 세포와 세포, 세포와 DNA, DNA와 DNA 간의 통신에 매우 중요한 역할을 담당하고 있으리라는 것이다. DNA에서 광자를 내보낸다는 논문을 언젠가 본 적이 있는데, 이 역시 초전도와의 관련성을 시사해준다. 쿠퍼쌍을 이룬 전자는 곧 빛과 같은 특성으로 변한다는 것을 떠올려보라.

지나친 비약일지 모르겠지만, 그렇다면 생체 내 초전도성의 강화로 우리 자신의 존재가 양자적으로 바뀔 수도 있지 않을까? 그리고 정말로 그렇게 된다면 깜짝 놀랄 만한 일들이 가능해질 것이다.

초능력이라고 부르는 불가사의한 현상은 양자적 술어로 설명될 수 있다. 이른바 텔레파시, 원격투시, 분신술, 염력과 같은 초능력을 뉴런과 그 밖의 모든 세포 속에 존재하는 미세소관 내 보스-아인슈타인 응축물로 어느 정도 해명할 수 있는 것이다. 뇌 속에 있는 보스-아인슈타인 응축물은 이론적으로 상념이 뇌의 안쪽과 바깥쪽에 동시에 존재하는 것을 가능하게 함으로써 텔레파시 현상을 설명해줄 수 있고, 마찬가지로 시각중추에 있는 보스-아인슈타인 응축물은 원격투시 현상을 설명해준다. 그리고 미세소관은 온몸에 뻗어 있는 모든 뉴런에 존재하므로, 홍길동처럼 순간이동하거나 거의 동시에 두 곳에 모습을 드러내는 일이 가능할지도 모를 일이다. 이러한 사실에 고무된 한 과학자는 다음과 같이 말하기도 하였다.

"미세소관의 연구로 초상(超常)현상들을 현대과학의 용어로 설명할 수 있게 되었다. 이 일은 현대교육을 너무 많이 받아서 초상현상을 도 저히 받아들일 수 없게 된 나 같은 사람들에게 초상학 연구의 장을 활 짝 열어주었다. 이 발견이 의미하는 바는 내가 화학과 수학, 물리학에 서 배웠던 정규교육이 여전히 유용하다는 것이며, 심지어 초상현상을 설명하는 데에도 도움이 될 수 있다는 것이다. 나는 이런 주제들이 아 주 평화롭게 공존할 수 있다는 사실을 알게 되어 행복하다."[9]

초능력이 더 이상 마술이나 미지의 세계가 아니라 있을 수 있는 일 이자 과학으로 설명이 가능한 대상이 될 수 있다는 것이다.

다시 한 번 말하지만, 체내에서 초전도 현상이 일어난다는 것은 상 온 초전도가 존재한다는 말과 같다. 미세소관 내의 보스-아인슈타인 응축물을 제외하면, 상온초전도를 설명할 수 있는 것은 현재로서는 허 드슨의 전위궤도단원자원소뿐이다.

허드슨은 송아지와 돼지의 뇌조직을 검사한 결과 약 5%(dry base) 가 하이스핀 상태의 로듐과 이리듐으로, 즉 로듐과 이리듐의 전위궤도 단원자원소 상태로 있는 것을 발견하였다. 비록 허드슨 자신은 전위궤 도단원자원소가 의학적으로나 영적인 목적으로 사용되는 것에 매우 신중한 태도를 보이고 있지만, 전위궤도단원자원소는 앞 절에서 기술 한 산업적 용도 외에도 의학적, 영적으로 매우 놀랄만한 특성을 가지 고 있는 것으로 추정된다. 그렇지만 전위궤도단원자원소의 물성이 폭 넓게 검증된 것이 아니고, 또한 저자가 직접 경험해본 것도 아니므로 단지 하나의 가능성으로서만 그 특성들을 다루어보고자 한다.

---

9) http://home.earthlink.net/.pcss/GaryORMEs.htm

우선, 전위궤도단원자원소는 매우 뛰어난 의학적 특성을 가지고 있다. 허드슨은 순수한 의학적 목적이라기보다는 이 새로운 물질(이하에서 화이트 파우더라고도 함)이 연금술 문헌에서 이야기하는 이른바 현자의 돌과 유사하다는 것을 깨닫고, 과연 이 물질이 어떻게 작용하는지를 알기 위해서 여러 가지 실험을 해보게 되었다. 그런데 그 결과는 놀라운 것이었다. 화이트 파우더는 AIDS 환자와 말기 암환자에 뛰어난 치료효과를 나타내었으며, 손상된 DNA 사슬을 복구하는 능력도 가진 것으로 관찰되었다. 또한 화이트 파우더를 복용한 즉시 백혈구가 증가하는 현상이 관찰되었으며, 루게릭병과 관절염 등에도 효과가 있었다고 한다.

허드슨은 주로 로듐과 이리듐의 화이트 파우더를 복용하도록 하였는데, 그것은 로듐과 이리듐이 우리 몸속에 자연으로 존재하는 원소이기 때문이다. 로듐의 경우는 암치료제로 알려져 있다.

화이트 파우더가 정말 중요한 것은, 이 물질이 육체의 치료뿐 아니라 의식의 고양이나 영적인 변화까지도 일으키기 때문이다. 한 예로 허드슨은 각 원소의 전위궤도단원자원소가 인체 내의 서로 다른 내분비선에 영향을 미친다고 했는데, 그 중에서도 금의 전위궤도단원자원소는 송과선(pineal gland)에 영향을 미친다고 한다. 송과선은 예로부터 제3의 눈, 또는 영혼의 자리로 지목받아온, 뇌하수체 밑에 있는 매우 작은 기관이다. 현재는 이곳에서 세라토닌이나 멜라토닌과 같은 매우 중요한 호르몬이 분비된다는 정도밖에는 알려진 것이 거의 없는데, 뇌에 대한 연구가 빨리 진행되어 좀 더 많은 것을 알 수 있게 되기를 기대해본다.[10]

---

10) 사실 송과선에 대한 신비학적인 여러 가르침들이 있는데, 예를 들어 송과선

그럼 화이트 파우더를 복용하였을 때 어떤 현상이 일어나는가?

화이트 파우더를 의학적인 목적이 아닌 영적인(철학적인) 목적으로 복용한 한 사람의 경우, 복용을 시작한 지 5, 6일이 지나서(일정 기간 단식을 행한 후에 복용을 시작하였다) 머리 속에서 이상한 소리가 들리기 시작하였으며 그 소리는 날이 갈수록 점점 더 커졌다고 한다. 그 소리는 매우 높은 주파수의 소리로, 귀를 통해서 들리는 것이 아니라 뇌로 직접 듣는 것 같으며 게다가 항상 들렸다고 한다. 그렇지만 그것은 듣는 사람을 괴롭히는 소음이 아니라 마치 넥타르(nectar)와도 같은 감미로운 소리라고 하였는데, 깊은 명상이나 쿤달리니 각성 중에 들리는 소리와 동일한 것으로 추정하고 있다.

더 많은 날이 지나자 이번에는 꿈과 계시, 그리고 비전(vision)이 시작되었다고 한다. 더욱 놀라운 것은 빛의 존재들이 나타나서 텔레파시로 교신을 하고 접촉을 가졌다는 것이다. 잠은 하루에 두 시간으로 충분하며, (성적 접촉 없이) 온몸으로 오르가즘을 느끼는 일도 일어났다고 한다.

인간의 몸이 점점 초전도체로 변화되어감에 따라 인체 주위에 형성되어 있던 마이스너장(오라)이 강화되며, 아홉 달 후에는 완전히 새로운 존재로 태어나게 되는데, 이것은 마치 도가(道家)에서 열 달(음력 열 달은 양력 아홉 달에 해당한다)의 잉태과정을 거쳐 양신(陽神)을 이루는 과정을 연상하게 한다. 즉 이러한 과정은 인간에게는 육체 외에도 빛의 몸이 있으며, 이 빛의 몸에 충분한 영양을 공급함으로써(초전도 특성을 강화시켜줌으로써) 드디어는 빛의 몸이 주도적인 역할을

내에는 뇌사(腦沙)라는 미세한 물질이 있어 이것이 상위계의 진동에 반응한다고 한다.

하게 되는 것이라고 추측해볼 수 있다.

다시 말하지만 초전도 현상이란 단적으로 말해 물질의 일반 특성 또는 입자의 특성이 사라지고 빛으로 변화하는 것이다. 말하자면, 초전도 양자간섭계로 미약자기를 검출하고, 조셉슨효과를 이용하여 컴퓨터를 만들며, 자기부양효과를 이용하여 열차를 공중에 뜨게 만들듯이 전위궤도단원자원소는 인간을 생명과 의식차원에서 제3종 초전도체[11]로 만들어 양자 현상이 거시적으로 나타나도록 하는 것이라고 볼 수 있다. 그래서 원리적으로는 인간 자체가 초전도체, 즉 초전도 인간이 된다고 가정하면 텔레파시, 공중부양, 투시, 염력, 순간이동, 심지어 투명인간 등 모든 초능력 현상을 설명할 수 있다.

인도의 위대한 요기 스리 오르빈도도 '몸의 모든 세포가 빛을 경험하면서, 모든 물질의 토대인 지고의 빛을 뚫고 들어가는' 체험을 하며 앞으로 모든 인간이 빛의 몸으로 변화할 것이라고 예언한 바 있다.

"만약 우리 존재가 완전히 변형되고자 한다면 우리 몸이 변하는 것은 당연한 것이다. 우리 몸이 변하지 않고서 이 지상에서 신성한 삶을 산다는 것은 불가능하다…… 변형이라 함은 오로지 물질적으로만 배열된 모든 신체조직이 각각의 다양한 진동을 가진 집중된 에너지로 대체된다는 것을 의미한다."[12]

신경계는 초전도 빛의 통로가 된다. 모든 세포와 세포, 그리고 DNA

---

11) 전위궤도단원자원소, 또는 미세소관내의 보스-아인슈타인 응축물이 나타내는 상온 초전도현상은 기존의 제1종, 제2종 초전도체와는 또 다른 형태의 초전도 특성을 나타낼 것으로 예측된다.
12) 『오컬트 다이제스트』 제3호, p.42

와 RNA를 연결하며 무수한 빛의 가느다란 전선(그리고 이 빛은 레이저처럼 전체가 하나의 양자상태에 있다)이 온 몸 구석구석을 관통하여 감싸고 있는 것을 상상해보라.

치유의 과정은 우선 이 빛의 통신망을 복구하고 DNA가 제 기능을 회복하게 하는 것이다. 왜 어떤 음식물이나 약초는 각종 질병에 영양학 이상의 신비한 효력을 발휘하는가? 허드슨에 따르면 전위궤도단원자원소는 천연상태로도 존재하는데, 여러 동식물에 함유되어 있는 경우가 많다고 한다. 예를 들면, 어떤 종류의 포도주스와 당근주스는 0.3%가 넘거나 이에 육박하는 로듐과 이리듐의 전위궤도단원자원소를 함유하고 있는 것으로 분석되었다. 알로에베라 등에서도 높은 함량의 로듐과 이리듐의 전위궤도단원자원소가 발견되었으며, 푸른곰팡이와 아몬드 같은 다른 샘플에서도 그 존재가 확인되었다.[13]

허드슨은 화이트 파우더를 영적인 목적으로 사용할 때는 자연에서 형성된 비율 그대로, 즉 모든 원소를 있는 그대로 사용하는 것이 바람직하다고 믿는다(치료의 목적으로 사용하는 것도 마찬가지일 것이다). 혹시나 이 글을 읽고서 마치 진시황이 불로초를 찾아나섰듯이 이신비의 물질을 찾으러 나서는 사람들이 있을지 모르겠다. 그러한 사람들을 우려해서 부언하는 말이지만, 아직 구체적으로 입증된 것은 아무것도 없으며 하나의 가능성으로서 여러 가지 효과들을 이야기하고 있을 뿐이라는 사실을 명심하기 바란다. 혹시 그러한 물질을 구하였다고 하더라도, 어떤 방식으로, 또 어느 만큼 복용해야 하는지도 알 수 없고,

---

13) 저자도 이 책을 쓰는 중간에 천연물질로부터 제조된, 회백색의 특이한 물질을 목격할 수 있었다. 그것을 보는 순간 화이트 파우더와 유사한 상태(전위궤도단원자원소 상태의 원소가 다량 함유된)의 물질이라고 생각되었으나, 검증은 해보지 못했기 때문에 아직 뭐라고 이야기할 수는 없다.

더욱이 부작용이나 위험 등에 대한 것은 전혀 알려져 있지 않다.

사실 이 모든 것을 받아들이기 전에 우리가 먼저 해야 할 것은 의식의 정화(淨化)이다. 허드슨 또한 전위궤도단원자원소가 인류에게 발견되고 사용되는 것이 의식과 밀접한 관련이 있다고 하였으며, 화이트 파우더가 효과를 발휘하는 것도 명백한 의도를 가진 사람만이 가능하다고 언급하였다. 마치 원자력을 좋은 일에도 쓰고 나쁜 일에도 쓸 수 있듯이, 이런 미묘한 에너지를 움직이고 활용하는 것은 의식의 의지와 힘이다.

약초와 같은 물질에 의해서도 영적인 각성이 일어날 수 있지만, 약초나 물질에 의존하는 것은 자신의 의지로 행하는 것이 아니므로 의지력의 약화를 초래할 수도 있다. 마리화나나 LSD 같은 마약의 복용으로 초월적인 의식의 상태를 경험할 수도 있지만 결국 마약중독에 빠져 헤어나지 못하는 것과 비슷하다 하겠다. 결국 우리는 이 새로운 연금술적 물질이 의식 각성의 보조역할을 하는 데 불과한 것으로 이해를 하고, 실제로 이 물질이 여러 가지 신비한 영적인 효능을 가지고 있다고 하더라도 그 사용에는 신중을 기해야 할 것이다. 적어도 우리가 그것을 더 많이 이해하게 될 때까지는……

잃어버린 지식

우리가 알고 있는 인류 역사의 거의 전반에 걸쳐 연금술의 전통이 존재해왔다는 사실은, 최소한 다음 두 가지 중 하나의 요인이 그 이면에 작용하고 있음을 시사하는 것이다. 그 하나는 부와 영생을 추구하려는 인간의 끊임없는 욕망이고, 또 다른 하나는 실제로 연금술의 비법이 존재하리라는 줄기찬 믿음이다.

그러나 현대에 연금술이란 용어는 무모함과 어리석음을 대표하는 대명사처럼 되어버렸고, 더 이상 연금술의 비법이 존재한다는 믿음은 그 어디에서도 찾아볼 수 없게 되었다. 일부 연금술에 성공한 사례가 전해져온다고 해도, 그것을 사실로 믿는 사람은 아무도 없다.

이 책은 그러한 믿음(연금술은 불가능하다는 믿음)을 뒤집기에는 아직 부족할지 모른다. 그러나 연금술의 가능성에 상당한 신뢰를 부여한 이상, 우리는 이제 두 번째 요인에 대해 진지한 고려를 해보지 않을 수 없다. 즉, 미래의 연금술이라 불릴만한 혁신적인 기술(또는 물질)과 과거의 연금술에 유사한 점이 많다는 것은 과거부터 그러한 지식이 존재해왔거나, 또는 비록 단편적이긴 하지만 그러한 지식을 바탕으로 연금술을 재현해내기 위해 노력해왔다는 것을 시사한다.

정말 그러한 지식이 과거에 있었다면, 언제 어디서 어떻게 행하여졌으며, 또 왜 널리 행해지거나 온전히 전수되지 못하였는가? 그리고 니콜라스 플라멜이나 생 제르망 백작 같은 개인적인 성공담 외에도 혹시 연금술이 실제로 사용되었다는 보다 보편적인 확신을 줄 수 있는 역사적인 예와 기록이 남아 있지는 않을까?

흥미롭게도 데이비드 허드슨은 바로 그러한 예를 성서에서 찾고 있다. 어디까지나 사견임을 전제로 하였지만, 허드슨은 성서의 기록이 화이트 파우더와 유사한 물질이 실제로 사용되었음을 증명하는 것이라고 보았다.

성서(특히 창세기)가 진짜 역사를 기록한 것이냐, 아니면 신화에 불과한 것이냐에 대해서는 여러 엇갈린 견해가 있다. 성서에 기술되어 있는 신화적인 이야기(예를 들어 에덴동산 이야기, 바벨탑 이야기, 노아의 방주 이야기, 성서 등장 인물들의 엄청난 수명 등등)나 모순된 기록(예를 들어 창세기 4:17~22와 5:3~29에 있는 아담에서 노아에 이르기까지의 족보는 서로 차이가 난다), 그리고 고고학적 증거가 없다는 이유로 성서는 신앙의 차원에서 벗어나지 못하다가, 최근 들어 에덴의 위치가 발견되었다거나 방주의 잔해가 발견되었다는 등의 주장과 함께 성서가 역사서로서 다시 주목을 받고 있다. 성서는 간단히 이해될 수 있는 책이 아니다. 또한 성서를 읽다 보면 허드슨의 가정과 부합되지 않는다고 생각되는 구절들도 많아서 사실 이 주제를 다루는 것이 좀 망설여진다. 하지만 어쨌든 성서에는 일반 상식으로는 이해되지 않는 기록들이 많기 때문에, 허드슨의(연금술적) 성서 해석을 살펴보는

것도 우리가 성서를 이해하는 데 무익하지만은 않을 것이다.[14]

사실 허드슨 이전에도 이미 성서는 연금술사들에게 풍부한 연금술적 의미를 함축하고 있는 연금술의 보고(寶庫)로 추앙받곤 했는데, 연금술사들은 구약성서상의 가장 중요한 인물인 모세를 연금술의 시조로 지목해왔다.

"서구 연금술사들은 모세가 금 엘릭시르를 최초로 조제한 사람 중의 한 사람이라고 확신하고 있는데, 이는 『출애굽기(32:20)』에 나오는 에피소드에 근거하고 있다. 거기에는 모세가 황금 송아지를 가루로 만들어서는 이것을 물과 섞어 이스라엘 사람들에게 강제로 마시게 하였다는 이야기가 나온다."[15]

성서를 직접 펼쳐보자. 이집트를 탈출한 이스라엘 민족이 시나이 반도에서 40년 동안 떠돌이 생활을 할 때, 모세는 시나이 산에 올라가 여호와를 만나고 여호와로부터 십계명을 받는다. 산기슭에서 모세를 기다리고 있던 이스라엘 백성들은 모세가 오랫동안 산에서 내려오지 않자, 모세의 형인 아론에게 그들을 인도해줄 신을 만들어달라고 요구했다. 이에 아론은 금붙이들을 모아 송아지 형상을 만들게 된다. 산에서 내려온 모세는 그의 백성들이 금송아지를 숭배하는 것을 보고 화

---

14) 그러나 우리는 그가 주장하는 모든 것을 살펴보지는 않을 것인데, 그것은 허드슨의 가정이 너무 혁신적인 내용들을 포함하고 있으며, 성서를 새롭게 해석하려는 것이 이 책의 궁극 목표는 아니기 때문이다. 한편 독자들은 허드슨이 처음부터 이러한 철학적인 신념을 가지고 화이트 파우더를 연구한 것이 아니라, 수년간의 연구 과정 뒤에야 비로소 연금술과 성서의 의미에 대해 주목하게 되었다는 점을 염두에 두어야 할 것이다.

15) 『연금술이야기』, 앨리슨 쿠더트 지음, 박진희 옮김, 민음사, 258쪽.

가 나서 여호와에게 받은 석판을 내던져 깨뜨려버렸다. 이어 출애굽기 32장20절에는 "모세가 그들의 만든 송아지를 가져 불살라 부수어 가루를 만들어 물에 뿌려 이스라엘 자손에게 마시우니라"라고 기록되어 있는데, 모세는 이에 그치지 않고 레위인들을 시켜 삼천 명가량을 처형하였다.[16]

일부에선 연금술과 신비학의 시조인 헤르메스 트리스메기스투스를 모세와 동일시하는 시각도 있다(물론 성서에는 모세가 연금술대전을 저술하였다는 기록은 없다). 과연 모세는 벌을 주기 위해 백성들에게 황금가루를 탄 물을 먹이고 처형을 하였을까, 아니면 처형은 별도로 하고 백성들을 먹여 살리기 위해 연금술을 활용하여 황금 송아지를 먹을 수 있는 금으로 바꾸었을까? 성서의 문구만 가지고는 사실을 판단하기 어렵다.

수백만 명에 달하는 이스라엘 백성들은 이집트를 탈출한 뒤에 곧바로 약속의 땅 가나안으로 가지 못하고 황막한 시나이 반도를 빙 돌아가는 우회로를 택하였는데, 문제는 먹을 것이 없다는 것이었다. 이때 하늘에서 내려준 선물이 바로 만나였다.

"저녁에는 메추라기가 와서 진에 덮이고, 아침에는 이슬이 진 사면에 있더라. 그 이슬이 마른 후에 광야 지면에 작고 둥글며 서리 같이 미세한 것이 있는지라. 이스라엘 자손이 보고 그것이 무엇인지 알지 못하여 서로 이르되 이것이 무엇이냐 하니 모세가 그들에게 이르되, 이는 여호와(Lord)께서 너희에게 주어 먹게 하신 양식이라."[17]

---

16) 출애굽기 32:21~32:28.
17) 출애굽기 16:13~16:15.

"이스라엘 족속이 그 이름을 만나라 하였으며 깟씨 같고도 희고 맛은 꿀 섞은 과자 같았더라."[18]

"네 하나님 여호와께서 이 사십 년 동안에 너로 광야의 길을 걷게 하신 것을 기억하라. 이는 너를 낮추시며 너를 시험하사 네 마음이 어떠한지 그 명령을 지키는지 아니 지키는지 알려하심이라. 너를 낮추시며 너로 주리게 하시며, 또 너도 알지 못하며 네 열조도 알지 못하던 만나를 네게 먹이신 것은 사람이 떡으로만 사는 것이 아니요, 여호와의 입에서 나오는 모든 말씀으로 사는 줄을 너로 알게 하려 하심이니라."[19]

만나의 어원은 '그게 뭐야?'라는 뜻의 히브리어 '만후'에서 유래된 것인데, 이스라엘 백성들이 땅바닥 위에 온통 널려 있는 하얀 알갱이를 보고 놀라서 서로에게 물어본 데서 근거한다. 만나는 시내 산에서 자라는 따마리스크라는 나무에서 분출되는 달짝지근한 액체 방울이라는 주장도 있긴 하지만[20] 기독교인들에게는 대표적인 기적의 하나로 받아들여진다. 허드슨은 바로 이 만나가 화이트 파우더였을 것으로 추정하고 있다.

허드슨이 만나와 함께 일종의 화이트 파우더였을 것으로 보는 또 하나의 성서상의 물건은 진설병(陳設餠-제단에 올리는 빵)이다. 허드슨은 진설병이 빵이나 꽃이 아니라 은이나 금이었을 것으로 추정하는데, 당시에는 진설병을 진설병이라 하지 않고 '신의 현존의 빵(the

---

18) 출애굽기 16:31.
19) 신명기 8:2~8:4.
20) 『뒤집어서 읽는 유태인 오천년사』, 강영수 지음, 청년정신, 1999, 47쪽.

Bread of the Presence of God)'이라 불렀다고 한다. 허드슨은 또 모세의 천막왕국 당시 진설병을 만든 사람이 언약의 궤와 언약의 궤 금장식을 만들었던 브살렐일 것으로 보고 있다.

성서의 기록으로부터 브살렐은 금세공인이자 대장장이였음을 짐작할 수 있는데,[21] 진설병을 주방장이나 여인네가 아닌 야금술사가 만들었다는 것은 그것이 빵이 아니라는 것을 말해주는 것이라고 허드슨은 생각하였다. 이 진설병은 만나를 넣어둔 언약의 궤와 함께 언제나 신성한 장소(신전)에 모셔졌으며 제사장과 같은 극히 제한된 사람들만이 접근할 수 있었는데(제사장직은 대대로 모세의 가계인 레위인들이 도맡았다), 이러한 지식과 전통은 이스라엘 민족이 가나안에 정착한 후 언약의 궤가 사라지고 솔로몬의 신전이 파괴되기 전까지 계속 이어진 것으로 보인다.[22]

사실 진설병이나 만나보다 훨씬 더 놀라운 것은 언약의 궤가 보여주는 수수께끼 같은 능력이다. 성서에는 언약의 궤가 일으키는 여러 기적에 대해 분명한 기록들을 남기고 있는데, 그 첫 번째 사건은 모세의 형이자 대제사장인 아론의 두 아들과 관련된 것이었다. 그들은 제사장 가족의 일원으로서 지성소에 마음대로 접근할 수 있었는데, 어느 날 손에 쇠로 된 향로를 들고 지성소 안으로 들어갔다가 변을 당하였다.[23]

"아론의 아들 나답과 아비후가 각기 향로를 가져다가 여호와의 명하

---

21) 출애굽기 35:30~35:33 참조.
22) 열왕기상 7:48~7:49, 히브리서 9:2~9:5, 역대상 9:31~9:33 참조.
23) 『신의 암호』, 그레이엄 핸콕 지음, 정영목 옮김, 까치, 1997, 360쪽.

시지 않은 다른 불을 담아 여호와 앞에 분향하였더니 불이 여호와 앞에서 나와 그들을 삼키매 그들이 여호와 앞에서 죽은지라."[24]

"아론의 두 아들이 여호와 앞에 나아가다가 죽은 후에, 여호와께서 모세에게 말씀하시니라. 여호와께서 모세에게 이르시되, 네 형 아론에게 이르라, 성소의 장안 법궤 위 속죄소 앞에 무시로 들어오지 말아서 사망을 면하라, 내가 구름 가운데서 속죄소 위에 나타남이니라."[25]

여기서 여호와는 언약의 궤를 나타낸다.[26] 그 위에는 덮개 역할을 하는 순금판(속죄소)이 있었고 그 양 끝에 역시 황금으로 된 케루빔 둘이 서서 마주보고 있는데, 이 케루빔 사이에서 일어나는 불꽃이나 구름이 아론의 두 아들을 비롯한 많은 사람들을 죽게 하였으며 모세와 이스라엘 백성들에게는 여호와의 현현으로 여겨졌다.

언약의 궤는 이민족과의 전쟁에 사용되어 이스라엘 백성들에게 승리를 가져다주었는데, 이 때 언약의 궤는 실제적인 살인무기의 역할을 하였다. 심지어는 이스라엘인들이 약속의 땅인 가나안에 들어가 첫 번째 승리를 거둔 그 유명한 여리고성 함락 때도 언약의 궤가 사용되었

---

24) 레위기 10:1~10:2.

25) 레위기 16:1~16:2.

26) *The Interpreter's Dictionary of the Bible*에서는 이렇게 주석을 달고 있다. "성궤(언약의 궤)는 이스라엘 무리의 지도자로만 여겨지는 것이 아니라, 직접적으로 여호와라고 일컬어진다. 여호와와 성궤 사이에 실질적으로 일치가 이루어지는 것이다…… 성궤가 여호와의 임재의 확장 또는 체현으로 해석되었던 것에는 의심의 여지가 없다." (각주23)과 동일한 도서, 625~626쪽에 있는 주에서 재인용함)

다.[27)]

그런데 언약의 궤는 굳이 적과 아군을 가리지 않았으며, 이따금 언약의 궤를 운반하는 사람들이 죽기도 하였다(물론 언약의 궤에 접근할 수 있는 사람은 엄격하게 제한되어 있었다). 요르단 강을 건너 여리고로 진격할 때, 여호수아(모세는 약속의 땅에 들어가기 전에 죽는다)는 다음과 같이 사람들에게 알린다.[28)]

"삼일 후에 유사들이 진중으로 두루 다니며 백성에게 명하여 가로되 너희는 레위 사람 제사장들이 너희 하나님 여호와의 언약궤 메는 것을 보거든 너희 곳을 떠나 그 뒤를 쫓으라. 그러나 너희와 그 사이 상거가 이천 규빗쯤 되게 하고 그것에 가까이 하지는 말라."[29)]

언약의 궤는 훨씬 나중에 블레셋인들과의 전투에서 패하면서 빼앗기게 되었는데, 언약의 궤 때문에 무시무시한 일들(죽거나 독종에 시달림)을 겪은 블레셋인들은 결국 일곱 달만에 언약의 궤를 본처로 되돌려보내기로 결정하였다.[30)] 이렇게 해서 언약의 궤는 이스라엘의 영토인 벧세메스로 옮겨졌는데, 이번에는 언약의 궤를 들여다본 벧세메스인들이 피해를 당하게 된다.[31)]

성서의 기록이 완전한 허구가 아니라면 언약의 궤는 단순한 종교적

---

27) 여호수아 6:1~6:16.
28) 각주23)과 동일한 도서, 362~363쪽.
29) 여호수아 3:2~3:4.
30) 사무엘상 5:1~5:12.
31) 사무엘상 6:19. -"벧세메스 사람들이 여호와의 궤를 들여다본 고로 그들을 치사 (오만)칠십인을 죽이신지라. 여호와께서 백성을 쳐서 크게 살육하셨으므로 백성이 애곡하였더라."

상징물 이상이었던 것이 확실하며, 20세기의 기준에서 볼 때 그것은 전기적인 방전이나 방사능 현상을 동반한 일종의 에너지 장치라는 인상을 받게 된다. 『신의 지문』과 『창세의 수호신』의 저자이기도 한 그레이엄 핸콕 역시 『신의 암호: 잃어버린 성궤를 찾아서』에서 이와 동일한 생각을 피력하였다.

> "구약은 사실 옳기도 하고 틀리기도 하다. 성궤는 진짜로 힘을 가지고 있었지만, 그 힘이 초자연적이거나 신적인 것은 아니었다. 오히려 인간의 기술과 발명과 재주의 산물이었음에 틀림없다."[32]

그것은 정말 일종의 기계였을까? 여호와의 복잡한 지시에 따라 만들어진[33] 언약의 궤는 매우 두꺼운 금으로 되어 있었는데, 이동할 때는 두 장의 천과 하나의 가죽으로 된 덮개로 감쌌다고 한다. 혹시 그것이 일종의 절연체 역할을 한 것은 아니었을까? 또 언약의 궤에 접근할 때는 매우 까다롭게 제작된 옷을 입어야 했는데,[34] 그것을 입지 않으면 목숨이 위험하였다. 여호와는 다음과 같이 명한다.

> "아론과 그 아들들이 회막에 들어갈 때에나 제단에 가까이 하여 거룩한 곳에서 섬길 때에 그것들을 입어야 죄를 지어서 죽지 아니하리니, 그와 그의 후손이 영원히 지킬 규레니라."[35]

---

32) 각주23)과 동일한 도서, 372~373쪽.
33) 출애굽기 25:10~25:22.
34) 출애굽기 39:1~39:32.
35) 출애굽기 28:43.

마치 현대의 절연복이나 방사능 보호복을 연상시키는 이야기들이다. 게다가 언약의 궤는 다음과 같은 신비한 현상을 보였다고 한다.

"성궤는 자기 자신만이 아니라 자신을 운반하는 사람도 운반할 수 있었기 때문에 운반하는 사람들의 몸이 이따금씩 공중으로 뜨곤 했다. 성궤가 중력을 이길 수 있는 신비한 힘을 발산할 수 있었다고 이야기하는 유대인의 전승은 이것만이 아니다. 미드라시 주석의 다른 몇 편 또한 성궤가 때때로 그것을 든 사람을 공중으로 들어올렸다고(그럼으로써 그들이 그 상당한 무게를 지는 짐을 잠시 덜어주었다고) 증언한다. 비슷한 맥락에서 특별히 주목할 만한 유대인들의 전설은 성궤를 들려고 하던 제사장들이 계속 보이지 않는 힘에 의해서 공중으로 내던져져 땅에 곤두박질친 사건을 기록하고 있다. 또 다른 전승은 성궤가 저절로 공중으로 튀어오른 사건을 묘사하고 있다."[36]

이 책을 여기까지 읽은 독자라면 이 인용문이 무엇을 의미하는지 알고 있다. 그것은 언약의 궤 그 자체가 마이스너 효과를 나타내고 있음을 말해주고 있는 것이 아닌가! 그뿐만이 아니다. 언약의 궤는 조셉슨 터널링 효과라고 생각되는 현상까지 보이고 있다.

"미드라시 주석가들이 인정하는 또 하나의 전설에서는 광야를 방랑하던 시기에 있었던 다음과 같은 일을 이야기하고 있다. '성궤가 높이 치솟더니 쏜살같이 야영지에서 사흘 걸어서 가야 할 곳으로 가버림으로

---

36) 각주23)과 동일한 도서, 362쪽.

써 야영지를 떠나라는 신호를 보냈다.'"[37]

어쩌면 언약의 궤는 일종의 초전도체였을지도 모른다. 허드슨의 논리는, 그렇다면 언약의 궤 주변에는 강한 마이스너장이 형성되어 있었을 것이고, 이 마이스너장과 공명을 일으키지 못하는 일반인이 접근했을 경우에는 전압차가 발생하여 고압의 전류가 흐르는 것과 같은 결과를 초래했을 것이라는 추측이다. 반면에 제사장들은 어느 정도 빛의 몸으로 변화되어 있어서 언약의 궤 주변에 발생하는 마이스너장과 공명을 이룰 수 있었다. 이러한 추측에 어느 정도 정당성을 부여하는 것은 변화를 겪은 모세의 얼굴에 대한 기록이다. 모세가 여호와로부터 받은 십계명을 적은 돌판을 화가 나서 깨뜨린 뒤에 다시 40일 동안 시나이 산에 올라가서 십계명판을 받아 내려오는데, 그때 모세의 얼굴에서 나는 광채를 보고 이스라엘 자손들이 두려워했다고 한다.[38]

십계명을 적었다고 하는 돌(석판) 또한 평범한 돌은 아니었던 것 같다. 이 돌들(두 개의 석판으로 되어 있다)은 여호와의 명[39]에 따라 언약의 궤에 넣어졌는데, 전승은 이 돌들이 다음과 같은 특성을 가지고 있던 것으로 말하고 있다.

---

37) 위와 동일한 도서, 626쪽- Louis Ginzberg, Legends of the Jews, Jewish Publication Society of America, Philadelphia, 1911, vol.III, p.395;
38) 출애굽기 34:28~34:29 - "모세가 여호와와 함께 40일 40야를 거기 있으면서 떡도 먹지 아니하였고 물도 마시지 아니하였으며 여호와께서는 언약의 말씀 곧 십계를 그 판들에 기록하셨더라. 모세가 그 증거의 두 판을 자기 손에 들고 시나이 산에서 내려오니 그 산에서 내려올 때에 모세는 자기가 여호와와 말씀하였음으로 인하여 얼굴 꺼풀에 광채가 나나 깨닫지 못하였더라."
39) 출애굽기 25:16 - "내가 네게 줄 증거판을 궤 속에 둘찌며"

"돌판들에 대한 가장 분명한 묘사는 탈무드와 미드라시에 나오는데, 거기에는 다음과 같은 정보가 있다. (1) 그것들은 사파이어와 같은 돌로 만들어졌다. (2) 길이가 여섯 뼘이 넘지 않고 폭도 그 정도였으나, 그럼에도 엄청나게 무거웠다. (3) 단단하면서도 유연했다. (4) 투명했다."[40]

이 표현은 마치 이 책의 처음에 등장했던 에메랄드 태블릿을 묘사하는 것처럼 들린다. 그것은 비문을 새긴 일반 비석과 같은 돌은 아니었던 것이다. 모세는 시나이 산에서 실제로 무엇을 했던 것인가? 그레이엄 핸콕은 다음과 같이 강한 의문을 나타낸다.

"하지만 그 헤브루(히브리)의 마법사가 정말 그 일(여호와로부터 십계명을 받는 일)을 하러 시나이 산에 왔던 것일까? 내가 보기에는 또하나의 시나리오가 있었을 것 같다. 그의 진정한 목적은 쭉 언약의 궤를 만드는 것이었으며, 그 안에 어떤 커다란 에너지원, 바로 이 산꼭대기에 오면 찾을 수 있다는 것을 그가 알았던 어떤 원료를 집어넣는 것이 아니었을까? ……만일 모세가 시나이 산 정상에 어떤 막강한 물질이 존재한다는 것을 알았다면, 그 물질은 과연 무엇이었을까?"[41]

모세는 아무도 접근하지 못하게 한 채 시나이 산에서 무려 40일간이나 보내고 있다. 그런데 우리는 모세가 여호와를 만나고 있을 동안,

---

40) 각주23)과 동일한 도서, 441쪽.
41) 위와 동일한 도서, 438쪽.

시나이 산에서 불과 연기가 피어올랐다는 성서의 기록을 볼 수 있다.[42]

　일종의 로(爐)작업이 시나이 산 위에서 진행되고 있었던 것은 아닐까? 시나이 산 주변은 광산지대로 알려져 있다. 한 이집트 학자의 의견에 의하면 모세는 시나이에서 긴 세월을 보내면서[43] 시나이 산에서 불과 90킬로미터밖에 안 떨어진 세라비트-엘-카뎀이라고 알려진 산의 거류지에서 살았을 가능성이 크다고 한다. 세라비트는 일종의 야금산업 단지로서의 기능을 했으며, 전 지역이 광범위하게 광산역할을 했다. 또 세라비트는 기원전 1990년부터 기원전 1190년까지 구리와 터키옥의 채광과 제조의 주요 중심지였다고 한다.[44]

　모세가 시나이에서 40년 동안이나 무엇을 하고 있었는지 성서에는 자세하게 언급되어 있지 않다.[45] 모세는 이집트의 왕자로 자라면서 최고의 신관들만이 알고 있는 이집트의 비밀지식들을 배웠다. 시나이 산에서 모세가 연금술 작업을 하고 있었다면 지나친 억측일까?

---

42) 출애굽기 19:18 - "시나이 산에 연기가 자욱하니 여호와께서 불 가운데서 거기 강림하심이라. 그 연기가 옹기점 연기같이 떠오르고 온 산이 크게 진동하며"

　출애굽기 24:15~24:18 - "모세가 산에 오르매 구름이 산을 가리며 여호와의 영광이 시나이 산 위에 머무르고 구름이 육일 동안 산을 가리더니 제 칠일에 여호와께서 구름 가운데서 모세를 부르시니라. 산 위의 여호와의 영광이 이스라엘 자손의 눈에 맹렬한 불같이 보였고, 모세는 구름 속으로 들어가서 산 위에 올랐으며 사십 일 사십 야를 산에 있으니라."

43) 모세는 이집트의 왕자로 있을 때 히브리인을 학대하던 이집트 감독관을 죽이고 광야로 달아나 시나이 반도에서 40년을 지낸다. 모세가 노예생활을 하는 히브리인을 구출해내러 다시 이집트에 들어간 것은 광야에서 40년을 지낸 후의 일이다.

44) 각주23)과 동일한 도서, 436쪽.

45) 7장 생명의 나무에서 모세에 대해 카발라의 관점에서 언급한 부분을 참조하라.

데이비드 허드슨은 히브리인들이 이집트에서 오랫동안 살면서 이 집트로부터 이러한 야금술의 지식을 배웠을 것이라고 추측하였다. 실제로 이집트는 야금술에 뛰어났으며, 비록 기존 사학계에서는 부인할지 모르지만 신비주의 전통에서는 이집트인들이 어떤 비밀스러운 지혜의 전수자들이자 수호자들이었다는 믿음이 널리 퍼져 있다.

그러나 히브리인들 자체의 계보 속에서도 이러한 놀라운 지식이 전해져왔다고 생각해볼 수도 있다. 창세기의 인물들은 단순한 원시부족의 족장 이상이었다고 생각되는데, 예를 들어 히브리인들을 당시의 대기근에서 구해내어 이집트에 정착하게 한 장본인인 요셉은 이집트 제12왕조의 재상을 지냈으며[46] 훨씬 더 거슬러올라가 대홍수 이후 모든 인류의 조상이라고 종종 주장되는 노아는[47] 모세나 토트, 헤르메스와 마찬가지로 문명 전달자로서의 위치에 서 있었다. 또한 성서에서는 카인의 6대손 투발-카인(두발가인)이 구리와 쇠를 가공하는 사람들의 조상이었다고 말하고 있다.[48]

한편, 데이비드 롤은 『세월의 풍상』과 『문명의 창세기』를 통해 구약성서가 신화가 아닌 역사적 사실임을 입증하고 있는데, 특히 주목할 만한 것은 히브리 신화(창세기)와 수메르 신화의 고고학적 연구와 상호 비교를 통해서 아담에서 노아에 이르는 성서상의 인물들이 실제로는 수메르 문명의 주인공들이었음을 밝히는 대목이다.

---

46) 『문명의 창세기』, 데이비드 롤 지음, 김석희 옮김, 해냄, 1999, 40쪽.

47) 노아가 모든 인류의 조상이라는 것은 지나치게 확대된 해석이며, 그는 중근동 지방 제민족(셈과 함과 야벳의 후예들)의 공통된 조상이었을 뿐이다. (창세기 9:18~9:19, 10:1~10:32 참조)

48) 창세기 4:22 - "씰라는 두발가인을 낳았으니 그는 동철로 각양 날카로운 기계를 만드는 자요."

수메르는 메소포타미아(두 강의 사이라는 뜻으로 유프라테스강과 티그리스강 유역을 말한다) 지역의 남부 바빌로니아 지방에 해당되는 곳으로, 칼데아(성서에는 갈대아라고 되어 있다)라고도 불리는 곳이다. 현재 학계에서는 수메르를 지구상에서 가장 오래된 문명이자 서구 문명의 시조로 보고 있다.

이스라엘 민족의 조상이 되는 아브람(아브라함)은 하란을 거쳐 가나안으로 들어가기 전에 이곳 갈대아 우르에서 살았다.[49] 아브람은 아담의 19대손이자 노아의 10대손이다. 그런데 롤에 의하면 수메르 문명은 아라타라는 사라진 왕국으로부터 동진(東進)한 것이다. 롤은 이 아라타 왕국이 지금의 아르메니아 지방 우르미아호 남쪽에 펼쳐진 미얀도아브 평원에 자리잡고 있었던 것으로 추정한다.[50]

롤은 에덴동산의 위치도 추적하였는데, 에덴동산은 바로 우르미아호의 동편 아드지 차이 골짜기 지역이었던 것으로 결론 내렸다. 몇천 년 전에는 이곳이 성서에서 묘사하는 낙원과 같은 환경이었으리란 이야기다. 그리고 창세기 2:10~14절에 나오는 네 강 피숀, 기혼, 히데켈, 페라트는 각각 케젤 우이준, 가이훈/아라스, 티그리스, 그리고 유프라테스강을 말하는 것으로 해석했다.[51] 이처럼 롤은 에덴을 우르미아호 동쪽의 에덴동산과 남쪽의 미얀도아브 평원을 포함한 우르미아호 주변 지역을 지칭한 지명으로 추정하였는데, 미얀도아브 평원을 지칭하는 수메르어가 '에딘'(아카드어로는 에딘-나)인 것에서 보아 성서의 에덴이란 단어도 바로 이 낱말에서 유래했을 가능성이 크다고 추정하

---

49) 창세기 11:31~11:32.
50) 각주46)과 동일한 도서, 166쪽.
51) 위와 동일한 도서, 95쪽.

였다.[52)]

아르메니아 지방은 역사적으로도 야금술이 처음 개발된 곳으로 알려져 있다. 초기 청동기 시대는 아르메니아 산악지대에서 시작되어 메소포타미아 분지로 내려온 것이다. 성서와 수메르의 설화도 역시 동일한 역사의 길(에덴/아라타로부터 갈대아/수메르로 이르는 이동로)을 따라가고 있다.[53)]

에덴 안에 속해 있던 미얀도아브 평원 부근의 산지에는 광물자원, 특히 금이 풍부한데, 아라타는 금이 많이 나는 곳으로 유명했다고 한다.[54)] 에덴동산으로 지목된 아르메니아 지역이 광산지였던 데다가 주변에 화산이 있었다는 것은 허드슨이 화이트 파우더를 발견하게 된 곳도 바로 화산지역임을 염두에 둔다면 흥미 있는 일치라 할 수 있다.

"여호와의 말씀이 또 내게 임하여 가라사대, 인자(人子)야 두로 왕을 위하여 애가를 지어 그에게 이르기를 주 여호와의 말씀에 너는 완전한 인(人)이었고 지혜가 충족하며 온전히 아름다웠도다. 네가 옛적에 하나님의 동산 에덴에서 각종 보석 곧 홍보석과 황보석과 금강석과 황옥과 홍마노와 창옥과 청보석과 남보석과 홍옥과 황금으로 단장하였음이여…… 네가 하나님의 성산에 있어서 화광석(불타는 돌들) 사이에 왕래하였었도다."[55)]

---

52) 각주46)과 동일한 도서, 167쪽.
53) 창세기 11:2 – "이에 그들이 동방으로 옮기다가 시날(수메르) 평지를 만나 거기 거하고."
54) 각주46)과 동일한 도서, 165쪽.
55) 에스겔 28:11~28:14.

"그들은 사한드 산(우르미아호의 동쪽, 아드지 차이 골짜기의 남쪽에 있다)을 '성배의 산'(아제리어로는 '잠 다기')이라 부른다. 주말과 명절이면 타브리즈 사람들이 분화구에서 흘러내리는 샘물을 플라스틱 통에 담기 위해 산을 오르는 것을 볼 수 있다. 이 샘물에는 병을 치료해주는 효험이 있다. 그리고 이곳은 신비한 힘을 가지고 있다."[56]

물론 이러한 연계는 이 책의 주제에 대한 나의 관심 때문에 빚어진 지나친 억측이겠지만, 이런 사실들이 어떤 고급의(특히 야금술이나 연금술에 관련된) 지식을 아담족이 지니고 있었으리라는 의혹을 한층 부추기는 것은 어쩔 수 없다. 아담의 계보는 우리 문명(적어도 중동과 서양문명)의 근원인 수메르에 근거를 두고 있는 것으로 보인다. 어쩌면 성서와 수메르의 설화에 등장하는 계보는 본래 하나였던 것일지도 모른다. 롤에 따르면 성서상의 인물들(예를 들어 에녹, 님로드, 노아)은 수메르 왕명록(함무라비 왕조 계보)의 인물들과 동일인물이라고 한다. 심지어 롤은 수메르라는 지명 자체가 노아의 아들인 셈의 이름을 따서 불리어진 지명이라고까지 하였다.

"수메르(Sumer)라는 말을 검토해보자. 이 단어는 설형문자 문헌에서는 '슈메르(Shumer)'라는 형태를 취하고 있다. 포이벨은 이 낱말이 '셈(Shem, 한글역 성서의 셈)'이라는 이름과 유사하다는 것을 깨달았다. 노아의 장남인 셈은 앗수르(아시리아), 엘람, 아람, 에베르(에벨)의 직계 조상이다. 이들은 모두 나라나 민족 이름의 기원이 된 인물들

56) 각주46)과 동일한 도서, 184쪽.

이고, 특히 에베르는 히브리란 호칭의 기원이다."[57]

수메르 학자인 포이벨과 그의 제자 크레이머는 언어학적 구조를 가지고 슈메르가 히브리어에서는 '셈'으로 발음되리라고 추정한 바 있다.[58] 그렇다면 성서를 저술한 히브리인들은 수메르인을 히브리 민족의 선조로 여겼을 것이며, 그것이 성서에 수메르에 관한 별도의 언급을 찾아볼 수 없는 이유일지도 모른다.

롤은 또한 성서와 수메르간의 관계를 탐구하는 데 그치지 않고 동부 아프리카의 탐사 결과를 근거로 수메르 민족이 해양을 통해 이집트에까지 진출하여 고대 이집트 문명을 건설하는 데 큰 역할을 했다고 주장하였다. 일부 이집트 유물에 수메르의 영향이 남아 있음은 다른 이집트 학자들도 인정하는 바이다. 그러나 이집트 문명의 본류가 수메르에서 왔다고 보는 것은 무리가 있다.

이집트 문명은 오늘날까지도 우리에게 많은 경이를 자아내게 하지만, 그 근원을 알 수 없는 매우 특이한 문명이다. 그것은 처음부터 완벽한 모습으로 어느 날 갑자기 나타났다. 점진적으로 문명이 발달했다는 증거를 찾아볼 수가 없다. 수메르의 영향이 있었다고는 하나, 분명 이집트는 이집트만의 독특한 문명 계보를 가지고 있는 게 틀림없다. 그러나 그것은 어디에서 왔을까? 최근 그레이엄 핸콕, 찰스 햅굿, 로버트 보발 등의 연구에 의하면[59] 기자에 있는 스핑크스나 대피라미드의 연

---

57) 각주46)과 동일한 도서, 200쪽.
58) 위와 동일한 도서, 200~201쪽.
59) 『신의 지문』, 그레이엄 핸콕 지음, 이경덕 옮김, 까치, 1996
　　 『창세의 수호신』, 그레이엄 핸콕 지음, 유인경 옮김, 까치, 1997
　　 『오리온 미스테리』, 로버트 바우벌 · 아드리안 길버트 지음, 도반 옮김, 열림원

대는 최소한 만년을 넘는 것이라고 한다. 반면 역사학계의 정설에 따르면 인류가 청동기를 사용하고 문명을 일으킨 것은 5, 6천 년을 넘지 않는다. 과연 그 이전의 인류는 돌도끼나 만들고 사냥이나 하고 살았던 석기시대의 야만인에 불과했던 것일까? 하지만 전세계에는 역사학이나 고고학으로 설명되지 않는 태고의 유적들이 곳곳에 산재해 있다. 그것들은 우리의 이해를 넘어서는 문명이 한때(그것도 역사시대 저 너머의 시대에)그곳에 존재하고 있었음을 웅변해주는 것이 아니겠는가?

어쨌든 대피라미드군의 유적이 말해주듯이 이집트 문명이 만년을 오르내리는 훨씬 더 오래된 문명으로부터 그 생명을 이어받은 것이라면,[60] 기껏해야 약 5, 6천 년 전으로 추산되는 수메르로부터 문명의 본줄기를 이어받았다고 생각하기는 어렵다. 대신에 우리는 수메르조차도 그 이전의 미지의 문명으로부터 문명을 전수받았을 가능성을 가정해볼 수 있다.

이집트나 수메르(또는 에덴), 이 문명들의 최초 건설자들이 어디서 이주해왔는지는 아직까지도 수수께끼이다. 성서에 따르면 아담은 에덴에서 창조된 것이 아니라, 아담이 먼저 있고 나중에 에덴이 있었다고 한다.[61] 즉 아담은 다른 곳에서 에덴으로 온 것이다.

1999년
『시리우스 커넥션』, 머리 호프 지음, 김진영 옮김, 대원기획출판 ,1998년
『신성한 과학』, R. A. & Schwaller DeLubicz 지음, Inner Traditions International, 1982 등을 참조하라.
60) 앞선 문명의 고급지식을 전해 받은 일부 엘리트들과 원시문화가 공존하는 신왕(神王)시대를 거쳐 고왕국시대로 접어들었을 것으로 추측된다.
61) 창세기 2:15 "여호와 하나님이 그 사람을 이끌어 에덴 동산에 두사 그것을 다스리며 지키게 하시고", 창세기 2:8절 또한 참조하라.

그렇다면 그 다른 곳은 어디일까? 1만 년 전에 대피라미드를 건설할 정도의 기술을 가졌으며, 이집트와 수메르의 공통 조상이었을지도 모르는 제3의 문명, 그리고 세계 곳곳에 존재하는 기원을 알 수 없는 고대문명 및 거석유물들과도 연관이 있을지 모를 불가사의한 문명, 그러나 지금은 인류의 기억 속에서 잊혀진 사라진 문명이 실재했다면?

아마도 이럴 경우 가장 먼저 떠오르는 이름이 아틀란티스일 것이다. 대서양에 존재했으며, 약 1만2천 년 전에 대격변과 함께 바다 속으로 사라졌다고 하는 전설의 대륙 아틀란티스는 기원전 3세기경 플라톤이 『티마에우스』에서 언급함으로써 그 존재가 서방세계에 알려지게 되었다. 사실 신비주의 전통에서 아틀란티스 이야기는 거의 빠짐없이 등장한다. 칼데아, 이집트는 티벳, 인도와 함께 고대 비전(祕傳) 지식이 전수되던 대표적인 곳으로, 이들에 앞서 아틀란티스가 있었다는 이야기다. 유감스럽게도 아틀란티스라는 이름은 학계에서는 금기시되는 말이지만, 아틀란티스라는 존재를 가정할 때 비로소 고대 역사의 많은 궁금증이 풀릴 수 있을 것이다. 이런 이유로 아직은 대서양 해저에 대륙이 존재했다는 결정적 증거가 미흡하지만,[62] 기존의 학설에 의문을 제기하는 사람들이 점점 늘어나고 있다.

문명은 부침한다. 성서와 수메르의 홍수 이야기를 비롯하여 세계 곳곳에는 하나의 문명을 멸망시킬 만한 대홍수에 대한 전설이 많은데, 그런 전설들에는 예외 없이 대홍수에서 살아남아 선(先)문명의 지식을 전수하는 사람들의 이야기가 등장한다. 대륙의 침몰, 또는 이에 버

---

62) 아틀란티스의 존재를 대서양이 아닌 남극대륙에서 찾으려는 견해가 있다. 남극대륙이 한때 4,000km 이상 북쪽에 있었으며, 빙하에 덮이지 않은 남극대륙의 해안선이 그려진 고대 지도가 발견된 것 등이 이 견해의 중요한 출발점이다.

금가는 엄청난 재난 뒤에 살아남았지만, 급격히 퇴보하여 다시 모든 것을 원시상태에서 시작해야 하는 대다수 사람들과 운좋게(?) 지식을 보존할 수 있었던 극소수의 사람들이 함께 부딪치며 생존해가는 상황을 한번 상상해보라. 인류의 문명이 항상 발전적이고 상향적으로만 전진해왔다고 단정한다면 그것은 대단히 잘못된 견해일 것이다.

노아 역시 대홍수에서 살아남아 이런 (비밀)지식을 후세에 전수하였던 사람이다(그는 수메르의 홍수 전설에 나오는 우투나피쉬팀과 동일시된다. 아카드어인 '우트나피쉬팀'은 수메르어로는 '지우수드라', 고(古)바빌로니아어로는 '아트라하시스'에 해당된다). 흥미롭게도 『길가메시 서사시』에는 우루크의 영웅 길가메시가 영생을 얻기 위해 우트나피쉬팀을 찾는다는 이야기가 나온다. 그러면 모세 때까지만 해도 신관계급을 통하여 이어져 내려왔을지 모를 그런 비밀지식은 어떻게 사라져갔을까?

이제 다시 모세가 연금술 지식을 얻게 된 경위로 돌아가보자. 어떤 경로를 통해서든 이집트 역시 고급의 비전지식을 간직하고 있던 곳이다. 그리고 히브리 역시 그러한 비전 전통이 있었다는 증거가 상당히 있다. 그렇다면 모세의 지식이 히브리 전통을 통해서 얻은 것인지, 아니면 이집트의 신관들을 통해서 얻은 것인지는 쉽게 결론 내리기가 어렵다. 어쩌면 모세는 양쪽의 비전 지식을 모두 얻었는지도 모르는 일이다.

그런데 모세가 이스라엘 민족을 이끌고 이집트를 탈출할 때, 무리 중에는 브살렐과 같이 이집트에서 대장장이로 일했던 사람들이 있었다. 어쩌면 그런 사람들이 이집트에서 생활하면서 이집트 야금술(또는 연금술)의 기술과 지식을 익혔는지도 모른다. 반면에 뒤늦게 히브리인을 쫓기 위해 도성을 비웠던 이집트는 힉소스족의 침략을 받아 황폐화된다. 허드슨은 이 사건으로 이집트에서의 연금술 지식에 대한 전수의 맥이 끊기고, 이후 이 특별한 지식의 전수는 히브리인들에 의해 이어지게 되었다고 보았다.

언약의 궤는, 이스라엘 민족이 가나안에 정착하여 다윗이 통일 이스라엘 왕국을 세운 후, 다윗의 아들 솔로몬이 건설한 여호와의 성전 안에 보관된다. 여호와의 성전은 언약의 궤를 봉안하기 위한 목적으로 세운 것이며, 여호와의 성전 지하에는 호화스러운 금은보화와 함께 비밀지식들이 보관되었다는 이야기가 전승되고 있다.

그레이엄 핸콕은 그 후 솔로몬과 이디오피아의 시바 여왕 사이에 난 아들이 솔로몬을 찾아 예루살렘에 왔다가 다시 이디오피아로 돌아갈 때 이 언약의 궤를 이디오피아로 함께 옮겨갔다고 추정한다. 솔로몬은 그 아들이 자신의 아들임을 인정했는데, 장로들이 그를 장자로서 인정하지 않으려 하자 솔로몬이 레위족 장남들을 이디오피아로 함께 떠나보냈다. 이후 솔로몬의 성전도 붕괴되었는데, 이로서 우리는 더이상 고대의 비밀지식들을 찾을 길이 없게 되었다.

초고대의 완전한 지식이 일부 신관과 비전가들에 의해 단편화된 지식으로 전달되다가 그마저 단절된 것이다. 그렇다고 모든 지식이 다 사라진 것은 아니었지만, 특히 이집트 알렉산드리아와 솔로몬 신전의 파괴는 고대의 중요한 지식과 자료들을 대부분 소실하는 계기가 되었다. 후에 십자군 원정 당시 솔로몬 신전을 관리하였던 유럽의 성당기사단이 그 잃어버린 지식을 발견하였을 가능성이 있는데, 신비학 쪽에서 흔히 그 증거로 제시하는 것이 중세 유럽의 고딕양식이라는 뛰어난 건축기술이다. 연금술의 지식(물론 존재했다면)도 단편적으로는 후세에 전해져 일부가 그 재연에 성공했던 것으로 보인다. 코페르니쿠스나 뉴턴 등 많은 현자와 과학자들의 업적도 사실 이 고대지식으로부터 온 것이 의외로 많다는 것을 이해하게 되면, 전승의 맥이 완전히 끊긴 것은 아니라는 것을 알 수 있다.[63]

고급의 비밀지식이 비전가들을 통하여 전수되어(그것도 대개 구전으로) 왔고, 연금술이 실제로 존재하고 행해져 왔다는 이런 이야기는 판타지 소설에서나 나올 법한 이야기라고 무시할지도 모르겠다. 그러나 만일 상온 초전도와 상온 핵융합이 현실화되고 화이트 파우더가 실제로 작용하는 것으로 판명이 난다면, 그런 환상적인 이야기들도 새로운 시각을 갖고 대하지 않을 수 없게 될 것이다. 그때 독자들도 비로소 소설보다도 더 공상 같은 현실을 믿게 될 것이다.

마지막으로, 연금술이 행해졌다는 또 하나의 증거를 성서에 등장하는 인물들의 긴 수명에서 찾는다면 이것 역시 허황된 일일까? 성서에 의하면 아담은 930세를 살았으며, 아담의 셋째 아들 셋은 912세를 살았다. 셋의 아들 에노스는 905세를, 또 그 아들 게난은 910세를 살았으며, 마할랄렐은 895세를, 야렛은 962세를, 그리고 야렛의 아들 에녹은 365세를 살았다. 에녹에 대해서는 "하나님과 동행하더니 하나님이 그

---

63) 각주23)과 동일한 도서, 424~425쪽— "예를 들면 태양 중심의 우주 이론을 통해서 중세의 지구 중심의 자족성을 뒤집어버렸던 르네상스의 천문학자 코페르니쿠스는 아주 공개적으로 자신이 다름 아닌 토트의 감추어진 저술들을 포함한 고대 이집트인들의 비밀저술들을 연구함으로써 그런 혁명적인 통찰에 이르게 되었다고 말했다. 마찬가지로 17세기의 수학자 케플러도 행성 궤도의 법칙을 정식화하면서 자신은 단지 이집트인들의 황금 그릇을 훔치는 것일 뿐임을 인정했다…… 비슷한 맥락에서 아이작 뉴턴 경은 이집트인들은 종교적 의식과 상형문자의 상징들 밑에 일반인들은 이해할 수 없는 비밀들을 감추어 놓았다는 견해를 밝혔다."

를 데려가시므로 세상에 있지 아니하였더라"[64]라는 기록이 덧붙여져 있다. 그리고 에녹의 아들 므두셀라는 969세를, 므두셀라의 아들 라멕은 777세를, 그리고 라멕의 아들 노아는 950세를 살았다. 한편, 노아의 장자인 셈의 후예들은 테라(아브람의 아버지)에 이르기까지 약 200년에서 600년의 긴 수명을 누렸다.

우리는 대홍수가 있었던 노아 이후에 특히 수명이 많이 짧아진 것을 볼 수 있다. 그래도 이백 년에서 육백 년이나 되는 수명은 우리로서는 상상하기 어려운 것이다. 이 긴 수명을 해석할 수가 없으므로 한 명의 등장인물이 사실은 한 세대를 나타내는 것이라고 보는 사람들도 있다. 심지어 대홍수 이후에 수명이 짧아지고 아이를 낳는 연령이 빨라지는 경향이 품종개량을 통한 농가의 가축 사육이나 혹은 생물학 실험실에서 일반적으로 관찰되는 것과 유사한, 일종의 소진화(小進化)라고 보는 사람도 있는데,[65] 이런 의견이 긴 수명에 대한 근본적인 대답은 될 수 없을 것 같다. 다만 그의 견해처럼 대홍수 이전의 초산연령이 평균 115세로 늦은 것과, 대홍수 이후의 환경 변화가 수명의 단축을 초래한 것 등은 생리적인 요인도 크게 작용하였을 것이라고 추측해볼 수 있을 뿐이다.

잃어버린 언약의 궤와 잃어버린 솔로몬의 지혜, 그리고 수많은 세월을 이스라엘 민족과 함께한 성서의 기적, 그것은 과연 과학이었을까, 아니면 마법이었을까? 물론 많은 사람들이 이 장의 여러 주장들에 동의하지 않겠지만, 성서를 포함하여 세계에는 여전히 풀리지 않는 고대역사의 미스터리들로 가득하다. 연금술은 과연 존재했으며, 이집트

---

64) 창세기 5:24.
65) 『신의 과학』, 제랄드 슈뢰더 지음, 이정배 옮김, 범양사, 2000, 37쪽.

의 불사조 신화처럼 새 삶을 얻어 부활할 수 있을 것인가? 어쩌면 그 모든 비밀은 '하얀 돌'에 있는지도 모른다.

"귀 있는 자는 성령이 교회들에게 하시는 말씀을 들을지어다. 이기는 그에게는 내가 감추었던 만나를 주고 또 흰 돌을 줄 터인데 그 돌 위에 새 이름을 기록한 것이 있나니 받는 자밖에는 그 이름을 알 사람이 없느니라."[66]

---

66) 요한계시록 2:17.

우주의 비밀

갈릴레오와 뉴턴 시절 이후, 과학과 철학(또는 종교)이 분리된 채 400년 가까운 세월이 흘렀다. 과학은 보다 우월한 위치에 올라서서 모든 인간활동과 가치관의 새로운 기준이 되었다.

그 중에서도 물리학은 다른 모든 학문의 토대가 되었는데, 그것은 물리학이 사물의 기초, 즉 실체의 핵심이라고 생각되는 시간, 공간, 물질 등의 법칙을 다루는 학문이었기 때문이다. 화학은 원자와 분자라는 이 물질적인 실체들의 상호결합과 작용을 다루는 학문이며, 생물학은 유기체라는 보다 복잡한 집합물질의 생명활동과 행동양식을 연구하는 학문이고, 생물학에 토대를 둔 의학이나 농학 역시 그러한 물질주의 시각에서 벗어나지 않는다. 비교적 첨단과학이라고 할 수 있는 유전공학은 물론이고, 현대 생활에 각종 편의와 유익함을 선사하는 전기와 전자, 금속, 기계, 섬유, 컴퓨터공학 등도 당연히 물질주의에 기반을 둔 것이라 할 수 있다. 결국 응용과학을 포함한 모든 현대의 학문분야가 물리학을 토대로 하였거나, 그 절대적인 영향에서 자유롭지 못하다.

현대인은 물리학이 우주의 모든 비밀을 밝혀주거나, 아니면 이미 대부분의 비밀을 알고 있는 것으로 간주하려는 경향이 있다. 이렇게 된 데에는 현대인이 더 이상 우주의 신비에 대해서 스스로 사색하기를 포기하고 전문가 집단(물리학자들)에게 모든 권한과 의무를 위임해버린 것을 그 한 이유로 꼽을 수 있다.

그러나 진실은 물리학이 우주의 모든 현상을 설명하지는 못하며, 존재의 핵심을 알지도 못한다는 것이다. 지난 400년간 물질과 우주에 대한 인식의 영역이 크게 확장되어온 것은 사실이지만, 여전히 우리는 진리의 일부분밖에 알지 못하며, 오히려 우리가 물질과 우주에 대해 많은 것을 알면 알수록 수수께끼와 의문은 더 늘어났다고 해야 할 것이다.

환원주의 사고방식의 극치인 원자, 그것은 대단히 성공적인 모델이었다. 그렇지만 우리는 과연 원자에 대해 모든 것을 알고 있다고 말할 수 있을까? 사실 아무리 박식하고 상상력이 풍부한 물리학자라 하더라도, 원자의 모습을 정확하게 묘사할 수는 없을 것이다. 종종 태양계 모형이 원자의 모습을 나타내는 데 사용되기도 하지만, 편의를 위한 것일 뿐 정확한 비유는 아니다. 궤도전자의 위치를 확률함수로 나타내는 오비탈의 개념도 말 그대로 전자가 발견될 확률을 표시한 것일 뿐 정확한 전자의 정체를 말해주고 있지는 않다. 원자핵 또한 어떤 모습을 하고 있는지, 그 내부구조는 어떻게 되어 있으며 양성자와 중성자는 어떤 형태를 하고 있는지, 비교적 최근에 껍질모형 정도가 연구되고 있을 뿐 아는 것이 별로 없다. 물리학은 과연 언제쯤 진리의 핵심에 다다를 것인가? 원자와 원자핵, 소립자, 쿼크, 그것으로 끝인가, 아니면 그 밑에 또 다른 무엇이 있는가? 또 있다면 그런 과정은 언제까지 계속될 것인가?

나는 감히 입자가속기 같은 장치도 없이 원자의 구조와 본질을 이해해보려고 시도하였다. 이런 무모한 시도가 가능했던 것은 오컬트화학이라는 신비로운 책이 있었기 때문이다. 나는 그것이 날조된 것이 아니라, 진지한 관찰 결과를 바탕으로 한 것임을 밝히는 데 이 책의 상당 부분을 할애하였으며, 때로는 신비학적인 자료들과 물리학의 여러 이론들을 비교해가며 물질에 대한 새로운 해석을 내려보았다. 그 결과 비록 수학적인 이론 토대를 마련하지는 못하였지만, 현재의 물리학으로 가능한 것보다 더 깊숙이 원자의 안을 들여다볼 수 있었다. 심지어는 플랑크 길이라 불리는, 물질계 경계선 너머의 영역까지도 엿볼 수가 있었는데, 그곳은 물리학에서 영점과 허수, 복소수, 고차원, 무한대 등으로 나타나는 영역이었다.

물질과 우주는 우리가 상상할 수 있는 것보다 훨씬 더 오묘하고 신비로운 것이었다. 물질은 단순한 원자의 덩어리나 소립자의 덩어리가 아니었으며, 또는 에너지의 소용돌이라고 간단히 정의해버리기에도 알맞지 않은 그 무엇이었다. 아마도 우리는 물질에 대한 좀 더 새로운 개념을 갖지 않으면 안될 것이다. 이제부터는 이 책을 정리하는 의미에서 새로운 통찰에 근거한 물질의 창세기를 구성해보기로 하자. 더러 분명하지 않은 사실도 있겠지만, 전체적인 이야기의 맥락을 위해 삽입되었으므로 이를 감안하여 읽어주기 바란다.

현대 과학의 창세기는 빅뱅이론으로 요약된다. 다시는 재현할 수 없는 태초 몇 분간의 어마어마한 밀도를 가진 불덩어리 속에서 현재 모든 물질의 기원이 되는 에너지와 입자들이 창조되었다는 것이다. 그러나 우주는 빅뱅에서 태어난 것이 아니다.

물질의 창조와 소멸은 지금 이 순간에도 일어나고 있는 일상적인 현상이다. 물질우주가 존재하기 이전에 고차원의 우주(초공간)가 이미 존재하고 있었으며, 이를 청사진으로 해서 물질우주가 펼쳐진 것이다. 물론 그 자체로 궁극 실체가 아닌 물질우주는 주기성을 가지고 있으며, 영원불멸한 존재는 아니다. 다만 빅뱅우주에 비하면 엄청나게 긴 시간이 경과하였고, 빅뱅처럼 극적이고 격렬한 시작은 아니었다.

주기를 초월해서 존재하는 존재, 그리고 물질우주의 탄생을 가능하게 한 궁극의 실체는 바로 '공간'이다. 공간은 그 전체가 하나의 단일체이며 동시에 무한하다.[67] 그리고 공간은 다중으로, 즉 여러 겹으로 존재한다. 공간이 여러 겹인 것은 분화된 모든 존재가 파동적인 존재[68]이며, 그 진동주파수에 따라 서로 다른 시공간을 경험하기 때문이다.

물질의 창조는 공(공간)의 에센스가 한 점에 응축됨으로서 가능했다. 공은 우리의 인식에서는 공허, 암흑, 또는 무(無)로서 나타난다. 우

---

[67] 물질우주 역시 궁극의 무한자인 '공간'에 대해서는 유한하지만, 그 자체로는 무한하다고 본다. 그것은 정수(-∞ … 3, 2, 1, 0, 1, 2, 3 … ∞)의 집합이 실수 집합의 부분집합이지만 그 자신은 무한인 것과 같다. 그러나 우리가 속해 있는 우주는 커다란 유기체 속의 하나의 세포막에 둘러싸인 세포처럼, 특정 시공간에 둘러싸인 유한한 것인지도 모른다.

[68] 파동적인 존재라는 것은 진동을 한다는 뜻이며, 진동을 한다는 뜻은 그 존재가 공간에 퍼져 있다는 뜻이다. 어떤 입자가 공간에 퍼져 있다는 것은 곧 그 입자의 구성성분이 타키온적 성질을 가지고 있다는 것이다. 따라서 더 넓게 퍼져 있는 입자, 즉 콤프톤 반경이 큰 입자일수록 그 본질은 더 상위계의 입자일 가능성이 크며, 이렇게 진동하면서 하나의 실체로 유지되는 거품(빛) 또는 원자가 '공'의 에센스, 또는 에너지를 하위계로 표출해내는 메커니즘이 아닌가 한다.

주의식의 휴식기인 프랄라야가 끝나고 만반타라가 시작되면서 공의 무한한 잠재력이 비로소 외부로 현현되기 시작하였다. 이때 공 내부(현현 이전의 공을 말한다)의 역동적인 움직임의 결과 원초적인 빛이라고 할 수 있는 무수한 초점들이 생겨났다.

원초적인 빛은 코일론이라 부르는, 공의 질료적인 측면에서 분화한 일종의 에테르 속에서 배태되었다. 이 진정한 의미의 에테르는 공과 마찬가지로 전체가 하나의 단일체인 존재이다. 그 이름에 '입자'를 나타내는 온(-on)이라는 접미사가 붙은 것은, 이 단계가 개체화된 입자와 전체 단일체의 경계지점임을 암시한다. 코일론을 하나의 입자개념으로 본다면, 코일론은 속도가 무한대인 타키온에 비유할 수 있다. 시간이 걸리지 않고 어느 곳이든 갈 수 있기 때문에, 곧 모든 곳에 동시에 존재한다는 의미와 똑같다. 이 때문에 코일론을 전체로서 하나의 단일체라고 한 것이다.

코일론이 무한대의 타키온이라는 사실 때문에, 만일 어떤 입자가 코일론이나 공의 상태로 되돌아갔다가 다시 입자로 되돌아올 수 있다면 빛의 속도를 넘어서는 일도 가능하리라고 생각해볼 수 있다. 실제로 빛이나 입자는 고정되거나 독립된 실체가 아니며, 끊임없이 그 생명의 모체인 공으로부터 에너지를 부여받음으로써 존재를 유지시켜나가는 일종의 솔리톤이자 영구기관이라는 것을 상기해보면 전혀 황당한 이야기만은 아니다. 양자세계의 비국소성은 여기에 바탕을 둔 것인지도 모른다. 코일론은 개체와 전체가 만나는 곳이며, 극대와 극소가 만나는 곳이다. 그러기에 공의 에센스가 한 점에 응축되는 이 과정 속에서 우리는 어쩌면 홀로그램의 비밀을 발견할 수 있을지도 모른다.

응축된 공의 에센스, 원초의 빛을 코일론-에테르 속에서 존재하고 움직이게 하는 것은 로고스의 입김, 즉 우주의식의 숨결이다.

이제 (원초의) 빛은 정지해 있지 않고 운동한다(정지해 있을 수 없다. 정지혜 있다면 곧 존재하지 않는 것이다). 운동은 우주의식의 속성과도 같은 것이다.[69] 우주의식은 공간의 또 다른 측면이며, 그 둘은 하나의 통일체이다. 공간의 질료적인 측면이 분화하여 여러 단계를 거치듯이(물라프라크리티 → 프라다나 → 코일론) 우주의식도 파라브라만, 브라만, 푸루샤(영) 등으로 분화해나가며 질료를 활성화하는 근원적인 힘이 된다.

이 과정에서 영, 또는 우주의식의 대리인처럼 작용하여 물질을 움직이고 우주법칙의 기초가 되는 것은 포하트라는 전기적인 힘이다. 원초적인 빛이 유지되고 운동을 하는 것도 포하트라는 에너지를 통해서다.

이때 코일론이 중요한 역할을 한다. 코일론이 존재함으로써 빛의 운동은 의미를 부여받게 되는 것이다. 즉 코일론은 운동계에 대한 절대좌표계를 제시하며, 다양한 운동형태의 전개를 가능하게 하는 대칭성의 바탕을 제공한다. 빛이 대칭성을 바탕으로 안정된 운동을 지속할 수 있다면,[70] 그것은 마치 어떤 형태가 존재하는 것과 같은 효과를 만

---

69) 우리는 운동을 매우 부차적인 현상으로, 즉 어떤 물리적인 결과로만 바라보는 습관에 젖어 있다. 물질과 시간이 존재한 후에 그 물질이 시간에 따라 이동하는 현상으로만 이해하는 것이다. 그러나 우리는 운동을 새로운 시각에서 바라볼 필요가 있는데, 사실 운동은 물질이나 시간보다 더 본질적인 것이기 때문이다. 보다 구체적으로 말하자면, 운동이 있음으로써 우리는 비로소 시간과 물질을 경험할 수 있다(시간, 운동, 물질, 의식, 공간 그중 어느 하나도 결코 다른 것에서 독립된 존재는 아니다).

70) 이때의 빛을 위상고정(位相固定;phase lock)된 정상파라고 할 수 있을 것이다. 정상파(standing wave)는 시간이 흐름에 따라 파가 진행하는 것이 아니라,

들어낼 수 있다.

따라서 우리가 물질이라고 부르는 것의 실체는 진흙처럼 단단한 연속체의 덩어리라기보다는 형태, 즉 질서 잡힌 운동의 윤곽이다. 어떤 물질 요소를 이루는 기하형태를 결정이라고 할 때, 물질이 빛의 결정, 또는 스피리트의 결정이라고 하는 것도 이런 배경에서 나온 말이다. 그러므로 어떤 의미에서는 물질을 기하라고도 말할 수 있다.

이렇게 형태를 이루면서 물질화된 빛을 원자(궁극 원자)라 한다. 원자들이 결합하여 분자(화학원자도 포함된다)와 여러 물체들을 만든다. 그러나 궁극원자는 한 가지 종류만 존재하는 것이 아니라, 규모(스케일)에 따라 여러 차원의 궁극원자들이 존재한다. 이 여러 차원들은 신비학에서는 존재계들로 일컬어지며 물리학에서는 초공간으로 불린다. 다만 물리학의 초공간이 아직까지 수학적이고 추상적인 개념에 지나지 않는 데 비해, 신비학의 존재계들은 실제적인 존재의 의미를 갖는다는 데 차이가 있다. 각 계의 궁극원자들은 일련의 빛의 초점(오컬트화학에선 이를 거품이라 한다)들로 형성되는데, 낮은 차원의 원자일수록 그 수가 많아져 물질계의 원자는 무려 140억 개의 거품으로 이루어진다. 이 물질계의 궁극 원자를 아누라고 하며, 우리가 보는 원소들의 원자핵을 이루는 기본 요소가 바로 이것이다.

한편, 질료적인 측면과 함께 우주의 나머지 한 축을 이루는 에너지의 측면은 우주의식으로부터 분화된 것이다. 그러므로 현대물리학이 다양한 에너지와 힘의 통일이론을 구축하기를 원한다면 물질계가 아닌 고차원 초공간에서 그 근원을 찾을 필요가 있다.

고정된 패턴을 가지고 그 자리에서 진동을 하는 것이어서 마치 공간에 머무르고 있는 듯이 보인다.

그런데 우리가 질료나 에너지의 근원을 찾아 무한계를 넘어 초월계의 영역에까지 다다르게 되면 질료나 의식 모두가 동일한 초월적 존재(공, 아인 소프, 무극)의 양 측면에 지나지 않음을 알게 된다. 모든 것이 하나에서 나온 것이다. 그러나 이에 못지않게 중요한 것은, 이 둘이 그 근원이 같을 뿐만 아니라 독립적으로 존재할 수 없다는 것이다.

즉, 질료와(의식, 스피리트, 힘의 계열을 통해 분화된) 에너지는 진흙으로부터 흙과 물을 나눌 수 있듯이(이는 힘들지는 몰라도 분명 불가능한 일은 아니다) 서로 떼어놓을 수 있는 것이 아니다. 과연 질료, 또는 물질을 순수한 물질적 의미로서의 질료라고 할 수 있겠는가? 바꾸어 말해서 에너지 요소를 배제한 물질이 존재할 수 있겠는지 한번 생각해보라. 물질 자체가 에너지가 결정화된 것이다. 에너지가 사라진다면, 또는 영(spirit)의 흐름이 단절되고 의식이 작용을 멈춘다면 물질 또한 그 존재가 소멸되고 말 것이다.

에너지 역시 마찬가지다. 밑의 차원에서 볼 때는 상위 차원의 질료가 힘의 형태로 나타난다고 이야기한 바 있듯이, 에너지 역시 질료를 바탕으로 해서 작용하고 있는 것이다. 순수한 에너지, 순수한 영은 비현현의 단계에서 잠재적인 상태로만 존재하지만, 그 역시 독립적으로 존재한다고는 할 수 없고 공의 내부에서 질료와 합일된 상태에 있는 것이다.

현현계의 형상질료[71]들은 어느 계에서든지 원자라는 기본단위를

---

71) 나는 지금까지 뒤섞어서 사용해온 질료 혹은 물질이란 개념을 구분하여, 코일론 이전의 질료 상태를 '바탕질료', 각 존재계의 궁극원자와 이들의 결합으로 이루어진 물질 상태를 '형상질료'라고 부르기를 제안한다. 이렇게 보면, 빛은 바탕질료와 형상질료를 구분하는 전환점이 된다.

가지고 있다. 원자는 우주라는 건축물을 세우는 데 필요한 기본 건축 재료일 뿐만 아니라 상위계와 하위계를 이어주는 차원의 통로역할을 한다. 원자를 통하여 상위계의 에너지가 하위계로 쏟아져 들어오고, 또 하위계로부터 소멸되기도 한다. 원자는 화이트홀과 블랙홀을 양쪽 입구에 가진 일종의 웜홀인 것이다.

물질계의 원자인 아누는 돌턴과 톰슨, 그리고 러더퍼드와 보어가 말한 원자로부터 몇 단계나 떨어져 있다. 이 때문에 이 책에서는 부득이 궁극원자와 화학원자라는 용어를 도입하여 둘을 구별하였다. 현대 물리학에서 아누에 해당하는 것은 화학원자가 아니라 초끈이다. 하지만 기존 이론에서는 쿼크보다 작은 입자가 가정되지 않았으므로 하나의 쿼크는 하나의 초끈이라고 보는 것이 이 책의 해석과 틀린 점이다. 아누-초끈의 크기는 $10^{-33}cm$, 즉 플랑크 길이로, 물질계의 모든 물리량들이 모호성을 띠기 시작하는 영역이기도 하다.

오컬트화학의 시각에서는 아누 세 개가 결합하여 소립자를 이룰 때 비로소 쿼크가 된다. 그러므로 쿼크는 세 개의 초끈으로 이루어졌다고도 말할 수 있다. 하지만 아누는 다른 여러 형태로도 결합할 수 있는데, 이들 아원자 차원의 소립자들이 물질계의 상위 부분이자 에텔계라는 독특한 존재계를 이루고 있다.

물질계의 물질은 이런 아누가 원자핵이라는 구조로 발전하고, 전기적인 힘에 의해 전자와 짝을 이룸으로써 100여 개 물질원소의 기본이 되는 주기율표상의 여러 (화학)원자로 탄생함으로써 형성되었다.

보다 무거운 원소들은 별 속에서 합성이 된다. 그렇지만 고온 핵융합과 핵분열만이 핵화학 현상의 전부는 아니다. 어느 조건하에서는 비교적 낮은 온도에서도 원자와 원자가 합체되는 놀라운 현상이 일어나는데, 그렇게 합체된 원자를 초원자라고 한다. 상온 핵융합을 이야기하는 것이 아니다. 초원자가 형성되는 과정은 단순한 핵융합이 아니라, 마치 같은 종족의 배우자를 만나 결합하는 것과 유사하다.

서로 반대 방향으로 회전하고 있는 두 개의 소용돌이가 만나 하나로 합쳐지고 있는 광경을 상상해보자. 소용돌이는 아마도 소멸해버리고 잠재적인 에너지 상태로 돌아갈 것이다.

우주의 모든 것은 이원성으로 존재한다. 물질이란 현현되지 않은 완벽함의 상태가 극화(極化)되어 나타나는 일종의 결함상태라고 생각해볼 수도 있다. 이 과정에서 모든 물질은 양극화된 짝을 가지게 되는데, 한쪽으로 극화되기 위해서 반대쪽 극을 남겨놓기 때문이다. 소립자의 쌍생성, 쌍소멸이 이런 가정을 어느 정도 뒷받침해주고 있다.

그렇다면 이렇게 양극화된 요소가 합쳐져서 온전한 하나를 이룰 때, 말하자면 초원자가 될 때 어떤 상황이 전개될까? 아마도 그것은 분리와 분열에서 온전함, 완벽함으로의 도정에 들어서는 결정적 계기가 되는 게 아닐까? 바로 여기에 초원자가 상위차원, 나아가서는 근원차원으로 들어서는 입구이자 열쇠가 되는 이유가 있는 것이다.

다시 말하지만, 페르미온과 페르미온이 만나 보손으로 변할 때, 또 전자들이 쿠퍼쌍을 이룰 때 그들은 입자처럼 행동하지 않고 빛처럼 행동하며 하나의 양자상태를 공유한다. 이것이 초전도의 원리이기도 하다. 초전도를 이해할 때 원자와 물질의 본질도 더 잘 이해하게 될 것이다.

현대물리학도 EPR 패러독스와 같은 실험 등을 통해서 분리되어 있는 것처럼 보이는 입자들이 실은 초공간 차원에서 하나로 연결되어 있다는 사실을 인정하고 있다. 우리가 보고 있는 세상은 실체의 겉표면일 뿐이다. 마치 배 위에 서서 바다 위에 떠 있는 섬들을 보는 것과 같다. 그러나 우리는 학교에서 배운 지식에 의해, 섬들이 하나의 땅덩어리로 이어져 있다는 사실을 알고 있다.

우리가 매끄럽게 이어져 있다고 생각하는(3차원) 공간조차도 실은 우리의 생각처럼 연속체가 아니다. 그것은 초공간 차원의 연속체라고 할 수 있다. 개별적인 의식마저도 저 깊은 해저에서는 하나로 연결되어 있다. 그것이 스위스의 정신의학자 칼 융(1875~1961)이 말한 집단무의식이다. 융은 정신과의사 경력 초기의 임상경험을 통해 환자들의 꿈, 창작물, 공상, 환시 등에는 전적으로 그들의 개인적인 과거사에서 비롯된 것이라고만 볼 수 없는 상징이나 사상들이 담겨 있음을 확신하게 되었다. 그런 상징들은 오히려 세계의 위대한 신화나 종교 속의 이미지나 주제들과 더 밀접하게 닮아 있었다. 융은 이 같은 신화, 꿈, 환상, 종교적 계시 등이 동일한 근원, 즉 모든 사람들이 공유하고 있는 집단무의식으로부터 나오는 것이라고 결론지었다.

1960년대 후반에는 매릴랜드 정신의학연구소의 스타니슬라브 그로프가 아브라함 매슬로 등과 함께 개인적 인격의 일상적 경계를 초월하는 경험 및 현상들을 연구하는 '초개아적 심리학'[72]이라는 심리학의 새로운 분야를 창시하기도 하였다.

표면의식의 파도가 넘실대는 일상생활 속에서는 보통 집단무의식의 존재를 자각하지 못하지만, 깊은 명상 상태나 꿈 또는 최면 등을 통해서 심층 무의식, 나아가 집단무의식과 접하는 기회를 가질 수 있다. 그렇다고 해서 집단무의식이 평소에는 아무 영향도 미치지 않는다는 것은 아니며, 그것은 그야말로 '무의식'적으로 우리의 삶에 직간접으

---

72) transpersonal psychology, '초월심리학'이라고도 한다.

로 관여하고 있다. 한 예로, 공시성(共時性)이라는 현상을 통해서 우리는 집단무의식의 존재를 경험하기도 한다. 이 개념 역시 융에 의해서 정립된 것으로, 우연이라고 하기에는 너무 기이한 일들이 공교롭게도 거의 동시에 또는 연달아 일어나는 것을 말한다. 내가 어떤 해답을 구하고 있었는데 마침 한 친구가 그 해답이 들어 있는 책을 우연히 빌려준다거나, 아침에 일어나면서 문득 어떤 글이나 숫자가 떠올랐는데 하루종일 계속해서 그 글이나 숫자를 마주치게 되는 식이다. 누구나 한번쯤은 이러한 공시성을 경험해보았을 것인데, 명료한 의식상태를 유지할수록 이러한 공시성을 더 자주 경험하게 된다.

우리가 집단무의식으로부터 완전히 자유롭지 못하다는 것을 보여주는 또 하나의 좋은 예가 루퍼트 셸드레이크(1942~)의 형태장(morphic field) 가설이다. 형태장은 무수한 개인의 반복된 삶을 통해서 누적된 인류 공통의 기억에 비유할 수 있다. 셸드레이크는 일종의 집단무의식이라고 할 수 있는 형태장에 저장된 요소들이 새로 발생하거나 탄생하는 개체가 형태를 갖추는 데 영향을 미친다고 가정함으로써 생물학적 요인만으로는 설명이 불가능한 현상들을 이해하려 하였다. 한 종(種)의 어떤 개체가 경험한 행동이나 형질의 영향이 형태장을 통해 같은 종에 속하는 다른 개체에게 작용하는 현상을 '형태공명'이라고 부르는데, 매스컴의 영향만으로는 설득하기 어려운 유행 현상이라든가 거의 비슷한 시기에 동일한 과학적 발명, 발견, 착상이 이루어지는 경우가 많은 것도 집단무의식이나 형태공명이 작용한 예, 또는 공시성이 발현된 예로 들 수 있다.

그렇다면 우리가 의식의 상승, 즉 집단무의식이나 잠재의식을 의식적인 차원에서 자각하고 나아가 우리 의식의 합일성을 깨닫는 것은 어떤 과정을 통해 가능할까? 이 책에서는 이 질문에 대한 해답을 직접적으로 탐구하지는 않았지만, 그런 상승이 일어날 때 어떤 현상이 벌어지는지에 대해서는 하나의 대답을 내놓았다. 그것은 바로 초전도 현상이라고 부르는 현상이 그 과정에서 일어난다는 것이다.

초전도는 하나의 동일한 양자상태를 경험하는 일종의 공명상태이다. 특히 온몸의 구석구석 뻗어 있는 미세소관에 존재하는 보스-아인슈타인 응축물을 통해 일어나는 초전도 현상은 원리적으로 텔레파시, 원격투시, 순간이동과 같은 초상현상 등을 설명해줌으로써 우리의 의식상승이 어떤 기적을 일으킬 수 있는지를 예시해준다.

이 문제와 관련해서 중요한 것은 최근 일부 물리학자들이 연구하고 있는 의식의 양자적 성질이다. 그렇다면 우리 몸이 충분히 초전도화되었을 때 일종의 마이스너장이 형성되고, 우주의 마이스너장과 우리의 의식이 하나의 양자적 공명상태를 경험하게 되는 일이 일어나지는 않을까? 만일 그렇다면, 그것은 우리의 의식이 우주의식과 합일의 상태를 체험한다는 뜻이 될 것이다. 합일의 상태, 그것은 곧 배우지도 않은 것을 순간적으로 아는 것이며, 멀리 떨어져 있는 것을 가보지도 않고 보는 것이고, 듣지도 않고 이해하는 것이며, 분리란 실제로 없다는 것을 체험으로 깨닫는 경험이다. 우리가 초전도체가 된다면, 우리는 또한 미약자기를 감지하고 공중부양을 경험하게 될 것이다.

원자에게도 의식(인간의 의식과 다른 제3로고스의 의식이다)이 있다면, 그리고 연금술적 과정을 거쳐 초전도체가 된 원자가 있다면, 그 원자의 의식은 일종의 합일상태를 경험하고 있을지도 모른다. 혹 그것이 연금술 작업의 목적이 금속의 영혼을 해방(해탈)시키는 데 있다고 한 전승의 진정한 근거는 아닐까?

너무 소설 같은 이야기인가? 그러나 나는 가급적 많은 아이디어와 화두를 던지고 싶다. 여러분 스스로가 초전도체가 되라. 연금술이란 가치 없는 것을 가치 있는 것으로 바꾸는 직업이라고도 일컬어진다. 연금술의 진정한 가치는 단순히 부를 얻고 무병장수하는 데 있는 것이 아니라, 의식의 변형을 통해 새로운 존재로 다시 태어나는 것, 그리고 합일의 과정을 통해 우리의 우주적 근원을 다시 기억해내는 데에 있다. 리멤버(re-member), 기억이란 뜻의 이 영어 단어는 우리 모두가 본래 하나의 근원에서 나왔음을 암시하고 있다. 다시 하나가 되는 것, 그 하나 속의 멤버로 되돌아가는 것, 우리는 단지 우리가 하나였다는 사실을 기억해내기만 하면 되는 것이다.

　초전도는 그러한 깨달음의 과학적 표현이다. 우주의 마이스너장과 하나가 되는 것, 그래서 우주의식과 공명하는 것, 물론 그것이 가능하다면 말이다. 나는 아직 화이트 파우더나 그 밖의 물질의 연금술적 특성을 직접 실험적으로 검증한 바는 없다. 설사 그런 물질이 수중에 있다고 해도 당장은 그것을 사용하도록 권할 생각은 없다. 그렇지만 만일 그것이 가능하다면, 우리가 초전도체로 변화함에 따라(즉 빛의 몸이 됨에 따라) 우리는 우주와 하나되는 체험을 하게 될 것이고, 의식의 놀라운 변형을 겪게 될 것이며, 그리고 마지막으로 이 모든 것은 우리의 미래가 될 것이다.

연금술을 넘어서

나는 감수성이 아직 살아 있던 시절 잠시 품었던, 그러나 오랫동안 잊고 지냈던 단순한 물음을 기억한다. '원자를 쪼개고 쪼개면 무엇이 나올까, 어디까지 쪼갤 수 있을까?'

10여 년이 지난 뒤에, 그 해답이 일부나마 이렇게 내 앞에 놓여 있다는 사실이 신기하기만 하다. 우주에 대해 품었던 끝없는 경이로움과 절망스러운 현실을 벗어나고자 했던 갈망이 오컬트화학을 계기로 하여 급기야 이 책의 긴 여행으로 이어졌다. 나는 이 여행을 통하여 처음으로 연금술의 세계에 들어섰고, 원자와 물질, 우주, 그리고 의식의 본질에 대해서 다시금 생각하게 되었다. 나아가 우리의 현실 자체가 거대한 환상이 아닐까 하는 생각에까지 이르렀다. 신비학의 가르침은 우주의 모든 현상이 결국 우주의식의 사고작용에 지나지 않는다고 말하고 있기 때문이다.

하지만 설령 이 우주가 환상이라고 하더라도, 그것은 우리에게 엄연한 존재의 의미로 다가온다. 월말이면 꼬박꼬박 은행일을 보아야 하고, 당장 내일 아침에는 직장으로, 또 학교로 가야 하는 현실은 여전히 변함이 없다. 다만, 이제 이 세계가 딱딱한 물질과 경직된 시간 대신에 유연한 시공과 물질로 이루어졌으며, 고정되어 보이는 현실도 생각하기에 따라서는 변화시킬 수 있다는 것, 그리고 모든 존재는 보이지 않는 차원에서 서로 연결이 되어 있다는 것을 알게 되었다.

"아, 사람들아, 존재하는 모든 것은 장차 올 더 위대한 것들의 한 국면일 뿐이라는 것을 알라. 물질은 유동체로서 강물과 같이 흐르며 하나의 사물에서 또 다른 하나의 사물로 끊임없이 변화하는 것이다."[1]

이 변화는 이 책에서 이야기하고자 한 주요 테마이다. 그러나 나는 변성과 연금술이라는 주제를 다룰 때마다 한 가지 생각에 줄곧 괴로움을 당해왔음을 고백하지 않을 수 없다. 그 생각은 과연 물질적인 요소만으로도 영원한 젊음이나 영적인 깨달음을 얻을 수 있을까 하는 것이다. 만약 그런 일이 가능하다면, 우리는 비타민을 사 먹듯이 발사의 알약을 사 먹으면 될 것 아니겠는가? 과연 영생이 최고의 가치인가? 물질 연금술에 의존하는 것이 과연 바람직하고 아무런 위험성도 없는 것일까?

게다가 나는 이 책의 후반부 작업을 할 즈음에, 여기에 대한 좋지 않은 견해들도 있다는 것을 알게 되었다. 그 이야기를 여기에 옮겨 쓸 필요는 없을 것이다. 그 이야기는 정말 공상과학보다도 황당하고 가공할 만한 것이다. 그러나 나는 만에 하나 있을지도 모르는 가능성 때문에, 심지어 이 책을 완성시켜야 할 것인지에 대해서조차 깊은 회의를 가졌었다.

---

1) 『아틀란티스인 토트의 에메랄드 태블릿』, Doreal 지음, 50쪽.

우리는 분명 외부 물질의 도움을 받아 어느 정도의 변형을 이룰 수 있다. 일부 원주민 부족이 약초를 복용하여 초능력을 발휘하거나 의식의 각성을 꾀하는 것이 그 좋은 예라고 할 수 있다. 그렇지만 단순히 오래 살고자 하는 욕망에서, 또 의식의 확장에서 오는 희열을 체험하고자 하는 개인적인 욕망에서 그러한 물질을 추구한다면 불행한 결과를 초래하고 말 것이다. 그것은 쉬운 예로 마약과 다를 것이 없다. 마약을 경험한 사람들은 점점 더 마약에 의존하게 되고, 결국 자신의 만족을 위해 범죄마저 저지르게 된다.

의식이나 감정의 정화(淨化)과정도 없이 무조건 의식을 확장시키는 것도 큰 문제다. 아무런 대책도 없이 자신의 내부에 잠자고 있던 온갖 부정적인 상념이나 감정의 에너지들과 직면하는 것은 안전핀이 뽑힌 수류탄을 맨몸으로 막으려는 것과 같다. 이에 못지않게 나쁜 상황은 낮은 차원의 아스트럴계에 거주하는 부정적인 존재들과 연결되는 것이다. 즉, 매체(저급의 영매)가 되는 것이다.

그러므로 변형을 이루고 의식의 성장을 꾀하기 위한 가장 바람직한 방법은 자신의 내면에서 그 길을 찾는 것이다. 그것이 좀 더 자연스러울 뿐만 아니라, 우주의 진화목적에도 맞는다. 모든 해답은 내부에 존재한다. 내부에서 찾아야 할 것을 외부에서 구하려 하면 문제가 발생하는 법이다.

허드슨은 달라스 강연에서 지금 전위궤도단원자원소가 발견되는 것이 인류의 의식과 관련이 깊다고 하였다. 화이트 파우더가 효과를 발휘하는 것도 의식의 영향을 받는다고 하였는데, 그 이유 중 하나는 전위궤도단원자원소 자체가 의식적 존재이기 때문일 것이다.

분명히 해야 할 것은, 이 책에서 소개한 새로운 물질(마이크로클러스터, 보스-아인슈타인 응축물, 특히 화이트 파우더)의 특성은 그 어느 것도 개연성을 이야기한 것일 뿐이지, 저자가 직접 검증해본 것은 아니라는 사실이다. 또한 이들의 발견이나 과학자들조차도 아직은 아는 것이 별로 없다. 이제 이들에 대한 연구가 겨우 시작되었을 뿐이라는 이야기다.

그러므로 이 책은 하나의 시나리오다. 우리 모두 모르는 것이 너무나 많다. 이 책은 우주의 신비에 대해서 아주 조금 이야기하였을 뿐이며, 그나마 잘못된 것일 수도 있다. 따라서(물론 이 책이 그저 공상과학에 지나지 않는다고 생각하는 독자들에게는 해당되지 않겠지만) 물질적인 현자의 돌에 현혹되기보다는, 사물의 본질을 통찰하고 연구하는 데 관심을 가져주었으면 하는 것이 저자로서의 바람이다. 원자력이나 유전공학의 예에서 보듯이, 윤리를 저버린 과학기술의 남용은 파멸과 비극을 부를 뿐이다.

당연히 나는 오컬트화학이 연구할 가치가 있다고 생각한다. 물론 재연성(再演性)[2]이라든가 다른 여러 가지 이유를 들어 오컬트화학 자체를 부정하는 사람들도 있을 것이다. 오컬트화학의 진위를 논하는 일은 여전히 필요한 작업이지만, 기존 과학의 틀을 벗어난다고 해서 배격만 하거나, 진위 여부를 확인하는 논쟁에만 매달리는 것은 안타까운 일이라고 생각된다. 오컬트화학 자체가 세상 사람들에게 알려져 있지 않으므로 그 존재를 알리는 것만으로도 이 책의 역할을 충분히 다한 셈이지만, 여기에 그 이상의 것이 있다고 믿는 저자로서는 보다 많은 전문가들이 오컬트화학의 연구에 동참하여 우주의 신비를 밝혀주

---

2) 왜 더 많은 사람들이 리드비터와 애니 베전트처럼 원자의 모습을 보지 못하는가?

기를 기대한다.

처음 오컬트화학을 붙잡고 스스로에게 화두를 던지던 일이 생각난다. 그때 과학적인 논리에만 의존해서 판단하였더라면 이 책은 쓰여지지 않았을 것이다. 그러나 나는 과학적인 논리보다는 직관에 의존하였고, 후에 새로운 가정들이 과학적 논리로도 타당하다는 것을 알게 되었다.

직관은 중요하다. 분석적인 머리만으로는 과학사의 새 장이 열리지 않는다. 그리고 온갖 전문적인 분야로 세분화되어 뿔뿔이 흩어져 있는 정보들을 통합적으로 바라볼 수 있는 지혜가 필요하다. 이런 지혜와 직관이 상위 차원, 즉 아누의 내부공간에 응축되어 있는 초공간의 영역으로부터 비롯된다는 것을 이해하면 오컬트화학의 연구가 얼마나 많은 의미들을 함축하고 있는지 알 수 있다.

아누는 새로운 차원, 즉 초공간으로 가는 창문이다. 매트 피서는 진공의 에너지 바다에서 양자요동으로 형성된 미세한 웜홀들에 거시적 규모의 터널이 존재할 가능성을 이야기했다.[3] 그것은 영화 『스타트렉』에서 사용되는 기술들이 현실화될 수 있음을 의미한다. 아니, 그런 가능성을 놓아두고라도 초공간은 맥스웰의 방정식[4]이나 칼루자 등에 의해 이미 물리학에 도입되었던 것이다.

나는 오컬트화학 속에서 고대와 미래가 만나는 장면을 본다. 화학(chemistry)은 그 기원과 용어 모두 연금술(al-chemy)에서 유래했지만, 현대의 화학에서 연금술을 떠올리는 사람은 거의 없다. 그러나 미

---

3) 『타임터널』, 에른스트 메켈부르크 지음, 추금환 옮김, 한밭, 1997, 82쪽.
4) 맥스웰은 본래 복소수에 기초한 4원법(quaternions)으로 전자기이론을 수립하였으나 후세의 사람들이 원래의 이론에 나오는 4차원적 특성들을 제거하고 단순화시켜버렸다.

래의 화학은 오히려 과거의 연금술과 더 많이 닮아 있을 것이다.

연금술과 오컬트화학 모두 '변형'에 그 핵심이 있다. 오컬트화학의 비밀이 밝혀진다는 것은 연금술의 새 역사를 예고하는 것이다. 우리의 의식이 충분히 성장하여 새 기술이 주는 부정적인 측면을 극복할 수만 있다면, 이 놀라운 물질 상태가 그 정체를 드러냄과 동시에 인류는 새로운 문명의 입구로 빠르게 들어서게 될 것이다.

고대로부터 직관과 지혜를 구하라! 고대는 모든 학문과 예술의 고향이며, 신비지혜의 샘이 흘러나오는 원천이다. 또한 고대는 현대 문명의 위기를 통찰하고 극복할 수 있는 교훈과 지혜를 주는 곳이다. 톰 하트만 같은 이는 '상온 핵융합 방식'과 같은 대체 에너지원이 등장한다고 해서 현대 문명의 위기가 근본적으로 해결되지는 않을 것이며, 진실로 의미 있는 변화가 이루어지려면 세상을 바라보고 받아들이는 방식을 바꾸되, 고대로부터 그 지혜를 얻어야 할 것이라고 내다보았다.[5]

나는 새로운 르네상스의 시대가 밝아오는 것을 꿈꾼다. 중세의 유럽인들이 고대의 지식을 재발견함으로써 문예부흥의 새벽을 열었듯이, 우리 역시 또 하나의 새벽을 열기 위해 고대의 지혜를 배워야 하지 않을까?

마지막으로, 나는 여러분에게 밖으로 나가 공중을 한번 쳐다볼 것을 제안한다. 태양을 등지고 푸른 하늘을 배경으로 약 1미터 전방의 공간을 집중해서 바라보라. 조금만 노력하면 하얗고 작은 무수한 빛의

---

5) 『우리 문명의 마지막 시간들』, 톰 하트만 지음, 김옥수 옮김, 아름드리미디어, 1999, 31쪽.

알갱이들이 춤을 추듯이 떠다니는 것이 보일 것이다. 그것은 바로 프라나의 생명력으로 가득 찬 생명소구체(生命小球體)라는 것으로, 이 역시 오컬트화학이 아니면 그 정체를 말하기 어려운 것이다. 보려고만 마음먹으면 누구든지 볼 수 있는 이 대낮의 별은, 평소 눈에 보이는 것만이 전부가 아니라는 사실을 다시 한 번 우리에게 일깨워준다. 보이지 않는 세계, 우리는 그 미지의 세계를 향해 이제 막 첫발걸음을 내디딘 것에 불과한 것이다.

신비에는 끝이 없다. 끝없는 신비 앞에서 아무런 호기심과 경탄도 느끼지 못한다면 더 이상 우리의 정신은 살아 있는 것이 아니다. 우리가 경험할 수 있는 가장 아름다운 것은 신비이며, 신비는 모든 참된 예술과 과학의 원천이라고 아인슈타인도 말하지 않았던가!

이제 나는 펜을 놓고 조용히 눈을 감는다. 신비한 입자 아누, 과연 그것은 21세기 물리학의 새로운 화두가 될 수 있을 것인가? 또 인간은 차원의 한계를 극복하고 고차원의 존재로 거듭날 수 있을 것인가? 어느새 나의 의식은 아누의 소용돌이 너머 사건지평면 안으로 빨려들어가고 있었다.

"잊혀진 오랜 옛날에 나 토트는 이 문을 열고 다른 공간들 안으로 뚫고 들어가 숨겨진 여러 비밀들에 관하여 배웠다. 물질의 본질 속 깊숙이 많은 신비들이 감추어져 있다."[6]

---

6) 각주1)과 동일한 도서, 50쪽.

부록

최근 15년간의 발견에 대하여

지금부터 하려는 이야기는 지난 15년 동안에 주로 입자물리학 분야에서 벌어진 몇 가지 중요한 발견들을 오컬트화학의 견지에서 바라본 것이다. 『아누』를 처음 발간한 지 10여 년이 지났고, 그 시간은 결코 짧은 것이 아니다. 따라서 본문의 내용을 수정할 필요가 있었지만, 쉽지 않은 작업이 될 것 같아 이 부록으로 대신하기로 했다. 한편으로는 초판이 발간될 당시의 상황과 견해를 그대로 보존하고 싶은 마음도 있었다. 다행히 큰 틀에서 달라진 것은 없기 때문에, 이하 내용이 부담스러운 독자들은 건너뛰어도 큰 지장은 없을 것이다.

펜타쿼크의 출현

2015년 7월, 거대강입자충돌기(LHC)를 운영하는 유럽원자핵공동연구소(CERN)는 '펜타쿼크'라고 부르는 낯설고 새로운 유형의 입자를 관측했다고 발표했다. 펜타쿼크는 이름 그대로 다섯 개의 쿼크로 구성된 입자로서, 강입자(hadron)의 일종이라고 할 수 있다. 하지만 펜타쿼크와 같은 유형의 강입자는 이전에 없던 입자였다. 지금까지 알려진 강입자는 모두 두 개나 세 개의 쿼크로만 조합되었기 때문이다.

먼저 두 개의 쿼크로 구성된 강입자는 중간자(meson)로 분류된다. π중간자, K 중간자, J/Ψ중간자 등이 여기에 속하며, 원자핵 내에서 핵자들을 결합시키는 역할을 한다. 반면 중입자(baryon)는 세 개의 쿼크

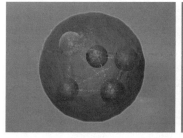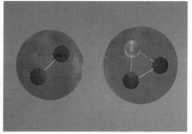

그림 A.1 새로 발견된 펜타쿼크와 중간자, 중입자의 가상모형

로 구성된 강입자들이다. 양성자와 중성자가 대표적이며, 보통 핵자를
이루는 입자들이다. 강입자는 이렇게 중간자와 중입자의 두 종류로 크
게 나누어진다.

그럼 왜 강입자는 두 개나 세 개의 쿼크로만 이루어지는가? 이를 이
해하기 위해선 쿼크모형에 대한 약간의 설명이 필요하다. 쿼크모형은
1964년 머레이 겔만과 조지 츠바이크가 각각 독립적으로 늘어나는 강
입자들의 수를 설명하기 위해서 처음 창안했다.[1] 최초의 모형에는 오
직 세 종류의 쿼크만 있었다. 위(u), 아래(d), 기묘(s) 쿼크가 그것이
다. 그러나 맵시(c), 꼭대기(t), 바닥(b) 쿼크가 잇달아 발견되면서 현
재는 모두 여섯 종류의 쿼크가 표준모형에 존재하고 있다. 그런데 물
리학자들은 강입자들 사이의 상호작용을 설명하기 위해 색전하(color
charge)라는 물리량을 도입하였으며, 이에 따라 각각의 쿼크는 '빨강',
'초록', '파랑' 중의 한 가지 색을 가지게 되었다. 만약 이를 별도의 유형
으로 보자면 모두 18가지의 쿼크가 있는 셈인데, 여기에 쿼크의 반입자
인 반쿼크를 더하면 모두 32종의 쿼크 유형으로 나눠볼 수도 있다.

---

1) 두 사람은 각각 '쿼크'와 '에이스'라는 이름을 사용했지만, 머레이 겔만의 '쿼
   크'가 대세로 굳어지게 되었다.

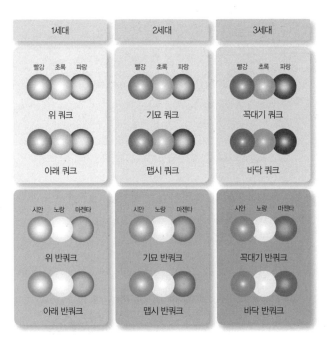

그림 A.2 색전하에 따른 쿼크의 32가지 상태

쿼크가 세 가지 색을 가지는 것은 양자색역학(QCD)이 대칭군인 SU(3)를 바탕으로 하기 때문이다. 그런데 양자색역학의 중요한 전제 조건은 '색 가둠' 현상이다. 쿼크들은 이 현상에 의해서 독립적으로 존재하지 못하고 언제나 색전하가 중성인 상태의 복합입자를 만들어야 하는데, 이를 '쿼크 가둠'이라고도 한다. 즉 색전하라는 물리량을 가지고 있는 쿼크들은 그 보존법칙의 지배를 받아 언제나 '무색'인 상태의 입자로만 결합할 수 있다. 빨강 초록 파랑 빛의 삼원색이 하나가 되어 무색의 빛이 되듯이, 쿼크도 빨강 초록 파랑 세 가지 색이 모여 무색의 입자로 된다. 이것이 세 개의 쿼크로 구성된 중입자에 해당한다. 한편 무색이 되는 또 하나의 방법은 보색을 활용하는 것이다. 빨강의 보색

은 청록색(시안)이며, 파랑의 보색은 노랑, 녹색의 보색은 심홍색(마젠타)이다. 상호 보색이 되는 쿼크와 반쿼크가 쌍을 이루면 서로 상쇄되어 무색의 입자를 이루는데, 이것은 다름 아닌 중간자에 해당한다. 따라서 입자를 이루는 방법에는 세 개의 쿼크(또는 세 개의 반쿼크)로 된 중입자와, 두 개의 쿼크-반쿼크 쌍으로 된 두 가지 경우가 존재한다. 이것이 그동안 확인된 표준모형의 입자구성 방법이었다.

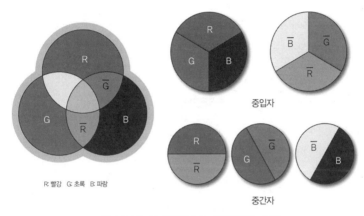

R: 빨강   G: 초록   B: 파랑

그림 A.3 쿼크의 삼원색과 쿼크가 결합하는 방법

이제 우리는 다음과 같은 의문을 가져볼 수 있다. 왜 꼭 쿼크의 조합은 두 개나 세 개여야만 하는가? 네 개나 다섯 개, 혹은 그 이상의 쿼크로 구성된 입자는 존재할 수 없는 것일까? 예를 들면 더 많은 색의 조합으로도 무색을 만들 방법은 있을 것이다. '빨강-빨강-초록-초록-파랑-파랑'이나 '빨강-시안-빨강-시안' 혹은 '빨강-초록-파랑-빨강-시안' 이런 식으로.

바로 이런 의문을 바탕으로 러시아의 드미트리 디아코노프는

1997년에 펜타쿼크의 존재가능성을 예측하였으며, 2003년에 다카시 나가노가 실험적으로 이를 발견하는 데 성공하였다. 그는 일본 하리마에 있는 스프링-8 싱크로트론으로 탄소원자에 고에너지 감마선을 충돌시켜 양성자보다 대략 1.5배 정도 무거운 펜타쿼크를 발견했다고 발표하였다. 그러나 그의 발표는 여러 논란 끝에 2005년 미국 토마스 제퍼슨 국립가속기센터의 연구그룹이 부정적인 입장을 표명함으로써 그냥 없던 일로 되는 듯했다.

그런데 10여 년의 세월이 흐른 뒤 우연한 반전이 일어났다. 원래는 반물질의 수수께끼를 밝힐 목적으로 수행 중이던 CERN의 LHCb 실험에서, 2009년에서 2012년 사이에 확보된 데이터를 분석하는 과정에 펜타쿼크의 신호를 관측하는 뜻밖의 수확을 얻은 것이다. 연구팀은 고에너지 양성자를 충돌시켜 만들어지는 Λ_b^0 중입자[2]가 J/Ψ중간자와 K중간자, 양성자로 붕괴하는 경로에서 비록 짧은 시간이지만 펜타쿼크의 상태를 거치는 것을 확인하였다.

CERN에서 발견된 펜타쿼크는 질량이 양성자질량의 4.67배와

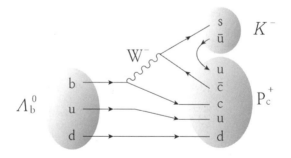

그림 A.4 Λb^0 중입자가 Pc⁺(펜타쿼크) 및 K중간자로 붕괴하는 것을 나타낸 파인만도표

---

2) 바닥(bottom)람다중입자. 바닥 쿼크, 위 쿼크, 아래 쿼크로 이루어져 있다.

4.74배인 두 가지 입자가 있었는데, 연구팀은 이들이 서로 다른 구성의 펜타쿼크라는 결론을 내렸다. 이들은 2003년에 나가노가 발견했다고 주장한 입자와도 다르다.[3]

한편 다섯 개의 쿼크가 입자 내에서 어떻게 구성이 되어있는지 아직 알 수는 없지만, 연구자들은 다음 두 가지 가능성을 염두에 두고 있다.

하나는 그림의 왼쪽처럼 다섯 개의 쿼크가 하나의 자루에 들어 있는 모형으로, 진정한 상태의 펜타쿼크라 할 수 있다. 또 다른 하나는 오른쪽 그림처럼 중입자와 중간자가 마치 분자처럼 하나로 결합해 있는 형태이다. 결합의 성격에 따라 이것을 하나의 입자 상태로 볼 수 있을지가 판가름 날 것이다.

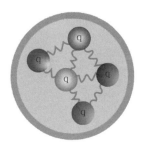

그림 A.5 펜타쿼크의 가능한 두 가지 모형

테트라쿼크

비슷한 상황이 다섯 개가 아닌 네 개의 쿼크로 이루어진 강입자의

---

3) 디아코노프가 예견하고 나가노가 발견한 펜타쿼크는 Θ^+ (theta+) 로 불리며, 쿼크조합은 $(uudd\bar{s})$ 로 기묘쿼크를 포함하고 있다. 반면 CERN에서 발견한 펜타쿼크의 쿼크조합은 $(\bar{u}ccud)$ 로 서로 다르며, 질량 또한 Θ^+ 의 세 배나 된다.

탐색에서도 벌어지고 있다. 이른바 테트라쿼크이다. 보통쿼크 두 개와 반쿼크 두 개로 이루어진 테트라쿼크의 존재가 실험적으로 검출된 것은 펜타쿼크가 LHCb 실험에서 확인되기 2년 전인, 그러니까 2013년의 일이었다. 그해 중국 베이징전자양전자충돌기의 BESIII 연구팀은 Zc(3900)이라 부르는 새로운 입자를 발견했다고『Physical Review Letters』를 통해 발표하였다. 같은 해 일본 고에너지가속기연구소의 벨 공동연구팀도 동일한 입자를 발견했다고 역시『Physical Review Letters』를 통해 나란히 발표했다.

그리고 2014년, CERN의 LHCb 실험에서 Z(4430)이라는 입자가 테트라쿼크일 가능성이 높다고 확인함으로써 이 새로운 유형의 입자가 본격적으로 주목받기 시작하였다. Z(4430)은 사실 벨 연구팀이 2007년에 관찰했다고 발표한 적이 있지만 당시에는 증거가 약해 인정받지 못하던 것이었다. 역시 벨 연구팀에 의해 2007년 관측된 Y(4660)도 테트라쿼크일 거라는 징후가 있다.

또 가능성 있는 후보로서는 Y(4140)이나 Zc(4020), Y(4260), X(3872), Dsj(2632) 등이 있다. X(3872)는 벨 연구팀이 2003년에 처음 관측하였으나 이 역시 테트라쿼크라 주장하기에는 증거부족인

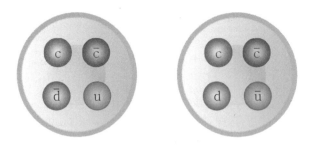

그림 A.6 Zc(3900) 과 Z(4430)의 구성

상태였으며, 페르미연구소에서는 2004년에 Dsj(2632)와 2009년에 Y(4140)이라는 테트라쿼크의 후보입자를 발견하였다. BESIII 연구팀은 2013년에 Zc(3900) 외에도 Zc(4020)와 Y(4260)을 검출하였으며, 이중 Y(4260)은 2005년에 미 에너지성 SLAC(스탠포드 선형가속기) 국립가속기연구소에 기반을 둔 바바(BaBar) 실험[4]에서 이미 한 번 발견된 바 있다.

펜타쿼크의 경우와 마찬가지로 이 별난 입자의 상태를 해석하는 관점도 크게 두 가지로 갈린다. 평범한 중간자 두 개가 마치 분자결합된 것처럼 보는 시각과, 네 개의 쿼크가 하나의 조밀한 공간 안에 일체형으로 결합된 상태 즉 하나의 완전한 독립적인 입자로 보는 시각이다.

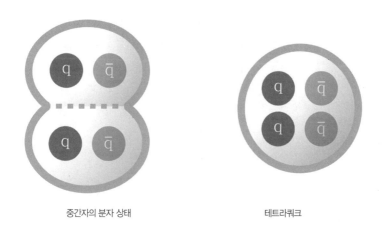

중간자의 분자 상태   테트라쿼크

그림 A.7 네 개의 쿼크가 별난 입자를 이루는 두 가지 모형

---

4) 바바(BaBar)는 B-중간자(바닥쿼크를 포함하는 중간자)와 그 반입자를 의미한다. 물질과 반물질간의 CP(전하 및 패리티) 보존 여부를 연구하기 위한 실험프로젝트인데, 'B to D-star-tau-nu' 유형의 입자붕괴가 표준모형에서 예측하는 것보다 자주 일어난다는 사실을 발견했다.

이 공간 안에서 쿼크끼리 결합한 쿼크쌍과 반쿼크끼리 결합한 반쿼크쌍을 볼 수 있다. 이러한 결합은 기존에 알려진 바 없으며, 새로운 조합의 물질세계로 우리를 초대한다.

나아가 2016년 2월에는 페르미연구소에서 새로운 구성의 테트라쿼크가 확인되었다. 페르미연구소의 DZERO 실험은 지금은 은퇴한 테바트론에서 2002~2011년 진행된 실험인데, 이 실험에서 얻어진 데이터를 처리하는 과정에서 X(5568)이라 명명한 새로운 테트라쿼크가 발견된 것이다. X(5568)은 양성자의 거의 6배에 달하는 질량을 가지며, 네 가지 전혀 다른 종류의 쿼크로 구성된 첫 번째 테트라쿼크로 자리매김했다. X(5568)의 발견은 앞으로 더 많은 종류의 테트라쿼크들이 발견될 것임을 예고한다.

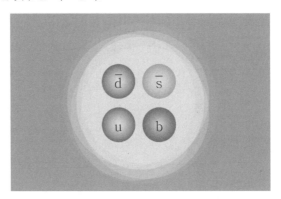

그림 A.8 최근 발견된 테트라쿼크 X(5568)

헥사쿼크와 그 밖의 것들

쿼크 4중주와 5중주가 가능하다면, 그 이상의 것이라고 안 될 이유가 있을까? 과연 이에 대한 해답을 주는듯한 발견이 2014년에 있었다. 독일의 율리히에 있는 국가핵융합연구소 가속기 COSY에서 여섯 개의 쿼크로 이루어진 또 다른 새로운 상태의 별난 입자를 확인한 것이다. 이는 3년 전의 연+ 성과를 추인한 것이기도 한데, 2011년에 120명 이상의 과학자들이 처음으로 여섯 개의 쿼크로 이루어진 신종 입자의 징후를 발견한 바 있었다. 그들은 중양성자(Deuteron)로 알려져 있는 분극화된 중수소핵을 양성자에 충돌시켜 d*(2380)로 명명된 이중중입자(dibaryon)를 얻었다.

핵사쿼크는 두 개의 중입자가 결합한 이중중입자 형태를 하고 있을 수도 있고, 세 개의 쿼크와 세 개의 반쿼크 합으로 이루어질 수도 있다. 이중중입자 상태의 핵사쿼크는 일찍이 1964년에 제안된 바 있으며, 일단 한 번 형성되면 제법 안정할 것으로 예측되었다. 1975년에는 로버트 자프가 두 개의 중핵자(hyperon)[5]로 결합된 H-이중중입자(H-dibaryon)[6]가 안정적으로 존재할 가능성을 제안한 바 있다.

그러나 이중중입자의 탐색이 관심을 끈 것은 비교적 최근의 일이다. 전형적인 두 개나 세 개의 쿼크로 이루어진 중간자와 중입자 외에도, 테트라쿼크나 펜타쿼크 같이 특이한 쿼크 복합체들이 존재할 수 있음을 인지하게 됨으로써 동기부여가 되었다고 볼 수 있다. 사실 그동안 알려진 이중중입자는 딱 하나가 있었다. 중양성자가 그것으로, 여섯 개의 쿼크로 구성된 유일한 안정된 입자였다. 그런데 이제 d*(2380) 이라는 새로운 이중중입자를 발견한 것이다. 이 새로운 입자

---

5) 쿼크 세 개로 구성된 중입자의 일종이나, 양성자나 중성자 같은 일반 핵자보다 무거운 입자들을 말한다. 람다(Λ)입자, 시그마(Σ)입자, 크사이(Ξ)입자, 오메가(Ω)입자 등이 이 그룹에 속한다. 여기서 로버트 자프가 언급한 중핵자는 람다(Λ)입자이며, (uds) 의 쿼크조합으로 되어 있다.
6) 두 개의 람다(ΛΛ)입자가 결합한 것과 같다.

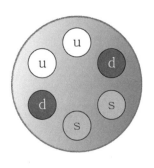

그림 A.9 헥사쿼크의 한 예

를 중양성자(듀테론)의 경우처럼 두 개의 델타(Δ)입자[7]가 결합한 것
으로 보아 델타론(Deltaron)으로 지칭하는 경우도 있는데, 한 연구에
따르면 d*(2380)은 2/3를 온전한 헥사쿼크 상태로, 그리고 나머지를
Δ-Δ 분자 상태로 보낸다고 한다.

　이렇게 펜타쿼크, 테트라쿼크, 헥사쿼크의 존재가 잇달아 확인됨에
따라 입자물리학의 지평이 다시금 넓어지고 있다. 지금까지 언급한 쿼
크의 조합만 해도 다음과 같은 것들이 있다. 중간자, 중입자, 테트라쿼
크, 펜타쿼크, 헥사쿼크 등.

　물론 그 결합하는 방식에 따라서, 그리고 다양한 쿼크의 종류에 따
라서 가능한 입자들의 수는 대폭 늘어날 것이다. 그리고 쿼크뿐만 아
니라, 쿼크를 결합시키는 글루온에 대한 연구가 깊어지면서 글루온만
으로 입자 상태를 이룬 글루볼(glueball)이나 쿼크와 글루볼이 혼재해
있는 하이브리드 같은 입자들의 존재에 대해서도 최근 관심이 부각되
고 있다.

　앞으로도 얼마나 더 많은 새로운 것들이 발견될지 모르겠다. 돌이

7) 중입자이자 중핵자 중의 하나이며 위쿼크와 아래쿼크 조합으로 되어 있다.

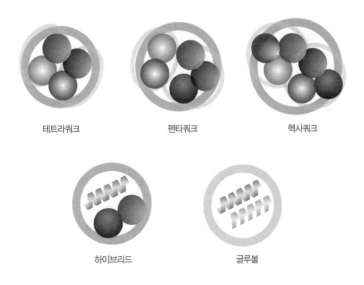

테트라쿼크 펜타쿼크 헥사쿼크

하이브리드 글루볼

그림 A.10 표준에서 벗어난 별난 입자들

켜보면 필자는 쿼크모형이 세상에 처음 모습을 드러내던 바로 그 해에 태어났다. 물론 갓난아이가 쿼크 따위에 관심이 있을 리가 없다. 그러나 10대와 20대를 지나고 어른이 되면서, 쿼크의 존재를 예측하고 또 그 쿼크를 발견했다는 소식을 들으며 쿼크모형이 자리 잡는 과정을 함께 지켜본 기억이 난다. 마지막으로 꼭대기쿼크가 1995년에 발견됨으로써, 쿼크모형은 완성되고 많은 사람들이 더 이상 새로운 입자의 발견 같은 건 당분간 없을 줄로 알았다. 그런데 다시 그 시절로 돌아간 것 같은 기분이 든다. 이렇게 새로운 유형의 입자들이 연이어 발견된다는 사실은 우리가 미처 간파하지 못한 새로운 질서가 숨어 있을 수 있다는 얘기인데, 과장해서 표현한다면 마치 쿼크모형이 등장하기 전에 수많은 입자들의 발견으로 혼란스러워했던 20세기 중반의 상황이 다시 되풀이되는 모양새다.

오컬트화학의 수수께끼

이제 화제를 돌려보자. 오컬트화학을 국내에 처음 소개한지 십여 년이 지났다. 오컬트화학의 원자모형이 분명 과학의 그것과는 다르기 때문에, 오컬트화학의 모형이 주목을 받는 것은 아주 먼 훗날에가 가능한 일이 아닐까 생각했었다. 그런데 최근 펜타쿼크를 비롯한 별난 입자들의 발견을 보면서, 의외로 그 훗날이란 것이 그리 멀지 않은 미래일지도 모른다는 생각을 가져보게 되었다.

펜타쿼크와 테트라쿼크, 헥사쿼크 등의 존재는 소립자 세계의 스펙트럼이 기존에 알려진 것보다 훨씬 넓다는 것을 보여준다. 이 사실 자체가 오컬트화학의 정당성을 입증하는 것은 아니지만, 적어도 가능성을 높여준 것만은 분명하다. 새로 발견된 과학적 사실들과 오컬트화학 사이의 유사성 또한 증가한 것으로 보이는데, 특히 헥사쿼크를 묘사한 아래의 상상도를 보고 있노라면 자연스럽게 오컬트화학의 한 그림을 떠올리지 않을 수 없다. 바로 수소원자 그림 말이다.

왼쪽의 그림은 H-이중중입자의 상상도인데, 일본 이화학연구소 (RIKEN)에서 발표한 것이다. 다만 원래의 그림을 오른쪽으로 $90°$ 돌린 것인데, 그 이유는 오른쪽의 그림과 더 비교하기 좋게 하기 위해서이다.[8] 정말 닮아 보이지 않는가? 오른쪽 그림에 서브쿼크에 해당하는 아누만 없다면, 정말 구분할 수 없을 정도로 똑 같이 닮았다. 두 그림이 너무 닮아 보이기 때문에, 수소원자를 묘사한 오컬트화학의 그림이 사실은 H-이중중입자, 그 중에서도 중양성자[9]에 해당하는 것이 아닐까

---

8) 스티븐 필립스의 홈페이지에서 재차 인용하였다.
9) 중양성자(deuteron)는 수소원자의 동위원소인 중수소(deuterium, D, ^{2}H)의 원

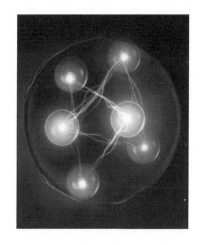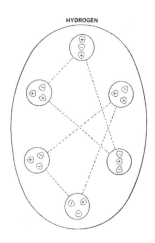

그림 A.11 H-이중중입자 유형의 헥사쿼크 상상도 　　**그림 A.12** 오컬트화학의 수소원자

의심을 해보지 않을 수 없다. 즉 애니 베전트와 리드비터는 수소를 본 것이 아니라 중수소의 원자핵을 본 것이다. 필립스도 저 구조를 중양 성자로 풀이하였고, 내부에 보이는 큰 삼각형을 하나는 양성자로, 다른 하나는 중성자로 해석했었다.

그런데 정작 필자는 본문에서 오컬트화학의 수소원자가 중수소일 가능성을 배제한 바 있다. 그 이유로 나는 오컬트화학에 별도의 중수소가 언급이 되고 있으며, 위 그림이 수소원자가 아니라면 수소원자에 해당하는 별도의 관찰된 원소가 있어야 하는데 그렇지 않고, 또 마지막으로 다른 원소들과의 원자량 비례를 고려해볼 때 오컬트화학의 수소 그림은 중수소일 가능성이 없음을 단언하였다. 과연 어떤 견해가 옳은 것일까?

먼저 위 그림이 마이크로 투시를 하기 전 원래의 평범한 수소원자 그대로의 모습이 아니라는 가정을 고려할 필요가 있다. 즉 오컬트화학

자핵에 해당하는 이중중입자이다.

에 묘사된 수소 그림은 본문에서 초원자라고 명명한, 혹은 필립스가 MPA(micro-psi atoms) 라고 명명한 일종의 변형된 상태의 원자핵을 나타낸 것이다. 따라서 오컬트화학의 수소 그림이 어떤 것을 닮거나 묘사하고 있던 그것은 본래 중수소가 아닌 수소에서 비롯된 것임에는 틀림이 없다고 말할 수 있다. 그런 맥락에서 본다면 별도의 수소원자가 발견되지 않았다는 오컬트화학의 진술이 당연하게 납득되는 것이다. 즉 어찌되었든 오컬트화학의 수소원자는 수소원자인 것이다.

문제는 관찰된 수소가 원래의 수소가 아니라 수소 초원자라는 것이다. 그것은 두 개의 수소원자핵이 결합된 새로운 상태의 원자이기 때문에, 사실상 더 이상 (원래의) 수소라고 말할 수 없다. 그런데 공교롭게도 그것이 중양성자와 닮아 있다. 그러므로 이렇게 생각해볼 수 있다. 마이크로 투시 행위로 인한 간섭의 결과 원래의 수소원자는 중양성자와 같은 상태로 변하였다. 다시 말해 수소의 초원자는 중양성자와 같다. 그리고 이때 원래의 수소원자에 속한 두 개의 양성자 중에서 하나가 중성자로 변하면서 안정된 상태의 중양성자를 형성할 수 있었다.

그렇다면 오컬트화학에 언급된 별도의 중수소는 무엇이란 말인가? 오컬트화학에서는 다음과 같이 짤막하게 중수소에 대해서 언급하고 있다.

"물의 전기분해를 관찰하는 중에 두 개의 수소원자가 일시적으로 결합하는 매우 드문 사례가 관측되었다. 두 개의 원자는 (수소원자의) 첫 번째 변종과 두 번째 변종이었으며 그림과 같이 서로 직각으로 배열되었다. 이 원자군은 중수소에 요구되는 질량과 같은, 일반 수소원자 두 배의 질량을 가지고 있다."[10]

오컬트화학의 저자들은 제3판 서문에서 수소, 산소, 질소 등의 기체를 주사하면서 쌍으로 돌아다니는 원소들을 관찰하지 못했다고 했다. 유일하게 쌍으로 돌아다니는 것을 관찰한 것이 바로 이 중수소다. 매우 예외적인 경우임을 알 수 있다. 그리고 위의 인용문에서 이 중수소의 결합이 일시적이고 매우 드문 사례라고 하였는데, 이는 안정적으로 존재하는 실제 중수소의 특성과는 맞지 않는 것이다. 어쩌면 그들이 중수소라고 생각한 것은 중수소가 아닐 가능성이 있다. 그들이 중수소라고 생각한 이유는 다만, 그것이 두 개의 수소원자로 구성되어 있으며 중수소에 요구되는 질량과 같은 원자량을 가지고 있었기 때문이다.

그런데 사실 오컬트화학에는 중수소에 요구되는 원자량을 가진 원소가 하나 더 있다. 바로 아디아륨(Adyarium)이다. 아디아륨은 주기

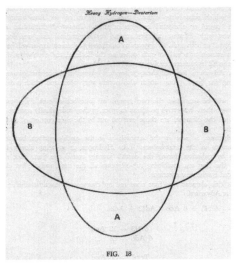

그림 A.13 오컬트화학의 중수소

---

10) 『오컬트화학』 제3판, C.W.Leadbeater & Annie Besant 지음, Theosophical Publishing House, 1951, 41쪽.

율표상에 존재하지 않는 원소이다. 오컬툼(Occultum)이라는 또 하나의 정체불명의 원소와 함께, 아디아룸은 오컬트화학에서 이른바 수소그룹이라는 분류에 속한다. 수소그룹에 속한 원소들의 원자량을 비교해보면 다음과 같다.

원소명	아누의 수	정상원자로 환원할 경우 (아누×1/18)			초원자 상태		
		원자량	양성자수	중성자수	원자량	양성자수	중성자수
수소	18	1	1	0	2	1	1
중수소	36	2	1	1	4	-	-
아디아룸	36	2	?	?	4	-	-
오컬툼	54	3	?	?	6	-	-
헬륨	72	4	2	2	8	-	-

위 표를 보면 (오컬트화학의) 중수소와 아디아룸이 원자량이 같은 것을 알 수 있다. 원자량만으로 판단할 때 아디아룸을 중수소로 볼 수도 있었겠지만, 앞서 언급한대로 전기분해 중에 발견한 두 개의 수소원자가 결합한 물체를 중수소라고 믿어버리곤 이 새로운 원소에 새로운 이름을 붙여주었다. 이름은 원소가 발견된 지역인 인도의 아디아르 지명을 따랐는데, 그곳은 오랫동안 신지학활동의 근거지였으며 지금의 신지학 본부가 있는 곳이기도 하다.

이 아디아룸이야말로 중수소라고 생각된다. 좀 더 정확히 말하면 아디아룸은 마이크로 투시 작용에 의해 초원자 상태로 만들어진 중수소다. 중수소는 해롤드 우레이가 1931년에 발견하였고, 안정된 이중 중입자의 존재가 알려진 것도 이때부터다. 아디아룸은 1932년에 『신지학자』지를 통해 처음으로 발표되었다. 그런데 오컬트화학에는 아디아륨에 대해 다음과 같은 설명을 하고 있다.

"아디아륨은 지구표면의 대기 중에서는 희귀하지만 성층권에서는 더 많은 양이 존재하고 있다. 수소와 마찬가지로 아디아륨은 지구가 태양 주위를 여행하는 동안 복사에 의해 대기로부터 서서히 없어지고 있다. 그러나 항상 태양에서 오는 광선이 하위 성분들을 결합시켜 잃어버린 원소들을 새로운 창조물로 대체하고 있다."[11]

그래서 자료를 찾아보았다. 그 결과 2003년에 수행된 두 건의 연구에서 이에 부합하는 성과를 얻었다는 사실을 알게 되었다. 먼저 톰 랜의 팀은 나사 소속의 ER-2 연구기가 겨울 북극해의 성층권에서 채취한 수소분자의 함량을 정밀하게 측정하여 중수소가 풍부하게 존재한다는 사실을 발견하였고, 이어 토마스 뢰크만의 팀은 성층권 열기구에서 수집한 데이터를 분석하여 북위 44도의 저위도에서 중수소의 농도가 최대 400‰까지 올라가는 것을 발견하였다. 여기서 중수소를 아디아륨으로 대치하기만 하면 위 인용문이 정확하게 맞아떨어지는 것이다.

결국 중수소는 오컬트화학에서 중수소라고 언급된 중수소가 아닌 아디아륨으로 보인다. 오컬트화학의 저자들이 중수소라고 생각했던 것은 중수소가 아닌 다른 상태의 물질이었다. 반면 오컬트화학의 수소원자는 일반 수소원자에서 비롯된 것이 맞으나, 그 초원자 상태는 중수소의 원자핵인 중양성자와 같다고 할 수 있다. 아마도 수소원자가

---

11) 각주10)과 동일한 도서, 42쪽.

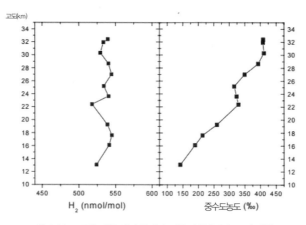

그림 A.14 고도에 따른 대기 중 수소 비율과 중수소 농도의 변화

초원자 상태로 변하면서 중앙성자와 동일한 상태가 되었다고 생각된다. 수소의 초원자는 안정되었다는 관찰이 있는데, 이 역시 중앙성자의 특성과 일치하는 것이다.

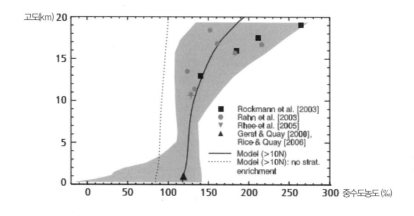

그림 A.15 북반구 중수소의 수직분포를 보여주는 자료. 굵은 실선은 지구평균을 나타내며, 점선은 성층권의 중앙성자 풍부함을 계산에 넣지 않은 모의실험값이다. 음영지역은 최소와 최대의 모의값을 보여준다. ("수소분자와 그 수소분자 중 중앙성자 함량에 대한 전지구적 수지 연구" 『지구물리학연구저널』, Vol.112, 2007)

하지만 수소 초원자가 중수소의 핵인 중양성자의 상태와 같다고 하여 섣불리 수소 초원자를 중수소와 동일시하는 것은 안 될 일이다. 그렇게 되면 수소 초원자가 아디아륨의 출발 원소가 되고 만다. 이러한 혼란의 배경에는, 오컬트화학의 수소와 중수소, 그리고 아디아륨이 모두 중수소와 연관이 되어 있다는 사실이 숨어 있다.

다시 한 번 정리하겠다. 오컬트화학의 수소는 수소 초원자이고 중양성자의 상태와 같다. 아디아륨은 중수소의 초원자이다. 오컬트화학의 중수소는 수소 초원자의 일시적인 결합, 혹은 중양성자의 일시적인 결합에 지나지 않는다.

오컬트화학의 원소	기반(출발) 원소	초원자 가설에 의한 해석
수소	수소	수소 초원자 (중양성자)
중수소	수소 초원자	수소 초원자(중양성자)의 일시적 결합
아디아륨	중수소	중수소 초원자
오컬툼	헬륨-3 (^{3}He)	헬륨의 동위원소

한편 오컬툼은 정상원자로 환원할 경우 원자량 3인 헬륨의 동위원소에 해당되는 것으로 여겨진다. 오컬툼은 사실 애니 베전트와 찰스 리드비터가 1895년에 처음 관측했을 때 헬륨으로 생각했으나, 1907년에 진짜 헬륨으로 추정되는 원자를 관측하고선 당시 동위원소 개념이 없던 두 사람은 이전에 관측했던 원자를 오컬툼이라고 바꿔 불렀다. 오컬툼은 1908년에 출판물에 처음 등장하고, 동위원소 개념은 1913년에 프레더릭 소디가 처음으로 제안하였다. 그리고 헬륨-3은 1934년에야 호주의 마크 올리판트가 처음 그 존재를 예측했을 정도이므로, 오

컬트화학의 관측이 과학보다 26년 이상 빨랐음을 알 수 있다.

아디아륨과 오컬튬의 사례는 각각 그 나름대로 우리에게 시사점을 던져준다. 오컬튬은 메타네온[12] 같은 다른 동위원소와 더불어 과학보다 앞선 발견으로 오컬트화학의 신뢰성을 높여주고, 아디아륨과 중수소는 비슷한 시기에 발견되었지만 다른 증거를 통해 그 진정성을 담보하는 한편, 왜 오컬트화학의 원자들이 초원자로 해석될 수밖에 없는지 중요한 힌트를 주기도 한다. 그러나 지금 당장은 우리가 집중할 필요가 있는 주제로 돌아가자. 수소 초원자를 중앙성자의 상태로 볼 수 있다는 결론 말이다. 그것은 곧 오컬트화학이 이중중입자의 형태로 헥사쿼크를 이미 보았다는 사실을 의미한다.

쿼크 가둠

즉 펜타쿼크나 헥사쿼크 등 별난 입자들의 발견 또한 오컬트화학의 개연성을 높여주고 있다고 할 수 있다. 아래는 아디아륨의 구조를 나타낸 것인데, 그림을 보면서 이야기를 좀 더 연장해보도록 하자.

---

12) 프란시스 아스톤은 1913년에 네온의 동위원소인 네온-22를 발견하여 같은 해 등장한 소디의 동위원소이론을 뒷받침하였다. 한편 리드비터와 베전트는 기존에 알려지지 않은 원소를 관측하고 '메타네온'이라고 이름을 붙였는데 1908년의 일이었다. 네온-22가 이 메타네온에 해당한다. 그런데 과학사가 제프 휴즈가 2003년에 밝히기를, 프란시스 아스톤의 출판되지 않은 메모를 조사하던 중 아스톤이 초기에 '메타네온'이라는 이름을 사용했던 증거를 찾아냈다고 한다. 아스톤은 그 메모 속에서 오컬트화학의 메타네온이 자신이 발견한 새 원소와 가장 비슷해서 그 이름을 사용했노라고 적고 있지만, 어쩐 일인지 그 이후에는 오컬트화학과 메타네온에 대한 언급은 더 이상 하지 않았다.

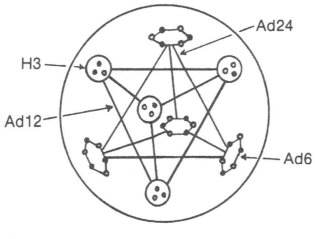

그림 A.16 아디아룸

리드비터와 베전트는 인위적으로 원자를 해체하고 해체되는 순서에 따라 E4~E1 까지 분류를 하였는데, 정리하면 다음과 같이 된다. E1은 독립적으로 존재하는 아누를 말한다.

먼저 E4의 단계에서 아누들은 Ad24와 Ad12로 이름붙인 그룹으로 나누어진다. 이중 12개의 아누로 구성된 Ad12는 4면체의 모양을 하고 있는데, 4면체의 꼭짓점에 해당하는 H3 그룹은 E3 단계에서 각각 3개씩의 아누를 포함하는 4개의 입자로 분리된다. 음성과 양성으로 구분할 수 있는 이 입자들을 쿼크로 본다면, 4면체 모양의 Ad12는 마치 네 개의 쿼크로 구성된 테트라쿼크의 가능한 한 형태를 보여주고 있는 것 같다.

Ad24의 경우에는 길쭉한 6각형 형태로 모인 6개씩의 아누가 4면체의 꼭짓점을 이루고 있는데, E3 단계에서 두 개의 쿼크가 하나로 합친 듯한 구성을 보여주고 있다. 이것은 다이쿼크(di-quark)로 해석할 수 있으며, E2 단계에서는 다시 위 쿼크와 아래 쿼크의 개별적 쿼크로 분

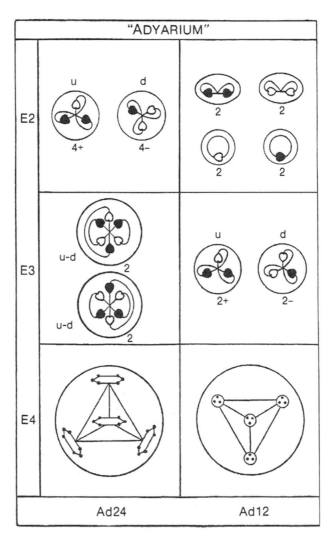

그림 A.17 아디아륨의 분해

리되어 나타난다.

헥사쿼크의 구조가 나타난 수소 초원자의 경우에 쿼크의 형태는 더 잘 드러난다. E4 단계에서 수소 초원자는 양성자와 중성자로 분리되

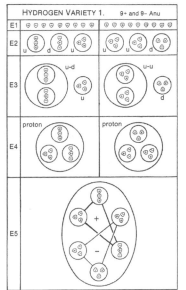
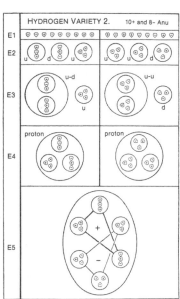

그림 A.18 수소원자의 분해

고, E3 단계에서 다이쿼크와 개별적인 쿼크, 그리고 E2 단계에서는 모두 독립적인 쿼크로 분해되어 나타난다. 쿼크가 아누라는 더 작은 구성요소로 나누어질 수 있다는 점만 제외하면, 오컬트화학의 원자모형은 쿼크 모형과 비슷하게 맞아떨어지는 것 같다.

그렇지만 오컬트화학의 원자들은 사실 쿼크와 쿼크의 조합만으로 설명할 수 없어 보이는 구조들도 많다. 예를 들어 질소원자의 분해도를 한 번 보기로 하자. 특히 E3와 E4의 단계에서 쿼크의 조합으로 보기 어려운 구조들을 많이 발견할 수 있다.

이런 차이가 나타나는 가장 큰 이유는 아마도 쿼크모형과 오컬트화학이 각각 그 기본구성입자를 다르게 보고 있기 때문일 것이다. 즉 오컬트화학은 쿼크모형에는 없는, 서브쿼크로 추정되는 아누라는 입자

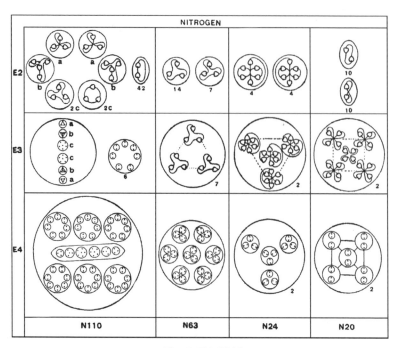

그림 A.19 질소의 분해

의 존재를 전제로 하고 있다. 아누모형에서 아누들은 쿼크의 형태로 조합될 수도 있지만, 다른 형태의 조합을 이루기도 하는 것이다.

아누끼리의 결합에 대해서는 본문 4장에서 자세히 언급한 바 있다. 아누를 둘러싸고 있는 공간은 힉스진공이며, 이 힉스진공은 제2종 초전도체의 특성을 가지고 있다. 단자극인 아누에서 방사된 자기력선은 제2종 초전도체인 힉스진공 안에서 마이스너 효과에 의해 튜브 형태의 끈을 형성하게 되며, 양자화 된 자속인 이 '닐센-올레센 보텍스' 끈이 단자극 아누들을 연결함으로써 상위의 조합들을 만들어내고 하부의 입자들을 그 안에 가두어두는 역할을 한다. 위 그림에도 표현된 힘의 선들이 그 '닐센-올레센 보텍스' 끈들이다.

또한 아누를 속박하는 것과 같은 동일한 메커니즘이 쿼크들 사이에서도 작용한다. 양자색역학에서는 쿼크 사이에 작용하는 힘(강력)이 거리에 따라 오히려 증가하기 때문에 쿼크들을 영원히 핵사 인에 가두어둔다고 하는데, 이 자속의 끈이 바로 그런 역할을 한다.

그런데 마이크로 투시 행위에 의해 쿼크를 둘러싸고 있는 힉스진공이 임계온도 이상으로 올라가면, 마이스너 효과가 사라짐에 따라 쿼크들을 가두어두고 있던 자속 역시 사라지고 쿼크들은 속박에서 풀려난다. 그렇다고 하더라도 쿼크 내부에 있던 하부입자들(아누)까지 모조리 속박에서 풀려나는 것은 아닌데, 그들은 서로 다른 국면의 힉스장 속에서 여전히 나름대로의 결합과 구성을 유지하고 있다. 그것을 증명하는 것이 바로 위 원소들의 그림에서 나타나고 있는 E1, E2, E3, E4의 단계별 분해과정이다.

그러므로 오컬트화학에서 묘사되는 원소들은 정상상태에서 벗어난 일종의 여기상태면서, 동시에 다양한 국면에 있는 힉스장의 국소적 영역 속에 속박되어 있는 멀티-쿼크와 멀티-아누의 복합적인 구성물이라고 할 수 있다. 이것이 높은 속도로 가속시켜 충돌을 일으킨 결과로 얻어진 별난 입자들의 상태와 반드시 같지는 않겠지만, 헥사쿼크의 경우처럼 유사한 상태의 존재가 확인된 것만으로도 오컬트화학의 개연성을 높이는데 플러스 요인이 될 것으로 기대된다. 물론 훨씬 더 다양하고 변칙적인 오컬트화학의 조합들을 생각하면 갈 길은 아직 멀지만, 기존의 표준화된 틀을 벗어나 새로운 가능성의 문이 열리는 것만해도 큰 발전임에는 틀림이 없다. 다만 이 대목에서 한 가지 고려할 것은, 초원자상태가 아닌 평소의 상태일 때 원자의 형태는 또 다른 모습일 거라는 점이다. 입자의 구성과 배열 또한 달라질 것이고, 어쩌면 그 형태는 과학이 생각하는 것과 조금 더 닮은 쪽으로 기울어져 있는지도 모른다. 그러나 어쨌든 분명한 것은, 오컬트화학은 우리에게 원자속 깊이 들여다 볼 것을, 특히 쿼크의 내부를 좀 더 세심하게 들여다볼 것을 주문하고 있다는 점이다.

표준모형을 넘어서

쿼크가 어떤 내부구조를 가지고 있으리라는 생각은 아직 주류과학의 입장이 아니다. 입자물리학에서는 쿼크를 크기나 부피가 없는 점으로 취급한다. 그러나 쿼크를 내부구조를 가진 일종의 복합입자로 보려는 시도가 생소하거나 터무니없는 것은 아니다. 또 어떤 물리적인 금기가 있는 것도 아니다. 다만 아직 완벽한 대체이론이 존재하지 않으며, 굳이 필요성을 느끼지 않는 사람들로부터 적극적인 관심을 받지 못할 뿐이다.

쿼크의 내부구조를 설명하려는 시도는 아마도 1974년에 조셉 파티와 압두스 살람이 프레온(preon) 모형을 제안한 것이 처음일 것이다. 이 모형은 쿼크의 내부에 하부구조를 이루는 세 종류의 기본입자가 있다고 가정한다. 본서에서 주로 프리쿼크, 서브쿼크로 표현했던 쿼크의 하부 구성입자에 대한 이론들은 이후 주로 프레온이라는 이름으로 통칭하게 되고, 많은 변형된 모형들이 생겨나게 된다.

초기의 유명한 이론 중에는 리숀(Rishon) 모형이 있다. 이는 1979년에 하임 하라리와 마이클 슈페가 제안했으며, 하라리는 1981년에 제자인 네이단 사이버그와 함께 이를 한 단계 더 발전시켰다. 리숀 모형에는 T와 V라고 명명한 두 개의 프레온이 있다.[13] T는 $+\frac{1}{3}$, V는 0의 전하를 가지고 있으며, 쿼크와 렙톤은 이들 프레온 혹은 안티프레온 세 개가 뭉쳐서 만들어진다. W 같은 위크보손은 6개의 프레온으로 구성된다.

이어 1981년에는 프리츠와 만델바움이 하프론(haplon) 모형을 내놓았으며, 1992년에는 소우자와 칼맨이 『프레온』이라는 책과 함께 프리몬(primon) 모형을 제안하였다. 또 1999년에는 듀네와 프레드릭손, 한손의 삼위일체(trinity) 모형이 등장했는데, 프레온에 해당하는 α, β, γ 입자는 각각 $+\frac{1}{3}$, $-\frac{2}{3}$, $+\frac{1}{3}$ 의 전하를 갖도록 고안되었다.

프레온 이론은 현재도 계속 개선되거나 변형된 버전들이 출현하고 있는데, 한 가지 눈에 띄는 이론은 호주의 이론물리학자 썬댄스 빌슨-톰슨이 제안한 헬론(helon)이라는 모형이다. 이 모형은 하라리의 리숀 모형을 개조한 것으로, 다른 프레온 모형들과는 달리 프레온에 해당하는 쿼크의 하부 구성입자들을 마치 꼬인 리본이나 끈처럼 다룬다. 이를테면 이 끈의 위상학적 형태가 입자의 성질을 결정하는데, 각 리본이 꼬인 횟수를 전하로, 그런 꼬임들의 위치치환을 색전하로 해석한다. 이 논문은 2005년에 발표되었으며, 빌슨-톰슨은 포티니 마르코폴로, 리 스몰린과 함께 이듬해 "양자중력과 표준모형"이라는 새로운 논문에서 이 위상적인 프레온 모형을 매개로 입자물리학의 표준모형과 배경 독립적이며 만물이론의 후보 중 하나로 떠오르고 있는 고리양자중력이론의 연결을 꾀했다. 즉 시공간의 끈으로 구성된 프레온을 사용하여 고리양자중력이론이 표준모형의 첫 번째 페르미온 세대의 특징

---

13) 이 이름은 창세기 1장 2절에 있는 히브리어 Tohu(혼돈, 무형)와 Vohu(공허)에서 따온 것이다.

을 재현할 수 있음을 보였는데, 이는 헬론이라는 위상학적 상태가 고리양자중력이론의 시공간 들뜸과 유사하다는 점에 착안한 것이다.

개인적으로 빌슨-톰슨의 모형이 흥미를 끄는 이유는 이 꼬인 끈들을 보고 있으면 아누의 끈들이 연상된다는 것이다. 물론 이 헬론이라는 것은 쿼크의 구조일 뿐 아누의 끈에 해당하는 것은 아니지만, 위상학에 바탕을 둔 그 기본적인 아이디어는 언제든 아누에도 적용될 수 있는 것이다. 예를 들면 아누의 끈이 가진 위상적인 속성을 전하나 색전하로 해석할 수 있는 여지가 생기는 것이다. 다음 그림에 몇 가지 입자의 예를 나타냈는데, 쿼크의 경우 하전된 끈의 위치를 치환함에 따라 각각 세 가지 색전하의 표현이 가능함을 알 수 있다. 또 이 모형은 왜 색전하를 가진 입자가 분수전하를 가지는지 보여주며, 왼손잡이 입자와 오른손잡이 입자의 구분도 보여주는데, 왜 자연 속에서는 왼손잡이 중성미자만 발견되는지에 대한 힌트 또한 알려주는 것으로 보인다.

사실 오컬트화학에 바탕을 둔 스티븐 필립스의 오메곤 모형도 프레온 모형의 일종이라 할 수 있을 것이다. 필립스는 리숀 모형이 등장했던 1979년에 『복합입자 쿼크와 강입자-경입자 통합이론』이란 제목의 논문 속에 오메곤 모형을 제시했다. 이 이론은 $SU(10)_{향} \times SU(10)_{색}$의 대칭군을 가지고 있었다. 즉 10가지 오메곤과 10가지 경입자가 존재하는데, 같은 색을 가진 오메곤 세 개가 결합하여 쿼크를 구성한다. 오메곤은 곧 아누이다. 포지티브 아누와 네거티브 아누가 있으며, 포지티브 아누는 +5/9, 네거티브 아누는 −4/9의 전하량을 가진다. 오메곤 모형은 표준모형의 3세대를 넘어서 5세대의 페르미온(오메곤)이 존재한다고 말하는데, 따라서 경입자도 5세대까지 존재한다. 하지만 현실에서 4세대와 5세대의 경입자가 발견된 적은 없다. (수년전 페르

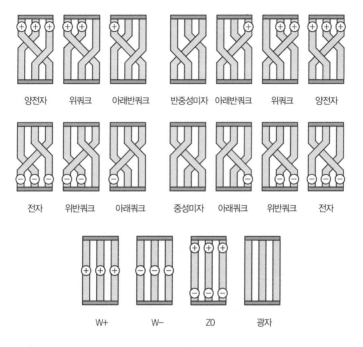

양전자	위쿼크	아래반쿼크	반중성미자	아래반쿼크	위쿼크	양전자

전자	위반쿼크	아래쿼크	중성미자	아래쿼크	위반쿼크	전자

W+	W-	Z0	광자

그림 A.20 땋은 끈(braid)으로 표현한 1세대 기본입자들

미연구소의 CDF 팀이 4세대 입자 찾기에 나섰으나 아직 성공하지 못했다. 일부 물리학자들은 LHC에서 이 발견이 이루어질 가능성이 더 큰 것으로 기대하고 있다.)

한편 2005년에는, 스웨덴의 한손과 샌딘이 물질이 쿼크나 강입자로 응집하지 않고 프레온 상태에 갇힌 채 머물러 있을 수 있는지 조사하였다. 그들은 그럴 수 있다고 보았고, 우주 생성초기에 그런 프레온의 덩어리가 중성자별이나 쿼크별[14]보다 더 밀도가 높은 천체를 형성

---

14) 테트라쿼크나 펜타쿼크 같은 별난 입자들의 발견은 이론적인 쿼크별의 가능성을 생각하게 한다. 이 별의 내부에서는 테트라쿼크나 펜타쿼크, 헥사쿼크와 같은 중성의 색전하를 가진 입자가 아닌 독립적으로 상호작용하는 쿼크의 생

할 수 있다고 보았다. 소위 프레온별이다. 프레온별은 크게는 1미터 직경에 지구의 100배 정도 되는 질량에서, 작게는 콩알만 한 크기에 달보다 약간 적은 질량을 가질 것으로 추측된다. 쿼크별과 더불어 아직 이론적인 존재에 불과하지만, 우주에는 참 별난 천체들이 많다는 것을 새삼 느끼게 된다. 한손과 샌딘은 나아가서, 2007년『Physical Review』를 통해 프레온의 존재를 증명할 수 있는 괜찮은 아이디어 하나를 공개했다. 일반적으로 생각하기에 프레온을 검출하려면 현재의 가속기나 웬만한 미래의 가속기로도 어림없을 것으로 추측한다. 그런데 우주 공간에 있는 프레온별을 포착해냄으로써, 우리는 간접적으로 프레온의 존재를 증명할 수 있을 것이다.

그런데 왜 이처럼 프레온을 찾으려는 노력들이 끊이지 않는 것일까? 그건 아마도 프레온의 탐구자들을 포함한 다수의 과학자들이 표준모형이 불완전하다고 느끼기 때문일 것이다. 현재 표준모형에서 기

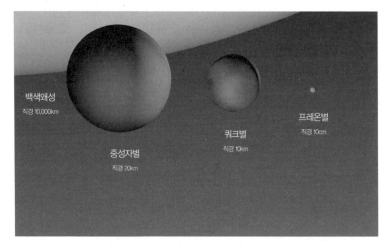

백색왜성
직경 10,000km

중성자별
직경 20km

쿼크별
직경 10km

프레온별
직경 10cm

그림 A.21 별난 천체들, 중성자별과 쿼크별, 프레온별

성이 가능할지도 모른다. 이것이 쿼크별을 가능하게 한다.

본입자의 수는 보손을 제외하더라도 모두 24개이다. 색전하를 고려하지 않으면 12개이고, 반입자까지 고려하면 48개로 늘어난다. 경입자를 뺀 쿼크만 따진다 하더라도 18개 혹은 36개이다. 입자 수가 이렇게 많다는 것은 과연 이들이 정말 물질의 기본입자일까 하는 의구심을 갖게 만든다. 위 쿼크를 제외한 나머지 모든 쿼크들이 다른 입자들로 붕괴한다는 사실도 뭔가 자연스럽지 않다. 게다가 일부 쿼크들은 복합입자인 양성자보다도 훨씬 큰 질량을 가지고 있는데, 꼭대기 쿼크 같은 경우에는 양성자보다 무려 170배 이상 무겁다. 특히 이 질량에 관련한 문제는 중력의 문제와 더불어 표준모형이 제대로 설명하지 못하는 커다란 약점 중의 하나이다.

이런 가운데 입자들의 배열이 어떤 주기성을 띤다는 사실도 예사롭지만은 않아 보인다. 표준모형의 페르미온 입자들은 네 개의 종족으로 나눌 수 있으며, 한편으론 세 개의 세대로 나눌 수 있는데 이를 정렬시키면 마치 작은 원소주기율표와 같은 도표가 만들어진다. 이 소립자주기율표와 원소주기율표 사이에는 어떤 유사성이 없을까? 먼저 화학원소주기율표를 보기로 하자. 원소주기율표의 세로줄은 원소족을 나타낸다. 같은 성질을 지닌 원소들끼리의 모임으로써, 예를 들면 알칼리금속, 알칼리토금속, 할로겐원소, 비활성기체 같은 것들로 모두 18개의 원소족들이 있다. 그런데 표준모형의 주기율표에도 가로와 세로가 뒤바뀌었을 뿐 역시 이런 종족들이 있다. 위, 맵시, 꼭대기의 위 쿼크족, 아래, 기묘, 바닥의 아래 쿼크족, 전자와 뮤온, 타우입자의 전자족, 그리고 3종의 중성미자족이 이 종족에 해당한다.

이번에는 원소주기율표의 가로줄을 보자. 가로줄은 주기를 나타낸다. 위에서부터 차례대로 1주기, 2주기, 3주기해서 맨 아래 7주기까지

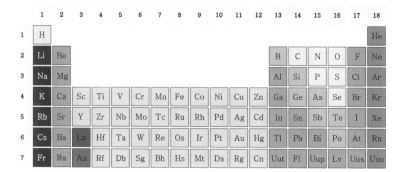

그림 A.22 화학원소주기율표

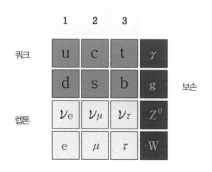

그림 A.23 표준모형의 입자테이블

있다. 마찬가지로 표준모형의 주기율표에도 주기가 존재한다. 1세대, 2세대, 3세대가 바로 주기에 해당하는 것이다. 그런데 이들 주기에는 한 가지 공통점이 있다. 주기가 증가할수록 질량 역시 증가한다는 사실이다. 과거 원소주기율표의 발전 사례를 보면 처음에는 어떻게 이런 특성들이 유래하는지 이해를 하지 못했다. 그러다가 결국은 각 원소의 원자들이 양성자와 중성자, 전자 등과 같은 내부구조를 가진 것을 차츰 알아가게 된 것이다. 이와 마찬가지로, 소립자들의 주기성도 비록 규모는 작지만 쿼크가 내부구조를 가지고 있다는 사실을 암시하고 있는 것처럼 보인다.

필자는 표준모형에서 보이는 이러한 주기성과, 이 주기성이 동양철학과 보이는 유사성에 착안하여 1988년에 새로운 모형의 개발을 시도한 적이 있다. 그때는 오컬트화학을 접하기 훨씬 전인데, 비록 불완전하기는 하였으나 여러 모형을 검토한 결과 쿼크는 근본입자가 될 수 없다고 판단하였다.

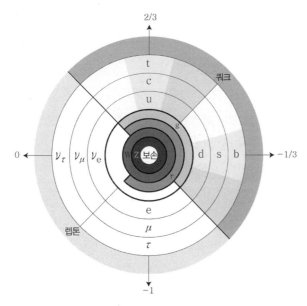

그림 A.24 원형으로 표현한 표준모형의 입자들

이 밖에도 표준모형은 많은 문제점들을 가지고 있다. 예를 들면 표준모형은 물질과 반물질의 비대칭을 설명하지 못한다. 또한 표준모형의 입자들이 우주에서 차지하는 비율은 고작 4% 정도로, 나머지 정체를 알 수 없는 암흑물질과 암흑에너지의 존재를 설명하지 못한다. 한편 표준모형에 따르면 중성미자의 질량은 0이어야 하지만, 2000년

대 이후에 중성미자는 질량을 가지고 있는 것으로 드러나고 있다. 2015년 노벨물리학상도 중성미자의 진동변환을 밝혀낸 학자들에게 돌아갔는데, 중성미자가 진동을 하며 서로 다른 중성미자로 변환한다는 사실은 표준모형을 넘어서는 더 큰 이론의 틀이 존재함을 암시한다. 그리고 빌슨-톰슨의 헬론모형 설명 때 잠깐 언급했지만 중성미자의 스핀 방향이 왜 늘 한쪽으로만 향하는지도 수수께끼다.

근본적으로 표준모형이 궁극의 이론은 아니라는 것이 대다수 물리학자들의 공통된 의견이다. 표준모형 자체가 일종의 짜맞추기 성격이 강하다. 그래서 표준모형을 넘어서려는 노력들이 지금 이 순간에도 끊임없이 진행되고 있는데, 초대칭이나 초끈이론, 고리양자중력이론 같은 것들이 대표적이다. 하지만 프레온모형과 같은 것으로 풀어야 할 부분들이 있으며, 아마도 이 두 가지가 함께 필요할 수도 있다. 예를 들어 아누의 경우 프레온이면서 동시에 초끈에 해당되는 상태로 여겨지는 것이다.

논점에서 다소 벗어나는 듯하지만 쿼크가 아닌 양성자 수준에서 드러나는 수수께끼들도 살펴보자. 우선 질량의 문제가 있다. 양성자나 중성자의 질량은 쿼크에서 전적으로 오지 않는다. 무슨 말인가 하면, 양성자의 질량은 단순히 그 구성 쿼크들이 가진 질량의 더하기가 전부가 아니라는 이야기다.

초기 양성자의 모형은 매우 단순했다. 즉 양성자는 마치 세 개의 커다란 호박 덩어리를 담은 자루처럼 그려졌고, 그 자루의 쿼크는 당연히 양성자질량의 1/3씩을 담당할 줄 알았다. 그러나 실제로는 쿼크들의 질량이 예상보다 훨씬 가볍다는 것이 밝혀졌다. 양성자를 구성하는 위 쿼크와 아래 쿼크의 질량을 다 합쳐도 양성자 질량의 겨우 2% 수준

밖에 되지 않았다. 이는 마치 앞서 우리에게 알려진 물질이 4% 정도이고, 나머지가 암흑물질이나 암흑에너지라고 얘기했던 것과 비슷한 상황이다. 그래서 양성자내의 또 다른 구성성분인 글루온에 대한 조사가 이루어졌고, 어느 정도는 글루온이 양성자의 질량을 담당하는 것으로 밝혀졌다. 하지만 그 정도도 미약한 것이어서, 지금은 양성자의 나머지 질량이 쿼크를 엮는 에너지나 글루온에 의해 운반되는 색력에 의해 온다고 본다. 혹은 나머지는 바다쿼크(sea quarks)라 불리는 가상쿼크와 쿼크 없이 글루온만으로 이루어진 글루볼의 바다에서 온다고 추측한다.

'잃어버린 스핀'에 관한 문제도 있다. 양성자를 비롯한 강입자에는 '양성자의 스핀 위기' 혹은 '양성자의 스핀 퍼즐'로 불리는 문제가 있는데, 이는 질량의 문제와 마찬가지로 턱없이 부족한 양성자 속 스핀의 기원에 관한 수수께끼다. 애당초 물리학자들은 쿼크가 양성자 스핀의 전부인 줄 알았으나, 1987년에 유럽뮤온연구팀이 수행한 실험에서 그렇지 않다는 것이 밝혀졌다. 쿼크는 단지 양성자 스핀의 최대 25% 정도를 책임질 뿐이었다. 그 후 2010년대 들어 뉴욕 브룩헤이븐 국립연구소의 상대적 중이온충돌기(RHIC)에서 수행한 양성자 충돌실험에서는 글루온이 양성자 스핀의 약 20~30% 정도를 기여하는 것으로 드러나고 있다. 연구자들은 스핀의 나머지 기원을 쿼크와 글루온의 각운동량이나 바다쿼크의 존재에서 찾고 있다.

한편 2010년에는 양성자의 반경이 기존에 알고 있던 것보다 더 작다는 사실이 밝혀지기도 했다. 랜돌프 폴이 이끄는 국제연구팀은 전자 대신에 뮤온이 돌고 있는 수소원자(muonic hydrogen)를 사용하여 10배 더 향상된 정확도로 양성자의 반경을 구하였는데, 이 실험으로

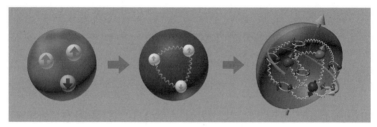

그림 A.25 양성자 모형의 변화

양성자의 반경은 0.8768펨토미터에서 0.8418펨토미터로 약 4% 정도 축소되었다. '양성자 반경 퍼즐'이라고 부르는 이 실험결과가 당혹스러운 이유는, 뤼드베리 상수가 잘못되었거나 양자전기역학의 계산이 잘못되지 않고는 있을 수 없는 일이라고 생각되기 때문이다. 뤼드베리 상수는 모든 물리상수 중에서도 가장 정확하게 결정된 기초상수이며, 양자전기역학도 너무나 성공적인 이론이어서 어느 쪽이든 잘못되었다고 생각하기는 어렵다. 만약 이 둘 중의 하나가 잘못된 거라면 양자역학 전체를 다시 써야 할 판이다.

스티븐 필립스는 이에 대한 다른 해결방법으로써 쿼크를 보는 관점을 바꾸어 볼 것을 제안했다. 즉 쿼크를 기존의 점입자가 아닌 크기와 구성을 가진 걸로 생각한다면 양성자 반경의 축소도 납득할 수 있을 것이다. 2013년에는 같은 연구팀이 더 진보된 실험으로 1.7배 더 정확한 값을 측정했는데, 그 수치는 0.84087펨토미터로서 3년 전의 실험결과를 재확인시켜주는 것이었다. 현재 전 세계의 물리학자들이 이 퍼즐을 풀기 위해 다양한 해결책을 연구하고 있다.

한편 쿼크의 내부구조에 대한 직접적인 실험에 대해서 말하자면, 1996년에 미국 페르미 국립가속기연구소의 CDF 공동 연구팀이 테바트론을 이용해 양성자와 반양성자를 정면으로 충돌시킨 결과 쿼크가 내부구조를 가지고 있을 가능성이 있다고 발표한 적이 있다. 아마도 이것이 쿼크복합체설을 뒷받침하는 최초의 실험적 성과였을 것이다. 그러나 그 뒤로 이에 대한 추인은 이루어지지 않고 있다.

프레온은 과연 존재하는가? 물리학적인 견지에서만 보자면 아직 그렇다고 말할 수 없다. 그러나 불과 5~60년 전만 하더라도 양성자가 물질의 기본입자 취급을 받았던 것을 상기해 보자. 언젠가 좀 더 완벽한 프레온 모형이나 실험적 증거가 나타나 지금의 쿼크를 대체할 날이 올지도 모른다. 그리고 그 이전이라도 표준모형은 많은 변화를 겪을 것으로 보인다. 이미 표준모형이 전부가 아니라고 느끼는 물리학자들이 활발하게 표준모형 이후의 이론들을 탐색하고 있다.

힉스 소동

표준모형 이야기가 나왔으니 이와 관련해 빠뜨릴 수 없는 한 가지 이야기를 더 하고 넘어가자. 이는 또 거대강입자충돌기(LHC)가 건설된 첫 번째 목표와 연관된 것이기도 하다.

LHC는 1994년 시작해 14년간 95억 달러를 들여 프랑스와 스위스의 국경지대에 지하 100m 깊이로 건설된, 둘레만 무려 27km에 달하는 지상에서 가장 큰 가속기이다. 2008년에 시험가동을 하였지만 고장으로 멈춘 뒤 2009년 11월에 재가동에 들어갔다. LHC는 두 개의 양성자 빔을 충돌시켜 우주탄생 직후의 고에너지 상황을 재현하는데, 당시를 회상해보면 LHC가 미니블랙홀을 만들어내어 지구를 멸망시켜버릴지도 모른다는 우려 때문에 한바탕 소동이 벌어졌던 일이 기억에 남아있다. 다행히 지구가 블랙홀에 삼켜지는 일 없이 해프닝은 마무리되고, LHC는 어마어마한 데이터들을 쏟아내기 시작했다.

그럼 이렇게 거대한 LHC를 건설해서 찾아내려고 했던 것은 무엇이었을까? 그 대상은 역설적이게도 아주 작거나 자연의 은밀한 곳 깊숙이 숨어 있어서 눈에 잘 띄지 않는 것들이었다. 즉 힉스보손이나 초대칭입자들, 암흑물질, 암흑에너지, 자기홀극(단자극), 반물질, 그리고 여분차원 같은 것들이 그들의 목표물이었다. 그리고 그중에서도 첫 번째 목표물은 바로 힉스보손이었다.

힉스보손은 흔히 '신의 입자'라는 별명으로 불리기도 한다. 이 거창한 애칭은 레온 레더만이 지은 책의 제목에서 비롯됐는데, 원래는 '빌어먹을 입자(Goddam particle)'라고 붙이려던 것을 출판사에서 '신의 입자(God particle)'로 바꾸었다는 소문이 있다. 좀 과하기는 했지만 어쨌든 마케팅적으론 성공한 명명법이었고, 실제로도 꽤 중요한 입자이기는 했다. 특히 표준모형의 완성을 바라는 물리학자들 입장에서는 없어서는 안 될 소중한 입자였다. 그렇기에 좀처럼 모습을 드러내지 않는 그 지루하고 답답한 상황을 빗대어 빌어먹을 입자 혹은 넌덜머리나는 입자라고 이름 붙이려 했다는 설도 이해할 만은 하다.

그런데 마침내 그날이 온 것이다. 2012년 7월 4일, 유럽원자핵공동

그림 A.26 LHC의 주요한 검출장비인 아틀라스(좌)와 CMS(우)

연구소(CERN)는 바로 그 힉스보손을 발견했다고 전격적으로 발표했다. 많은 물리학자들이 놀라움 속에 이 소식을 들었고, 세상도 따라서 늘썩늘썩하였다. 이제 힉스보손은 더 이상 가설 속의 입자가 아니었다. 당당한 실제 입자의 일원이 된 것이다. 그렇다면 이 힉스보손이 무엇인지, 표준모형 내에서의 위상은 어떤 것이며 힉스보손의 발견이 의미하는 것은 무엇인지 잠시 알아보기로 하자.

표준모형은 물질을 구성하는 입자들인 쿼크와 경입자, 그리고 힘을 매개하는 게이지입자들로 구성되어 있다. 표준모형은 한 마디로 세상이 무엇으로 만들어졌는가에 대한 하나의 모범답안이라고 할 수 있다. 그렇다고 표준모형을 100점 만점의 완벽한 정답이라고 말할 수는 없으며, 여러 가지 문제점들을 내포하고 있음을 앞에서 지적한 바 있다. 여하간 표준모형은 그 확고한 지위를 지금까지 지켜오고 있는데, 다만 처음부터 한 가지 치명적인 약점을 가지고 있었다. 그것은 게이지 입자들이 질량을 가질 수 없다는 것이다. 하지만 광자와 글루온을 제외한 현실의 입자들은 질량을 가지고 있으므로, 이것은 큰 문제가 아닐 수 없었다.

이런 모순을 타개하기 위해서 나온 아이디어가 바로 힉스 메커니즘이라 할 수 있다. 힉스 메커니즘은 자발적 대칭성 깨짐이라는 개념을 도입하여 약한 상호작용의 내부 대칭성이 낮은 에너지 영역에서 깨어질 수 있도록 하였고, 이 과정을 통해 약력 게이지 보손들에게 질량을 부여할 수 있었다. 그리고 몇 년 뒤 이 메커니즘이 물질을 구성하는 쿼크와 경입자에도 비슷한 방식으로 작용할 수 있다는 사실이 밝혀졌다. 쿼크와 경입자는 공간 전체에 퍼져있는 힉스장과 상호작용하여, 약력 전하의 저항을 받은 결과 질량을 얻게 된다.

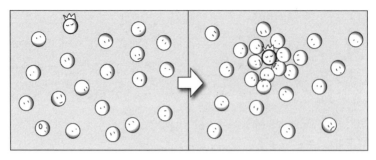

그림 A.27 힉스장을 넓은 공간에 골고루 퍼져 있는 사람들에 비유해보자. 이때 유명 인사나 연예인이 등장하면 그 주위로 사람들이 몰려들어 움직이는데 지장을 받을 것이다. 이는 입자가 질량을 얻는 과정과 같다.

힉스 메커니즘은 간혹 '브라우트-앙글레르-힉스 메커니즘'이나 'ABEGHHK'tH 메커니즘', '앤더슨-힉스 메커니즘' 등으로 불리기도 하는데, 왜냐하면 힉스 메커니즘은 1964년 세 그룹의 여섯 과학자들에 의해 거의 동시다발적으로 제안되었기 때문이다. 벨기에의 로버트 브라우트와 프랑수아 앙글레르, 영국의 피터 힉스, 그리고 미국의 제럴드 구럴닉과 칼 헤이건, 영국의 토머스 키블이 그들이다. 앤더슨은 초전도체에서 일어나는 대칭성 깨짐 이론과 그것을 입자물리학에 처음 적용한 남부 요이치로의 논문에 착안하여 이미 1962년에 자발적 대칭성 깨짐이 질량을 만들 수 있다는 사실을 지적했고, 트후프트는 1971년에 힉스 메커니즘을 포함한 양-밀스 게이지 이론이 일반적으로 재규격화가 가능하다는 사실을 증명했다. 그런데 '힉스 메커니즘'이라는 이름이 대세가 된 것은 이휘소의 영향이 컸다. 이휘소는 1967년에 피터 힉스를 만나 미지의 입자에 대한 이야기를 나눴고, 이후 1972년에 열린 미국 고에너지물리학회에서 〈힉스 입자에 미치는 강한 핵력의 영향〉이라는 논문을 발표한 이래 힉스라는 명칭이 굳어지게 되었다.

한편 와인버그와 압두스 살람은 1960년대에 표준모형을 정립하면서 힉스 메커니즘을 수용하였고, 이후 힉스 메커니즘은 표준모형에서 없어서는 안 될 핵심적인 요소가 되었다. 그것은 물질의 기본입자들에 질량을 부여하는 거의 유일한 방법이었다. 따라서 표준모형이 완성되려면 힉스 메커니즘의 검증이 필수적인데, 힉스 메커니즘에서 예견하는 힉스보손을 찾는 것이 최선의 수단이라고 생각되었다. 그러나 1983년 W보손과 Z보손이 발견되고, 1995년 마지막으로 꼭대기 쿼크가 발견되면서 표준모형의 입자들이 모두 발견되었음에도 불구하고 유독 힉스입자만큼은 모습을 드러내지 않았다. 그 한 가지 이유는, 힉스보손의 질량이 양성자의 대략 120배에서 210배에 달할 정도로 무거울 것으로 예상이 되어 기존의 입자가속기가 내는 에너지로는 검출이 불가능하기 때문이기도 했다. 따라서 힉스보손은 오랫동안 표준모형의 유일한 미발견 입자로 남았고, 마치 남겨진 하나의 마지막 퍼즐 조각 같았다. 그래서 힉스보손이 마침내 발견되었을 때 많은 사람들이 승리의 환호성을 질렀던 것이다. 결국 이듬해에 힉스 메커니즘의 제안자인 영국의 피터 힉스와 벨기에의 프랑수아 앙글레르에게 노벨물리학상이 주어졌고, 힉스보손의 발견은 과학의 여정에 있어서 위대한 성취가 되었다. 또한 이로서 표준모형은 비로소 완성된 형태를 갖추게 되었다.

그러나 2014년, 힉스보손이 발견 된지 몇 년 지나지도 않아 상황이 반전되기 시작했다. 남덴마크 대학의 한 연구팀이 CERN에서 발견된 새 입자가 힉스보손이 아닐지도 모른다고 이의를 제기하고 나선 것이다. 좀 더 정확히 말하면 힉스입자라고 단정 지을 수 없다는 것이다. 연구팀의 일원인 매스 토달 프란센은 다음과 같이 말했다. "CERN의 자료들은 일반적으로 힉스입자의 증거로 인식된다. 물론 힉스입자가 그 자료들을 설명할 수 있는 것은 사실이다. 그렇지만 다른 설명들도 가능하다. 우리는 다른 입자들을 가지고도 그와 같은 결과를 얻을 수 있다." 그리고 프란센은 그 대안의 하나로서 테크니힉스 입자를 지목했다.

테크니힉스 입자는 또 무엇인가? 테크니힉스는 힉스와 이름은 비슷하지만 테크니컬러라고 부르는 전혀 다른 이론에 속하는 입자 개념이다. 이 이론은 힉스입자가 필요 없는 새로운 게이지 대칭성을 도입하고 있으며, 테크니쿼크라는 쿼크보다 더 작은 가설의 입자와 테크니컬러라는 제5의 힘이 등장한다. 테크니쿼크는 다양한 방법으로 조합할 수 있는데, 그중의 일부가 보손과 같은 특성을 나타낸다. 예를 들면 테크니쿼크는 1/2의 스핀을 가진 입자이다. 그런데 테크니쿼크 두 개가 결합하면 스핀이 상쇄되어 마치 스핀 0의 힉스입자와 같은 스칼라 보손을 만들 수 있다. 이것이 테크니힉스 입자이다. 그리고 이것이 의미하는 바는 테크니힉스는 힉스입자처럼 단일 입자가 아닌 복합입자라는 것이다.

테크니컬러 이론은 힉스보손 없이도 입자에 질량을 부여할 수 있

그림 A.28 LHC의 CMS검출기에서 4개의 뮤온으로 붕괴하는 힉스보손의 시뮬레이션. CERN

다. 게다가 복합입자 모형인 테크니컬러 이론은 표준모형의 여러 문제점들을 해결할 수 있는데, 그중에서도 가장 대표적인 것은 계층 문제이다. 계층 문제는 단일 힉스입자 모형에서는 피해갈 수 없는 중요한 결함으로, 잠시 설명하자면 다음과 같다.

힉스입자는 양자역학적인 보정을 통해 그 질량이 걷잡을 수 없이 커지는 성질을 가지고 있다. 이것은 힉스입자가 진공의 가상입자들과 상호작용하기 때문인데, 힉스입자는 양자역학이 허용하는 불확정성의 범위 안에서 가상입자 쌍을 만들어냈다가 다시 흡수하는 과정을 끊임없이 반복한다. 그 결과 힉스입자의 질량은 무한정 늘어나서 플랑크질량(1.22×10^{19}GeV)에 비견할 정도가 된다. 문제는 CERN에서 발견된 힉스보손의 질량이 약 125GeV로 상대적으로 너무 가볍다는 것이다. 이것은 거의 1경배에 가까운 엄청난 차이다. 그래서 미세조정이라는 보정을 통해 가상입자의 효과를 상쇄시키는데, 이때 조정을 받는 정밀도를 수치로 표현하면 10^{32} 정도나 된다. 이런 부자연스러움과 스케일의 차이를 '게이지 계층 문제' 혹은 '자연스러움의 문제'라고 부르며, 물리학자들이 표준모형을 넘어서는 이론들을 연구하도록 이끄는 가장 큰 동력이 되고 있다.

그래서 사실은 이 계층 문제를 해결하기 위한 첫 번째 대안으로 나온 것이 테크니컬러 이론이었다. 테크니컬러 이론은 1970년대에 레너드 서스킨드 등이 처음 제안하였으나, 그것이 실재한다는 증거가 발견되지 않고 표준모형이 성공을 거두면서 관심에서 멀어졌다. 만약 테크니컬러 이론이 맞다면 이미 새로운 입자들이 발견되었어야 한다. 또한 이 이론을 사용해 성공적인 모형을 만들기가 쉽지 않다는 단점이 있기 때문에 보다 단순한 이론인 힉스메커니즘에 비해 두각을 나타낼 수 없었다.

계층 문제를 해결하기 위한 두 번째 방법은 초대칭성 이론이다. 초대칭성 이론은 초대칭 입자의 도입으로 이 문제를 해결하고 있다. 그러나 초대칭모형의 가장 큰 문제 중 하나는 역시 초대칭 입자가 아직 실험적으로 확인된 적이 없다는 것이다. 물리학자들은 새로 가동하는 LHC에서 초대칭 입자가 발견될지 계속 눈여겨보고 있는 중이다.

세 번째 계층 문제를 해결하는 방법은 여분차원이다. 1998년 미국의 알카니-하메드와 디모포울로스, 드발리는 현재 우리가 살고 있는 4차원의 시공간에 여분차원을 하나 덧붙이면 계층 문제가 해결될 수 있다는 사실을 발견했다. 여분의 공간차원이 에너지의 상당부분을 흡수해 버림으로써 플랑크 에너지의 규모를 획기적으로 낮출 수 있다는 것이다. 그리고 1999년에는 리사 랜들과 라만 선드럼이 반 더 시터르 (AdS) 공간을 포함하는 랜들-선드럼 모형을 제시하여 계층 문제 해결에 큰 진전을 이루었다. 이들의 기본 아이디어는 우리가 살고 있는 4차원세계가 실상은 5차원 공간의 그림자일지도 모른다는 것이고, 중력이 다른 힘에 비해 극단적으로 약한 것은 중력이 5차원에서 오는 힘이기 때문이라는 것이다. 여분차원에도 여러 가지 변형이 있는데, 현재 리사 랜들과 라만 선드럼은 비틀린 여분차원을 제안하고 지지한다.

이밖에 2015년에는 미국의 한 연구진이 색다른 관점에서 계층 문제의 해결책을 제시하고 나섰다. 피터 그라함, 데이비드 카플란, 수르지트 라젠드란은 힉스입자의 질량이 고정된 것이 아니라 우주의 시간에 따라 달라져왔다고 파격적인 주장을 했다. 이들의 모형에서 힉스장은 릴랙시온(relaxion)이라는 새롭게 도입된 포텐셜장과 결합하며, 힉스입자의 질량은 이 릴랙시온장의 값에 의존하고 있다. 릴랙시온은 힉스장이나 중력장처럼 모든 공간에 퍼져있다. 우주의 탄생 직후 릴랙시온의 포텐셜 값은 계속 변화를 겪는데, 어떤 특정한 지점에 이르러 그 값은 고정되고 힉스입자의 질량도 그에 맞는 값으로 얼어붙게 된다. 그 결과가 현재 우리가 관찰하는 힉스입자의 질량이라는 것이다.

이 시나리오를 증명하려면 역시 새로운 입자가 필요하다. 그리고 가장 적합한 후보로는 액시온(axion)이 거론되고 있다. 액시온은 1977년에 로베르트 페체이와 헬렌 퀸이 양자색역학의 CP(전하 켤레대칭과 반전성) 문제를 해결하기 위해 만든 이론에서 도출된 매우 가벼운 입자인데, 표준모형의 입자 중에서 가장 가벼운 전자중성미자보다도 2천 배에서 2백만 배 정도까지 가벼울 것으로 추정된다. 그렇지만 100조개의 입자가 함께 움직이고, 그 움직임은 매우 느린 특성을 갖고 있다. 또한 전하를 가지지 않으며, 스칼라 보존의 일종이기도 하다. 처음에는 그 수명이 극히 짧은 것으로 알려지면서 용도폐기 되었다가, 1979년에 김진의 교수가 매우 오랜 수명을 갖는 액시온 모델을 제시함으로써 가능성을 열어두었다. 현재는 KSVZ 액시온(김-시프만-바인스테인-자카로브 액시온)이라고 불리며, 표준모형의 또 다른 골칫거리인 암흑물질의 유력한 후보이기도 하다.

이상 언급한 테크니컬러 이론이나 혹은 복합힉스입자 이론, 초대칭 입자, 여분차원, 그리고 액시온은 그 어느 것이 되었든 표준모형의 범주를 넘어서는 대안들이라 할 수 있다. 그러므로 계층 문제는 물리학을 새로운 경지로 이끄는 실마리가 될 공산이 크다. 게다가 위 선택지중에 반드시 어느 하나만 정답이어야 한다는 당위성은 없으므로 복수의 대안이 사실로 드러날 가능성도 얼마든지 존재한다. 아무튼 만약 CERN에서 발견된 입자가 단일 힉스가 아니라면, 또 다른 입자의 발견이 그 뒤를 이을 것이다.

한편 이번에는 오컬트화학으로 눈을 돌려보자. 스티븐 필립스는 힉스입자가 발견되기 55년 전에, 그리고 피터 힉스와 다른 다섯 명의 물리학자들이 힉스입자의 존재를 제안하기 5년 전에 이미 이 힉스입자를 관찰한 사람이 있다고 주장하였다. 신지학자이자 투시가로 활동했던 제프리 허드슨이 바로 그 사람이며, 본문에서도 수차례 인용한 바 있다. 그는 1959년에 1월에 아누를 관찰하면서 다음과 같은 기록을 남겼다.

"내가 보고 있는 이 물체(아누)들의 광경이 전보다 더 좋아진 것 같다. 그들은 주위를 돌고 있는 회전하는 입자들의 장에 의해 둘러싸여 있다. 그중 하나를 보고 있는데 마치 회전하는 팽이 같다. 옛날 방식의 팽이, 그렇지만 자신보다 훨씬 작은 입자들이 자신보다 최소 절반쯤 되는 규모의 안개나 장 같은 것을 만들면서 주위를 둘러싸고 빠르게 회전하고 있는 것을 상상해보라. 아누는 단지 하트 모양을 하고 주름진 형태를 가지고 있는 것뿐만이 아니다. 그것은 막대한 양의 에너지와 활동성의 중심이다. 그리고 바깥쪽으로는 범람하는 입자들의 흐름이 있으며, 주름들 그 자체는 에너지로 살아 있는 것처럼 느껴진다. 일부는 탈출하고 있는 것처럼 보이기도 한다. 이런 것들이 엄청나게 역동적인 광경을 만들어내고 있다. 내부는 거의 용광로 같다. 아주 뜨겁게 끓고 있는(열을 의미하는 것은 아니다) 용광로 같은데, 그것은 확실하게 어떤 일종의 나선 양식으로 조직화되어 있다. 그러나 그곳에는 막대한 양의 활동성을 가진 작고 자유로운 입자들이 있다."

필립스는 바로 이 입자들이 힉스보손이라고 주장했다. 그리고 이미 우리는 본문 4장에서 아누를 연결하는 힘의 선들이 어떻게 형성되었는가를 설명하며 제프리 허드슨이 힉스장을 관찰한 것으로 보인다고 언급한 적이 있다. 그 힉스진공 속에서 '비아벨 닐렌-올레센 보텍스'라고 하는 자속의 끈을 만들어내는 것이 바로 위 인용문에서 언급한 아누 주위를 둘러싸고 소용돌이치는 입자들의 집단적이고 순환적인 운동 흐름이다. 즉 바꾸어 말하면 힉스입자가 아누라는 단자극 주위에서 소용돌이치는 듯한 흐름을 만들어내고 그것이 보텍스 형태의 힘줄로 되는 것인데, 사실 아누를 둘러싼 이런 역동적인 모습은 미국의 의사이자 영성가, 색채 치료가인 에드윈 배비트가 훨씬 더 오래전인 1878년 출판한 그의 책에 섬세하게 묘사한 적이 있다. 그 모습은 본문의 그림 4.16을 참조하기 바라며, 아래는 지금까지 언급하지 않은 또한 명의 투시자인 로널드 코웬이 이 흐름을 묘사했다고 추정되는 그림이다.

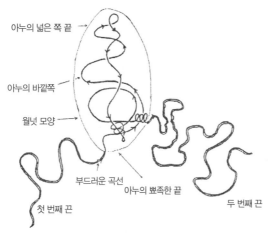

그림 A.29 로널드 코웬이 관찰한 아누를 통과하는 끈

반면 단자극인 아누와 보텍스 끈의 중심에서 멀리 떨어질수록 힉스장의 밀도는 일정해질 것이다. 그리고 우주의 모든 곳에 침투해 있는 것이 힉스장의 특성인데, 제프리 허드슨은 이를 뒷받침하는 듯한 관찰을 하기도 했다. 다음은 1957년 4월 8일의 관찰을 기록한 것이다.

"이제 나는 상상할 수 있는 한 가장 작은, 물리적으로는 상상할 수도 없을 만큼 작은 무수한 빛의 점들이 침투해 있는 전체적인 현상에 대한 경험을 다시 한 번 기록하고자 한다. 그것은 내가 아누를 자유롭게 하여 원자시스템에 전혀 속하지 않게 하였는데도 아누에 의해 움직이지 않은 채 그대로 남아 있었고 그것을 침투해 있었다. 이 빛의 점들은 모든 곳에 있다. 그들은 모든 것들에 스며들어 있다. 원자 내에서 작용하는 막대한 힘들과 에너지의 흐름 같은 것들에 이상하게도 영향을 받지 않는다. 빛의 점들은 그와 같은 것들에 휩쓸리거나 크게 영향 받지 않는 것으로 보인다. 그 안에서 현상들이 벌어지지만, 그들은 마치 처녀림의 대기처럼 그대로 남아 있다."

흥미롭게도 위 묘사중의 일부 표현은 약력 같은 일부 상호작용에만 반응하는 힉스메커니즘의 특성을 드러내고 있는 것으로 보인다. 물론 공간을 가득 채우고 있는 힉스장의 특성도 볼 수 있다. 같은 날의 또 다른 관찰기록을 보자.

"내가 겪는 이 흔한 현상에 대해 당신[15]이나 당신 동료들이 내게 어떤 조언을 해줄 수 있을지 의문이다. 내가 그만두려고 노력하지 않는

---

15) 이 연구를 함께 한 뉴질랜드의 정신과 의사 D. D. 리네스 박사를 말한다.

한 언제나 항상, 그리고 지금은 내가 투시에서 벗어날 때도 그것은 대기 전체를, 온 세상을, 그리고 우주를 가득 채우고 있다. 그것은 당신이 상상할 수 있는 가장 작은 무수한 점들로 이루어졌다. 전체 대기가 그것으로 가득 차 있다. 그것들 전체가 극도로 빠른 움직임 속에 있다. 때때로 그것은 작은 선들의 무리를 만든다. 때때로 그것은 아른거림의 일종 같다. 그러나 그것은 모두 미립자(granular)이다. 그것이 무엇일지라도 미립자이다. 아주 극미한 미립자여서, 상상할 수 있는 것을 한참 넘어선다. 만약에 누군가 바늘 끝을 볼 수 있다고 해도, 바늘의 끝도 그것에 비하면 엄청나게 클 것이다. 그것은 극도로 작다. 그리고 그것은 어디에든 있다. 에텔적인 투시를 통해 그것을 보게 된 뒤부터, 내가 바라보는 세상, 대기, 모든 것들은 항상 이 셀 수없이 무수한 작은 점들로 둘러싸이고 침투되어 있다."

그림 A.30 제프리 허드슨(1886~1983)

심지어 제프리 허드슨은 눈을 뜨거나 감거나 관계없이 이 무수한 빛의 점들을 볼 수 있었다고 한다. 스티븐 필립스는 공간을 가득 채우는 이 빛의 점들이 힉스보손의 바다를 드러내는 것이라고 보았다.

한편 이렇게 온 공간을 가득 채우고 있는 미립자의 바다에 대한 묘사를 듣고 있으면 떠오르는 한 가지 오래된 개념이 있다. 바로 에테르다. 에테르와 힉스장의 유사성 때문에, 힉스입자의 발견을 현대판 에테르의 부활로 바라보는 시각이 학계에도 존재한다. 그러나 힉스장과 과거 에테르의 특성이 서로 다른 점들도 있어 힉스장을 에테르와 동일시하는 것은 무리라는 지적도 있다.

참고로 우리는 본문 6장에서 에테르의 여러 측면을 살펴본 바 있다. 신비학에 따르면 다양한 층위의 에테르가 있을 수 있으며, 오컬트화학에서 언급된 코일론을 그 중의 한 층위로 고려한 적도 있다. 어떤 오컬트 연구자들은 코일론을 힉스장에 상응하는 것으로 보기도 한다. 그러나 힉스장이 어떤 단계의 에테르에 해당하는지, 혹은 힉스장과 에테르를 동일시하는 것 자체가 바람직한 일인지에 대한 판단은 좀 더 신중하게 내리는 것이 좋을 것 같다. 아직은 힉스보손에 대한 탐구도 시작에 불과하고, 필자에게도 더 많은 정보와 고찰이 필요할 것 같기 때문이다.

다만 한 가지 확실한 것은, 진공은 텅 빈 허공이 아니라는 점이다. 진공은 전자기장을 비롯한 각종 양자장과 에너지로 가득 차 있으며, 가상입자가 끊임없이 출몰하고, 힉스와 게다가 아직 그 정체를 알 수 없는 암흑에너지 같은 것들로 가득 찬 복합적인 그 무엇이다. 여러 가지 물리적 특성을 갖는 이 진공을 텅 빈 허공이라고 말할 수는 없다. 그러므로 과거의 에테르 개념은 비록 폐기되었지만, 진공은 다시금 에테르를 연상시키는 그 무엇이 되고 있는 중이다. 물론 에테르라는 이름이 다시 쓰일 것 같지는 않다. 그 성격도 많이 달라지겠지만, 새로운 명칭 아래 사람들이 에테르의 개념을 점점 더 자연스럽게 받아들이게 될 것은 자명해 보인다. 그리고 힉스장은 현재 그 가능성에 가장 근접해 있는 후보 중의 하나임이 틀림없다. 아마도 힉스입자의 발견은 에테르의 재발견으로 가는 길목의 초기단계에 해당할지도 모른다.

과연 제프리 허드슨이 관찰하고 묘사한 것들이 힉스장이 맞을까? 아마도 그렇다고 본다. 그러나 제프리 허드슨의 관찰이 단일 힉스입자를 지지하는지, 아니면 테크니쿼크와 같은 복합힉스입자 이론을 지지하는지는 분명하지 않다. 심정적으로는 복합힉스입자를 지지하는 쪽이다. 그러나 어쩌면 그것은 액시온 모형을 지지하는 것으로 판명 날지도 모르고, 혹은 전혀 다른 수정된 이론을 필요로 할지도 모른다.

최근 CERN의 거대강입자충돌기는 2년간의 휴식과 업그레이드를 마치고 2015년 6월 이후 재가동에 들어갔다. 그리고 연말에는 2012년 힉스를 발견할 때보다 4배 높은 에너지 영역에서 새로운 입자의 신호를 검출했다고 밝힌 바 있다. 그러나 그것이 초대칭입자인지 아니면 다른 힉스입자인지는 아직 확인하지 못하고 있다. 또한 새로운 입자의 발견이 유의미하고 신뢰성 있는 결과로 인정받으려면 훨씬 더 많은 실험데이터의 축적이 이루어지기를 기다려야 한다.

아무튼 새로운 힉스입자의 발견과 함께 쿼크보다 작은 입자가 존재할 가능성은 아직 충분히 열려 있는 셈이다. 만약 힉스가 더 작은 입자들로 구성되어 있다면, 우리가 현재 물질의 기초단위로 보는 표준모형의 입자들도 더 작은 입자들로 구성되어 있을 것으로 물리학자들은 보고 있다. 힉스복합체는 입자물리학을 뒤흔들어 놓을 것이다. 혹은 새로운 발견이 초대칭입자나 액시온의 차지가 되더라도, 물리학은 확실히 표준모형을 너머 새로운 경지로 나아갈 것이다.

지난 2012년, 힉스입자가 마침내 발견되었을 때 많은 물리학자들은 표준모형의 완성을 축하하며 기쁨의 환호성을 질렀다. 그러나 그것은 한 단락의 마침이었을 뿐이다. 힉스입자의 발견은 아마도 또 다른 긴 이야기의 시작이 될 가능성이 농후하다.

양자 매듭

이 원고를 쓰고 있는 와중에도 새로운 발견들은 계속되고 있다. 2016년 1월 18일 나는 또 한 가지 흥미로운 소식을 접했다. 핀란드 알토대학의 미코 모토넨과 미국 암허스트대학의 데이비드 홀을 중심으로 하는 일단의 과학자들이 사상 처음으로 양자매듭을 만들어냈다고 『Nature physics』가 전한 것이다. 이 인위적인 양자매듭은 보스-아인슈타인 응축물을 매개로 하는 초유동성 양자물질 속에 솔리톤의 형태로 나타났다.

먼저 그들은 루비듐 응축물을 잘 조정된 자기장의 급격한 변화에 노출시켜 매듭을 맺는 방법을 연구했다. 그리고 숙달된 솜씨를 이용해서 수백 개의 매듭을 묶을 수 있었고, 그렇게 만들어진 인위적인 매듭은 비슷한 방향성을 가지고 있는 벡터다발로 묶여 양자장 속에 각각의 고리로 분리되었다. 그 결과 나타난 구조물은 위상적으로 안정되어, 이 양자적 상태를 파괴하거나 강제로 고리를 자르지 않고는 매듭을 푸는 방법은 없다고 한다.

그림 A.31 양자매듭의 상상도. 각각의 다발이 꼬인 모양과 하나의 다발이 다른 다발과 한 번씩 상호 고리지어 있는 것에 주목하라. 이 끈(다발)을 자르지 않고는 매듭을 푸는 것이 불가능하다.

이를 우리 주변에서 흔히 볼 수 있는 매듭과 비교해보자. 보통 일상생활에서 쓰이는 매듭은 두 개의 양쪽 끝을 가진 밧줄이나 끈으로 만들어진다. 그러나 이런 매듭들은 위상적으로 볼 때, 밧줄이나 끈을 자르지 않고도 풀 수 있어서 안정적이라고 말할 수 없다. 위상적으로 안정한 매듭은 닫힌 형태여야 한다. 즉 그 끈의 양쪽 끝이 하나로 서로 붙어 있어야 한다. 바로 위 루비듐 양자장 속에 만들어진 매듭처럼.

그리고 이 형태는 위상수학에서 호프 올뭉치(Hopf fibration)라고 부르는 것과 닮아 있다. 호프 올뭉치는 구(球)가 다른 차원의 구 위에 올다발을 이루는 현상으로 독일의 하인츠 호크가 1931년에 발견하였다. 데이비드 홀 등이 만들어낸 매듭은 양자장 속에서 처음으로 시연된 호프 올뭉치일 것이다. 이것은 양자매듭에 관한 이야기의 시작일 뿐이며, 더 정교한 양자매듭을 보는 것은 대단한 일이 될 것이라고 미

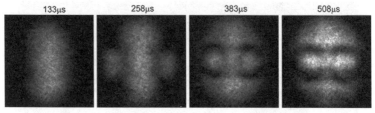

그림 A.32 매듭이 형성되는 과정을 보여주는 초유동체 실험 이미지. 가장 오른쪽 그림의 검은 원들이 상상도에서 표현한 토러스에 해당한다.

코 모토넨은 말한다. 또한 양자물질의 상태가 본질적으로 안정한 상태 하에서 이러한 매듭을 만드는 작업이 중요할 것이라고 말한다. 그러한 시스템은 매듭 그 자체의 안정성을 자세하게 연구할 수 있게 해줄 것이다.

그런데 우리는 이미 이와 유사한 상태에 있는 양자매듭의 예를 알고 있다. 바로 아누이다. 비록 실험실에서 만들어지거나 관찰된 것은 아니지만, 아누가 자연 속에 존재한다면 그것이야말로 열 개의 끈이 서로 고리를 이루고 있는 호프 올뭉치와 유사한 형태의 안정적인 위상기하를 가진 초소형의 양자매듭인 것이다.

한편 호프 올뭉치의 다발들이 전자기장 아래에 놓인 위상구조의 모델로 간주될 때 호프 올뭉치는 종종 단자극(자기홀극)으로 불리기도 한다. 단자극은 1931년 폴 디랙이 예언하였지만 이후 수많은 실험들이 단자극을 자연 속에서 검출하는데 실패하였다. 하지만 2014년에 83년간의 침묵을 깨는 반가운 소식이 있었는데, 일단의 과학자들이 실험실에서 합성 단자극을 만들어냈다는 것이다.

그런데 이 합성 단자극을 확인한 과학자들의 명단에는 이번에 양자매듭을 발견한 데이비드 홀과 미코 모토넨이 들어가 있다. 데이비드 홀은 외부자기장의 특정한 일련의 변화가 합성 단자극을 만들어낼 수 있다는 미코 모토넨과 빌레 피에틸라의 연구에 근거하여 보스-아인 슈타인 응축물로 만든 인공적 자기장 속에서 합성 단자극을 확인하는 데 성공하였다.

4장에서 우리는 단자극으로서의 아누를 심도 있게 살펴본 바 있다. 그런데 아누는 단자극이면서 동시에 전하를 가지고 있다. 양자전기역학의 재규격화이론을 완성한 줄리언 슈윙거는 디랙의 단자극이 전하도 운반한다고 생각하고 1969년에 다이온(dyon)이라는 가상의 입자를 제안한 적이 있는데, 아누는 전하와 자하를 동시에 공유하고 있으므로 다이온에 더 가깝다고 볼 수 있다.

위상기하학의 눈부신 발전과 양자매듭의 발견을 지켜보면서, 필자는 아누 역시 위상학적으로 충분히 연구대상이 될 수 있음을 한층 더 확신하게 되었다. 아누가 힉스 초유동체 속에 떠있는 일종의 양자매듭이라는 연상을 해본 것은 비단 필자만의 상상이 아니리라. 아누는 호프 올뭉치처럼 자르지 않고는 풀 수 없는 열 개의 닫힌 고리로 된 매듭을 이루고 있으며, 각각의 고리는 일곱 차원의 수퍼토로이드 형태로 되어 있다. 내친김에 아누의 기본적인 위상학적 특징을 한 번 살펴보도록 하자.

먼저, 아누를 전체적으로 보면 열 개의 끈이 가상의 원환체(torus) 형태를 둘러싸고 안과 밖을 이중나선 방식으로 휘감고 있다. 그리고 열 개의 끈은 각각 서로 나란한 3개의 굵은 끈과 7개의 가는 끈으로 나뉘어져 있다. 이를 단순하게 하기 위해 굵은 3개의 나선을 하나의 끈으로 보고, 또 나머지 7개의 가는 나선을 하나의 끈으로 보면 이중나선의 형태가 보다 분명하게 드러난다. 이제 이 두 끈을 조심스럽게 펼쳐보자. 가는 끈을 쭉 펴서 원처럼 만들고, 나머지 끈이 이 원과 얽혀있

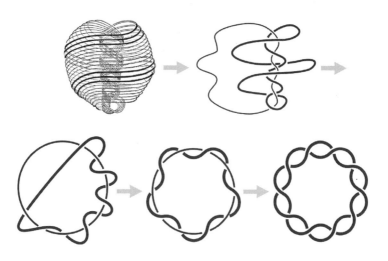

그림 A.33 아누의 두 끈으로 만들어 본 위상동형

는 방식을 보면 쉽게 그 위상학적 특성을 엿볼 수 있다. 처음에는 약간의 상상력이 필요할지도 모르지만, 이내 곧 우리는 커다란 고리를 이루며 서로를 휘감고 있는 두 가닥의 끈을 보게 된다. 두 가닥의 끈은 모두 다섯 차례에 걸쳐서 서로를 휘감고 있다.

이것이 두 개의 끈으로 간략화한 아누의 위상동형이라 할 수 있다. 그런데 이 도형은 위상수학에서 일종의 토러스 링크에 해당한다. 이것을 역시 토러스 링크의 가장 기본적인 형태이며, 호프 올뭉치의 바탕이 되는 호프링크와 비교해보면 다음과 같다.

공통적으로 두 개의 폐곡선이 서로를 감고 있는 것을 볼 수 있으며, 다만 그 횟수에서 차이가 나는 것을 알 수 있다. 이렇게 두 폐곡선이 서로를 감고 있는 횟수를 연환수(linking number)라고 하며, 호프 링크가 연환수 1, 솔로몬 왕의 링크가 연환수 3인데 반해 아누의 경우 연환수 5인 토러스 링크에 해당함을 알 수 있다. 이제 마지막으로 아누

T(2, 2)	T(2, 6)	T(2, 10)
호프 링크(연환수 1)	솔로몬 왕의 링크(연환수 3)	아누의 토러스 링크(연환수 5)

그림 A.34 토러스 링크의 여러 예

가 실제로는 10개의 끈으로 이루어져 있는 것을 고려하면 위 도형은
아래와 같이 된다. 토러스 링크의 두 폐곡선은 각각 나란히 존재하는
3개의 굵은 끈과 7개의 가는 끈으로 대치되었으며, 포지티브 아누와
네거티브 아누는 각각 우선성과 좌선성의 손대칭성(chirality)으로 표
현되었다. 결국 이것이 최종적인 아누의 위상학적 모형이다.[16]

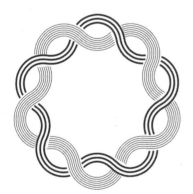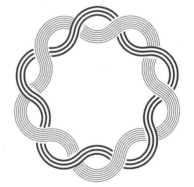

그림 A.35 포지티브 아누와 네거티브 아누의 위상학적 모형

---

16) 『오컬트화학』 제3판에 실린 아누의 그림을 잘 살펴보면 굵은 3개의 끈이 잘
못 표현되었다는 것을 알 수 있다. 아누의 뾰족한 부분에서 3개의 끈이 잘못
교차되고 있으며, 그림에 오류가 있다는 것은 아누의 내부에서 앞쪽과 뒤쪽
의 나선이 서로 가려지는 것을 잘못 표현한데서도 확인된다. 1919년에 발행된
『오컬트화학』 제2판에 실린 아누의 그림에는 이런 오류가 없다.

또 하나 아누의 끈 하나가 취하고 있는 전체적인 모양새는 위상수학의 (5,1) 토러스 매듭과 같다. 그러므로 아누의 위상적인 형태는 (5,1) 토러스 매듭과 (2,10) 토러스 링크 이 두 가지 요소의 결합이라고 말할 수 있다.

(5, 1) 토러스 매듭   (2, 10) 토러스 링크
(1, 5) 토러스 매듭 × 2

그림 A.36 아누의 위상학적 구성요소

그리고 아누의 (2,10) 토러스 링크는 다시 아래와 같은 형태로 바꾸어 그릴 수도 있다. 마치 꽈배기나 땋은 머리를 연상시키는 이 위상학적 형태를 브레이드(braid)라고 하는데, 앞서 소개했던 빌슨-톰슨의 헬론 모형이 취하고 있는 브레이드 개념과 동일하다. 이는 마치 DNA의 이중나선을 보는 듯하다.

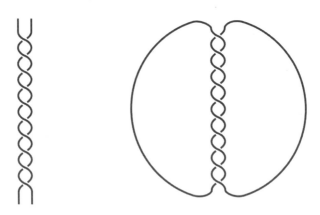

그림 A.37 이중나선 형태의 아누

그렇다면 아누의 끈 각각에 대해서는 어떨까? 10개의 끈은 저마다 스파릴래라고 하는 중첩된 나선의 하부구조를 가진다고 한 적이 있다. 즉 7중의 구조를 가지는데, 최초의 스파릴래는 1,680개의 코일처럼 감기는 나선으로 되어있다. 그리고 각각의 코일은 다시 더 정묘한 7개의 코일과 같은 나선으로 되어있으며 제2스파릴래라 부른다. 그리고 이것이 몇 차례 더 반복되어 모두 일곱 단계의 스파릴래가 있다고 하였다.

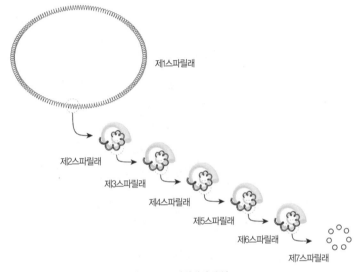

그림 A.38 스파릴래의 구성

처음의 제1스파릴래는 아무리 많은 코일로 되어 있어도 쭉 펴서 늘이면 매듭이 없는 하나의 닫힌 끈처럼 되기 때문에 위상학적으로는 원과 동일하다. 제2스파릴래도 마찬가지다. 마지막 스파릴래에 이르기까지 구조는 복잡하지만 하나의 쭉 이어진 끈과 같다. 그래서 위상학적으로 볼 때 아누의 10개 끈은 각각 매듭 없는 매끈한 원과 위상동형이다. 다만 스파릴래는 프랙탈적인 구조를 갖고 있다. 나선 위의 나

선 위의 나선, 그리고 또 그 나선 위의 나선 위의 나선이 반복되는 자기 반복적인 특성을 가지고 있는 것이다.

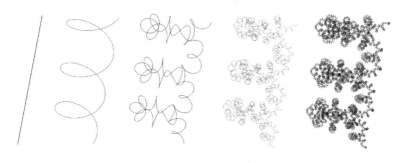

그림 A.39 나선 프랙탈[17]

그림 A.40 스파릴래의 자기반복 특성을 상징적으로 나타내 본 원의 프랙탈 도형

17) 『Helicalised fractals』, Vee-Lien Saw, Lock Yue Chew, 2015. 2.

결국 아누는 이런 여러 가지 위상학적 요소가 복합적으로 집약되어 있는 물체라 할 수 있다. 보텍스와 토러스, 이중나선, 수퍼토로이드, 프랙탈, 토러스 매듭, 그리고 토러스 링크 등이 하나로 구현된 양자세계의 놀라운 대상인 것이다. 기대하건대 앞으로 아누가 갖는 위상학적 의미에 대해서도 그 이해의 폭이 차츰 넓어지리라 본다.

얽힘에 관하여

한편 보스-아인슈타인 응축을 응용한 실험으로서 서로 얽힘 상태에 있는 원자들의 빔을 만들려는 시도들이 있다. 얽힘 현상이란 양자역학에서 서로 멀리 떨어진 소립자들이 원거리에서도 어떤 물리적 속성들을 공유하는 특성을 말한다. 그런데 과거에는 기껏해야 광자를 가지고 이런 현상을 실험할 수밖에 없었는데, 보스-아인슈타인 응축물을 만들고 원자를 정교하게 다룰 수 있게 됨에 따라 원자레이저를 비롯한 새로운 기술들이 가능하게 되었다. 2011년에는 비엔나 공과대학의 과학자들이 원자칩을 이용하여 쌍둥이 원자를 만드는데 성공하기도 하였다.

이번에는 바로 이 얽힘에 대한 이야기를 하려고 한다. 얽힘을 이야기하려면 EPR 역설과 벨의 정리가 나오기 마련인데, 이에 관해서는 실체의 비국소성을 설명하기 위해 본문 5장에서 설명한 바 있다. 다시 한 번 벨의 정리를 정의하면, 그 어떤 숨은 변수 이론이라고 하더라도 멀리 떨어진 입자끼리의 즉각적인 원격작용을 허용해야 한다는 것이다. 심지어 수입억 광년의 거리로 떨어져 있다고 하더라도, 한 근원에서 태어난 입자라면 서로 비국소적으로 연결되어 있는데 이를 양자 얽힘이라고 한다.

그동안 벨의 정리를 증명하기 위해 많은 노력들이 있었다. 대표적인 것이 1982년에 있었던 알랭 아스페의 실험인데, 이 또한 5장에서 한 차례 설명한 바 있다. 하지만 이 실험들에 허점(loophole)이 있을 가능성이 제기되면서, 최근까지도 완벽하게 벨의 정리를 증명하는 실험은 나타나지 않았다. 그 허점들이란 대표적으로 입자와 검출기의 거리가 가까워서 실험도중 우리가 아직 이해하지 못하는 어떤 비밀스러운 방식으로 서로 정보를 주고받았을 가능성, 그리고 검출된 입자들의 양이 충분하지 않거나 다른 이유로 인해서 대표성을 보장받지 못할 가능성 등을 말한다. 안타깝게도 이 두 가지 허점을 동시에 피하는 것은 무척 힘든 일이었던 모양이다. 그런데 2015년, 세 개의 독립적인 연구팀이 이런 허점들에서 자유로운 실험을 고안함으로써 상황을 크게 반전시켰다.

가장 먼저 네덜란드 델프트 공과대학의 로널드 핸슨 등이 이끄는 연구팀은, 1.3km 떨어진 두 개의 작은 인공 다이아몬드 속 질소공동에 갇힌 전자의 스핀을 이용한 실험으로 벨의 정리가 옳았음을 증명했다. 이들의 논문은 『Nature』 2015년 10월호에 소개되었으며, 뒤이어 오스트리아 비엔나 대학의 귀스티나 연구팀, 그리고 미국 국립표준기술연구소를 중심으로 하는 연구팀의 논문이 『Physical Review Letters』 12월 16일자에 나란히 소개되었다.

벨의 정리를 강력하게 뒷받침하는 이들의 실험결과에 따라, 아인슈타인이 EPR 논문까지 제기하며 생전에 반대했던 '유령 같은 원격작용'은 실재하는 것으로 밝혀졌다. 아울러 본서에서 주장했던 실체의 비국소성도 옳은 것으로 판명 난 셈이다. 결국 서로 얽혀있는 양자적 실체들은 분리된 실체가 아니며, 공간을 초월해서 존재하는 단일 시스템의 한 부분이라고 할 수 있다.

그림 A.41 얽힘

그리고 이와 관련해 소개하고 싶은 최근의 동향 한 가지가 더 있다. 양자역학의 얽힘 현상을 웜홀과 연결시키려는 노력이 그것이다. 나아가 이들은 얽힘과 웜홀을 동일한 현상으로까지 보고 있다.

웜홀은 일반상대성이론에서 예측하는 시공간의 터널이다. 아인슈타인은 1935년에 네이선 로젠과 함께 블랙홀의 해가 서로 붙을 수 있음을 증명했는데, 아인슈타인-로젠 다리라고 불리다가 나중에 웜홀이라는 별칭을 얻게 되었다. 웜홀은 시공간의 지름길을 제공하기 때문에 장거리 성간여행을 위한 장치로서 공상과학소설에 자주 등장한다. 2014년에는 블랙홀과 웜홀을 함께 다룬 영화 『인터스텔라』 덕분에 대중에게 더 널리 알려지기도 했다. 그러나 웜홀은 실제로 관측된 적이 없으므로 아직 이론상의 대상으로 머물러있다.

반면 얽힘은 미시세계에서 벌어지는 양자역학적인 현상이다. 물론 상대성이론과 양자역학을 통합하려는 시도가 새삼스러운 것은 아니지만, 그 규모와 출발점이 서로 극과 극인 두 현상을 하나로 엮어서 바라보는 시각은 언뜻 무모해 보이는 것이기는 하다. 그런데 지금 일부 물리학자들은 얽힘이 양자역학의 중요한 성질일 뿐만 아니라 시공간 기하의 본질을 설명해줄지도 모른다는 의혹의 시선을 보내고 있다.

일단 후안 말다세나와 레너드 서스킨드의 이야기부터 해보기로 하자. 말다세나는 아르헨티나 출신의 물리학자로 AdS/CFT 대응성이라는 홀로그래피 원리의 발견으로 블랙홀과 끈이론 발전에 지대한 영향을 미쳤다. 1997년에 처음 제안된 이 원리에 따르면 반 더 시터르(Anti-de Sitter) 공간 위에서의 끈 이론은 반 더 시터르 공간의 경계에 존재하는 등각장론(Conformal Field Theory)과 같다. 이를 알기 쉽게 비유하면 다음과 같다.

예를 들어 n차원의 시공간을 가진 우주가 있다고 하자. 이 우주는 팽창하거나 수축하지는 않지만, 양자 입자들로 가득 차 있으며 아인슈타인의 중력방정식을 따른다. 이것이 반 더 시터르 공간(AdS)이며 통상 벌크라고 부른다. 다른 하나의 우주모델 역시 소립자들로 가득 차 있다. 하지만 그 우주는 벌크보다 한 차원 적은 차원을 가지고 있으며 중력을 인지하지 않는다. 보통 경계라고 알려진 이 우주는 벌크 속의 어떤 주어진 점으로부터도 무한한 거리에 놓여 있는 수학적으로 정의된 막과 같다. 하지만 이 경계는 마치 2차원의 풍선표면이 3차원의 공기를 둘러싸고 있는 것처럼 벌크를 완전히 감싸고 있다. 경계에 속한 입자들은 등각장이론(CFT)이라고 알려진 양자시스템의 방정식을 따른다.

여기서 놀라운 것은 벌크와 경계가 완전히 물리적으로 동등하다는 것이다. 즉 한 차원 높은 차원에서 일어나는 물리적인 현상이 낮은 차원에서 일어나는 현상으로 기술될 수 있다는 말이다. 예를 들면 높은 차원의 중력은 낮은 차원의 양자론과 같다. 만약 지구를 둘러싸는 얇은 막이 있다면, 이 막의 표면에 지구와 지구 내부에 존재하는 모두 실체를 하나도 빠짐없이 1대1 대응으로 담을 수 있다. 마치 2차원 필름에 레이저광선을 비추어 3차원 홀로그램 영상을 만들어내는 것과 같다. 즉 AdS/CFT 대응성은 하나의 훌륭한 홀로그래피 원리이다. 이것이 의미하는 바는 우리의 우주도 어쩌면 투영된 홀로그램 영상일지 모른다는 것이다.

한편 레너드 서스킨드는 남부 요이치로, 홀거 닐센과 함께 1970년대 끈 이론을 창시한 주역 중의 한 사람이다. 테크니컬러 이론을 제시하기도 했고, 홀로그래피와 우주론, 입자물리학 등 많은 분야에 공헌을 했다. 인간원리와 끈 이론을 다룬『우주의 풍경』, 블랙홀의 정보보존 문제를 다룬『블랙홀 전쟁』등 다수의 대중과학서를 집필하기도

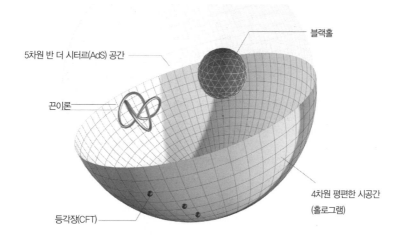

5차원 반 더 시터르(AdS) 공간

블랙홀

끈이론

등각장(CFT)

4차원 평편한 시공간
(홀로그램)

그림 A.42 AdS/CFT 이중성

했다.

　이제 이야기하고자 하는 부분이다. 말다세나와 서스킨드는 2013년에 웜홀이 얽힘과 연결되어 있다고 주장했다. 그들은 상징적으로 'ER = EPR'이라는 표현을 사용했는데, 여기서 ER은 아인슈타인-로젠 다리를, EPR은 아인슈타인, 포돌스키, 로젠의 EPR 사고실험을 나타낸다. EPR 실험 혹은 EPR 역설은 얽힘 현상 연구의 효시가 된 논문인데, 공교롭게도 ER 과 EPR 모두 1935년에 발표되었으며 아인슈타인이 양쪽 모두에 관여하고 있다.

　과연 이것은 재미있는 우연의 일치일까? 말다세나와 서스킨드의 추론은 이 두 가지 개념이 우연 그 이상으로 서로 관련되어 있다는 것이다. 그들은 만약 어떤 두 개의 입자가 얽힘에 의해 연결되어 있다면, 그 입자들은 웜홀에 의해 실질적으로 엮여있다고 제안하였다. 그 반대도 마찬가지다. 물리학자들이 웜홀이라고 부르는 연결은 얽힘과 동등하며, 그 둘은 동일한 근본적인 실체의 서로 다른 묘사방법에 불과하다는 것이다.

　웜홀은 결국 서로 얽혀 있는 블랙홀 쌍이라고 볼 수 있다. 나는 본문에서 웜홀과 블랙홀이라는 용어를 창안했던 존 휠러의 미니 블랙홀 사례를 들고, 아누가 보여주는 블랙홀과 유사한 특성들을 근거로 아누를 일종의 블랙홀로 볼 것을 제안한 바 있는데, 이제 그 제안을 뒷받침

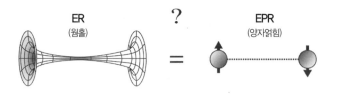

그림 A.43 웜홀과 얽힘은 동일한 현상일까?

할 근거가 하나 더 추가된 셈이다.

　그리고 같은 해인 2013년, MIT의 줄리언 소너가 『Physical Review Letters』에 역시 관심을 기울일만한 발표를 했다. 진공에서 쿼크-반쿼크 쌍이 생성될 때, 동시에 소립자 쌍을 연결하는 웜홀이 생기는 것을 발견했다는 것이다. 소너는 쿼크-반쿼크 쌍이 다시 진공으로 사라지기 전에 전기장 하에서 이 쌍을 붙잡을 수 있다고 설명했다. 그 다음 일단 진공에서 추출된 쿼크-반쿼크 쌍은 서로 얽히게 되는데, 이때 생기는 것이 얽힌 쿼크 쌍을 연결하는 웜홀임을 확인했다는 것이다. 소너는 이 과정에 말다세나의 홀로그램 원리를 이용했다.

　말할 것도 없이 이것은 입자와 블랙홀 혹은 웜홀의 관련성을 뒷받침하는 또 다른 사례다. 줄리안 소너는 말한다. "과학자들의 심장을 빨리 뛰게 하는 것들이 있다. 이것이 그들 중 하나라고 생각한다. 정말로 흥분되는 것은, 아마도 이 결과에 영감을 얻어 우리는 얽힘과 시공간 사이의 관계를 더 잘 이해할 수 있게 될 것이다." 소너의 말처럼, 얽힘과 웜홀의 연결은 시공간 연구에 새로운 가능성을 열고 있다.

　몇 가지 사례를 통해 이것이 의미하는 바를 좀 더 깊게 알아보자. 응집물질물리학은 이미 얽힘 현상이 중심적인 역할을 하고 있는 분야의 하나이다. 2007년 당시 MIT의 졸업반 학생이던 브라이언 스윙글은 고체 안에서 전자의 집단이 어떻게 행동하는가를 계산하고 있었다. 이때 사용되는 수학적 도구는 텐서 네트워크이다. 그런데 끈이론 강의를 듣던 스윙글은 블랙홀과 양자중력에 접근하는 끈이론의 새로운 방법과 마주치게 된다. 바로 말다세나의 AdS/CFT 대응성 원리다. 스윙글은 텐서 네트워크와 말다세나의 홀로그래피 원리 사이에서 예상치 못한 유사성을 발견하고 여기에 뭔가 심오한 일이 일어나고 있다고 느졌다.

아래 그림을 보자. 텐서 네트워크에도 여러 가지 유형이 있지만, 여기에서 주목을 받는 것은 MERA[18]라고 부르는 텐서 네트워크이다.

텐서 네트워크는 네트워크 패턴에 따라 연결된 텐서들의 집합이라 할 수 있는데, 얽힘 상태에 있는 양자적 다체 시스템(many-body system)을 묘사하기 위한 강력한 도구로 부상하고 있다. 즉 막대한 양의 입자들이 응집하여 일으키는 복잡한 상호작용을 간단하게 서술하는 데 도움이 된다. 일반금속이나 절연체, 초전도체, 초유동체, 분수양자홀효과, 양자화학, 위상적 순서, 양자 임계성, 스핀 액체 등이 이러한 분야에 포함이 된다. 그리고 이제 이야기하려는 것처럼, 텐서 네트워크는 양자중력의 비밀을 풀기 위한 열쇠로서, 그리고 양자정보이론을 설명하는 도구로서 그 응용범위가 넓어지고 있다.

한편 앞에서 벌크라고 부른 반 더 시터르 공간을 2차원의 기하로 표

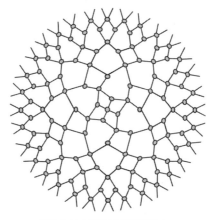

그림 A.44 MERA 텐서 네트워크

---

18) Multiscale Entanglement Renormalization Ansatz

시하면, 그 그림은 정확히 네덜란드의 유명한 판화가 마우리츠 에셔가 그린 '원형 한계(circle limit)'를 닮았다. 에셔의 원형한계 판화들은 쌍곡기하의 표현들이며, 반 더 시터르 공간 역시 음의 우주상수를 포함한 아인슈타인 방정식의 해로서 시공간의 휘어진 정도가 일정한 쌍곡공간을 말한다.

그림 A.45 에셔의 원형한계 판화 예들

이 그림들은 본래 캐나다의 기하학자 도널드 콕세터의 1957년 논문에 있던 도형을 바탕으로 제작한 것이다. 에셔는 콕세터에게 받은 편지 속에서 그 도형을 발견하고 큰 충격을 받았다고 고백했는데, 그 형태는 2차원의 쌍곡평면에 삼각형 패턴을 쪽매맞춤(테셀레이션) 한 것이다.

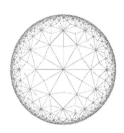

그림 A.46 콕세터의 쌍곡평면 테셀레이션과 그것을 반전시킨 그림, 그리고 텐서 네트워크와의 결합

벌크를 상징하는 콕세터의 도형과 얽힘의 기술 도구인 텐서 네트워크의 구조가 유사함을 볼 수 있다. 이것은 스윙글이 그 운명적인 끈이론 강의들 들었을 때 주목한 텐서 네트워크와 AdS/CFT 대응성 사이에 놓인 깊은 연결의 시각적 표현이라 할 수 있다. 결국 스윙글은 이후여러 편의 논문을 통해 텐서 네트워크를 매개로 하여 얽힘을 재규격화하면 반 더 시터르 공간의 홀로그래피 공간이 출현할 수 있음을 보였다. 그에 따르면 공간은 얽힘에 의해 만들어지는 것으로, 비유하자면 공간은 얽힘에 의해 짜여진 직물이다.

한편 캐나다의 끈이론가인 마크 반 람스동크는 양자정보를 연구하는 과정에서 스윙글과 동일한 결과에 도달했다. 그는 2009년에 맞은첫 안식년을 말다세나의 홀로그래피 원리가 품고 있는 "어떻게 경계의 양자장이 벌크의 중력을 만드는가?"라는 문제에 바치기로 결심했다. 사실 얽힘과 기하 사이에 모종의 연결이 있으리라는 징후들은 있었으나, 람스동크는 블랙홀 같은 특별한 경우가 아닌 일반적인 경우에도 그러한지 실상을 알고자 했다.

람스동크는 홀로그래피 개념을 컴퓨터 가상현실과 그 가상현실을창조해내는 2차원의 컴퓨터칩에 비유했다. 우리는 3차원 컴퓨터게임의 공간에서 살고 있으며, 우리가 감각으로 느끼는 3차원 공간은 환상에 불과하다. 모두가 덧없는 이미지이다. 그러나 람스동크는 다음과같이 강조했다. "그렇지만 컴퓨터 안에는 아직 모든 정보를 담고 있는실체적 물체들이 있다."

하지만 실제의 우주에서 어떻게 낮은 차원이 높은 차원의 방대한정보를 고스란히 저장할 수 있는지 정확히 이해하기는 어렵다. 한 가지 말할 수 있는 것은 위 컴퓨터칩의 비유에서 전통적인 0과 1의 디지

털 정보는 큐비트(qubit)라는 양자정보의 단위로 바뀌어야 할 것이다.

2010년에 람스동크는 이 양자정보를 이용해서, 시공간의 형성에서 얽힘의 중대한 역할을 보여주고자 하는 시고실험을 제안했다. 만약 누군가 메모리칩을 둘로 잘라서 서로 다른 반쪽에 있는 큐빗들 사이의 얽힘을 제거한다면 어떤 일이 벌어질까? 결과적으로 그는 마치 썹던 껌을 꺼내어 양쪽 끝에서 잡아당기면 길게 늘어나 찢어지는 것처럼, 시공간 그 자체가 서로 떨어져 나가는 것을 발견했다. 메모리칩을 오직 작은 개개의 파편이 남을 때까지 계속 쪼개어나가면, 마침내 상호 간에 아무런 연결도 남지 않게 된다. 마찬가지로 경계에 있는 얽힘을 계속 제거해 나간다면, 벌크에 해당하는 시공간도 결국은 뿔뿔이 흩어져 찢어지고 말 것이다.

다소 충격적인 람스동크의 이 연구 결과는 공간이 존재하는 데 얽힘이 필수적이라는 사실을 역설하고 있다. 만약 시공간을 만들고자 한다면 우리는 얽힘을 가지고 시작하는 방법을 찾아야 할 것이다. "시공간이란 단지 양자시스템 속에 있는 재료(양자정보)가 어떻게 얽혀 있는가 하는 기하학적 그림"이라고 람스동크는 말한다.

기하와 얽힘이 관련된 또 하나의 예는 양자컴퓨터 분야의 양자 오류 정정 부호 이론이다. 양자컴퓨터는 비트가 아닌 큐비트를 정보의 기본단위로 사용하는데, 일반 컴퓨터에 비해서 월등한 성능을 발휘할 것으로 기대되고 있다. 하지만 큐비트를 다루는 과정은 대단히 부서지기 쉬워서, 외부의 작은 교란도 양자정보들의 민감한 얽힘을 붕괴시키고 컴퓨터의 올바른 작동을 방해할 것이다. 그래서 이러한 오류들을 바로 잡을 필요성이 생긴다.

양자 오류 정정 부호는 큐비트들 사이의 붕괴된 관계를 재건시키고 계산을 좀 더 강고하게 만들기 위한 노력이다. 그런데 이러한 부호가 가져야 할 특성이 있다면 그것은 '비국소성'이다. 정보는 전역적으로 저장되어 있어야 한다. 그래야만 어떤 한 지점이 손상되더라도 복구의 희망을 가질 수 있을 것이기 때문이다. 끈이론의 홀로그래피 원리가 바로 이런 특성을 가지고 있으며, 양자정보이론가라면 누구나 말다세나의 AdS/CFT 대응성과 양자 오류 정정 부호 사이에 유사성이 있다고 느낄 것이다. 그런데 다니엘 할로우와 존 프레스킬 등 몇몇의 과학자들은 2015년 발행된 논문에서 더 강한 것을 주장했다. 말다세나의 벌크-경계 대응성은 이미 그 자체로 양자 오류 정정 부호라는 것이다. 그리고 그들은 그들의 모형을 만드는데 텐서 네트워크를 사용하고 있다.

이와 같이 양자 얽힘과 웜홀, AdS/CFT 대응성, 텐서 네트워크 사이의 연결고리가 하나둘씩 밝혀지면서 사람들은 점차 여기서 뭔가 알아가고 있다고 느끼는 중이다. 그리고 그것은 대부분 시공간의 본질에 대한 문제로 귀착이 된다.

"사람들은 여러 해 동안 얽힘이 벌크의 출현에 어떻게든 중요하다

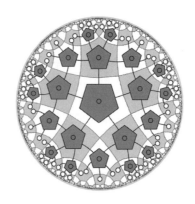

그림 A.47 홀로그래피 양자 오류정정부호 모형

고 말해왔다. 그러나 처음으로, 우리는 왜 어떻게에 대한 희미한 그림을 정말로 입수하기 시작했다고 생각한다." 할로우의 말이다. 스윙글도 다음과 같이 말했다. "나는 이전에 공간이 무엇으로 만들어졌는지 알지 못했다. 심지어 그 질문이 의미가 있는지조차 분명하지 않았다. 그러나 지금, 그 질문이 말이 된다는 것이 점점 분명해지고 있다. 그리고 그 대답은 우리가 이해하는 그 어떤 것이다. 그것은 얽힘으로 만들어졌다." 마지막으로 람스동크는 회상했다. "나는 내가 전에 아마 아무도 이해하지 못한 근본적인 의문에 대한 무언가를 이해했다고 느꼈다. 본질적으로, 시공간이란 무엇인가?"

끝나지 않은 이야기

양자 얽힘을 시공간 기하의 원인으로 보거나 중력의 원인으로 보는 일, 그리고 여기에 텐서 네트워크를 결합하는 일은 새롭고 신선하며 또한 그럴듯해 보인다. 어떤 학자는 이것을 지난 10여 년 사이에 있었던 가장 혁신적인 발견이라고까지 높게 평가했다. 하지만 물리학계 전반이 이 새로운 견해에 동의한다고 말할 수는 없다. 아마도 다수의 물리학자들이 이 개념을 받아들이기까지에는 더 많은 시간을 필요로 할 것이다.

한편 서스킨드는 얽힘이 전체 이야기의 큰 조각이긴 하지만 전부는 아니라고 말한다. 그는 우선 현재의 그림에 시간의 요소를 추가해야 하며, 이를 위해서는 양자정보이론의 또 다른 개념인 '계산 복잡도(computational complexity)'를 도입해야 할 것이라고 주장한다. 만약 얽힘이 공간의 조각들을 짜맞추는 역할을 한다면, 계산 복잡도는 공간이 성장할 수 있도록 추동한다는 것이다.

서스킨드의 주장처럼 얽힘에 대한 연구는 이제 겨우 시작에 불과하다. 얽힘 현상이 실험실에서 확인된 것도, 시공간 기하와의 관련성이 논의되기 시작한 것도 최근 몇 년 사이의 일에 지나지 않는다. 이때 도구로 사용되는 텐서 네트워크 역시 아직은 상대적으로 단순한 초기의 형태이며, 향후 더 많은 규칙과 복잡성, 층위를 가지고 발전해 갈 가능성이 높다고 볼 수 있다.

아무튼 이 흐름은 지켜볼 가치가 있다. 얽힘은 매우 큰 그림이며, 신비학의 배경철학과도 맞닿아 있다. 바로 만물은 서로 분리된 것이 아니라 하나로 연결되어 있다는 사상 말이다. 지금 한 가지 확실하게 말할 수 있는 것은, 양자 얽힘 현상이 사실로 밝혀짐으로써 실재의 비국소성에 대한 논란은 더 이상 의미가 없어졌다는 것이다. 거기에 더해 홀로그래피 이론 또한 많은 물리학자들의 지지를 받고 있으며, '가득 찬 공간'에 대한 개념 역시 이제는 더 이상 이의를 제기하는 물리학자를 찾아보기 힘들어졌다. '에테르'의 경우에도 과거와 다른 형태이긴 하지만 조금씩 부활하는 기미를 보이고 있다. 이 개념들은 서로 밀접하게 관련되어 있으며, 아마도 하나로 합쳐져서 앞으로 더 큰 그림의 일부가 될 것이다.

지금 이 순간에도 우리들의 이해를 넓혀줄 새로운 발견들이 끊임없이 이어지고 있다. 하나의 예를 들면 기존의 EPR 실험은 단 두 개의 시스템 사이에서만 이루어졌었다. 그런데 2015년 1월, 호주 스윈번 공과대학을 중심으로 한 연구자들이 세 개의 광학시스템 사이에서 EPR 실험을 시연함으로써 EPR 역설이 두 개 이상의 시스템 사이에서도 적용될 수 있음을 보여주었다. 이는 기존에 고려하던 것보다 더 큰 양자 네트워크 속에서 양자현상을 탐색할 수 있는 길을 열어 보인 것이다. 그리고 2015년 11월에는 시카고 대학의 폴 클리모프와 데이비드 오샬롬을 비롯한 연구자들이 거의 만 개에 육박하는 전자-중성자 스핀 쌍을 양자 얽힘 상태로 만드는데 성공하는데, 이는 이전보다 낮은 자기상 상태에서 그리고 실온에서 거시적인 얽힘을 달성했다는 데에 큰 의의가 있다. 아마 이 책이 서점에 진열될 즈음에는 여기서 언급하지 못한 새로운 연구들이 여럿 있을 것이다.

그리고 후기를 쓰며 또 하나 느낀 것은, 최근의 새로운 연구들에 보스-아인슈타인 응축이 꽤나 큰 역할을 하고 있다는 사실이다. 이 책이 처음 출간될 당시 보스-아인슈타인 응축현상에 대한 것은 그리 많이 알려지지 않았다. 그런데 이제는 정말 많은 분야에서 응용되고, 연구되고, 새로운 발견들을 이끌어 내는데 도움이 되고 있다. 더욱이 2010년에는 독일 본 대학의 과학자들이 빛을 광학적인 방법으로 가두어 보스-아인슈타인 응축물로 만들었는데, 기존의 응축물과 다른 것은 이것이 역사상 최초로 상온에서 만들어진 보스-아인슈타인 응축물이란 점이다. 즉 보스-아인슈타인 응축이 반드시 극저온에서만 일어나는 현상이 아니라는 것이며, 당연히 이것은 고온의 보스-아인슈타인 응축물을 언급했던 본서의 내용에 힘을 실어주는 연구 결과라 할 것이다. 2013년에는 아이안 다스와 그의 동료들이 나노와이어를 사용해 원자 기반이 아닌 폴라리톤(polariton)이라는 준입자(quasiparticles) 기반의 보스-아인슈타인 응축물을 상온에서 만들었으며, 2014년에도 영국의 과학자들이 빛을 상온에서 응축시킨 사례가 있다.

이와 같이 지난 15년간 물리학 분야에서는 적지 않은 변화와 발견들이 있었다. 그리고 그중의 상당수는 일반적인 예상을 훨씬 뛰어넘는 것이었다. 아마도 우리는 지속적으로 더 많은 변화들을 경험하게 될 것이다.

한편 새로운 발견이 과학쪽에서만 이루어졌던 것은 아니다. 지난 1990년대, 스티븐 필립스는 또 한 명의 투시자를 만나 미시세계의 물질 속 깊은 신비들을 탐구하였고, 그 중 일부는 리드비터와 애니 베전트, 혹은 제프리 허드슨의 관찰을 뛰어넘는 것이었다. 앞서 지나가듯이 언급한 로널드 코웬이 그 사람으로, 그는 20여 년 동안 불교의 명상법을 수행하던 중 미시세계의 영상을 보고 그 장면이 필립스의 책에 있던 그림과 비슷하다는 사실을 알게 되었다. 그 후 코웬과 연락이 닿은 필립스는 캐나다로 건너가 로널드 코웬의 능력을 검증하고 함께 미시세계의 신비를 탐구하였다.

코웬이 바라본 미시세계의 풍경은 오컬트화학의 그것과는 또 다른 것이었다. 그는 아누를 비롯해 오컬트화학의 여러 요소들을 확인하기도 했지만, 이전의 투시자들이 보지 못한 많은 새로운 것들을 관찰하기도 했다. 그는 필립스의 요구에 따라 버블(거품)의 구조까지 들여다보았으며, 전자와 글루온도 훨씬 더 상세하게 관찰한 것 같다. 또 코웬은 그와 필립스가 '그림자 물질'이라고 명명한 낯선 부류의 물질을 관찰하고 있는데, 이것은 기존의 과학이나 오컬트화학에서도 다루지 않던 완전히 새로운 개념의 대상물들이다. 심지어 그것은 의식의 작용과 밀접한 관계를 가지고 '마인드 폼(mind form)'이라는 형태들을 만들어내는데, 로널드 코웬은 최근에 그가 관찰한 것들을 직접 신간으로 내기도 했다.

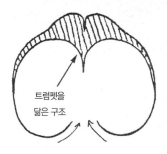

그림 A.48 로널드 코웬이 관찰한 버블의 구조. 구형이 아닌 토러스의 형태를 하고 있다.

코웬은 또 그의 신간에서 이중슬릿 실험에 대한 그만의 연구결과를 적고 있다. 그는 캐나다의 물리학자인 데이비드 피트의 요구로 입자와 파동의 이중성으로 유명한 이중슬릿 실험에 대한 관찰을 시도했는데, 그 결과에 따르면 전자는 연속적인 궤적을 따라 움직이지 않았다. 그 대신 전자는 일정한 간격으로 순간적으로 사라지는 것처럼 보였는데, 좀 더 가까이 관찰하자 전자는 사라지는 것이 아니라 갑작스럽게 그 크기가 확장되는 것으로 나타났다. 아마도 그 크기는 무한에 가까울지도 모른다고 코웬은 생각했다. 그리고 거의 즉각적으로 전자는 본래의 궤적상의 아주 약간 더 나아간 지점의 위치로 되돌아왔다. 코웬은 전자가 확장된 상태에 있을 때 파동처럼 행동한다고 했고, 그 상태에서 전자는 양쪽 슬릿 모두를 통과할 수 있었다. 그리고 짐작컨대 슬릿의 양쪽 측면에서 그 자신과 간섭하는 것으로 보였다.

물론 코웬의 증언들이 잘못되었을 가능성이 있다. 어떤 이가 그렇게 주장한다고 해서 그의 주장이 항상 옳다고 할 수는 없다. 더구나 신비적 체험은 지극히 주관적인 거라서, 그 자체만으로는 제대로 된 객관성을 담보하지 못한다. 오로지 교차검증을 통해서만 객관성을 확보

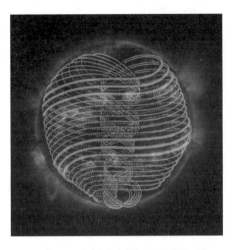

그림 A.49 미시세계의 태양으로 존재하는 아누

할 수 있을 것이다. 그러나 만약 로널드 코웬의 관찰들이 허무맹랑한 것이 아니라면, 오컬트화학의 연구에도 새로운 가능성이 추가되는 것을 우리는 기대해 볼 수 있을 것이다.

아누는 많은 이야기들의 종착역인 것으로 보인다. 그것은 물질의 기본 단위이자 서브쿼크(프레온)이며, 동시에 양자블랙홀이자 양자매듭, 단자극, 초끈이기도 하다. 그것은 마치 성소 깊숙이 놓인 성배처럼 과학에 의해 발견되기만을 기다리고 있다. 하지만 태양계에 태양 홀로 있는 것이 아닌 것처럼, 미시세계의 태양계도 아누만 홀로 존재하는 것은 아니다. 전자와 글루온, 힉스, 버블, 중성미자, 어쩌면 액시온과 그림자 물질까지. 게다가 매듭과 정보 이론, 얽힘, 웜홀, 홀로그램 이론 등을 동원해 풀어야 할 많은 수수께끼들이 그 안에 산재해 있다. 물론 그것도 전부는 아닐 것이다.

우주의 신비는 항상 우리의 상상을 넘어선다. 양자역학이 태동하고 오컬트화학이 발간 된지 백여년이 지났지만, 아직도 우리가 이해하는 것은 작은 몇 개의 퍼즐조각에 불과하다. 아누 역시 더 큰 그림의 일부분일 뿐이다. 앞으로 얼마나 더 많은 길을 가야 할까? 분명한 것은 내일이면 우리는 자연의 신비 속으로 한 걸음 더 들어가 있겠지만, 아이러니하게도 그만큼 더자신이 무지한 것을 깨닫게 될 것이라는 사실이다. 그 과정에 과학과 신비학이 서로 어떻게 어우러지고 대립하는지 지켜보는 것도 흥미로운 관전이 될 것이다.

2016년 봄

저자의 홈페이지: woojunamu.com

참고 문헌

외국 서적

A Treatise on Cosmic Fire, Alice A. Bailey, Lucis Publishing Company, 1925/1989

Alphabet of the EartHeart, Daniel Winter, Aethyrea Books, 1997

A Kabbalistic Universe, Halevi & Weiser, 1977

A Geometry of Space-Consciousnes, James S. Perkins, The Theosophical Publishing House, 1978/1986

Atoms, Snowflakes & God, John L. Hitchcock, The Theosophical Publishing House, 1986

Adventures Beyond the Body, William Buhlman, HarperCollins, 1996

Biological Transmutations, C. L. Kervran, Beekman Publishers, 1980

Bacstrom's Alchemical Anthology, J. W. Hamilton-Jones, Kessinger Publishing Company, 1960

Beyond The BIG BANG, Paul A. Laviolette, Park Street Press, 1995

Extra-Sensory Perception of Quarks, Stephen M. Phillips, Ph. D., Theosophical Publishing House, 1980

Fundamentals of the Esoteric Philosophy, G. De Purucker, Theosophical University Press, 1979

Fountain-source of Occultism, G. de Purucker, Theosophical University Press, 1974

Flower Essences and Vibrational Healing, Gurudas, Cassandra Press, 1989

From Atom to Kosmos, L. Gordon Plummer, The Theosophical Publishing House, 1989

Giordano Bruno, J. Lewis McIntyre, Kessinger Publishing Company

Isis Unveiled Ⅰ , H. P. Blavatsky, Theosophical University Press, 1988

Inorganic Chemistry, R. B. Heslop & K.Jones, Elsevier Scientific Publishing Company, 1976

Initiation Human and Solar, lice A. Bailey, Lucis Publishing Company, 1922

Kryon Book 2, Don't Think Like a Human!, Lee Carroll, The Kryon Writings, 1994

Lives of the Alchemystical Philosophers, Anonymous, Kessinger Publishing, 1993

Occult Sciences in Atlantis, Lewis Spence

OAHSPE, OAHSPE Publishing Association, 1882

Occult Glossary, G. de Purucker, Theosophical Uvinersity Press, 1972

Occult Chemistry, C.W.Leadbeater & Annie Besant, Theosophical Publishing House, 1951

Ponder on This, Alice A. Bailcy, Lucis Publishing Company, 1971

Physics, Marcelo Alonso & Edward J. Finn, Addison-Wesley Publishing Company, 1970

Parallel Universes, Fred Alan Wolf, Simon & Schuster Inc, 1990

Studies in Occult Philosophy, G. de Purucker, Theosophical University Press, 1973

Sepher Yetzirah, William Wynn Westcott, Wizards Bookshelf, 1990

Sacred Science, R. A. & Schwaller DeLubicz, Inner Traditions International, 1982

Subtle Energy, John Davidson, C. W. Daniel Company Ltd.,1993

Science and Occultism, I. K. Taimni, The Theosophical Publishing House, 1974

The Secret Doctrine, H. P. Blavatsky, Adyar E., Theosophical Publishing House, 1979

The Physics of Secret Doctrine, William Kingsland, 1909

The Principles of Light and Color, Edwin D. Babbitt, Citadel, 1878/1967

The Causal Body, A. E. Powell, Theosophical Publishing House, 1928/1992

The Solar System, A. E. Powell, The Theosophical Publishing House, 1985

The Secret Teachings of All Ages, Manly P. Hall, The Philosophical Research Society, Inc. 1989

The Ancient Wisdom, Annie Besant, The Theosophical Publishing House, 1897/1986

The Consciousness of the Atom, Alice A. Bailey, Lucis Publishing Company, 1922/1993

The Mystic Spiral, Jill Purce, Thames and Hudson, 1980

The Power of Limits, Gyorgy & Doczi, Shambhala, 1994

The Bing Bang Never Happened, Eric J. Lerner, Vintage Books, 1992

The Elegant Universe, Brian Greene, Vintage Books, 2000

The Universal Language of Cabalah, William Eisen, DeVORSS & COMPANY, 1989

The Kabbalah Unveiled, S. L. MacGregor & Mathers, Weiser, 1970/1993

The Secret of The Emerald Tablet, Gottlieb & Latz, William Hauck, Holmes Publishing Group, 1993

The Emerald Tablets of Thoth-the-Atlantean, Doreal

The Philosopher's Stone, Israel Regardie

The Most Holy Trinosophia, Comte De & St. Germain, The Philosophical Research Society INC., 1983

Three Remarkable Women, Harold Balyoz, ALTAI Publishers, 1986

The Monad, C. W. Leadbeater, The Theosophical Publishing House, 1920, 5쇄 1988

The Spiritual Life, Annie Besant, Quest Books, 1993

The Mathematics of the Cosmic Mind, L. Gordon Plummer, The Theosophical Publishing House, 1982

The Quantum Self, Danah Zohar & Marshall, I. N., Quill, 1990

The Book of The Dead, E. A. Wallis Budge, Citadel Press, 1990

The Cube of Space, Kevin Townley, Archive Press, 1993

The Fundamental Particles and Their Interactions, William B. Rolnick, Addison-Wesley Publishing Company, 1994

The Orgone Accumulator Handbook, James DeMeo, Natural Energy Works, 1989

Universal GENE, Frederick Crooks, Quark Publishing Company, 1996

Universal Laws Never Before Revealed: Keely's Secrets, Dale Pond, The Message Company, 1996

火の玉の科學 大槻義彦/大古殿秀 지음, 共立出版, 1994

국내서적

〈ㄱ〉

『개역 한글판 성경전서』, 대한성서공회, 1983

『겨우 존재하는 것들』, 김제완 지음, 민음사, 1993

『과학혁명의 구조』, 토머스 S. 쿤 지음, 김명자 옮김, 두산동아, 1999

『과학혁명의 뉴패러다임』, 폴 데이비스·존 그리빈 지음, 안성청 외 3인 옮김, 세종대학교출판부, 1995

『과학과 불교』, 김용정 지음, 석림출판사, 1996

『꿈의 신기술을 찾아서』, 허창욱 지음, 양문, 1998

『그림으로 보는 시간의 역사』, 스티븐 호킹 지음, 김동광 옮김, 까치, 1998

『기하학의 신비』, 로버트 롤러 지음, 박태섭 옮김, 안그라픽스, 1997

〈ㄴ〉

『나의 하늘이여』, 한사랑 지음, 화이트벡큠, 1995

〈ㄷ〉

『대장장이와 연금술사』, 미르치아 엘리아데 지음, 이재실 옮김, 문학동네, 1977/1999

『대폭발과 우주의 탄생』, 배리 파커 지음, 김혜원 옮김, 전파과학사, 1993

『뒤집어서 읽는 유태인 오천 년사』, 강영수 지음, 청년정신, 1999

〈ㅁ〉

『만다라』, 홍윤식 지음, 대원사, 1992

『무한, 그리고 그 너머』, 엘리 마오 지음, 전대호 옮김, 사이언스북스, 1987/1997

『문명의 창세기』, 데이비드 롤 지음, 김석희 옮김, 해냄, 1999

『물리학의 근본문제들』, 폴 벅클리 · 데이비드 피이트 지음, 이호연 외 3명 옮김, 범양사출판부, 1988

『물리화학』, 한상준 외 지음, 보성문화사, 1985

〈ㅂ〉

『반중력의 과학』, 허창욱 지음, 모색, 1999

『백 마리째 원숭이가 되자』, 후나이 유키오 지음, 김장일 옮김, 사계절, 1996

『베일 벗은 천부경』, 조하선 지음, 물병자리, 1998

『보이지 않는 물질과 우주의 운명』, 배리 파커 지음, 김혜원 옮김, 전파과학사, 1997

『복잡성의 과학』, 장은성 지음, 전파과학사, 1999

『불교와 자연과학』, 야마모토 요이치 지음, 전종식 옮김, 전파과학사, 1982

『비경』, H. P. 블라바츠키 지음, 임길영 옮김, 도서출판 신지학, 1999

『비교진의』, M. Doreal 지음, 이일우 옮김, 정음사, 1989

『빛으로 말하는 현대물리학』, 고야마 게이타 지음, 손영수 옮김, 전파과학사, 1989

『빛의 역사』, 리차드 바이스 지음, 김옥수 옮김, 끌리오, 1999

〈ㅅ〉

『사진으로 보는 양자의 세계』, Tony Hey · Patrick Walters 지음, 강석태 옮김, 대영사, 1993

『살아있는 에너지』, 콜럼 코츠 지음, 유상구 옮김, 양문, 1998

『상념체』, C.W.Leadbeater · Annie Besant 지음, 한사랑 옮김, 화이트벡큠, 1992

『상대론적 우주론』, 사또오 후미다카 · 마쯔다 다꾸야 지음, 김명수 옮김, 전파과학사, 1980

『새로운 우주 이론을 찾아서』, 키티 퍼거슨 지음, 이충호 옮김, 대홍, 1992

『새로운 원자핵물리학』, 신승애 옮김, 탐구당, 1995

『생명과 전기』, 로버트 베커 · 게리 셀든 지음, 공동철 옮김, 정신세계사, 1994

『세포생물학』, 닐 O. 토르페 지음, 강영희 외 7인 옮김, 아카데미서적, 1991

『소립자론의 세계』, 가다야마 야스히사 지음, 박정덕 옮김, 전파과학사, 1985

『슈퍼스트링』, 폴 데이비스 · J. 브라운 지음, 전형락 옮김, 범양사출판부, 1995

『스트로볼로스의 마법사』, 키리아코스 C. 마르키데스 지음, 이균형 옮김, 정신세
　　게사, 1991

『스타트렉을 넘어서』, 로렌스 크라우스 지음, 박병철 옮김, 영림카디널, 1998

『시간과 공간에 관하여』, 스티븐 호킹 · 로저 펜로즈 지음, 김성원 옮김, 까치,
　　1997

『시간의 패러독스』, 폴 데이비스 지음, 김동광 옮김, 두산동아, 1997

『시공과 자아(의식)』, E. Norman Pearson 지음, 임길영 옮김, 도서출판 신지학,
　　1995

『식물의 정신세계』, 피터 톰킨스 · 크리스토퍼 버드 지음, 황금용 · 황정민 옮김,
　　정신세계사, 1996)

『신과학 산책』, 김재희 지음, 김영사, 1994

『신과학이 세상을 바꾼다』, 방건웅 지음, 정신세계사, 1997

『신비한 엘리오트 파동여행』, 이국봉 지음, 정성출판사, 1995

『신비로운 초전도의 세계』, 지안프랑코 비달리 지음, 이성익 · 양인상 옮김, 한승,
　　1993/1998

『신의 과학』, 제랄드 슈뢰더 지음, 이정배 옮김, 범양사, 2000

『신의 암호』, 그레이엄 핸콕 지음, 정영목 옮김, 까치, 1997

『신지학의 제일원리』, G. Jinarajadasa 지음, 임길영 옮김, 신지학출판부, 1994

『신지학의 열쇠』, H. P. Blavatsky 지음, 임길영 옮김, 상록, 1994

〈 ㅇ 〉

『아인슈타인은 틀렸다』, 울프 알렉산더르손 지음, 허창욱 옮김, 양문, 1997

『 유산』, 콜린 윌슨 지음, 박광순 옮김, 하서, 1999

『양자 우주를 엿보다』, 사토 후미타카 지음, 한명수 옮김, 전파과학사, 1993

『야누스』, 아서 케슬러 지음, 최효선 옮김, 범양사출판부, 1993

『어떻게 초감각적 세계의 인식을 획득할 것인가』, 루돌프 슈타이 지음, 양억관 ·
　　타카하시 이와오 옮김, 예하, 1992

『에텔체』, A. E. 포우웰 지음, 김동명 옮김, 화이트벽큠, 1993

『연금술이야기』, 앨리슨 쿠더트 지음, 박진희 옮김, 민음사, 1995

『연금술: 현자의 돌』, 안드레아 아로마티코 지음, 성기완 옮김, 시공사, 1996/1998

『열번째 예언』, 제임스 레드필드 지음, 김훈 옮김, 고려원, 1996

『예루살렘성경』, 종로서적, 1997

『오컬트 다이제스트 - 제5호』, 시타출판사, 1998

『우리가 처음은 아니다』, 앤드류 토머스 지음, 이길상 옮김, 전파과학사, 1971

『우리 문명의 마지막 시간들』, 톰 하트만 지음, 김옥수 옮김, 아름드리미디어, 1999

『우주변화의 원리』, 한동석 지음, 행림출판, 1985

『우주심과 정신물리학』, 이차크 벤토프 지음, 류시화 · 이상무 옮김, 정신세계사, 1987

『우주여행 · 시간여행』, 배리 파커 지음, 김혜원 옮김, 전파과학사, 1997

『우파니샤드』, 박석일 옮김, 정음사, 1994

『원자속의 유령』, 폴 데이비스 · 줄리언 브라운 지음, 김수용 옮김, 범양사출판부, 1994

『의식의 세계』, 딘 라딘 지음, 유상구 · 전재용 옮김, 양문, 1999

『이스라엘의 역사』, 문정창 지음, 백문당, 1979

『인간의 칠본질에 대한 비교적 연구 & 도의 광』, 블라봐츠키 외 지음, 임길영 편역, 도서출판 신지학, 1999

〈 ㅈ 〉

『자기조직하는 우주』, 에리히 얀치 지음, 홍동선 옮김, 범양사출판부, 1989

『젤라토르: 비밀의 역사』, 마크 헤드슬 지음, 정영목 옮김, 까치, 1998

『주역참동계』, 위백양 지음, 최형주 옮김, 자유문고, 1995

『지구대파국』, 후카노 가즈유키 지음, 김신일 옮김, 강천, 1992

『지구를 구하는 21세기 초기술』, 후카노 가즈유키 지음, 정봉수 옮김, 팬더북, 1995

『진공이란 무엇인가』, 히로세 타치시게 · 호소다 마사타카 지음, 문창범 옮김, 전

　　파과학사, 1995

『질량의 기원』, 히로세 다치시게 지음, 임승원 옮김, 전파과학사, 1996

〈 ㅈ 〉

『천부경의 비밀과 백두산족 문화』, 안기석 · 정재승 지음, 정신세계사, 1989

『천상의 예언』, 제임스 레드필드 지음, 김옥수 옮김, 한림원, 1994

『초공간』, 미치오 가쿠 지음, 최성진 · 한용진 옮김, 김영사, 1997

『초광속입자 타키온』, 혼마 사부로오 지음, 조경철 옮김, 1985

『초능력의 세계』, 박충서 · 안홍균 지음, 넥서스, 1998

『초이론을 찾아서』, 배리 파커 지음, 김혜원 옮김, 전파과학사, 1998

『초인생활』, 베어드 T. 스폴딩 지음, 정창영 옮김, 정신세계사, 1992

『초전도란 무엇인가』, 오쓰카 다이이치로 지음, 김병호 옮김, 전파과학사,
　　1987/1993

『초전도혁명의 이론적 체계』, 최동식 지음, 고려대학교 출판부, 1995

『초힘』, 폴 데이비스 지음, 전형락 옮김, 범양사출판부, 1994

『충돌하는 은하』, 배리 파커 지음, 김혜원 옮김, 전파과학사, 1998

〈 ㅋ 〉

66. 『카발라』, 찰스 폰스 지음, 조하선 옮김, 물병자리, 1997

93. 『카오스』, 제임스 클리크 지음, 동문사, 1997

42. 『카오스 가이아 에로스』, 랠프 에이브러햄 지음, 김중순 옮김, 두산동아, 1997

20. 『쿼크』, 난부 요이치로 지음, 김정흠 · 손영수 옮김, 전파과학사, 2000

〈 ㅌ 〉

『타임터널』, 에른스트 메켈부르크 지음, 추금환 옮김, 한밭, 1997

『태양은 어디서 왔는가』, 야마구치 에이이치 지음, 이미화 옮김, 홍익기획, 1994

『투시』, C. W. 리드비터 지음, 이균형 옮김, 화이트벡큐, 1992

『티끌 속의 무한우주』, 정윤표 지음, 사계절, 1994

〈ㅍ〉

『파탄잘리의 요가수트라』, 파탄잘리 지음, 정창영 · 송방호 편역, 시공사, 1997

『프랙탈과 카오스의 세계』, 김용운 · 김용국 지음, 우성, 1998

『플라스마의 세계』, 고토 켄이치 지음, 박덕규 옮김, 전파과학사, 1991

〈ㅎ〉

『하느님은 주사위놀이를 하는가?』, 이안 스튜어트 지음, 박배식 · 조혁 옮김, 범양
　　　사출판부, 1993

『한국-슈메르 이스라엘의 역사』, 문정창 지음, 백문당, 1979

『헤르메스의 기둥』, 송대방 지음, 문학동네, 1996

『현대물리학사전』, 오노 슈 감수, 편집부 옮김, 전파과학사, 1995

『현대물리의 이해』, 나상균 지음, 울산대학교 출판부, 1995

『혼돈으로부터의 질서』, 일리아 프리고진 · 이사벨 스텐저스 지음, 신국조 옮김,
　　　자유아카데미, 1988

『혼돈의 과학』, 존 브리그스 · 데이비드 피트 지음, 김광태 · 조혁 옮김, 범양사출판
　　　부, 1989/1990

『홀로그램 우주』, 마이클 탤보트 지음, 이균형 옮김, 정신세계사, 1999

『화학의 역사』, 오진곤 편저, 전파과학사, 1993

『화학의 발자취』, 휴 W. 샐츠버그 지음, 고문주 옮김, 범양사출판부, 1993

『황제의 새마음』, 로저 펜로즈 지음, 박승수 옮김, 이화여자대학교 출판부, 1989

『흥미있는 화학이야기』, 황근수 엮음, 이성과현실, 1989

인터넷 사이트

1. Paranormal Observations of ORMEs Atomic Structure by Gary
   (http://home.earthlink.net/.pcss/GaryORMEs.htm)

2. Two dimensional illustrations related to the TGD by Matti Pitkanen
   (http://www.stealthskater.com/Pitkanen.htm)

3. The Golden Mean Spiral and The Merkaba by Ronald L. Holt

(http://www.solischool.org)
4. The Light in the Meeting Tent by Stan Tenen
(http://www.meru.org)

기타 (특허, 강연, 정기간행물)

1. Non-Metallic, Monoatomic Forms of Transition Elements
   데이비드 허드슨의 특허명
2. Transcript of David Hudson's Dallas Lecture
   데이비드 허드슨의 달라스 강연록, 1995
3. "White Powder Gold"
   데이비드 허드슨, *Nexus*, 1996.8/9호, 1996.10/11호
4. "Exploding the Big Bang"
   David Pratt, *Sunrise magazine*, Theosophical University Press, 1998.12/1999.1,
5. "Cosmology and the Big Bang"
   David Pratt, *Sunrise magazine*, Theosophical University Press, 1993.6/7호, 1993.8/9호
6. "ORMUS and Consciousness"
   Barry Carter, *YGGDRASIL: The Journal of Paraphysics*, 1999
7. 『월간 과학』, 계몽사, 1998년 7월호
8. 『에너지학』, 톰 베어든 지음, 이경복 옮김
   『지금여기』 1998/1 · 2월호, 미내사클럽, 1998, 145~162쪽
9. 제1회 국제신과학심포지엄 강연록, 미내사클럽, 1997
10. 『지금여기』 2~3, 1997/5 · 6월호, 미내사클럽
11. 니콜라 테슬라
    『지금여기』 별책자료 II-4, 미내사클럽, 1997. 11. 15

오컬트화학과 양자역학의 연표

1. 오컬트화학(마이크로 투시연구)의 연표

1895 〈Lucifer〉 H, N, O

1907 〈The Theosophist〉 vol.29, part 1

H, Na, Cl, Cu, Br, Ag, I, Au

1908 〈The Theosophist〉 vol.29, part 2

"Oc", Li, Be, B, C, N, O, F, Na, Ma, Al, Si, P, S, Cl, K, Ca, Sc, Ti, V, Cr,

Mn, Fe, Co, Ni, Cu, Zn, Ga, Ge, As, Se, Br, Rb, Sr, Y, Zr, Nb, Mo, Ru,

Rh, Pd, Ag, Cd, In, Sn, Sb, Te, I, Os, Ir, Pt, "Pt B", Au

〈The Theosophist〉 vol.30, part 1

Li, C, F, Si, K, Ti, Mn, Fe, Co, Ni, Ge, Rb, Zr, Ru, Rh, Pd, Sn, Os, Ir, Pt,

Ra, He, Ne, "meta Ne", Ar, "meta Ar", Kr, "meta Kr", Xe, "meta Xe",

"kalon", "meta kalon"

Occult Chemistry 제1판

1909 〈The Theosophist〉 vol.30, part 2

Cs, Ba, La, Ce, Pr, Nd, Pm, "A(Illinium)", "meta Illinium", "X", "Y",

"Z", Sm, Gd, Tb, Dy, Er, Tm, Ta, W, Os, Ir, Pt, Hg, Tl, Pb, Bi,

Ac("C"), Th, U

1919 *Occult Chemistry* 제2판

1924 〈The Theosophist〉 vol.45

U, NaCl, CH_4, H_2O, OH, H_2O_2, CH_3OH, CH_3COOH, C_6H_6, NaOH,

HCl, CO, CO_2, Na_2CO_3, Cl isotope

1925 〈The Theosophist〉 vol.46

Ca(OH)2,CaC2, C2H2, CH3Cl (and isomer),

CCl4, C10H8, C14H10, O3, 다이아몬드

1926　〈The Theosophist〉vol.47　그라파이트, Te isotope

1932　〈The Theosophist〉vol.54

"Adyarium", "Occultum", Li, F, Na, Cl, K, Mn, Fe, Co, Ni, Cu, Br, Rb, Tc("Masurium"), Ru, Rh, Pd, "X", "Y", "Z", Ag, I, Cs, Pm("Illinium"), Gd, Er, Yb, Re, Os, Ir, Pt, "Pt B", Au, At("85"), Fr("87")

1933　〈The Theosophist〉vol.54

He, Ne, "meta Ne", A, "proto A", "meta A", Kr, "meta Kr", Xe, "meta Xe", "kalon", "meta kalon", Rn, "meta Rn", O3의 2가지 변종, O의 3가지 변종, H의 2가지 변종

1951　*Occult Chemistry* 제3판

1957~59　Geoffrey Hodson과 Dr. D. D. Lyness의 관찰

2. 양자역학의 연표

1869　멘델레프의 주기율표

1878　『빛과 색의 원리(The Principles of Light and Color)』 (에드윈 배비트)

1895　〈루시퍼〉지 (H, N, O)

　　　　X선의 발견 (뢴트켄, W.C.Röntgen)

1896　방사능의 발견 (베끄렐, H.Becquerel)

1897　전자의 발견 (톰슨, J.J.Thomson)

　　　　톰슨의 자두푸딩 원자모형

1908　『오컬트화학』 제1판

1911　러더퍼드의 핵 원자모형

　　　　초전도현상 발견 (카메린 오네스)

1913　보어의 원자모형 (보어, N.Bohr)

1919	『오컬트화학』 제2판
1932	중성자 발견 (채드윅, J.Chadwick)
1933	마이스 효과 발견
1935	원자핵의 물방울모델 (닐스 보어, 존 휠러)
	중간자론 (유가와 히데끼)
1939	핵분열 발견 (한, 스트라스만)
1948	핵자의 매직수 (마이어)
1950	자속의 양자화 예측 (프리츠 론돈)
1951	『오컬트화학』 제3판
1957	제2종 초전도체 예언 (아브리코조프)
1957~59	제프리 허드슨, 리네스의 마이크로 투시 관찰
1961	자속의 양자화 발견 (페어뱅크, 데버, 돌, 네바우어)
1962	제2종 초전도체의 발견
1963	쿼크모델의 제안 (겔만, 츠바이크)
1969	블랙홀 모형 (존 휠러)
1975	쿼크의 색과 향 제안 (글래쇼)
1976	쿼크의 감금 (남부)
1979	솔리톤 (데비)
1980	『쿼크의 초감각적 인식』 (필립스)
1983	W, Z 입자의 발견
1984	제1차 끈혁명 (존 슈바르츠, 마이클 그린)
1986	고온 초전도체 발견 (베드놀츠, 뮐러)
1989	전위궤도단원자원소(ORME) 물질 및 제조특허 취득 (데이비드 허드슨)
	마이크로클러스터 발견
1995	보스-아인슈타인 응축물(BEC) 발견(제조) (에릭 코넬, 칼 위만)
1994~95	제2차 초끈혁명(M 이론)